中国民族建筑
学术论文特辑
2023

中国民族建筑研究会 编

中国建材工业出版社

北京

图书在版编目（CIP）数据

中国民族建筑学术论文特辑 . 2023/中国民族建筑
研究会编 . --北京：中国建材工业出版社，2023.10
　　ISBN 978-7-5160-3822-2

　　Ⅰ. ①中…　Ⅱ. ①中…　Ⅲ. ①民族建筑—中国—文集
Ⅳ. ①TU-092. 8

　　中国国家版本馆 CIP 数据核字（2023）第 167787 号

中国民族建筑学术论文特辑 2023
ZHONGGUO MINZU JIANZHU XUESHU LUNWEN TEJI 2023
中国民族建筑研究会　编

出版发行：中国建材工业出版社
地　　址：北京市海淀区三里河路 11 号
邮　　编：100831
经　　销：全国各地新华书店
印　　刷：北京印刷集团有限责任公司
开　　本：889mm×1194mm　1/16
印　　张：24. 5
字　　数：600 千字
版　　次：2023 年 10 月第 1 版
印　　次：2023 年 10 月第 1 次
定　　价：98. 00 元

《中国民族建筑学术论文特辑2023》
编委会

前　言

　　为配合 2023 年第二十二届中国民族建筑研究会学术年会的召开，在中国民族建筑研究会广大会员和业内专家学者的支持下，经过论文征集和筹备，《中国民族建筑学术论文特辑 2023》与大家见面了。

　　本次论文的征集受到广大会员和相关单位的积极关注，共收到来自行业专家学者、相关科研院所和高校及企事业单位等学术论文 120 余篇。这些论文围绕铸牢中华民族共同体意识建设和民族建筑事业发展方向，从不同的学术技术角度进行了论述，反映出我国民族传统建筑保护和利用科研水平取得的新进展，以及各民族交往、交流、交融的学术成果。经研究会组织的专家组评议、筛选和推荐，57 篇优秀论文被收录到《中国民族建筑学术论文特辑 2023》中。同时，研究会还向《建筑遗产》《南方建筑》《华中建筑》等期刊推荐优秀论文，供这些核心期刊遴选使用。

　　民族建筑是中华民族文化的重要组成部分，是优秀传统文化的重要载体。保护、传承和发展民族优秀传统建筑文化是一项复杂的系统工程，需要政府和社会各界及建筑行业相关企事业单位的共同努力。路虽远，行则将至；事虽难，做则必成。今后，中国民族建筑研究会将积极发挥学术引领作用，努力提升各民族传统建筑文化传承和发展的学术水平，充分调动社会各方面参与民族传统建筑保护利用与实践，促进各民族地区经济社会发展。

　　本书在编撰过程中得到西藏大学、上海建工四建集团有限公司等单位和诸多专家的大力支持，在此一并表示感谢。

　　希望《中国民族建筑学术论文特辑 2023》能够有助于社会各界和专业机构了解民族建筑的发展水平，加强优秀论文成果的交流与推广，让更多人得惠于此。2024 年，我们将更加努力搭建高水平的学术平台。

中国民族建筑研究会
2023 年 10 月

目　录

大高玄殿明清沿革考[1]

王彦嘉[2]

摘　要： 大高玄殿建筑群坐落于景山西麓之西侧，紫禁城（故宫）的西北隅。其为现存距离明清紫禁城最近的成组宗教建筑之一，也是明清两代宫廷直接管理的最重要的道教宫观建筑群组，龙虎山正一派第五十七、五十八两代正一真人张存义、张起隆都曾奉旨亲临大高玄殿主持斋醮活动。大高玄殿自明嘉靖始建直至清光绪最后一次大规模修缮，经过数次大规模的改扩建工程，其外在建筑和内部陈设均产生了极大的变化，本文便是基于现存文物及文本，试图梳理出明清两代大高玄殿区域相关建筑和内部陈设的变化情况。

关键词： 大高玄殿；建筑沿革；嘉靖帝

一、引子

大高玄殿[3]位于故宫西北隅，景山之西，隔筒子河与故宫西北角楼相望。自明嘉靖二十一年（1542年）以来一直是明清两代皇室进行道教斋醮活动的重要场所。其内部庋藏的文物经像从明嘉靖年间一直延续到清代。清雍正年间更是由于皇帝对正一派法官娄近垣的崇信，对其进行了入清后的第一次大规模营缮。清乾隆帝即位后，对宫廷道教活动多有裁抑，但大高玄殿未因此废圮。其在位的60年间对大高玄殿进行了4次规模不同的改建和营缮活动。清光绪二十六年（1900年）参与"庚子事变"的法军驻防内城西部，驻军殿内，大高玄殿原状陈设遭到毁灭性破坏。各殿供设的法器经像均损失殆尽。清光绪二十八年（1902年）起，为配合皇帝及皇室成员的拈香祭礼活动，内务府根据需要陆续在大高玄殿内外又添设了一些神像牌位等，并将被法军占领期间破坏的建筑进行了一次较大规模的修

葺。及至中华人民共和国成立后，大高玄殿又长期被外单位作为库房、展厅使用。2010年由故宫博物院收回使用权后，故宫博物院主导对这一区域的主要建筑进行了百年来最大规模的系统化修缮。修缮期间，故宫博物院古建部和合作方天津大学建筑学院、清华大学建筑设计研究院的相关学者对大高玄殿区域古代建筑的沿革变化和现存情况进行了系统性的论述和梳理。故宫博物院杨新成的《大高玄殿建筑群变迁考略》[4]对大高玄殿建筑群明清以来的营缮活动进行了详尽的梳理，且对记载清雍正年间大高玄殿内进行的道教活动的部分档案进行了罗列和公布。清华大学建筑设计研究院陶金先生的《大高玄殿的道士与道场——管窥明清北京宫廷的道教活动》[5]将明清两代宫廷道教与江南正一派道教之间的联系做了详尽的论述。天津大学费亚普的《大高玄殿建筑研究》[6]凭借其多次实地测绘调研与修缮记录，对大高玄殿实物遗存进行了完整的介绍，并且在明、清文献挖掘的基础上，对大高玄殿建置沿革进行考证。

1　本成果得到故宫博物院"英才计划-王子林WB1130118"和北京故宫文物保护基金会学术故宫万科公益基金会专项经费资助。

2　故宫博物院宫廷历史部副研究馆员，100006，1736125@qq.com。

3　清代为避康熙帝爱新觉罗·玄烨讳，将大高玄殿改名，称作大高玄殿（玄字缺笔）、大高元殿、大高殿，实际均指本区域，清宫档案记载多以大高殿称之。

4　杨新成：《大高玄殿建筑群变迁考略》，《故宫博物院院刊》2012年02期，第89～112页。

5　陶金：《大高玄殿的道士与道场——管窥明清北京宫廷的道教活动》，《故宫学刊》，2014年02期，第185～204页。

6　费亚普：《大高玄殿建筑研究》，天津大学硕士学位论文，2018年5月，第1～247页。

天津大学王方捷、何蓓洁的《清乾隆朝大高玄殿建筑群演变探析》[1]，对清乾隆朝大高玄殿区域建筑的变动做了梳理，创造性地提出了清乾隆时期大高玄殿的职能由道教宫观逐步转变为坛庙类礼制建筑的观点。史料方面，中国第一历史档案馆高换婷的《清代大高殿维修与使用的文献记载》[2]对涉及清代大高玄殿的修葺和使用的部分史料进行了公布并探讨，亦对晚清大高玄殿内陈设情况有简单提及，还披露了数条未公开的陈设资料。

晚清、中华民国时期亦有学者对大高玄殿的文物陈设进行过探讨，其中最全面的应属张国桢发表在《文献专刊——国立北平故宫博物院二十周年纪念刊》上的《大高玄殿》一文，其除对大高玄殿的建筑沿革进行简单梳理外，还对殿内陈设情况进行了简明的描述，提供了 20 世纪 40 年代大高玄殿内陈设情况的一手材料。朱偰的《北京宫阙图说》征引《酌中志》《日下旧闻考》《顺天府志》，结合其当时所见对 20 世纪 30 年代的大高玄殿外部状态进行了描述。

二、 明代的大高玄殿

明代大高玄殿的具体情况根据现有的有限文献实际很难了解，只能根据一些文本中提及的只鳞片甲提取有效信息进行分析。

明正德十六年（1521 年）明武宗驾崩，无子嗣。经由内阁首辅、武英殿大学士杨廷和定策，援引《皇明祖训》，征兴国世子朱厚熜以外藩入继大统，其父兴献王朱祐杬在藩时就笃信道教，与纯一道人关系亲近。朱厚熜深受其父影响，即位伊始就将崇道作为基本国策。其在位的四十余年间，于西苑大兴土木营缮道教宫观：

"自西苑肇兴，寻营永寿宫于其地，未几而元极高元等宝殿继起。以元极为拜天之所，当正朝之奉天殿；以大高元为内朝之所，当正朝之文华殿。又建清馥殿为行香之所。每建金箓大醮坛，则上必日躬至焉。凡入直撰元诸倖臣，皆附丽其旁，即阁臣亦书夜供事，不复至文渊阁。盖君臣上下，朝真醮斗几三十年，与帝社稷相终始。"[3]

大高玄殿作为西苑宫殿区最重要的道场，其辉煌壮丽一时无两，南园后五子之一的欧大任于明嘉靖四十一年（1562 年）入京[4]，对明嘉靖末期臻于极盛的大高玄殿道场描绘道：

"太一祈年肃盛仪，灯前亲拜竹宫时。燎烟夕殿皆青玉，法供春筵尽紫芝。

雍畤旧传周室礼，汾阴今侍汉家祠。云霄赋客多如雨，持橐何人独鬓丝。"[5]

明嘉靖四十五年（1566 年）十二月，世宗驾崩，裕王朱载垕即位，改元隆庆。隆庆帝为革其父佞道之弊，即位后即罢除了大部分斋醮活动，对道教方士大加裁抑，但因已靡费甚多，并未对道教宫内部的陈设进行变动。

及至明代后期，明万历二十八年（1600 年）万历帝朱翊钧不顾财政压力，执意在营缮三门三殿的同时对大高玄殿建筑群进行了明代最后一次较大规模的修缮活动：

"工部题：奉旨见新大高玄殿，该监估计物料应用银二十万两，夫匠工费半之。方今库藏若洗。……奉旨：大高玄殿见新以称朕供养神明之意，不必执奏。"[6]

根据费亚普对于此次营缮相比于明嘉靖年间营缮工期长短的比较推测[7]，明万历二十八年（1600 年）开始的这次修缮活动应不仅仅停留在建筑表面上的见新，伴随着的是在明隆庆年间的短暂压抑后其道教功能的再次利用。即在建新的同时，为使用功能的需要，其基于明嘉靖年间始建时中轴线上的空间序列对大高玄殿区域的附属建筑进行了一些增益。

明代后期的几次针对大高玄殿的营缮活动在万历帝的一意孤行下最终得以完成，其也奠定了大高玄殿建筑群入清时的基本面貌，大高玄殿的主要建筑在明清鼎革之际似未受太大的影响[8]。这一时期的建筑格局基本保持到清乾隆时期。

有明一代，大高玄殿虽处宫外，但一直由皇室直接管理，故其内部陈设情况难以为人所知，明代大高玄殿内庋藏陈设文物的情况只能从一些明人笔记和清代修撰的前朝史书中寻找只鳞片甲（表1）。

1 王方捷、何蓓洁：《清乾隆朝大高玄殿建筑群演变探析》，《故宫博物院院刊》，2016 年 05 期，第 138～149 页。

2 高换婷：《清代大高殿维修与使用的文献记载》，《故宫博物院院刊》，2003 年 04 期，第 85～91 页。

3 （明）沈德符：《万历野获编》卷二，中华书局，1959 年，第 46 页。

4 欧必元：《家虞部公传》说"嘉靖壬戌（1562 年）岁荐北上，文赋翩翩起，一日名动燕市。馆阁部台诸称文章家者，辐辏毂接于旅食之馆，而海内翰卿词客畸人逸士，什久论交焉。先生通而介，乐于过从，倦于请谒，不一褐自惭，不为千金动色。游于诸公间，引觞谈艺，逡逡如也。汇其所作为《旅燕稿》四卷"，载《明别集丛刊》第 3 辑，第 3 册，黄山书社，2016 年，第 331 页。

5 （明）欧大任：《上元日望大高玄殿灯火有赋》，摘自《欧虞部集十四种》，载《明别集丛刊》第 3 辑，第 3 册，黄山书社，2016 年，第 331 页。

6 《明神宗显皇帝实录》三百四十七卷第 20 页，万历二十八年五月，红格抄本，国立北平图书馆藏。

7 费亚普：《大高玄殿建筑研究》，天津大学硕士学位论文，2018 年 5 月，第 152 页。

8 笔者注：大高玄殿入清后第一次可查的修葺记录晚至康熙四十七年（1708 年），可见大高玄殿建筑外观在此之前保存情况尚可，无碍观瞻，似无维修的急迫性。

表1　大高玄殿内部陈设情况

序号	出处	关于大高玄殿内藏文物的相关记载	现引文献底本时代
1	《万历野获编》[1]	"今西苑斋宫，独大高玄殿以有三清像设，至今崇奉尊严，内宫宫婢习道教者，俱于其中演唱科仪。"	清道光七年（1827年）姚氏刻同治八年（1869年）补修本
2	《夏桂洲文集》[2]	"……本日钦命中书官即无逸殿书写神位，司礼监等衙门各督工填刻完毕列祀大高玄殿左之统雷殿……督帅僚属亲诣庙所，将本职恭制神牌并发去祝文一道揭前奉安祭告施行。"——题名《祭钦祀江西灵山鹰武李将军之神文并咨》	明崇祯十一年（1638年）吴一璘刻本
3	《酌中志》[3]	"殿之北曰无上阁，其下曰龙章凤篆，曰始阳斋，曰象一宫，所供象一帝君，范金为之，高尺许，乃世庙玄修之御容也。"	清道光潘仕成海山仙馆丛书本
4	《续通志》[4]	"明世宗嘉靖时于西苑建大高元殿以奉玉皇及三清像"	清文渊阁四库全书辑本
5	《钦定续文献通考》[5]	"嘉靖中陶仲文以祈祷用事请拆毁寺院沙汰僧尼焚佛骨于大通桥下，……又即西苑建大高元殿以奉玉皇及三清像设殿，东北为象一宫，中奉象一帝君，范金为像，高尺许即帝元御容也……"	清文渊阁四库全书辑本
6	《明内廷规制考》[6]	"大高元殿，昊真阁，栩灵轩，象一宫等处，皆供奉仙道。"	清嘉庆借月山房汇抄本

由表1可见，明清两代相关文献资料对明代大高玄殿的内部陈设情况的记载十分模糊，仅知其内供奉三清神像、象一宫供奉摹嘉靖帝御容所制的象一真君像，另有玉帝像，但并无明确文献记载其供奉位置，供设地点不明。

第五十代天师张国祥曾将起至明洪武朝终至明万历二十五年（1597年）明廷向天师赏发的诏敕汇总成册，定名为《皇明恩命世录》，这一诏敕汇编集在明万历三十五年（1607年）张国祥编订《万历续道藏》时被收录其中。其内辑录了明嘉靖帝就母丧事以象一帝君身份向第四十八代天师张彦頨写的一封书信：

"圣母升遐示哀手书：象一帝君，书奉正一嗣教张真人幕下，予兹积深愆，不自罹上丧慈亲于戊戌之十二月四日，徒裂五内之已矣。……哀哉！聊书予苦，衷以告哀，余不备师，其亮我云。元阳，嘉靖十八载孟秋吉日象一拜，宝记。"[7]

陶金在《明堂式道教建筑初探》[8] 中认为，明嘉靖帝将自己视为道教尊神应与嘉靖帝神王观念有关。其思想来源或与儒家传统的"内圣外王"思想有关。

此外从前述《祭钦祀江西灵山鹰武李将军之神文并咨》看，大高玄殿后之统雷殿似另有供奉其他道教神祇之功用，特别是与晴雨相关的雷部神尊。[9] 这也为大高玄殿建筑群在清代逐步向祈雨、祈晴功用发展提供了一种可能的解释。此外，天津大学建筑学院王方捷博士发现建筑群最北之无上阁、龙章凤篆（清称乾元阁、坤贞宇）大木构上有明嘉靖年间始建时的原始题记"钦定殿藏经阁必（壁）板"（图1）。因此可以认为在明嘉靖年间始建伊始，龙章凤篆就有庋藏道教经典文书的功能，从《秘殿珠林》的记载来看[10]，这一功能在清代亦应得到了延续。

明末崇祯年间曾经对宫廷收藏的宗教神像进行过一次

---

1 （明）沈德符：《万历野获编》二卷第36页，清道光七年姚氏刻同治八年补修本。
2 （明）夏言：《夏桂洲文集》，十八卷第614页，明崇祯十一年吴一璘刻本。
3 （明）刘若愚：《酌中志》十七卷第90页，清海山仙馆丛书本。
4 （清）嵇璜、曹仁虎：《续通志》，一百十四卷第1286页，清文渊阁四库全书本。
5 （清）嵇璜：《钦定续文献通考》，七十九卷第148页，清文渊阁四库全书本。
6 佚名：《明内廷规制考》一卷第4页，清嘉庆借月山房汇抄本。
7 摘自《皇明恩命世录》八卷，《万历续道藏》，九州出版社，2015年，第6749页。
8 陶金：《明堂式道教建筑初探》，《故宫学刊》，2016年02期，第177～198页。
9 唐武德年间（618—626年），信州太守李德胜与刺史刘太真曾因信州两次大旱至灵山求雨。据说将回辕，刘使君立化于石人殿，后人在石人殿立像祀之。唐贞观六年（632年）续建石人殿，立庙祀已故太守李德胜，人称李老真君，香火历代不衰。明嘉靖二十一年（1542年），大学士夏言请封为"灵山鹰武将军"。
10 见本文"三、踵明之旧的清雍正、乾隆两朝"。

规模较大的转移，《明宫史》载：

"崇祯五年秋，隆德殿、英华殿诸像，俱送朝天等宫、大隆善等寺安藏，惟此殿[1]圣像独存未动也。"[2]

其未提及宫外大高玄殿陈设的造像在崇祯五年（1632 年）的这次大规模迁移中被送至何处安藏。结合清代文献可知清顺治、康熙年间清政府并未对大高玄殿有过大规模的塑造神像和内部陈设修葺活动，大高玄殿明代陈设的大部分文物似乎以较为平稳的方式为清朝所承袭下来。

图 1　今乾元阁木构背板上墨书"钦定殿藏经阁必（壁）板"题记（王彦嘉/摄）

三、踵明之旧的清雍正、乾隆两朝

入清以后，在清顺治、康熙初年间尚未见到对大高玄殿进行大规模修缮改建和内部陈设变动的档案记录，唯在清康熙四十七年（1708 年）的实录中提到对大高玄殿有修缮活动，且在实录中对大高玄殿殿名进行避讳处

理，改称大高殿。但值得注意的是，在清乾隆五十七年（1792 年）编成的《四库全书》中收录的明代史料在提及大高玄殿时却又改称"大高元殿"，其变化原因并不明确。在清代的内务府档案中大多数还是称"大高殿"，少量称"大高玄殿""大高圆殿"。大高玄殿清初的使用记录不多，发现最早的记录是清顺治十八年（1661 年）三月刚即位不久的清康熙帝令礼部在大高玄殿进行祈雨活动的记载[3]：

"戊辰谕礼部次日于大高圆殿祈雨。"

由此可知，至迟到顺治末期，大高玄殿的主要职能已悄然发生转变，由一处道教宫观逐步转变为皇室对天气进行祈祷干预的场所，逐步承袭并发扬了其在明嘉靖年间就出现的祈雨功能[4]，并使之成为大高玄殿的主要功能。王方捷博士在《清乾隆朝大高玄殿建筑群演变探析》一文中，最早提到这一转变，但其忽视了崇信道教的清雍正帝其实同样将大高玄殿作为重要的祈雨祈晴场所这一现象，并错误地指出《清实录》中未见清雍正帝在大高玄殿祈雨的记录。事实上，清代档案文献中最早的一则皇帝亲自在大高玄殿内活动的记录就出现在清雍正五年（1727 年）的起居注中，活动内容为祈晴：

"……雍正五年岁次丁未七月十六日庚午吏部奏请……是日未时，上以十四日后又复阴雨由圆明园进西直门，亲诣大高殿虔祷于上帝，行礼毕回宫，申时雨止风日晴明……"[5]

《大清世宗宪皇帝实录》九三卷中亦提到清雍正帝在清雍正八年（1730 年）夏四月曾亲临大高玄殿祈雨：

"乙卯，上祷雨于大高殿，行礼毕回宫。"[6]

由此可见，清顺治末直至清雍正年间，大高玄殿一直是一处重要的祈雨和祈晴场所，但并不是唯一场所。[7] 此外，从起居注内容可知，在清雍正八年，大高玄殿主供神应为玉皇大帝。[8]

清乾隆年间国力强盛，清乾隆帝在位的六十年间，对大高玄殿的建筑和陈设都作出诸多调整并开始成体系地在大高玄殿举办一系列道场：

1　指钦安殿。

2　（明）刘若愚，（清）高士奇，顾炎武编《明宫史－金鳌退食笔记－昌平山水记－京东考古录》，北京出版社，2018 年，第 35 页。

3　《大清圣祖仁皇帝实录》二卷第 6 页，顺治十八年三月。

4　"丙寅，以甘雨应祈，建告谢典于大高玄殿"。摘自《明世宗实录》三百六十卷第 1 页，明嘉靖二十九年（1550 年）五月，红格抄本，国立北平图书馆藏。

5　《清世宗起居注》五卷第 55 页，雍正五年七月，中国第一历史档案馆：《清代起居注册·雍正朝》，中华书局，2016 年。

6　《大清世宗宪皇帝实录》九三卷第 20 页，雍正八年四月。

7　实录中亦提到雍正二年雍正帝在黑龙潭祈雨。

8　玉皇大帝全称为"昊天金阙无上至尊自然妙有弥罗至真高天上圣大慈仁者玉皇赦罪锡福大天尊玄穹高上帝"，故宫内玄穹宝殿牌位名称为"昊天至尊玉皇上帝"。

清乾隆元年（1736 年），首次在大高玄殿举办万寿圣节吉祥道场。[1] 此后每逢皇帝寿辰，均会在大高玄殿举办为期三十六日的万寿吉祥道场。这一传统一直延续到清道光元年（1821 年），清道光二年（1822 年）后缩减举办道场日数，并缩减参与道场道士员额。

清乾隆八年（1743 年），清乾隆帝下旨对大高玄殿建筑群的建筑做了入清以来第一次较大规模的拆改，拆除了无上阁前东西配房四连和雷坛殿、前大殿两山值房四连一系列附属建筑。推测这次建筑调整应同时调整了各殿贮藏的文物，始编于同年的内府朱格抄本《秘殿珠林》初编二十三卷《收贮经典佛经目录》中就对此时大高玄殿区域收藏的道教文献有所提及。[2]

可见至迟在清乾隆八年（1743 年），大高玄殿区域就收藏了大量的道教经典文书，其收藏位置很可能与明代相同，即主要位于最北之坤贞宇，但结合后叙大高玄殿一区的陈设情况和这批道教经典的数量规模看，其收藏应不局限于空间不大的坤贞宇藏经阁一地而且及至清乾隆时其中是否仍有明嘉靖时大高玄殿初建时收贮之道教文献的早期抄刻本，尤可留待进一步讨论。

清乾隆十三年（1748 年），内务府奏稿中出现了第一条明确记载大高玄殿内藏造像文物的档案文件，从其内容来看应是总管内务府大臣奉旨对大高玄殿内藏文物进行清点的记录（图 2）：

图 2 　《总管内务府呈为大高殿收贮佛像及供器数目清单》
（局部）（中国第一历史档案馆藏）

在上述清单上奏的第二日，总管内务府大臣再次上奏

《总管内务府呈为大高殿供奉佛像数目清单》（以下简称《数目清单》）（图 3），此清单清晰地披露了大高玄殿主殿及前后东配殿[3]的造像陈设：

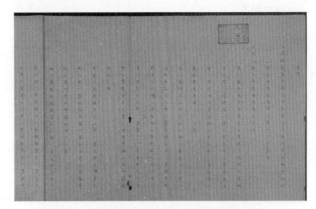

图 3 　《总管内务府呈为大高殿供奉佛像数目清单》
（局部）（中国第一历史档案馆藏）

"查得大高殿前后大殿、东西配殿所有增胎、香胎、铜胎、托沙胎等项佛像、从神三百二十三尊外，大高元殿北面随墙佛龛五座，内东一龛供奉金胎娘娘五尊，银胎从神十尊。铜胎斗母一尊：娘娘一尊；三官大帝三尊；东岳大帝二尊，从神二尊。香胎元天上帝一尊，从神八尊。共佛像、从神三十三尊。

东二龛供奉金胎皇天上帝一尊；太乙天尊一尊。银胎三官大帝六尊，从神三十六尊。镀金银胎皇天上帝一尊，从神八尊。铜胎元天上帝一尊。玉胎皇天上帝一尊：童子一尊。香胎元天上帝二尊，从神十六尊。共佛像、从神七十四尊，外银吼一个。

中龛供奉铜胎皇天上帝一尊，从神十四尊；注生大帝一尊；长生大帝一尊；九天应元雷声普化天尊一尊。共佛像、从神十八尊。

西二龛供奉：银胎皇天上帝一尊；元天上帝一尊；天师一尊，从神十六尊；铜胎灵官二尊；元天上帝二尊；皇天上帝二尊；梓童帝君一尊；关帝一尊，从神十二尊；香胎皇天上帝一尊，从神八尊。共佛像、从神四十八尊。

西一龛供奉金胎东岳大帝一尊，银胎从神四尊。金银

1 　总管内务府（掌仪司）：《奏为八月十三日万寿节在大高殿办吉祥道场事》，乾隆元年七月二十二日，中国第一历史档案馆藏，档号：05-0006-034。
2 　"道经目录科仪附道藏一部、《玉皇经》二千五百七十四部、《小本玉皇经》四十五部、《九莲菩萨化身度世经》一百部、《太上老君说九莲至圣度世经》一百七十部、《太上说九莲应化懺》三十部、《太上说解释咒诅经》六十部、《太上中道妙法莲华经》一部、《灵官经》三十部、《灵验妙经》六部、《关帝经》十部、《玉枢懺》十部、《东岳语咒经》十部、《灵济真君经》三十部、《竈君经》十部、《梓潼本原经》二十部、《梓潼救劫宝章》十部、《禄库寿生经》十部、《赵元帅禳灾经》二十五部、《土地经》十五部、《诸品经》十五部、《北斗经》六部、《上清灵宝大成金书》四十一部、《延生真经》一部、《礼斗正仪》二部、《祭星科仪》一部、《祭告星斗朝礼科》一部、《延禧科仪》二部。以上俱贮大高殿。"
3 　所谓"后东配殿"，推测或为大高玄殿后九天应元雷坛之东配殿。

胎东岳大帝二尊；寿星一尊；关帝一尊，从神八尊；铜胎药王一尊；药圣一尊；皇天上帝一尊，从神十尊；香胎东岳大帝二尊；关帝一尊；灵官一尊，从神十尊。共佛像、从神四十四尊。

前东配殿供奉玉胎真武一尊。

后东配殿供奉玉胎真武一尊，从神二尊。共佛像、从神三尊。"[1]

综合此两条档案记载来看，此时大高玄殿正殿北墙应共分为五个神龛，中龛主供铜胎皇天上帝，东西余龛主供金胎皇天上帝、银胎皇天上帝、金胎东岳大帝、金胎娘娘五尊。这种供奉方式不符合任何道教经典的规定，显得杂乱无章。故有理由相信此时大高玄殿可能更多地还是作为这些道教造像收纳之空间存在。同时《数目清单》中完全未提及大高玄殿北之九天应元雷坛的陈设情况，仅提到可能为其东配殿"后东配殿"供奉："玉胎真武一尊，从神二尊。共佛像、从神三尊。"

清代在对清宫内主供玉皇大帝之天穹宝殿像进行整修时，有上谕特别提到了令造办处参考大高玄殿玉皇进行仿制。[2]

经笔者对天穹宝殿现存玉皇像的调查，发现并无上述档案所提及的由二十片带板制成的玉带留存，唯以大高玄殿玉皇皇冠为蓝本制作的天穹宝殿玉皇十三旒皇冠（图4）尚在。

大高玄殿在乾隆十九年（1754年）曾由内务府对其内部陈设进行过一次整理工作，装颜佛像，添做供案、供器：

"遵旨敬修大高殿重檐前殿一座，计七间……拆砌月台二座，井台三座，以及铺墁甬路，海墁散水，油饰彩画见新，并装颜佛像，添做供案、供器等项工程，俱经完竣。"[3]

在嗣后的乾隆三十三年（1768年）、乾隆五十二年（1787年）乾隆帝又对大高玄殿区域的建筑布局进行了微调，前一次修缮主要加高了东、西、北三面围墙，使之与南墙等高。后一次修缮将中海万善殿两座下马碑移在大高

玄殿东西安设。就中国第一历史档案馆现在公开的档案中再未见到乾隆朝对大高玄殿一区内部陈设进行调整的相关记载。

图4　现存天穹宝殿玉皇像十三旒皇冠　王彦嘉/摄

清乾隆、嘉庆两朝，大高玄殿主要是供做道场使用，清乾隆九年（1744年）四月初二的《呈为查得每年天穹宝殿大高殿等处办道场日期及用银清单》[4] 披露了清乾隆时期大高玄殿举办的道场种类、时长和预算费用。

在各类道场举办期间，大高玄殿还会添设许多临时性陈设，有干鲜果品[5]、供碗[6]等若干。因非大高玄殿的常置陈设，在此暂不讨论。

1　《大高殿供奉佛像数目清单》，乾隆十三年（1748年）七月十五日，中国第一历史档案馆藏，档号：05-0094-011。

2　清乾隆十七年（1752年）二月二十一日，员外郎白世秀来说太监胡世杰传旨：天穹殿现供玉皇，着南边绣做袍一件，玉带一条，玉圭上刻"大清乾隆年制"。于三月十一日承恩公德保来说太监胡世杰交白玉带版二十块，传旨：着做天穹殿玉皇用，其冠照大高殿玉皇冠一样成做，染发泥金。于四月二十四日员外郎白世秀将成做大高殿玉皇冠上等活计持进交太监胡世杰呈览，奉旨：天穹殿玉皇冠着做铜台撒镀金。载《清宫内务府造办处档案总汇》第18册，清乾隆十七年二月二十一日，人民出版社，2005年，第556页。

3　《奏销修缮大高殿重檐前殿等工用过银两数目片》，清乾隆十九年（1754年）四月十二日，内务府奏销档229-135，中国第一历史档案馆藏。

4　《呈为查得每年天穹宝殿大高殿等处办道场日期及用银清单》，清乾隆九年（1744年）四月初二日，中国第一历史档案馆藏，档号：05-0061-003。

5　《总管内务府（掌仪司）呈为大高殿供献干鲜果品等项数量及银两清单》，清乾隆九年四月十七日，中国第一历史档案馆藏，档号：05-0061-052。

6　《总管内务府（掌仪司）呈为大高殿办道场用供品碗数》，清乾隆九年四月十七日，中国第一历史档案馆藏，档号：05-0061-051。

清嘉庆年间基本因袭了清乾隆年间在大高玄殿举办的所有道场活动，未做明显改变。清道光二年（1822年）起可能因财政原因将各道场时间显著缩短，即便是最重要的万寿圣节的吉祥道场亦从"三十六永日"缩减为"九永日"，且将所用道士员额也做了极大的削减。清咸丰年间进一步缩减了道场品类。及至清光绪后期，大高玄殿似乎只剩下祈雨和祈晴的功能。但截至清光绪二十六年（1900年）法军进驻大高玄殿区域为止，并未见到大高玄殿内部陈设有较大变动的记录。

四、 劫后余烬的清末、 中华民国时期

清光绪二十六年（1900年）法兰西第三共和国参加"庚子事变"的干涉军进驻北京，法军司令弗雷（Henri Nicolas Frey，1847—1932）少将将景山寿皇殿设为法军司令部，景山西部的大高玄殿建筑群亦被法军占领作为兵营使用。弗雷离开北京时带走了大量寿皇殿和大高玄殿的内藏文物，其中以寿皇殿藏帝后画像和皇帝玺印最为著名。在其去世后，其夫人将其部分藏品捐献给法国集美博物馆（Musée Guimet）。法国两任总统为弗雷的捐赠事宜，特意分别发出两道总统政令，要求集美博物馆接受弗雷的捐赠。朱绍良翻译了其中两条总统令[1]，使我们得以了解这次捐赠的内容。

弗雷少将夫人捐赠的这批藏品中包括道教绘画一幅，结合庚子事变时各国在京防区（图5）分布来看，其应出自法军驻防的北京内城西部之大高玄殿或大光明殿[2]。

在法国远征军占领大高玄殿的十个月内，大高玄殿文物损失殆尽，连部分建筑内檐装修和石质栏杆都"均行损坏"。神位、法器、铺垫等亦被洗劫一空：

"大高殿档案房为报堂事，于光绪二十六年七月洋兵入城，二十日洋队（法国士兵）在本殿扎营，今于二十七年五月十三日接受看守。查得山门外三面牌楼夹杆石铁箍并三面栅栏均行拆毁无存……各殿内佛像、神位、陈设、铺垫、软片、祭器、法器等件并大殿前古铜天炉二座、古铜走兽四位均行失落无存……各殿内佛像、神位、陈设、铺垫等件全行失落无存，殿外古铜走兽失落无存。乾元阁所有门窗均行失落，丹墀下古铜走兽二位无存，楼上楼下佛

像神位无存……查本殿佛像、神位、铺垫等项款目甚繁，因档案文册稿件全行失落，无从考查，谨将大概情形呈报。"[3]

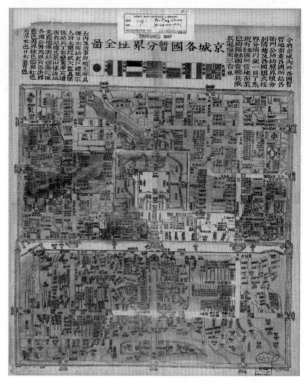

图5 《京城各国暂分界址全图》（清光绪年间七色套印本）

（资料来源：https://www.163.com/dy/article/FV63UHUB05434VBG.html）

1901年8月8日，八国联军从北京撤退完毕。满目疮痍的大高玄殿被交还清廷。在两宫回銮前，时任工部尚书的张百熙率领司员查勘大高玄殿受损情况并给出处理意见，其中提到：

"从前所供神像，多系铜质包金，工艺异常精致。现在铜斤短少，良工乏人，当物力艰难之时，未易起复旧制。查正殿神像之前向本设有玉皇上帝大天尊神牌，今拟于工竣后，先行将神牌安设，敬备回銮后恭诣拈香。"[4]

可见在两宫回銮后的这次修缮中，因财政匮乏并未恢复大高玄殿内原有神像陈设，仅制作了相对廉省的木质神牌，勉为供设。

1 "政令二：1934年法国总统阿尔贝·勒布伦（A. Lebrun）在巴黎签署政令，根据法国文化部长的报告，并参照全国国立博物馆咨询委员会于1934年4月12日、26日、5月8日和6月5日的讨论结果，特令：文化暨教育部长被授权以国家名义，代表吉美国家博物馆接受以下馈赠：1. 中国漆鼓一件。2. 中国皇后肖像一件。3. 中国皇帝出巡图一件。4. 清雍正皇帝肖像一件。5. 清乾隆皇帝肖像一件。6. 道教绘画一幅以上由弗雷将军夫人捐献。"摘自：朱绍良的《寿皇殿珍宝与圆明园兽首》，《收藏投资导刊》，2013年第10期，第40～49页。

2 因成为义和团火攻西什库教堂的后援据点，八国联军为进行报复纵火烧毁了大光明殿及其附属殿宇，其内藏经像、供设亦全部遗失不存。

3 《宫中朱批奏折》第四辑。转引自高换婷：《清代大高玄殿维修与使用的文献记载》，《故宫博物院院刊》，2003年第4期，第87页。

4 章乃炜，王蔼人编：《清宫述闻》初、续编合编本，紫禁城出版社，1990年5月，第961页。

另有秦国经引用中国第一历史档案馆暂未开放的《内务府陈设册》七八九八卷，云其为晚清大高玄殿内部陈设[1]。但未提及具体年份，根据披露的文物收藏情况看，应系清光绪二十六年（1900年）法军洗劫后清廷部分恢复后的大高玄殿晚期原状陈设情况。

清光绪二十八年（1902年），慈禧皇太后和清光绪帝返回北京，大高玄殿经简单修葺后又开始履行其职能，清光绪帝更是经常一年数次亲诣大高玄殿，以祈晴、祈雨、祈雪为主，若有应验，还需再次前往大高玄殿回谢。一年后，随着时局缓和，清廷开始逐步恢复大高玄殿区域的供设神像，清光绪二十九年（1903年），更是在财政极端紧张的情况下斥银四百八十两铸造了四尊道教铜造像：

"光绪二十九年奉堂谕恭制大高玄殿丹墀前安设：

红铜烧古骑牛太上老君像二尊。红铜烧古骑鹿元世天尊像二尊。

修补齐整石座四件等活计呈堂台批准共用工价银四百八十两。"[2]

1912年2月12日，在清朝内阁总理大臣袁世凯等大臣的劝说下，清隆裕太后接受《清室优待条件》，发布《退位诏书》，宣布清宣统皇帝退位，并授权袁世凯组织临时共和政府。大高玄殿仍归小朝廷进行日常管理，在小朝廷管理时期，未见对其进行内部陈设进行添改的档案记录。1925年，溥仪被驱逐出宫，大高玄殿和景山与故宫内廷区域归并新成立的故宫博物院管理。故宫博物院院藏早期院史档案曾载有《现存物品点验清册——大高殿鸟字号补舌号册》《清室善后委员会点查清册——盆库大高殿鸟字号册》两部点查清册，其内所记以当时存于大高玄殿内的原内廷日常使用的花盆为主，数量有数千个之多。仅提及有少量供器，可见，及至此时，大高玄殿内部残留的与道教相关的文物已余甚少。1925年10月，大高玄殿又被用作故宫博物院图书文献馆对清代军机处档案文书进行收藏整理的场所。

笔者推测至迟至20世纪二三十年代，大高玄殿尚存三清及斗母排位及五供陈设，彩绘仰覆莲供台保存完好，其余空间主要为收纳档案之用。日据时期，大高玄殿依旧为故宫博物院所管理。

20世纪40年代，张国桢的《大高玄殿》[3] 一文亦叙述了大高玄殿的原状陈设，惜并不明确其所描述的陈设所处年代。

在中华民国三十四年（1945年）三月华北政务委员会发给故宫博物院的训令中还提到将故宫交由日本华北派遣军军管：

"令故宫博物院为密令事准北京日本大使馆译开，兹以军方需用，拟请将左开土地建筑物从速供出，至关于细目当由甲第一四零零部队经理部经与管理……除福佑寺及日坛二处据已由北京特别市政府遵照办理……其大高玄殿及园艺试验场二处办理情形尚未据报……"

——华北政务委员会委员长王荫泰[4]

1949年10月中华人民共和国成立后，大高玄殿明确为故宫博物院房屋产权，但在1952年又借给外单位供做展览室、礼堂，直到2010年方才由故宫博物院最终收回管理，收回时其内部基本已经没有任何可移动文物。

五、 结语

大高玄殿自1542年建成以来，主要建筑群经历近500年岁月洗礼基本保存完整，是故宫博物院现存年代最早的宗教殿堂之一。明嘉靖帝虔信道教，提出"以神王二道裁理天下"[5]，并将大高玄殿区域作为体现自己"神王"观念的建筑载体，以至于将自己的御容摹制成像供奉其中。殿内按照道教科仪供设三清、玉皇。随着明清鼎革，在清代大高玄殿的功能产生了较为明显的变化，皇帝不再身处其中举办斋醮活动，而是将其作为一处直达天庭从而与皇天上帝沟通的祭祀场所而存在。虽然这一转变或许与大高玄

1 "神龛四座。楠木神牌二十七尊。景泰蓝炉瓶三事一堂。景泰蓝铜五供一堂。红漆木胎檀香盒四个。禅钟二架。锡座玻璃海灯一个。黄云缎扬幡八首。黄云缎经桌套十八个。御案黄云缎桌一个。黄云缎欢门一堂。黄缎两截拜垫一个。黄缎布两截拜垫一个。青缎布两截拜垫一个。黄布跪经垫十六个。拉幡黄绳四盘。铜钟一口。鼓一面。五色黄绒毯三块。金添泥拔五供二十分。古铜色泥拔五供十分。红碗一百零九件。蓝磁供盘一百零件。铜磬二口。挥鼓一面。铜镲一副。铜钹一副。当于一对。引磬一个。递钟一个。手鼓二面。木鱼二个。炭箱二个。供桌十一桌。经桌六张。棕毯二十块。楠木佛骨二尊。三清神台槽朽松木座子十一块。楠木角梁一块。糟朽楠木五块。"《内务府陈设册》七八九八卷。转引自秦国经、高换婷：《明清大高殿的始建维修与使用—— 一组辉煌宏大的皇家道观建筑群》，中国紫禁城学会论文集第四辑，第181～193页。
2 《造办处呈为实销本库工价银两事》，光绪二十九年，中国第一历史档案馆藏，档号：05080300005310032。
3 "大高玄殿，位于神武门外之西路北，明嘉靖二十一年四月殿成。二十六年十一月殿灾，清雍正八年修，乾隆十一年重修，嘉庆二十三年再修，光绪二十七年续修，内务府档兹发现嘉庆、光绪两朝关于修理大高玄殿文各一件：……此殿为明清两代皇帝祈晴雨雪及办道场之地，其规制清袭明代无甚改动……门额曰大高玄门，东西并各一，门内东为鼓楼，西为钟楼，东西旗杆各一，东西配殿各五楹，正殿额曰"大高玄殿"，殿内供有三清五行牌位，上清灵宝天尊之神位，玉清元始天尊之神位，太清道德天尊之神位，东方木德，南方火德，西方金德，北方水德，中央土德。后殿东西配殿各九楹，正殿额曰"九天应玄雷坛"，殿内正中供有"九天应元雷声普化天尊牌位"和"斗母娘娘之神位"。西配殿北间，供有天仙圣母牌位，真武大帝牌位，子孙圣母牌位，灵官牌位，眼光圣母牌位。再后有高阁一，上圆下方，上额曰"乾元阁"，下额曰"坤贞宇"，上阁供玉皇大帝，下供坤贞后土妃娘娘之神位。"摘自：张国桢的《大高玄殿》，国立北平故宫博物院文献馆《文献专刊》，第55～56页，中华民国三十四年十月（1945年10月）。
4 《呈华北政务委员会三十四年度迁移大高殿物品临时费用之处计算书》，《故宫博物院院史档案》，中华民国三十四年三月卷，故宫博物院院史档案利用系统。
5 《明世宗实录》二百六十三卷："朕承皇天宝命，以神王二道裁理天下，非求仙用夷荒昧之为。"明嘉靖二十一年六月。

殿雷坛中供奉的多是与晴雨相关的雷部神尊有关系，但从清乾隆时期描述大高玄殿内部陈设情况的档案中可以清晰地看出，在此时大高玄殿的内部陈设更多地像一座道教文物的贮藏空间而非供奉空间。即便五十七、五十八两代正一真人张存义、张起隆都曾亲临大高玄殿演法，然而他们的活动也仅限于受皇帝指派进行祈雨活动。同时清乾隆以降诸帝对待正一真人的态度也远不及明帝虔敬，清乾隆帝更是将在清雍正年间筵宴班次仅次于衍圣公的正一真人降为与太医院使同等地位[1]，认为其不过是为皇室祈求雨泽的"巫史方外"。终清之世，也未见到大规模为大高玄殿造像的文献记载。故在"庚子事变"之前，大高玄殿内收藏的道教经像，很可能大部分仍系明代旧物。值"庚子事变"，大高玄殿内藏神像供器和《秘殿珠林》所载大高玄殿收贮的道教经藏俱被涤荡一空。清光绪末期勉为添供的简单陈设亦在清亡后百余年的动荡岁月中散失殆尽。

本文利用各时期档案、图片等多种史料，力图翔实严谨地描绘出大高玄殿建筑群在各历史时期内部文物收藏和陈设的大致轮廓。但由于公开的档案资料有限，本文不可避免地具有很大的局限性。希望随着《内务府陈设册》《内务府杂件》等可能含有大高玄殿陈设信息的档案材料未来的完整开放，关于其内部庋藏文物和原状陈设的研究获得长足发展。同时由衷地希望本文能为故宫博物院进一步开放、利用大高玄殿提供一些线索和思路。

1　"本朝仍明之旧，而《会典》不载品级，盖以类于巫史方外不得与诸臣同列，即康雍间曾荷褒封亦用以祈求雨泽，非如前代崇尚其教而必阶以极品也。旋照太医院使例授为正五品。"摘引自《大清高宗纯皇帝实录》三〇四卷第 23 页，乾隆十二年十二月上。

空间治理视角下清乾隆时期承德城市建筑的营建与写仿[1]

刘国维[2]　陆　琦[3]

摘　要：空间写仿是古代空间治理的一种手段，也是中华民族历史空间治理体系的重要组成部分。清代承德城市建设，容纳了蒙藏"藩部"行政空间所承载的活佛教权体系后建构形成清帝在内的新的政教体系，是清代处理蒙藏问题的民族关系进程之产物。本文通过分析承德城市及外八庙建筑的营构实例，从"景观结构""建筑布局""概念意义"的写仿方式解构分析清乾隆时期空间写仿活动。在这一过程中，写仿与被写仿的城市建筑皆成为封建皇权政教体系下的一种空间符号，成为清帝政治空间治理的物质表达。

关键词：空间写仿；空间治理；民族疆域；宗教建筑；历史景观

清代承德城市发展经历了从热河上营起"名号不掌于职方"到承德府城"聚民至万家"的建制过程。承德始称热河，其地区范围内的行政建设在明代已有军事设施宽河千户所及金山岭长城。随着清代木兰秋狝及行宫建设逐渐扩大，承德成为清代第二政治中心。承德府为清乾隆时期新设置的府，属直隶省热河道。清乾隆七年（1742年），继承清雍正年间的热河厅设置，后于清乾隆四十三年（1778年）建制为承德府。与清代其他州府的二级行政区划不同的是，承德府无附郭县，即意味着建府之初其载民之域主要集中在其外的五县一州。

现代学者对承德建设历史的研究主要集中在建筑史、园林史、城市建设史与艺术史四大方面，如北方京津冀区域学者对承德外八庙及避暑山庄的物质性、区域性研究，包括部分基础性测绘、景观建筑复原及历史文献解读研究，为今天承德研究奠定了良好基础。而对现实需求下的空间科学的文化阐释仍可继续，如除部分民族学者及清史研究学者有为数不少的成果涉及外，承德城市文化研究仍可继续深入。本文主要从空间治理角度，对清代承德城市与寺院写仿活动进行"空间-政治"阐释，无论是"为治"理念的中国城市规划传统，还是当代中国城市规划现实，历史时期的城市空间治理智慧也成为中国城市人居环境改善及传统人居规划理论的重要内容组成。

一、空间建设与空间治理

现代空间治理研究，目前呈现出治理理论的自然科学化以及空间科学的社会科学化两大方向。区划治理作为空间治理的宏观组成部分，承载着行政区划在国土空间规划角度的重要作用。历史空间作为空间研究的历时性地域产物，是传统空间生产及演化研究的重要方面。清代康乾时期是清代封建社会建设过程中版图扩大的主要帝国时期，其国土空间中包含蒙古各部、青海、西藏、新疆的"藩部"地区。清代皇帝对以上"藩部"实施了有效的统治与管辖，并将"藩部"宗教信仰体系纳入清代政教体系之中，并通过城市、寺庙、风景、建筑等多空间建设表现出来。

1　资金支持：中国大运河研究院2022年开放课题重点课题（50141136160026）。纵向项目：2023年扬州大学人文社会科学基金项目（xjj2023-29）。
2　扬州大学建筑科学与工程学院、建筑系讲师，225000，argwliu@qq.com。
3　华南理工大学亚热带建筑科学国家重点实验室、建筑学院教授；广州城市理工学院建筑学院，院长/教授，510641，gdluqi@163.com。

1. 空间政治与空间治理

空间既非完全、具体且真实的物体，也非全然意识形态上的影射，而是两者的综合，既包含操纵的面向，又包含救赎的面向[1]。城市与建筑则蕴藏于广泛的空间之中。综合地理视角下的空间研究，包含大至国土、小至建筑的空间构成。无论是国土，还是城市建筑，都是空间的重要部分，其与空间一样，是某种物理形态的物体表达，也是某种意识形态的实体表征。现代国土及建筑空间的形而上学关系可被形塑成一种"空间-政治"视角下的物理缩影，而这种形塑是现代空间科学研究的人文社科转向的重要体现。

法国列斐伏尔认为政治工具性是空间生产的功能属性之一。"空间已经成为国家最重要的政治工具。国家利用空间以确保对地方的控制、严格的层级、总体的一致性""空间一向被各种历史的、自然的元素模塑铸造，但这个过程是一个政治过程。空间是政治的、意识形态的。它真正是一种充斥着各种意识形态的产物"[2]。而法国社会学家福柯直接以空间为权力的媒介为观点，形塑了现代政治社会权力运作的底层逻辑。

清代皇帝通过承德城市内的避暑山庄及庄外的外八庙建设，将承德建设成为待归附蒙藏"藩部"新的政治及宗教中心，承德的城市与建筑则成为清代处理蒙藏问题的民族政治关系的空间产物，是清代"藩部"政治空间治理的历史表征。

2. 空间写仿与空间治理

空间写仿是空间再现的重要途径，空间再现是空间治理的重要手段。城市与建筑写仿是空间写仿的重要方面。法国社会学家列斐伏尔认为"'空间再现'，是依照法令、规范、政治机构、习惯等社会秩序规划出来的空间，生产关系紧密联系着这些机制所安置的秩序，紧系于知识、符号与符码，在这些符号化的空间中，社会背后的权力与意识形态往往透过符码被镶嵌于景观之中"[2]。这种处于物质空间之上的地景符号化建构即是权力空间的行政治理体现。

在中国古代封建社会，集权政治对建筑的把控，更多是基于符号表征的政治统辖。空间建造主体（主政者）规划出来的再现空间，于营建运作之中即被赋予其权利之主导性，而被赋予空间权利关系的地景，则变成建构国家的一部分，将建筑纳入国家意识之想象。而清代皇帝主导的承德宗教空间建设，是为协助皇权进行统治与支配，将宗教信仰圈层之下的国土、民众纳入其皇权统治圈层，完成国家一统的一种空间策略。

本文即以清代承德城市及外八庙中的普宁寺等写仿作为案例，在其城市宗教结构写仿、寺院建筑布局及政

教意义写仿三方面，解释清代皇帝在建造之时如何营造一种基于"曼陀罗结构"的藏传佛教宇宙观信仰，以及进行的一种"清帝-文殊"菩萨王统观的国土空间治理合理性建构。

二、 空间治理需求下的清代承德城市营建

寺庙与景观的结合显示了历史空间概念的复杂化。宗教地景的建构离不开空间的生产。为"习武绥远"，安定朔漠，清康熙二十年（1681 年）设置了木兰围场。清初坚持"遵先王敕谕，实现政教统一"方式来处理民族宗教事务。至清乾隆时期，承德演变为通过依靠藏传佛教活佛体系与宗教场域的建构来稳定蒙、藏政教势力的政治主导型城市，是清一代，承德外八庙建设成为清政府为怀柔蒙、汉、藏各族并实现政治认同的有效途径。清代皇帝通过寺庙写仿，使写仿寺庙享受宗教世界的同等合法性，也使被写仿寺庙纳入行政空间。

1. 承德城市营建背后的空间治理需求

清代皇帝的空间治理需求是，如何通过宗教手段进行疆域收复及以后的空间治理。正如《承德府志》所载，"承德为之都会"，应该做到"外连沙漠，控制蒙古诸部落，内以拱卫神京"[3]。（图 1）

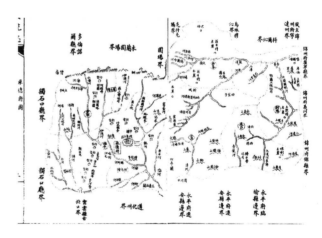

图 1 《承德府志》中的承德府及避暑山庄
（图片来源：《承德府志》）

承德早期城市规划依大地风景建设而起，它的"因园建城""园寺兴城"与中国古代传统意义上的行政城市建设不同，其无坊市建置，亦非方正规矩（图 2），却是清代为处理蒙藏问题而建设的民族关系进程史的产物。承德避暑山庄与外八庙是清代政教中心建设的需求，热河行宫是清代皇帝驻锡和办公的园林化场所，外八庙的建设活动则是通过宗教手段进行政治通知的主要环节。（图 3）

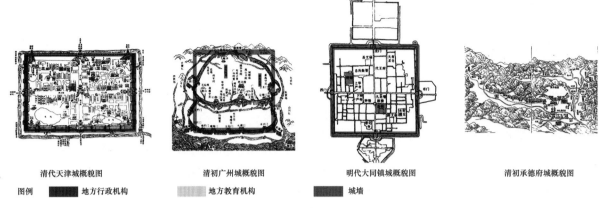

清代天津城概貌图　　　清初广州城概貌图　　　明代大同镇城概貌图　　　清初承德府城概貌图

图例　■ 地方行政机构　　　■ 地方教育机构　　　■ 城墙

图2　典型历史城市建设格局与承德府城的差异

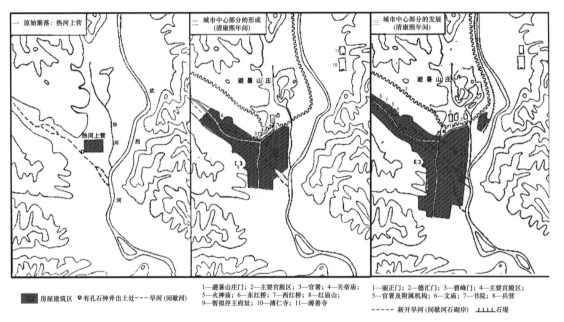

图3　清代承德城市核心区域建设演进
（资料来源:《历史地理学的理论与实践》）

清初的蒙藏世界有三大政治格局，一是卫拉特族部统治的厄鲁特蒙古与藏地，二是喀尔喀族部统治的喀尔喀蒙古，其三为清顺治时即已内附的漠南蒙古，究源即为政治上的三大帝系——松赞干布法台帝系、元黄金家族帝系与清帝系。因清入关之际，三者皆信奉藏传佛教，但仍有自己的政治施主与教权体系，形成厄鲁特（政）——达赖喇嘛/班禅（教）、喀尔喀——哲布尊丹巴、漠南蒙古——呼图克图主导的三大政教同盟。藏传佛教发展到16世纪格鲁派主体地位的确立，促使了班禅与达赖两大活佛系统的形成，藏传佛教教义上比附班禅为阿弥陀佛化身，达赖则为观音菩萨化身，哲布尊丹巴为密迹金刚化身，即宗教层面的达赖与哲布尊丹巴为班禅的左右肋侍。藏地赤松德赞、中土之帝系如元世祖忽必烈和明成祖朱棣皆有藏传佛教的"文殊菩萨化身"之称。对清代皇帝而言，想要达成统治佛教世界之正统性传承，自身菩萨化身的主导性虚构必不可少，这主要体现在

其"文殊菩萨"化身的宗教意义传承与建构之上。

清代皇帝为达成政治合法性建构的宗教地景规划与营造，吸纳蒙古部落移居承德，"环寺而居"，最终呈现出一个可平行于藏地的大清国藏传佛教中心，与此同时又容纳汉传佛教寺院建置，即通过宗教手段进行政治统辖，从而进行空间治理的营城实例。

2. 清帝承德城市营建完成的空间治理意义

承德的城市景观结构与传统中国的大部分府县形成逻辑不同，是在蒙藏民族关系史发展的过程中逐渐生成的。承德城市及宗教景观建构最终要达到的目的是，解决地区性空间在宗教建构框架下的政权合理性问题。这种合理性结合承德外八庙地景的建设，涉及清代皇帝政教系统建构与蒙藏地区政教观的融合问题，主要体现在基于已有行政空间承载的活佛体系，来建构容纳清代皇帝在内的新的教权体系。

清代皇帝为在政治上安抚诸蒙古之不安势力，藏地为谋求政治依附促成自身宗教主导权，两者于17世纪促成新的"供施关系"，这在五世达赖与清顺治帝的交流书信称"尊太宗为曼殊师利大皇帝"，以及五世达赖的请安奏疏"至上文殊大皇帝明鉴"中可见。清康熙时期、乾隆时期则依从这一宗教比附，清乾隆时期追尊清康熙帝为无量寿佛、自身亦为文殊菩萨化身。清代藏传佛教格鲁派独尊，宗喀巴创建格鲁派，其被弟子尊为文殊菩萨化身，有"往生兜率天弥勒座前，名佛子妙吉祥藏"，清代皇帝对格鲁派的尊崇于诸多寺庙的菩萨供奉可见一斑，清代皇帝亦要把各大活佛教权体系容纳于格鲁派教法之下。清初藏地教权体系将清代皇帝比附文殊菩萨与五世达赖自称的观音菩萨这一宗教传统，则是达赖为获藏地宗教权利且同时为依附清朝政治权利自立所形成的"供施关系"的重要策略，实则暗示藏地与清朝为观音菩萨与文殊菩萨相同级别的教化区域，但这并未消除清代皇帝一统边疆的政治诉求。蒙藏藩部地区分别于18世纪中期内附清朝，几大活佛教权体系亦为清代皇帝所控制，是清朝通过宗教手段进行政治建构的最终完成。

三、 空间治理实践下的承德城市与建筑写仿

作为清代皇帝政治统辖的新建城市案例与宗教体系建构寺院体系营造，承德城市外八庙的规划与建设有规制可循。清代承德藏传佛教寺院的建设，首次运用在清康熙五十二年（1713年）溥仁寺，随着承德外八庙的集体建设，其历时的阶段性也体现出清朝蒙、藏争端处理的调节与对抗之上（图4）。

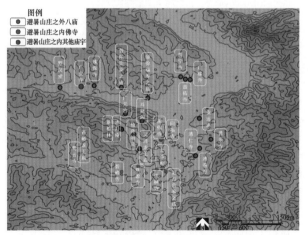

图4　清代承德城市核心区主要寺庙空间分布

1. 城市景观结构写仿：承德磬锤峰景观轴线的营构

承德作为依靠宗教力量进行蒙藏统治的政治性城市，其宗教地景建设存在以"磬锤峰"为主导的地景建构，亦有"磬锤峰—普乐寺—万树园"的景观轴线（图5），承德宗教地景亦是具有容纳避暑山庄、外八庙、城市文庙等之

建制为一体的清代皇帝王统观与多元宇宙观的空间意义。

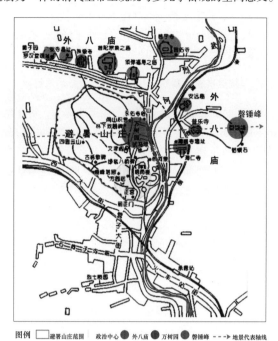

图例 □避暑山庄范围　政治中心 ●外八庙 ●万树园 ●磬锤峰 ---▶地景代表轴线

图5　"磬锤峰—普乐寺—万树园"城市景观轴线
（资料来源：《中国城市发展与建设史》）

于宗教场域层面上，清康熙帝与清乾隆帝对"磬锤峰"于承德城市地景的空间把控则显得更加明确，"磬锤峰"也处于承德各处诸景的视线范围之内。

磬锤峰初次记载见于郦道元《水经注》之"石挺"，清康熙四十年（1701年）"石挺"更名为"磬锤峰"，清康熙帝用佛教乐器"磬"入名。佛经有云"入山高顶上，见有大石，其清磨处，见人影现，此石圣人曰吉祥石"[4]，即明确了"磬锤峰"的佛教暗示。清乾隆帝有诗曰"在地有昆仑，絜然中峙四维镇；昆仑一支走华区，坛曼案衍群峰都"。清乾隆年间普乐寺的选址也因借"磬锤峰"的地景意义，《普乐寺碑记》云"其东偏列嶂邈绵、周原案衍，则诸经所称，广长清净，于佛土宜……然自庙南延望锤峰，式垲式闳，厥壤犹隙"[5]，把锤峰比作天，其修建也加深了"磬锤峰"的宗教意味。

万树园位于平原区，其典型草原风貌在清代早期成为清代皇帝进行政治活动的典型区域。万树园始建于清乾隆时期三十六景的建制，其前身为清康熙三十六景之"甫田丛樾"，在清康乾时期此地建制亦有猎场与试马埓，而万树园政治中心有蒙古包的设立，清乾隆帝于此地多次召见蒙、藏地区的政教首领，增强其政治统辖。需要注意的是，万树园旁永佑寺的建立也是清乾隆政治建构的重要一环，永佑寺内供奉无量寿佛，是五世达赖尊称清康熙帝为无量寿佛之化身的原因，由此可见避暑山庄之汉式寺院的"皇帝即佛"方式也成为蒙藏政治统辖的有力手段。"磬锤峰"的宗教主导性亦有其他承德地景的表现形态，该峰以北

300 米有清朝建制之藏传佛教摩崖石刻像，从北至南依次画有"弥勒佛、七世达赖、宗喀巴、五世班禅、不动金刚、米拉日巴、吉祥天母"[4]，这进一步加强了清代承德藏传佛教中心的正统性建构。

2. 寺院建筑布局写仿：外八庙写仿的开始与终结

都纲法式是以藏传佛教密宗曼陀罗为原型，结合藏地碉房等传统建筑形式，形成的表达宗教意境的程式化规制。承德外八庙寺院建筑部分主要以都纲法式为蓝本进行主殿建设或总体（后半部）以曼陀罗为蓝本进行寺院写仿，以象征藏传佛教宇宙观。

清乾隆二十年（1755 年），清代皇帝为纪念征服准噶尔汗国而建普宁寺，它是承德外八庙寺院写仿的开始。普宁寺分前后两部分，后半部则写仿桑耶寺藏式风格（图6）。其中建筑布局结构的写仿以藏传佛教都纲法式为主。桑耶寺乌策大殿形制是 18 世纪重修结果，清乾隆时期普宁寺写仿是该阶段模仿的产物。《章嘉国师若必多吉传》云"在热河避暑山庄附近仿照西藏桑耶寺的形式修建了一座很大的僧伽乐园——佛教寺园"[6]。中心建筑大乘之阁仿乌策大殿，"中间大屋顶殿代表密教三部"，这与藏传典籍中"行密宗事续部"的三护主相同，皆为佛部（文殊菩萨）、金刚部（金刚手菩萨）和莲花部（观世音菩萨）。

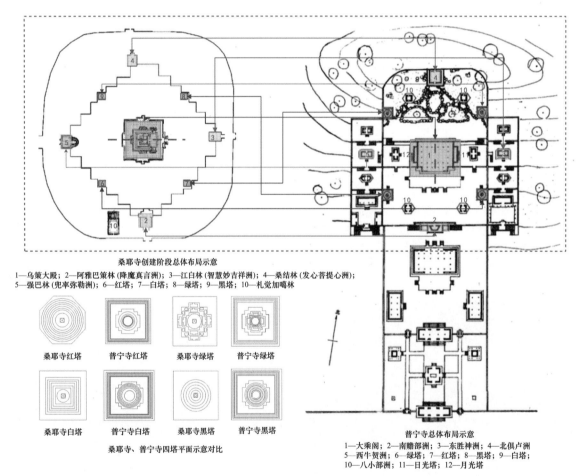

桑耶寺创建阶段总体布局示意

1—乌策大殿；2—阿雅巴策林（降魔真言洲）；3—江白林（智慧妙吉祥洲）；4—桑结林（发心菩提心洲）；5—强巴林（兜率弥勒洲）；6—红塔；7—白塔；8—绿塔；9—黑塔；10—札觉加噶林

桑耶寺红塔　普宁寺红塔　桑耶寺绿塔　普宁寺绿塔

桑耶寺白塔　普宁寺白塔　桑耶寺黑塔　普宁寺黑塔

桑耶寺、普宁寺四塔平面示意对比

普宁寺总体布局示意

1—大乘阁；2—南赡部洲；3—东胜神洲；4—北俱卢洲；5—西牛贺洲；6—绿塔；7—红塔；8—黑塔；9—白塔；10—八小部洲；11—日光塔；12—月光塔

图 6　普宁寺写仿

（资料来源：根据《藏传佛教寺院考古》《中国古典园林史》《承德古建筑》改绘）

须弥福寿之庙写仿扎什伦布寺，主要体现在视觉方位和建筑外观上。扎什伦布寺为宗喀巴弟子根敦珠巴在 15 世纪创建于日喀则，承德须弥福寿之庙是为迎六世班禅朝觐而建。"今之建须弥福寿之庙于普陀宗乘之左冈者，以班禅额尔德尼欲来觐，而肖其居所，以资安禅"[7]，是承德外八庙建设的最后一座寺院。须弥福寿之庙的写仿，多保持在扎什伦布寺外观藏式红白台之特征之上。扎什伦布寺创立初期只有措钦大殿、巴第康村佛殿等，后四、五世班禅多

有增建，进而形成此时面貌。弥福寿之庙的主要殿堂即仿藏教都纲殿布局，形体穿插形成三大建筑体块，即须弥福寿之庙的三大殿［大红台—妙高庄严殿（都纲殿）；东红台—御座楼（皇帝下榻）；吉祥法喜殿（班禅居所）］，此三殿堂分别代表着"藏传佛教佛法僧—皇帝—班禅"，具有极高的宗教暗指和政治意蕴，是清乾隆朝晚期皇权与神权相互均衡的地景营建。（图7、图8）

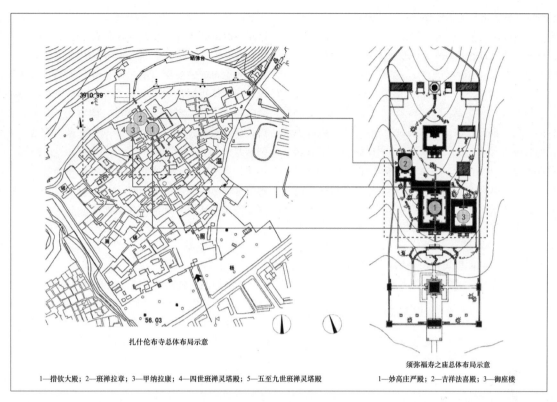

扎什伦布寺总体布局示意

须弥福寿之庙总体布局示意

1—措钦大殿；2—班禅拉章；3—甲纳拉康；4—四世班禅灵塔殿；5—五至九世班禅灵塔殿

1—妙高庄严殿；2—吉祥法喜殿；3—御座楼

图 7　须弥福寿之庙写仿（1）

（资料来源：根据《日喀则城市与建筑》《承德古建筑》改绘）

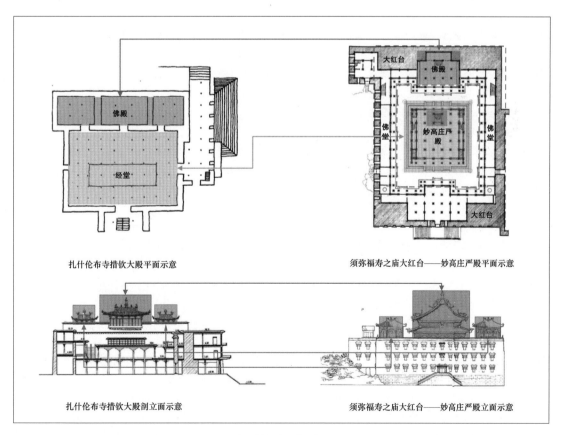

扎什伦布寺措钦大殿平面示意

须弥福寿之庙大红台——妙高庄严殿平面示意

扎什伦布寺措钦大殿剖立面示意

须弥福寿之庙大红台——妙高庄严殿立面示意

图 8　须弥福寿之庙写仿（2）

（资料来源：根据《藏传佛教寺院考古》《承德古建筑》《喜马拉雅城市与建筑文化遗产丛书》改绘）

承德外八庙建设中期的寺庙如安远庙、普乐寺与普陀宗乘之庙的建设时间大致相同，处于普宁寺与须弥福寿之庙建设之间。虽然三者针对的藩部政治与教权体系不尽相同，但具体营建的空间布局有形制写仿之处。如安远庙建仿伊犁固尔札庙，"因思山庄为秋蒐肄觐之所，旧番新附，络绎鳞集，爰规东北冈阜肖固尔札之制，营建斯庙"[8]。固尔札庙遭战火焚毁，只知其"都纲三楹，缭垣周一里许"，安远庙"缭垣正方，四面各有门，中为普度殿三楹，周以回廊六十有四楹，所谓都纲也"。普乐寺的营建是以章嘉活佛据《大藏经》建设阇城，目的是以供乐王佛，普乐寺后半部阇城可见明显的大殿都纲法式布局和后半部总体的曼陀罗规制，这和同时代藏传佛寺如出一辙。普陀宗乘之庙碑记云"山庄迤北，普陀宗乘之庙之建，仿西藏"。普庙之建"是则山庄之普陀，与西藏之普陀一如，与印度之普陀亦如一"，由此可见清乾隆时期在承德藏传佛教空间形式写仿的营造表现。

3. 宗教概念意义写仿：清代承德寺院建筑的政治治理意图

清代皇帝对承德的宗教地景建构赋予诸多空间意义。由于清代皇帝之统治意图和自然地理环境的不同，承德城市及寺院建筑写仿的核心是意义写仿，即城市建设及寺院建筑写仿时，依据清代皇帝政治意图进行建筑空间变形与重构的同时，如何进一步再现藏传佛教宇宙观与菩萨王统观。

（1）承德之于藩部城市的教权延伸

承德是清代皇帝在一定程度上效仿藏传佛教宇宙观而建立起来的政治性城市，兼具"曼陀罗"结构意义，形成了多元宇宙观的城市结构特点。但蒙藏信仰圣地拉萨的历史城市缘起具有明显的藏文化宇宙观之暗示，是曼陀罗的再现。承德与拉萨的城市地景则显示出政教性与宗教性两种同中有异的空间建构逻辑。此种空间建构于承德城市层面则更多地体现在意义建构之上。

吐蕃时期松赞干布之寺庙建设促使拉萨完成了由堡寨向城市的过渡。宗教层面的拉萨城市中心更多地在以大昭寺为中心的同心圆区域。围绕大昭寺的老城区（八廓街地区）叫作"拉萨"，专指以大昭寺内的觉沃佛为中心，以囊廓、八廓所围成的区域为主要部分，形成的一个城市曼陀罗。拉萨的城市格局是以大昭寺主殿中的主供佛为中心，以同心圆结构的转经路线建立起来的[8]。但西藏地区的寺庙建设从古至今都不是一个宗派（格鲁派）的产物，而西藏布达拉宫的再建设也只是当时政教合一的产物。格鲁派原驻锡寺院为拉萨三大寺，后格鲁派于五世达赖时开始驻锡布达拉宫，一改布达拉宫历代宗山的政治中心地位，变为甘丹颇章政权时期的政教中心。而承德于此时模仿布达拉宫建造普陀宗乘之庙，则是清乾隆帝认可格鲁派的藏地宗教主导地位且承认以达赖喇嘛宗教主管权后意识主导化的产物，带有鲜明的清代空间治理特色。

（2）寺院之于藩部寺庙的角色比附

承德避暑山庄外首座藏传寺庙溥仁寺是诸藩蒙古为清

康熙帝集资所建，与此同时建立经学院溥善寺。这两座寺庙是驻锡蒙古喇嘛的汉式布局之藏传寺庙，并无实际写仿，但的确是清代皇帝对蒙古的空间治理确切体现。桑耶寺始建于8世纪中的吐蕃时期，赤松德赞迎请莲花生入藏，参照阿旃延那布尼寺建寺，此为吐蕃时期首座喇嘛寺，清乾隆帝写仿桑耶寺之意义源于此，即落实"印度—西藏—承德"的正统性传承，而至后弘期对吐蕃时期赤松德赞法王的宗教映射（文殊菩萨）更是清乾隆帝写仿的重要参照。普宁寺后部大乘之阁建筑形象为汉式楼阁建筑，其写仿的桑耶寺乌策大殿以意义写仿为主，而四边佛殿写仿四大部洲，其他如八小部洲和四塔为藏式。

四、 小结

本文以清乾隆时期承德的城市、建筑营造为个案，通过空间写仿来聚焦清代皇权至上的空间治理行为。清代皇帝承德城市景观建设研究，主要关注清代城市宗教地景营建的诸多面向，即清代前期的宗教与政治关系如何体现在城市地景营建及其空间展演上，其统治合理性结合承德外八庙地景的建设。而清代承德外八庙寺院建筑则以藏传佛教寺院为主，聚焦藏寺类型的佛教空间意蕴，清代皇帝于承德写仿藏式佛寺的都纲法式与曼陀罗形式，即有空间结构形式的相似性，但并非建造格式与结构形式的一一对应，而是一种基于"曼陀罗结构形态"之上的藏传佛教宇宙观，以及"清帝－文殊"合一之菩萨王统观的逻辑原则对应，本质是清代皇帝政教系统建构与蒙藏地区政教观的融合问题，主要体现在已有治理空间植入宗教体系，从而建构容纳清代皇帝与活佛在内而形成新的清朝政教治理体系的行为。

参考文献

[1] 张碧君. 古迹地景、国族认同、全球化：以新加坡中国城为例 [J]. 地理学报，2013（71）：29-47.

[2] 列斐伏尔. 空间与政治 [M]. 李春，译. 上海：上海人民出版社，2015.

[3] 林从炯. 承德府志 [M]. 台北：成文出版社，1968.

[4] 阎学仁. 承德文史 [M]. 承德：河北省承德市印刷厂，1990.

[5] 陈宝森. 承德避暑山庄外八庙 [M]. 北京：中国建筑工业出版社，1995.

[6] 土观·洛桑却吉尼玛. 章嘉国师若必多吉传 [M]. 陈庆英，马连龙，译. 北京：中国藏学出版社，2007.

[7] 陈宝森. 承德避暑山庄外八庙 [M]. 北京：中国建筑工业出版社，1995.

[8] 宋卫红. 藏文化的空间句法：视觉人类学视野下的藏族空间观念 [M]. 民族艺术，2016（1）：25-31.

略论中国古代监狱建筑——以敦煌壁画为中心[1]

邝墩煌[2]

摘　要：监狱建筑作为中国古代建筑的重要组成部分，有着悠久的历史。唐宋时期保存完好的监狱建筑现已无存，所幸在莫高窟第45窟、第23窟、第205窟、第468窟、第55窟等窟中保留了几幅监狱图像，清晰地展现出唐宋时期监狱建筑的造型、特点。借助对敦煌壁画中的监狱图像分析，可知唐宋时期的监狱建筑主要有三种形态，分别为平面呈圆形的"圜土"型地上式监狱、平面由内圆外方院落组合而成的复合型监狱及平面呈方形的"狱城"。

关键词：敦煌壁画；古代监狱；监狱建筑图像

一、前言

监狱作为一种维护统治阶级进行有效统治的机器，在我国有着悠久的历史。中国最早的"狱"传为皋陶所造，《急就篇》中就有"皋陶造狱法律存"的记载。皋陶为尧舜时期的圣贤，舜主政时命皋陶主管司法。因其对中国古代律法、监狱制度等方面的贡献，现今仍有部分地区祭拜皋陶，并有浓厚的皋陶信仰。[3]

作为中国法治史重要物质遗存的监狱建筑，可以说是中国古代建筑中颇具独特性的建筑类型之一。提到监狱，可以说是妇孺皆知；若进一步试问，中国古代监狱的具体形态为何？恐怕一时难以解答。造成人们对监狱建筑一知半解的原因，或许与监狱的性质有关。史籍中很少以"监狱建筑"为主要内容进行记述，我们只能从前人的只言片语中寻得有关监狱建筑的蛛丝马迹（表1）。

表1　文献记载的与"监狱"相关的举要

序号	内容	文献出处	备注
1	皋陶造狱法律存：皋陶，舜臣，名亦，号庭坚。命为士官，始制囹圄、法律备焉。欲言刑罚之事，故先陈之也。狱之言埆也。取其坚固、牢也。字从二犬，所以守备也	（汉）史游撰；（唐）颜师古注：《急就篇》卷四，《四库全书》影印本，第54页	—
2	崇侯虎知之，以告纣，纣囚西伯羑里	（汉）司马迁：《史记·殷本纪》，北京：中华书局，2000年，第77页	—
3	夏启有钧台之享，商汤有景亳之命	杨伯峻编著：《春秋左传注》（修订本），北京：中华书局，2009年，第1250页	杨伯峻注："'钧台'当即《史记·夏本纪》桀囚汤之夏台。"

1　基金项目：本文系国家社科基金艺术学重大项目"丝绸之路美术史"（20ZD14）阶段性成果。
2　南京大学历史学院博士研究生，210023，535086427@qq.com。
3　高忠严、关旭耀：《村落变迁中的信仰空间重构与文化传承——以洪洞县士师村皋陶信仰为例》，《长春大学学报》2022年第32卷第3期，第50～54页。

续表

序号	内容	文献出处	备注
4	帝桀之时，自孔甲以来而诸侯多畔夏，桀不务德而武伤百姓，百姓弗堪。乃召汤而囚之夏台，已而释之	（汉）司马迁：《史记·夏本纪》，北京：中华书局，2000 年，第 65 页	—
5	以圜土聚教罢民。凡害人者，置之圜土而施职事焉，以明刑耻之。其能改者，反于中国，不齿三年。其不能改而出圜土者，杀	徐正英、常佩雨译注：《周礼》，北京：中华书局，2014 年，第 736 页	—

中国监狱史研究作为中国法制史研究的重要组成部分，历来受到学界的重视。如梁民立等撰《简明中国监狱史》[1]、薛梅卿主编《中国监狱史知识》[2]、李文彬所著《中国古代监狱史》[3]、王志亮所著《中国监狱史》[4] 等，较为系统地对中国古代监狱的发展历程进行了梳理与研究。近年来，更是涌现出一批监狱史研究的硕博论文。[5] 相较于监狱史的研究，有关监狱建筑的研究成果却不多。据笔者所知，王晓山在《图说中国监狱建筑》《中国监狱建筑的历史沿革》《清末模范监狱建筑的特色》等著作中，较为系统地论述了监狱建筑在原始社会末期至清代、中华民国等不同时期的特点。[6] 遗憾的是，上述研究成果并未重用敦煌壁画中的监狱图像。萧默是较早意识到敦煌壁画中监狱图像之价值的学者，在其《敦煌建筑研究》一书中，曾对莫高窟第 45 窟、第 23 窟、第 55 窟等窟的监狱图像进行初步分析。[7] 本文将以敦煌壁画中的监狱图像为重点，对中国监狱建筑的造型特点进行分析，并就中国监狱建筑文化进行初步探讨。

二、敦煌壁画之 "监狱" 图像

敦煌莫高窟现存四五万平方米的壁画资料，是世界上最负盛名的佛教艺术宝库之一。据施萍婷、王惠民等人的统计，敦煌石窟的经变画题材分为 30 多种。[8] 在数以千计的敦煌经变画中，则以西方净土变为大宗，约 180 铺。

西方净土变的绘制，主要依据《佛说无量寿经》《佛说观无量寿佛经》（简称《观经》）及《佛说阿弥陀经》。此三经俗称"净土三部经"。

《观经》在序分部分记载了阿阇世王子与频婆娑罗王、韦提希夫人的因缘故事。阿阇世太子将自己的父王频婆娑罗幽闭于警卫森严的七重室中，并下令群臣均不得私自探视。[9] 韦提希则以酥蜜等涂抹其身体，璎珞中盛满葡萄浆偷偷前去看望国王。这一行为后被阿阇世太子所察觉，欲提剑刺杀韦提希。最后，因群臣劝阻，韦提希得以免除一死，被幽禁起来。[10] 深感无助的韦提希将希望寄托于佛祖，释迦牟尼则通过向韦提希传授观想念佛的种种法门，帮助韦提希取得最终的善果。

这则佛教寓言故事围绕频婆娑罗王、仙人、阿阇世太子及韦提希夫人等展开，向世人阐释"恶有恶报"的道理。频婆娑罗王杖杀仙人，仙人便托生为阿阇世太子，从而以阿阇世太子的身份报复频婆娑罗王和韦提希。如果信众一心观佛、念佛，则可以转危为安，迎来美满的结局。被幽禁深宫的韦提希通过不断地观佛、念佛，最终得以往生西方极乐世界。

《观经》开篇用相当大的篇幅来描述未生怨故事，而敦煌画师在将此因缘故事绘制至壁画的过程中，无法离开现实生活场景。如《历代名画记》中记载了田僧亮、杨契丹及郑法士一同作画于光明寺的事迹，一定程度上还原了当

1　梁民立等：《简明中国监狱史》，北京：群众出版社，1994 年。

2　薛梅卿：《中国监狱史知识》，北京：法律出版社，2001 年。

3　李文彬：《中国古代监狱史》，北京：法律出版社，2011 年。

4　王志亮：《中国监狱史》，北京：中国政法大学出版社，2017 年。

5　近年的监狱史研究主要分时期进行，集中于清代，主要有肖世杰：《清末监狱改良》，湘潭：湘潭大学博士学位论文，2007 年；曹强新：《清代监狱研究》，武汉：武汉大学博士学位论文，2011 年；崔嘉欣：《清末民国时期北京监狱研究（1907—1937）》，保定：河北大学博士学位论文，2019 年；刘洁：《汉代监狱及其管理制度探析》，南昌：江西师范大学硕士学位论文，2008 年；陈洁：《宋代监狱制度探析》，重庆：西南政法大学硕士学位论文，2010 年；崔晨：《论汉代监狱制度》，桂林：广西师范大学硕士学位论文，2012 年；等等。

6　王晓山编著：《图说中国监狱建筑》，北京：法律出版社，2008 年；王晓山：《中国监狱建筑的历史沿革》，载张志成主编：《大连近代史研究》（第 15 卷），沈阳：辽宁人民出版社，2018 年，第 408 ~ 415 页；王晓山：《清末模范监狱建筑的特色》，《河南司法警官职业学院学报》2012 年第 10 卷第 3 期，第 15 ~ 19 页。

7　萧默：《敦煌建筑研究》，北京：机械工业出版社，2003 年，第 185 ~ 189 页。

8　据施萍婷先生的统计，敦煌莫高窟共有 34 种经变画。见施萍婷：《敦煌经变画》，《敦煌研究》2011 年第 5 期，第 1 ~ 13 页；王惠民：《敦煌经变画的研究成果与研究方法》，《敦煌学辑刊》2004 年第 2 期，第 67 ~ 76 页。

9　《观经》载："尔时王舍大城有一太子，名阿阇世，随顺调达恶友之教，收执父王频婆娑罗，幽闭置于七重室内，制诸群臣，一不得往。"见（南朝宋）畺良耶舍译：《佛说观无量寿佛经》，《大正藏》第 12 册，第 341 页。

10　《观经》载："王闻此语，懺悔求救，即便拾剑，止不害母，勅语内官：'闭置深宫，不令复出。'"见（南朝宋）畺良耶舍译：《佛说观无量寿佛经》，《大正藏》第 12 册，第 341 页。

时画师绘制寺观壁画的场景。在作画过程中，郑法士瞥了一眼杨契丹的画作，随后又欲求杨作画之粉本。杨契丹得知这一情况，便与郑一同走向朝堂，指着宫阙、衣冠、车马说："此是吾画本也。"[1] 可见敦煌壁画中那些精美绝伦的建筑图像，并不是"无源之水"，而是有其现实依据的。

在敦煌观无量寿经变（以下简称"观经变"）中，保存了大量诸如幢、高台、楼、阁等建筑图像，是我们研究中国古代建筑的重要资料。观经变中的未生怨故事画描绘了阿阇世太子囚禁国王及韦提希的场景，无意中为后人保留下一种极其宝贵的建筑图像资料——监狱图像。

第468窟开凿于中唐时期，五代时进行过重修。绘于五代时期的南壁未生怨故事画，画中的阿阇世太子囚父部分，并未表现国王已囚禁在七重室中，而是表现太子正准备让人把国王囚禁到七重室的场景。在此铺未生怨故事画中，表现韦提希给国王喂食的场景，可见一座由暗红色与土黄色颜料绘制的建筑（图1）。此建筑平面呈圆形，画中土红色的线条表示此建筑由夯土筑成。该建筑正面开一小门，门外有韦提希及一位红衣人士在给国王送食。结合经文的记述，不难判断该建筑为太子用以囚禁国王的监狱。

图1 第468窟未生怨之夫人奉食图

（资料来源：施萍婷编：《敦煌石窟艺术全集·阿弥陀经画卷》，第232页）

顾野王在《玉篇》中对"狱"解释道"牛欲切，二王始有狱。殷曰羑里，周曰图吾，又谓之牢，又谓之圜土也"[2]，指出殷代的狱称羑里，周代的狱称图圄。《史记·殷本纪》载"崇侯虎知之，以告纣，纣囚西伯羑里"[3]，明确记载了商纣王囚禁周文王于羑里。羑里为商周时期的古地名，位于今河南省安阳市汤阴县。或许是因为在"羑里"这个地方发生过这一重大事件，所以在殷商时期"羑里"这个地名渐渐引申为监狱。《释名·释宫室》对"狱"的

释义为"狱……又谓之牢，言所在坚牢也。又谓之圜土，筑其表墙，其形圜也。又为之图圄、图领也"[4]，可知"狱"又有"圜土"之称。[5] 综上，此座平面呈圆形的建筑应为中国古代建筑之"监狱"。

莫高窟第431窟是始建于北魏时期，后于初唐时期重修的中心塔柱窟。在第431窟北壁观经变中，国王被囚禁于一座"庑殿顶"殿堂，此即经文中所说的"七重室"。院门外有护卫把守，守卫森严。七重室上方，目犍连"如鹰隼飞"来。第113窟南壁同样绘有一幅未生怨之囚父图，图中城墙高耸，城门下方有一位看守（图2）。国王被囚禁于一座庑殿顶殿堂，国王坐在一床床榻上。上述两铺"七重室"壁画虽可看作囚禁婆娑罗王的"监狱"，但其形象还是更接近中国古代的宫殿建筑，与《释名》中"狱……又谓之圜土，筑其表墙，其形圜也"的描述尚存一定的距离。这也反映出监狱在形态、名称等方面上的复杂性，即一座宫殿、一座宅院甚至一个地穴，都可以是用作囚禁人的监狱。

图2 第113窟未生怨之囚父图

（资料来源：施萍婷编：《敦煌石窟艺术全集·阿弥陀经画卷》，第116页）

1 （唐）张彦远撰，承载译注：《历代名画记全译》，贵阳：贵州人民出版社，2008年，第430页。

2 （南朝梁）顾野王：《宋本玉篇》，北京：中国书店，1983年，第436页。

3 （汉）司马迁：《史记》，北京：中华书局，2000年，第77页。

4 （汉）刘熙：《释名》，载《四库全书·经部·释名卷》，第409页。

5 早自周代起，监狱就被称为"圜土"。圜即圆，圜土也就是一个圆形地坑。见萧默：《敦煌建筑研究》，北京：机械工业出版社，2003年，第185页。

除《观经》外，在另一部大乘佛教经典《妙法莲华经》中，也有描述罪犯被囚禁的故事情节。《观音普门品》中讲述了称念观音菩萨的种种好处，其中一种便是遭受牢狱之灾时，称念观音菩萨，便可免遭牢狱之苦。《法华经·观音普门品》载："设复有人，若有罪、若无罪，杻械、枷锁检系其身，称观世音菩萨名者，皆悉断坏，即得解脱。"[1] 于是，在法华经变之观音普门品中也常保留有监狱建筑的形象。

在莫高窟第 45 窟南壁观音经变中，绘有一座内圆外方的两重院落（图 3）。该院落皆由夯土筑成，院落上方皆设棘条，院外植有棘丛，功能类似于现代监狱的带刺铁丝网，防止犯人逃脱。建筑正面开一小门，门里有一位罪犯，门外则绘有两位站立着的人，地上散落着被解开了的枷具。显然，该画面表现的是《法华经·观音普门品》中"若罪犯称念观音，杻械、枷锁皆悉断坏"的内容。由此可知，画面中内圆外方的两重院落为盛唐时期的监狱形象。相似的画面，也见于第 23 窟、第 205 窟南壁的观音经变中（图 4、图 5）。

图 3　第 45 窟南壁观音经变监狱图
［资料来源：《中国石窟·敦煌莫高窟》（第 3 卷）］

图 4　第 23 窟南壁观音经变监狱图
（资料来源："数字敦煌"网站）

第 55 窟开凿于宋代，此窟北壁的佛顶尊胜陀罗尼经变亦绘有一座监狱的形象（图 6）。此座监狱平面为方形，但建筑内部未见之前常见的圆形院落。监狱四角有向外凸出

的墩台，围墙上方布满棘条，监狱四周则散布荆棘。

图 5　第 205 窟南壁观经变监狱图
［资料来源：魏同贤、（俄）孟列夫主编：《俄藏敦煌艺术品》（第 3 卷），第 232 页］

图 6　第 55 窟监狱图
（资料来源：采自萧默：《敦煌建筑研究》，第 186 页）

三、　监狱建筑的类型及发展历程探析

从上述敦煌壁画中所见的监狱建筑形象可知唐、五代、宋时期的监狱根据建筑间的组合关系，可分为单一型监狱及内圆外方的复合型监狱。单一型监狱主要由夯土筑成，建筑平面呈圆形，中部开有圆形天井，本文称为圜土形地上式监狱。从中国古代监狱建筑的发展史来看，此种圜土形地上式监狱在结构上较为低级，仅在地面上简单模仿早期的地穴式监狱。圆形的造型仍旧是圜土形地穴式监狱的孑遗。根据壁画中的人物形象及建筑的比例关系可知，此种圜土形地上式监狱为小型监狱，监狱内可供关押的犯人数量较少。

梁民立、张劲松先生指出，在原始社会末期，人们猎获的野兽在满足日常食用需求外，开始出现少量剩余。此时，人们就将一时食用不完的野兽放入窠巢或树枝围困起来。受此启发，统治阶级采用这种方式对付战俘、奴隶等被统治阶级。[2] 学者谷文双研究后认为，《周易·坎卦》中

1　（姚秦）鸠摩罗什译：《妙法莲华经》，《大正藏》第 9 册，第 56 页。
2　梁民立、张劲松：《我国奴隶制时期监狱的起源、形态及监管制度》，《河北法学》1984 年第 5 期，第 40～41 页。

的"坎"应训为地牢，它是殷商时期的监狱为地穴式建筑的反映。[1] 可以推断，早期用于关押战俘、奴隶等的"监狱"，应与圈养野兽的地穴并无本质上的区别。

敦煌壁画中另有由内圆外方的院落组合而成的复合型监狱建筑。从建筑结构及画面比例分析，此类监狱占地面积较大，里面关押犯人的数量应不止一人。第 55 窟的监狱形象，监狱四周有高大、坚固的墩台，与一座小型城邑无异。这种方形监狱规模较大，或可称之为"狱城"。这种方形监狱，从结构、造型上来看，显然要比圜土形地上式监狱进步得多。

但并不是说此类占地面积较大、类似一座小型城邑的监狱直至宋代才出现，也可能在唐代甚至更早的时期就已存在。敦煌壁画中的这几幅"监狱"图像，因所属经变内容的差异，表现的可能是不同等级城邑中的监狱类型。例如，在我国古代社会，都城与府城、县城在面积、城门等方面就存在一定的等级差异。同理，监狱在不同行政区划中也存在相应的等级制度。可能内圆外方的复合型监狱应用于州或更高等级的行政区，而圜土形地上式监狱应用于县等较低等级的行政区。

至于为什么要把监狱建成圆形，东汉经学大师郑玄认为主要缘于"仁"，以仁感化罪犯。[2] 这种说法显然是经不起推敲的，是强行把儒家所提倡的传统美德与监狱的造型相联系。从监狱的发展历程来说，早期监狱应对圈养野兽的地穴的模仿，在地上挖个圆形的洞穴显然较为容易。而挖成其他的形状，在地穴四壁没有其他加固措施的情况下，则十分容易垮塌。再到后来，随着建筑技术的提高，监狱从地下慢慢转移至地上，筑起由夯土围合的狱墙。此时的监狱建筑仍旧延续着"地穴"式监狱的圆形平面，只不过由地下转至地上，如同经过镜像一般。监狱主要以黄土层层夯筑而成。监狱的上方及外边安置有荆棘，以防止囚犯

逃跑。而敦煌壁画中所反映的圆形监狱，应为原始社会时期监狱——"圜土"的发展，体现出早期监狱建筑从地下至地上的发展历程。

四、结语

早在 20 世纪，梁思成先生就已意识到敦煌壁画资料对研究中国古代建筑的重要性，并在《敦煌壁画中所见的中国古代建筑》一文中写道：

> 在"发现"佛光寺唐代佛殿以前，我们对于唐代及以前木构建筑在形象方面的认识，除去日本现存几处推古时代（公元五九三至六四四年）、天平时代（七零一至七八四年）、平安时代（七八四至八九七年）模仿隋唐式的建筑外，唯一的资料就是敦煌壁画。[3]

监狱作为一种特殊的建筑类型，其"庐山真面目"常常不被人所知。唐宋时期的监狱建筑实物，在中华大地上现已无处可寻。传世文献中有关监狱的描述有其局限性，无法得知古代监狱建筑的造型、结构等信息。幸有敦煌石窟保存了几铺唐宋时期的监狱建筑壁画，使我们得以一窥其原貌。

本文的研究表明，在中国古代建筑数千年的发展历程中，监狱建筑的形态变化是相当缓慢的。在很长的一段时间里，圜土形地穴式监狱是早期监狱建筑的主要形态。这对当今的考古工作有一定的启示。例如，我们考古工作者在发掘一处地穴式遗址时，根据出土遗物的不同，常根据惯性思维将其看作一处灰坑、一处小型居址或一个殉葬坑。而史前时期关押奴隶、犯人的圜土，在造型上与灰坑、地穴式居址等有极大的相似性。因此，我们考古工作者在发掘此类遗址时，应注意提取其他相关信息，进而分辨出此类建筑遗迹。

1 谷文双：《〈周易·坎卦〉考释》，《周易研究》2002 年第 4 期，第 61 页。
2 毕沅曰：郑注《周礼·比长》云，狱必圜者，规主仁。以仁心求其情，古之治狱，闵于出之。见王先谦集撰：《释名疏证补》，上海：商务印书馆，1937 年，第 267 页。
3 梁思成：《敦煌壁画中所见的中国古代建筑》，《文物参考资料》1951 年第 5 期，第 7 页。

侗族信仰性风土建筑中的汉文化因素
——兼论侗族建筑的跨文化价值[1]

巨凯夫[2]

摘　要： 本文以文化传播视角对侗族信仰性风土建筑中的汉文化因素进行研究，它们反映了明清以来侗汉民族交往的历史。通过对现存信仰性建筑遗存的类型、空间、结构、装饰中汉文化因素的系统梳理，研判侗汉文化交流的广度与深度；通过研究建筑形制变迁和文化交融的因应关系，分析侗族原生文化的留存状态，以及侗族吸收和转化汉文化的机制，全面地揭示侗族风土建筑的跨民族性文化价值。

关键词： 侗族；信仰性；风土建筑；汉文化；跨文化

侗族是我国西南少数民族的一支，以擅长营造见称于史，鼓楼、风雨桥、住宅、粮仓等具民族特色的风土建筑假工匠之巧手传承沿袭，至今生生不息。学界对侗族风土建筑的民族属性给予了充分的关注，尤其在侗族原生文化保留较完整的侗语南部方言区[3],[1]，风土建筑遗存常作为侗族文化的标志物而加以研究，而一个易被忽视的史实是，至迟从明末开始，侗汉两个民族间的交往已颇成规模，风土建筑与自然环境和文化环境有着密切的因应关系，必然会对民族交融过程中的文化变迁做出反应。

一、　侗汉文化传播史回溯

侗族族源上溯先秦百越，大约在唐宋时期形成独立民族。唐宋以前，中央王朝对侗族地区采用宽松的羁縻政策，元代施行"以土官治土民"的土司制度，明王朝为绝土官之弊同时也为加强对西南地区的统治，开始改土归流，并

建立卫所实行军屯，清代为"实云贵边防百世之利"，更加彻底地推行改土归流政策，清雍正年间在侗族聚居区设立"新疆六厅"，标志着"生苗[4]"聚居地也已归于王朝治下[2]。官方的政治举措客观上促进了包括侗族在内的世居民族与汉族的交往，同时，民间的交往在明清时期也已展开，侗族地区丰富的林业资源吸引汉商络绎不绝地前来进行林木买卖，久之有汉商为方便贸易商屯于此，更有与世居民族通婚者[3]。此外，从汉地而来的农业移民也有相当数量。那么伴随人口迁移的文化传播呈现出怎样的态势？

（清）徐家干所著《苗疆见闻录》的"汉民变苗"节记载"其地有汉民变苗者，大约多江楚之人。懋迁熟习，渐结亲串，日久相延，浸成异俗，清江南北岸皆有之，所称'熟苗'，半多此类。[4]"，似乎外来汉族在与世居民族交好的过程中文化也渐被世居文化所涵化。但同书"家不祀神"一节中记载"家不祀神，只取所宰牛角悬诸厅壁，其有天、地、君、亲、师神位者，则皆汉民变苗之属"，所述

1　本文为国家民委民族研究项目（项目编号：2022-GMI-106），教育部人文社会科学研究一般项目（项目批准号：20YJCZH062）的子课题。

2　巨凯夫，苏州大学建筑学院，讲师，215031，nr017@sina.com。

3　侗语南部方言区主要指贵州省启蒙镇以南的侗族地区，包括湖南省通道县、广西壮族自治区三江、龙胜县、贵州省黎平、平江、榕江县。民族学研究指出侗族原生文化在侗语南部方言区得到了较为完整的保留，因此，本文选择南部地区为研究区域。

4　"苗"是清代对西南少数民族的泛称，"生苗"是当时带有偏见的说法，客观上指汉化程度较弱的民族。

神位是典型的儒家文化象征，透露出汉文化与侗文化的并行状态。（中华民国）《三江县志·民族·侗人》又载："现渐仿汉人服装……通汉语及识字者渐多，其进化亦速，人口蕃殖，甲于各族，于二十二年调查，约四万七千余人……（人口）易与汉人趋于一致，此族亦为最有希望者。"抛开其中的偏见，这段文字又表明汉文化相对于侗文化居于更为强势的地位。

对于侗汉交往中的文化融合问题，仅凭历史文献似乎难有定论，而建筑被喻作凝固的史书，恰可以作为历史文献的补充，将侗汉文化交融史的轮廓勾勒得更加清晰。本文通过侗族信仰性风土建筑的演变说明这一问题——相对于日常生活性建筑，信仰性风土建筑与民族的集体意识、观念、思想的联系更加紧密，因此，能够更加敏锐和鲜明地反映文化变迁的过程。

二、 侗汉文化互融与侗族信仰性建筑的演变

侗族信仰万物有灵，崇拜对象包括自然神和祖先神，后者又可分为族群的远祖与家族的近祖，侗族通常不为崇拜对象立偶像。鼓楼与萨坛是侗族重要的信仰性风土建筑，鼓楼的起源与自然崇拜或男性祖先崇拜相关，后在社会生活中发挥重要的功能，起到聚集房族或村寨成员商讨要事，组织村寨间款会、多耶、联谊的重要作用，平日里鼓楼也是日常生活的场所[5]。湖南、广西地区的风雨桥以桥廊串接鼓楼，可视作次生性的信仰性建筑。萨坛是祭祀侗族的女性祖先神"萨岁"的建筑物，原始的露天萨坛以围石填土呈圆形、上立伞盖、内埋瘗物为基本形态特征[6]（图1）。在侗族观念中萨坛是萨岁的灵魂居所，所以瘗物多为用具、食物及其他吉祥物，供萨岁的灵魂使用[1]。每年的萨玛节，村民以萨坛为中心举行绕坛、绕寨等仪式活动，在其他重要节日（如斗牛节）或某个家庭遭遇困境时，也会到萨坛旁祈祷萨玛的保佑。祭祀近祖的活动通常在住宅的火塘旁进行，侗族认为祖先神灵会在特定的日期回到火塘进食，会在火塘边放碗筷及供物等待祖先灵魂的到来。除鼓楼之外的自然神崇拜一般不特立祭祀建筑，祭祀时只在河流水口、水井、树下等自然场所举行仪式。

侗汉文化交融为信仰性建筑带来的改变主要体现在如下几个方面：

图1 贵州榕江大利村露天萨坛

（本文图像除特殊说明均为作者自摄或自绘）

1. 建筑类型的扩充

汉族带来了偶像崇拜文化，相应地，用于安置偶像的信仰性建筑也丰富起来。根据口述史的资料，晚清、中华民国时期侗族地区曾有一定数量的佛寺，在地势平坦、交通便利的村、镇还出现过多进院落，主殿配高耸大佛的佛教建筑群[2]。汉族的其他神祇也进驻侗地，其中影响较为广泛的有飞山公[3,7]、关公等，保佑农业丰产的土地公、土地婆也为侗族所广泛接受。汉族神祇通常配有专门的建筑供人进入行祭拜仪式，也有设龛供奉的，建筑以设置在风雨桥、寨门等聚落节点处的情形为多，也有设置在路旁的，寓意出入平安，建筑的形式并不拘泥于汉式（图2）。

图2 三江平流村某庙宇外观与室内环境

祭祖用宗祠类建筑在南侗地区偶有兴建，但数量稀少，其中形制考究者多为汉族移民建造，侗族村寨中的祠堂只

1　广西地区的某些萨坛内埋有木质或金银质的萨岁偶像，有学者认为是受到汉族偶像崇拜的影响而产生的现象，详见参考文献［6］。萨岁的偶像埋于萨坛内，并不暴露于人们的视野，祭祀活动举行时，萨坛整体作为仪式的中心。为萨岁制作偶像的情况在南侗其他地区并不多见。

2　根据侗族老人的回忆，多数佛教建筑在1958年前后被拆除。

3　飞山公杨再思是唐末五代时人，关于杨再思的族属有汉、侗、苗等多种推测，飞山公崇拜可能反映了更早时期侗汉及其他民族交往的历史，详见参考文献［7］。

以简易的木屋为之，与汉地华丽、封闭、内向的宗祠建筑形象迥异（图3）。

图3　广西三江八协村某祠堂

2. 建筑空间形态的演变

建筑人类学认为，在侗族观念中宇宙是一个类似于同心圆的结构，这种观念投射于聚落与建筑空间中，并由仪式性活动加以强化[8]：侗族在营建聚落时先立鼓楼，以鼓楼为中心建造住宅；侗族以萨岁山作为远祖信仰的中心，在萨岁山取土埋入各自村寨的萨坛象征萨岁灵魂的迁入，在行祭萨仪式时，以萨坛为中心进行绕萨、绕寨仪式；在住宅中，火塘是空间的中心，饮食、起居、取暖、祭祀等活动均在火塘边进行。

汉族建筑受礼制秩序影响，更多地注重建筑的轴线结构和正面性。现存的鼓楼遗构中有部分通过使用双坡或歇山屋顶、与寨门结合、扩大建筑正立面等方式强调建筑的正面性 1（图4）；部分地区的萨坛受汉文化影响开始祠堂化，通过华丽的立面装饰强调建筑的正立面（图5）；住宅亦参照汉族住宅的"一明两暗"布局，将祭祖用的堂屋引入建筑空间，削弱了火塘的向心性，而强调了以堂屋为轴的空间结构。侗族住宅中还有以较浅的吞口暗示堂屋，或不设堂屋仅在前廊设供桌或供台的做法[9]，反映出不同侗族地区对汉文化接受程度的差异性（图6）。

图4　广西马田鼓楼

图5　贵州榕江某萨玛祠

（资料来源：https：//www.meipian.cn/2e95byxv）

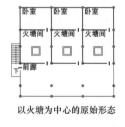

以火塘为中心的原始形态

供台型祭祖空间

吞口型祭祖空间

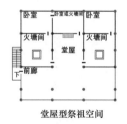

堂屋型祭祖空间

图例：▨供台　□火塘

图6　侗族住宅仪式性空间演变示意图

3. 建筑结构的演进

穿斗结构是侗族建筑最为普遍的结构形式，但在湖南、广西地区有较多的鼓楼和风雨桥采用带有抬梁特征的结构，檩下节点介于梁承檩和柱承檩的形态之间，鼓楼底部的枋材断面宽大接近梁的比例，上承短柱，而不是柱根开槽卡

1　由于现存木构鼓楼的建造年代大多不够久远，因而鼓楼正面性的产生是否与明清时期汉文化的影响有关，仅凭遗构线索难有定论，但结合萨坛、住宅等空间形态的变化可以判断信仰性建筑空间的正面化是一个明显的趋势。

于横枋之上的穿斗结构常见形式（图7）。抬梁结构是汉族建筑常见的结构形式，其结构优势是在获得大跨度空间的同时可以承受较大的上部荷载，侗族鼓楼以逐层收分的密檐屋面为主要特点，屋面重力向下层层传递，形成了较大的竖向荷载，底部结构引入抬梁做法是对穿斗结构的优化。

图7　湖南通道县横岭鼓楼的抬梁式做法

4. 建筑装饰的丰富

汉族建筑装饰也为侗族建筑所广泛吸收，湖南、广西地区的鼓楼借鉴了汉族建筑中的飞檐翘角做法，梁枋雕饰也引入汉族纹样，汉族建筑中的如意斗拱或鹅颈轩被侗族鼓楼和风雨桥借鉴用于装饰檐下，鼓楼的彩绘以及泥塑中不乏汉族故事主题（图8）。

图8　侗族鼓楼的汉式装饰

三、 建筑形制演变与文化变迁的因应机制

汉文化的印记镌刻于侗族信仰性建筑的类型、空间、结构、装饰等各个层面，无疑对侗族建筑产生了广泛影响，但如果据此认为明清以来的侗汉交往史是汉文化对侗文化的单向汉化，则难免失之偏颇。文化融合是一个双向互动的过程，以不同民族的视角审视这段历史方能尽量客观地还原其原貌。对建筑形制演变与文化变迁关系的研究导向面临如下问题：建筑形制演变的强度是否等同于文化变迁的强度？在侗族的观念中怎样认知汉族建筑的形式？建筑的物质形态出现汉文化表征的背后侗族的原生文化留存的程度如何？其核心性内容是否发生了变化？

侗族信仰性建筑形制的演变与侗汉文化交融的因应机制可分为如下几类：

1. 侗族建筑对汉族形式的表层性、技术性引入

侗族建筑对汉族的装饰手法和建筑结构的借鉴多属此类，根据笔者在南侗地区的口述史调研，侗族对于汉族建筑装饰元素的选择以美观为原则，而缺少对装饰元素的具体文化含义进行深入探究的兴趣。

2. 以侗文化为主体对汉族建筑形制的借鉴和转化

汉族神祇连同相关建筑形式对侗族建筑产生了一定影响，汉族神祇成为两族人民共同的信仰对象，促进了民族文化间的理解和彼此认同。从现存实例来看，供奉侗汉两族神祇的建筑有较为明显的区别，建庙供奉的多为汉族神像或牌位，庙的形制并不像汉地那般考究；侗族文化中的神祇通常仍不设立庙宇。在各类祭祀活动中，鼓楼坪的款会、多耶，以及祭萨仪式的规模最为宏大，说明侗族的原生信仰文化仍然保持着主体地位。

宗族文化是汉族儒家文化的体现，在汉族地区的代表性建筑是宗祠，宗族成员一方面在宗祠商讨家族事务，另一方面通过祭祀祖先祈求其护佑子孙。随着水路贸易的发展，都柳江沿岸出现了由汉族建造的院落式宗祠，但在侗族聚居的山区腹地，宗祠建筑只有零星遗存，形制也较为简陋。推测其原因，在侗族的原生文化中鼓楼已具有组织房族成员处理各类事务的功能，因此，无须另设宗祠。汉族宗祠的祭祀功能对侗族的萨岁崇拜产生一定影响，在建筑上的反映是萨玛祠的出现，其形式上类似汉族的祠堂，但内容上有鲜明的侗族特征——汉地宗祠通常以家族为单位进行建造和使用，祠堂内依次设立近祖至远祖的牌位进行供奉，萨玛祠则仅供奉侗族共同的远祖——萨岁，因此，在汉族宗祠外观之下，萨玛祠的信仰内核仍为侗族的远祖崇拜。

3. 以仪式的折中化适应祀神空间的演变

信仰性建筑正面性的增强使围绕建筑形成的仪式性空间移至建筑正面，但原有的向心性仪式行为仍然有着强大的生命力。以萨坛为例，在垒石围土的圆形露天萨坛逐渐演化为汉族祠堂式样的萨玛祠后，狭小的祠堂空间无法容纳祭萨活动，于是每至萨玛节，在萨玛祠前的广场空地中央会树立一面旌旗象征萨岁，村民围绕旌旗进行绕萨仪式[1]（图9）。与此类似，与鼓楼相关的仪式性活动主要在鼓楼正面的鼓楼坪以向心性的人群排列方式进行[10]——侗族以一种折中的方式在延续传统祭祀习俗的同时回应建筑空间的变化。住宅中堂屋的出现是以火塘为中心的向心性空间变

1　受场地条件制约，也有在萨玛祠侧方举行祭萨仪式的情况。

为以堂屋为轴的轴对称结构，但是在人类学意义上，堂屋的出现既未改变原有的祭祖习俗，又未增添新的信仰内容，而只是将火塘的祭祖功能分离出来，形成与火塘并置的亚中心（图10）。

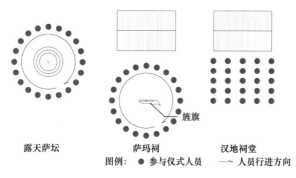

图例：● 参与仪式人员　→ 人员行进方向

图9　祭萨仪式与汉族祭祖仪式示意图

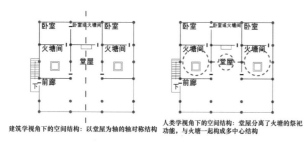

建筑学视角下的空间结构：以堂屋为轴的轴对称结构

人类学视角下的空间结构：堂屋分离了火塘的祭祀功能，与火塘一起构成多中心结构

图10　住宅空间结构示意图

尽管明清时期在官方与民间力量的推动下，大量的汉族人口进入侗族地区，汉文化元素使侗族信仰性风土建筑的形态发生了显著的变化，但通过对建筑与文化因应关系的研究可以看到，在建筑形态变迁背后是侗文化对汉文化审慎地理解、选择、吸纳与转化。在这一过程中，侗文化保持着自身的独立性和主体地位；汉族的技术、装饰、神祇与偶像祭祀仪式被侗族广为接受，为建筑的发展注入了活力，也加深了民族间的理解，但汉文化对于侗族原生信仰习俗的影响更多地停留在形态层面——建筑的物质形态与祭祀的仪式形态，而对侗文化的核心内容的实质性影响较为有限。

四、结语

本文以跨文化视角重新审视了侗族信仰性风土建筑的

历史价值，除了作为侗族文化的象征，它们还是一段重要的侗汉民族交往历史的见证者，具有跨越民族的历史价值，作为民族史与社会史的补充材料，侗族建筑还能够揭示民族文化融合的某些机制，因而是跨学科研究的重要史料。本文不对在侗汉交往文化流向中，何种文化更加强势等问题进行评价，因为此类问题的答案往往会因视角的不同导致结论的千差万别。一个更具意义的问题是，为何两个不同民族的文化能够产生如此广泛而深刻的互动互融？明清时期，当许多族群尚以采集、狩猎甚至劫掠为生时，侗族已拥有成熟的农耕技术，将其作为获取生活资料的主要手段，受到山区耕作条件的限制，和汉族一样重视血缘亲情，通过祭祀祖先凝聚集体的力量，也和汉族一样敬畏神明，祈祷神明保佑风调雨顺，也许正是共同的农耕文化底色为侗汉文化的交融做好了准备。

参考文献

[1] 廖君湘. 南部侗族传统文化特点研究［M］. 北京：民族出版社，2007.

[2] 姚丽娟，石开忠. 侗族地区的社会变迁［M］. 北京：中央民族大学出版社，2005.

[3] 吕小梅. 清代都柳江下游地区的移民与社会变迁［D］. 南宁：广西民族大学，2015.

[4] 徐家干. 苗疆见闻录［M］. 贵阳：贵州人民出版社，1997.

[5] 石开忠. 侗族鼓楼文化研究［M］. 北京：民族出版社，2012.

[6] 姜莉芳. 侗族各地萨岁崇拜研究［J］. 广西民族师范学院学报，2017，34（2）：24-28.

[7] 李琳，刘海平. 多民族文化交融视域下的靖州飞山神信俗调查与研究［J］. 文化遗产，2022（6）：123-130.

[8] 巨凯夫. 南侗风土建筑谱系研究［M］. 南京：东南大学出版社，2020.

[9] 张涛. "廊屋"与"堂屋"：黔东南侗族传统民居形制演变初探［D］. 上海：同济大学，2018.

[10] 巨凯夫. 明清南侗萨坛形制演变研究：一类非人居性风土建筑的建筑人类学考察［J］. 建筑学报，2019（2）：98-105.

广西少数民族传统村落文化遗产保护技术路径研究[1]

刘志宏[2]

摘　要：传统村落被称作"民族的乡愁"，是我国优秀民族文化的"根基"。本文以广西少数民族传统村落为案例，针对广西少数民族传统村落文化遗产保护与科技融合，提出传统村落文化遗产保护的技术路径，构建出广西少数民族乡村优秀传统文化营造新模式。探析广西少数民族传统村落文化遗产保护方法及相关理论，实施中华优秀传统文化的传承与发展，给少数民族传统村落文化遗产保护带来的机遇与挑战。研究表明：文章从整体性保护、数字化保护等方面提出保护策略，为新时代少数民族传统村落文化遗产保护提供新方法和新途径；总结出广西少数民族传统村落文化遗产的整体性保护现状，揭示保护与发展及文化遗产活化利用的主要经验，并提出文化遗产可行性的保护与发展路径。

关键词：广西少数民族；传统村落；文化遗产；优秀传统文化；保护技术

一、引言

在世界文化遗产保护的背景下，现代城镇化建设必须向原生态的自然平衡方向发展，从真正意义上营造人与自然的新平衡模式。中华优秀传统文化是我国文化自信与文化自豪的内核，新时代中华优秀民族文化的价值是传统文化与现代文化的融合[1]。中华优秀传统文化体现出我国民族智慧的结晶，是中华民族的灵魂和精神滋养[2]。党的十九大提出铸牢中华民族共同体意识，传承与发展民族优秀传统文化[3]，做到中华优秀传统文化创造性转化和创新性发展，指出中华优秀传统文化是中国特色社会主义文化的主要来源之一[4]。广西少数民族传统村落在几百年的传承中，在民族文化的涵养下，成为群体文化生活的重要组成部分，它超越了环境及建筑本身的意义，已经演变为一种少数民族文化符号系统体系。它反映着传统村落居民的心理状态和文化精神，体现了村民对主观世界和客观世界的

认知，规范了自然生态和人居环境的有效保护与发展应对策略。因此，广西少数民族传统村落非物质文化遗产保护与传承研究尤为重要。

二、基础理论研究

1. 研究背景及意义

关于传统村落保护与发展的热点很多，本研究报告正是以《广西壮族自治区新型城镇化规划（2014—2020 年）主要目标和重点任务分工方案》和自治区城镇化工作会议精神以及国家民委印发的《少数民族特色村寨保护与发展规划纲要（2011—2015 年）》提出"十二五"期间在全国重点保护和改造 1000 个少数民族特色村寨[5]为背景。中国式城镇化建设，为少数民族传统村落保护与发展创造了机遇与挑战。少数民族传统村落环境风貌正日益趋同，地域文化和少数民族特色也逐渐淡化。因此，传统村落成为我

1　本文系 2022 年度国家社会科学基金年度项目"新时代中国传统村落数字化保护与传承研究"（22BSH086）阶段性研究成果。苏州大学 2021 年度博瑞奖教金"铸牢中华民族共同体意识"专项课题"少数民族优秀传统文化创造性转化和创新性发展研究"（21BRRT003）阶段性研究成果。
2　苏州大学建筑学院副教授，建筑学博士，硕士研究生导师，中国-葡萄牙文化遗产保护科学"一带一路"联合实验室研究员，研究方向为建筑设计及其理论、历史文化名城（名村）、传统村落保护与申遗研究。

们宝贵的民族传统文化遗产。

传统村落保护与发展最基本的问题就是要按照"什么样"的标准来选定入选对象，且被选定的对象应该"如何"进行保护与改造，在保护与发展的过程中应该"如何"进行传统村落的保全和价值的活用，这些都是本文要解决的目的性问题。传统村落保护与发展是村民经济提升的基础，也是文化遗产保护的重要部分，探讨广西少数民族传统村落非物质文化遗产保护与传承中的应对策略与方法、原则和方向，对目前城镇化建设等具有重要的借鉴意义与参考价值。

民族文化传承、传统村落文化遗产保全与少数民族地区经济的发展密切相关。当今地域文化与新型城镇化建设相融合已成为社会发展的一种趋势，因此地域村落文化对社会发展的影响极大。本文为我国不发达地区，特别是少数民族边远地区的传统村落保全与建设提供参考，为实现全社会新型城镇化建设和推动少数民族地区经济发展等提供前期研究基础与技术支持。

2. 研究理论依据、目标与方法

第一，西南少数民族地区目前的传统村落保护与发展策略上大部分表现在按区划分和按开发商盈利的层面上，对少数民族地区本土民俗文化和生态环境还没有足够清晰的认识，从而造就了传统村落在建设上存在抄袭等不良现象。本文理论上指出了传统村落保护与建设的一些缺陷，对传统村落的保护与建设提出了优化和完善，为营造西南少数民族地区广西传统村落的城镇化发展指出了一条创新之路。第二，本文突破了传统文化保全与发展的固定化，探索了一条新的有利于实现传统村落的保全与发展路径。第三，所实现的风景与民居建筑的和谐统一，人与自然的有机一体，从而达到村落文化遗产保全的文化价值（区域与世界的接轨），充分体现了少数民族地区的历史文化与村落和谐神韵。本文探讨了传统村落文化、特色村落旅游等关键问题，是对现有研究的有力拓展和有效优化，具有独特的创新性理论和研究价值。

本文特以广西传统村落为调查对象，突出传统村落保护与发展应对策略，各少数民族传统民俗文化的和谐关系，如何做到与新型城镇化建设协同发展；讲述从物质形态扩展到传统村落的聚落空间模式以及与之相关联的村民居住心理、古村镇经济、特色旅游与特色民俗文化；并为村落规划提供借鉴，为全国各少数民族地区传统村落保护与建设提供示范和借鉴。

三、 广西少数民族传统村落文化遗产保护现状

1. 村落入选中国传统村落名录的基本情况

保护传统村落的目的就是要保住我们的"乡愁"，让我

国历史文化永远传承下去，营造"自然·传统村落·人"和谐共生的人居环境绿色宜居空间。传统村落原名为古村落，是指中华民国元年（1912 年）以前建设的村落[6]，并且村落周边的自然环境、民居建筑、历史文化、传统氛围、选址与布局、村落的原始风貌等方面都比较完好地遗存和传承下来，且拥有独特的地域性民俗和风俗的村落，值得进一步保护的村落被称为传统村落[7]。

"传统"是人类内心的思想、习俗、风俗和外表等的行为，其传统文化形态等文化传承下来的具有固有历史性的原始生活方式。因此，"传统村落"具有正确的定义多少还存在一些模糊，但意味着传统在长久的时代变化中毫不动摇地传承下来的地区性传统文化，值得我们去珍惜、保护与传承[8]。在中国也被称为历史文化名村，与韩国"民俗村"的概念有点相似。历史文化名村是由中华人民共和国住房和城乡建设部、文化和旅游部以及国家文物局共同评定的古村落，遗存文物非常丰富，具有重要的历史价值和纪念意义，具有历史一定时期的地域民族特色和传统文化氛围的整体反映，是一种制度化的传统村落。

住房城乡建设部、财政部、文化和旅游部等部门组织开展了"中国传统村落"命名挂牌工作，通过评审出具有保护价值的村落，列入《中国传统村落名录》[9]。其中评选出第一批 646 个、第二批 915 个、第三批 994 个、第四批 1598 个、第五批 2666 个村落，总共有 6819 个传统村落（图 1）[10]。

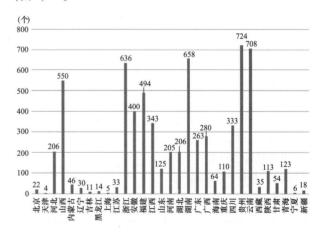

图 1 入选《中国传统村落名录》的各地区村落分布情况
（资料来源：作者绘制）

2. 西南少数民族传统村落入选中国传统村落名录现状分析

少数民族特色村寨的概念从广义上来解析，主要是指少数民族人口相对聚居，且少数民族人口占本地区的人口比例较高，古村寨的生活和生产等的功能较为完备，少数民族文化特征及其聚落特征较为明显的自然村或行政村被称作少数民族特色村寨。

因此，中国少数民族古村寨具有独特的民族文化、民族美学、民族生活和谐、古村寨与周边环境协调发展、古村寨产业经济和社会价值等特点突出（徐永志、姚兴哲，2020）[11]。国家民委于2020年1月颁发了《关于做好第三批中国少数民族特色村寨命名相关工作的通知》，将全国范围内具有代表性的595个村寨列入第三批"中国少数民族特色村寨"命名的名录中[12]。

根据对第一、二、三、四和五批次的中国传统村落的空间特征分析，其空间分布特征具有明显的地域不平衡性[5]。在第一批列入"中国传统村落名录"中，西南少数民族地区传统村落总数为225个，第二批为508个，第三批为431个，第四批为456个，第五批为535个，总共有2155个村落。其中传统村落入选数量最多的是云南和贵州省（图2）[13]。

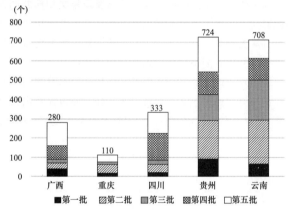

图2 西南少数民族古村落入选"中国传统村落名录"现状
（资料来源：作者绘制）

全国第一批340个、第二批717个和第三批595个，三批共计1652个传统村落被列入《中国少数民族特色村寨命名挂牌名录》，截至2022年11月，根据对中华人民共和国国家民族事务委员会经济发展司的官方网站数据收集，中国少数民族特色村寨列入《中国少数民族特色村寨命名挂牌名录》[5]具体情况如图3所示。

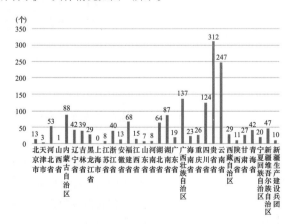

图3 入选《中国少数民族特色村寨挂牌名录》的各地区分布情况
（资料来源：作者绘制）

从图3可以得知，入选中国少数民族特色村寨名录数量最多的是西南少数民族地区的传统村落，特别是云南和贵州两个少数民族地区的传统村落入选中国少数民族特色村寨名录最多。

西南少数民族特色村寨列入《中国少数民族特色村寨命名挂牌名录》的情况：第一批总数达到171个，第二批总数为369个，第三批为305个。被列入"中国传统村落名录"的传统村落总共有845个，分别分布在云南、贵州、四川、广西和重庆五省一市，被列入中国少数民族特色村寨名录最多的是贵州和云南两个省（图4），其村寨分布特征呈现上升趋势[14]。

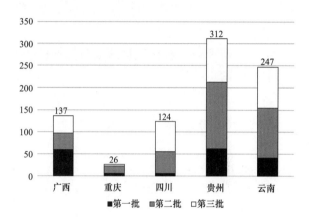

图4 西南少数民族传统村落入选《中国少数民族特色村寨命名挂牌名录》
（资料来源：作者绘制）

3. 广西少数民族传统村落入选中国传统村落名录现状分析

从传统村落空间分布特征分析，西南少数民族地区传统村落分布范围最广，其原因主要是西南少数民族地区传统村落在地理环境、民居形态和历史文化等方面具有一定的特色[15]。

西南少数民族地区中广西传统村落在一定的空间分布上数量较多，且具有很大的村落文化特色[16]。从2012年开始到2014年结束，广西壮族自治区城镇和农村建设厅、文化厅及财政厅对于传统村落进行了3次全方位的调查统计，确定入选广西传统村落名录的有266个村落。其中有89个村落被《中国传统村落名录》第一批、第二批、第三批收录。广西传统村落主要分布在桂林、贺州和柳州等地区。广西89个中国传统村落名录中有59个村落被首批中国少数民族特色村寨名录收录。广西少数民族传统村落主要分布在桂林和柳州等地区。入选的首批中国少数民族特色村寨名录如图5所示。

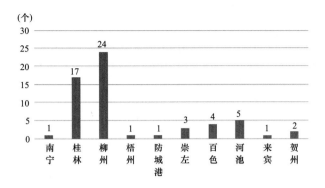

图5 广西少数民族传统村落入选《中国少数民族特色村寨命名挂牌名录》
（资料来源：作者绘制）

四、 广西少数民族传统村落文化遗产保护存在的主要问题

1. 传统村落旅游开发的过度化问题

城镇化进程中广西少数民族传统村落旅游开发急速推进，很多传统村落受到前所未有的破坏。少数民族特色村寨的旅游产业发展对村落可持续发展虽然起到一定的促进作用，但是给传统村落的民居和文物古迹等造成一定的破坏[17]。旅游业开发的激进，使绝大多数传统村落失去原有的特色，形成"拿来主义，千村一面"的困境，传统村落的自然环境遭到严重的破坏[18]。比如，广西少数民族地区的侗族传统村落在旅游开发中没有很好地结合该地区的自然环境特点和地域文化特色，把自然陷于传统村落民居建筑的重重包围之中，旅游开发的过度化对自然环境破坏严重。

2. 传统村落建设的激进化问题

从传统村落建设的适用程度来进行分析，发现各个传统村落新建都比较激进，缺乏一定的地域性特点，在艺术性、真实性、完整性、自然空间关系、环境协调性、独特的普遍价值、依存性、布局合理性、使用便利性、丰富性等方面存在问题，需要进一步采取措施。

为了传统村落的可持续保护，案例应用时，预期的相关问题包括生产和活动的关系性不足、传统村落风貌协调不足、居民参与不足、缺乏保全意识导致的文化遗产破坏、缺乏村落和周围自然景观融合共生的关系、有不协调的建筑出现、缺乏适应传统村落发展的计划、缺乏可持续性保护与开发认识、空间的使用便利性不足等。通过总结分析，本文提出了传统村落保护存在的问题，如表1所示。

表1 传统村落保护相关问题分析

案例村落	问题点	
	领域	具体问题内容
藏羌碉楼与村寨	地域性、艺术性、真实性、完整性	缺乏与生产和生活的密切关系
		传统村落的风貌缺乏协调性
		缺乏可持续性保护与开发认识
		传统村落和周围环境没有得到完整保护
	自然空间关系、环境协调性	村落原始自然形态未得到很好保护
		传统村落及周边环境没有明确地体现固有的选址理念
		环境的协调性不足，有不协调的建筑出现
侗族村寨	地域性、艺术性、真实性、完整性	传统地域的活性化不足
		建筑细节及周边环境原型不够完整保存
		工艺、美学价值没有充分体现
	自然空间关系、环境协调性	村落的周边环境、原始的自然形态保护不足
		缺乏基本传统结构的维护
		村落保护系统缺乏完整性
黔东南苗族村寨	地域性、艺术性、真实性、完整性	传统村落缺乏可持续维护
		传统公共设施使用率不高
		传统材料、传统工具和手工艺品不足
	自然空间关系、环境协调性	传统设施的使用与生产生活缺乏联系
		传统建筑风貌的影响

续表

案例村落	问题点	
	领域	具体问题内容
黔东南苗族村寨	独特的普遍价值、依存性	与遗产有关的组织管理，手工艺传播等内容与村落的具体环境没有关系
		缺乏专门的民居建筑保护管理组织
	布局合理性、使用便利性、丰富性	缺乏适应传统村落发展的保护计划
		不能合理利用传统村落设施和空间

3. 传统村落空心化问题

广西少数民族地区传统村落空心化比较严重，部分老旧村落出现无人居住现象，村落风貌受到严重破坏，有不少村落老宅居住功能散失，已经不能满足现代村民对高品质生活的需求。经调查发现，目前只有不到60%的村民还继续生活在本地村落[17]。出现以上问题的主要原因是原村民流失严重、男女老少等比例严重失调，少数民族传统村落的中青年人大部分离开了本村，很多都到外地打工，原居民不断在流失，传统村落的人口也越来越稀少，从而出现了传统村落空心化景象。党的二十大提出中国式城镇化的发展战略，这一举措给乡村发展带来了机遇与挑战。如何建设与保护好传统村落，提升村民的居住条件，需要我们"寻求新生灵气，留住传统文化"[18]。

五、 广西少数民族传统村落文化遗产保护技术路径

本文是探讨少数民族传统村落文化遗产保护的基础研究，以建立保护体系为基准，分析了传统村落保护的技术、经济层面的效果，建立了基于广西少数民族地区传统村落中长期保护和发展战略的目标，提出了传统村落文化遗产保护的核心技术[19]，通过利用该方法技术开发出适合广西少数民族传统村落文化遗产保护体系，提出了可持续保护的路径方法。

1. 广西少数民族传统村落文化遗产保护技术

（1）保护技术的效果

少数民族传统村落文化遗产保护技术方法可以防止其快速衰落和减少，具有良好的效果。通过AHP技术确保了系统化的少数民族传统村落文化遗产保护技术；通过AHP技术，以保护的领域和指标的相对重要程度及详细项目的合适度为基础进行测度评价。同时，通过对少数民族传统村落文化遗产保护技术以及对村落的可持续发展提供指导，将定性和定量评价技术结合起来，为传统村落未来的发展以及旅游业运营和维护的效率提供技术要求和准确性。

通过具有强大社会宣传力的传统商业基础管理技术，改善传统村落村民的生活质量来实现合作。减少对传统村落文化遗产的破坏，并通过开发少数民族传统村落文化遗产保护的技术来确保生态友好性，从而增强传统村落与自然和谐共存。客观上，通过传统村落的原始生活和生产改善以及对村民提供服务来增加活性化（表2）。

表2 保护技术的效果

分类	效果	细部内容
经济效果	效率性节约	传统村落的维护和管理技术开发，促进村落财政、人力负担减少
	品牌化	通过评价认证体系化，国际技术的出口和品牌化产生经济效果
	商业化	通过挖掘和开发丰富的古村落文化遗产价值，可以在国际上全球商业化
技术效果	技术化	AHP技术确保传统村落系统化的保护技术 传统村落文化遗产保护技术，为维护管理提供指南
	定量化	通过定性评价和定量评价技术的融合，应对古村落未来发展所需的技术需求，引导旅游运营及维护管理的效率和准确性，开发先进技术
社会效果	协同化	社会公共性强的特色传统事业通过维护管理技术提高村民生活质量
	协调性	通过保护技术，减小对传统村落文化遗产的破坏，并确保生态和谐
	活性化	维持传统村落的原始生活和生产的关系，通过提供传统村落服务而增加了传统村落的活力

（2）保护技术方法体系构建

为了反映少数民族传统村落在文化遗产保护中的特殊性，必须制定保护项目以及针对少数民族传统村落文化遗产保护的技术方法体系，并通过保护技术方法体系对案例中的传统村落可持续性保护进行正确评价[14]。少数民族传统村落保留了传统的建筑风格和传统结构形式，与现代生活空间不同，因此强烈要求将其观念转变为现代生活空间的理念，以作为居住生活和经济活动的场所。如果将村落的保护对象理解为有形、无形和村民，则可以得出另一种选择。换句话说，只有将村民作为村落的保护对象才能解决这个问题[17]。

从这个角度出发，应该对少数民族传统村落文化遗产进行维护和管理，以便可以持续地维护好其历史、文化、人物、环境和景观，同时确保传统村落居民的生产生活质量。经济实力是对传统村落的保护和管理以及传统村落居民生活水平的一种衡量。本文作为对少数民族传统村落文化遗产保护的启示，提出从少数民族传统村落文化遗产的服务角度进行改进的需求。对于因体系改进而选择的保护技术方法体系的改进方法应用，建立与传统村落相关联的体系，以便可以改进应用方法。根据保护技术的标准化，需要建立一套实用性强的系统来设定保护对象与范围。少数民族传统村落文化遗产保护技术方法体系构建如表3所示。

表3　少数民族传统村落文化遗产保护技术方法体系构建

分类	领域	构建内容
可持续保护	制度化	从村民的角度出发，需要采取制度性的方法
	系统化	需要政府部门与村民之间的信息化系统
	确保人力	有必要确保行政专家
	确保支援	必须实现政府的实际性补贴
数字网络化	融合化	有必要为传统村落建立网络与传统文化的融合平台
	信息化	建立传统村落可持续发展的网络信息化平台
	国际化	建立文化遗产国际组织的网络化保护框架
	体系化	建立文化遗产保护的计划体系

2. 广西少数民族传统村落文化遗产保护技术方法路径

（1）建立少数民族特色村寨的保护与发展新模式

在乡村振兴和新型城镇化建设进程中，伴随着少数民族传统村落居民生活方式等的改变，人与人之间的联系和互动亦日益加深，少数民族文化的传承与信息科技融合也日益频繁。各民族彼此在文化和生活上的相互包容、相互交融是社会和谐发展的主流，并由此形成了地域优势，构建了少数民族传统村落文化遗产保护技术方法体系的科学性。

可持续发展与少数民族传统村落文化遗产保护，彼此间还存在着矛盾与冲突，这在目前是不可避免的。但少数民族地区在新型城镇化过程中，伴随着少数民族传统村落文化间的日益加深，彼此间形成了较为和谐的链条，以乡村振兴和新型城镇化建设为纽带，彼此包容、相互依存，营造具有历史文化价值和自然生态平衡的保护与发展新模式[20]。

（2）实现少数民族特色村寨的文化产业发展路径

根据少数民族传统村落文化遗产保护的现状，完善传统村落文化遗产保护技术的方法体系，需要采取"重点保护、可持续发展"的思路。文化遗产是体现少数民族传统村落文化遗产保护价值提升力的重要手段，通过保护与发展将成为乡村经济的文化产业发展的硬核。因此，应正视少数民族传统村落文化遗产保护现状，全面分析其竞争力，建立与文化产业结构相耦合的文化遗产产业化发展新模式。少数民族传统村落文化遗产资源丰富、地理位置和气候条件独特，根据现有的基础条件和文化遗产价值特色，可以树立少数民族特色村落发展理念，打造少数民族特色村落发展新模式。用智慧乡村建设理念，实现少数民族传统村落文化遗产保护与传承的新路径和新格局[21]。

首先建立遗产保护型、文化价值型和自然生态型特色古村落；其次从经济发展的角度，构建旅游观光型、科技智慧型和绿色产业型古村落；最后将非物质文化遗产（如村落历史典故、村落传承人、村落民族文化）和物质文化遗产（传统民居、自然环境和经济产业等）相结合构建发展体系，不断优化少数民族传统村落文化遗产保护与传承的空间布局，发挥少数民族村落传统地域文化的特色价值与作用，从而提高少数民族传统村落可持续发展的能力[14]。通过少数民族传统村落的文化产业发展路径（表4），不断优化少数民族传统村落文化遗产的空间布局，推动形成少数民族特色文化的传统营建技术体系，发挥出少数民族传统村落地域文化的特色价值与作用，从而提高少数民族传统村落可持续发展的能力。

表4　少数民族传统村落文化产业发展路径 [22-23]

类型		体系构建	
保护与传承的角度	可持续发展角度	物质文化遗产	非物质文化遗产
遗产保护型	旅游观光型	村落历史典故	传统民居
文化价值型	绿色产业型	村落传承人	自然环境
自然生态型	科技智慧型	村落民族文化	经济产业

六、 结论

本文从广西少数民族传统村落文化遗产保护研究出发，以广西少数民族传统村落为例来进行传统村落文化遗产保护的研究，提出了传统村落文化遗产保护的方法路径，构建出乡村优秀传统文化营造新模式。"传统村落文化遗产保护技术新模式"是物质性元素和非物质性元素活动的模式，这是将使用方法相结合的一种保护形式，这些结合体必须对保护发挥作用。

因此，文章从整体性保护等方面提出了广西少数民族传统村落文化遗产保护的策略方案，为新时代中国少数民族传统村落文化遗产保护与传承提供新的思路与新的方法路径；总结分析了广西少数民族传统村落文化遗产整体性保护理论和方法经验，揭示了广西少数民族传统村落文化遗产保护技术的科学价值，并提出了少数民族传统村落文化遗产可行性的保护与发展路径；为促进中国传统村落保护与发展的可持续性，提供科学性依据和理论参考。

参考文献

[1] 刘志宏. 西南少数民族特色古村落优秀传统文化创造性传承与创新性发展研究 [J]. 中国名城, 2020 (12): 72-76.

[2] 吴春彦. 传统文化的现代传播之道 [J]. 人民论坛, 2018 (19): 130-131.

[3] 严嘉伟. 基于乡土的乡村公共空间营建策略研究与实践 [D]. 杭州: 浙江大学, 2015.

[4] 姜丽萍, 万传琦, 何冰. 落实十九届四中全会精神·传承发展少数民族传统文化: 以黑龙江省鄂伦春族为例 [J]. 黑河学院学报, 2020 (5): 1-2.

[5] 中华人民共和国国家民族事务委员会委, 国家民委关于做好第一至三批中国少数民族特色村寨命名相关工作的通知 [EB/OL]. (2020-11-11) [2023-07-28]. http: // www. seac. gov. cn/seac/xxgk/tzgg/index. shtml.

[6] 朱晓明. 试论古村落的评价标准 [J]. 古建园林技术, 2001 (4): 53-55, 28.

[7] 刘志宏, 李钟国. 广西少数民族地区传统村落分析研究 [J]. 山西建筑, 2017, 43 (6): 1-3.

[8] 金美妍. 世界文化遗产良洞村可持续维护·管理方法研究 [D]. 首尔: 京畿大学, 2013.

[9] 刘志宏. 中国传统村落申遗方法体系构建 [J]. 中国民族建筑, 2022 (1): 62-69.

[10] 中华人民共和国住房和城乡建设部村镇建设司. 关于公布第一至五批列入中国传统村落名录的村落名单的通知 [EB/OL]. (2020-05-10) [2023-08-15]. http: // www. mohurd. gov. cn/czjs/czjszcfb/index. html.

[11] 徐永志, 姚兴哲. 中国少数民族特色村寨的空间分布格局研究 [J]. 贵州民族研究, 2020, 41 (1): 51-58.

[12] 李达. 近十年中国少数民族特色村寨建设回顾与思考 [J]. 北方民族大学学报, 2020 (2): 156-163.

[13] 刘志宏. 中国传统村落世界文化遗产价值评估研究 [J]. 西南民族大学学报（人文社科版）, 2021, 42 (11): 52-58.

[14] 刘志宏. 西南少数民族地区特色古村落保护与申遗策略研究 [J]. 广西社会科学, 2021 (2): 30-36.

[15] 周铁军, 董文静. 西南地区传统村落空间格局保护的内容与方法研究 [J]. 中国科技论文在线, 2015 (12): 1-7.

[16] 刘志宏. 西南少数民族特色古村落保护和可持续发展研究: 基于韩国比较 [J]. 中国名城, 2019 (12): 57-64.

[17] 刘志宏, 李钟国. 城镇化进程中少数民族特色村寨保护与规划建设研究: 以广西少数民族村寨为例 [J]. 广西社会科学, 2015 (9): 31-34.

[18] 刘志宏, 李钟国. 新型城镇化中的广西民族古村寨保护与发展对策研究 [J]. 中外建筑, 2015, 12 (1): 69-71.

[19] 刘志宏. 传统村落可持续性保护的评价认证指标开发研究 [D]. 大邱: 启明大学, 2018.

[20] 黄勇, 黄晓. 贵州民族特色村寨保护与乡村振兴路径思考 [J]. 贵州民族研究, 2019, 40 (7): 52-57.

[21] 李伟红, 鲁可荣. 传统村落价值活态传承与乡村振兴的共融共享共建机制研究 [J]. 福建论坛（人文社会科学版）, 2019 (8): 187-195.

[22] 李新建, 朱光亚. 中国建筑遗产保护对策 [J]. 新建筑, 2003 (4): 38-40.

[23] 孙华. 遗产价值的若干问题: 遗产价值的本质、属性、结构、类型和评价 [J]. 中国文化遗产, 2019 (1): 4-16.

基于形态类型学的花园街历史街区
建筑特色要素提炼与保护传承

李　娜[1]　夏　雷[2]　武　悦[3]

摘　要： 花园街历史街区是唯一一处延续了俄式建筑风貌的区域。针对花园街历史街区内的延续街区特色的需求、空间需求的转变以及继承与创新的需求提出新建建筑设计策略。本策略引入形态类型学方法，在实施中建立起"要素—新建措施—应用实例"的控制层级，以"要素继承"为核心推演新建建筑尺度样式，并制定"文字＋控制图＋图表"的花园街区内新建建筑设计策略，以控制和引导新建建筑风貌。

关键词： 花园街区；形态类型学；要素提炼；继承与创新

一、引言

　　1898—1917 年，哈尔滨市处于沙皇俄国的统治下，使用了霍华德的花园城市理念来规划新城区（今南岗区）[1]（图 1）。花园街区是俄国人为中东铁路职工修建的住宅区[2]（图 2）。目前，花园街历史街区是唯一一处延续了原有住宅区风貌的区域。2013 年国务院公布花园街历史建筑为不可移动文物。由于建设年代久远，花园街区建筑及构件存在老化现象，传统建筑也遭到了破坏，改建、加建使建筑失去了原有的特色。

　　传统形态作为一种建筑语言，代表地域文化，是对地域地貌、气候、材料和技术的最好响应[34]。如何在快速发展中继承传统的精华，如何建立新形态与传统形态的联系是解决这个问题的关键[5]。形态类型学结合了形态学和类型学，其研究方法是将整个空间形式分解为若干类型要素。这些类型要素应包含一个从小到大的层级系统，单体要素应时刻保持着与同一层级和上一层级要素之间的关系[6]

图 3 显示了花园街区住宅形态构成关系，这些关系使要素紧密相连，并建立起了建筑与历史的联系。形态类型学是解决当前城市发展问题的有效工具，应在中国城市分析和城市设计中采用[7]。形态类型学可以引导传统建筑语言走向更多元的语言形式。

图 1　1898 年哈尔滨新城区（南岗区）规划图

1　同济大学建筑与城市规划学院，博士研究生，200092，1125051846@ qq. com。
2　哈尔滨工业大学建筑学院，讲师，150006，xialei@ hit. edu. cn。
3　哈尔滨工业大学建筑学院，副教授，150006，wuyuehit@ hit. edu. cn。

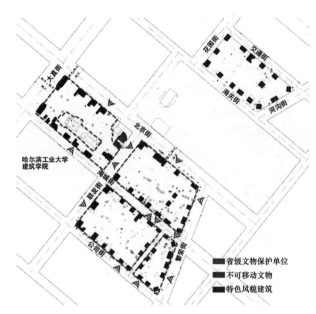

图2 花园街区保护建筑图例

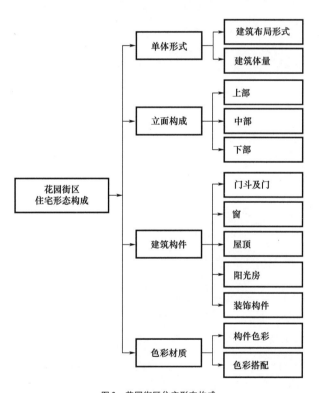

图3 花园街区住宅形态构成

占地10.3公顷（1公顷＝10000平方米）。现以居住功能为主，还有一些小型商业、企业和市政办公楼，公共服务设施较少。街区内不可移动文物56处，特色风貌建筑14处。在设计之初，花园街区的建筑单体采用"周边式"的布局形式（图4）。街区内有宽敞的公共空间。住宅的庭院布局如图5所示。每户均有一个独立的小花园，庭院内辅助设施齐全。住宅山墙上会配置阳光房，庭院内布置仓库、地窖、厨房等。

图4 花园街区肌理

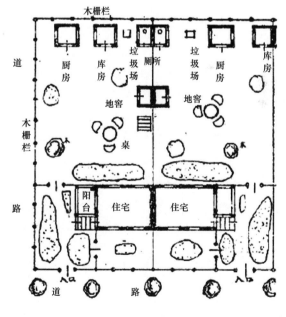

图5 庭院布局

二、 基于形态类型学的花园街历史街区特色要素提炼与保护需求

1. 花园街历史街区特色要素提炼

（1）花园街区地理历史背景

花园街历史街区位于哈尔滨市南岗区，分为4个街坊，

（2）花园街区俄式住宅特点

铁路的修建带来了大量的俄国人，而俄式住宅只需考虑本民族的需求和心理感受，故住宅风格多为俄罗斯民居风格或"新艺术"风格。①从自然因素来看，受自然地理位置、地貌概况及气候等因素的影响，形成了寒地建筑特

35

有的结构、功能和形式。建筑结构大部分为砖结构、木结构或砖木结合的结构；功能方面，引入阳光房作为室内的活动空间且可用来调节气候；形式方面，为避免积雪，屋顶坡度较大，为防寒保温，影响门窗洞口大小。②从文化因素来看，由于西方文化的传播，哈尔滨的文化具有二元性特征和二重性特征[8]，对住宅的影响表现在建筑风格的朴实有力感和秩序性，建筑风貌采用的俄罗斯门斗、阳光房等，以及装饰中的精美构件和鲜艳明亮的色彩。

2. 花园街历史街区保护需求

（1）延续街区特色的需求

花园街区具有重要的保护价值，然而街区在逐渐衰败。保护花园街区的原真性是建筑遗产保护的基本核心原则。因此在对其进行开发的过程中，应保持其原有特色，从而延续人们的历史记忆。

（2）空间需求的转变

为保护风貌原真性，对历史街区的开发以低强度和低密度为主。而花园街区位于哈尔滨市内比较好的地段，目前以居住功能为主。历史街区的文化价值与土地价值之间存在矛盾，合理的商业开发模式，可以促进历史街区的发展。花园街区内现缺少公共建筑、商业建筑和服务设施等。但由于住宅尺度较小，无法满足新建建筑的空间需求。而新建建筑的设计也应与原有风貌在风格上保持协调统一，以此来延续花园街区的历史特色。

（3）继承与创新的需求

城市形态学已被纳入城市更新研究议程[9]。应该使用传统元素更新历史街区，并提供舒适的视觉体验和休闲环境[10]。但新建建筑不能完全仿照老建筑进行设计，需要融入新的材料、技术等，从而满足现代人的审美需求。

三、 花园街区内新建建筑设计策略

1. 设计策略引导体系构建

花园街区内新建建筑设计策略旨在延续中东铁路俄式住宅的特色，并兼顾适应近代文明的实用性和多样性，引入了形态类型学方法，其"要素—新建措施—应用实例"的控制层级如图6所示。以类型化的操作方法形成了"要素继承"为导向的建筑风貌生成过程，并制定"文字+控制图+图表"的花园街区内新建建筑设计策略，促进传统的建筑语言融入现代化元素。

2. 花园街区建筑要素

（1）群体组合

图7为花园街区建筑风貌等级控制图，为保证沿街建筑风貌的完整性，对地块内建筑风貌实施分级控制，总共

分为3级。一级控制区域为沿街区域，80%原有建筑＋20%与原有建筑风貌相似的新建建筑。为保持沿街立面建筑风貌的完整性，新建建筑应将山墙面朝向街道，且尺度要与周边建筑相协调。二级控制区域为过渡区域，为60%与原有建筑风貌相似的新建建筑＋40%简约新建建筑。沿街新建建筑应将山墙面朝向街道，且二级区域内的新建建筑与原有建筑围合成尺度适宜的院落。三级控制区域为内部区域，40%与原有建筑风貌相似的新建建筑＋60%简约新建建筑。新建简约建筑与新建与原有建筑风貌相似的建筑交叉布置，可用"一"字形或"L"形及少量"U"形布局围合成院落空间，院落尺度可适当加大（表1）。

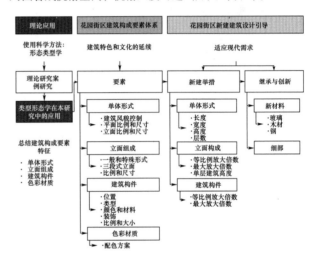

图6 技术路线

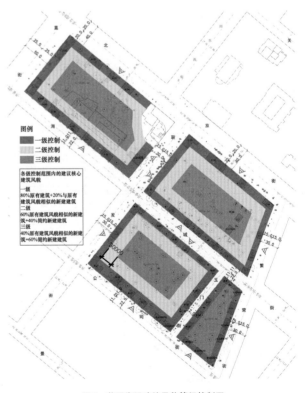

图7 花园街区建筑风貌等级控制图

表1 群体组合方式图示

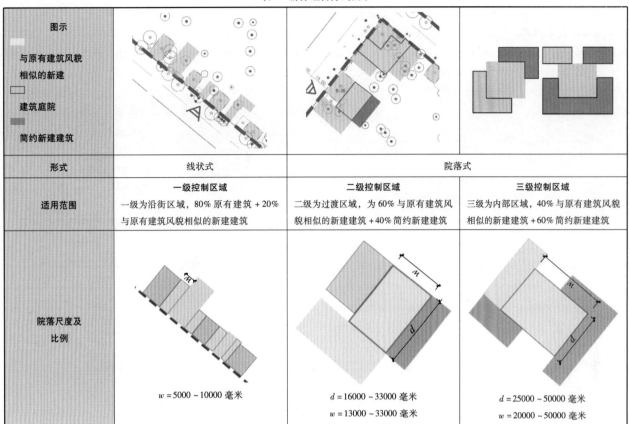

图示 ▨ 与原有建筑风貌 相似的新建 ☐ 建筑庭院 ▨ 简约新建建筑			
形式	线状式	院落式	
适用范围	**一级控制区域** 一级为沿街区域，80%原有建筑＋20%与原有建筑风貌相似的新建建筑	**二级控制区域** 二级为过渡区域，为60%与原有建筑风貌相似的新建建筑＋40%简约新建建筑	**三级控制区域** 三级为内部区域，40%与原有建筑风貌相似的新建建筑＋60%简约新建建筑
院落尺度及比例	$w = 5000 \sim 10000$ 毫米	$d = 16000 \sim 33000$ 毫米 $w = 13000 \sim 33000$ 毫米	$d = 25000 \sim 50000$ 毫米 $w = 20000 \sim 50000$ 毫米

（2）单体形式

①建筑体量

建筑体量是基于高度、占地面积、体积的建筑物或构筑物的形体规模。平面布局有"一"字形和"L"形两种，对建筑的平面比例尺度和立面比例尺度进行控制（表2）。

表2 建筑体量设计比例尺度

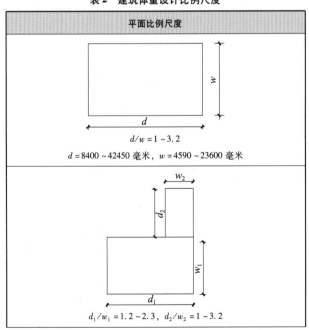

平面比例尺度
$d/w = 1 \sim 3.2$ $d = 8400 \sim 42450$ 毫米，$w = 4590 \sim 23600$ 毫米
$d_1/w_1 = 1.2 \sim 2.3$，$d_2/w_2 = 1 \sim 3.2$

续表

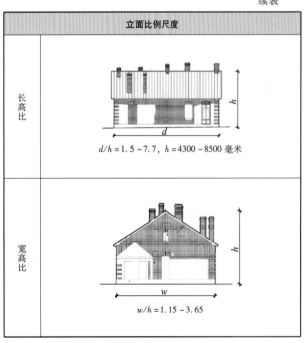

立面比例尺度	
长高比	$d/h = 1.5 \sim 7.7$，$h = 4300 \sim 8500$ 毫米
宽高比	$w/h = 1.15 \sim 3.65$

②立面构成

建筑立面构图遵循三段式的构图。下段是基座，粗石砌筑或抹灰做成仿石块形状，多为深褐色；中段为门斗、门和窗部分，从一层底部到屋檐或檐墙底部，装饰元素体现了古典主义原则，黄色或红色砖墙；上段为屋顶部分，从屋檐或檐墙底部到屋顶顶部，铁皮屋面，多为褐色，也可少量为红色或绿色。特殊立面和普适立面的区别在于，特殊立面会在主立面设置门廊及入口的建筑。

普适立面的比例尺度应遵循：$h_1 = 100 \sim 500$ 毫米，$h_2 = 2600 \sim 4300$ 毫米，$h_3 = 1600 \sim 4400$ 毫米，$h_3/h_2 = 0.8 \sim 1.3$（图8）。

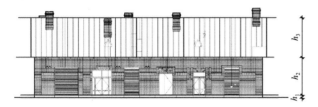

图8　普适立面构成图示

特殊立面的比例尺度应遵循：$h_4/h_2 = 0.35 \sim 0.65$，$h_5/h_2 = 0.35 \sim 0.75$（图9）。主立面两侧设置门廊或阳光房的建筑，立面构成遵循如下原则：$d = 2000 \sim 6390$ 毫米，$h_6 = 3600 \sim 6600$ 毫米，$d/h_6 = 0.5 \sim 1.2$，$h_6/h_2 = 0.9 \sim 1.8$（图10）。

图9　特殊立面构成图示

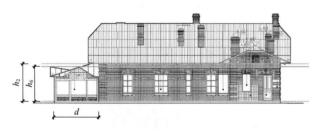

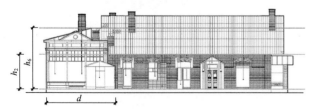

图10　主立面两侧设置门廊或阳光房

建筑平面布局呈"L"形的建筑，其附加建筑的立面也应呈三段式：$h_1 = 100 \sim 500$ 毫米，$h_2/h = 0.65$，$h_3/h = 0.3$，

h 较主体建筑低（图11）。由于屋顶样式的变化，其上段在立面构图上呈现新形式：$h_7 = 820 \sim 1600$ 毫米，以 900 毫米居多（图12）。平屋顶建筑立面构成也应符合"三段式"构图：$h_1 = 100 \sim 500$ 毫米，$h_2/h = 0.8$，$h_3/h = 0.17$（图13）。

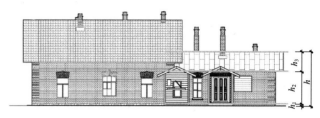

图11　建筑平面布局呈"L"形

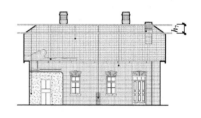

图12　屋顶样式变化

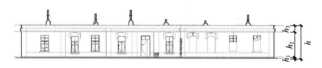

图13　平屋顶建筑

（3）建筑构件

①门斗及门

门斗位于主体建筑的山墙面、主立面或山墙面和主立面混合式。门斗有外凸式和内凹式两种，形式上有封闭式和开敞式两种。门斗山花样式多种多样，可以根据立面复杂需要进行选择。门斗为绿色、深棕色或原木色木质。门斗及门的比例尺度如表3所示。

表3　门斗及门的比例尺度

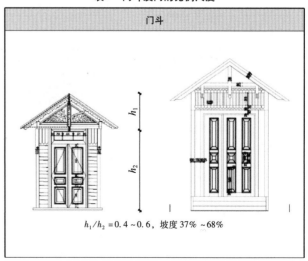

门斗

$h_1/h_2 = 0.4 \sim 0.6$，坡度 37% ~ 68%

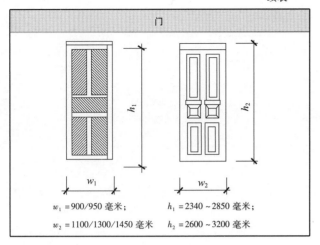

门

$w_1 = 900/950$ 毫米； $h_1 = 2340 \sim 2850$ 毫米；

$w_2 = 1100/1300/1450$ 毫米 $h_2 = 2600 \sim 3200$ 毫米

②窗

窗子的原型可以归为一种，高度为宽度的 $1.5 \sim 2$ 倍，需在原型的基础上对比例进行把控。窗框应为木质，颜色以红色或绿色为主。新建窗和贴脸装饰的比例尺度如表 4 所示。

表 4 新建窗和贴脸装饰的比例尺度

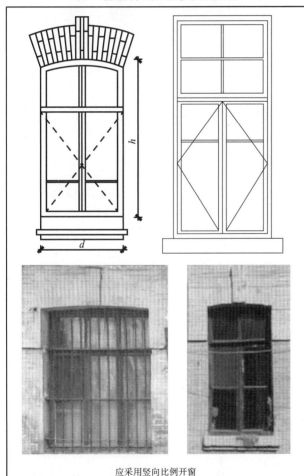

应采用竖向比例开窗

$d = 450 \sim 1800$ 毫米，$h = 1200 \sim 2200$ 毫米，$h/d = 1:1.2 \sim 1:2$，部分建筑可根据其设计需求适当超出该范围，但不宜超过 $1:3.5$

贴脸装饰

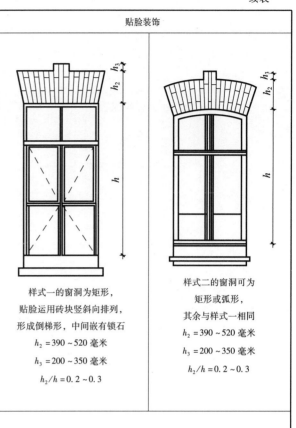

样式一的窗洞为矩形，
贴脸运用砖块竖斜向排列，
形成倒梯形，中间嵌有锁石
$h_2 = 390 \sim 520$ 毫米
$h_3 = 200 \sim 350$ 毫米
$h_2/h = 0.2 \sim 0.3$

样式二的窗洞可为
矩形或弧形，
其余与样式一相同
$h_2 = 390 \sim 520$ 毫米
$h_3 = 200 \sim 350$ 毫米
$h_2/h = 0.2 \sim 0.3$

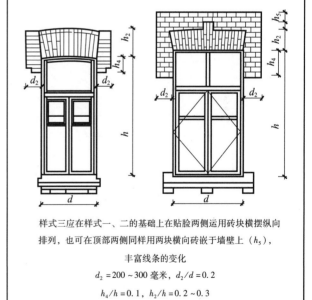

样式三应在样式一、二的基础上在贴脸两侧运用砖块横摆纵向
排列，也可在顶部两侧同样用两块横向砖嵌于墙壁上（h_5），
丰富线条的变化
$d_2 = 200 \sim 300$ 毫米，$d_2/d = 0.2$
$h_4/h = 0.1$，$h_2/h = 0.2 \sim 0.3$

③屋顶

屋顶的基础原型为"人"字形铁皮屋顶。可将边角削掉一块斜面，也可在坡屋面上，再起一"人"字形屋顶，一般与主立面的入口相结合，从而突出入口位置。屋顶材质为铁皮，颜色多为褐色，也可少量为红色或绿色。屋顶尺度与比例如表 5 所示。

表5 新建屋顶比例尺度

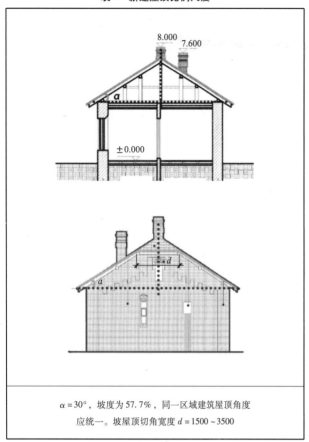

α=30°，坡度为57.7%，同一区域建筑屋顶角度
应统一。坡屋顶切角宽度 d=1500～3500

④阳光房

阳光房的位置布局如表6所示。阳光房整体比例需与建筑主体相协调。屋顶采用单坡、双坡、多坡形式。立面使用木板拼接成不同的纹理。阳光房采用三段式，分别是坡屋顶、玻璃窗及木质墙体，玻璃窗的面积约占阳光房立面的二分之一。阳光房的下部墙身为木制，坐落在台基之上。

表6 新建阳光房图示

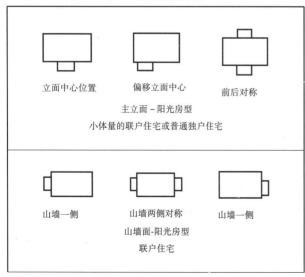

续表

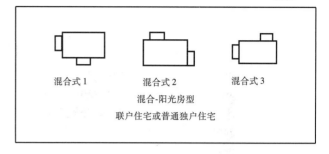

⑤装饰构件

装饰种类丰富多样，需根据其位置、形态、色彩等属性设置，且应注意装饰构件间的搭配问题，避免混乱。装饰构件包括隅石、山花、檐下装饰等。隅石位于墙体转角处，且应与檐下线脚的尾端相连。材料应为白色、黄色或绿色砖石（图14）。新建隅石比例尺度如表7所示。山花位于山墙面上，屋檐下，其凸出墙面，以错落的阶梯状由高到低或相同高度的样式进行排布，在两端尾部用小块砖来结束造型（图15）。

样式可为简单凸出墙面的竖条

也可进行适当变形，但不宜过于复杂

图14 隅石样式

表7 新建隅石比例尺度

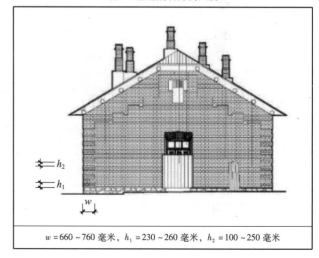

w=660～760毫米，h_1=230～260毫米，h_2=100～250毫米

规则阶梯式：以简单的"十"字形图案为主

不规则阶梯式：可为较复杂的组合造型样式

图15　山花样式

（4）色彩材质

建筑色彩需按照图16所示的四种色彩搭配进行设计。

屋面 ■■ 烟囱 ■■ 墙面 ■■ 装饰 □□ 窗框 ■■ 门斗 ■■ 门斗屋顶 ■■ 线脚 ■■

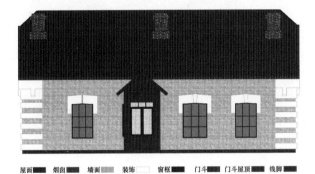

屋面 ■■ 烟囱 ■■ 墙面 ■■ 装饰 □□ 窗框 ■■ 门斗 ■■ 门斗屋顶 ■■ 线脚 ■■

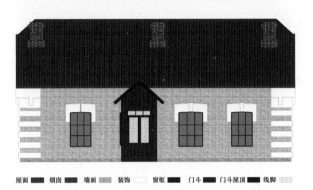

屋面 ■■ 烟囱 ■■ 墙面 ■■ 装饰 ■■ 窗框 ■■ 门斗 ■■ 门斗屋顶 ■■ 线脚 ■■

屋面 ■■ 烟囱 ■■ 墙面 ■■ 装饰 □□ 窗框 ■■ 门斗 ■■ 门斗屋顶 ■■ 线脚 ■■

图16　色彩搭配方案

3. 基于形态类型学的花园街区新建建筑设计引导

（1）建筑要素新建措施

为满足更多人的居住需求及办公、商业等公共建筑的空间需求，需建设多层建筑。新建建筑不可简单地对原有建筑进行放大，需保持门、窗等建筑构件的尺度合适。

①单体形式

建筑体量是新建建筑保持原有风貌的保障，应根据总结的比例关系进行新建，且保证空间的使用需求，建筑高度不得超过25米，建筑不得超过4层（表8）。

表8　新建建筑体量图示

平面立面图示	 d	w_2 d_2 w_1 d_1	w_3 d_3 w_1 d_1	h d	h w
布局	"一"字形平面	"L"形平面	"U"形平面	长高比立面图示	宽高比立面图示
比例尺度	d和w最大放大2倍 $d/w = 1 \sim 3.2$ $d = 8400 \sim 84900$毫米 $w = 4590 \sim 47420$毫米	放大时保证以下 两个比例不变 $d_1/w_1 = 1.2 \sim 2.3$ $d_2/w_2 = 1 \sim 3.2$	保证庭院的尺度及 建筑的采光 $d_1/w_1 = 1.5 \sim 3.2$ $d_3/w_3 = 1.2 \sim 3.2$	h最大放大2.5倍 $d/h = 1.2 \sim 6.2$ $h = 4300 \sim 21250$毫米	$w/h = 0.9 \sim 2.9$ $h = 4300 \sim 21250$毫米

虽无法在立面上保持三段式构图，但应强调其横向分割，在层间用装饰线条等方式进行划分。材质色彩应与原有建筑风貌保持一致。新建建筑普适立面比例尺度如表9所示。主立面设置门廊及入口的建筑，立面构成遵循表10。主立面两侧设置门廊或阳光房的建筑，立面构成遵循表11。建筑布局呈L形的建筑，其附加建筑的立面也应呈三段式（表12）。由于屋顶样式的变化，其上段在立面构图上呈现新形式（表13）。平屋顶建筑其立面构成也应符合"三段式"构图（表14）。

表9 新建建筑普适立面比例尺度

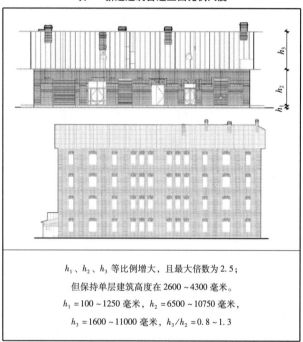

h_1、h_2、h_3 等比例增大，且最大倍数为2.5；

但保持单层建筑高度在2600～4300毫米。

$h_1 = 100 \sim 1250$ 毫米，$h_2 = 6500 \sim 10750$ 毫米，

$h_3 = 1600 \sim 11000$ 毫米，$h_3/h_2 = 0.8 \sim 1.3$

表10 主立面设置门廊及入口的新建建筑立面比例尺度

h_4 和 h_5 随着整体高度放大2.5倍，$h_4/h_2 = 0.35 \sim 0.65$，$h_5/h_2 = 0.35 \sim 0.75$

表11 具有门廊或阳光房的新建建筑特殊立面比例尺度

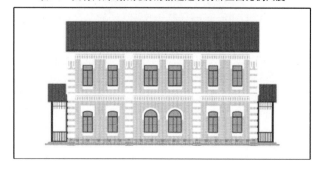

续表

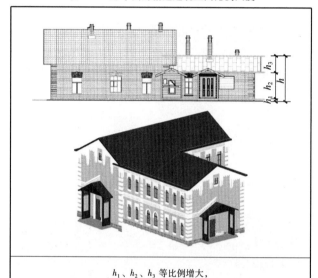

门廊和阳光房的尺度可整体等比例放大，最大放大倍数为2，

$d = 2000 \sim 6390$ 毫米，$h_6 = 3600 \sim 6600$ 毫米，

$d/h_6 = 0.5 \sim 1.2$，$h_6/h_2 = 0.9 \sim 1.8$

表12 L形平面的新建建筑立面比例尺度

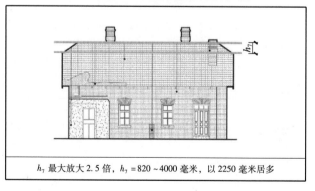

h_1、h_2、h_3 等比例增大，

且最大倍数为2.5，但保持单层建筑高度在2600～4300毫米。

$h_1 = 100 \sim 1250$ 毫米，$h_2/h = 0.65$，$h_3/h = 0.3$，h 较主体建筑低

表13 特殊屋顶的新建建筑立面比例尺度

h_7 最大放大2.5倍，$h_7 = 820 \sim 4000$ 毫米，以2250毫米居多

②建筑构件

在形式上和尺寸上，新建建筑的构件应与花园街区传统风貌相协调。可以采用与原有风貌一致的门窗形式，或者采用简洁的现代样式的门窗。不得采用在样式、色彩、材质等方面与原有风貌不协调的构件。沿街的建筑立面不得大面积开窗、开门。

门斗最大放大倍数为2倍，坡度37%～68%，应保持坡度和门的尺度不变。因单层建筑高度不变，为保持立面虚实比例不变，窗户和贴脸装饰尺度和比例均不变。多层公共建筑屋顶形式可为硬双坡屋顶，辅以单坡屋顶与平屋顶结合使用；多层住宅建筑应采用双坡屋顶。屋顶高度等比例增大，但应保持 $\alpha = 30°$，坡度为57.7%。装饰构件应等比例放大以保持原有风貌特色。隅石的宽度最大放大倍数为2，高度为2.5倍。

表14　新建平屋顶建筑立面比例尺度

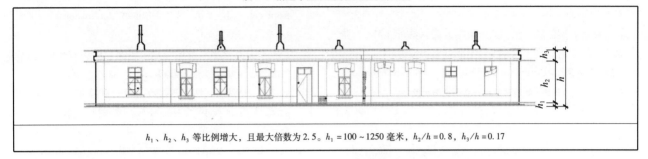

h_1、h_2、h_3 等比例增大，且最大倍数为2.5。$h_1 = 100～1250$ 毫米，$h_2/h = 0.8$，$h_3/h = 0.17$

（2）新建建筑继承与创新

新建建筑建筑风貌应立足于社会、经济、自然生态等方面的整合效应，以新技术创新为引导，顺应时代要求，采用先进材料与技术，在先进的设计理念指引下，引领哈尔滨建筑创作与时代发展同步，与传统材料相区别，建筑主体呈现出玻璃、实木、钢三种主要材料形式。突出黑龙江主题文化，并与该区域整体风貌相协调，同一街区环境设施风貌相互协调。在使用性质、高度、体量、材料、色彩等方面与保留历史建筑相和谐，不得改变建筑周围原有的空间景观特征。

玻璃主要适用于建筑局部，运用于建筑附属空间或小尺度建筑单体，建筑整体不宜为玻璃幕墙，建筑造型宜简洁，与周边环境相协调，不宜过于现代（图17）。

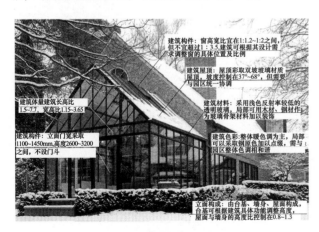

图17　玻璃类建筑导则图解

木结构建筑适用于住宅、咖啡厅、书吧等小体量建筑，建筑尺度不宜过大，建筑层数以底层为主，建筑色彩采用暖色为主，建筑立面造型宜简洁，不宜过于烦琐，门窗洞口尺度需体现原先的建筑尺度关系，同时需与园区整体风貌相协调（图18）。

钢结构建筑适用于活动中心、体育馆等大型公共建筑，整体造型宜突出结构技术、外部特征和材质本色，同时需

图18　实木类建筑导则图解

与园区整体风貌相协调，不宜过于现代（图19）。

图19　钢结构类建筑导则图解

四、结语

城市中的历史街区似乎没有跟上城市快速发展的步伐。因此，为了使历史街区重新融入城市，就需要对其进行改造更新及新建建筑设计。花园街区内建筑特色鲜明，其保护发展的规划研究具有示范、推广的作用。本文立足于俄式住宅的特点，依据形态类型学方法，构建了适应花园街区发展需求的新建建筑设计策略。顺应时代需求，采用先进的材料、技术和设计理念，使建筑主体呈现出玻璃、实木、钢三种主要材料形式，给予新建建筑一个参考范式。

该设计策略具有可行性和实用性，可以有效延续和再现花园街区的历史特色。

参考文献

［1］HOWARD E. Garden Cities of To-Morrow［M］. London：Rosemount Press，1902.

［2］克拉金. 哈尔滨：俄罗斯人心中的理想城市［M］. 张琦，路立新，译. 哈尔滨：哈尔滨出版社，2007.

［3］LI E，ZHU J. Parametric analysis of the mechanism of creating indoor thermal environment in traditional houses in Lhasa［J］. Building and Environment，2022，207：108510.

［4］ZHANG F，SHI L，LIU S，et al. Climate Adaptability Based on Indoor Physical Environment of Traditional Dwelling in North Dong Areas，China：2［J］. Sustainability，2022，14（2）：850.

［5］陈飞. 一个新的研究框架：城市形态类型学在中国的应用［J］. 建筑学报，2010（4）：85-90.

［6］CHEN F，THWAITES K. Chinese urban design：the typomorphological approach［M］. London：Routledge，2017.

［7］CHEN F，ROMICE O. Preserving the cultural identity of Chinese cities in urban design through a typomorphological Approach［J］. URBAN DESIGN International，2009，14（1）：36-54.

［8］刘松茯. 近代哈尔滨城市建筑的文化结构与内涵［J］. 新建筑，2002（1）：57-59.

［9］林晓光，胡纹. 让历史重归城市：以哈尔滨花园街历史街区概念设计为例［J］. 规划师，2007（3）：51-53.

［10］ÇEVIK S，VURAL S，TAVŞAN F，et al. An example to renovation-revitalization works in historical city centres：Kunduracılar Street／Trabzon-Turkey［J］. Building and Environment，2008，43（5）：950-962.

民族特色村镇空间特征分析与价值评价研究

杨东生[1]

摘 要： 民族村镇特别是具有特色的少数民族村镇的发展经历了漫长的历史过程，是各族人民基于生产生活、自然环境及其各族人民交往交流交融历史过程形成的，也和新时代城镇化发展密不可分。新的历史时期评估民族特色村镇价值，对铸牢中华民族共同体意识，推动共同体意识建设具有十分重要的意义。民族特色村镇特征分析体现在物质载体和非物质遗产，民俗民风，以及人们对客观自然环境的认识和创新。民族特色村镇的空间特征及其评价研究涉及民族村镇空间规划、自然环境、人居环境、特色建筑和以建筑为载体的中华民族建筑历史文化共有符号和布局等。

关键词： 民族特色村镇；空间特征；共有建筑符号特征；价值评估

一、 民族特色村镇空间特征分析

1. 选址与生态环境

民族村镇在选址以及长期发展、演变过程中体现出明显的生态特点，主要表现为与自然环境的关系，即村镇选址与周边山水的关系，建筑布局与地貌环境的关系，产业布局与田园植被的关系，村镇发展与环境保护的关系。

2. 聚落空间

民族村镇的聚落空间特色主要表现在聚落形态和空间序列两方面。

（1）聚落形态

受地理条件、风水观念、宗族观念、土地制度及民族风俗习惯等方面的影响，每个民族村镇聚落都有其不同的聚居形态。规划可从村镇聚落形成、发展及演变过程总结提炼。如侗族村落就是以鼓楼为中心，以各房屋族为单位，向心性紧凑布局在周边，所有房屋高度要低于鼓楼，达到最为节省用地的村寨空间组织形式。

（2）空间序列

民族村镇空间包括开放公共空间和建筑空间。平面空间序列指建筑在公共空间的前后位置串联，可呈簇状序列、珠串状序列等；竖向空间序列指村落建筑高低等级序列和村落建筑及周边山体农田的天际线，如藏族聚落多以藏传佛教寺庙为中心和制高点，依山势围绕布置建筑，自发形成有特点的空间序列。

3. 街巷布局

民族特色村镇多是自发生长形成的，每个村镇都有其独有的街巷格局，其尺度、走势及比例关系等因地形和院落布局的影响呈现多种形态，有因山就势而形成的阶梯尽端分布形式，平原地区多为"回"字形和"井"字形，河边江边多为"十"字形街巷，视廊通透延至江边。

街巷布局可从街巷肌理、空间尺度、走势形态、装饰特征等方面总结提炼。街巷肌理是由建筑尺度层级、街巷规模、密度、装饰材料等特征所产生的视觉感受，直观形象为街巷纹理呈图案状，如鱼骨状肌理；空间尺度包括街巷空间与两侧建筑的尺度比例和街巷空间尺度及建筑的尺度两个方面，其中街巷空间比为"街巷宽度/两侧建筑外墙高度"，不

1 中国民族建筑研究会秘书长，专家委员会委员，100070，2902871815@qq.com。

同的比值所反映的空间性质也不同，如生活性街巷和商业性街巷的比值截然不同；走势形态指街巷与居民生产生活建筑的关系，不同的需求其走势也呈现不一样的形态；装饰特征包括建筑装饰和景观装饰，建筑装饰包括建筑形态装饰、形制、风格、体量、装修等和铺地、雕塑、小品等人工布景，景观装饰是街巷绿化和人文宣传等自然景观。

4. 建筑风貌

不同历史时期的建筑风貌记载着不同时期的历史文化和时代变迁，是民族特色村镇特有文脉的体现和延续。

传统建筑从使用性质上一般分为公共建筑和民居，从建筑等级分为文物保护单位、历史建筑、准历史建筑、传统风貌建筑。建筑风貌表现在建筑类型、建筑布局、构造特征、建造工艺、结构形式、材料特征等方面。建筑类型指传统建筑的时代、功能、形制和构造类型；建筑布局指传统建筑与周边环境的关系以及建筑之间的相互关系；构造特征指传统建筑的台基、地面、墙体、构架等特征；建造工艺指传统的建造工艺；材料特征指传统建筑所使用的主要建造材料类型。

5. 建筑装饰

民族地区建筑均有装饰，这些表现在建筑上的装饰，以图腾、样式和色彩为表现方式，分为屋外装饰和屋内装饰。屋外装饰表现在门窗边框、屋顶结构、台基、墙面、梁、柱、椽头等部位；屋内装饰表现在顶棚、内墙、地板、柱等部分，公共场所重点装饰，其余则简单装饰。

6. 产业空间

民族村镇特定的生产生活空间决定了相应的产业类型，最具有代表性的是民族传统手工业和旅游业，不仅展示、弘扬了当地的风俗民情，还促进了当地的经济发展。

产业空间特色表现在产业类型、产业规模和空间格局三方面。产业类型指农耕、手工艺、林业、旅游业、园艺等，产业规模是指少数民族村镇支柱产业的占地面积、年收入比例，空间格局是指产业载体空间的布局和与村镇之间的关系。

7. 地域特征

民族村镇所在区域的地域文化对其形成和演变过程有着至关重要的作用，每个区域都会形成一批有民族文化共性的村镇。民族特色村镇的地域特色主要表现在村镇布局形态与山水环境的关系、聚落特征、建筑的典型形制、历史元素的典型特征、传统民风民俗。

8. 多民族共有建筑文化符号和空间布局

中华文明的起源与气候、地理环境及自然资源密不可

分。人类最早的建筑是人类克服自然环境中对居住生活的不利因素，防御掩体的基本需要而产生的。有了实用的建筑之后，才会追求更多的功能，进入文明以后建筑也才有公共的社会属性。

从建筑角度而言，城池的出现是迈进文明的重要标志，城即围合的墙，池即围绕城墙的护城河，这是古国建立的物理标志之一，也表明已经形成了社会结构层次，建立了等级，具备了成熟的统治制度和模式。考古发现，我国最早的城池可以追溯到5300年前，在郑州的西山，这是以城池为核心的仰韶文化遗址。逐渐进入古代文明后的建筑城垣遗址被考古界逐渐发现，有代表性的就是河南偃师二里头文化遗址，距今3800～3500年，遗址上发现有中国最早的"井"字形城市主干道，网格式城市布局，推测有宫殿区、作坊区和居住区。

中华文明文化起源于黄河流域，黄河流域土地滋养了农耕文明，土体的黏度适合北方居住建筑的建造，也是早期的半穴居建筑。南方气候多雨潮湿，防潮防水的要求多发展为依山依河流的架空式居住建筑。

在建筑材料方面，古代建筑多依据地质气候条件就地取材，除木材、石料和砖瓦外，南方沿海更盛产石材，先民将这些建筑材料用于台基、建筑结构和屋面。

影响中国建筑的因素，除气候、地理环境、建筑材料和营建方法外，社会制度、伦理观念和生活习惯都对建筑本身和规划布局产生影响。如儒家思想的产生和影响、佛教的广泛传播、本土道教影响和宗族民众的民间信仰等，对建筑产生了影响，产生了各民族共识的建筑元素，如斗拱、阁楼、屋脊、台基、围墙；产生了共同价值观的建筑装饰符号，如龙凤、蝙蝠、梅兰竹菊等，包括共同寓意的建筑色彩。城池规划、对称分布、院落布局、"天人合一"等建筑理念和营建方式也逐渐产生并发展。

基于以上的中华文明起源与演变，在建筑和空间规划布局方面，历经千年的民族交往交流交融，形成了共同的思想观念和在建筑中体现出来的共有符号和相同的规划设计理念。

二、价值评估内容要素

1. 生态环境

涉及要素如下：

（1）气候特征、河湖水系、山形地貌、农田等。

（2）自然植被。植被种类/林地植被（自然生态林、经济林、风水林）。

（3）土壤。

（4）矿产资源。

2. 人居环境

涉及要素如下：

（1）村镇形成历史

特有地域文化、自然地理因素、政治因素。

（2）构筑物及遗址

塔桥亭阁、寨墙堤坝、井泉沟涵、石阶铺地、码头驳岸、古碑石刻、古树名木、传统产业遗存、文化遗迹。

（3）空间环境

①村落选址（地形地貌、河湖水系、村落聚居之间的关系等）

②街巷及尺度

街巷肌理（十字巷、井子巷、主街多巷等）、铺装形式（石板、碎石等）、街巷宽度、高宽比。

③聚落特征（聚落组合形式、建筑群构成关系）

④公共空间序列

平面空间序列（簇状序列、珠串状序列、入口空间序列）、竖向空间序列（建筑高低等级序列、村镇天际线）、开放空间（广场、坪坝、鼓楼、芦笙坪等）。

（4）基础设施建设

①给水、排水工程（远离特色村镇新建水厂、污水处理厂及取水构筑物）

②供电工程（强电弱电、互联网通信系统等，城区电源主要来自县城市供电，电力线路应采取地下敷设方式）

③燃气工程（规划在村镇外围敷设燃气管线，供村镇内居民使用）

④交通系统

村镇内已有的历史街道需完整保留。改善尽端路现状，形成村落外部与内部相联系的道路系统，增强道路交通体系的可通达性。

村镇新增加的道路按村镇内街巷的原有尺度建设，利用当地的石材、砖等材料进行建设，使之符合村落道路的景观风貌。

村镇与外部交通连接应考虑道路宽窄尺度及道路两侧风貌与特色村镇的统一，选择合适距离设立停车场，停车场规模应分析正常流量和高峰旅游流量规划设计。

⑤公共服务设施

有意识加强对老建筑加以改造利用，赋予其新公共服务功能。

规模集中的公共服务设施尽可能在新区解决，不增加旧村镇负担。

完善教育、医疗、体育、商业、体育设施。

适当增加公共服务设施，如小学、幼儿园、便利店、卫生站、公共浴室等，构建完整的村庄公共服务设施系统。

（5）环境治理

①解决"脏乱破差"现象，建设美丽家园，突出美化、洁化、文明化建设。

②完善环卫设施垃圾分类收集，实施"三清、三包、三改"。

"三清"指村内清垃圾、清杂物、清路障，"三包"指农户门前包卫生、包秩序、包绿化，"三改"指村民家中改水、改厕、改灶。

③达到"村容整洁环境美"的要求。抓好改路、改水、改厕、垃圾处理、污水处理、广告清理等项目整治。

④提倡绿色节能的生产生活方式。实现生活方式和消费模式向勤俭节约、绿色低碳、文明健康的方向转变，力戒奢侈浪费和不合理消费。

提倡原生态的生活方式，在保留传统生活设施的基础上，同时加强基础设施建设，为村民提供便利。

3. 空间保护规划

（1）特色村镇规划保护对象与保护范围

①针对少数民族特色村镇的特色与价值，明确保护对象，划定保护范围。

②保护对象为少数民族特色村镇保护的重点对象，如文物保护单位、重要历史建筑、历史街区、最能体现村镇特色的核心风貌区，周边原生态的山水资源等。

③根据保护对象划定保护范围，施行整体保护的策略。

④新老分离。优先采用"新老分离，互不干扰"的规划策略，使老村真实完整地保存下来，另行选址建设新区。

⑤新老统一。新区（村）建设要协调风貌，要有乡土文脉传承关系。新老村协调共存。新村的建筑风貌要与传统建筑风貌相协调，可提炼应用传统建筑元素（造型、色彩、纹样、结构等）。

（2）特色村镇的保护规划及分区

①村镇的生态环境保护规划

村镇的环境要素包括山、水、田、园、林、房、路；每个民族村镇均有其独特的空间环境布局结构，规划应包括这些格局及其要素。

不随意破坏村镇的生态环境要素，不破坏山体的形态，不改变河道的走向，不拆除传统建筑，不随意占用农田，不乱砍滥伐，不破坏道路街巷的空间尺度。

②村镇的景观体系规划

景观的规划设计应遵循一定的形制，尽可能彰显其直观性和可识别性，以增强空间的可意向性。应当建立起以保护主要标志性景观为核心内容的完整的城镇聚落的景观风貌保护体系。

村落核心的景观元素有自然环境、街巷空间、聚落中心（祠堂、鼓楼等）、民居（街区）、历史环境要素（水口、风水林、桥等）。

提取民族元素融入景观设计中，最终形成"点线面"的复合绿化体系，景观风貌要与历史建筑风貌相统一。

③特色村镇保护分区

a. 街巷格局节点空间。城镇的街巷布局和肌理是在长期发展过程中逐渐形成的，文化积淀深厚，传统特色十分突出，应成为基本的保护目标。这些街巷适应各地气候条件和生活习俗的不同，有多种形态和风貌，其文化特征的表现十分鲜明生动，是传统城镇聚落特色的集中表现，因此要特别注意街巷格局肌理以及同院落房屋布局的关系，不随意更改和变动。街巷的空间尺度，街道与房屋的比例关系，不乱添加、拓宽、加高。街巷的节点空间，不任意改建乱拆，而是应当作为重点保护对象，加强其节点空间特征可读性文化内涵的展示。

b. 核心保护区。规划将重点文物和与周边景观风貌相融合的历史建筑一起作为村镇整体核心风貌区进行保护。

规划严格保护原有的历史建筑、树木、水体、地形地貌及其他环境要素，并注意保持原有的历史街巷格局。

核心风貌区内的建筑高度、体量、材料、色彩及形式应符合历史传统风貌。

c. 建设控制区。建设控制区是与核心风貌区相邻的区域，控制区内的景观风貌要与核心区的传统风貌相协调，需对控制区内的历史建筑、树木、水体、地形地貌及街巷格局进行控制，不得随意拆建、改建历史建筑。

d. 风貌协调区。风貌协调区是村寨周边的自然生态景观用地，也包括"新老分离"的新区，规划将与村落息息相关的生态空间划定为协调风貌区，限制村落建设用地的盲目扩张，使村寨周边的山体、水系、农田、林木景观与村落建筑风貌相协调。

4. 特色建筑及建筑群

民族建筑由于山区、水乡、高原等特殊地域和气候而形成的区别于平原的建筑营建理念，而表现出的建筑特征和装饰特点。同时由于历史形成的风俗习惯和文化特点等因素理念，构成了民族建筑的特征，这在民族村镇得到体现。

（1）建筑类型：公共建筑、民居建筑、建筑遗址、宗教建筑。

（2）建筑等级：文物保护单位、历史建筑、传统风貌建筑、近现代革命建筑。

（3）建筑位置：位置和数量。

（4）建成年代：明代及以前、清朝、中华人民共和国成立后。

（5）基本形制：建筑风格、样式。

（6）建造工艺：传统建造方法。

（7）结构形式：主体建筑材料、骨架结构、墙体做法等。

（8）装饰特点：颜色、雕刻、泥塑、匾额、油漆彩画。

（9）历史功能。

（10）使用状况：居住、公用、保护未使用。

（11）保存状况：完好、基本完好、较差、破损严重。

5. 共有建筑符号特征和空间布局

千百年来，我国各民族之间交流不断加强，民族之间文化相互影响，相互融合，各民族交往交流交融过程中在建筑空间布局和建筑本体上形成了以下方面的共有认同。

（1）空间结构：村镇空间布局为街巷式，主街多为巷道、一般"井"字形或"十"字形街巷。以围廊围墙环绕成围合式院落，院门考究；有中轴线，形成对称式布局；院落围合式结构；多重庭院组成建筑群。

（2）建筑外观：台基、屋身和屋顶三段式结构；坡屋顶、屋脊、吻兽、屋檐、屋面、山墙。

（3）建筑单体：立柱与横梁组合，形成"间"字架构。有梁坊、檐柱、斗拱，斗拱具有力学功能和装饰作用。有柔性木结构承重与土石围护结构。

（4）衬托性建筑：照壁、石狮、华表、牌坊、山门等。

（5）装饰及色彩：门窗、屋顶、隔扇、藻井多以形象、花纹、色彩装饰；木雕石雕砖雕，吉祥的纹饰，龙凤、蝙蝠、如意纹、古钱币符号、梅兰竹菊。书法绘画，匾额对联；色彩在建筑上的应用，不同民族和地区有所差异。

（6）景观：建筑群内外山石、花木、植被布景，造园艺术强调意境。

（7）建筑材料：木材、瓦石、泥土为主要建筑材料。

6. 建筑保护和利用

（1）建筑普查

①对房屋设施普查并分类建档。对所有房屋按照建造年代、历史风貌特色、破损程度、历史重要性分类建档。

②用照片、测绘图纸、数字化等手段记录建筑结构形式。对历史年代悠久、保存完整、有一定历史地位的建筑应保留电子信息，并请专人测绘，保存测绘档案。

③建立责任人制度，监管重要历史建筑破损情况。对国家文物保护单位和重要历史建筑，实行责任人动态监管制度。

（2）挂牌保护

①重要历史建筑和文物古木等应挂牌保护。

a. 摸清少数民族特色村镇内房屋的建筑年代、历史地位和改造修复情况，对改革开放前建造的历史风貌完整的建筑，进行挂牌保护。

b. 对村镇内及周边的"风水树""风水林"及古树名木挂牌保护。

②挂牌保护建筑应重点保护，提出保护要求。

挂牌保护的文物建筑和历史建筑，定期对建筑破损程度进行监管，提出保护要求，划定保护界限。

（3）控制拆建

①尽量保持村镇原风貌。中央城镇化工作会议（2013）中，习近平总书记提出"在促进城乡一体化发展中，要注意保留村庄原始风貌，慎砍树、不填湖、少拆房，尽可能在原有村庄形态上改善居民生活条件"。

②保护所有历史建筑。凡是有历史年代的，都是历史遗存，能保护的尽量保护。

1987年国际古迹遗址理事会（ICOMOS）通过的关于保护历史城镇与城区的《华盛顿宪章》指出"历史城区，不论大小，其中包括城市、城镇以及历史中心或居住区，也包括其自然的和人造的环境。除了它们的历史文献作用外，这些地区体现着传统的城市文化的价值……要鼓励对这些文化遗产的保护，无论这些文化遗产多么微不足道，都构成人类集体的记忆"，因此，还必须提高认识，大力宣传文化多样性保护的重要意义。

（4）建筑分期保护

少数民族特色村镇内的建筑体现了各种历史时期的风貌，需要对历史悠久的传统建筑加以保护，对影响村镇整体风貌特色的建筑加以改造。不同年代的建筑的保护改造原则如下：

①1911年以前古代时期的建筑：重点保护，挂牌保护，影像记录，修旧如旧。

②1911—1949年中华人民共和国成立前近代现时期的建筑：重点保护，挂牌保护，影像记录，修旧如旧。

③1949—1977年中华人民共和国成立后至"文化大革命"结束时期的建筑：重点保护，挂牌保护，影像记录，修旧如旧。

④改革开放以后的建筑：保留质量较好的，适度改造、重建全新建筑。

（5）建筑分类保护

①文物建筑和世界遗产（修复），即按文物法修复。按相关法规保护，最小干预原则；完全保留建筑的外观形态与内部构造，禁止拆除与重建。

②历史建筑（修缮）。以安全为前提，修旧如旧，保留建筑的原真性，整体性。以保护加固为主，禁止对保护建筑外观进行改造，不得改变建筑的材质与体量，不得扩建或增加高度。如远期需修缮要提前向政府备案，可适当改造建筑内部环境。

③普通老建筑（维修）。改革开放之前的建筑，以符合传统的建筑风貌为前提，通过适当的维修后，能再现建筑历史风貌，对建筑起到加固的作用。外观尽量保持原风貌，内部有机更新，可改造为实用的多种形式。

④近期建筑（整改）。改革开放后的建筑，采用"新而中"手法，与老建筑协调文脉。在保护区内，若体量、色彩对整体风貌影响不大，可维持原貌；若太不协调，应予以拆除。

⑤构筑物（协调）。井桥、堤路、堡坎等，尽量保持原貌，并加以协调处理。

上述内容通过评估体现了六个方面的价值，即科学价值、历史价值、文化价值、艺术价值、社会价值和经济价值。

（1）科学价值：记载了某个历史时代某个民族的特定生活方式及文化习俗。

（2）历史价值：记录了民族村镇的历史演进过程，呈现了各个时期的历史建筑和历史环境要素。

（3）文化价值：反映了民族村镇在特定历史时期背景下的文化形态，以及保护传承过程。

（4）艺术价值：民族特色村镇的传统建筑在装饰、结构的方面具有鲜明的艺术价值，反映了工匠的高超技艺和特定时期的艺术水平。

（5）社会价值：民族特色村镇是我国村镇体系不可或缺的一部分，是交往交流交融的体现，是少数民族文化的主要载体，保护和利用少数民族特色村镇有助于民族团结和社会进步，是铸牢中华民族共同体意识的体现。

（6）经济价值：民族特色村镇保留下来的优秀物质文化遗产和非物质文化遗产是其宝贵的旅游资源，有效保护和合理利用这些资源会给当地带来可观的经济效益。

参考文献

［1］中国民族建筑研究会，人居环境与建筑文化专业委员会．新型城镇化过程中民族建筑及村落保护与利用研究［R］．北京：国家发展改革委员会，2015.

［2］中国民族建筑研究会．"十三五"期间少数民族地区特色镇转型升级策略研究［R］．北京：国家发展改革委员会，2015.

［3］中国民族建筑研究会．少数民族特色村镇保护与发展推广导则［R］．北京：国家民族事务委员会，2016.

民族互嵌村落景观格局演变研究
——以循化县科哇片区为例[1]

贾敬平[2]　　崔文河[3]

摘　要：青海省循化县位于甘青民族走廊的核心地带，历史上长期的族群互动，形成众多民族互嵌村落。本文通过田野调查、GIS 空间分析、空间句法等方法，首先对县内地缘要道上的典型民族互嵌型村落的形成背景进行梳理；其次聚焦民族互嵌村落（科哇片区），梳理景观格局历史演变，分析景观格局特征；最后归纳传统景观格局背后的形成机制。本研究试图为创建民族交往交流交融的空间路径以及民族互嵌型社区建设提供学术参考。

关键词：交往交流交融；景观格局演变；形成机制；民族互嵌村落

一、前言

中央民族工作会议指出，要加强各民族交往交流交融，强调要推动建立相互嵌入式的社会结构和社区环境。构建民族互嵌式社区，加快民族交流的进程，同时也影响到族群空间的发展，但相关研究在人居空间方面还未深入开展。从景观格局上来讲，民族互嵌村落并不囿于简单的民族散居或混居村落，而是形成各民族间有机互动、交错散居的空间结构[1]。在民族互嵌村落中千百年的景观格局演变中，各民族长期相互流动、交往，积累了和谐共居的生存经验。

青海省循化县东西连接甘青两省，南北贯通河湟城乡和甘青南部牧区的重要枢纽，是甘青交会、农牧交接、农商交集的重要区域。在如此特殊的地理位置，实现不同民族的有机互动和良性交往，形成众多民族互嵌村落。本文选取县内地缘要道上的典型民族互嵌型村落，它们以古城为雏形，随着历史发展、朝代更迭、经济变革互通、多民族文化的涌入，形成城村并置的民族互嵌型村落，这些村落从古至今一直处在民族交往的最前沿，是族群互动空间的典型代表。本文深入发掘民族互嵌村落传统景观格局背后的族群和谐共生的形成机制，为日后推动民族互嵌型社区建设提供重要依据及参考[2]。

二、民族互嵌村落的形成背景

本文对循化县民族互嵌村落进行筛选，选取位于地缘要道上的 6 个村落——红光村、积石镇老城区、下庄村、拉兄村、科哇片区、起台堡村。下面从自然环境和人文环境两个方面对 6 个村落的形成背景进行梳理。

1. 甘青交界，农牧接壤——村落的产生

循化县位于甘青交界处，黄河中段流经此处。这里形成两大甘青往来的主流要道：临夏—循化；兰州—循化[3]。两大主流要道的形成，促使在县内沿要道建制一些古城，以此屯垦戍边。这些古城随时间演变成为现在的民族互嵌

1　国家社会科学基金项目（19XMZ052）；国家民委民族研究项目（2019-GMD-018）。
2　西安建筑科技大学，硕士研究生，710055，1828398159@qq.com。
3　西安建筑科技大学，教授，710055，hehestudio@126.com。

村落，它们是民族走廊上各族之间交往交流交融最为频繁的点位。下面结合地缘要道的位置对这 6 个村落的选址进行梳理。①临夏—循化，途经拉兄村、科哇片区、起台堡村。拉兄村位于牛犊山南侧，是进入高原第一大驿站的节点；科哇片区，从片区通过与县内藏区进行茶马贸易的重要关口；起台堡村，是甘肃牧区进入循化境内的关口。科哇片区和起台堡村位于起台河流经的第一台地与第二台地上。这三个村落所处的位置形成了良好的观察视野，位于

农耕与游牧的过渡带，兼具两种用地性质，进而促进民族之间的往来互通。②兰州—循化，途经红光村，积石镇老城区和下庄村，依黄河而建。红光村与下庄村是循化县的出入关口，为增强防御性，地址更倾向于选在多山的区域，对视线有所阻碍。积石镇老城区作为县域都城除防御外，更多考虑到商贸、生产、生活等方面，更注重流通性，因此选址更为开阔。城址建于黄河附近，民族之间的来往必然是更为频繁的[4]。（图1、图2）

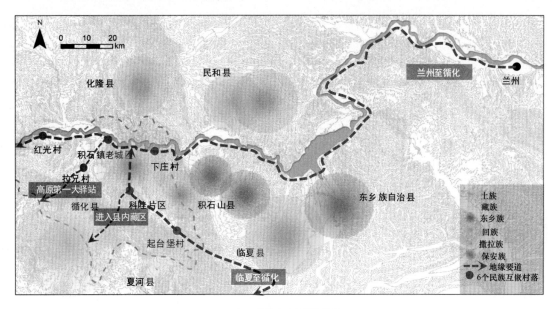

图 1　循化县内的地缘要道

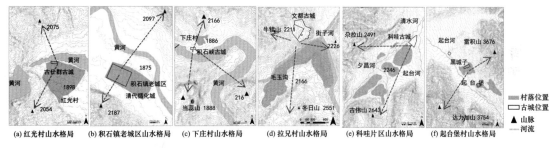

(a) 红光村山水格局　(b) 积石镇老城区山水格局　(c) 下庄村山水格局　(d) 拉兄村山水格局　(e) 科哇片区山水格局　(f) 起台堡村山水格局

图 2　循化县内的地缘要道

2. 驿站商贸，族群战争——民族涌入

村落的形成受到自然环境的影响，同时离不开族群的不断涌入。在循化县地区族群涌入的主流时期为唐朝与元朝。①唐朝，循化境内出现河南东道，河南道受唐前中期唐蕃古道的影响而逐渐兴起，同时游牧经济倚重商业贸易，吐谷浑以国际商贸立国也使河南道开始发展。该线路与起台堡村相遇，往北至科哇片区，因片区向北有黄河，河面甚宽不宜渡过，进而古代交通改而向西至群科古城，途经拉兄村、红光村，致使所流经的区域民族交往更为频繁[5]。②撒拉族先民于元朝东迁。受到蒙古人西征的影响，撒拉族先民东迁经过天山北路、吐鲁番，进嘉峪关，到宁夏，

再向东南行至天水，折而西返，到甘谷，又到临潭，经拉卜楞进入夏河县的甘家滩。随后部分人从甘家滩朝西北行，进入循化的夕昌沟，又跨过孟达山，上了乌土斯山[6]。这条线路经过藏、土、回、汉、东乡、保安等多个民族，同时也是撒拉族群涌入循化的顶峰时期。

三、科哇片区景观格局历史演变

下面选取位于地缘要道的民族互嵌村落——科哇片区作为重点研究对象。从唐朝至今，划分四个发展阶段，对科哇片区整体聚落空间演变进行梳理。

1. 初期生成：唐朝前期

查阅古籍史料可知，科哇古城于 631 年建置在科哇片区。641 年河南道兴起，科哇片区茶马古道产生[3]。该区域在唐朝位于甘肃与吐谷浑的交界处，在区域的西侧为古羌族聚居，再加上古道的兴盛，促使中原文化与当时在此聚居的古羌族出现了族群交融。

2. 初期发展：宋元

宋初，科哇古城仍然存在。宋元时河南道继续发展，茶马古道依然留存。此时，科哇片区归属吐蕃管辖。元朝时成吉思汗西征，撒拉族东迁。但在科哇片区依然只有一些古羌族聚居之地，主要为蒙古族和藏族，此时由宣政院管辖。

3. 中期发展：明清

明朝时期，汉藏茶马贸易逐渐兴盛，古道得到发展。在片区内出现朱格村和上科哇村，由撒拉族建置。清朝时

期，茶马古道依然兴盛，上科哇村进行周边迁移，形成了苏呼沙村。三个村子以清真寺为中心向周边扩张，农田面积也随之增加，道路开始增设。村落景观格局以撒拉族为主导，藏、汉两族融入其中。明清时期的管辖范围从陕西变为甘肃，而片区的西侧夕昌藏族也由撒拉族管辖，因当时社会动乱，两族间互帮互助，维护各族的文化建筑，使两族间的交往十分频繁。

4. 后期定型：中华民国至今

随时间推移，科哇片区至今容纳 7 个村落，分别为朱格村、上科哇村、下科哇村、条井村、九家坪、苏呼沙村、江布日村。由于人口的增加，农田需求增大，从 1960 年开始，对古城内部进行开垦，古城内部格局破坏，边界逐渐消亡。2014 年，九家坪开始出现，2016 年建设高速公路，古城边界遭到破坏。自 2017 年发展至今，无明显变化。族群交往形成科哇撒拉族和西昌藏族的互通模式。两族间一直处在同一管辖区，并在生活和交通上都有一定程度上的流通[7]。（图 3）

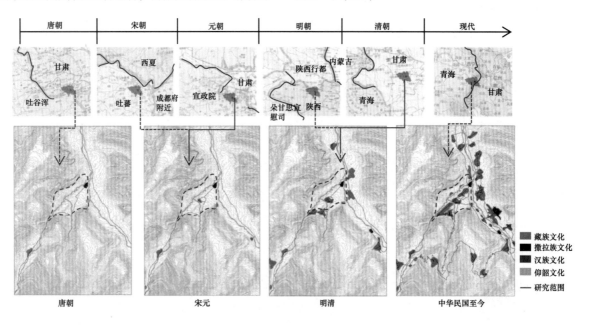

图 3　村落景观格局历史演化图

四、 民族互嵌村落景观格局特征分析

通过对科哇片区演变发展后的景观格局进行分析，总结出在聚落、建筑和空间行径这三个方面的空间特征上，具有族群聚居格局相互嵌入、族群营建智慧的融汇发展、族群交往路径延续的特点。

1. 聚落形态：族群聚居格局相互嵌入

从各时期的科哇片区的演变来看，该区域所处的地理

位置以及形态上的变化相对稳定。科哇片区位于夕昌河与起台河交汇的三角台地上，南北两侧由尕拉山与古伟山相夹，山势向西逐渐收束。从聚落所处位置来看，科哇片区位于河谷地带，可将周边河水以及山体雨水用于农耕，致使该地以撒拉族聚居为主。从聚落本身的形制来看，三角形的聚落空间形态成为游牧与农耕的过渡地带，因此在科哇片区周边不仅有撒拉族聚居，其西侧有藏族聚居，东侧有汉族聚居。进而可以看出科哇片区特殊的聚落形态，促使不同民族相互嵌入，并形成了"大杂居，小聚居"的格局特征。（图 4）

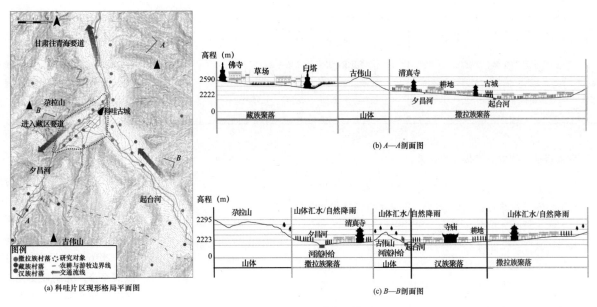

(a) 科哇片区现形格局平面图

(b) A—A剖面图

(c) B—B剖面图

图4 科哇片区现形聚落格局分析图

2. 宗教建筑：族群营建智慧的融汇发展

科哇片区经过千百年的演变历程，不仅在聚落形态上各民族相互嵌入，在宗教建筑中也汲取着各族优秀营建技艺，体现着民族间的相互融入。下面将撒拉族科哇清真寺与中原内地的回族西安化觉巷清真寺和青海藏传佛教塔尔寺中宗喀巴建筑群进行对比，探究民族地区与中原内地少数民族宗教建筑营建上的融合发展。

①整体布局：朝向坐西向东，并以汉式四合院式的布局为主。②建筑营建：礼拜殿为科哇清真寺主殿，该建筑屋顶后窑殿使用庑殿顶，正殿为歇山顶，两者垂直相交。

③细部装饰：首先为院门，建筑门饰都带有四合院和地方"庄廓"的特色。其次，建筑院墙大量使用"河州砖雕"，是回族的传统技艺。最后，屋脊与建筑内部装饰，伊斯兰教义禁止将人神化或将神人格化，科哇清真寺的屋脊装饰多使用几何纹样、文字纹样和植物纹样，与西安化觉巷清真寺一样，同样因受到中原地区传统建筑的影响而加入祥禽瑞兽的装饰[8]。同时，科哇清真寺的建筑内部绘画与塔尔寺十分相像，都采用大量藏式色彩。由上述对比分析可以看出，撒拉族科哇清真寺的总体布局、平面形式以及细部装饰等都反映了汉、藏、回、撒拉民族间营建智慧的融合。（表1）

表1 撒拉族科哇清真寺与其他民族建筑的特征

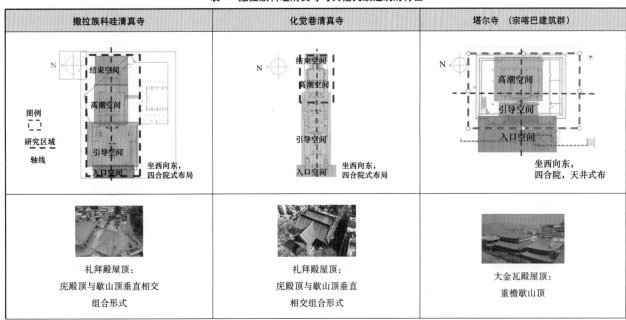

撒拉族科哇清真寺	化觉巷清真寺	塔尔寺 （宗喀巴建筑群）
礼拜殿屋顶：庑殿顶与歇山顶垂直相交组合形式	礼拜殿屋顶：庑殿顶与歇山顶垂直相交组合形式	大金瓦殿屋顶：重檐歇山顶

续表

撒拉族科哇清真寺				化觉巷清真寺				塔尔寺 （宗喀巴建筑群）			
屋脊吻兽	屋顶结构	屋脊装饰	石雕	屋脊吻兽	石刻	照壁	礼拜大殿	屋脊吻兽	照壁	入口石狮	门饰

3. 空间行径：族群交往路径的延续

这里通过运用空间句法，对科哇片区内部的村落格局发展以及民族的交往路径进行解读。民族交往的行径受空间结构的影响，因此这里通过空间句法首先对科哇片区的内部村落格局进行分析。通过使用 dethmap，结合全局整合度与局部整合度得出的散点图-可理解度，根据句法理论，R^2 值在 $0.5 \sim 0.7$ 之间时表示空间可理解度较好，当 R^2 值大于 0.7 时空间可理解度则为极好[9]。科哇片区的可理解度 R^2 值大约为 0.26，小于 0.5，说明科哇片区至今的景观格局依然保留着古城格局中所带有的防御性质。科哇片区千百年来的景观格局演变一直保留着传统村落肌理，这对当地的族群交往十分有利。（图5）

其次聚焦到科哇片区民族交往行径。本文以科哇片区为中心3千米作为辐射半径绘制线段模型。借助 GIS 中的 sDNA 对其线段模型进行计算，得出接近度和穿行度。从全局接近度来看，科哇片区东侧的接近度很高，是人流聚集的地方，是吸纳周边藏族、撒拉族以及汉族的主要区域。为了更进一步证明，将接近度数据通过 GIS 中空间自相关以及核密度运算，得出的全局莫兰指数和核密度分析图，可以看出科哇片区是民族交往的核心区，并与周边民族区域在空间上的依赖程度很高。（图6~图8）从全局穿行度可以看出，科哇片区与西侧藏族之间的通达程度高于其他周边区域。结合实地调研也可证实这一点，西侧藏族位于高海拔区域，以游牧为生，相对科哇片区来说更为封闭。日常的交通往来也是通过穿行度最高的线路与外界相联系，结合 poi 兴趣点进行全局整合度分析，绘制族群流动行径，发现满足西侧藏族的日常生活需求是必须经过科哇撒拉族的，有明显的空间互动。（图9、图10）

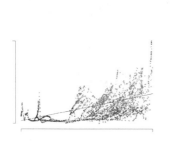

图5　可理解度

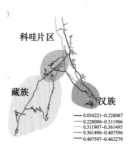

图6　全局接近度

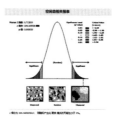

图7　全局莫兰指数

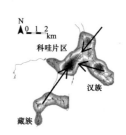

图8　核密度分析

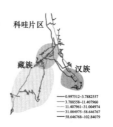

图9　全局穿行度

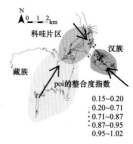

图10　poi 整合度分析

五、景观格局中和谐共生的形成机制

形成机制受地理环境和人文环境的影响，这里将地理空间特性归纳为带，族群公共空间交往归纳为点，进行形成机制的研究，并概括为以下3点。

1. 农牧用地边缘带，族群交往的互联点

从地理位置来看，该区域位于河谷与高原的过渡地带，是农耕和游牧的衔接处，兼具放牧与耕种两种农业活动，藏族居于高原地区，以游牧为生，撒拉族和汉族多居于河谷和平原地带，以农耕为主，为了满足日常的生活需求，周边族群在此聚集，成为族群交往的互联点。

2. 空间特性缓冲带，族群互通的平衡点

科哇片区从聚落形态来看，受三角台地影响，形态从东向西逐渐收束。整体空间感知上是从开放逐渐走向封闭。结合整合度可以看出，以科哇片区向西集聚程度越低，向东集聚程度越高，集聚程度越高的空间越适合作为商业空间使用，集聚程度越低的空间可以保留传统农业，这体现出该区域对产业类型容纳度高，并形成产业互补的状态。

3. 空间增设关联带，族群往来的汇聚点

城乡建设不断发展，在村落空间中也在不断增设新的空间，科哇片区中学校、商铺、广场等新型功能空间的增设，成为促使族群之间往来的重要因素。通过 poi 兴趣点结合整合度的分析，虽然 poi 整合度最高处在科哇片区东侧 1 千米左右，但结合穿行度来看，夕昌藏族如果满足于族群的日常需求，必须经过科哇撒拉族，并与周边的汉族有所交会。因此从新型功能空间的增设位置来看，既尊重了空间本身的特性又满足了族群生活的日常需求，促使民族在此汇聚。

六、 结语

自 2014 年以来，中央提出了一系列关于加强民族交往交流交融的相关政策并引发了一些学科的研究。但目前缺少从人居空间角度开展的研究。重视该研究的开展有助于多民族地区人居环境和谐发展，加强民族团结和国家的长治久安。本文通过对位于交通要道上的民族互嵌村落——科哇片区村落景观格局的研究，发掘族群和谐共生的形成机制，这些机制体现着纽带作用、平衡作用、互通作用和融汇作用，是千百年来各民族间不断交往交流交融凝练出的和谐共居的生存经验。发掘和谐共生的形成机制有助于优化民族交往交流交融的空间路径，为民族互嵌型社区建设提供学术参考。

参考文献

[1] 吴月刚，李辉. 民族互嵌概念刍议［J］. 民族论坛，2015（11）：5-9.

[2] 崔文河，樊蓉，周雅维. 族群杂居村落的空间特征研究：以甘青民族走廊贺隆堡塘村为例［J］. 古建园林技术，2022（5）：38-42.

[3] 循化撒拉族自治县地方志编纂委员会. 循化撒拉族自治县志［M］. 西安：三秦出版社，2017.

[4] 李智信，青海古城考辨［M］. 西安：西北大学出版社，1995.

[5] 李建胜，董波. 刻写青海道［M］. 西宁：青海人民出版社，2017.

[6] 芈一之. 撒拉族简史［M］. 西宁：青海人民出版社，2014.

[7] 谭其骧. 中国历史地图集［M］. 北京：中国地图出版社，1997.

[8] 刘致平. 中国伊斯兰建筑［M］. 北京：中国建筑工业出版社，2010.

[9] 段进，比尔·希列尔. 空间句法在中国［M］. 南京：东南大学出版社，2015.

新疆维吾尔族传统村落的文化景观与人居环境特征研究——以吐峪沟麻扎村为例[1]

李　晶[2]　叶　风[3]

摘　要： 传统村落是一种鲜活的且历史文化价值极高的村落，进入"中国传统村落名录"则意味着村落的历史、文化、科学价值较高。基于此，本文选取新疆维吾尔族村落为研究对象，以麻扎村为实证对象，探讨少数民族聚集区的地域、文化、群体、历史等不同资源禀赋作用下村落的文化景观与人居环境，并探究两者之间内在的关联。最终揭示地域特色与少数民族文化交融地区的乡村人文景观特色与人居环境的一般规律特征，以期为边疆少数民族聚集区的古村落保护提供原真性的技术指导。

关键词： 新疆维吾尔族传统村落；传统村落文化景观；人居环境；麻扎村

一、引言

中国拥有世界上数量最多、规模最大、保存最为完整、历史文化价值高的传统村落。2022 年中央一号文件《中共中央 国务院关于全面推进乡村振兴加快农业农村现代化的意见》中指出民族要复兴，乡村必振兴。相比全国 261.7 万个自然村而言，具有保护价值与保护规模且被评选进入"中国传统村落名录"的乡村仅占乡村总量的 2.9%。

新疆维吾尔自治区是中国五个少数民族自治区之一，处于古丝绸之路的重要通道，亦是当代第二座"亚欧大陆桥"的必经之地[1]。这也就意味着新疆地区的传统村落不仅具有特殊的地缘空间格局，而且具备边疆民族特色的文化遗产景观。基于此，本文选取新疆维吾尔族的传统村落——麻扎村进行文化景观与人居环境研究，从而探讨地域特色与边疆民族文化交融的乡土村落形态规律与建筑文化特色。

二、传统村落与人居环境理性辨析

1. 人居环境是传统村落特征外在表现

"人居环境"一词来源于吴良镛先生《人居环境科学》一书，人居环境研究是指以人类聚居特征、内在机制、外在规律等进行研究。2023 年中央一号文件《党中央 国务院关于做好 2023 年全面推进乡村振兴重点工作的意见》提出"扎实推进乡村发展、乡村建设、乡村治理等重点工作，加快建设农业强国，建设宜居宜业和美乡村，为全面建设社会主义现代化国家开好局起好步打下坚实基础"。由此可见，人居环境是建设宜居宜业和美乡村的重要抓手。不同的传统村落受地理格局、文化区位、历史沿革、资源禀赋、生态环境、社会人口等综合因素影响，会造就出不同气质、不同形态、不同风格的人居环境。

1　项目资助：2021 年度陕西省社会科学基金项目（项目编号：2021J027）；2021 年度浙江省教育厅一般研究项目（项目编号：Y202147930）；2022 年西安工程大学哲学社科研究项目（项目编号：2022ZSZX02）。
2　西安工程大学副教授，陕西师范大学博士后，710048，pettybear@ qq. com。
3　浙江传媒学院讲师，中央美术学院博士生，310018，yefeng@ cuz. edu. cn。

2. 人居环境促进传统村落的宜居宜业

随着城镇化、产业化、老龄化等多重影响，传统村落面临着诸多问题，例如人口空心化带来的建筑、耕地的闲置与空置，文化断层与生态恶化。在乡村振兴发展的背景下，如何找回乡愁及传承地域乡村风貌成为关注点。《国务院办公厅关于改善农村人居环境的指导意见》明确指出人居环境涉及乡村室外环境、村容村貌及基本设施等。当然，最终目标不仅是让乡村实现空间化的整齐与整洁，也要从生活之"本"的角度提升主体性，从而带来宜业的可能性[2]。

3. 人居环境加强传统村落的乡风延续

目前乡村村落普遍面临由于人口外迁出现的"人的空心化"，随之而来的空间的空心化与文化的空质化加剧乡村文化、乡风文明的割裂。通过物质空间包括空间节点设计、公共服务设施配置、特色家具设计等人居建设，筑巢引"凤"，从而增加人口回归的可能性，加强文化的传承与乡风文明的延续。

4. 少数民族传统村落的人居环境特征

少数民族的乡村村落受血缘、地缘影响较大，宗族关系较为复杂，造成村落的社会关系呈现强关联状态[3]。这种传统村落空间亦是以宗族聚集的关系而建设，空间呈现单核心的聚集状态。其核心空间往往是少数民族村落中公共建筑或者公共空间，例如，新疆维吾尔族村落核心是清真寺，村落围绕清真寺而建设。云南纳西族村落核心是四方街，村落围绕矩形开放空间而建设。文化景观与人居环境是传统村落中两个重要方面，前者是乡村村落的非物质性文化内核与空间承载，后者是村落基于生活、生产背景的"源"面貌，两者缺一不可。

三、麻扎村实证研究

1. 基本概况

麻扎村又称麻扎阿勒迪村，2005 年入选中国历史文化名城，2012 年入选国家级的传统村落，隶属于新疆维吾尔自治区吐鲁番市鄯善县吐峪沟乡（图 1）。地处火焰山南麓吐峪沟南沟口，村域面积 12 平方千米。西距吐鲁番市约 45 千米，东距鄯善县 54 千米（图 2）。

图 1　麻扎村区位格局图

图 2　麻扎村地理格局

麻扎村地处吐鲁番火焰山吐峪沟南端沟口，地貌上位于火焰山剥蚀沉积物冲积扇平原，苏贝希河从中间流过，形成冲积扇上的绿洲平原，属于绿洲型传统村落[4]。由于火焰山周围属于沙地，沙子热容比较低，造成整体环境温度较高，夏季温度在 48℃以上，气候干燥、日照充足，体感热舒适性差，属于典型火洲气候。

2. 文化景观特征

（1）村落选址

麻扎村位于吐峪沟的冲积平原，苏贝希河穿村落而过。受河流冲击作用而形成的冲积扇阶地上，与周围山体的距离较近，整体村落形态为沿河分布的带状（图 3）。依靠道路串联村落内部的各个组团，民居建筑建设在山谷沟地东侧，依台地而建，错落有致。选址暗合适应坡谷地形和向阳背风的沙漠戈壁地形气候的合理结果（图 4）。

图 3　麻扎村地理空间格局

图 4　麻扎村选址意向图

（2）历史沿革

麻扎村最早历史追溯到西汉，曾为车师都尉国所在地。随着佛教在西域 36 国中开始兴盛，到 481 年麻扎村北部开凿佛教石窟，此时麻扎村隶属于高昌国。792 年，为唐代管辖时期，此时隶属于西洲高昌县。到 1392 年即明洪武时期，伊斯兰教与佛教发生宗教碰撞，伊斯兰教从此扎根麻扎村，但礼佛的石窟依然被保存。光绪二十八年（1902 年）鄯善县建制，麻扎村隶属于吐峪沟台鄯善县。1933 年中华民国时期取消乡约制，麻扎村隶属于鲁克沁镇。中华人民共和国成立后，1950 年麻扎村隶属于吐峪沟乡。1984 年麻扎村合并到吐峪沟乡吐峪沟行政村。2004 年开始麻扎村作为 AAAA 级景区开始对外开放。（图 5）

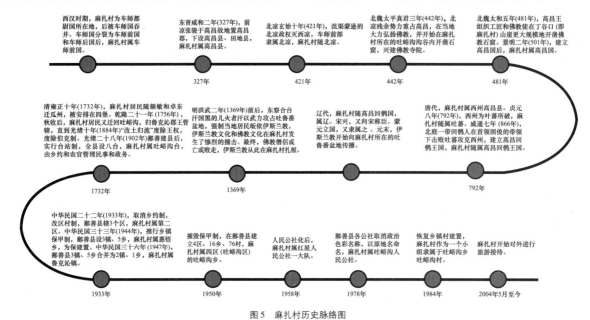

西汉时期，麻扎村为车师都尉国所在地，后被车师国吞并。车师国分裂为车师前国和车师后国后，麻扎村属车师前国。

东晋咸和二年(327年)，前凉张骏于高昌故地置高昌郡，下设高昌县、田地县，麻扎村属高昌县。

327年

北凉玄始十年(421年)，沮渠蒙逊于北凉政权灭西凉，车师前部隶属北凉，麻扎村随北凉。

421年

北魏太平真君三年(442年)、北凉残余势力重占高昌，在当地大力弘扬佛教，并开始在麻扎村所在的吐峪沟沟谷内开凿石窟，兴建佛教寺院。

442年

北魏太和五年(481年)，高昌王组织工匠和佛教徒在丁谷口（即麻扎村）山崖更大规模地开凿佛教石窟。景initial二年(501年)，建立高昌国后，麻扎村属高昌国。

481年

清雍正十年(1732年)，麻扎村居民随额敏和卓东迁瓜州，被安排在四堡。乾隆二十一年(1756年)，秋收后，麻扎村居民又迁回麻扎沟，归鲁克沁郡王管辖，直到光绪十年(1884年)"改土归流"废除王权，废除伯克制。光绪二十八年(1902年)鄯善县建制，实行台站制，全县设八台，麻扎村属吐峪沟台，由乡约和农官管理民事和政务。

1732年

明洪武二年(1369年)前后，东察合台汗国黑的儿火者汗以武力攻占吐鲁番盆地，强制当地居民皈依伊斯兰教，伊斯兰教文化和佛教文化在麻扎村发生了惨烈的撞击。最终，佛教僧侣或亡或败走或亡，伊斯兰教从此在麻扎村扎根。

1369年

辽代，麻扎村随高昌回鹘国，属辽。宋兴，又向宋称臣。蒙元立国，又隶属之。元末，伊斯兰教开始向麻扎村所在的吐鲁番盆地传播。

唐代，麻扎村属西州高昌县。贞元八年(792年)，西州为叶蕃所据，麻扎村随高昌吐蕃。咸通七年(866年)，北庭一带回鹘人在首领固俊的带领下击败吐蕃攻克西州，建立高昌回鹘王国，麻扎村随高昌回鹘王国。

792年

中华民国二十二年(1933年)，取消乡约制，改区村制，鄯善县辖3个区，麻扎村属第二区。中华民国三十三年(1944年)，推行乡镇保甲制，鄯善县设3镇、5乡，麻扎村属惠悟乡，又保甲建置。中华民国三十六年(1947年)，鄯善县3镇、5乡合并为2镇、1乡，麻扎村属鲁克沁镇。

1933年

摧毁保甲制，在鄯善县建立4区、16乡、76村，麻扎村属四区(吐峪沟区)的吐峪沟乡。

1950年

人民公社化后，麻扎村属红星人民公社一大队。

1958年

鄯善县各公社取消政治色彩名称，以原地名命名，麻扎村属吐峪沟人民公社。

1978年

恢复乡镇村建置，麻扎村作为一个小组织属于吐峪沟乡吐峪沟村。

1984年

麻扎村开始对外进行旅游接待。

2004年5月至今

图 5　麻扎村历史脉络图

（3）空间形态

麻扎村由新村与老村共同构成。其中老村的村落形态沿河道东侧而建呈带状空间，整体形态呈现"几"字，主要聚集在吐峪沟沟口与河道冲积的绿洲平原交会处。村落又以清真寺为村落几何中心向外进行居住功能的拓展与延伸，是一种带状与向心性混合空间村落形态。麻扎墓葬位于河道西侧，老村的西北处高地。麻扎墓葬与清真寺形成空间对景效果。（图 6）

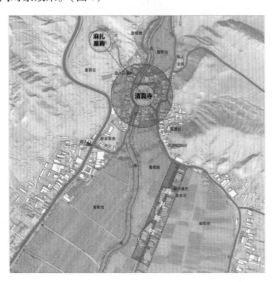

图 6　麻扎村村落形态格局图

（4）公共空间

公共空间分成两类，一类是供日常生活的交往空间，另一类是供大型集会使用的公共交往空间。两类空间在麻扎村均有存在。少数民族维吾尔族的生活方式是在户前放置一张床并铺上彩色毛毯，俗称卡塔，成为居家日常与邻里交往的休憩空间（图 7、图 8）。麻扎村老村中心位置便是清真寺礼拜堂，整个村域建设均围绕清真寺及其前置广场而建设。这两类空间不仅是麻扎村公共生活空间的集合，也是其生活习俗与文化的展示，是典型的特色文化景观（图 9）。

图 7　麻扎村户前卡塔

图 8　火焰山镇户前卡塔

图 9　麻扎村清真寺

3. 人居环境特征

（1）道路格局

村落道路系统格局围绕中心清真寺而布置，由于麻扎村已经开发成景区，所有道路均为步行系统，最终形成"两横两纵" + 支路的道路网系统。两纵贯穿村落南北的主要步行干道，左纵道路是作为景区游览的重要线路，串联

麻扎村入口、重要商业售卖区、历史建筑区，最终连接到清真寺。道路宽度在4.5米，单侧临街单侧临水。

而右纵道路中段连接清真寺，北段可通往北魏开凿的千佛洞，南段连接麻扎新村，是一条生活、生产相兼容的道路。道路宽度为3～4米。两横道路即围绕清真寺西北、东南方向的道路，道路宽度为8～10米，具有兼容礼拜的大型集散活动功能。

（2）建筑风貌

麻扎村建筑为典型干旱地区生土建筑。建筑高度为1～2层（图10），建造中结合地形条件形成错落有致的空间关系，利用柱廊、棚架等虚空间进行室外过渡与转折（图11）。建筑色彩以土黄色为主，点缀色较为明亮，主要用在大门、窗户等构件上（图12）。建造形式有土拱窑式（图13）、梁柱式（图14）[5]、砖混式等。屋顶以平屋顶为主，房屋以院落为单元进行组合，院落会架棚架。建筑屋顶会结合棚架，设置晾晒房，用于葡萄干的晾晒（图15）。麻扎村是典型农业型生活、生产相结合的村落。

图 10　生土建筑

（3）建筑材料

吐峪沟盛产黏土，土质黏性高，硬度大，作为该地域的主要建筑材料长期使用。早在高昌王国时建筑材料选择与砌筑方式便是如此。麻扎村主要的建筑材料包括生土、砖、木，其中生土材料占比在85%以上。由于建筑结构不同，造成建筑材料使用方式有所差异。其中梁柱式建筑以

夯土作为基础，建筑墙体以土坯砖为主，建筑抹面为草泥。土拱窑式建筑以夯土作为建筑基础与墙体，屋顶采用土坯砌拱而成，建筑墙体不进行抹面处理。

图 11　棚架

图 12　彩色大门

图 13　土拱窑式建筑

图 14　梁柱式建筑

图 15　晾晒棚

四、 结语

传统村落是地方特色、地域民俗风情与社会群体聚集的区域。在一定程度上客观反映了时代背景下地域性与在地性的特征，是我国极其宝贵的历史文化资源[6]。本文从村落选址、历史沿革、空间形态及公共空间探究村落特色的文化景观特色，从道路格局、建筑风貌、建筑材料探究村落的人居环境特征，从而深入探讨麻扎村的历史文化传承、建筑文化延续、生活文化重塑的过程，最终揭示地域特色与少数民族文化交融的乡土村落形态与一般建筑空间规律，以期为边疆少数民族聚集区的古村落的保护提供原真性的技术指导。

参考文献

[1] 杰恩斯·马坦，何建村，多里肯·尼合买提．新疆牧区与牧区水利建设 [J]．水利经济，2009，27（5）：46-50，77.

[2] 李晶，蔡忠原．关中地区乡村村落人居环境特色营建：以陕西富平文宗村为例 [J]．建筑与文化，2020（1）：234-235.

[3] 贺雪峰．新乡土中国 [M]．北京：北京大学出版社，2013.

[4] 赵宇雯，沈怡辰．新疆绿洲传统聚落亲水性空间研究：以吐峪沟乡麻扎村为例 [C] //中国城市规划学会，东莞市人民政府．持续发展　理性规划：2017 中国城市规划年会论文集（09 城市文化遗产保护）：北京：中国建筑工业出版社，2017：1277-1285.

[5] 李群，安达甄，梁梅．新疆生土民居 [M]．北京：中国建筑工业出版社，2014.

[6] 孙应魁，塞尔江·哈力克．吐鲁番地区传统民居的保护与改造策略探析：以吐峪沟乡麻扎村为例 [J]．沈阳建筑大学学报（社会科学版）．2017，19（4）：343-349.

樟林古港聚落环境的系统营造[1]

王真真[2]　郑君雷[3]

摘　要： 樟林古港地处韩江三角洲东北，是广东海上丝绸之路的重要节点。作为韩江流域海上丝绸之路文化遗产的代表，樟林传统聚落融合了岭南百越山地渔猎文化、北方汉族农业定居文化和粤海三角洲港口文化。这一聚居形式成功维护了韩江三角洲人地关系平衡，为樟林地区经济和文化发展提供有利的物质空间和社会环境，使之发展成为清中期中国海上丝绸之路"粤东海上门户"。本文以樟林古港聚落环境体系为对象，从聚居学和人居环境科学整体认识角度，首先分析韩江三角洲流域地理和气候特点，进而逐层解读并还原聚落环境、建筑形制、民居装饰的系统联系，由此概括当地聚落环境的系统营造原则和传统人居智慧。

关键词： 樟林古港；传统聚落；文化遗产；韩江流域；海上丝绸之路

樟林古港地处韩江三角洲东北。北接潮安，东与浙闽赣南为邻[1]，西与珠江三角洲水陆相通，上承东海、下启南海，地理区位显要，文化桥梁作用突出，是粤东沿海区域型水陆交通要冲和海洋贸易转运枢纽，被著名汉学家饶宗颐先生誉为"粤东襟喉、潮州门户"（图1）[4]。清中期，广州"一口通商"制度下，南洋贸易和海外移民更趋集中，樟林古港由传统渔盐聚落发展成为粤东"河海交会之墟"和"粤海通洋总汇"[2]，与珠江三角洲广州港群遥相呼应，成为中国了解近代西方世界的窗口。

樟林传统聚落包括山地围堡、平原合院、滨水干栏三大形式和组成部分。因河道淤积与岸线变化，现主要常见前两类（图2），分布于莲花山丘陵和韩江三角洲水网平原。

在从传统渔盐聚落发展成为近代海洋贸易重镇的历史进程中，当地聚落逐渐融合了岭南干栏楼居和北方合院民居文化，并兼收南洋建筑装饰风格与西方近代工业技术，发展出生铁柱、多层砖砌体承重墙结构和颇具潮汕特色的灰塑、嵌瓷、石雕、彩色玻璃、釉面砖等建筑装饰技艺[3]，使韩江三角洲聚落营造在适应地域气候环境、可持续利用自然资源，以及趋利避害、防灾避险等方面更为精进，巩固并增强了樟林古港作为"粤东海上门户"的历史地位及港航业务承载能力[4]（图3），促进了港埠经济和近代城镇化发展。系统解读古港聚落人居环境体系，有助于从地区视角认识传统聚落发展如何因借自然适应环境，推动樟林发展成为清中期中国海上丝绸之路"粤东海上门户"。

1　本文基于2017—2018年"海上丝绸之路（中国段）申报世界文化遗产文物史迹调研"——樟林古港重要节点考古勘探及建筑遗产调查《樟林古港考古勘探与调查报告》《樟林古港文化景观遗产研究》。

2　中山大学社会学与人类学学院课题组，南方海洋科学与工程广东省实验室（珠海），博士，副研究员，研究方向建筑文化遗产研究，510275，498204309@qq.com。

3　中山大学社会学与人类学学院，副院长、教授、博士生导师，研究方向考古学与文化遗产保护，510275，zjl7766@126.com。

4　如无说明，本文卫星地图改绘自谷歌地图；照片为作者自摄。

（a）遗产地理区位

（b）南溪河航道历史风貌

（c）自然地景与港埠聚落有机融合

（注：引自《红头船的故乡——樟林古港》）

图1　樟林古港地理区位和风貌概况

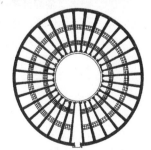

（a）山地围楼堡寨

（注：示意图引自《广东民居》）

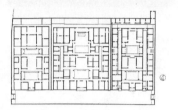

（b）河浦方围大厝

（注：示意图引自《广东民居》）

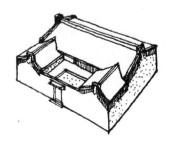

（c）坊居三合院

（注：示意图为小型三合院"爬狮"，
引自《广东民居》）

图2　樟林港埠聚落常见类型

（a）南溪河下游主要港航设施

（b）新兴街货栈街区

图3　清中后期，樟林古港港航及仓储设施

一、韩江三角洲地理和气候特点

1. 地理环境

韩江三角洲位于广东东部，地接浙闽赣南，西南面海，受欧亚大陆东缘板块运动影响，成为地质沉降带相互波及的交会区，地表"陆梁"[5]纵横、水网发达，河口水文及海洋地貌复杂[6]。在山地、河流、岛丘、沙堤、潮汐等多种地理条件影响下，樟林聚落选址、朝向、规模、布局及建筑形制，深受地理环境多样性的影响。简要概括，韩江三角洲区域地理具有以下特点。（图4）

第一，多山，垂直地形分布，耕地和聚落空间相对有限。

第二，多河流，水网之乡，陆海环境变迁受自然和人为活动综合影响。

（a）韩江三角洲地质构造特征

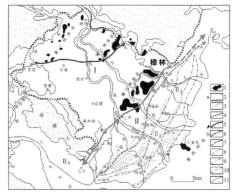

韩江三角洲滨线变迁与地貌分区（李平日等，1987）
5. 4500a B.P. 滨线；6. 2500a B.P. 滨线；7. 汉代滨线（约2000a B.P.）；

（b）韩江三角洲陆海环境变迁
（注：改绘自《中国地貌》）

（c）韩江三角洲亚热带季风气候特点

（d）全球总水平辐射图——粤东属省内强辐射地区

图4　韩江三角洲地理和气候特点

第三，山水相谐、陆海相依，形成了"丘陵-阶地-河网-平原-岛丘-海洋"的地理环境和三角洲人居环境本底。

第四，风热因素多元、局部气候多样，包括来自丘陵山林的"山谷风"、受河流湖泊影响的"水陆风"、从海上来的"季风"和"海陆风"[7]，为当地聚落形式适应韩江三角洲地域气候提供了有利条件。

2. 气候类型

广东位居欧亚大陆东南缘和东亚季风区，南面热带海洋南海，地跨热带与亚热带，受东、西风带交替影响，风、热、光、水资源丰富。韩江三角洲地处粤东，属南亚热带季风半湿润气候类型（表1）。广东四季温和湿润，全年日照辐射强烈，饶平以南和南澳岛一带年日照时数2000小时以上，为全省最多的地区；春夏雨热同期，以南风和东南风为主，冬季偏东北风，气候干冷。区域地表水资源丰富，主要来自大气降水。

表1　韩江三角洲南亚热带季风半湿润气候[8]

序号	分类	常年特征	详情			
1	日照	全年日照长、辐射强，年日照2000～2500小时	冬季150～160小时		夏季200小时	
			春季100～120小时		秋季200～220小时	
2	气温	气候温热，年平均23～24℃	全年高温月份集中于7—8月；最高气温36～40℃，最低气温0℃			
3	风向	季风活跃，以东西风向为主	省域以大埔—丰顺—惠阳—中山—台山—阳江—廉江一线为界，东部北偏西风，南部偏东风			
	风速	风速高于省内其他地区	省域以丰顺—惠州—花都—阳春—信宜一线为界，东北部风速0.9～1.0米/秒，南部2米/秒			
4	降雨	大气降雨充沛，年降雨量1358～1642毫米，多集中在4—9月。4—6月多锋面雨，8—9月多台风降雨	地形分配		四季分配	
			山地	1000毫米以上	春季	27%
			平原	900毫米	夏季	50.1%
			沿海	600毫米	秋季	15.8%
					冬季	7.1%
5	湿度	相对湿度高，季节变化强	春夏：80%～84%；冬季：75%			
6	灾害	春夏多发台风、暴雨、暴潮	登陆广东的台风一般会带来大风、暴雨，有时引起暴潮。特点是发生频率高、突发性强、影响范围大，成灾强度大			

3. 地域气候适应要求

综上可知，韩江三角洲地域气候具有以下特征：第一，地貌类型丰富，包括山地、河网、平原、海洋四大类，区域具有垂直地形分布特点；流域影响显著，韩江上游土地开发加速三角洲发育和人居环境变迁。第二，不同地貌类型区中的局部风环境循环相济、相互影响。第三，全年日照时间长，属低纬度强辐射区，防晒隔热需求迫切。第四，雨热同期，降雨多集中于春夏季风期，易发强台风、山洪和海潮倒灌。第五，亚热带季风活跃，冬夏季节更替分明，春夏湿热、秋冬干冷。

聚落营造须从两个方面适应环境要求：首先，宏观上适应地形，节约并渐进式地熟化和利用三角洲多种地形条件下的土地资源；其次，从微观层面对民居建筑的环境适应水平做出内容要求（包括①遮阳、隔热、防台风；②采光、通风、防雨；③防洪、排涝、防海潮；④除湿、隔碱）。

二、樟林聚落环境的系统组织

1. 人居环境系统同构

韩江三角洲山地、河网、平原和海洋共同构成的垂直地形展现了不同地貌环境的生态节律与相互关系，使樟林乡民熟知当地山谷风、水陆风、海陆风的日间规律和季节特征，并将其创造性地应用于指导聚落选址、朝向、网格布局和规模控制（图5）。

（a）顺应地景条件，对聚落选址、朝向和平面格局做出安排

（b）以南溪河航道为空间参照，将聚落朝向、院落轴向、地景坐标系统组织起来

（c）"南盛里"内向型里社，便于在坊居环境
层面对居住空间进行组织管理

（d）"南盛里"主坊门，面北，背向主航道

（e）"南盛里"坊居，人们利用河浦缓冲地带耕植绿化

（f）"南盛里"坊巷门之一，面南，朝向主航道

（g）花岗岩坊门及抱框，可见防洪板闸凹槽

图 5　樟林人居环境系统同构

明嘉靖三十五年（1556年）樟林旧寨由莲花山迁往北溪河口，乡民共筑石城，其选址朝向即与当地区位地形有直接关系。根据考察，该地背山面海、高踞河口，东有莲花山余脉象鼻山，南有广阔的内海湾，北通韩江联系内陆，拥有得天独厚的水陆交通和山海物产资源。同时，粤东沿海盛行偏东季风，韩江河口近海水文环境属河流主导型，利于渔业开发和从事港口贸易，樟林最终创莲花山下，以山为屏承继东来洋流发展河海转运贸易，并崛起为"粤东第一大港"。至今，结合历史地图与老地名，根据北溪航道分布规律和地面现存建筑遗产，我们仍能按图索骥复原樟林石城的坐落和四至，推测石城与城内主要街道均采取东北—西南走向，以顺应山形水势或联系不同地貌类型区自然形成的局部风环境，使人类聚落的巷道网格与地理环境中的风道网络实现系统同构[9]。作为各类自然风道的中枢与加速器，聚落坊巷有效激发了居住系统和自然系统的气流交换，以空间组织手段保障人类聚落拥有良好的通风、除湿和降温条件。同时，巧借地形坡度、对应坊巷格局，利用重力流原理和天然石材系统营造地面上下排（蓄）水设施[10]。在确保排水防涝的同时，对聚落及周边山林水网进行自然净化，将每年季风期的疾风暴雨成功转化为聚落自净的有力措施，显示出韩江三角洲传统人居科学的智慧。

在人居环境"系统同构"的原则基础上，对聚落和居住空间进行模数化与标准化精细布置包含几个重要目标：一是通过模数化逐级分层强化居住环境系统整合；二是促进有限的自然资源与社会资源在高度系统化和模数化的居住环境中实现高效配置与均衡传导；三是在地区自然资源承载力基础上，对居住环境的空间组织和规模进行系统规划与量化控制，以维护人类居住系统和自然系统之间的生态平衡与理性发展。有关聚落环境的精细布置和有机演进，樟林聚落环境组织为我们提供了鲜活的范例。

樟林早期聚落至迟可追溯至岭南百越民族和山地游耕渔猎文化时期，后因明代中期粤海海防所需移筑河浦，设东陇河泊所，遂成浮聚，迁徙文化基底再添移民文化色彩。彼时，典型的聚落形态仍以"围""陇"[11]等带有粤东沿海山地环境特点的小型聚居单元为代表，并延续了分散组团的区域分布特点。明万历天启年间，樟林发展为渔鲜盈市的沿海港口，河浦"里社"作为一种组织灵活并可独立自保的小型聚居单元，成为更加适应渔盐贸易活动的聚落形态，衍生出

最初的樟林"四社"。清中期，以樟林巡检司和城寨为中心，沿南溪河商贸航道又相继出现以"八街"代表的集仓储、转运、贸易、关税、馆驿和文化交往等综合功能于一体的外向型商贸货栈街区，配合"仙（新）陇""塘西""南盛里"等传统内向型里社坊居，统称"八街六社"，两者有机融合，形成组团清晰、层级分明、内外有别、功能完善的城镇型港埠聚落格局[1]。樟林聚落形态从山地围堡向平原合院转型的过程，也是樟林乡民从山地渔猎迁徙生活，走向三角洲渔农定居和近代海洋贸易与城镇化的历史见证。

2. 民居形制适应性发展

（1）合院式

樟林现存合院民居以清中晚期至中华民国为数最多。根据家族人口、聚居规模和财富水平等条件，呈现不同的空间规模和院落形式，如爬狮、单佩剑、双佩剑、五间过、四点金、驷马拖车等蔚为壮观（图6）。爬狮是潮汕传统民居最接近三合院原型的院落形式，其他更为复杂的组合院落均以此为基础。爬狮平面布局"一正两厢"，"一正"即三间堂屋居中，"两厢"沿院落中轴线对称布局，院墙与堂屋相对，四面围合成"斗状"天井。与岭南其他地区三合院显著不同的是，爬狮院门多设于院墙正中，与堂屋明间相对，成为院落轴对称中心和内外环境交互的主通道。

(a)"爬狮"小型三合院里坊

(b)"单佩剑"中小型三合院

---

1 "南盛里"蓝氏家族里社位于南溪河北岸，是一处大型家族式城镇坊居，1900年由南洋华侨蓝金生先生创建。其时基址尚为滩涂，春夏季风盛行时节常受洪水咸潮威胁。而正是这样一块咸湿荒蛮之地，在适应地形和掌握河海水文规律的基础上，通过精细化分区和模数化布局，不仅为蓝氏族而居提供了可供延展的居住生活空间和礼制文化公共空间，还为商业租售开辟了大量低成本标准化居住单元，极好地兼顾了家族聚落的内向型需求和近代城镇化生活在公共性和开放性方面的发展趋势。其中一项重要的规划营造做法，集中体现在沿河一侧坊墙布置方面。坊墙由"南盛里"大型民居院落的南院墙接续而成。为保证有效防范强台风、洪水或暴潮侵袭，坊墙上仅于主巷口设一坊门，作为联系河道运输的通道。"南盛里"坊门通体花岗岩，抱框内侧下方约1米处均见板槽遗迹，应为安置防洪板闸而预设。由此推知，"南盛里"沿河坊墙壁出于防洪避险之考虑，应无疑义。而坊墙居中开牖窗，孔洞多为奇数，且与各厝主路正厅相对的现象，说明牖窗形制意在与院落中轴线形成空间呼应关系和风道联系，通过获取河道水陆风，加强院埕内外空气流通，达到改善通风和温湿度环境的目的。与此同时，"南盛里"河浦里社的防洪避险措施，不止于围蔽，更在于创造性地适应地形条件和多重手段综合应用，主要包括：①坊墙——常态化围蔽；②坊门——应急阻断；③滩涂湿地——吸纳、缓冲、消减洪峰/咸潮冲击。综合以上，颇见韩江三角洲传统人居智慧。

（c）"四点金"中大型四合院落

图6 樟林合院式民居

（b）东汉三合式陶屋，广州东郊麻鹰岗出土。现存国家博物馆

据两广地区建筑考古发掘资料中的汉代陶屋推测，爬狮"一正两厢"三合院形制渊源已久，是融合岭南干栏楼居和北方中原家族合院的历史产物，代表适应岭南地区环境的传统居住形态。但需强调的是，汉代陶屋在空间轴向方面与今潮汕地区普遍采用的三合院存在根本不同。该差异表明，汉代陶屋采取的干栏式楼居建筑形制在面向河口三角洲地区环境和社会发展的历史过程中完成了诸多适应性改良，突出体现在"统一轴向""分化居住和生产功能""剥离居室空间和附属空间"三个方面。就樟林民居和聚落而言，这些改良为当地聚落适应地域环境提供了重要条件，包括：①适应三角洲平原地形；②增强院落环境的整体性和系统性；③突出中轴线门道院落交通和空气对流作用；④整合居室、天井、门道、气窗等院落环境构成要素，作为有机体系共同参与院内外系统环境调节；⑤契合移民文化需求，适应"大杂居、小聚居"定居方式，满足三角洲传统渔农与海洋贸易发展要求。（图7）

（c）汉代平面曲尺形陶屋，广西合浦出土。现存合浦汉代文化博物馆

（d）汉代三合式陶屋，广西合浦出土。现存合浦汉代文化博物馆

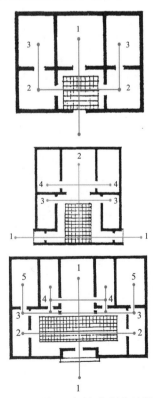

（a）"一正两厢"三合院门道形制与风道效应

（注：改绘自《广东民居》）

乙—乙′剖面图

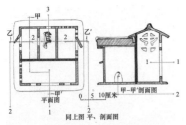

（e）东汉三合式陶屋，显示院落轴向尚未统一
（注：示意图改绘自《广州出土汉代陶屋》）

图7　汉代陶楼院落轴向关系

以上民居形制的历史演进和人居科学发展成就说明，当地民居建筑适应地域环境的关键，在于首先使居落成为内向型的空间整体，通过中轴线门道交通和对流作用强化院落环境系统性，使居住空间和聚落环境交互流通、有机统一，从而兼顾通风、纳凉、除湿、降温等合院聚居要求。因此，中轴线门道形制和风道效应既是合院民居适应气候的重点，也是居室空间和聚落环境交互流通的转换中枢。（图8）

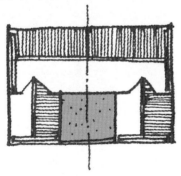

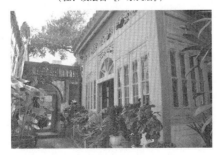

（a）"爬狮"三合院门道通风
（注：改绘自《广东民居》）

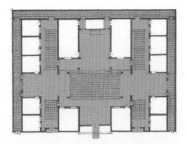

（b）"四点金"方围大厝跨院门道/厅厦通风
（注：改绘自《广东民居》）

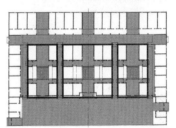

（c）"锡庆堂"坊居院埕通风
（注：改绘自《广东民居》）

图8　樟林合院民居形制特点与环境适应策略

以爬狮为原型，在一正两厢三合院基础上增加前座、从厝、包屋等附属建筑，便形成四点金、驷马拖车等大型院落，或坊居型家族聚居单元。大型四合院发展了小型三合院空间形制及其环境适应机制，使参与调节院落气候的空间要素增添了巷、廊、轩、厦四种富于地域特色的形式，丰富了组合院落自然调节微气候的系统手段。巷、廊、轩、厦是三合院中轴线门道形制和风道效应的逻辑延伸和扩展，具有良好的风热环境调节作用，与堂、厢、院、门等空间要素构成了院落气候环境系统调节有机体系。

（2）干栏式

就单体民居建筑形制而言，樟林传统民居所见干栏式特点与中国西南地区古老的穿斗式干栏楼居可谓一脉相承。为适应韩江三角洲平原地形和城镇化需要，穿斗式全木结

构干栏楼居逐渐演变为"硬山式墙承重砖/土木混合多层结构"，单体具有窄面宽、大进深、前后通透、多层楼居特点，当地人称"竹竿厝"。既可独栋联排形成具有连续立面的街区，亦可与附属建筑组成曲尺形或三合式组群单元。无论街区还是合院式民居，干栏楼居建筑形制均对樟林地区民居建筑环境的微气候调节起到重要作用，其关键在于具有一定的室内建筑高度和架空阁楼。这两项因素有助于利用山谷和河道提供的自然风，同时通过建筑高差和门道等空间要素激发室内外空气流通。(图9)

　　干栏楼居具有高度优势，适应地形并满足气候要求。但传统干栏楼居由全木结构转变为砌体结构后，纵向承重结构的安全风险亦在于高度。高度越高，砌体结构发生裂隙或歪闪的可能性越大。这直接导致传统架空阁楼得到继承和发展，并巩固了开间窄、进深大的平面特点，使以竹竿厝为原型的樟林传统民居呈现以下结构和形态特征：第一，墙承重砖/土木混合结构体系；第二，室内木结构架空阁楼作为横向拉接构件；第三，多层、前后贯通、窄面宽、大进深；第四，硬山式屋面；第五，灰塑嵌瓷结构装饰工艺。

（a）顺应莲花山丘陵环境特点，干栏楼居建筑
形制发展出围楼堡寨合族聚居形态

（b）南溪河航道沿岸发展出适应三角洲水网地形的
转运码头和仓储型货栈街区，栈房多采用干栏
楼居建筑形制，兼顾满足功能需求和节地要求

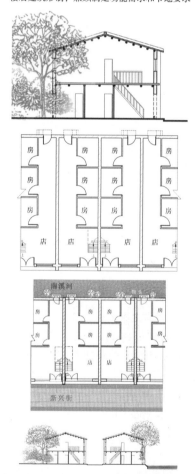

（c）干栏楼居建筑形制，利于因借滨河条件
满足自然通风要求（曹伟龙、汤颖制图）
图9　干栏楼居形制特点与环境适应策略

　　干栏楼居对韩江三角洲地域环境的适应性，在合院式组群空间中表现得更为全面和系统。下面以樟林常见的三

合院"堂屋"为例，具体解读其对居住环境微气候的调节
作用。"堂屋"平面一明两暗或一明四暗，明间为堂，开间
较阔，通高不设阁楼，堂内开敞明亮、气流通畅。次间位
于堂屋两侧，与厢房正对，但少设门，而向堂屋一侧开门。
作为堂屋的内室，次间的开间稍窄，进深与明间相等，多
设架空木阁楼隔为两层，并仅于二层阁楼处留明窗以采光
通风。在厅堂和门道作用的基础上，两次间通过少而精地
布置明窗和气窗开洞位置，激发了楼居形式的高度优势使
室内外冷热空气加速流通，达到以逸待劳的导风效果，同
时兼收采光和除湿之便，在居室私密性和物理环境舒适度
之间实现了平衡。堂屋明间正对天井，小型三合院为双开
石框木板门，高宽比例大，以利通风。五间或大型组合院
落，堂屋明间一般为敞厅或多联木隔扇，两翼有厢廊环
绕，合抱院门。院门又跨天井与堂屋明间顾盼相望，形成
中轴线门道和院落主风道。一般来说，在对外封闭、向内
围合的合院布局中，天井受太阳辐射，空气升温后产生拔
风作用，中轴线门道的风道效应十分明显。堂屋明次间位
于主风道尽端，其楼居优势正在于末端分流和吸入巷道
风，加速院落主风道室内外气流循环，使内室温湿度适宜
人居。

由此微观层面可见，干栏楼居建筑形制对于改善居室
小气候具有十分系统而巧妙的作用。同样不能忽视的还有
院落轴线、门道、天井、轩廊等空间元素。正是在上述要
素的合力基础上，堂屋明次间及两厢室内环境才能有效地
参与院落主风道空气循环，并配合中轴线门道效应使宏观
气候环境、聚落环境和民居建筑环境相互贯通，通过末端
分流加快室内外空气流通，促进院落微气候环境、聚落环
境和区域自然环境成为有机整体。

3. 民居装饰技艺相辅

明清以降，地处韩江三角洲东北的潮汕渔乡"樟林"，
开始在中国海上丝绸之路的历史背景中崭露头角，发展成
为"粤东第一大港"和中国东南沿海重要的枢纽型转运港
口。汕头开埠后，樟林因陆海交通区位优势转变为移民大
港和近代中西方文明交流碰撞的重要窗口。樟林聚落文化
和民居装饰技艺既根植于岭南百越文化传统，又深受北方
中原官式建筑文化影响，同时因地缘和亲缘联系广泛吸收
浙闽、赣南、苏皖等地民居建筑文化，并较早接触东南亚
海外华侨引入的西方近代建筑工业技术，发展出具有潮汕
地区特点的民居装饰技艺，代表性的有灰塑、嵌瓷、木
雕、石雕等。为延续本文从宏观聚落到微观建筑空间的分
析和阅读逻辑，以下重点从"结构功能响应"和"材料物
性升华"两方面，具体探讨民居装饰技艺如何从微观建筑
空间层面承继并深化聚落与人居环境的宏观营造原则。
（图10）

(a) 硬山屋面灰塑——垂脊、博风应用示例

(b) 硬山屋面嵌瓷——正脊应用示例

(c) 硬山梁架灰塑——檩端应用示例

(d) 门厅屋面嵌瓷——戗脊和翼角应用示例

(e) 岭南传统灰塑主要材料

(引自广东省国家级非物质文化遗产

"灰塑技艺"传承人邵城村)

（f）岭南传统灰塑分步骤解析
（模型由广东省国家级非物质文化遗产
"灰塑技艺"传承人邵城村提供）

（g）檐口垒砌蚝壳

（h）门楣窗楣广施灰塑

（i）华侨民居门楣灰塑

（j）华侨民居室内门楣灰塑
图10　民居装饰对地域气候的响应

（1）对结构功能的响应

受华侨建筑和西方近代工业技术影响，传统木结构干

栏楼居开始采用墙承重砌体结构体系。这决定了硬山式屋面得到普遍采用，并促进了生（夯）土、砖、石等砌体材料大量使用。硬山屋面的显著特征是硬山搁檩，即屋面檩端搭载在两侧山墙墙头，由山墙砌体结构和屋面垂脊封护到顶的做法。该结构体系以墙体作为纵向承重结构，配合采用檩架/楼板对两侧山墙进行拉接以实现结构体系平衡。尽管，墙承重硬山式结构体系外部看来十分严密，但在粤东沿海受季风影响较大的地区，屋面与山墙在强台风和猛烈锋面雨冲击下极易受风雨剥蚀发生结构裂隙，屋脊、檩头和堰头渗漏现象十分普遍，檩头糟杇成为硬山建筑的一项常见病害。由此，凡形制结构重要节点均存在长期保养维护需要。而灰塑、嵌瓷等建筑装饰作为防晒、隔热、防雨、耐风化作用的上佳做法，以艺术表现的方式融入传统民居结构营造体系，成为与结构有机统一的预防性保护手段，既是装饰对结构的响应，又是工艺美术与工程技术的有机融合。

此外，由于粤东沿海多发强台风，春夏锋面雨横行，导致墙楣、窗楣等隐于檐下的结构交接边缘和门窗洞口亦需遮护，灰塑及嵌瓷护楣技艺应运而生。同时，地面基础层和露明部分广泛采用三合土、卵石、花岗岩、黏土砖等防水、透气、散水性能好的工艺做法。近代以后，为加强室内外地面防潮隔碱，开始大量引进南洋釉面砖铺装地面和廊心墙。系统来看，上述民居装饰不仅出于审美需求，更源于结构和使用功能的内在需要。

（2）对材料物性的升华

韩江三角洲物产丰富，为民居建筑营造提供了优越的资源环境和丰富的天然材料，如砂石、黏土、林木、荆麻、葛藤、糯米、稻壳、禾秆、蔗糖、海盐、贝母、蚝壳等。为适应地域气候，传统营造工法要求材料既坚固耐久、隔热防雨，又利于透气、散水、耐风雨侵蚀。以海洋贝类（蚝壳）烧制的贝灰为例，其主要成分为碳酸钙，是制作黏合剂、刷饰材料和堆塑填充材料必不可少的优质天然材料，具有质坚、防水、耐晒、多孔隙等优点，能满足吸热、隔热、散热，以及防雨、耐风化综合环境要求，适应三角洲日照长、多雨且强台风等亚热带季风气候条件，是理想的有机建筑材料，被广泛应用在屋脊封护、建筑雕塑、瓦石砌筑、地面铺装等方面。

以屋面梁架和脊饰为例。作为屋脊封护构件，灰塑嵌瓷首先可满足防晒、隔热和散热[12]要求，即白天接受日照辐射积蓄热量以推动高温气流快速上升形成扬风作用，带动院落湿冷空气在居室空间加速流动，达到通风、除湿、降温等风热调节作用。夜晚，作为散热性能较好的材料，又可以帮助屋面快速释放热量避免室内闷热。其风热作用原理近乎屋面隔热层，兼有较好的防晒、隔热、散热效果。

灰塑嵌瓷脊饰的防雨耐侵蚀作用同样突出。贝灰中的碳酸钙遇水溶解形成钙化凝结层，干燥后自行固化隔水，既可防水、防渗裂，又是天然有机的隔热透气材料，对局部少量的漏雨渗水问题修复能力强、防护作用显著，能有效阻断屋脊、山尖、墙楣、窗楣等结构交接处的漏雨渗水问题，以免殃及内部木结构梁架或侵蚀墙体，利于长期对木结构檩架形成良好封护，达到日常保养作用。同时，由于传统灰浆以贝灰等有机材料调配，经自然发酵提高材料黏合力、透气性和塑形能力，材料物化性能综合全面，应用场景多样，在屋脊、山尖、博风、墙楣、门窗护楣和室内檩架等处得到广泛使用，形成了系统整体、风格统一、繁简有致、特色鲜明的屋面装饰与工法体系。当地世家府第、宗祠寺观、书院园林、馆驿庭园等，均喜于屋面、墙楣、门窗护楣或室内梁架等处施用嵌瓷、灰塑、彩画，以保护山墙、脊缝、墙头等局部构造材料更加坚实耐久。

三、 结语

韩江三角洲区域气候的多样性和节律性，要求聚落环境营造首先从适应地区环境出发，建立人与自然和谐共生的前提基础，进而对聚落组织和民居形态做出相应布置和设计。从这个角度而言，建筑形制和民居装饰也可以被视为传统聚落适应地区气候的一种发展策略和相互紧密协作的系统组成部分。它们与聚落环境和地区环境一道，共同应对流域气候对人类生存发展产生的系统影响，构成当地特有的人居环境整体和聚落文化景观。其传统营造原则和人居科学智慧，已深刻蕴含在人居环境系统同构、民居形制适应性发展和民居装饰技艺相辅三个有机统一的重要方面。文章就此提出，对樟林传统聚落、民居建筑遗产和韩江三角洲人居环境科学进行系统研究与整体保护的观点。借助持续滋养古港人居、韩江流域文化和广东海上丝绸之路文化遗产[13]之间的历史纽带，促进文化遗产保护、流域文化生态研究和地区发展协调共进。

参考文献

[1] 汕头市澄海区政协文史资料委员会 . 红头船的故乡：樟林古港 [M] . 香港：香港上水城出版社，2004.

[2] 陈训先 . 樟林古港三题 [J] . 岭南文史，2011，000（2）：40-44.

[3] 曾娟 . 清末民初广东传统建筑与新型建筑材料运用初探 [C] //中国建筑学会建筑史学分会，同济大学（Tongji University）. 全球视野下的中国建筑遗产：第四届中国建筑史学国际研讨会论文集（《营造》第四辑）[出版者不详]，2007：349-353.

[4] 张晓斌，郑君雷 . 广东海上丝绸之路史迹的类型及其文化遗产价值 [J] . 文化遗产，2019（3）：141-162.

[5] 曾昭璇，黄伟峰 . 广东自然地理 [M] . 广州：广东人民出版社，2001.

[6] 尤联元，杨景春 . 中国地貌 [M] . 北京：科学出版社，2013.

[7] 汤国华 . 岭南湿热气候与传统建筑 [M] . 北京：中国建筑工业出版社，2005.

[8] 曾昭璇，黄伟峰 . 广东自然地理 [M] . 广州：广东人民出版社，2001.

[9] 陈春声 . 信仰空间与社区历史的演变：以樟林的神庙系统为例 [J] . 清史究，1999（2）：1-13.

[10] 吴庆洲，谭永业 . 德庆悦城龙母祖庙（三）[J] . 古建园林技术，1987（2）：61-64.

[11] 林远辉，张应龙 . 潮州樟林港史略（上）[J] . 海交史研究，1992（2）：80-89.

[12] 郭晓敏，刘光辉，王河 . 岭南传统建筑技艺 [M] . 北京：中国建筑工业出版社，2018.

[13] 刘瑜梅，郑君雷 . 海上丝绸之路：广东史迹文化遗产研究 [M] . 广州：中山大学出版社，2019.

谈云冈石窟第二期建筑风格

员小中 [1]

摘　要： 云冈石窟是北魏鲜卑拓跋政权在平城开凿的一座皇家性质石窟。石窟可分为三期，第二期石窟中的建筑形式丰富多样，兼具本土和外来建筑样式。本文就此期石窟表现出的建筑形态如洞窟形制、龛形龛式和佛塔样式等分别作一论述，以便展现多元文化交融背景下体现出的石窟建筑风格，这种表现根植于本民族传统建筑发展的脉络和体系。

关键词： 云冈石窟；建筑；佛塔；洞窟形制；龛形

云冈石窟按石窟形制和造像内容、样式的发展，可分为三期[1]。第二期主要洞窟为第 7 窟、第 8 窟，第 9 窟、第 10 窟，第 5 窟、第 6 窟，第 1 窟、第 2 窟和第 11 窟、第 12 窟、第 13 窟五组双窟以及第 3 窟，洞窟形制主要为佛殿窟和中心塔柱窟。此期石窟的营造，正值孝文帝和太皇太后冯氏共同执政时期，随着其汉化政策的不断推行，建筑形象逐渐增多，从石窟形制到石刻构件，从塔形到屋形，从外来样式到传统样式都表现出这一时期的建筑特征。

一、 洞窟形制及建筑样式开创新格局

1. 别出心裁的佛殿双窟

第 7 窟、第 8 窟是第二期最早出现的一组双窟，是具有前室和后室的方形平面、平顶的佛殿窟［图 1（d）］。洞窟形制与第一期石窟穹窿顶大像窟迥异。仿佛由草原毡帐进入皇城宫殿。虽然窟形发生了全新变化，但表达的帝佛合一理念依然如初，同样遵循了等级秩序的章法。同时，雕刻题材增加，艺术形式创新，内容涵盖丰富。"从题材看表现了当时流行的法华、弥勒信仰，本质上反映了佛法的传承，也暗喻了皇权的传承。成为第二、三期石窟设计、开凿的核心思想。"[2] 艺术形式上壁面上下分层、左右分段，

壁面上的盝形龛和圆拱龛双双并列和对称，与多种植物纹样和塔形装饰，共同构成富丽堂皇的宫殿般的建筑空间。自第 7 窟、第 8 窟始，之后的双窟都出现了类似的对称布局，龛间分界装饰先是直檐层塔［图 1（a）、图 1（b）］（这是从第 7 窟门口层柱开始的域外风格的新塔式），后来是具有中国传统样式的楼阁式塔。以塔分界这种结构布局影响了后面的双窟龛像布局，如第 1、第 2 窟东西壁面四座龛像相互对称，龛间以塔柱分隔（东壁楼阁式、西壁直檐式）。如第 6 窟四壁中层楼阁式塔。另外，雕刻内容中天神、龙王、金刚等护法形象增多，表现在窟门、明窗、龛尾等处既体现出皇家威严又符合佛经教义。

2. 石刻建筑形式的发展

第二期有三处窟表现出石窟建筑的发展。第 7 窟、第 8 窟前室现状无窟顶，从上方崖壁残留的建筑结构遗迹看，原建筑设计似为"人"字形的木棚式顶。有学者认为原因是"北魏迁洛前后，人们开始在洞窟外壁开凿小型窟龛，由于上方平台的人类活动，加之第 7 窟、第 8 窟前室跨度过大，造成窟顶坍塌。其后人们又兴建大型建筑整体遮覆住双窟"[3]。第 9 窟、第 10 窟外观表现为大象驮二通八角檐柱（廊柱）（总高约 10 米）的屋形外观［图 1（c）、图 2（c）］，第 12 窟则为方形基座承四通八角檐柱（总高约 5

1　云冈研究院文献资料中心文献研究室主任、副研究员，037004，ygyxz@qq.com。

图1 双窟外观和内部

(a) 第9窟前室西壁；(b) 第7窟后室西壁；

(c) 第9窟、第10窟外景；(d) 第7窟、第8窟外景

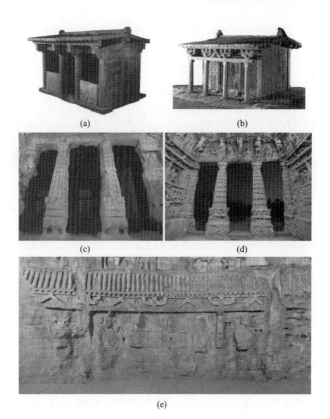

图2 檐柱式建筑

(a) 北魏石椁（北魏，长284厘米、宽189厘米、通高185厘米，

2014年大同市华宇商业文化中心工地北魏墓出土，大同市博物馆藏）；

(b) 宋绍祖墓石椁（北魏，长348厘米、宽338厘米、高240厘米，

2000年宋绍祖墓出土，山西博物院藏）；(c) 第10窟檐柱（内）；

(d) 第12窟檐柱（内）；(e) 第6窟壁面廊道

米）屋形外观 [图2 (d)]。前者屋顶现在不存，笔者据檐柱上方置阑额饰斗拱形象推测，屋顶为木质覆瓦的硬山或悬山顶样式，"表现的是主室用厚墙承重，有木结构前廊的土木混合结构房屋"[4]。第12窟屋顶则为全石刻庑殿顶样式，这种外观上的变化表明石窟仿木构建筑在逐步发展中。从考古分期来说前者早于后者，就是说第12窟建筑形式更加成熟。与第12窟设四檐柱制相同的例子，有北魏太和五年（481年）夏四月己亥始建的大同方山永固石室，"永固堂、檐前四柱，采洛阳之八风谷黑石为之，雕镂隐起，以金银间云矩，有若锦焉"[5]。皇家石窟和皇家陵寝大约同时出现相似的建筑形式，可能出自同一皇家设计师之手。在同时期或较早时期的北魏大同墓葬房形石椁上也有这种建筑结构，如北魏太安二年（456年）吕续墓、太安三年（457年）尉迟定州墓、太和元年（477年）宋绍祖墓，都是前廊后室的形制，而且房形椁的屋顶结构与石窟里屋顶结构一致[6]，说明在云冈二期石窟营造之时吸收借鉴了之前类似的建筑结构 [图2 (a)、图2 (b)]。

廊柱式建筑来源，可能直接受东汉崖墓和祠堂石室建筑形式影响。"从石室祭祀传统来看，北魏的中原化主要是对东汉制度的部分恢复，而不是魏晋制度。"[7]此外，云冈山顶西部北魏佛寺遗址中，北廊房和中部廊房均为前廊后室结构，是僧侣的生活区或译经藏经场所，房间装饰等级较高[8]。笔者认为这种建筑及院落布局一方面可能受中亚一带佛教寺院影响，另一方面我国西周时期四合院形制[9]（详见陕西岐山凤雏村西周建筑复原平面图）对后世的影响也不可忽视。

总之，前廊式的石窟或石椁，都是汉民族传统的"前堂后室"或"前庙后寝"的礼制性殿堂建筑形制，是具有一定社会地位或身份的人所用，非一般百姓可享受的等级。佛寺也一贯采用高等级别建筑，只是在院落格局中多置了一座佛塔。后来寺、塔同构建筑形式体现在石窟中，"廊道体现在第6窟下层三壁，完整再现了地面寺院建筑布局 [图2 (e)]。在洞窟东、西、南三壁下层出现了回廊，廊下为成排供养人行列回廊与殿堂围合形成封闭的寺院，低矮的回廊衬托出佛殿的高大和佛塔的壮阔，构成主次分明的建筑外观。"[10]回廊建筑形式自商周已有，汉画像砖石里也有表现，南北朝融入了寺庙建筑里。

3. 仿木构建筑样式融合

第二期窟中仿木结构样式的增多，是对窟形变化的积极响应。宫殿建筑里的屋形、藻井、檐柱（廊柱）、斗拱、勾栏、台基、廊道等造型元素同样出现在石窟中（图3）。覆斗式藻井里菱形格是中国传统套斗式做法，藻井莲花是汉墓以及北朝墓室穹顶上常见的形式。檐柱表现出中西方建筑交融的样式，如第9窟、第10窟、第12窟前的八角檐柱柱身具有东汉崖墓和祠堂石室柱样，柱基处山花蕉叶有希腊科林斯柱头形式，柱头又像古希腊多立克式。在古希腊常被用在外

廊上的爱奥尼亚柱头形式被应用到第9窟、第10窟前室北壁下层菩萨和佛的龛柱头上。第7窟南壁方形大龛两侧柱头出现了由柯林斯柱头发展而来的元宝形柱头（梁思成先生语）。第二期窟多种柱形的出现是北魏工匠消化吸收外来建筑因素又融合本土建筑因素的结果，所以看起来相似又不完全相同。兽形斗拱出现在第12窟前室西壁屋形龛、第1窟塔柱阑额等处，均是波斯狮子拱形加本土龙头铺首形的融合形象。其他屋檐下阑额处一斗三升、人字拱则是汉代传统的形象。还有多处出挑的两卷瓣纵向拱承托出檐下皮的华拱的雏形。而雕刻在柱头上替木、栏杆上的勾片纹是我国现存最早的建筑实物在石窟中的反映。台基上栏杆、踏跺均有了成熟表现。这时期的窟门也表现为方形过梁式门，与佛传故事情节里城门的方额形式一样。大同出土北魏宋绍祖墓石椁门结构与此同样，有方门额并以花纹装饰。

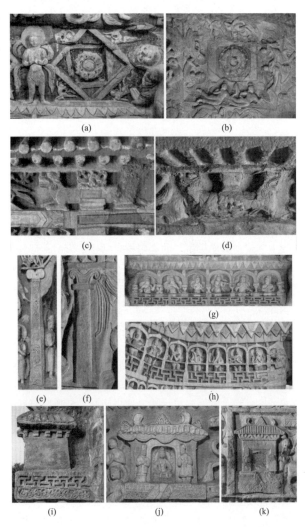

图 3　建筑构件

（a）第9窟前室窟顶藻井；（b）第8窟后室窟顶藻井；

（c）第12窟西壁兽形拱；（d）第1窟塔柱东侧兽形拱；（e）第9窟前室龛柱；（f）第7窟南壁龛柱；（g）第9窟前室北壁勾栏；

（h）第13窟南壁勾栏；（i）第9窟前室须弥山阁；

（j）第9窟后室建筑小屋；（k）第6窟东壁城门楼

二、　龛形龛式及其附属形象丰富多彩

1. 龛楣装饰呈现多样化

第二期窟圆拱龛楣变为多样化。龛楣内人物形象除了坐佛还有飞天、伎乐天、供养天。还出现火焰纹、璎珞、忍冬纹等非人物形象。第7窟北壁下层大圆拱龛楣上出现坐须弥座的合掌垂足的菩萨队列特例，拱内角有类似悬塑的腾空姿态飞天成为太和时期的范本［图4（b）］。第9窟、第10窟圆拱龛楣上下沿饰飞天，中间坐化佛，几乎成为太和时期的定式［图4（a）］，第6窟这种样式发展到了极致。所有的圆拱龛楣两端龙头上全为独角，这是云冈龙形的一大特色，虽不符合实际，却是一种雕刻上的审美，并无缺憾感。圆拱龛楣尾还有凤鸟（或雀）反顾形象装饰，第6窟龛尾龙在塔柱东、西龛上为站立姿态，与南、北龛凤鸟（或雀）形尾组成牝牡搭配题材［图4（c）、图4（d）］。南壁东西两圆拱龛尾龙的足爪上扬呈飞龙状态［图4（e）］，与第7窟、第8窟明窗龙足姿态近似。龛楣上装饰龙、凤（或雀）形象表现出汉民族传统风格，并体现出北魏皇家的权威意识。

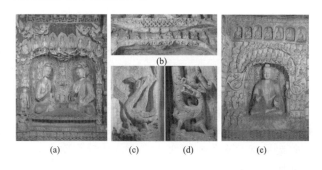

图 4　龛楣装饰

（a）第9窟前室上层龛；（b）第7窟北壁下层龛楣；（c）第6窟塔柱南龛尾凤；（d）第6窟塔柱西龛尾龙；（e）第6窟南壁东龛

2. 盝形龛式表现更突出

第二期窟盝形龛被加以重视并扩大化。随着弥勒造像题材的盛行，盝形龛衍生出许多变化龛式应对，除单龛表现外还与圆拱龛横向组合、纵向组合以及区块化复合组合。第7窟、第8窟盝形龛以大型帐幕化形态出现，北壁上层盝形龛帐与壁面同宽，龛式规模超过下层圆拱龛，是窟内最大的龛式［图5（a）］。第12窟后室上层盝形大龛与第7窟、第8窟同形。第6窟、第1窟北壁盝形大龛则呈现出三开间形式，开间柱在第1窟表现为直檐层柱［图5（b）］，在第6窟为镂空八角柱［图5（c）］。这种三开间盝形龛是犍陀罗雕刻模式的延伸，又汲取了我国木建筑檐柱做法。盝形龛楣样式也变化多样，如第6窟北壁盝形龛楣缠枝纹

样的龙形综合了植物和动物两种纹样。第11窟西壁上层［图5（d）］、第13窟东壁中层盝形龛楣出现双重或多重盝形格［图5（e）］。第11窟东壁盝形龛楣淡化了盝形方格而

突出了飞天牵璎珞形象［图5（f）］，各类形象不胜枚举。更有趣味的是，第16窟南壁盝形龛的上边出现了屋形建筑物，一扇板门半开，形象地表达了弥勒天宫圣境［图5（g）］。

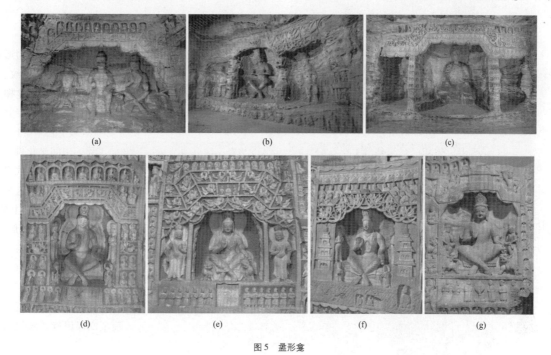

图5 盝形龛

（a）第8窟北壁上层大龛；（b）第1窟北壁大龛；（c）第6窟北壁大龛；（d）第11窟西壁龛；（e）第13窟东壁龛；

（f）第11窟东壁龛；（g）第16窟南壁龛

3. 屋形建筑大批量出现

最早出现的屋形在第8窟后室东北角，佛传故事的画面里的一座庑殿顶式小建筑［图6（h）］。随后的第9窟、第10窟、第12窟屋形成为龛式正式登场，窟内前室东西壁上的三间式庑殿顶屋形龛带有八角檐柱，雕刻精美，佛、菩萨安坐其间。从檐柱和柱头铺作看，第9窟、第10窟柱头斗拱和柱有错位现象，第12窟是对齐的，这也说明第12窟建筑思想更成熟［图6（a）~图6（d）、图6（j）］。此外，还有无檐柱的庑殿顶屋形龛，不分开间，表现宏大的宫殿空间，多表现在故事画面中，如第1窟、第2窟南壁［图6（e）］，第6窟塔柱［图6（f）］，第9窟、第10窟后室［图6（g）］等处。还有随七佛出现的大型屋顶，如第13窟南壁七立佛上方屋顶分为三组［图6（k）］，而第11窟西壁七立佛则站立在同一屋檐下［图6（l）］。还有比较写实的屋形龛，如第11窟西壁南侧有一交脚菩萨所在屋形顶上没有脊饰，檐下却有一斗三升拱形柱头和八角檐柱［图6（i）］，完全是现实房屋建筑样式。

三、佛塔西来过程中彰显融合性特征

1. 佛塔雕造出现了高潮

第二期窟里的佛塔形制丰富，数量众多，表现非常活跃。外崖壁高雕塔柱有单层（第1窟、第2窟前庭）［图7（a）］、七层（第9窟、第10窟外壁）［图7（c）］、九层（第5窟、第6窟外壁）［图7（c）］。窟内中心塔柱层数有两层（第1窟、第6窟、第11窟）［图7（d）、图7（f）、图7（g）］、三层（第2窟、第3窟双塔）［图7（e）、图7（b）］，样式有直檐式（第11窟）、出檐与伞盖混合式（第1窟、第6窟）和全出檐式（第3窟双塔）三种。第1窟、第2窟、第6窟、第11窟内的方形中心塔柱，各具特色，皆为精品。第11窟塔柱为二层直檐式，塔顶须弥座上四角雕山花蕉叶，中央出三头四臂天人。塔体形似两方块垒摞，是直檐式塔的最大形态。第2窟塔柱，三层出檐楼阁式塔，四角檐柱构成的副阶回廊建筑形态，为此类建筑现存最早实物。塔顶山形与龙形，象征了塔的通天接地的功能。第6窟塔柱上下层间出檐，椽头瓦垄俱全，塔角边缘纵列坐佛包镶，上层四角大象背驮镂空九层楼阁式塔，九层塔顶为山花蕉叶形，支在方形华盖顶的四角内。这种出檐加伞盖塔形式属中外建筑交融样式，第1窟塔柱亦如此。九层角塔底层出现覆钵塔

样式，类似并晚于五台山南禅寺藏北魏金刚宝座石塔[11]。

图 6 屋形龛

（a）第 9 窟前室西壁龛；（b）第 9 窟前室东壁龛；（c）第 12 窟前室西壁龛；（d）第 12 窟前室东壁龛；（e）第 1 窟南壁东龛；（f）第 6 窟塔柱南侧龛；

（g）第 9 窟后室西壁龛；（h）第 8 窟后室东壁建筑；（i）第 11 窟西壁南侧建筑；（j）第 9 窟建筑局部；（k）第 13 窟南壁龛；（l）第 11 窟西壁龛

图7　高雕和圆雕塔

（a）第2窟外壁单层塔；（b）第3窟外三层塔；

（c）第5窟外壁九层塔；（d）第1窟塔柱；

（e）第2窟塔柱；（f）第6窟塔柱；（g）第11窟塔柱

2. 壁面浮雕的三种塔柱

壁面浮雕塔形制有直檐式、楼阁式和覆钵式三种。覆钵塔多为一层（第14窟垒摞多个）（图8），另两种塔多为三、四、五层，楼阁式塔还高至七层（第11窟、第13窟）。三种浮雕塔在双窟中表现不同，第7窟、第8窟、第9窟、第10窟只有直檐式塔［图9（a）、图9（d）～图9（f）、图9（h）、图9（i）］，第6窟只有楼阁式塔［图10（l）］，第1窟、第2窟和第12窟则上两种塔都有［图10（a）、图10（e）、图9（b）、图9（c）］。第11窟三种塔形都有而且塔的数量最多［图10（b）～图10（d）、图10（f）、图10（o）、图7（g）］。第二期窟随着双窟、双龛的增多，双柱、双塔也应运而生。作为石柱功能时支撑在窟门和龛下，作为佛塔功能时列在龛边。单刹柱塔最早出现应该在第12窟后室［图10（a）］。塔上的三刹柱形式在第1窟东壁、第2窟西壁、第6窟、第13窟、第14窟、第17窟拱门等处有集中体现［图8（a）、图8（d），图10（k）～图10（n）］，最早应出现在第18窟，是佛塔西来变化的又一新形式，最晚出现在第11窟明窗东壁。第11、第13窟单刹、三刹均有表现。塔顶三刹柱的样式特殊，国内有学者将新疆和甘肃石窟里类似的刹柱称为"三联珠式刹"，"山"字形刹头构造，近似犍陀罗出土佛足迹石上刻画三宝标图形，"山"字形三联珠式图形可能就是三宝标的演化形式，用来代表佛教[12]。笔者看到加长的三联珠刹柱的较早实例出现在永靖炳灵寺第169窟北壁西秦壁画里，云冈浮雕塔顶三刹柱相轮继承了这种做法，在云冈第18窟南壁圆拱龛上有近乎一致的表现［图10（j）］。这时的相轮向上移动在加长的三联珠杆上，并具有刹顶长飘幡，可见源流明

图8　浮雕塔之一覆钵塔

（a）第14窟西壁塔；（b）第6窟塔柱上层塔；

（c）第13窟东壁塔；（d）第2窟西壁塔

显。日本学者向井佑介还注意到第1窟东壁中央浮雕塔三刹柱下有屋形建筑的特殊表现[13]。

3. 特立独行的二层小塔

第12窟前后室过道口两侧对称有小层塔，貌似直檐式塔［图9（b）］，但与第7窟过道口层塔［图9（a）］有了明显的区别：塔身正面宽于侧面，层间两对横隔相邻紧密，塔顶受花（山花蕉叶）为几何状向上扩大的阶梯口沿，中间露出半身童子上举双臂。有学者称塔顶的这种阶梯状受花形为"雉堞"[14]（城墙上的短墙）状的山花蕉叶。这种特殊形式在曹天度石塔上有相同表现，在云冈第11窟南壁上部东侧三层供养塔顶也是同样表示［图11（a）］，在第18窟南壁具三刹柱圆拱龛顶上，以及第17窟西侧门壁盝形龛柱头上均有此种样式。这种特殊的几何形蕉叶来源何处？王敏庆教授考证了这种源流可能来自地中海东岸一带，随着西亚建筑一同传入我国[15]。结合第12窟出现的西凉乐器、西域舞蹈和波斯兽形拱，以及同时出现的三种塔形等形象，不难理解，西方建筑样式在石窟中与汉民族文化兼容并举、和谐共存。"第十二窟的设计者吸取了第7、8窟和第9、10窟的优点并加以改良，将双窟所具有的信息放入了一个洞窟中。"[16]在2008—2010年云冈西部窟顶寺院考古发掘中，出土了一件通高12.5厘米的

北魏石塔刹相轮［图 11（b）］，雉堞形底座边长 4.6 厘米、高 3.6 厘米，四面中间有半身童子[17]。很明显，这是一件可移动小佛塔，与石窟中塔的雉堞形式相呼应，并与第一期窟时间相当的曹天度塔刹一致，可以认为是石窟中此种形象的模本。

(a)　　　　　　(b)　　　　　　(c)　　　　　　(d)

(e)　　　　(f)　　　　(g)　　　　(h)　　　　(i)

图 9　浮雕塔之三直檐式塔

（a）第 7 窟门口三层塔；（b）第 12 窟门口二层塔；（c）第 12 窟前室三层塔；（d）第 7 窟壁面四层塔；（e）第 9 窟西壁四层塔；
（f）第 10 窟东壁四层塔；（g）第 1 窟西壁五层塔；（h）第 10 窟前室五层塔；（i）第 9 窟前室五层塔

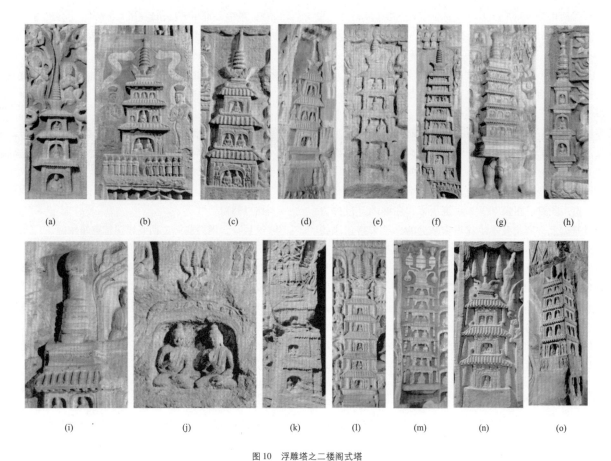

图10 浮雕塔之二楼阁式塔

（a）第12窟后室东壁三层塔；（b）第11窟南壁三层塔；（c）（d）（f）第11窟西壁三层和七层塔；（e）第1窟东壁五层塔；

（g）（i）第5窟南壁五层塔及塔刹；（h）第13窟东壁塔；（j）第18窟南壁塔刹；（k）第14窟西壁三层塔；（l）第6窟南壁五层塔；

（m）第13窟西壁七层塔；（n）第17窟拱门三层塔；（o）第11窟塔柱东北角五层塔

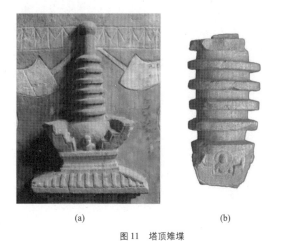

图11 塔顶雉堞

（a）第11窟南壁上层东侧塔刹；（b）云冈西部山顶佛寺出土塔刹

（注：图（b）北魏，高12.5厘米，2009年云冈山顶西部北魏佛寺出土，云冈研究院藏）

注：图2（a）图采自大同市博物馆编《融合之路——拓跋鲜卑迁徙与发展历程》第62~63页图片053/石椁，合肥：安徽美术出版社，2018。

图2（b）图采自张志忠、古顺芳所编《大同考古》第118页图4-192 M5复原后的石椁，太原：山西出版传媒集团北岳文艺出版社，2015。

图11（b）图采自云冈研究院、山西省考古研究所、大同市考古所编《云冈石窟山顶佛教寺遗址发掘报告》下卷彩版六八 2. 塔刹残件

T517南扩方④：84，北京：文物出版社，2021。其他图片均采自张焯主编《云冈石窟全集》，青岛：青岛出版社，2017.12。

四、 小结

云冈石窟第二期窟受拓跋鲜卑政权汉化政策影响，石窟营造进入东西方文化及南北民族文化加速融合阶段。皇家设计师将东汉以来汉民族建筑如崖墓、祠堂、佛寺、宫殿等样式融入石窟中，从而使石窟从形制到功能均发生了变化。石窟由第一期只能在外瞻仰的神像窟变成第二期可以登堂入室参拜的人间殿堂。前后室结构空间以及多层的框架设计，使雕刻内容表达更加丰富。第二期窟通过空间结构、造型安排、图像审美等建筑语言，在继承三世佛造像题材基础上，突出宣示了代表未来世的弥勒天宫说法的主题，其中的建筑表现因素具有举足轻重的架构意义。建筑造型艺术上与古希腊、波斯、印度、犍陀罗、西域以及陇东等地建筑元素相结合，形成了多元交汇、兼容并包的北魏太和时期石窟艺术风格。因此，这一时期石窟既是云冈石窟的精华，又是不可多见的石刻建筑遗产。其中，我们可以通过石窟建筑的种种表现，了解建筑交融变化，更应该认识到我们本民族传统建筑文化发展的脉络和体系。

参考文献

[1] 宿白. 云冈石窟分期试论 [J]. 考古学报, 1978 (1): 25.

[2] 李君, 郭静娜. 云冈石窟第七、八窟图像内容与组合特征研究 [J]. 边疆考古研究, 2020, 2 (28): 334.

[3] 彭明浩. 云冈石窟的营造工程 [M]. 北京: 文物出版社, 2017.

[4] 傅熹年. 中国科学技术史·建筑卷 [M]. 北京: 科学出版社, 2008 年.

[5] 丽道元. 水经注全译 [M]. 陈桥驿, 叶光庭, 叶扬, 译. 贵阳: 贵州人民出版社, 1996.

[6] 张志忠. 大同北魏墓葬中的房形椁 [J]. 大众考古, 2022 (6): 19-27.

[7] 李梅田. 汉晋北朝石室祭祀传统的流变 [M] //北京大学考古文博学院. 宿白纪念文集. 北京: 文物出版社, 2022.

[8] 云冈石窟研究院, 山西省考古所, 大同市考古所. 云冈石窟窟顶西区北魏佛教寺院遗址 [J]. 考古学报, 2016 (4): 559.

[9] 杨鸿勋. 建筑考古学论文集 [M]. 北京: 文物出版社, 1987.

[10] 吴娇. 云冈石窟第二期洞窟建筑空间探讨 [J]. 云冈研究, 2022, 2 (4): 13.

[11] 李裕群. 五台山南禅寺旧藏北魏金刚宝座石塔 [J]. 文物, 2008 (4): 86.

[12] 高晏卿, 苏明哲. 丝路沿线石窟三联式刹塔流变考 [J]. 中国美术研究, 2019 (2): 154.

[13] 京都大学人文科学研究所, 中国社会科学院考古研究所. 云冈石窟 [M]. 北京: 科学出版社, 2018.

[14] 韩有富. 北魏曹天度造千佛石塔塔刹 [J]. 文物, 1980 (7): 65.

[15] 王敏庆. 佛塔受花形制渊源考略: 兼谈中国与中、西亚之艺术交流 [J]. 世界宗教研究, 2013 (5): 54-65.

[16] 八木春生. 云冈石窟第十二窟的营造过程 [J]. 艺术学界, 202 (27): 199.

[17] 云冈石窟研究院, 山西省考古所, 大同市考古所. 云冈石窟窟顶西区北魏佛教寺院遗址发掘报告 [M]. 北京: 文物出物社, 2021.

夫子门庭——地方文庙前导空间营建逻辑与文化表达[1]

郑　霞[2]　胡希军[3]

摘　要： 在中国传统建筑文化中，门庭是权力、荣誉和社会地位的象征。门庭区域是文庙重要的前导空间，具有丰富的功能和象征意义。以儒家文化和文庙功能为出发点，选取湖南地区文庙为研究样本，结合历史文献、方志图和遗存现状，从门庭建筑权力建构、教化旌表和道统本源的视角，解析其背后营建逻辑和思想表达，不仅"知其然"，更"知其所以然"，进而启迪现代建筑空间设计的文化与思想表达手法。

关键词： 文庙；湖南文庙；门庭空间；前导空间；传统建筑文化

门庭是指建筑物入口处的庭院空间，通常包括大门、围墙、照壁等元素，今一般解作"门前"或"门前和庭院"[1]。在中国传统建筑中，门庭不仅是建筑物的出入口，更是权力、荣誉和社会地位的象征。门庭的空间体现了门楼的价值，甚至是其背后建筑的价值，是中国建筑艺术的聚焦空间[2]。中国传统建筑注重整体礼序和谐与局部艺术美感的统一，门庭的设计和装饰都要遵循一定的礼仪规范，反映建筑空间的社会等级和地位，同时建筑细部设计充满了艺术韵味和思想内涵，体现古代社会道德和审美观念。

2014 年中国美术馆举办了一场"人居艺境——吴良镛绘画书法建筑艺术展"，其中展出了一幅以文庙棂星门为内容的画作，题名为"夫子门庭"（图1）。文庙既是古代教育活动的场所，又是儒家文化践行与传承的重要载体。以棂星门、照壁（万仞宫墙）、辕门（礼门义路）和宫墙等建筑围合构建的文庙前导空间，即门庭区域，为进入文庙主体空间——祭祀空间进行准备，对参与祭祀的群体进行行为整肃、情绪酝酿和思想归拢[3]。文庙门庭空间具有极强的礼序性、标识性和纪念性，其不仅蕴含着中国传统文化中的礼序思想，更是儒家的精神象征和底蕴奥义。本文

研究以清代湖南 78 座文庙的历史文献、17 座文庙的现状调查及 42 幅文庙方志图为样本，从文庙门庭边界、门坊、庭池三个方面，挖掘其背后营建逻辑和思想表达，进而启迪现代建筑空间设计中的文化与思想表达手法。

图1　吴良镛画作：夫子门庭
（资料来源：中国美术馆）

一、边界：城市文脉，圣地威仪

文庙作为儒家文化的物质载体，是中国传统文化的标

1　课题编号：湖南省教育科学"十四五"规划课题（XJKZZBZY048）。

2　长沙环境保护职业技术学院风景园林学博士、副教授，湖南长沙 410004，474534159@ qq. com。

3　中南林业科技大学教授、博士生导师，湖南长沙 410004，120795043@ qq. com。

志性符号，祭祀和传承儒家文化的神圣场所。自西汉确立"罢黜百家，独尊儒术"后，儒家与政治结缘，孔子与儒学地位不断提升，文庙成为道统的象征。宋世熙《宜章县修学记》曰："天子秉制作之权，其为天下而修夫子之庙者，修其道耳矣。"[4] 历代各地文庙正是在此背景下兴起，在地方和世俗层面广泛修建文庙这一礼制性建筑群。清代蒋擢《浏阳县重修学记》载"然则浏邑人文之兴，天或于兹将有以启之乎，未有不自学宫为之权舆也"[4]。文庙不仅承担了人文教化和构建社会秩序伦理的道统职能，更发展成为地

方城市文脉的象征。

中国传统建筑遵循宗法伦理制度，是礼制的物化表现[5]。文庙以其独特的功能和身份，拥有地方城市中较高的建筑等级，甚至往往与衙署"并立联辉"，两者在门庭区域建筑布局和形制方面近似（图2），成为古代城市空间表达最突出的两个主体[6]。在古代社会，门庭是权力和地位的直接体现。门庭建筑的属性、功能、等级，传递着意识形态和价值观层面的信息，蕴藏着对建筑主体社会地位的隐喻。

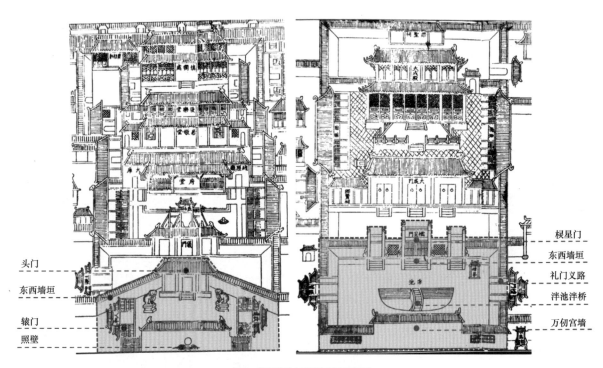

图2　岳州府治与府学门庭区域对比

[资料来源：《舆图：（乾隆）岳州府志》]

1. 领域边界，权力空间

下马碑是"官员人等至此下马"的指示性仪式建筑，主要用于展示建筑主体的地位和权力。在中国传统社会，皇室贵族通过设置下马碑来展示自己的地位和权力。同时，下马碑也广泛应用于寺庙等建筑，象征寺庙的庄重。下马碑作为圣域的起点，礼教意义大于法律禁制[7]。下马碑位于文庙门庭区域东西两侧边界处，除引导下马的指示作用以外，还象征文庙建筑的高规制，彰显崇高地位，使人肃然起敬。

42 幅湖南官学方志图样本中有浏阳县学、邵阳县学、华容县学、桃源县学、桂阳直隶州学、平江县学、岳州府学、巴陵县学、桃源县学、绥宁县学等10 幅学宫图中表现了下马碑，其中蓝山县学建置的为下马亭（图3）。目前文庙遗存了下马碑的有新田县学、武冈县学以及澧州州学（直隶州）。

2. 门奥邃密，儒学圣地

照壁原本的建筑功能是阻挡外界对内部的干扰，防止外部对门庭区域的窥视，又有借门外之地界定建筑空间、突出门庭气势，同时对整体建筑群起着序幕和先导作用。文庙照壁也叫"万仞宫墙"，位于大成门和棂星门的正前方，多与两侧墙垣相连，其除了原本建筑的功能，还被赋予其更多人文的含义。仞是古代度量的尺度，万仞和数仞都是形容孔夫子的学识渊博，彰显文庙的庄重和神圣。元代孔思清《湘乡州修学记》曰："其宫墙之高广，门奥之邃密……斯道高明光大益加之意，士之生其后者，亦何幸哉。"[4]

学界认为照壁设在文庙最早见于曲阜孔庙，明永乐十五年（1417 年）在庙门前增建面墙一堵，面墙其实就是照壁；明弘治元年（1488 年）的岳州府学庙图可能是湖南文庙中最早设置照壁的文献参照。据文献记载，清代才逐渐

标注（图中标签）：头门、东西墙垣、辕门、照壁、棂星门、东西墙垣、礼门义路、泮池泮桥、万仞宫墙

普及在文庙设照壁，到清末几乎所有文庙都有该规制，一般为红墙，上覆黄色琉璃瓦[3]，如位于湘北地区的岳州府学现存照壁即采用红粉墙和黄琉璃瓦，乾州厅学则采用灰色照墙，因其地处湘西少数民族地区，受当地巫傩文化的影响明显，具有独特的地域性（图4）。

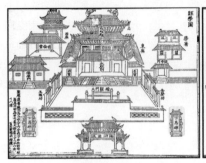
邵阳县学下马碑

蓝山县学下马亭

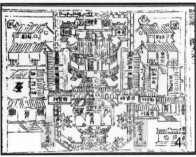
绥宁县学文武下马碑

图3 下马碑及下马亭

[资料来源：《舆图：（嘉庆）邵阳县志/（嘉庆）蓝山县志/（同治）绥宁县志》]

乾州厅学照壁（外侧）

乾州厅学照壁（内侧）

岳州府学照壁（内侧）

图4 乾州厅学和岳州府学文庙照壁（自摄）

3. 宫墙仰止，道统权威

东西墙垣建置在门庭两侧，与大成门、照壁及辕门围合成相对封闭的空间。墙垣采用官式宫墙形制，等级低于照壁，多用红墙绿瓦。其一为阻隔视线，其二为空间增添气势。清代詹尔廉《重修学记》曰："兹宫墙美富，仰止有凭，异时邑中人士应运振兴"。[4]作为权力的建筑符号，营建宫墙有助于树立文庙在地方城市的权威，凝聚士子文心，最终实现儒学道统的目的。

中国传统建筑一贯讲究内敛性、私密性与防御性的建筑原则[8]。文庙宫墙为祭祀活动提供安全、庄重的环境。同时，宫墙可以起到区分内外、划分空间的作用，使祭祀活动更加有序、规范。宫墙围合的门庭，构建了文庙内部空间与外部市井空间的过渡与隔离场域，实现儒、仕阶层对文庙空间的垄断，进而稳固其社会地位，巩固其世俗特权。

二、门坊：旌表空间，建中表正

在我国传统社会中，儒学作为国家的根本治国理念与思想，统治者积极倡导和强化"忠孝仁义"等儒家价值观念，并以国家名义发放一种荣誉性权力符号，或诏旌门闾、或赐以匾额、或建祠立坊等。旌表是统治者推行传统道德的一种有效方式。所谓旌表，就是统治者对践行忠孝节义等封建伦理道德的模范人物，加以竖立牌坊、赏赐匾额类的表彰奖励[9]。借助这种道德激励机制，使民众认可和接受这些价值标准，并内化为自觉行动，从而使国家的权威和意志平和、有效地渗透到基层民间，发挥安定民心、教化民众、稳固统治的社会功能。

1. 圣域贤关，过庙思敬

门庭两侧墙垣设置辕门（或在照壁两侧），作为文庙出入口，其无固定形制，常见有坊门、门楼、随墙门洞等类型，虽然相较于大成门、棂星门，其门的体量不算很大，但建造依然运用雕刻、绘画、泥塑等装饰手法。清代熊伯龙《岳州府重修学宫记》载："设甏作枨，爰施丹腾，徐用垩饰，令睹圣域贤关者咸过庙思敬焉。"[4]辕门命名多为"礼门、义路"，左"礼门"、右"义路"，寓意君子当入礼门、行义路。亦有"圣域""贤关""德配天地""道冠古今"或"金声""玉振"等（图5）。无论哪种命名方式，都表达了对孔子和儒学的尊崇。

图5 礼门义路（自摄）

2. 头门棂星，尊孔祭天

棂星门原为乌头门，亦称表盒、阀阅，为《营造法式》中门的一种类型。棂星门逐步演化出冲天式牌坊和带门阙式屋顶的牌楼，南方地区多雨，棂星门以石材乌头门和冲天式牌坊为主，北方则多以木材为主的牌楼形式（图6）。乌头门是当时社会身份地位的代名词，所谓"门阀贵族""阀阅世家"[10]。棂星门位于文庙中轴线上，为文庙的第一座大门，举行释奠礼时，文武官入庙，文官走棂星门左侧门，武官走右侧门。据《后汉书》记载，灵星即天田星，汉高祖祭天祈年，命祀天田星，因此而得名棂星门。袁枚在《随园随笔》中说："后人以汉灵星祈年与孔庙无涉，又见门形为窗灵，遂改为棂。"棂星门意会为天门，尊孔祭孔即为尊天祭天，实际是统治者对以孔子为代表的儒学做出的嘉表，更是对儒学道统的认可。

岳州府学棂星门(六柱五间)　　湘阴县学棂星门(三座，中五间、旁各三间)　　宁远县学棂星门(四柱三间)

图6 棂星门（自摄）

3. 增制增建，嘉言懿行

除棂星门外，部分文庙增置太和元气坊、金声玉振坊、洙泗源流坊、道贯古今、德配天地坊等，强化门庭区域的旌表功能，形制以牌楼和乌头门为主。在增置改建过程中，部分文庙的门庭布局发生改变，如棂星门位置前移或左右增置牌楼类旌表建筑，但无论如何变化，棂星门作为头门的格局不变（图7）。湖南遗存文庙中牌坊门的构造以四柱三门、三座一门、六柱五门的结构为主，例如：湘阴县学棂星门为典型的六柱五门冲天式，柱头立狮象、中梁浮雕龙凤、麒麟，两侧"金声""玉振"坊为四柱三门，形制、装饰手法仿棂星门，装饰梅花、双龙戏珠和鲤跃龙门等雕刻图样。另有太和元气坊与棂星门隔泮池而望，为门阙式屋顶石牌楼，梁枋施浮雕、透雕，主题有孔子讲学图、祝寿图、鲤鱼化龙和民间文化习俗等。

三、庭池：泮宫之制，溯本正源

1. 溯本辟雍，拟鲁泮水

泮池也称泮宫、泮水，可追溯至古代天子之学"辟雍"。《周礼》记：天子之学为"雍"，诸侯之学为"泮"，意"半天子之学"，在形制上天子之学的辟雍四周环水，而诸侯采用半圆、月形的水系，称之泮水，诸侯之学称为"泮宫"。文庙内的泮池沿用古代泮宫规制，一般采用半月形的水池，也有方形的泮池。拟鲁泮水，是儒家圣地的象征，也是地方文庙的标志，具有特殊的文化寓意。宋代何麒《道州修学记》曰："考辟雍之制，辟者象壁以法天，雍者雍其水而环之，象教化之流行也。又泮宫之制，谓其半有水半有宫也。"[4]鲁颂僖公之诗曰：思乐泮水，薄采其芹；思乐泮水，薄采其藻。泮池既体现礼制的等级，亦是向孔子及鲁国溯本正源的表意符号。

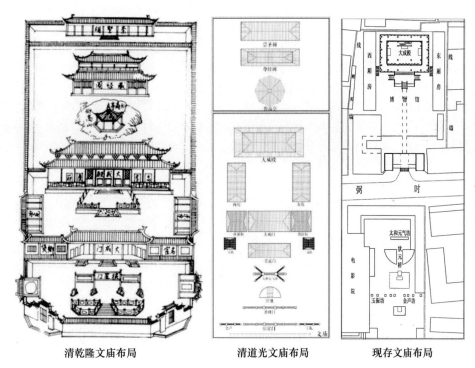

| 清乾隆文庙布局 | 清道光文庙布局 | 现存文庙布局 |

图7　湘阴文庙建筑格局演变

（资料来源：湘阴文庙提供）

2. 水喻德智，学贵思源

设泮池以蓄水，隐含有希望学子从圣人"乐水"、以水比德中得到启示之意。在古代，人们认为泮池中的水是由天地之间的灵气汇聚而成的，因此，泮池被视为知识的源泉。泮池也象征着道德和品行的塑造，泮池可洗涤、净化学子的心灵和行为。根据历史文献记载，文庙多选址于城市自然山水环绕的灵秀胜地，在理水处理上力求疏通水路，接入天然的河道，形成了由内、外泮水以及自然水系相连通的文庙园林水系。"问渠哪得清如许，为有源头活水来"。明代计成在《园冶》相地篇中提出"卜筑贵从水面，立基先究源头，疏源之去由，察水之来历"。[11]文庙"收放"处理水体的形态，形成"活"态的泮池、外泮水及自然水体网络，形成"虽由人作，宛自天开"的水景。

3. 静水流深，学无止境

泮池是目前文庙遗存中的主要实景水体，或方或圆，多为规则式的静水形态（图8）。静水象征为人处世不张扬，中庸柔和，比拟君子谦逊品格；芹藻荷田之下，不知泮水之深，意喻胸中万千丘壑，学识深奥。泮池形状多为半圆，不盈不亏，意为孔子提倡的学无止境。文庙园林中的泮水以万仞宫墙为界，采用不同的理水技法，形成内外有别的建筑水体景观，泮池上一般有石桥，或拱或平、或三座三洞、或单座多洞不等，被称为泮桥；泮水、泮桥、棂星门与圣殿、照壁、宫墙之间"红墙碧水"相映成趣，生意盎然，如《宜章县学记》：红墙碧水、坛杏庭草，盆鱼池莲，庙中之生意也；鸢飞鱼跃，风月洒落，波光粼粼，庙中之光霁也。

| 岳州府学泮池 | 乾州厅学泮池 | 湘阴县学泮池 | 宁远县学泮池 |

图8　湖南地区部分文庙遗存的泮池（自摄）

四、 结语

门庭亦有门第、门派之意。夫子门庭，有教无类，鱼跃龙腾；孔子门第，门第隆盛，千秋仰止；儒家学派，千年道统，内圣外工。文庙门庭空间的设计充满了对孔子的尊崇和敬仰之情，反映了中国古代社会的等级制度和礼仪规范，体现了儒学圣域庄重、严谨和神圣的威仪，展现了中国古建筑门庭的艺术特色和营建的高超技艺，表达了儒家文化思想的精髓。借助空间组织手法、建筑布局技艺和隐喻符号表达，巧妙地将文化思想融入文庙门庭空间，进而渗透至传统社会的日常生活，实现权力巩固、教化民俗、榜样示人的社会功能，构建和谐的社会秩序伦理。

参考文献

[1] 朱城．"门庭"释义考辨 [J]．学术研究，2011（5）：157.

[2] 石晓梅，孙俊桥．谈中国古门楼建筑之门庭空间 [J]．中华民居，2011（6）：131-132.

[3] 罗明．湖南清代文教建筑研究 [D]．长沙：湖南大学，2014.

[4] 湖南省地方志编纂委员会．光绪湖南通志点校 [M]．长沙：湖南人民出版社，2017.

[5] 赵欣，马晓．古代地方文庙空间形态演变研究：以山东宁阳文庙为例 [J]．南方建筑，2016（3）：78-84.

[6] 郑霞，胡希军，周红才．多层次空间下学礼景观的规划理念与方法：以湖南官学为例 [J]．古建园林技术，2023（3）：104-107.

[7] 高明士．谒圣礼、谒圣试与下马碑：东亚科举与圣域的另一章 [J]．科举学论丛，2019（1）：2-26.

[8] 贾珺．中国古建中墙的功用及文化特性 [J]．南方建筑，2000（4）：62-65.

[9] 何孝荣，张慧．明朝宗室旌表制度的确立 [J]．江西社会科学，2017，37（1）：132-143.

[10] 杨立果．湖南传统牌楼建筑艺术研究 [D]．长沙：湖南大学，2012.

[11] 计成．园冶 [M]．黄山：黄山书社，2016.

基于无损分析方法的德格印经院木构建筑彩绘数字化保护研究[1]

黄　婷[2]　李姝靓[3]　王晓亮[4]　麦贤敏[5]

摘　要：德格印经院木构建筑彩绘在高原气候与人为因素长期影响下，面临褪色、开裂、污染等问题。本次工作采用无损分析方法对德格印经院木构建筑彩绘颜料层进行研究，应用三维激光扫描技术对彩绘图像数据化储存，了解不同空间彩绘存在的问题；采用高光谱成像技术鉴别彩绘颜料种类，了解彩绘颜料使用情况；最后通过色差仪监测颜色变化状况。这些减少对彩绘直接干预的分析方法可以对彩绘整体形态、色彩、化学和物理属性等内容进行精细化研究，为德格印经院木构建筑彩绘保护与修复奠定数字化基础。

关键词：三维激光扫描技术；高光谱成像技术；木构建筑彩绘；无损分析；德格印经院

一、引言

藏式彩绘在川西北高原地区分布较广且内容丰富，蕴含着较高的宗教信仰精神、艺术感染力。藏式彩绘长期受高原环境和人为因素影响面临各种挑战，亟待保护。而彩绘信息存储与检测是彩绘保护与修复的工作前提。目前，对彩绘的检测研究多为有损或微损的检测手段。例如，X射线衍射分析（XRD）、激光诱导击穿光谱分析（LIBS）、扫描电子显微镜（SEM）等[1-3]。这些技术手段更多关注彩绘的微观结构或颜料成分方面，缺少彩绘整体、颜料色彩、病害特征等形貌信息。近几年，在彩绘保护方面的研究[4-5]更加关注彩绘不可破坏、不可移动的保护特性，采用无破损、不接触的分析方法开展保护工作。本次工作将以科技赋能高原地区传统木构建筑彩绘存续，通过三维激光扫描技术、高光谱成像技术对藏式传统木构建筑彩绘及其颜料进行无损分析，并首次应用到四川省甘孜藏族自治州德格县印经院木构建筑彩绘中。

二、德格印经院木构建筑彩绘状况

1. 德格印经院木构建筑彩绘基本概况

德格印经院作为我国藏区三大印经院之一，在1996年被列为全国重点文物保护单位。德格印经院建筑彩绘是经典的藏式建筑风格，具有较高的文化宗教价值。德格印经院建筑彩绘主要以木构件、门窗和室内墙面为载体。木构彩绘的重点在弓木和大梁上，上面绘制有文字、祥云、珠

1　基金项目：高原建筑生态适应性四川省青年科技创新研究团队（项目编号：2022JDTD0008）；西南民族大学研究生创新型科研项目（项目编号：ZD2022423）。文中图表均由作者及团队成员测绘、拍摄或绘制而来。参与德格印经院三维激光扫描、高光谱成像测绘工作的工作人员除作者外，还包括潘敏、董馨怡、钟磊、蒲冠星、胡钉源、刘缦纡。

2　西南民族大学建筑学院，硕士研究生，610000，2573479071@qq.com。

3　西南民族大学建筑学院，讲师，610000，1286762254@qq.com。

4　西南民族大学建筑学院，副教授，610000，xiao_liangwang@126.com。

5　西南民族大学建筑学院，教授，610000，26301831@qq.com。

宝等各种图案。德格印经院目前研究主要集中分析印经雕版的内容与价值，而印经院木构建筑彩绘也存在较高的存续价值，但其面临所处高原环境及人为因素的诸多挑战。

2. 德格印经院建筑木构建筑彩绘现状分析

德格印经院空间布局按照印经作业流程分为四楼，一、二楼为印刷前后期处理空间，三楼以印刷空间为核心，三楼其他空间和四楼为经版存储空间和晾经空间[6]，建筑内外均有彩绘分布。受高原复杂环境以及人为因素影响，彩绘颜色色度变化、彩绘形貌特征发生改变，从而影响其艺

术效果表达以及宗教信仰方面的价值。

通过三维激光扫描技术导入数据建立德格印经院三维实景模型，记录印经院建筑彩绘整体形貌信息的同时，对印经院不同空间的木构建筑彩绘问题进行空间定位。建筑空间环境不同，木构建筑彩绘的问题也存在差异。通过实地监测室外物理环境（图1），发现德格印经院外部环境太阳辐射强、日温湿度差异大，外部木构建筑彩绘长期暴露在外部，出现开裂状况。此外，中庭一层外部梁柱彩绘还出现脱皮、起卷、起尘现象，且一、二层印刷前后处理空间由于雕版印刷作业频繁导致彩绘出现人为磨损问题（图2）。

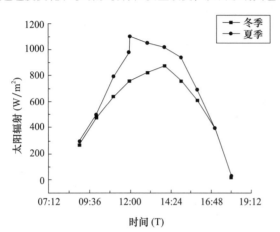

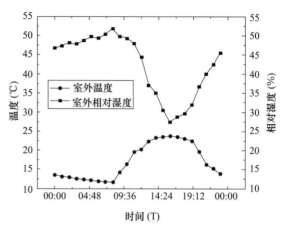

图1　室外环境冬夏太阳辐射（日）、夏季日温湿度监测

(a)中庭二楼彩绘　　　　(b)中庭一楼彩绘

图2　德格印经院室外局部梁柱彩绘三维激光扫描图像

温湿度的变化是建筑内部彩绘损伤的重要环境因素之一[7]，对印经院内部温湿度进行监测（图3），发现内部环境相对稳定，温湿度日变化小，根据木质文物保存环境国内外行业标准及相关研究[8-11]，了解到相对稳定的环境对建筑木构建筑彩绘的保存是有利的。因此，印经院内部木构建筑彩绘问题相较于建筑外部较为乐观。建筑内部彩绘主要问题在于污染（图4）。导致彩绘污染问题的原因主要有两个：一是雕版印刷作业在室内活动；二是印经院内部空间有限，游客每次的进出都可能对雕版、建筑彩绘造成影响，尤其是大量游客的进入对内部环境的影响。

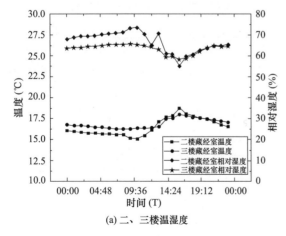

(a)二、三楼温湿度

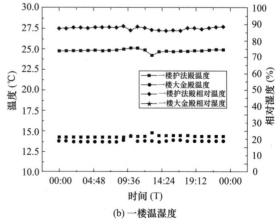

(b)一楼温湿度

图3　德格印经院室内夏季温湿度日变化

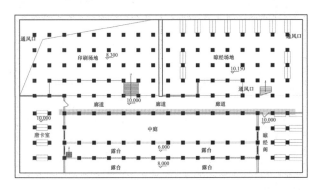

|（a）三楼雕版印刷区 | （b）四楼晒经区 | （c）一楼印刷制墨区 |

图 4　德格印经院建筑内部局部梁柱彩绘三维激光扫描图像

其次，四楼晒经场靠廊道的梁柱彩绘对当地具有特定价值内涵，该区域对当前群众具有特殊信仰，德格印经院文保单位对其进行原态保护，由于长时间和高原辐射影响褪色严重（图5）。

图 5　德格印经院四楼平面图及部分区域局部梁柱彩绘三维激光扫描图像

因此，本次工作通过三维激光扫描数据图像与实测数据了解木构建筑彩绘在不同空间出现的主要问题，为德格印经院木构建筑彩绘后期保护与修复提供彩绘图像参考。基于三维激光扫描图像了解到德格印经院所存在的问题，采用高光谱成像技术对木构建筑彩绘进行颜料鉴别以及木构建筑彩绘图案范围界定，为德格印经院木构建筑彩绘保护与修复的前期工作提供夯实的科学基础。

三、 德格印经院木构建筑彩绘颜料无损鉴别

1. 标准颜料光谱构建

通过实地考证及相关资料收集，本次工作采用川西北

高原地区常用颜料，均匀地涂在松木块上，传统颜料以骨胶为胶结物，制备出25个传统颜料样品以及现代颜料制备18个样品（图6），记录标准颜料可见光光谱数据。

传统颜料			现代颜料	
红土	雌黄	巴黎绿	丙烯土红	丙烯翠绿
赭石	岩黄	头青	丙烯深红	丙烯草绿
深红	藤黄	二青	丙烯朱红	丙烯中绿
朱砂	雄黄	三青	丙烯桔黄	丙烯淡绿
土红	头绿	青金粉	丙烯柠檬黄	丙烯群青
珊瑚红	二绿	岩黑	丙烯土黄	丙烯酞青绿
银朱	三绿	蛤粉	丙烯中黄	丙烯金色
镉橙	钴绿		丙烯桔红	丙烯钴兰
岩红	镉黄		丙烯天蓝	丙烯湖蓝

图 6　标准颜料

2. 德格印经院建筑彩绘高光谱采集

本次工作对德格印经院木构建筑彩绘进行光谱图像数据采集，采用高光谱成像技术构建德格印经院木构建筑彩绘可见光光谱的非接触式原位无损获取平台（图7），共采集53组光谱数据。木构建筑彩绘高光谱数据来源于德格印经院中庭、藏经阁、晒经场地、印刷场地、护法殿、大金殿，具有德格印经院木构建筑彩绘的典型性与代表性。

|（a）采集现场 | （b）采集方法 |

图 7　高光谱采集

3. 无损鉴别方法

将标准颜料、德格印经院颜料的原始光谱曲线进行预处理后，以标准颜料光谱为参照，与德格印经院颜料光谱的反射光谱曲线轮廓、特征峰以及一阶导数特征峰进行匹配，同时采用光谱特征拟合（SFF）计算得到印经院颜料光

谱曲线与标准颜料光谱曲线的拟合值，从而实现对德格印经院木构建筑彩绘的无损鉴别（图8），以德格印经院红色颜料（图9）无损鉴别流程为例。

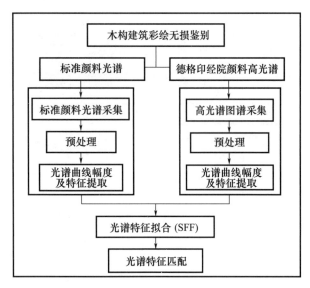

图8 德格印经院木构建筑彩绘无损鉴别数据处理流程

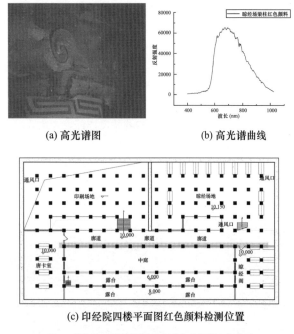

(a) 高光谱图   (b) 高光谱曲线

(c) 印经院四楼平面图红色颜料检测位置

图9 德格印经院四楼晾经场梁柱红色颜料无损鉴别

采用极差归一化（MMN）[图10（a）]对原始光谱进行线性变换；去除粒径大小、色差变化对光谱曲线幅度变化的影响。随后，为防止其他因素对颜料识别的干扰，对德格印经院木构建筑彩绘光谱曲线进行平滑滤波降噪[图10（b）]。

此外，将预处理后的晾经场梁柱红色颜料光谱与光谱库中红色颜料光谱进行光谱特征拟合（SFF），拟合值越高，鉴别出的颜料类型越精确。同时，对预处理的光谱曲线进

行一阶导数处理，提取表征光谱曲线在各波段的增减性的一阶导数特征，从而提取光谱特征峰（图11）。

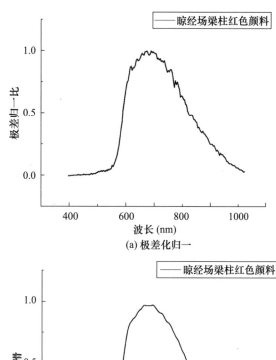

(a) 极差化归一

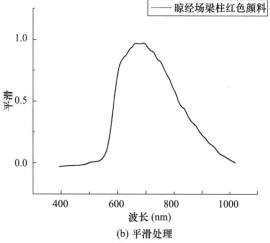

(b) 平滑处理

图10 晾经场梁柱红色颜料光谱曲线

其公式如下：

$$f'(x_0) = \lim_{\Delta x \to 0} \frac{\Delta y}{\Delta x} = \lim_{\Delta x \to 0} \frac{f(x_0 + \Delta x) - f(x_0)}{\Delta x}$$

式中，$f'(x_0)$ 为光谱曲线单调性；x 为波长（nm）。

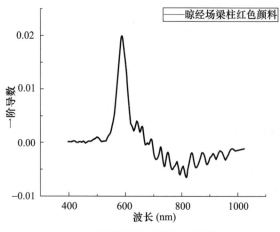

图11 晾经场梁柱红色颜料一阶导数

通过德格印经院红色颜料光谱与红色标准颜料光谱进行轮廓对比、特征峰以及一阶导数特征峰匹配，并结合光谱特征拟合值（SFF）提高颜料鉴别精确度，对德格印经院木构彩绘颜料进行无损鉴别。

4. 鉴定结果

（1）标准颜料光谱

采用 ChViewS1 光谱仪对标准颜料样品进行反射光谱曲线采集，将其存入标准颜料可见光光谱样品库中，对标准颜料光谱进行一阶导数计算获取峰值。部分标准颜料光谱反射率曲线如图 12 所示。

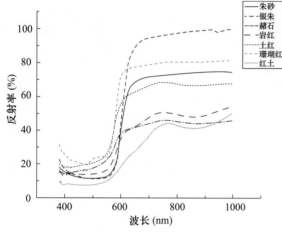

(a) 红色矿物颜料标准光谱反射率曲线

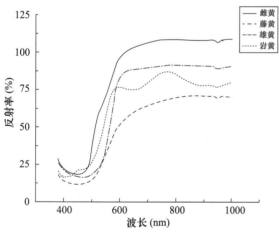

(b) 黄色矿、植物颜料标准光谱反射率曲线

图 12　部分标准颜料光谱反射率曲线

不同颜料所呈现的反射光谱曲线也有所不同。比较各种颜料光谱可知，红色颜料在 600～650nm 的光谱曲线呈现快速上升的趋势，朱砂与银朱的反射曲线没有特征峰，但在 667nm 处出现一阶导数特征峰，红土在 761nm 有明显的特征峰，岩红和赭石分别在 733nm、617nm 存在特征峰。黄色颜料在 500～600nm 的范围有快速上升的趋势，岩黄存在 590nm、754nm 的特征峰，其他颜料无明显特

征，同时采用一阶导数获取黄色颜料特征峰；绿色颜料中石绿在 524nm 存在明显峰值，巴黎绿在 530nm、665nm 存在特征峰，钴绿在 534nm 有特征峰，因此可以通过光谱曲线轮廓和特征峰对颜料进行鉴别；蓝色颜料中石青特征峰存在于 480nm 处，青金粉在 460nm、800nm 有特征峰。蛤粉、岩黑光谱特征不明显，光谱曲线呈现平缓，反射率波动呈现稳定状态。部分标准颜料特征峰及一阶导数特征峰见表 1。

表 1　部分标准颜料光谱特征峰及一阶导数特征峰　（nm）

颜色	类型	颜料	特征峰	一阶导数特征峰
红色	朱砂	矿物颜料		667
	银朱	矿物颜料		667
	赭石	矿物颜料	617	
	岩红	矿物颜料	733	
	土红	矿物颜料	740	
	珊瑚红	矿物颜料	500	632
	红土	矿物颜料	761	
黄色	雌黄	矿物颜料		625
	雄黄	矿物颜料		613
	藤黄	植物颜料		650
	镉橙	矿物颜料		600
	岩黄	矿物颜料	477、590、754	
绿色	石绿	矿物颜料	524	
	巴黎绿	矿物颜料	530、665	834
	钴绿	矿物颜料	534	
蓝色	石青	矿物颜料	480	
	青金粉	矿物颜料	460、800	
	群青	现代颜料	460、760	
白色	蛤粉	矿物颜料	—	—
黑色	岩黑	矿物颜料	—	—

此外，传统颜料与现代颜料存在光谱轮廓相似的情况，但两者 L、a、b 值存在较大差异（表 2），特征峰及一阶导数峰值也有所不同（图 13），因此可以从特征峰、色度值对两者区分。

表 2　部分现代颜料与传统矿物颜料 L、a、b 值

颜料	L	a	b
丙烯群青	28.38	8.31	-24.09
青金石	52.15	-3.8	-16.78
丙烯朱红	44.94	50.88	32.21
朱砂	41.12	28.91	18.68

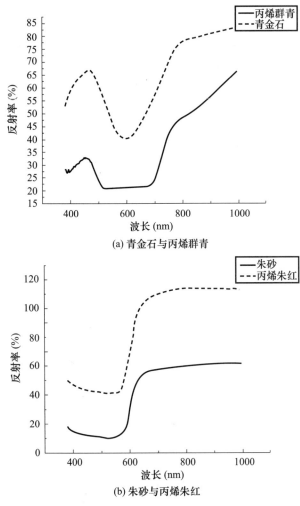

(a) 青金石与丙烯群青

(b) 朱砂与丙烯朱红

图13 部分现代颜料与传统矿物颜料反射光谱对比

（2）德格印经院建筑彩绘颜料鉴定结果

本次工作除去现场矫正，通过上述分析方法无损鉴别德格印经院木构建筑彩绘颜料使用类别。德格印经院部分木构建筑彩绘颜料出现木构件裸露情况，采集德格印经院颜料光谱中，光谱曲线反射信息不仅包括对应颜料特征，而且存在木头基底光谱特征。由于木构光谱特征影响，所有高光谱曲线在呈现颜料光谱特征后，光谱曲线都呈现反射下降趋势。

德格印经院木构建筑彩绘颜料以红色为主，蓝、绿、黄色为辅。通过印经院颜料高光谱曲线与标准颜料光谱库进行匹配，印经院木构建筑彩绘红色颜料光谱特征拟合度中珊瑚红、土红和朱砂拟合度最高，分别为0.968、0.955、0.947，但珊瑚红、土红分别在500nm、730nm处有明显的特征峰，与德格印经院木构建筑彩绘红色颜料光谱曲线不匹配，印经院木构红色颜料在520nm开始，光谱曲线呈现迅速上升趋势，在600nm时上升速度达到最大值，在667nm时出现一阶峰值，与标准颜料光谱库中朱砂光谱曲线特征一致（图14，表3），并结合实地考证德格印经院初

建时期使用朱砂颜料至今，因此确定红色传统颜料为朱砂颜料。

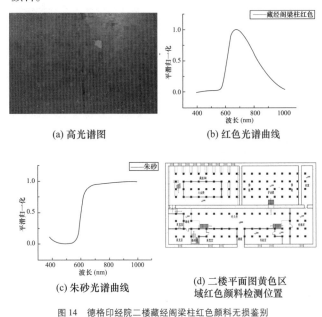

(a) 高光谱图

(b) 红色光谱曲线

(c) 朱砂光谱曲线

(d) 二楼平面图黄色区域红色颜料检测位置

图14 德格印经院二楼藏经阁梁柱红色颜料无损鉴别

表3 红色颜料光谱曲线拟合值及特征对照结果

颜色	德格颜料特征峰	标准颜料特征峰	颜料	类型	SFF
红色	667nm	667（一阶）	矿物颜料	朱砂	0.947
		500nm	矿物颜料	珊瑚红	0.968
		700nm	矿物颜料	土红	0.955

印经院蓝色颜料（图15，表4）与光谱拟合中与青金粉颜料光谱曲线拟合度为0.848，印经院蓝色颜料与标准颜料青金粉光谱匹配鉴别，青金粉在460nm、800nm处的特征峰与印经院蓝色颜料特征峰相较吻合，且与青金粉均在600nm处有较宽的吸收带，从而鉴定印经院使用青金粉颜料。

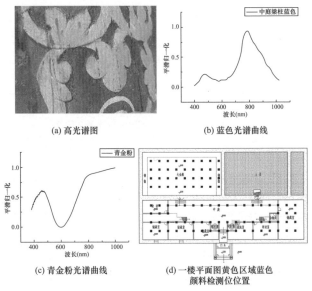

(a) 高光谱图

(b) 蓝色光谱曲线

(c) 青金粉光谱曲线

(d) 一楼平面图黄色区域蓝色颜料检测位置

图15 德格印经院一楼中庭梁柱蓝色颜料无损鉴别

表4　蓝色颜料光谱曲线拟合值及特征对照结果

颜色	德格颜料特征峰	标准颜料特征峰	颜料	类型	SFF
蓝色	471nm、800nm	480nm	石青	矿物颜料	0.905
		460nm、800nm	青金石	矿物颜料	0.848
		460nm、760nm	群青	现代颜料	0.25

印经院绿色颜料存在两种情况，分为深绿和浅绿。深绿颜料（图16，表5）与巴黎绿光谱拟合度最高达到0.867，且印经院深绿颜料在520nm、665nm处有特征峰，610nm处有个吸收带与巴黎绿标准颜料光谱特征峰基本吻合；浅绿色的特征峰在530nm处有特征峰、600nm处有个吸收带，且700～900nm处曲线趋于平缓，该区域浅绿颜料为巴黎绿加白色颜料调和而成。

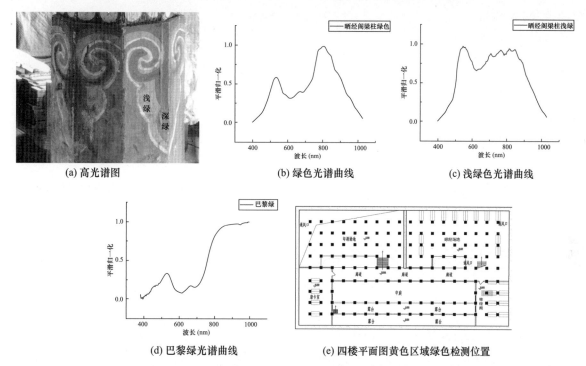

(a) 高光谱图　　(b) 绿色光谱曲线　　(c) 浅绿色光谱曲线

(d) 巴黎绿光谱曲线　　(e) 四楼平面图黄色区域绿色检测位置

图16　印经院四楼晒经阁梁柱绿色彩绘颜料无损鉴别

表5　绿色颜料光谱曲线拟合值及特征对照结果

颜色	德格颜料特征峰	标准颜料特征峰	颜料	类型	SFF
绿色	520nm、674nm、785nm	530nm、665nm、834nm（一阶）	巴黎绿	矿物颜料	0.867
		530	石绿	矿物颜料	0.866
		534	钴绿	矿物颜料	0.749

表6　黄、橙色颜料光谱曲线拟合值及特征对照结果

颜色	德格颜料特征峰	标准颜料特征峰	颜料	类型	SFF
黄色	678nm（一阶）	650nm（一阶）	藤黄	植物颜料	0.984
		625nm（一阶）	雌黄	矿物颜料	0.9
		590nm	丙烯土黄	现代颜料	0.894
橙色	700nm（一阶）	513nm（一阶）	雄黄	矿物颜料	0.952
		600nm（一阶）	镉橙	矿物颜料	0.89
		637nm（一阶）	橘黄	现代颜料	0.991

印经院黄色颜料与藤黄拟合值达到0.984，藤黄与德格彩绘黄色光谱曲线从520nm开始光谱曲线迅速上升特征相符，且藤黄与印经院黄色颜料光谱轮廓及特征峰相较吻合，初定为藤黄颜料；印经院橙色与现代颜料橘黄光谱特征在530nm呈现快速上升趋势，且光谱拟合度为0.991，因此印经院橙色颜料使用现代颜料橘黄色（表6）。

四、德格印经院木构建筑彩绘模拟复原

根据光谱识别德格印经院木构建筑彩绘不同区域颜料使用情况，在彩绘保护坚持"原真性"的基础上，采用色差仪测量鉴别的颜料的L、a、b值，对德格印经院木构建筑彩绘进行数字化复原，从而为后期保护与修复奠定基础。

针对褪色严重的木构建筑彩绘部分，以德格印经院四楼晒经场梁柱彩绘褪色部分为例（图17、图18、表7），颜料光谱鉴别结果为朱砂颜料。因此，通过色差仪对标准颜料光谱中朱砂颜料初始L、a、b值进行测量，将朱砂原有色度值通过高光谱鉴定的朱砂颜料使用范围进行朱砂初始L、a、b值色度填充，从而还原木构建筑彩绘在早期所呈现样貌。

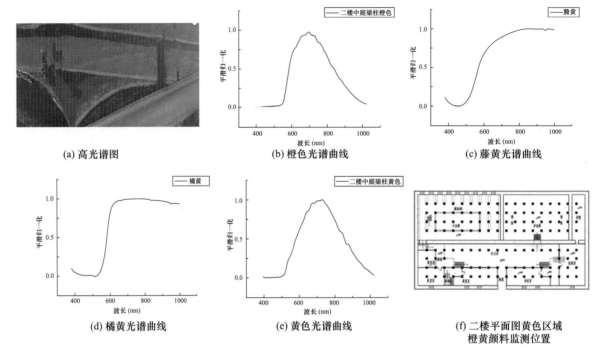

(a) 高光谱图　　(b) 橙色光谱曲线　　(c) 藤黄光谱曲线

(d) 橘黄光谱曲线　　(e) 黄色光谱曲线　　(f) 二楼平面图黄色区域橙黄颜料监测位置

图 17　印经院二楼中庭梁柱橙、黄色彩绘颜料无损鉴别

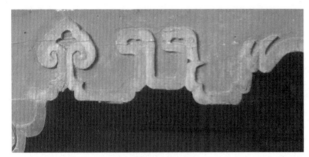

(a) 三维激光原始图　　　　　　　　　　　(b) 数字化修复图

图 18　德格印经院四楼晾经场地梁柱彩绘

表 7　德格印经院四楼梁柱红色颜料 L、a、b 值与朱砂原始 L、a、b 值

梁柱红色 L、a、b 值			朱砂原始 L、a、b 值		
L	a	b	L	a	b
37.42	18.45	9.9	41.12	28.91	18.68

对于开裂、污染等问题的彩绘部分，以四楼晒经阁梁柱彩绘污染部分进行图像复原为例（图 19，表 8），在光谱

A:绿加白
B:巴黎绿
C:朱砂

图 19　四楼晒经阁梁柱彩绘 A、B、C 区域原始图与数字化修复图

颜料鉴别过程中掌握各个颜料在彩绘图案中的使用范围，对原始彩绘颜料未受污染部分获取 L、a、b 值，对光谱鉴定范围同种颜料进行数字化修复，从而减小粒径大小、不同颜色和对色度值的影响，保持木构彩绘现存状态。

表 8　原始图片 A、B、C 区域 L、a、b 值

区域	L	a	B
A 区域	67	−23	−14
B 区域	47	−18	−7
C 区域	55	32	6

五、总结

对建筑彩绘进行前期图像的存储和颜料鉴别是建筑彩绘保护与修复的前提，无损分析可以最大限度地减小对建筑彩绘本体的伤害。通过三维激光扫描数据整合德格印经院彩绘数字图像信息资料，不仅可以对建筑彩绘现存状态

进行记录与建档，而且有助于后期保护与修复工作中对建筑不同空间彩绘存在问题进行分析。同时，采用高光谱成像技术对德格印经院木构建筑彩绘颜料进行无损鉴别，为德格印经院木构建筑彩绘保护与修复奠定了科学基础，从而推动技术创新助力高原地区传统建筑彩绘活化与修复。

参考文献

[1] 杨隽永，徐飞.扬州盐宗庙木构件彩绘的检测与保护[J].文博，2022（6）：88-95.

[2] 梁家祥，王甜，张亚旭，等.唐代苏同家族墓天王俑彩绘的光谱分析[J].光谱学与光谱分析，2023，43（1）：175-182.

[3] 王晨仰，唐鹏飞，赵晶，等.唐代彩绘陶俑中无机颜料的化学组成[J].无机化学学报，2022，38（11）：2231-2237.

[4] 金锐，任文勋，信应君，等.郑州地区仰韶文化中晚期石器表面红色彩绘的无损科技分析[J].南方文物，2021（5）：227-235.

[5] 陈冬梅，马亮亮，张献明.无损光谱技术在文物保护中的应用进展[J].光谱学与光谱分析，2023，43（2）：334-341.

[6] 麦贤敏，王晓亮，钟磊，等.三维激光扫描在文物建筑保护中的应用：以德格印经院为例[J].中国名城，2022，36（8）：21-28.

[7] 李峥嵘，徐天昊，张鹏.天津古建筑内木质彩绘保存环境研究[J].建筑节能，2014，42（10）：64-67.

[8] KANKANAMGE Y, HU Y F, SHAO X Y, et al. Application of wavelet transform in structural health monitoring [J]. Earthquake Engineering and Engineering Vibration，2020，19（2）：515-532.

[9] 路杨，吕冰，王剑斐.木构文物建筑保护监测系统的设计与实施[J].河南大学学报（自然科学版），2009，39（3）：327-330.

[10] 徐方圆，解玉林，吴来明.文物保存环境中温湿度研究[J].文物保护与考古科学，2009，21（S1）：69-75.

[11] 赵凡.四川广汉龙居寺中殿建筑热湿环境特征研究[J].文物保护与考古科学，2021，33（1）：110-117.

空间教化与意识构建
——从合院系民居在滇西北的传播看中华民族共同体意识的构建机制[1]

杨宇亮[2]　邹开泽[3]　孙松林[4]

摘　要：传统民居具有明确的社会属性，是承载民族共同体意识的重要载体。合院系民居是我国传统民居的主体，凭借天人关系、家国同构、礼制空间等要素形成教化齐同的社会基础，在向大理、丽江等滇西北地区传播过程中，通过历史契机、技术优势、地域适应等外部机制，以及文化心理、思维整合、价值重塑、情感认同等内部机制的共同塑造，促使本土民居完成了从自在之物向礼具空间的转变，成为重塑社会关系的空间载体。合院系民居是礼制空间的普遍形式，以空间教化的独特途径，积极参与了构建中华民族共同体意识的过程。

关键词：空间教化；意识构建；合院系民居；中华民族；共同体意识；滇西北

一、引言

"铸牢中华民族共同体意识"是习近平总书记在党的十九大报告中提出的重要内容，学术界从不同角度对此开展了大量研究。建筑空间是人为活动密集交往的场所，具有典型的社会属性，是塑造民族共同意识的重要方式，并在重构社会关系的进程中彰显自身的独特存在。列斐伏尔认为，空间是社会的产物。中国传统民居始终表现出显著的社会意识，也为其赋予了厚重的社会意义。合院系民居是以木构架技术为支撑，以方形院落为核心，以"坊"为基本单位围合四周，形成具有明确中轴线和等级秩序特征的居住建筑。合院系民居是我国传统民居的主体，凭借合理的建筑功能、专业化的营造活动等技术优势，在广泛传播的过程中发挥着独特的社会教化功能，使这一承载着价值观念的空间实体，在日常生活的潜移默化中传递着人伦秩序的共同意识，逐渐塑造了凝聚着共同体意识的身份认同。在合院系民居向少数民族地区的传播过程中，这一点表现得尤为明显。

对于建筑空间的教化价值而言，以往的研究主要集中于文庙[1]、宗祠[2-3]及其他公共建筑[4]，对民居的教化功能而言，以卢朗对传统民居的儒学教化功能[5]、毛巧晖等对三峡库区传统民居教化空间设计[6]、江净帆对大理喜洲白族民居的教化空间功能较有代表性[7]。总体而言，涉及民居教化功能的既有研究中，主要关注主体身份的意识塑造，对民族共同体意识的构建研究尚少。以合院系民居在少数民族地区的传播过程，探讨对中华民族共同体意识的构建机制，具有较好的学术价值。

1　国家自然科学基金项目：国土空间视野下纵向岭谷区村落人居环境优化的空间机理与方法（52168012）；国家民委民族基金项目："非典型民居"在塑造中华民族共同体意识中的作用与机制——以澜沧江流域中段为例（2020-GMB-007）。
2　云南师范大学地理学部，副教授，650500，yuli tiger@163.com.
3　云南省曲靖市第一中学教师，云南师范大学地理学部硕士研究生，655000，1807538441@qq.com。
4　西南大学园艺园林学院，副教授，400715，sungle@foxmail.com.

二、社会基础：教化齐同的丰沃土壤

《礼记·正义》云"礼者所以辨尊卑，别等级，使上不逼下，下不僭上。故云礼不逾越节度也"。要实现"辨尊卑，别等级"，需要依托具体的器物得以实现。对此，司马光阐释道："夫礼，辨贵贱，序亲疏，裁群物，制庶事。非名不著，非器不形。名以命之，器以别之，然后上下粲然有伦，此礼之大经也。"此处的"器"显然已仅非实用性的器物，而是以"名"赋予包括建筑在内的各种器物以严格的等级规定[7]，成为约束人们行为的制度力量，并演化为心理惯性。

合院式建筑在我国出现得很早，陕西岐山凤雏村的西周宗庙遗址已经是一座完整的两进四合院。合院式建筑由若干单体建筑或墙、廊围合中心庭院而成，每一院落为一"进"，若干"进"沿纵轴串联，也可沿横向组成"跨"院，这种空间组合方式与礼制约束下的思想意识和心理结构相适应，逐渐发展为最主要的民居类型。在合院系民居的建筑环境中，严整纵深的院落组合、彰显中轴的对称布局，赋予了建筑空间的主从有别、内外相辅的空间秩序，并被赋予了相应的礼仪规范，使建筑空间秩序与伦理道德秩序相呼应。

1. 天人关系

天人关系是中国哲学中的重要范畴，在天人合一的观念中，民居并非独立于个体和环境而存在，而是在与个体、环境的相互感应中沟通天地，成为接续天道和人道的重要枢纽[7]，遵循着万物一体、同气相应的基本原则，同时具有自然法则与社会法则的双重规定性，即一方面强调堂屋以坐北面南为主位，成为向阳之屋，其他建筑必须在体量与形制方面低于堂屋，以免主次不分、忤逆天地；另一方面，只有满足形态端方、秩序井然的民居，才能实现人丁兴旺、孝悌仁义的目标。因此，在天人合一的语境中，空间的礼制化实现了自然秩序与社会秩序的同构性，完成了由自然空间到社会空间、由均衡空间到等级空间的转换。民居空间由此成为维系政治伦理和社会伦理的教化载体，成为连接天道与人道的枢纽节点。

2. 家国同构

儒家认为，家与国具有内在的一致结构，即"集人而成家，集家而成国，集国而成天下"。家既是以家庭为单位的小家，又是以天下为家的大家。在"天下为庐"的观念中，以斗室之居喻为天下，从而构建起家国一体的空间伦理观。而"礼"就是贯穿家庭、宗族和国家的重要线索。《左传》曰："礼，经国家、定社稷、序民人、利后嗣者也。"在此观念中，要做国家的"忠顺"之臣，必先成为家

中"孝悌"子孙，家庭教化就是国家教化的一部分。而家所对应的具体的物质环境就是民居建筑，通过在民居空间中对日常行为加以潜移默化的规范，最终使大众在社会习俗中形成稳定的群体心理习惯，心理习惯又反过来固化了隐含于建筑空间中的伦理意识。

3. 礼制空间

（1）合坊成居

坊是构成合院系民居的基本单位，每一坊多为三开间的房屋，若干坊围合一个中心院落，成为完整的居住单元，四合院就是典型的四坊围合的合院系民居。合院系民居适应性强，功能合理，在各地衍生出许多变体。无论采用哪种围合布局，"合"都是最基本的主题，是礼制教化的前提。合院系民居具有显著的封闭特征，从而将家族内外进行界分，达到强化内向性、增强成员内部的认同感的目的，也迎合了儒家的家族理想与社会理想对于"合"的追求。《荀子·富国》中提出"群居合一"的观点，"人之生不能无群"，对于群居带来的个体关系处置，则应"明分使群"，即以"礼"的原则明确个体在群中的地位，达到"礼至则无争"的效果。对一个家族而言，"群居合一"就意味着聚族敬宗，也意味着以"合坊成居"的建筑语言形成家族为基本单位的群，形成协调合院内部人际联系的组织原则。

（2）居中就势

河图洛书以居中数"五"为"天地之中数"，居中即为"天位"，即尊贵之位，君子营宅须"居中不倚"，即为"中数""天位"的延伸意义。梁思成认为，中国传统建筑"最注重者，乃主要中线之成立。一切组织均根据中线以发展，其布置秩序均为左右分立，适于礼仪之庄严场合"[8]，伊东忠太对此也有细腻的观察，"然如住宅，以生活上实用为主者，则渐此进步发达，普通多用不规则之平面。中国住宅，至今尤保太古以来左右均齐之势为配置，诚天下之奇迹也"[9]。居中就势、轴线对称本是礼制建筑的原则，也被移植至合院系民居中，历久不易。

"中"是儒家推崇的重要观念。《礼记·中庸》云"中也者，天下之大本也；和也者，天下之达道也。致中和，天地位焉，万物育焉"。朱熹曰"中者，不偏不倚，无过不及之名"。一切无所偏执，以中为恰到好处，是儒家孜孜以求的境界。以"中"为贵的建筑语言就是以中轴线控制空间，主要建筑位于中轴线，两厢造势对称，形成主次分明、居中为尊的空间秩序与伦理精神。

（3）正位定序

"礼者，天地之序也。"在现实生活中，建筑方位是排定秩序的重要方式。中国自古以坐北面南的方位为尊，合院系建筑多以此方位立正厅，正厅的开间进深尺寸、高度、用材、装饰、台基等均高于其他方位的房屋。正房多为三开间，居中一间为堂屋，堂屋家具对称摆设，或为香案，

或为佛龛，或为八仙桌等，多用于祭祀、庆典、招待等，是典型的礼仪型空间。当不同方位的房屋被赋予不同等级的伦理色彩之后，空间的主人也被赋予了不同的等级意义。堂屋两侧的侧间多为长辈居住，而晚辈居于东西两厢，处于辅弼之位。拉普卜特说"在所有的文化中，物质对象和人工物都被用来组织社会联系，而且编码于人工物中的信息，被用作社会标志，并用作人际交流的必然组织"[10]。合院系民居正是通过空间方位的礼仪秩序，使人们辨明自己的身份，履行"忠顺""孝悌"的伦理责任。

（4）方直端肃

合院系民居布局规整，虽然不排除因应环境的灵活调整，但形态端方、线条平直确为合院系民居的共性。《周易》云"地势坤，君子以厚德载物"，"坤"即与"乾"对应的"地"，"天圆地方"的观念反映到建筑中，即以方形母题回应对地的象征[11]，也是对君子品行的期待。江净帆认为，"方"的观念还是一种对"地道"的认识与尊崇。《淮南子天文训》云"天道曰圆，地道曰方"，地道有直、方、大的特征，方可广生万物。合院系民居的基址多取方形，也有秉持"地道"，以"方""直"作为修身标准之意。

三、传播过程：自在之物的礼具转变

中原地区的合院系民居以黄河流域为中心，西周时期的陕西岐山凤雏村遗址已有迄今发现最早的合院系民居遗迹。两汉时期，合院系民居已基本定型，其布局原则自此沿用两千余年。随着汉文化的拓展与交融，合院系民居凭借技术与观念的相对高位，逐渐成为我国传统民居中的主角，附着在物质空间上的观念系统也不断得到强化与体系化。随着形态方正、合坊围合的物质空间与教化齐同的观念空间同步被接受，合院系民居始终在物质与非物质双重层面发挥着示范与导向的重要作用。

云南地方民居历史悠久。从考古发现中可见，半穴居、木骨泥墙房屋是最早的民居建筑。剑川海门口遗址则是大规模"干栏系"民居的遗构；用原木经过简单加工累叠为墙体、砍劈木板覆盖坡屋顶形成"井干系"民居，在大范围内得以普及而延续至今；以夯土或土坯为墙、以平屋顶为特征的"邛笼系"民居也是云南民居的一大类型。这些源自云南本土的民居类型，具有材料天然、工艺朴拙、实用性强、风格粗犷等特点。另外，凸显本土色彩的民居多少有"原初空间"的意味，反映出先民对环绕自身外在空间的理解尚处于混沌状态[12]，民居均有一定的宗教意念投影，神灵信仰观念因此被固化于在建筑空间中，使神的宇宙被幻化为人的居所，实现了民居与宇宙的相互渗透。以火塘为崇拜中心组织室内空间，在多民族的民居中普遍存在，至今仍有遗留，以万物有灵崇拜、巫觋崇拜为基础的

建房禁忌，都是此观念的典型反映。应该说，无论是技术层面，还是"超自然力"的观念，都反映出本土民居的"自在之物"属性。

考古资料证实，迟至东汉，大理、保山等地已出现具有中原建筑特点的斗拱形制的瓦房，足见来自汉文化的影响源远流长。唐宋时期，南诏、大理接受中央王朝的封号，保持着臣属外藩关系，云南与中原的交流日益加强。南诏、大理均十分推崇儒学，唐贞元年间，剑南节度使韦皋曾在成都办了一所专供南诏贵族子弟学习汉文化的学校，延续50年，学生累千余计。大理国王有年号为"文德""明圣""孝义"等，儒家道德伦理的影响可见一斑[7]。随着南诏、大理国经济文化的发展，本土原生的建筑技术已不能满足新建都城、宫殿、苑囿的需要，中原的建筑理念与技术被大量引入云南，深刻影响了本土民居。

合院系民居在滇西北的传播以大理与丽江为代表。随着大理地区与中原的持续接触，本土文化开始向位势较高的中原文化倾斜，"悉仿中原"的汉式建筑对大理古代建筑的汉化现象，古书多有记载：唐代樊绰于《蛮书》云"云南城……城池郭邑皆借如汉制""凡人家所居，皆依傍四山，上栋下宇，悉与汉同，惟东西南北，不取周正耳"；明郑颙记述"白人，居屋多为回檐，如殿制……"；明代李元阳称"民居皆四合瓦屋"，而隐身于合院系民居中的伦理观念也在社会中蔚然成风。南诏、大理建筑的特别价值在于冲破本土文化的封闭，勇于吸收中原建筑的经验并与自身需要结合，开启了本土建筑汉化的历史潮流[13]。元朝在云南设置行省之后，大力推行儒学教化，文庙与庙学蔚为兴盛。随着明清"改土归流"政策的实施，以及持续入滇的汉族影响，合院系民居开始在云南逐渐生根，形成合院系民居地方化、地方民居合院化的双重趋向。

丽江与大理相邻，受到汉文化的影响晚于大理。徐霞客初至丽江时，民居"多板屋茅房"[14]，头目居瓦房。而乾隆八年（1743年）的《丽江府志略》提及，改土归流前，丽江"惟土官廨舍用瓦，余皆板屋"；此外，井干式的木楞房在丽江地区一直广泛存在。这些民居均以火塘为核心空间，其源起具有明显的宗教色彩，是纳西族保留氐羌系游牧生活的遗俗，具有明显的"自然化"痕迹。自明代起，木氏土司与中央王朝关系紧密，忠孝观念成为木氏权力的合法性来源，推崇忠孝的家庭伦理成为当时的主导意识形态。在改土归流之后，流官在丽江普及办学，通过制度化的教育系统传播儒家思想，强化了忠孝观念，成为官方、民间均高度认同的主导价值。合院系民居在此背景下得以在民众中流行，由建筑中轴线确立的正房堂屋成为核心空间，功能多为起居招待并供奉祖先牌位[15]，具有明显的礼仪功能。

合院系民居在传播过程中凭借其自身的功能与技术优势形成榜样力量，并在与本土建筑并行的比较中逐渐展露

出真正的优越性，从而在需求中变得不可缺少，表现出在尊重民族情感层面的平等与真诚。随着儒学在边疆的传播，以适应自然环境、遵循魅惑秩序的原生地方民居，逐渐让位于以强调现实人生、遵循人伦秩序的合院系民居。在此技术化与世俗化的进程中，完成了"车服旌旗、宫室饮食，礼之具也"的蜕变，大理、丽江的本土民居逐渐完成了从"自在之物"向"礼具空间"的转变，成为礼制空间的最普遍形式。

四、内外机制：双重途径的共同塑造

1. 外部机制

通过具有广泛社会基础的普遍活动，将本属不同群体的人纳入共同关注的活动中，并在此过程中达成行为与观念层面的共识，是铸牢共同体意识的外部机制。合院系民居正是以汉族入滇、改土归流的历史契机，凭借民居在技术层面与观念层面的相对高位，在中央王朝的边疆得到广泛认同与迅速传播，成为文化交流的重要物质载体，在社会群体之间及其与官方之间，达成高度契合的公共价值。在此意义上，合院系民居的传播过程就是社会意识整合的过程。

（1）历史契机

云南地处边疆，但与内地的联系一直非常紧密。早在"庄蹻入滇"之前，云南即与内地有所往来，但进入云南的汉族始终为数不多。明洪武年间，开始在云南大规模屯田，汉族自此大规模进入云南。据郝正治研究，明初云南人口不超过三百万，其中仅军屯人员及其家属有七十万至八十万，再加上民屯与商屯，移入云南的汉族约有百万之巨[16]。大理地区自然条件优越，在洱海流域以南的弥渡、祥云等地，就有大量屯垦军民留驻，汉族迅速成为当地主体民族。另外，经过明清两朝的改土归流，大部分少数民族聚居区发生了政治与经济制度的重大变革，文庙等官方教育机构得以普遍兴建，为中原王朝的广泛认同提供了丰厚的土壤。

（2）技术优势

合院系民居的技术核心是以木框架结构为主的木作技艺。该结构体系成熟很早，在岁月累积中形成一整套完整的专业技术规范，通过工匠的传承形成了以人为核心的匠作体系，演变为制度化的营造方式。合院系民居的空间分区明确，功能完善，灵活性强，耐久性好，并以雕刻、彩画等手法丰富艺术表现，富含以人现实生活为导向的实用性精神。这些相对优势，使少数民族也乐于主动向汉民族学习，吸收并自觉融合合院系民居的技术与文化。在与中原文化的长期交流中，产生了以大理剑川、丽江九河等为代表的滇西北匠作群体，其不仅很好地掌握了合院系民居匠作体系的专业性技术，而且在结构体系上和榫卯技艺上

多有创新。

（3）地域适应

随着合院系民居的传播，大理、丽江的合院系民居也发展出地域性特征。

云南纬度较低而地形变化较大，坐北面南的朝向增加日照的需求并不强烈，合院系民居多顺应地形，采用正房居高作为主朝向，例如大理的坝区西靠苍山、东向洱海，西高东低的整体环境使这里的民居以坐西面东为主朝向。与中原相比，云南大部分地区气候温和，得天独厚的气候条件使民众偏好户外活动，民居中的院落空间受到青睐，夏日纳凉、冬日取暖等日常活动均离不开院落，院落中的铺地与装饰也分外讲究。位于室内外之间的檐廊成为房屋与院落间重要的过渡空间。檐廊既有室外空间的通透性，又可免于雨打日晒，兼具交通、起居、会客、进餐等多种功能，尺度宽大，成为云南合院系民居的重要特征。

大理白族的合院系民居是云南本土建筑最早走向汉化的代表，其特色体现在技术和艺术层面。就前者而言，本地工匠基于中原经验的榫卯创造了木锁工艺，强化了木构件在节点处的连锁效应，大大优化了木结构的抗震性能；就后者而言，白族工匠创造出极为丰富的建筑装饰语言，如在照壁上多以四字题写鲜明的教化主题，如"清白传家""廉吏家声""修身齐家"等，在日常生活中施以教化。

丽江的合院系民居的建造经验在建筑布局和技术上接近大理，但风格融合了藏、白、汉等多民族的智慧，是多元文化的共生体。丽江民居下围带收分的土坯石墙上围木门窗和箱板相结合的幕墙，上下之间、材料之间质感色彩的对比，颇为鲜明而独特[13]。

2. 内部机制

历史契机、技术优势、地域适应是合院系民居得以传播的外部条件，而心理认同才是个体观念与行为的根基。共同体意识正是在文化心理、思维整合、情感共鸣等要素的作用机制下，达成对共同价值的广泛认可。在中原王朝的社会体制、政治伦理和儒家礼教的长期熏陶下，不同社会族群在整体上呈现出较为一致的趋向，也引导了个体层面的道德走向大致相同的方向。

（1）文化心理

文化心理是影响个体观念与行为的底层逻辑与持久因素，是特定文化中内隐于个体的文化和心理基底。文化心理超然于个体存在，却能对个体的思维、情感、行为和审美产生巨大影响。

在中国传统社会中，人正是在天人关系、族群关系、群己关系之中建构起来的[17]。礼就是将社会关系秩序化的核心，规范着个人与国家、个人与家庭、个人与社会三方面关系。桑德尔认为，个人是由社群所造就的，先有社群，社群造就了个体。民居不仅是一种物理空间，而且是一种

个人与社会关系的空间投影。中国文化有一种"敬鬼神而远之"的人文传统，合院系民居也熏染上厚重的人文色彩。无论是强调"合"的空间语言，还是以"中"为贵的空间结构，均以强烈的实用理性导向，强调族群关系与群己关系。而云南本土民居多有将自身居所幻化为信仰载体的倾向，如藏族民居中的火塘就是这一神性思维的遗存，对居所的认识还停留在天人关系的框架中。相比而言，合院系民居强调的现实生活价值观，无疑是自我意识的重大觉醒。这种觉醒高度重视伦常规范与道德教化，强调以"求善重德"为旨趣的"伦理型文化"，将伦理固化为空间模式，使合院系民居在观念层面成为中华民族文化心理的缩影。

（2）思维整合

合院系民居带有群体思维的倾向，以聚居方式宣示群体记忆和生活意义。在日常化的居住活动中，正房的朝向与空间秩序、两厢方位与人伦意向、院落被各坊围合的空间感、照壁在"夸饰"中强调的主题等，组合成为一整套象征性的符号系统，营造出一种与空间环境交融的组合秩序，形成认知外界的思维方式。在此意义上，合院系民居可视为一个空间化的伦理模型，具有极强的兼容性，凭借技术与观念优势吸纳其他的认知方式，成为社会性思维。

"这种社会性的思维方式对于个体来说就构成一种文化背景而具有先在性，成为一种'集体意识'，甚至成为一种'集体无意识'，自觉或不自觉地支配着与制约着个体的思维活动。"[18] 合院系民居的观念以儒学为核心，基于日常经验的自明性，将"忠""孝""悌""仁""义"等属于"礼"范畴的价值观念，通过人的身心体验建立稳定而牢固的联系，并在日常的聚居活动中获得深刻的体验。儒学主张在"修齐治平"的过程中完善人格，达到人道与天道合一的境界。在合院系民居中，具有集体无意识特征的教化无处不在，使日常起居成为弥漫着道德教化的空间体验，足以营造出其他文化难以达到的意会情境。

（3）价值重塑

尤瓦尔·赫拉利认为，人类的先祖正是通过建构共同的价值观念而完成认知革命，并衍生出与之匹配的诸多行为模式[19]。价值观念看似虚无缥缈，却足以对社会存在产生难以想象的深刻影响，人类社会正是在价值这一稳固的内部整合力量的黏合下实现有机协作，产生巨大的凝聚力，在大尺度的时空范畴中形成稳定秩序。

与中原王朝相比，滇西北少数民族的社会发育程度相对滞后，将人视为魅惑世界一员的观念有相当影响。合院系民居得以广泛接受，是对人本核心价值观的深层体认，人们在合院的居住环境中形成知礼守礼的日常习惯，以明礼的标准使行为审慎庄重，外显出真、善、美的价值向度。在包括空间属性的教化作用的持续塑造下，强化伦理价值的社会反馈开始形成，如大理地区的科举发达，文风鼎盛，更偏远的丽江也走出了方国瑜等历史大家，隐含于合院系

民居的价值重塑作用不可忽视。

（4）情感认同

人的情感结构高度复杂，并与生活紧密关联。人类的感官本具有天生共通的情感基础，当一个强调教化的空间成为日常生活与人际交往中无所不在的氛围时，观念就总是伴随着情感在人际交往中被不断唤起。如前述，我国最古老的合院式建筑源自宗庙，《礼记·檀弓下》云："社稷宗庙之中，未施敬于民而民敬"，即宗庙的环境氛围即便未教导民众要肃穆，民众却自然表现出肃穆的情感。这种情感随着合院系建筑空间的同构性而传承至合院系民居中，并逐渐被赋予了空间的仪式化特征。涂尔干认为，仪式是社会信仰的聚合手段，足以持续唤起人们的情感，以获得精神上的慰藉[20]。在蕴藏着仪式性日常生活的教化空间中，通过文化心理的思维整合与价值重塑过程，使源自不同个体的情感逐渐形成相似的价值认知，成为共同情感的内在凝结剂，并具有相当的稳定性，最终使分属不同民族的源头得以形成共同价值观意识，并逐渐形成有力的纽带，引发的共情加强了彼此认同，形成中华民族共同体中休戚与共的命运感与凝聚力。

五、 结语

合院系民居是一种特殊的社会意识整合形式，它通过与生俱来的伦理基因，形成教化齐同的礼制空间，凭借其技术优势在滇西北的传播过程中，深刻改变了尚处于"自在之物"阶段的地方民居，使其在营建技艺与观念层面转向"礼"所主导的社会规范。

随着合院系民居在大理、丽江地区日益被广泛接受，空间的仪式化倾向越来越明显，合院系民居成为礼制空间的最普遍形式。在日常起居中，合院系民居成为重塑个体与群体、群体与群体关系的空间载体，促使社会主流价值观的形成，进而成为承载中华民族共同体意识的物质与精神枢纽。合院系民居正是以空间教化的独特途径，传递着深层的文化认同与心理认同，在个体与群体的日常生活中积淀为厚重的多民族国家认同，积极参与了构建中华民族共同体意识的过程。

参考文献

[1] 王坦，申国昌．空间生产理论视角下文庙的教化意蕴及当代启示［J］．西南民族大学学报（人文社会科学版），2021，42（4）：216-222．

[2] 吴祖鲲，王慧姝．宗祠文化的社会教化功能和社会治理逻辑［J］．吉林大学社会科学学报，2014，54（4）：155-162．

[3] 杨军昌，杨蕴希．清水江流域少数民族宗祠文化与民族社会教育发微［J］．西南民族大学学报（人文社会

科学版），2016，37（11）：50-56.

［4］陈春娇，李孟．明代亭建筑的乡村社会教化及其启示：以旌善亭的儒家道德劝诫为例［J］．华中建筑，2021，39（3）：115-120.

［5］卢朗．传统民居建筑的儒学教化功能探析：以洞庭东、西山传统民居为例［J］．苏州大学学报（哲学社会科学版），2015，36（6）：173-179.

［6］毛巧晖，刘俸伶．三峡库区传统民居教化空间设计考［J］．装饰，2020（3）：138-139.

［7］江净帆．空间之融：喜洲白族传统民居的教化功能研究［M］．桂林：广西师范大学出版社，2011.

［8］梁思成．中国建筑史［M］．上海：生活·读书·新知三联书店，2011.

［9］伊东忠太．中国建筑史［M］．陈清泉，译．上海：商务印书馆，1937.

［10］阿摩斯·拉普卜特．建成环境的意义：非言语表达方法［M］．黄兰谷，等译．北京：中国建筑工业出版社，2003.

［11］蒋高宸．建水古城的历史记忆：起源·功能·象征

［M］．北京：科学出版社，2001.

［12］王贵祥．东西方建筑空间：传统中国与中世纪西方建筑的文化阐释［M］．天津：百花文艺出版社，2006.

［13］蒋高宸，杨大禹，吕彪，等．云南民族住屋文化［G］．昆明：云南大学出版社，1997.

［14］徐弘祖．徐霞客［M］．上海：上海古籍出版社，2010.

［15］潘曦．纳西族乡土建筑建造范式［M］．北京：清华大学出版社，2015.

［16］郝正治．汉族移民入滇史话：南京柳树湾高石坎［M］．昆明：云南大学出版社，1998.

［17］张鲲．论传统祭祀铸牢中华民族共同体意识的机制［J］．广西民族研究，2021（1）：47-56.

［18］高晨阳．中国传统思维方式研究［M］．济南：山东大学出版社，1994.

［19］尤瓦尔·赫拉利．人类简史：从动物到上帝［M］．林俊宏，译．北京：中信出版社，2016.

［20］爱弥尔·涂尔干．宗教生活的基本形式［M］．渠东，汲喆，译．上海：商务印书馆，2011.

多元一体的伊犁传统建筑景观研究[1]

李　江[2]　李　克[3]　韦承君[4]

摘　要：伊犁地区位于祖国西部边陲，清乾隆平定准噶尔后，从全国范围内迁徙大量不同民族至伊犁驻防屯垦，实现了边疆的安全稳定与各族群众的并肩发展，形成了休戚与共的民族共同体。各民族传统建筑在组群布局、营造做法、外檐装饰等方面呈现出不同民族多元一体的显著特征，见证了各族人民共同开拓边疆所形成相互交融的社会整体，对于"铸牢中华民族共同体意识"具有重要研究价值。

关键词：伊犁地区；多元一体；传统建筑；相互交融

一、　研究综述

伊犁东距海洋三千余千米，深处亚欧大陆腹地。本地山脉纵横，河流众多，气候湿润，具有着较为优越的自然环境，是亚欧腹地干旱荒漠区中的一片绿洲（图1）。历史上曾有塞人、大月氏、乌孙、匈奴、柔然、回鹘、突厥、蒙古等民族部落在此生活[1]。清乾隆平定准噶尔部后，清朝在伊犁进行了大规模的驻防屯垦，从多地迁来大量兵民驻扎于此，形成了伊犁多元民族大杂居、小聚居的分布特征。各民族不同的建筑风格，在长期的交往交流交融过程中，受到伊犁相同自然环境和中原文化的显著影响，其建筑形式与营造做法则具有高度的相似性，形成了伊犁多元统一的建筑景观。

19世纪下半叶至20世纪初，外国研究者即对中亚等地区产生了浓厚的兴趣，在伊犁地区进行了大量考察，从伊犁地区的地质地形、政治军事、民生经济、少数民族、风土、宗教、建筑等各方面进行了调查。《马达汉西域考察日记》[2]中提到"惠远城是我看到过的最整洁、最美丽的中国

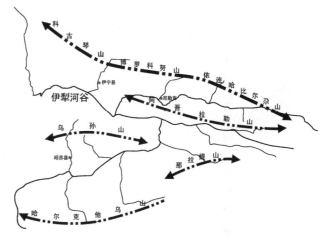

图1　伊犁地形示意图

城市。城市设计得很好，笔直的街道宽敞而漂亮"。《伊犁纪行》[3]中对当时新疆的地势、风土、居民、风俗、宗教等进行了翔实的记述。《1910，莫理循中国西北行》[4]中记录了伊犁20世纪初期的建筑、人文景象，如伊犁鼓楼（拜图拉清真寺宣礼塔）、绥定新城鼓楼（惠远新城鼓楼）（图2）

1　教育部人文社会科学研究规划基金项目"多元民族集中驻防下的伊犁河谷军屯聚落共同体研究"（项目批准号：22YJAZH047）。
2　北京工业大学历史建筑保护工程技术研究中心，100124，waxheart_ 325@163. com。
3　北京工业大学城市建设学部，100124，m15201684712@163. com。
4　北京市政总院有限公司，100080，286134231@qq. com。

伊犁客栈

绥定新城主楼

华俄道胜洋行

伊犁鼓楼

绥定城内金顺将军祠

绥定城内景象

图2　1910年伊犁传统建筑照片

（资料来源：莫理循摄）

等。这些珍贵资料对了解伊犁当时的传统建筑风貌提供了真实的史料依据。

　　以往关于伊犁传统建筑的专项研究，由于伊犁巨大地理跨度的限制，以及西部经济、科技、文化方面的自身限制，研究深度和广度都远远不够，研究工作多限于一般考察或局部研究，缺乏多元民族建筑的整体性研究。与北方官式建筑、新疆伊斯兰教建筑和其他地域建筑的研究进展相比，研究差距显著。《新疆维吾尔自治区第三次全国文物普查成果集成：伊犁哈萨克自治州（直属县市）卷》[5]对考古发现的伊犁古代城市遗址的位置、规模进行研究。魏长洪的《伊犁九城的兴衰》[6]对伊犁九城的规模、结构、布

局、职能、变迁等方面进行阐述。在建筑方面，刘元春的《靖远寺及其历史作用——关于寺庙建筑与民族文化的思考》[7]对靖远寺建造历史进行了简要叙述，分析了锡伯族民族文化意义与价值。内玛才让的《新疆藏传佛教名刹圣佑庙研究》[8]对圣佑庙的文化、历史、建筑形式、装饰特性等方面进行考察与研究。纳森巴雅尔、乌云其木格的《清代伊犁藏传佛教寺院普化寺论述》[9]从文献中梳理普化寺的建造过程、选址变迁、管理制度。李群的《重解麻扎文化的图形语意——读吐虎鲁克·铁木尔汗之墓》[10]对秃黑鲁·帖木儿麻扎的历史及装饰进行了阐述。由此可见，学者针对伊犁传统建筑整体性研究不足，本文在多元民族驻防屯

垦的时空语境下，将伊犁丰富多彩的传统建筑及其形成的多元统一建筑景观作为研究方向，十分契合伊犁传统建筑的重点研究趋势。

二、 各民族迁徙驻屯情况

伊犁现存传统建筑绝大部分建于清代，它们与当时大量民族迁徙于此进行驻扎屯垦有着非常密切的关系。伊犁地区归入清朝版图后，土地广阔但人口稀少。考虑到"伊犁及回部，非久成内地之巴里坤、哈密可比，即需驻兵屯田"[11]，清朝在伊犁施行了一系列驻扎屯垦政策，迁徙其他地区人口，弥补边防空虚，即从南疆、东北、甘肃、中原等多地迁徙了不同民族的人口前往伊犁驻屯。迁徙人口主要来自绿营兵、南疆维吾尔族农民、内地百姓、八旗官兵，以及流放犯人等。不同类型的迁徙人口也形成了多种驻屯形式，主要有兵屯、旗屯、户屯、回屯、犯屯以及游牧、渔猎等驻防形式（表1）。

表1 清代伊犁主要民族分布表

民族	屯垦方式	分布区域
汉族	兵屯、户屯	绥定城、宁远城、塔勒奇城、熙春城、瞻德城、广仁城、拱宸城一带（霍城县、霍尔果斯市以及伊宁市境内）
回族	兵屯、户屯	绥定城、宁远城、塔勒奇城、熙春城、瞻德城、广仁城、拱宸城一带（霍城县、霍尔果斯市以及伊宁市境内）
维吾尔族	回屯	宁远城（伊宁市）
锡伯族	旗屯（锡伯营）	察哈查尔（察布查尔县）
满族	旗屯（满营）	惠宁城、惠远城一带
蒙古族	游牧（厄鲁特营、察哈尔营）	昭苏、特克斯以及博尔塔拉河流域
鄂温克族、达斡尔族	渔猎（索伦营）	拱宸城及霍尔果斯河东西两岸
哈萨克族	游牧	昭苏、新源县周边水草茂盛的山区

资料来源：根据鲁靖康《清代伊犁屯垦研究》绘制。

汉族、回族是兵屯和户屯的主要力量，分布在绥定城、宁远城、塔勒奇城、熙春城、瞻德城、广仁城、拱宸城一带，即今天的霍城县、霍尔果斯市和伊宁市区域内。从南疆迁来的维吾尔族人擅长耕种，在伊犁进行回屯。主要分布在宁远城及附近地区，即今天的伊宁市。从盛京（今沈阳）西迁至此的锡伯族，属于旗屯的锡伯营，主要分布在察布查尔地区。满族主要驻扎在惠远城和惠宁城，即今天的惠远古城周边与伊宁市巴彦岱周边。蒙古族所属的厄鲁特营和察哈尔营，主要分布在昭苏、特克斯以及博尔塔拉河流域等地游牧驻防。其他民族如索伦营的鄂温克族、达

斡尔族主要分布在拱宸城及霍尔果斯河东西两侧。哈萨克族多集中在水草丰沛的山区，如昭苏、新源等地（图3）。

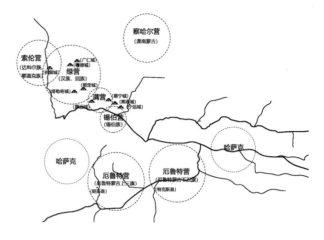

图3 清代伊犁地区主要民族分布示意图

三、 丰富多彩的传统建筑

随着伊犁社会的逐步稳定，迁徙至此的各族人民进行了大量的建设活动，产生了各具特色的建筑类型，如维吾尔族的麻扎、回族的清真寺、锡伯族的牛录关帝庙、蒙古族的藏传佛教寺庙等，形成了伊犁类型多样、丰富多彩的传统建筑构成特色。

速檀·歪思汗是东察合台汗国的一位汗王，1418年举众由吉木萨尔境内的别失八里西迁，将东察合台汗国的都城定在亦力把里城。1428年，歪思汗被安葬于博尔博松河畔。至清光绪二年（1876年），在今天的伊宁县麻扎乡协合买里村重建其麻扎（图4）。

图4 速檀·歪思汗麻扎

速檀·歪思汗麻扎，是一个四重檐八角攒尖顶建筑，下三层为方形屋面，最上层为八边形。麻扎平面呈方形，周围一圈围廊，廊柱细长，面阔三开间（不算围廊），进深三开间（不算围廊），内部均匀地分布着4根高大粗硕的金柱，正中放置砖石砌成的棺椁（图5）。

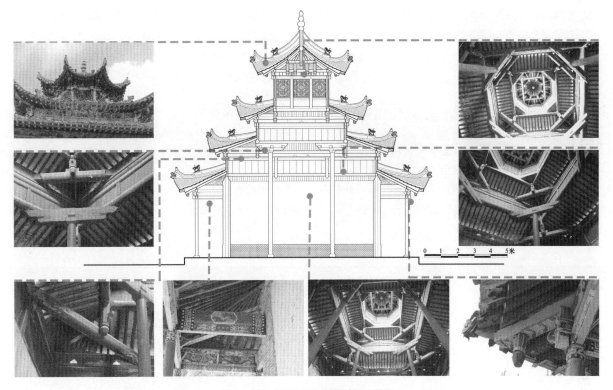

图5 速檀·歪思汗麻扎内部梁架空间结构

伊宁陕西回族大寺又称为"宁固寺",坐落于伊宁市区,始建于乾隆十六年(1751年),由当地回族自行建造,后来为满足不断增加的回族民众的宗教需求,乾隆二十五年(1760年),百姓集资并从内地请工匠进行扩建,乾隆二十七年(1762年)建宁远城,大寺也因宁远城而取名为宁固寺。乾隆二十五年(1760年)至四十六年(1781年),大寺共扩建过两次,形成现在的规模。清末大批难民逃至伊犁,由于来自陕西的回族日益增多,因此又被称为伊宁陕西回族大寺。

伊宁陕西回族大寺的礼拜大殿平面呈"凸"字形,周边有一圈外廊,面阔七开间,进深40米,室内空间分为前后两部分,前半部分的长方形空间为礼拜场所,室内的金柱两两前后并排设置,两面山墙上开有门窗。后半部分是一个四层攒尖顶的八角楼阁,圣龛嵌在楼阁一层的墙面上。楼阁下两层平面呈方形,上面两层平面呈八边形,逐层收分高耸挺拔,是整个寺庙的制高点(图6)。

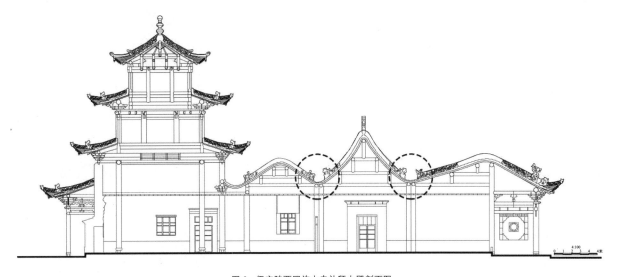

图6 伊宁陕西回族大寺礼拜大殿剖面图
(资料来源:根据《中国民族建筑》(第二卷)改绘)

大殿前殿相对于后窑殿较为低矮,屋顶由三部分组成,两 个卷棚加一个硬山屋面形成勾连搭,山花落在山墙正上方,檐部相连，融为一体（图7）。勾连搭的做法解决了由于进深过长，屋顶过于庞大的问题，建筑侧立面具有优美的轮廓。

图7　伊宁陕西回族大寺礼拜大殿勾连搭屋顶

锡伯族的每个牛录都建有一处祠庙建筑群，包括关帝庙、娘娘庙等，一般位于牛录的东北角[12]。清初《三国演义》在满洲贵族之间风靡。早在锡伯族人西迁之前，人们就将关帝信仰融进本民族的信仰体系之中。西迁之后，各牛录陆续修建关帝庙，希望保佑锡伯兵民戍边安全。

伊犁察布查尔的八个牛录都建有各自的关帝庙，清同治回民起义期间，许多关帝庙受到破坏，到了清光绪年间进行大规模重修（表2）。这些关帝庙的做法有着相同的特点。在建筑布局方面，大多数关帝庙的布局形制遵循传统寺院沿南北方向中轴线对称布置。砖木结构，面积在几十到一百多平米不等，墙上多绘有民间故事壁画进行装饰。

表2　锡伯族八个牛录关帝庙统计表

牛录名称及建造时间	整体布局	大殿建筑特征	现存状况	图片
一牛录（乌珠牛录）清道光七年（1827年）	坐北朝南；照壁、山门、东西配殿、大殿	东西长10米；南北长9.6米；建筑面积96平方米；三开间；砖木结构	仅存大殿的大木构架	
二牛录（寨牛录）	缺少资料			
三牛录（依拉齐牛录）清嘉庆五年（1800年）	坐南朝北；照壁、山门、东西配殿、忠义楼、巴尔扎庙	南北长14.85米；东西长10.5米；建筑面积156平方米；砖木结构；大殿屋梁有彩绘；屋顶采用勾连搭形式，前为卷棚顶，后为硬山顶	仅存大殿	
四牛录（堆齐牛录）	无遗迹　中华人民共和国成立初期被毁			
五牛录（孙扎齐牛录）清光绪十八年（1892年）	坐北朝南；照壁、山门、大殿、钟鼓楼、东西配殿	台基高2.5米；面积150平方米；大殿屋顶采用勾连搭形式，由前后两部分组成，前为卷棚顶，后为硬山顶；砖木结构；殿内绘有壁画	仅存大殿	

续表

牛录名称及建造时间	整体布局	大殿建筑特征	现存状况	图片
六牛录（宁古齐牛录） 清道光年间		无遗迹 中华人民共和国成立初期被毁		
七牛录（纳达齐牛录） 清光绪三十三年 （1907年）	坐北朝南	南北长10.4米；东西长9.4米；建筑面积97.7平方米；有前廊；砖木结构；绘有《三国演义》彩画	仅存大殿	
八牛录（扎库齐牛录） 清光绪二十一年 （1895年）	坐北朝南	关帝庙50平方米；屋顶采用勾连搭形式	仅存配殿娘娘庙	

资料来源：根据唐智佳《清代伊犁锡伯族关帝信仰研究》、张辉辉《新疆伊犁河谷锡伯族关帝庙的建档研究》、唐剑《新疆锡伯族传统建筑文化研究》编制。

清政府平定伊犁后，在伊犁进行旗屯的厄鲁特营主要由原准噶尔人构成，分布在昭苏和特克斯等地，圣佑庙的建立满足了厄鲁特营的宗教需求[13]。圣佑庙大殿坐北朝南，是一座歇山顶的二层楼阁建筑（图8），两层平面四周均设有外廊，除去周围外廊后，大殿面阔五开间，进深五间。通面阔约24.8米，通进深约24.6米，通面阔与通进深之比约为1:1，平面呈方形。

图8 圣佑庙大殿

圣佑庙一层室内共有12根金柱，围绕一圈，最中间采用减柱造和移柱造，保留有2根中柱，南侧紧邻东西金柱

的位置各有一部楼梯通往二层。圣佑庙大殿作为经堂，是集会诵经的场所，聚集人数较多，需要空间较大，采取减柱移柱做法，让内部空间更加开敞。与此同时，大殿内部从内到外一圈金柱、一圈墙体、一圈廊柱，组合形成了三个"回"字形平面，与佛教中"曼荼罗"所表达的"围绕一个中心，逐层环绕，不断向外发展"的空间格局相似，向心力较强（图9）。

圣佑庙大殿的二层平面和一层相似，副阶周匝，通面阔16.9米，通进深16.8米，走廊宽2.5米，南、北两侧围护结构均为木隔扇，东西两侧由木墙和圆形木窗组成。圣佑庙大殿二层空间布局简单，整体以两中柱为核心，"回"字形平面布局，有一圈外廊，屋内正中放有一顶蒙古包（图10），信徒在参拜时进行绕行。

四、多元统一的建筑景观

伊犁现存传统建筑除秃黑鲁·帖木儿麻扎外，其余均建于清代。虽然建造这些传统建筑的民族不尽相同，但呈现形式高度相似，显著受到中原文化的深刻影响。伊犁虽然地处祖国最西端，但自从西汉张骞凿空西域以来，中原文化便通过各种方式持续输入，凭借其强大的包容性，逐渐与不同民族的文化相融合。正如《宋论》中所说的"国人得志于衣锦食粱，而共习于恬嬉"，汉地物质生活充实，文化生活丰富，使得中原文化对其他民族产生了强烈的向心性，汉文化也自然而然地融进地处边疆的伊犁本土文化之中。清代以来，中原建筑文化对伊犁传统建筑影响深刻，不同民族、各种宗教的传统建筑积极汲取木构抬梁式建筑的布局、结构、装饰等内容（图11、图12），呈现出相近的营造特征，形成了本区域多元统一的建筑景观。

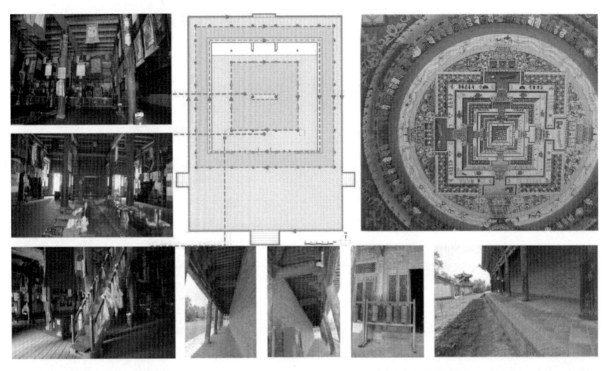

图9　圣佑庙大殿一层平面与"曼荼罗"对比（右上图为扎什伦布寺坛城藻井局部）

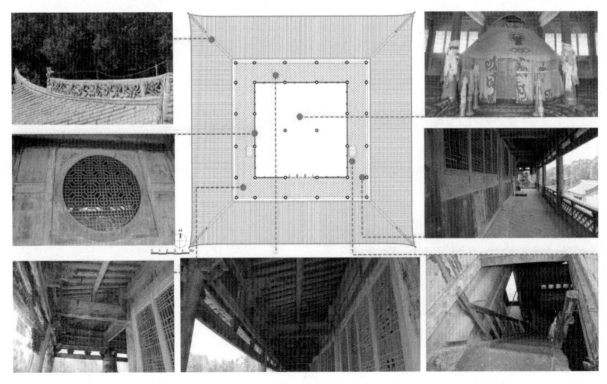

图10　圣佑庙大殿二层内外空间

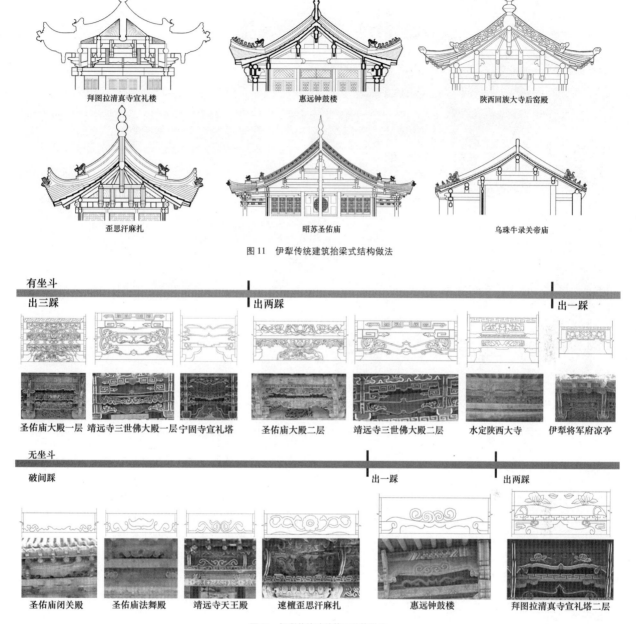

图11 伊犁传统建筑抬梁式结构做法

图12 伊犁传统建筑檐下装饰做法

建筑组群布局方面，伊犁传统建筑总平面一般在纵向轴线上分布有多进院落，通过每进院落再来组织各个单体建筑。无论是蒙古族的圣佑庙还是锡伯族的靖远寺，藏传佛教寺院的整体布局均采用汉地佛教"伽蓝七堂"形式。坐北朝南，沿中轴线对称布置有山门、前殿、钟鼓楼、东西配殿、大殿、后殿等。建筑结构体系方面，伊犁地区无论是不同民族的传统建筑，还是不同宗教信仰的建筑，均采用了木构抬梁式建筑体系，砖、土、木等材料组合运用。屋顶形式为汉式建筑传统的硬山顶、歇山顶、攒尖顶、勾连搭等。如伊犁将军府大堂及其附属建筑，靖远寺大雄宝殿、四大天王殿，圣佑庙的配殿、闭关殿等建筑屋顶均为

硬山顶；圣佑庙大殿、法舞殿，靖远寺三世佛大殿，惠远钟鼓楼等建筑屋顶为歇山顶；速檀·歪思汗麻扎，墩买里麻扎，拜图拉清真寺宣礼塔，伊宁陕西回族大寺宣礼塔，伊犁将军府凉亭等建筑屋顶采用攒尖顶。依拉齐牛录、孙扎齐牛录、扎库齐牛录关帝庙，伊宁陕西回族大寺大殿，水定陕西大寺大殿，萨玛尔清真寺，屋顶形式则采用勾连搭。在建筑装饰上，檐下的木雕构件、廊心壁和墀头上的砖雕构件多雕刻有梅兰竹菊、仙鹤、梅花鹿等汉地常见动植物纹样，墙壁绘有《三国演义》《西游记》等传统民间故事壁画等。上述建筑组群布局、屋顶形式、装饰题材等均呈现出中原文化对伊犁建筑的深刻影响，也形成了伊犁

不同民族、各种宗教多元统一的建筑景观，并显著区别于　　东疆、南疆地区的传统建筑（图13）。

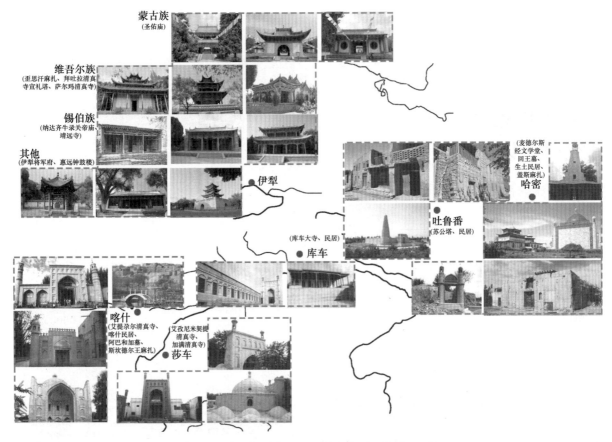

图13　伊犁多元统一的建筑景观及其与东疆、南疆地区相互比较

参考文献

[1] 黄海荣. 伊犁河畔［M］. 北京：世界图书出版公司，2015.

[2] 马达汉. 马达汉西域考察日记［M］. 王家骥，译. 北京：中国民族摄影艺术出版社，2004.

[3] 日野强. 伊犁纪行［M］. 华立，译. 哈尔滨：黑龙江教育出版社，2006.

[4] 莫理循. 1910，莫理循中国西北行［M］. 福州：福建教育出版社，2008.

[5] 新疆维吾尔自治区文物局. 新疆维吾尔自治区第三次全国文物普查成果集成：伊犁哈萨克自治州（直属县市）卷［M］. 北京：科学出版社，2011.

[6] 魏长洪. 伊犁九城的兴衰［J］. 新疆社会科学，1987（1）：57-60.

[7] 刘元春. 靖远寺及其历史作用：关于寺庙建筑与民族文化的思考［J］. 法音，1990（8）：22-27.

[8] 内玛才让. 新疆藏传佛教名刹圣佑庙研究［J］. 甘肃高师学报，2009（6）：117-119.

[9] 纳森巴雅尔，乌云其木格. 清代伊犁藏传佛教寺院普化寺论述［J］. 满族研究，2018（3）：84-93.

[10] 李群. 重解麻扎文化的图形语意：读吐虎鲁克·铁木尔汗之墓［J］. 装饰，2009（5）：88-89.

[11] 华文书局. 清高宗实录·卷六一〇［M］. 北京：华文书局，1949.

[12] 唐剑. 新疆锡伯族传统建筑文化研究［D］. 成都：西南交通大学，2016.

[13] 胡方艳. 伊犁河谷藏传佛教寺院考察：以新疆伊犁哈萨克自治州昭苏县圣佑庙为中心［J］. 世界宗教研究，2013（4）：39-50.

基于文化地理学的滇藏茶马古道沿线传统聚落空间格局研究——以大理巍山古城为例[1]

李　悦[2]　　姚青石[3]

摘　要：滇藏茶马古道至今已有一千多年的历史，沿线传统聚落在复杂的地理条件和浓厚的历史文化中各具特色，熠熠生辉。本文以文化地理学为视角，采用实地调研及文献研究方法，以大理巍山古城为例，研究茶马古道沿线传统聚落空间格局的特征，旨在探讨在传统聚落"形式"研究相对成熟的条件下，进一步将文化地理研究融进滇藏茶马古道沿线传统聚落的解读中，从而让人们对滇藏线沿线的传统聚落有更全面、系统、本质的认识。

关键词：文化地理学；茶马古道传统聚落；聚落空间格局；巍山古城

一、引言

滇藏茶马古道南起茶乡普洱，经过丽江、香格里拉，西进西藏拉萨，千百年来跨越山峦重叠，江河奔泻，在崇山峻岭中，铃声阵阵，无数的马帮靠着坚韧不拔的毅力踏出了这条漫长的小道。

滇藏茶马古道沿线传统聚落是人们克服自然的庇护所；是人们融入自然的生态园；是千年马帮文化的发源地。在这些传统聚落的形成、发展、延续的复杂生长过程中，被社会、历史、地理、文化等诸多因素共同作用。它们生于云南这样地理环境复杂多样的地区；长于茶马古道带来的经济、文化交流之中；归于聚落居民世代传承的地域文明之下，具有令人向往的无限魅力。对于滇藏线沿线传统聚落的形式、空间分布的研究已有比较成熟的探讨，但结合文化地理学的多维度、多层次的研究探索还有待发展，因

此本文以文化地理学为视角、茶马古道经济文化交流为背景、大理巍山古城为解读对象，探讨人文、地理与滇藏茶马古道沿线传统聚落之间更为紧密、充实的关系，希望人们能对文化地理学与滇藏线沿线传统聚落的关系有更深入、全面、系统的认知（图1）。

图1　大理巍山古城
（资料来源：自摄）

1　基金项目：
（1）国家自然科学基金"文化、景观、形态：多民族文化作用下的滇西北茶马集市时空演化研究"（52168004）。
（2）国家自然科学基金"云南明清古建技艺特征及其文化关联性研究"（52078242）。
2　昆明理工大学建筑与城市规划学院硕士研究生，650500，2512074310@qq.com。
3　昆明理工大学建筑与城市规划学院博士、副教授，国家一级注册建筑师，650500，1247213424@qq.com。

二、 文化地理学与滇藏茶马古道沿线传统聚落

1. 文化地理学概述

文化地理学是一门研究人类文化空间组合的学科，是人文地理学的分支学科，是文化学的一个组成部分。它研究地表各种文化现象的形成、分布、空间组合、传播及发展演化规律，以及文化与自然生态环境的关系、环境的文化评价等方面的内容。

文化地理学的主要研究内容包括文化源、文化传播、文化区、文化景观、文化生态等。文化地理学的研究，旨在探讨各地区人类社会的文化定型活动，人类文化活动的空间变化，人们对景观的开发、利用和影响，人类文化在改变生态环境过程中所起的作用，以及该地区区域特性的文化继承性，文化与自然环境的关系等内容。文化地理学注重研究人类文化与自然地理的关系，注重描绘和解释空间分布及差异规律。[1]在这种研究方法下，滇藏茶马古道沿线传统聚落的空间格局特征将能结合地理特征、人类文化得到更深层和鲜明的解读。

2. 文化地理学视野下滇藏茶马古道沿线传统聚落特征解读

（1）聚落分布特征

滇藏茶马古道自唐朝大力发展对外贸易时就已初见形态，后历经元、明、清多个时期发展逐渐成为古代中国对外贸易的重要路径。滇藏线沿线聚落数量、规模也逐渐增多、壮大，聚落位置也依靠古道向两侧延伸。同时，随着茶马古道贸易活动的繁荣，聚落之间贸易节点的间距也相对缩短。滇藏线沿线聚落因线路功能、地理环境、人文历

史等因素的影响呈现出以贸易节点为中心的集群式分布与沿滇藏线的随机散点式分布两种主要分布特征。[2]

（2）地理环境特征

滇藏线连接着云南东南地区和西北地区，线路顺应云南西北高东南低的阶梯式走向，地理环境十分复杂。丰富多样的地理自然环境：地形、水文、气候、植被、矿藏等为沿线地理文化多样性的发展提供更多可能性，也极大地影响着沿线传统聚落的空间格局。因此滇藏茶马古道沿线传统聚落因势利导，顺应自然，或临水而居，或密布于平坝之上，或沿河谷延伸，但基本都位于地理环境防御性强、水系较为发达之地。

（3）物质形态特征

①聚落空间结构

带状空间结构［图2（a）］：受地理环境或古道贸易交流活动影响，部分分布在古道沿线的传统聚落不利于纵向延展空间，遂沿古道方向延伸，逐渐形成带状结构，聚落空间表现为"街市合一"的线性格局。

网状空间结构［图2（b）］：网状空间结构的传统聚落大多分布于地势平坦、开阔的平原或平坝地区，多呈规整的棋盘式网状或向心式网状布局，聚落空间受中原汉文化影响，布局相对规整合理。

枝状空间结构［图2（c）］：枝状空间格局常见于规模较大的传统聚落，基于茶马古道贸易活动形成的主街沿各个方向衍生出多条次街，次街进一步衍生巷道，层层递进形成枝状空间格局，聚落肌理均匀有机，空间结构主次有序。

团状空间结构［图2（d）］：因地理环境限制或出于防御需求传统聚落空间受到影响，聚落中各个建筑单元紧密联系、布局紧凑，形成以茶马古道贸易活动（场所）为中心的团状布局。

（a）云南驿镇　　　（b）巍山古城　　　（c）凤羽古镇　　　（d）沙溪古镇

图2　传统聚落空间结构特征（资料来源：图新地球）

②聚落规模

古道沿线传统聚落规模因交通、经济、人口、政治等诸多因素呈现大小不一的特征，位于政治中心或交通要塞，人口较多，经济发达地区的聚落规模较大，普通休憩或贸易活动较少的聚落规模较小。

③聚落业态

茶马古道途经各种山地丘陵、平原沟谷，沿途聚落大

多以农耕为主要生产生活方式，同时也作为茶马古经济链的重要组成部分参与到其生产和交易活动中。

（4）人文历史特征

茶马古道联系东西内外，带来汉族与少数民族、中国与东南亚文化交流，沿线传统聚落根据自身生产生活所需在本民族文化的基础上结合外来文化创造出形态、风格各异的空间格局，并在发展和协调中传承至今，充分展示出

地域文化与文化传播融合带来的文化多样性。

三、 大理巍山古城空间格局的特征

1. 巍山古城概况

巍山古城地处云南西部哀牢山麓，红河源头，自建设至今已有六百余年，古时称"蒙化"，也叫蒙舍诏、蒙化府、阳瓜州，是中国保存最完好的明清古建筑群之一，是云南四大"文献名邦"之一。巍山古城曾是博南古道、滇藏茶马古道的必经之地，是滇中地区联系东南亚地区的重要通道。

巍山国家历史文化名城荟萃了中国城市建设思想、风水观念、建筑文化、居住文化的精髓，分布有大量的学府、官署、宗祠、寺庙，整个古城内包含玉皇阁、文华书院、拱辰楼、星拱楼、巍山文庙等在内的各级文物保护单位59处，大到巍山古城的地理环境，小到古城内部的亭台楼阁，无不显示文化地理学与传统聚落密不可分的关系。

2. 聚落外部空间特征：地理环境因子

清代蒋旭纂《康熙蒙化府志》中对蒙化（今巍山）地理形势是这样描述的："两江天堑，四塞埤崇。东枕文华，南倚巍宝。六蓿峙其西，点苍耸其北。群峰如带以回环，一川若掌而平衍。昆仑扼要，虎视诸彝。蒙舍恢疆，雄先六诏。固南服之奥区，西迤之重地也。"[3]

由此可见，巍山古城东靠文华山，南有巍宝山和锦溪河，西有阳瓜江，形成山环水抱态势和万山拱城的格局，地理环境极尽天时地利，既有丰富的自然资源又有可攻可守的地理位置，完美符合古代城市建设选址要求（图3）。

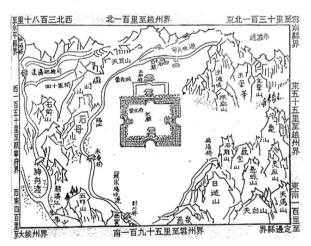

图3　明代巍山古城蒙化府地理环境示意图[4]

3. 聚落内部空间特征：人文历史因子

（1）"府卫双城"的城市格局

明代府城是比县高一级的州、郡等行政机构的所在地，卫城则是少数民族地区军事管理的据点。巍山古城位于北面的府城与南面的卫城构成了古城"府卫双设"的城市格局（图4），北部蒙化府城为段氏土总管于明朝初围绕土知府府邸建立，占地约30公顷（1公顷=10000平方米），以日升街、月华街为骨架形成了东、西、北三面不规则的城市形态，后改土城墙为砖石城，进而拓建出蒙化卫城。

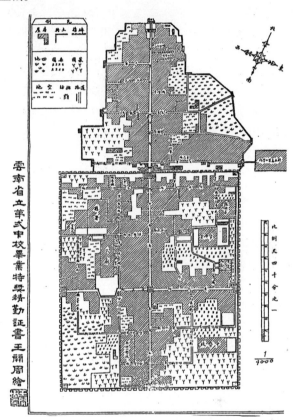

图4　巍山古城"府卫双设"格局示意图[2]

南部蒙化卫城占地约58平方千米，于明洪武二十三年（1390年）开始建设，城周长4里（约2千米）多，城墙高2丈（约6.7米），厚2丈，砖石城墙，有垛头1277个，垛眼430个，有4座城门，门上建楼，城墙外四周有护城河、驰道，城门外设吊桥，北门城楼有三层，外建小月城。巍山古城的建设正如《吴越春秋》中所说："鲧筑城以卫君，造廓以守民，此城廓之始也。"

灵活自由的府城与方整如印的卫城通过拱辰门紧密相接，卫城南北正街相交于星拱楼，向北穿过拱辰门与府城日升、月华两街相连，继续向北延伸至文献楼，形成了整个巍山古城的南北中轴线。

（2）规则工整的棋盘式布局

《周礼·考工记》是我国古代城市规划理论中最具影响的一部著作，很早就提出了我国城市，特别是都城的基本规划思想和城市格局。其中"匠人营国，方九里，旁三门。国中九经九纬，经涂九轨，左祖右社，面朝后市，市朝一夫"奠定了自此之后几乎所有城市的基本格局。自明代推行"改土归流"政策，打破了原有土司制度"蛮不出峒，汉不入境"的民族禁锢，汉文化与地方文化的融合在聚落空间格局上也得到了极大体现。

在蒙化卫城的规划中，受《周礼·考工记》影响，形成"城方如印，中建文笔楼为印柄"的棋盘式城市空间格局（图5）。古城内大街小巷纵横交错，呈标准的"井"字结构建设，共有25条街道，18条巷，全长14千米；以拱辰楼为中心，街道呈"井"字状分布开来。卫城东南西北四条主街交叉呈"十"字形成为古城主干街道。南街与北街通过文笔楼相接，北街又通过北门（拱辰楼）与府城日升、月华两街相接，向北直至文献楼。古城中其他较小的街巷分别与上述主街相连，成为棋盘式的空间布局。巍山古城两大主楼见图6。巍山古城四大主街见图7。

图5　巍山古城棋盘式城市空间格局示意图
（资料来源：自绘）

（3）文化交融的城市建设思想

中国古代城市有三个基本要素：统治机构、手工业和商业区、居民区。巍山古城中统治机构位于北部府城中，在各大主街上商业区和居民区结合形成商住一体的特色民居建筑。除了商业设施的建设与发展，巍山古城的文化设施建设也成绩斐然，有大量书院学府；有尊孔祭孔的文庙

古建筑群；有佛道二教的古建筑群；有各类祠堂及各家氏族宗祠等古建筑。

图6　巍山古城两大主楼
（资料来源：自摄）

图7　巍山古城四大主街
（资料来源：自摄）

诸多文化建筑、宗教建筑、宗祠牌楼的建设反映了巍山古城的经济之繁荣、文化底蕴之浓厚，更体现了在古代蒙化城建设中中国传统建城思想之成熟、设施之完善，而这些极具魅力的古建筑及巍山古城全貌能完好地保存至今更是中华文明无价的财富。

4. 宅院空间特征：物质形态因子

（1）平面布局

巍山古城宅院平面布局多采用"三坊一照壁""四合五天井"等形式，典型做法是东、西为耳房，结合北面正房与南面照壁形成"三坊一照壁"；在"三坊一照壁"的基础上将照壁换成一坊房屋，结合正房、两厢房、倒座四面围合成一个中心院落和正房与倒座、耳房连接处形成的四个"漏角天井"，形成"四合五天井"的平面布局。

（2）空间格局

巍山古城内的宅院空间大部分是商住混合的空间序列，沿街商铺通常是"前店后宅"或"底商上住"的格局。为了增加商业展示面和交易空间，临街的建筑空间大多为商业用途，将生活起居空间置于纵向位置或竖向空间中（图8）。

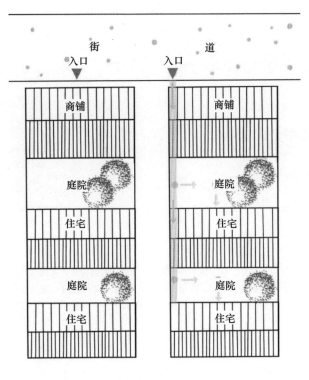

图8　巍山古城宅院空间格局示意图
（资料来源：自绘）

（3）院落组合

以三合院或四合院为单元进行平面布局组织：

串联递进式：一户或者多户人家将宅院在纵向空间上进行延伸布局。串联递进式的院落组织方式常见于古城主要街道两侧的商住房，其特征表现为小开间大进深，空间序列感强烈。巍山古城作为茶马古道上的重要传统聚落，人们在这里进行各种贸易往来与文化交流活动，街道空间有限，商铺资源紧张，商住结合之后产生了以商业为主的独特宅院平面组织形式（图9）。

图9　巍山古城宅院空间
（资料来源：自摄）

群体结合式：将宅院单元在横纵方向上进行多方位组

合，常见于世家大宅或几户同居，鲜少位于主街，这种组织方式形成的院落规模较大、空间复杂（图10）。[5]

图10　巍山古城街道空间
（资料来源：自摄）

四、结语

茶马古道沿线传统聚落的形成与发展从古至今从来不是孤立的，而是一个有机的生态系统，良好的自然地理环境是传统聚落产生和发展的根本条件，为聚落的生存繁衍提供必要的物质资源。在此基础上，茶马古道沿线传统聚落因民族文化因素、宗教因素、经济贸易因素、军事防御因素、政治需求因素等（文化因素）逐渐形成各具特色的聚落文化空间格局。茶马古道的繁荣为这些聚落带来了更多的文化因子：经济繁荣、人口增长、文化交流、宗教引入……文化地理特征极为明显，人与自然、聚落与自然和谐共生的理念也十分清晰。人与自然和谐共生的理念不单单只体现于茶马古道沿线的传统聚落，而是所有传统聚落的共同特征，也是人类的共同愿景，这种从古至今延绵传承的智慧也将在传统聚落的保护与发展中源远流长。

参考文献

[1] 张丹薇. 基于文化地理学的潮安县传统民居研究 [D]. 广州：华南理工大学，2015.

[2] 范宏宏. "茶马古道" 滇藏线沿线聚落空间分布特征研究 [D]. 昆明：云南大学，2020.

[3] 邓启耀. 易象之城：古城空间设计的文化建构 [J]. 云南师范大学学报（哲学社会科学版），2015，47（5）：59-66.

[4] 杨大禹. 姚青石. 蒋雪峰. 中国传统聚落保护研究丛书·云南聚落 [M]. 北京：中国建筑工业出版社，2022.

[5] 秦春丽. 巍山古城民居院落构成要素与空间形态分析 [J]. 居舍，2020（1）：8-10.

粤北连山壮族民居建筑形成机制浅析[1]

何俊伟[2]   刘旭红[3]   汪　鲸[4]

摘　要： 广东壮族主要分布在清远市连山壮族瑶族自治县南部福堂、小三江、上帅三镇。通过识别连山壮族地区民居建筑特征属性因子，并提取一座三间、三合天井、多进天井、堂横式民居建筑形式和梳理民居分布规律，构建了连山壮族民居建筑数据库以及建筑谱系。同时以分析自然条件、民族文化、社会发展等因素影响为着手点，梳理了连山壮族民居建筑文化景观的形成机制。

关键词： 连山壮族；民居建筑；形成机制

一、　前言

在新型城镇化的背景下，传统村落与民居的保护、发展受到学界的高度重视，成为人们持续关注的焦点。粤北连山壮族瑶族自治县处于南岭民族走廊中段节点上，自然地理环境复杂，物质空间的民族文化地域性特征显著。研究连山壮族民居建筑的形成机制，是为挖掘连山壮族先民在相对恶劣自然环境中谋求发展的生存智慧以及明晰地域上壮、汉不同民族文化融合的历史过程，并希冀能总结华南地区形成民族共同体的历史经验[1]。

本文通过连山壮族地区全域性普查，选择地域上288个村落为统计样本，构建连山壮族民居建筑地理信息库，识别其建筑形式属性以及分布特征。同时在文化地理学下分析影响民居建筑形成的自然条件、民族文化、经济发展与社会治安环境等因素的作用，进而探讨连山壮族聚落与民居文化景观的形成过程[2]。

二、　粤北连山壮族民居建筑形成背景与数据库构建

1. 粤北连山壮族民居建筑形成背景

清远市连山壮族瑶族自治县，位于广东省的西北方，紧挨南岭山脉萌渚岭，北邻湖南省江华瑶族自治县，西邻广西壮族自治区贺州市八步区，东邻广东省连南瑶族自治县，南邻广东肇庆市怀集县，位于粤、湘、桂三省交界之地，是粤北相邻省进入广东的重要关口之一（图1）。

（1）连山自然环境特征

连山境内地势险峻，五大主峰中的萌渚岭横贯整个连山县境内，控制着三面。整个地形是由北向南和自东向西倾斜的，峡谷平台纵横交错，丘陵起伏连绵成系，汩汩的溪水在这里蜿蜒流动，曾有记载"万山屹峙为风浪，曲洞盘回似走蛇""曲径盘肠数百回，两山高拥翠云堆"。境内群山环抱。

1　基金项目：国家社会科学基金资助项目：粤北壮族传统村落风貌保护与文化传承研究（21BMZ090）。
2　广东工业大学建筑与城市规划学院，主要研究方向为民族地区传统民居建筑保护，510090，2071650092@qq.com。
3　广东工业大学建筑与城市规划学院，教授、硕士生导师，主要研究方向为公共建筑设计、传统村落与地域建筑保护、园林景观设计，510090，xuhong_liu@126.com。
4　广东省民族宗教研究院民族研究所所长、副研究员、博士，主要从事南方民族历史文化研究，510031，34669984@qq.com。

图 1 连山壮族瑶族自治县行政区划图

（2）连山民族迁移与多元文化交流

连山是壮族、瑶族、汉族聚居区，亦是多元民族文化交错区[3]。连山境内民族来源是一部复杂文化迁移史：连山壮族来源分为"主僮"与"客僮"。自原始社会起"主僮"就在连山繁衍生息，经历了由百越先民→百越一支西瓯（仓吾）→苍梧越→苍梧夷越→苍梧诸县夷越→俚人（临贺蛮）→蛮贼（山寇）→僮的历史演变过程。正统天顺年之后，有大量广西壮族人从桂北、贺县一带因军事行动或经济活动迁入连山。连山汉族人为躲避沿海倭寇侵扰从闽浙迁入连山，而后亦有粤东、梅州等地汉族人陆续迁入。连山瑶族人因战乱赋役、反抗封建政权等原因从湖南、广西迁入。

连山分为壮区与汉区，壮区指境内福堂镇、上帅镇和小三江镇；汉区指吉田、太保、禾洞、永和镇。壮区历史上亦称为"宜善九村"，是壮族人迁入连山时的聚居地，并生存发展至今。

2. 粤北连山壮族民居建筑数据库构建

（1）数据来源

连山壮族表征数据来源于全域性普查获得的 288 个传统村落的信息，并在建筑类型学下进行分类与整理，构建连山壮族地区民居信息档案（图 2）。民居位点数据来源于卫星航拍图、历史地图与调研定位标记等资料。DEM 地形数据来自"中国地区 SRTM DEM 数据集"。行政边界来源于国家 1:400 万基础地理信息数据库。

图 2 连山壮族地区全域村落位点图

（2）建筑特征属性因子的提取

建筑特征属性因子是指构成民居建筑地理数据库的单位因子，构建数据库需对民居建筑进行文化特征属性因子提取。文章是以民居建筑平面形式作为建筑特征属性因子，依据调研数据整理将民居建筑形式分为一座三间、三合天井、多进天井、堂横式（图 3）。

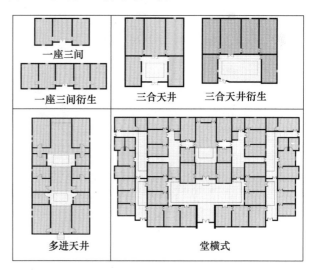

图 3 连山壮族民居建筑平面形式整理

（3）建立粤北壮族民居建筑数据库

根据上述文化特征属性因子的分类，以地图的方式建立连山壮族民居建筑数据库，将民居建筑的平面形式按文化因子分类记录，再将因子信息和地理坐标等数据导进

ArcGIS 软件中进行分析处理，生成文化地理分析图，让民居建筑特征属性因子在地图上完整展现，从而形成要素数据库（图4）。

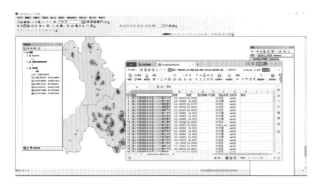

图4　连山壮族地区民居建筑地理信息数据部分截取

三、　粤北连山壮族民居建筑谱系

1. 粤北连山壮族民居建筑属性因子分布特征

通过 ArcGIS 对传统民居形式分布特征进行矢量化分析，并结合图表可以看出，各类民居形式数量分异情况较为明显：一座三间与三合天井民居形式占比最多，且在连山壮族全地域内均有分布。多进天井与类堂横式民居形式数量较少，分布较为稀疏，其中多进天井主要分布在福堂镇、上帅镇，类堂横式数量最少，主要分布在福堂镇。由图5可见，不同的民居形式在连山壮族地域上的分布有显著差异，一座三间与三合天井民居是连山壮族地区主要的传统民居形式，其分布范围广、数量多。多进天井与类堂横式民居仅在上帅镇与福堂镇有分布。

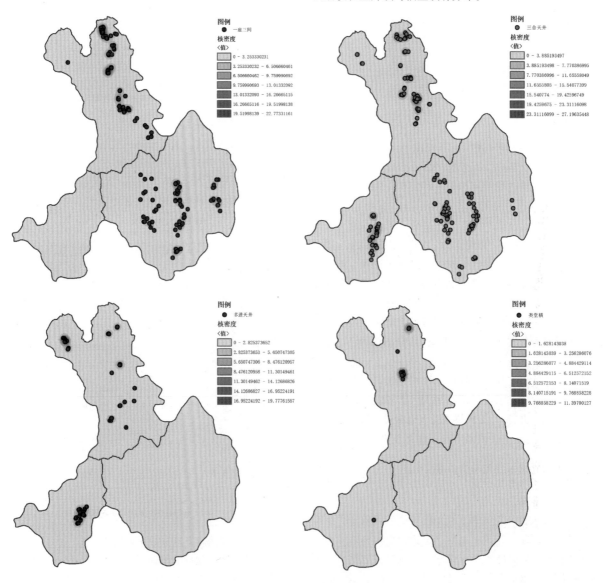

图5　连山壮族民居建筑属性因子核密度分布

2. 粤北连山壮族民居建筑谱系构建

结合上述对连山壮族民居建筑属性因子分布特征，对连山壮族民居建筑区域划分以及构建民居建筑谱系。地域内的民居建筑文化景观是多民族融合共生、互嵌生长的历

史结果，连山境内形成你中有我、我中有你的壮、汉民族分布格局，使民居建筑特征属性因子无明显的区域差异。连山小三江镇为世居壮族，其民居建筑多为一座三间以及三合天井；福堂镇以及上帅镇为壮、汉族散杂居，民居建筑形式出现多进天井和堂横民居（图6）。

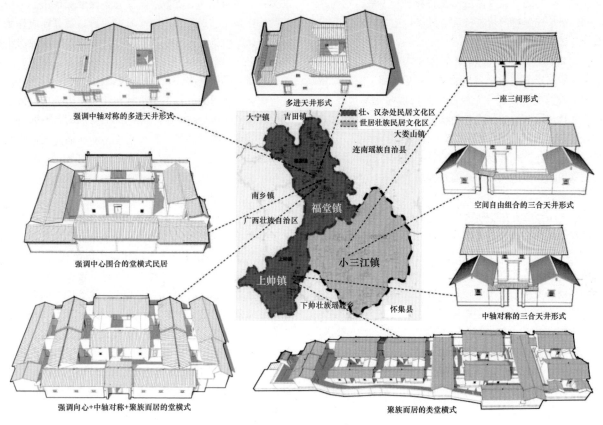

图6　连山壮族民居建筑谱系

四、 粤北连山壮族民居建筑形成机制

1. 自然环境构筑文化景观形成基础

岭南古代为越族人居地，种植水稻是百越文化特征之一。壮族人作为社会结构相对稳定的民族群体，自古以来有着稻作文化的民族习惯。在其迁入连山之后，发展农耕经济延续稻作文化是其主要的生存方式。由此不可避免地要对自然环境进行改造，以获得发展稻作文化所适合的地形条件。连山壮族先民以山间平原、河谷平原等相对平坦的地带作为生产活动的首选，并以山地边缘地带作为建设用地，以节约耕地资源，最大限度地满足耕作需求。

2. 民族文化构筑文化景观分异基础

无法明确上文梳理的连山壮族民居建筑形式的静态分布特征的形成过程，所以下文以时间轴为着手点，追溯连山壮族的原始形态以及在明代、清代、清代之后的时间区

间上的社会发展过程，从而明晰连山壮族传统村落及民居的形成机制。

（1）明代——以壮族为主导的社会环境

明天顺年间，大量从广西迁入连山的"客壮"与当地由古越人发展而来的"主壮"构建成以壮族文化为主导的社会环境。据原始资料记载，壮族在历史上以稻作为主要的生产经营活动，同时也从事渔业、狩猎、采摘等活动。

壮族村落散布在山谷之中，依山而居，民居形式有木结构的干栏、麻栏、麻栏子等，亦有以泥土、砖结构的瓦屋。在功能空间布局上，首层多用于饲养牲畜，二层为人居住空间。

（2）清代——汉族迁入与汉文化传播

明代之后有大量客家迁入连山，如上帅镇的陈氏族人，从福建沿海迁入。汉族进入"主僮富"的壮族区域之后，为世居当地在人口、经济和社会力量等方面都占优势的壮族及其文化所包围，一方面汉族为自身生活发展需要，获得生活资料，在当地稳固生存，必定与壮族进行各类社会人文与经济文化的联系，所以汉族在此过程中学习壮族与

壮族文化，引发壮化；另一方面汉族在民族交往过程中将自身的语言文化带入连山壮族地区，并形成了一定的扩散区域。

连山壮族地区壮族、汉族之间的和谐共处是民族文化相互融合的基础，在了解彼此的文化习俗后，彼此接纳了部分文化，同时融合自身原生文化特质进行发展。这为连山壮族地区形成独特的传统村落及民居物质空间形态奠定了文化基调。

（3）清代之后——民族融合下村落与民居发展

在汉族人迁入连山之后，汉文化开始传播，随着民族文化的交流与交融，这片土地的文化景观开始发生改变，由单一文化地域形式演变成多种类型并存的文化地域形式向前发展。

汉族人在迁入连山之后带来的新的民居形式有多进天井和类堂横式。多进天井的平面布局较为规整，左右对称的四方矩形布局，类堂横式多为群体性建筑，以同姓族人多户聚居为主。两者在空间组织上强调：①围合性。迁入连山的汉族多以血缘为纽带聚族而居，一是防御野兽的侵袭，二是防御原土著居民的攻击。②向心性。类堂横的空间组织由礼制厅堂和生活住房这两部分构成。以厅堂为核心的平面构成关系形成了空间的向心性，这种向心性表现为所有厅房均朝向祖堂。这是利用宗法礼制观念的深度体现，其核心表现为以祖宗牌位为中心的一种家族人文秩序。③中轴性。入口门楼、前厅、内院天井、厅堂都在一条中轴线上，轴线两侧横排屋左右对称，体现井然有序的空间序列。多进天井与类堂横式的形成是迁入汉族留存的原乡文化作用的结果，迁入连山的汉族人有着对原乡文化深沉的归属感、文化自信以及族群情感，这深刻地影响了其在连山壮族地区居住空间形式的建造。

连山壮族传统一座三间民居形式吸收了汉族传统民居中天井的要素，形成了三合天井形制，具有与汉族民居相似的入口门楼至天井、厅堂的空间序列，但在空间形式上并不强调平面对称，入口门楼多因风水观念偏置在一侧，天井两侧住房多为杂物等辅助用房，数量不一，且主体一座三间与辅助功能用房的空间高度不同，整体空间组织表现更自由灵活。在平面功能上，原火塘间被厅堂取代，继承其会客的公共空间功能。厨房、杂物储藏、卫生间等辅助功能空间移至主座之外。

3. 社会发展构筑文化景观演变基础

连山壮族地区社会经济的发展对传统村落及民居文化景观的演变具有重要作用。物质空间的布局与功能布置随着适应与满足连山壮族地区人们的物质生活与精神生活而改变。

连山壮族历史上存在的干栏式民居的消失，除了地域上民族融合与汉文化传播的影响，与社会的发展亦有着密切关系。明清以来，在壮、汉文化的接触交流下，连山壮族的耕作技术和稻作生产水平日益提升。在高产农作物与经济作物的引进、山区矿产资源的开发以及明清政府推行"一条鞭法""滩丁入亩"政策之下，连山壮区的生产力提升进入新阶段，农业、手工业以及商品经济得到快速发展。先民更易于获得砖、石等建筑材料建造实墙搁檩的砖木民居，得以更好满足在地域自然限定条件下民居建筑对隔热、防寒的需求，同时也便于扩展居住空间，满足人口增长的需求。

五、 结语

连山壮族民居建筑形式为一座三间、三合天井、多进天井和堂横式。通过构建连山壮族民居地理信息数据库，并分析其建筑形式的分布规律，形成了连山壮族民居建筑谱系。连山壮族民居在山多地少的自然条件影响下形成依山而建的营造选址，在多元民族文化影响下产生一座三间、三和天井式民居与多进天井、堂横式民居的分异，在社会经济发展下发生干栏式木结构民居的隐退。粤北连山壮族民居建筑谱系自身揭示了连山壮、汉民族在营建生存空间、谋求发展中进行交互传输、相互补给，形成民族团结、携手共进的发展格局，形成了民族互嵌、融合发展的华南经验。希望本研究能为连山壮族民居建筑等物质文化遗产的保护、利用、发展提供资料借鉴。

参考文献

[1] 符昌忠，杨志成. 民族融合与发展的华南经验：以连山地区壮族祠堂文化为例 [J]. 青海民族研究，2019，30（4）：187-196.

[2] 梁步青，肖大威，陶金，等. 赣州客家传统民居文化地理研究 [J]. 建筑学报，2019（S1）：59-63.

[3] 孟祥武，张莉，王军，等. 多元文化交错区的传统民居建筑区划研究 [J]. 建筑学报，2020（S2）：1-7.

基于风环境模拟的海岛少数民族村落舒适度研究
——以平潭岛六目秀村为例

马家清[1]　陈　灏[2]

摘　要：海岛聚落的发展与其所处的自然气候条件关联密切，并呈现自主性和动态性。本文聚焦于海岛少数民族村落的人居环境，以平潭岛六目秀村为研究对象，探究该地区气候条件下最符合人体风环境舒适度的巷道空间尺寸。由无人机倾斜摄影技术搭建村落三维模型，可知该村石厝建筑最常使用的建造高度和进深分别是 3 米和 9 米，将巷道的长宽比和高宽比作为自变量，借助 PHOENICS 软件件进行风环境的模拟试验，以人行高度处的平均风速值和风速比为评价标准，通过数据结果分析发现：①石厝建筑的高度为 3 米时，长宽比取值为 3.89 ~ 4.29 的巷道的风环境最舒适；②石厝建筑的进深为 10 米时，宽高比取值为 0.35 ~ 0.50 的巷道的风环境最舒适。

关键词：海岛；少数民族村落；室外风环境；PHOENICS；巷道

一、引言

海岛少数民族聚落是自然环境与人文环境的融合，其空间布局和建造方式具有进一步研究的价值。因此，本文选取平潭岛典型的回族村落六目秀村为研究对象，从微观尺度上分析巷道的空间尺寸对风环境的影响，量化分析建筑对风环境的影响，探究海岛少数民族村落的建造规律和优化路径，以期为海岛少数民族村落的人居环境改善提供参考。

利用计算机对建筑群和建筑单体进行风环境模拟是人居环境评价的有效手段之一，通过计算流体力学（Computational Fluid Dynamics，CFD）模拟室外风环境可以完善聚落规划、建筑布局和绿化设计，优化乡村居住环境质量和提高人体舒适度。目前国内外常用的风环境分析方法主要有现场实测法、风洞试验法和 CFD 数值模拟法（表 1）。三者相比较而言，CFD 数值模拟法不仅准确度高，而且适用范围更广阔，时间和精力成本更低[1]。本文采用 PHOENICS 软件进行建筑风环境模拟，该软件不仅计算精确和操作简便，且与其他建模软件具有较好的兼容性。

1　厦门大学建筑与土木工程学院，硕士研究生，361005，1767806565@qq.com。
2　厦门大学建筑与土木工程学院，硕士研究生，361005，1045268607@qq.com。

表1 风环境的研究方法

研究方法	开始时间	工具	优点	缺点
现场实测法	20世纪30年代	风速仪	可准确获取现场一手资料	无法在设计阶段进行，长期观测较难，耗费大量人力、物力
风洞试验法	20世纪60年代	风洞设备	边界条件可控性强，不易受其他因素干扰	模拟误差不稳定，试验周期长，试验花费高昂
CFD数值模拟法	20世纪90年代	CFD技术	时间短，精确性高，操作性强，软件类型多样	模拟的准确度依赖于数据的设置

资料来源：自绘。

二、 平潭岛少数民族文化与人居环境

1. 发展历史

平潭境内的少数民族分散居住于各乡镇村庄，人口最多的少数民族是回族，主要分布在澳前、流水、岚城、北厝、中楼等乡镇，皆以丁姓。据《丁氏族谱》记载，丁氏祖从回教，信奉伊斯兰教，已有750年的历史，与汉文化交融结合形成了一个独特的族群——丁氏回族。平潭丁氏回族的祖籍是福建省晋江陈埭，先祖是赛典赤·瞻思丁，元代官居云南行中书省平章政事，后裔丁节因经商定居泉州，随后迁居到晋江陈埭[2]。长期与汉族聚居在一起，丁氏回族在宗教习俗方面拥有许多与其相通的共性：信奉佛教、道教、基督教在丁氏回民中已成普遍现象；在大宗祠、小宗祠和祖厝举办祭祖活动；节日庆典、丧葬与婚姻仪式趋同于闽南汉族的风俗习惯。

2. 自然条件

平潭县位于福建省东南海域，全县共158个岛屿，常住居民岛屿9个，岛屿总面积323.9平方千米。平潭岛是福建第一大岛，东邻台湾海峡，西隔海坛海峡，海域岸线曲折，地势南北高、中部低，北部是丘陵带，南部多低丘，中部多平原[3]（图1、图2）。平潭岛处在南亚热带北界，温热湿润，日照时间长，太阳辐射强，县境内各地多年平均气温19.6℃，最热日平均气温27.9℃，极端最高温度37.4℃。在季风环流影响下，一年四季都有大风出现，湾海地区全年大风（7级以上）日数为125天，是福建省强风

区之一。平潭县春秋两季风向多变，冬季偏北风频率占90%左右，夏季偏南风占50%左右，秋、冬季平均风速最大，春季次之，夏季相对较小[4]（表2）。

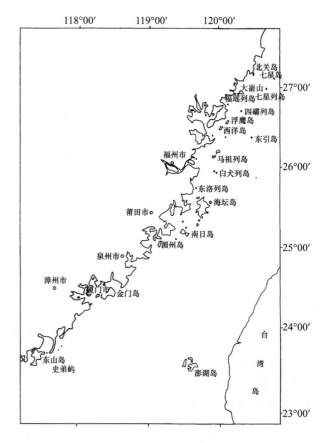

图1 福建省海岛分布
（资料来源：《中国海岛》）

表2 1971—2010年平潭风的统计

月份（月）	1	2	3	4	5	6	7	8	9	10	11	12
平均风速（米/秒）	5.4	5.3	4.7	4.3	4.1	4.7	4.8	4.3	4.8	6.1	6.2	5.7
最大风速（米/秒）	18.0	16.0	18.0	16.0	15.3	17.7	26.5	25.0	29.0	22.5	19.0	18.0
最多风向	NNE	NNE	ENE	NNE	SSW	SSE	NE	S	N	NNE	NNE	NNE
风向频率	46	41	31	22	24	23	27	19	28	46	49	48

资料来源：根据《福建平潭大风气候特征分析》改绘。

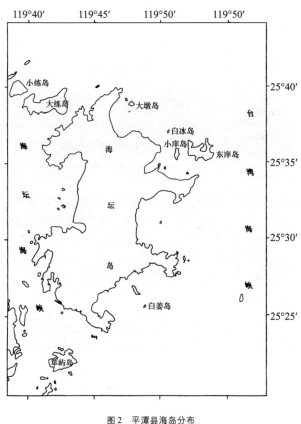

图 2　平潭县海岛分布

（资料来源：《中国海岛》）

三、 村落概况

1. 选址与朝向

六目秀村隶属于中楼乡，南邻竹屿垦区，北接君山南麓与流水镇交界，东至盐田村与岚城乡为邻，西与芦洋乡接壤，中楼乡地处海坛岛中北部平原地区，地势平坦，是平潭县重点农业乡。六目秀村是一个典型的回族聚落，在选址上，回族不以阴阳风水为原则，无背山面水等要求，注重实用性，以村民的生产和生活需求为先。村落周围1000米区域内无山体遮挡，四面开阔，便于聚落的扩展，整个村落的地势呈现南低北高，周围有广阔的耕作腹地。与此同时，六目秀村紧邻公路，交通十分便利，距离平潭站仅有 800 米，而距离平潭县城仅 5.8 千米。建筑朝向统一，遵循背风向阳的原则，平潭主导风向为东北风，所以建筑朝向都是西南向。

2. 整体格局

六目秀村的空间组团类型是内向型的集中布局，村落以白马大王宫为中心，由中心向四边发散排列，东西两侧南北向的垂直道路限制了村落的规模，导致村落边界明显且具有内向性特征，村落建筑风貌呈现出中心区域多传统

石厝、四周多现代民居的特点。村落平面近似矩形，街巷是构成整个村落空间肌理的骨架，整个村落只有两条南北向的街巷与公路麒麟大道相连，同时这两条主街巷构成了整个村落的两条区域边界，限定了村落的横向扩展。为适应村民生活，这两条主街巷之间垂直"生长出"五条东西向的次街道，并根据建筑布局延伸出平直的宅前路或宅前空地（图 3~图 5）。

3. 建筑单体

平潭石头厝是福建海岛典型的民居，从形制、构造和选材上都适应了海岛多风的气候特点。屋顶采用坡度较缓的硬山顶，为了同时达到防风和透风的目的，屋面大多采用砖石压瓦的做法（图 6）。屋身以石材为主要建造材料，墙基较浅，用大块乱毛石或方整的青、白石砌筑外墙，部分山墙顶作马鞍形或多个弧线组合的风火山墙（图 7、图 8），外墙上的门窗洞口小而少（图 9）。传统石头厝主要有四扇厝、排厝和官式大厝三种建筑风格。实地调研得知，四扇厝是六目秀村民居最主要的形式，部分新建石厝在传统的四扇厝模式上有所改进和变形。建筑形态简洁低矮，以二层楼房为主，一般不超过三层。建筑单体平面类型主要有三类，即"一"字形、"L"形、"凹"字形（图 10）。

图 3　白马大王宫

图 4　六目秀村的街巷

图5 六目秀村

图6 屋顶

图7 墙身

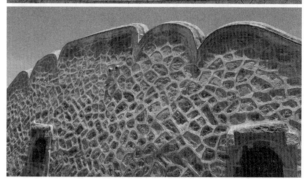

图8 风火山墙

图9 门和窗

四、模型处理与参数设置

1. 模型处理

借助无人机倾斜摄影测绘技术获取整个村落的三维空间模型，为了提高分析效率和减少不必要的计算，将高精度的模型导入 RHINO 软件中对建筑物表面的凹凸和装饰细部进行简化，将其处理成规则的几何体。场地模型保留部分周边田地，整个模型长 316 米、宽 340 米，最高处为 22 米（图 11）。

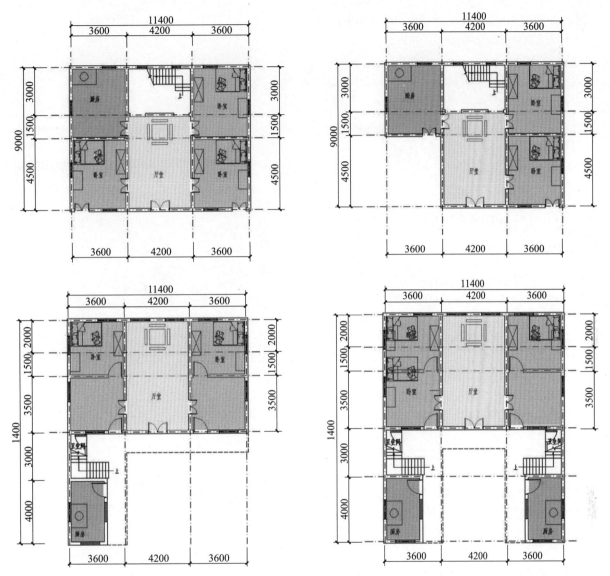

图 10　石头厝典型平面图

（资料来源：《平潭综合实验区传统民居研究及通用图则设计》）

2. 参数设置

室外风环境模拟的输入参数选择当地的主导风向和年平均风速；为了同时保证模拟效果和计算效率，计算区域的长度和宽度分别设为场地模型长度和宽度的 5 倍，高度为整个模型最高处的 3 倍[5]；选用标准 k-ε 模型（standard k-epsilon model）[1] 进行求解，将迭代次数设为 1000 以保证方程组计算达到收敛；网格划分采用非均匀交错网格，将建筑区域的网格尺寸设置为 1.5 米 × 1.5 米，其余区域的网格数量由中心位置向四周递减，这样划分的网格在靠近场地的区域密度高、远离场地的区域密度低。边界条件进行如下设置：来流面边界条件设为梯度风，参考《建筑结构荷载规范》（GB 50009—2012）中对地面粗糙度的划分[2]，

1　k-ε 湍流模型的计算量适中，精度相当，包括标准、RNG、Realizable 三种模型：标准 k-ε 方程忽略分子间黏性，只适用于完全湍流；RNG k-ε 方程考虑湍流漩涡、其湍流 Prandtl 数为解析公式（而非常数）、考虑低雷诺数黏性等，故而对于瞬变流和流线弯曲有更好的表现；Realizable k-ε 方程提供旋流修正，对旋转流动、流动分离有很好的表现。

2　地面粗糙度可分为 A、B、C、D 共 4 类：A 类指近海海面和海岛、海岸、湖岸及沙漠地区；B 类指田野、乡村、丛林、丘陵以及房屋比较稀疏的乡镇和城市郊区；C 类指有密集建筑群的城市市区；D 类指有密集建筑群且房屋较高的城市市区。

平潭岛属于 A 类近海海面和海岛、海岸、湖岸及沙漠地区，因此地面粗糙度取 0.12[6]，出流边界条件设定为自由出口，模型上方与两侧边界条件设为自由滑移壁面，壁面边界条件设为静止壁面且沿壁面切向流体速度为零和无滑移条件[7]；初始测定高度设置为人行高度 1.5 米。

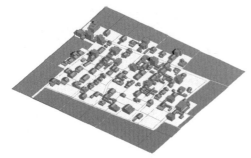

图 11　六目秀村的三维模型

3. 软件验证

为了验证本次模拟试验的可靠性，需对同一场地风环境的实测数据与相似条件下软件模拟测算数据进行拟合度分析[8]。实地测量地点六目秀村的主要街巷、房屋之间的空地和巷道，共选取了 8 个测点，测点 1、2 位于村落主要街巷的入口和交叉口处，测点 3、5、7、8 位于房屋之间的空地处，测点 4、6 位于房屋之间的巷道中（图 12），测量时间为 2023 年 7 月 16 日 13：00 至 15：00，每隔 10 分钟使用风速仪测取每个测点距地面 1.5 米高度处的风速值。在村落无建筑和绿化遮挡的空地处测得距地面 1.5 米处的风速和风向为 2.1 米/秒和 NE，气温是 27℃，将该风速、风向和气温作为软件验证测算的输入参数，其他参数不变。模拟结果显示 8 个测点的模拟风速值与实测值的误差均小于 0.1 米/秒，基本完全拟合，模拟值与实测值具有强相关性，说明本次 PHOENICS 风环境模拟试验中使用的参数合理以及计算结果具有可靠性（图 13、图 14）。

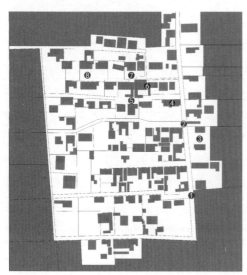

图 12　风速实测点分布

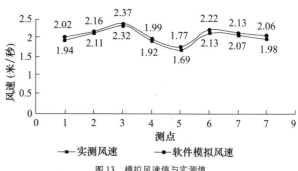

图 13　模拟风速值与实测值

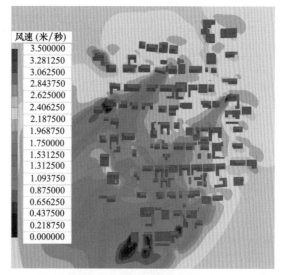

图 14　六目秀村的风速云图

五、巷道风环境模拟试验和舒适度分析

1. 评价标准

本文将人行高度 1.5 米处的平均风速和平均风速比作为巷道风环境的评价标准，通过模拟试验结果对六目秀村的巷道风环境进行定性和定量分析。风速的大小和频率都对人体热舒适度有直接影响，室外风速小于 1 米/秒时容易造成通风不畅，大于 5 米/秒时会阻碍行人行动，风速值在 1～5 米/秒区间时风舒适度最佳[9]（表 3）。当风速值大于 5 米/秒时人体的舒适度与风的频率产生关联[10]，此次研究的范围限定在建筑之间的巷道区域，试验结果显示研究对象的风速值均小于 5 米/秒，因此本文的评价标准不考虑风速频率；风速比反映了建筑物的布局和形式对风速影响程度的大小，其计算公式为

$$R_i = \frac{v_i}{v_0}$$

式中，R_i 为测点风速比，v_i 为测点平均风速；v_0 为来流初始平均风速。

表3　风速与行人舒适度的关系

风速（米/秒）	人的感觉
$0 < v \leqslant 1$	无风区
$1 < v \leqslant 5$	舒适
$5 < v \leqslant 10$	较差，行动受阻
$10 < v \leqslant 15$	差，行动严重受阻
$15 < v \leqslant 20$	无法忍受
$20 < v$	危险

资料来源：《风对结构的作用——风工程导论》。

　　风速比越大表明建筑对风环境影响越小，区域内通风就越好。

2. 试验过程

　　六目秀村现有27个巷道，这些巷道都呈现出不同的空间形态，但统计后发现其长度、宽度和高度的取值都遵循一定的规律，最常使用的四个长度值是7.0米、9.0米、10.0米、12.0米，四个宽度值是0.8米、1.2米、1.8米、2.1米，四个高度值是3.0米、3.6米、4.2米、5.1米（表4、图15）。

表4　六目秀村的巷道统计

续表

巷道编号	长（米）	宽（米）	高（米）
1	12	1.2	2.7
2	6	1.2	3
3	7	1.8	3
4	15	1.2	3
5	10	1.2	5.1
6	10	1.8	4.2
7	12	1.8	4.2
8	10	1.2	4.2
9	10	1.2	3
10	7	1.8	3
11	7	1.5	2.7
12	7	1.2	3
13	8	2.4	3
14	10	1.2	3
15	10	0.8	3
16	7	1.2	3
17	7	0.8	3
18	9	3	3.6
19	9	1.8	3.6
20	4.5	2.1	1.8
21	10	1.8	3
22	7	1.8	7.5
23	10	2.1	6.5
24	10	1.8	5.1
25	7	2.1	3
26	10	1.8	3
27	12	2.1	6

图15　六目秀村的巷道位置

　　该试验只研究建筑单体之间的巷道对风环境的影响，为了保证整个试验只有巷道的长度、宽度和高度三个变量，将建筑单体的面宽大小统一为11.4米，进深值为巷道长度，高度值为巷道高度。总共分为两组风环境模拟试验：第一组试验以巷道的长宽比为变量，巷道高度固定为该村最常使用的建筑高度3.0米，同时将最常使用的4个巷道长度和4个巷道宽度进行排列组合后获取16个长宽比不同的模型，分别编号为M1~M16（表5）；第二组试验以巷道的宽高比为变量，巷道长度固定为该村最常使用的建筑进深10.0m，同时将最常使用的4个巷道宽度和4个巷道高度进行排列组合后获取16个宽高比不同的模型，分别编号为N1~N16（表5）。分别将这两组模型导入PHOENICS软件中进行风环境模拟试验。结合平潭县的气象数据：平潭岛常年主岛风向为 NNE，年平均风速为 5.0 米/秒，年平均气温为 20.3℃，将该风速、风向和气温作为软件测算的输入参数，其他参数不变。

表5　巷道风环境模拟试验分组

	巷道高度（米）	3															
第一组	巷道长度（米）	7				9				10				12			
	巷道宽度（米）	0.8	1.2	1.8	2.1	0.8	1.2	1.8	2.1	0.8	1.2	1.8	2.1	0.8	1.2	1.8	2.1
	长宽比	8.75	5.83	3.89	3.33	11.25	7.50	5.00	4.29	12.50	8.33	5.55	4.76	15.00	10.00	6.67	5.71
	编号	M1	M2	M3	M4	M5	M6	M7	M8	M9	M10	M11	M12	M13	M14	M15	M16
第二组	巷道长度（m）	10															
	巷道宽度（m）	0.8				1.2				1.8				2.1			
	巷道高度（m）	3	3.6	4.2	5.1	3	3.6	4.2	5.1	3	3.6	4.2	5.1	3	3.6	4.2	5.1
	宽高比	0.27	0.22	0.19	0.16	0.40	0.33	0.29	0.24	0.60	0.50	0.43	0.35	0.70	0.58	0.50	0.41
	编号	N1	N2	N3	N4	N5	N6	N7	N8	N9	N10	N11	N12	N13	N14	N15	N16

3. 结果与分析

（1）第一组 16 个模拟试验的结果（图16、表6）表明：六目秀村巷道长宽比的最佳取值范围是 3.89～4.29。分析如下：当巷道宽度为 0.8 米和 1.2 米时，巷道的舒适性低，风场分布很不均匀，巷中出现静风区，当巷道宽度为 0.8 米且长宽比小于 11.25 时，巷口风速低于 1 米/秒，通风不畅；当巷口宽度为 1.8 米和 2.1 米时，总体使人感觉舒适，风速基本维持在 3.5～5.0 米/秒，从巷口至巷尾递减。巷道宽度为 1.8 米的四组试验数据显示随着长宽比的增大，巷道的平均风速比逐渐变小，因此 1.8 米宽的巷道的最佳长宽比为 3.89。对于 2.1 米宽的巷道，四个试验模型的平均风速比在巷道的长宽比为 4.29 时最大，无论巷道的长宽比小于 4.29 还是大于 4.29，平均风速比都会变

小，因此 2.1 米宽的巷道的最佳长宽比为 4.29。综上分析可得：3.89～4.29 是六目秀村巷道长宽比的最佳取值范围。

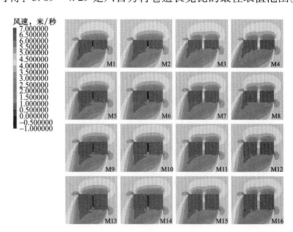

图16　不同长宽比的巷道风速云图

表6　第一组试验结果

编号	M1	M2	M3	M4	M5	M6	M7	M8	M9	M10	M11	M12	M13	M14	M15	M16
巷口风速（米/秒）	0.83	2.00	4.91	4.86	0.98	1.57	4.85	4.62	1.87	1.82	4.85	4.73	1.86	1.80	4.66	4.80
巷中风速（米/秒）	0.00	0.00	4.28	4.14	0.01	0.00	4.15	4.38	0.00	0.00	4.12	4.00	0.00	0.00	3.99	3.86
巷尾风速（米/秒）	2.83	3.02	3.87	3.81	2.87	3.08	3.85	3.80	2.83	2.88	3.85	3.52	2.87	2.77	3.82	3.70

（2）第二组 16 个模拟试验的结果（图17、表7）表明：六目秀村巷道宽高比的最佳取值范围是 0.35～0.50。分析如下：当巷道宽度为 0.8 米和 1.2 米时，整体的舒适性较低，巷口与巷尾的风速基本维持在 1.16～2.88 米/秒，但都在巷中骤减为 0，造成通风不畅；当巷口宽度为 1.8 米和 2.1 米时，巷道各位置风速变化较小，风速平稳舒适。巷道

宽度为 1.8 米的四组模型的平均风速比与巷道高宽比呈现负相关，在高宽比为 0.43 时取得最大值，对于 2.1m 宽的巷道。当高宽比大于 0.50 时，平均风速比随着高宽比的减小而增大。当高宽比小于 0.50 时，平均风速比随着高宽比的增大而增大。综上分析可得：0.35～0.50 是六目秀村巷道高宽比的最佳取值范围。

表7　第二组试验结果

编号	N1	N2	N3	N4	N5	N6	N7	N8	N9	N10	N11	N12	N13	N14	N15	N16
巷口风速（米/秒）	1.87	1.29	1.27	1.29	1.82	1.45	1.45	1.16	4.85	4.97	5.00	4.84	4.73	4.59	4.99	4.79
巷中风速（米/秒）	0.00	0.00	0.00	0.00	0.00	0.00	0.00	0.00	4.12	4.26	4.38	4.46	4.00	3.96	4.27	4.30
巷尾风速（米/秒）	2.83	2.56	2.43	2.25	2.88	2.62	2.74	2.33	3.85	4.01	4.17	4.06	3.52	3.64	4.06	3.91

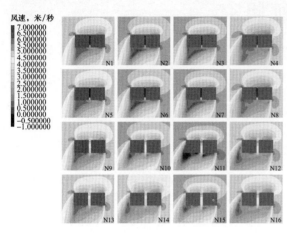

图17　不同高宽比的巷道风速云图

六、 结语

本文从微观尺度研究海岛少数民族聚落的局部风环境，统计完六目秀村的巷道尺寸后分别提取出最常用的4个长度、宽度和高度，将这些尺寸重新排列组合并形成新的巷道空间尺寸，以该村既有的巷道尺寸为变量依据可以保证试验结果的可实现性，以巷道的长宽比、高宽为自变量，共分为2组32个模型，借助PHOENICS软件进行风环境模拟试验，得出以下结论：该村建筑高度为3米时，长宽比取值在3.89～4.29的巷道的风环境最舒适；建筑进深为10米时，宽高比取值在0.35～0.50的巷道的风环境最舒适。以上结论可为平潭岛其他传统聚落的更新改造提供借鉴，但也存在一定的局限性。本文只探讨了六目秀村建造频率最高的建筑高度和进深，这些建筑多为靠近村落中心区域的传统石厝建筑，但是聚落的生长和演变是一个动态的过程，居住者会根据环境、技术和经济等外界因素新建房屋或对其进行扩建和改建，建筑单体的尺寸和形态在不断演变，

不同几何形态的空间场所的风场具有较大差异，对于海岛聚落中与传统石厝建筑的形制有着较大差异的现代建筑，其巷道风环境的舒适度还有待进一步研究和完善。

参考文献

[1] 杨俊宴，张涛，谭瑛. 城市风环境研究的技术演进及其评价体系整合 [J]. 南方建筑，2014（3）：31-38.

[2] 吴金泰. 平潭县志 [M]. 北京：方志出版社，2000.

[3] 杨文鹤. 中国海岛 [M]. 北京：海洋出版社，2000.

[4] 蔡晓禾，廖廓. 福建平潭大风气候特征分析 [J]. 闽江学院学报，2011，32（5）：130-133.

[5] BAETKE F, WERNER H, WENGLE H. Numerical Simulation of Turbulent Flow over Surface Mounted Obstacles with Sharp Edges and Corners [J]. Journal of Wind Engineering and Industrial Aerodynamics，1990，35：129-147.

[6] 姚佳伟，黄辰宇，庄智，等. 面向城市风环境精细化模拟的地面粗糙度参数研究 [J]. 建筑科学，2020，36（8）：99-106.

[7] 成思维，赵祥. 基于PHOENICS的校园宿舍室外风环境模拟研究 [J]. 居业，2021（3）：56-58.

[8] 赵晶晶，胡思润. 夏热冬冷地区传统村落街巷风环境研究：以湖北省大冶市上冯村为例 [J]. 新建筑，2021（4）：139-143.

[9] SIMIU E, SCANLAN R H. Wind effects on structures：an introduction to windengineering [M]. New York：A Wiley-Interscience Publication，1978.

[10] 埃米尔·希缪，罗伯特·H. 斯坎伦. 风对结构的作用：风工程导论 [M]. 刘尚培，项海帆，谢霁明，译. 上海：同济大学出版社，2007.

川西林盘聚落空间形态构成特征研究

刘雄强[1]　　杨大禹[2]

摘　要：川西林盘是四川乡村独有的传统聚落形态，在成都平原肥沃的自然条件影响下，川西地区形成了与山地聚落迥然不同的聚落空间。其独特的聚落空间形态，体现了巴蜀文化与农耕文化相互融合的生产生活特征。在当今乡村振兴的背景下，进一步对川西林盘传统聚落空间的深入研究具有现实意义。本文对川西林盘"宅、林、田、水"同构的独特空间构成进行分析，并归纳出川西林盘传统聚落及其民居所展现的隐蔽、共融、复合的空间特征，以期为川西林盘的保护传承与环境提升提供参考依据。

关键词：川西林盘；传统聚落；空间特征；空间构成

一、　川西林盘概述

随着《中共四川省委 四川省人民政府关于做好 2023 年乡村振兴重点工作加快推进农业强省建设的意见》正式公布，川西平原的中国式现代化新农村建设日益受到关注。川西林盘作为川西平原独有的传统聚落，针对其空间形态构成与特征的研究，也越来越受到普遍的关注。

林盘发展历史悠久，环境优美，是成都平原特有的传统聚落，也是中国独有的传统生态聚居群落。通常，一座林盘由川西民居院落、竹林及其周边的耕地共同组成，即以单个的川西民居组合形成乡村院落，在院落周围种植茂盛的林木（竹类居多），透过竹林可看见部分院墙，在院落外围绕着开阔的耕地和稻田。林盘绿化将川西民居院落包围，提供了极佳的生态环境。稻田里种植的水果蔬菜，为农家的生产生活提供了便利，同时因为耕田在民居旁边，村民日常的农务劳作也非常方便（图 1）。川西林盘是成都平原上最具代表性的聚落形态。林、田、水系与林盘宅院等构成要素，共同构成了川西平原半天然人工湿地上网络化林盘聚落体系[1]（图 2），较好地维护了川西平原的生态

环境，并形成独特的川西田园风光。这种独有的聚落正是川西平原良好的气候、肥沃的土地以及都江堰水利（图 3）农耕文明协调共生的结果，而在这种独特农家聚落里的川西民居，也在周围树林和耕田的围绕下显得宁静脱俗，融于自然。

二、　川西林盘聚落空间构成

1. 外部空间构成

与山地聚落不同，川西平原林盘聚落虽然也是"宅林水田"同构，但其并非上林下田、中部聚落的空间构成，而是更多的横向扩展，不同大小的宅林散布田间，溪水位于林盘一侧的空间组合。如郫县永泉村林盘、崇州和乐村林盘（图 4），即散布在田间且组合自然有序的聚落。

对于由"宅、林、田、水"构成的川西林盘聚落，宅指宅院，是林盘构成的主体，宅院的大小决定着林盘的规模大小。在林盘中的宅院布局灵活自由，无明显轴线。院落组合常见形式有"一"字形和"L"形，三合院、四合院，以及彼此间形成的组合方式。一般院落规模均不大，

1　四川省建筑设计研究院有限公司工程师，硕士研究生，610000，411843116@ qq. com。
2　昆明理工大学建筑与城市规划学院教授、博士生导师，650500，857012994@ qq. com。

(a) 民居形态　　　　　　　　　　　　　　　　　(b) 田园景观

图 1　川西林盘民居形态与周边田园景观

（资料来源：作者自摄）

(a) 宅院空间　　　　　　　　　　　　　　　　　(b) 宅院绿化

图 2　川西林盘内部宅院空间与绿化

（资料来源：作者自摄）

(a) 鸟瞰图(1)

(b) 鸟瞰图 (2)

(c) 鸟瞰图 (3)

图 3　川西林盘聚落体系

[资料来源：图 (a) rosycloud 提供，图 (b) https：//mp.weixin.qq.com/s/YtI9MMZI8cerlB87ZDcUAw，图 (c) 由王庆新提供]

图例：
■■ 林盘
▨▨ 林盘内建筑
■■ 水体
□□ 道路
▨▨ 农田
■■ 社界

图 4　郫县永泉村、崇州和乐村林盘外部空间构成
（资料来源：分别由樊砚之、张俊伟提供）

主要为普通的田园民居，很少有豪宅。林是林木，指围绕在宅院周围以竹和乔木为主的林木，林木外围较为高大，几乎将宅院遮挡，既可以隐蔽宅院外形，又可以遮阳保温。林木里的果树和蔬菜在宅院前方，为房主提供水果、蔬菜，同时也便于房主采摘和养护。高大的林木植物在远处看来，就像是宅院天然的屏障和围墙，将住所隐藏其中，居住者则会感受到一种归隐之境（图 5）。田即包围在林盘之外的稻田。由于川西地区天然的地域优势，土地肥沃，气候宜人，适合农业发展。居住在宅院中的村民可以自行耕种和采摘外部田园中的农作物。这种自给自足的生产生活方式，也是因为"田"这一重要构成要素形成的。农田不仅能够满足多种农作物的种植生产，同时农田和外部流淌的溪流、小池，与宅院、林木组构成一幅幅充满生机的田园闲居图，使之成为自然与人工景观相辅相成的聚落环境，独具观赏价值。水是指贯穿或围绕在林盘周围的水系，林盘中常有溪流、灌渠穿过，同时水质较好，可作为生活用

水，洗衣洗菜等活动常在溪流中进行。农家饮用水则是以自挖井来取用地下水，很少使用灌溉水。当然多数林盘没有污水处理设施，生活污水就直接通过排水沟排向沼泽地，这使林盘周围环境破坏严重，这也是需要解决的问题（图 6）。

2. 内部空间构成

林盘内部的空间景观构成要素多样，一般由林盘入口、内部道路、庭院"院坝"、檐廊空间、菜地果园等要素构成。入口形式多种多样，且较为低调朴素，柴门、竹林形成的拱门等均可成为林盘入口。具有引导作用的林盘入口，通常会有小桥流水，或以石头堆积成为景观标志。林盘道路是聚落内部空间的肌理脉络，道路蜿蜒曲折，给人以曲径通幽的感受。借助曲折路径将宅院、菜地、竹林、入口联系形成整体，路旁有花草果棚，排水沟也与道路走向并行。

(a) 林盘宅院

(b) 环境绿化

图5　林盘宅院与环境绿化
（资料来源：作者自摄）

(a) 稻田

(b) 水系

图6　林盘周边稻田与水系
（资料来源：作者自摄）

庭院"院坝"是林盘聚落内民居的开放空间，具有晾晒、交往、休闲的功能。"院坝"主要分为围合式和开敞式两种形式，围合式基本上用围栏、院墙分割，或建筑围合形成庭院。开敞式则主要通过溪流、菜地、邻墙来限定。院坝是成都文化和川西农耕文化的集中体现，就像北京四合院里的院子一样，种植蔬菜、圈养家禽、晾晒衣物、休闲娱乐等日常家居活动都在"院坝"中进行。檐廊空间也是林盘聚落内民居与"院坝"紧密关联的室内外过渡空间，有遮雨防晒的功能，更是住家居民生活和劳务的场所。下雨天能坐在檐下品茶观雨，烈日天能在廊下乘凉休憩。这种空间将川西休闲文化和禅文化诠释得淋漓尽致。菜地果园位于林盘院坝内外，便于居民采摘，这种小菜园不仅有生产作物功能，而且能起到衔接过渡的景观功能，利用院坝里的空地自行布置，一年四季呈现不同的风貌。

三、 川西林盘聚落空间特征

1. 川西林盘聚落空间布局

外散内聚是川西林盘聚落最主要的布局特征，聚落空间保留了随田散布的林盘聚落生产生活方式，形成了由点（林盘聚落）—线（河流、道路）—面（田野）构成的空间布局[2]。例如崇州市的和乐村林盘便是这样的空间布局（图7）。

聚落的外部空间是散居的格局形式，聚居在三户以上的林盘被称作"自然村"，两户及以下的林盘称作"零星散户"。聚落内部空间则是内聚的形式，宅院外围种植着高大茂密的林木，院子则是内向聚集于林盘之中，相邻的院落空间彼此协调，表达出邻里之间互帮互助的凝聚力和亲和力。在对大量川西林盘聚落调研分析的基础上，依据不同的空间布局方式，可将川西林盘聚落划分为三种类型，即中心集聚型、无中心聚居型和散居型[3]（图8）。很明显，中心集聚型具有一个明确的聚落中心场所，这个空间场所通常以居民信仰的寺庙建筑为主，成为林盘聚落的精神中心。无中心聚居型的林盘，整体布局集中紧凑，散居型则反映出组成林盘聚落空间的院落民宅布局更加自由松散、相邻空间较为宽敞。

2. 川西林盘聚落空间组合

从聚落空间个体来看，川西林盘聚落又可分为独居林盘、聚居林盘、群居林盘。独居林盘是单门独户分散于田间的三合院和四合院，这些院落与周围的林木形成一个独立的住屋单元体。聚居林盘是 3~5 户或十几户人家共居一块，规模比独居林盘大，通常以有血缘关系的农户聚居，院落随意排布，无明显轴线。院落之间有竹林相隔，小道沟渠相互连接各个院落。群居林盘是由几组相邻的林盘相互间由于血缘、亲缘或业缘的关系紧密联系在一起，呈现地段规模更大的集团式林盘群体组合形式。这三种聚落模式拥有的共同特征，都是由庭院展开到房舍，接着是围绕各个院落的林园，最外层包围着耕田（图 9）。

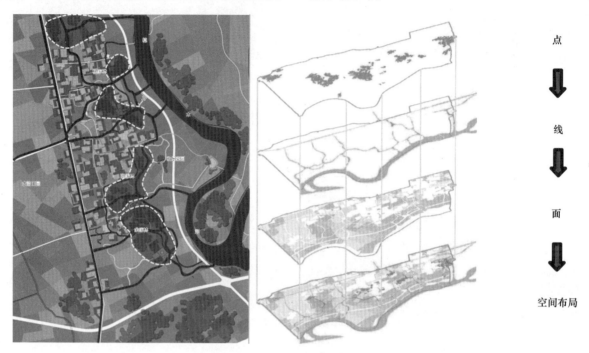

图 7　崇州市和乐村传统聚落空间布局
（资料来源：张俊伟提供）

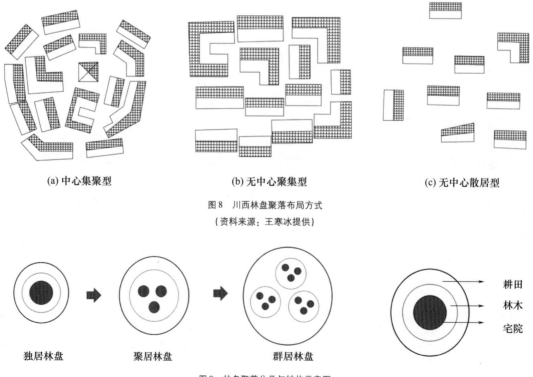

(a) 中心集聚型　　　　　　(b) 无中心聚集型　　　　　　(c) 无中心散居型

图 8　川西林盘聚落布局方式
（资料来源：王寒冰提供）

独居林盘　　　　聚居林盘　　　　群居林盘

耕田
林木
宅院

图 9　林盘聚落分类与结构示意图
（资料来源：作者自绘）

3. 川西林盘聚落空间模式

林盘聚落的空间模式有隐蔽型、共融型、复合型几种，每种具有相似和不同的空间组合特征。隐蔽型体现在：林盘中的民居宅院隐藏在外部的林木树丛里，从外界难以窥视到其林盘内部宅院情况，很好地保护了住家邻里的私密性。共融型体现在：林盘系统里的林木、田野和川西平原广阔的农田及灌溉水系相互呼应，小景观融入大景观，林盘的田园景色融于田园生活之中。复合型体现在"宅—林—田"的围合结构，能很好地满足居民的生产生活、融生态于一体的复合需求（图10）。由于农业发展、移民入川等，林盘的数量不断增加，林盘单元的扩大导致林盘之间的缓冲区域逐渐变小，因此林盘内部的布局转变也更为紧凑，这种布局方式可节约用地，保持更多的土地作为农耕用地。

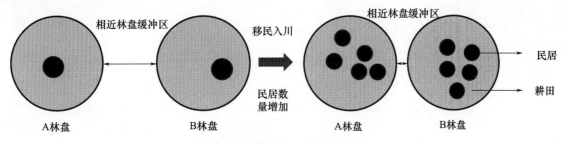

图10　林盘聚落移民前后相近林盘结构变化图

（资料来源：作者自绘）

四、 川西林盘民居空间特征

在川西林盘聚落空间中的民居院落，是整个林盘聚落房屋组构的核心。川西林盘民居的建筑空间特色鲜明，也是四川传统民居的代表之一。在平面布局上，林盘民居以"一"字形、曲尺形、三合院、四合院布置为主，一般是各户独门独院。同时在房屋前面设一块平地，作为农活和修补农具的主要场所。在川西林盘民居的立面外观上，主要采用穿斗式结构的木构平房，小青瓦房屋和土草房[3]，整体风貌平和素雅是林盘民居的普遍风格。

1. 民居平面布局

隐秘在竹林之中的林盘民居，不仅有生活起居的功能，而且带有部分生产功能。其民居的基本形制主要有"一"字形、曲尺形、三合院、四合院几种（表1），相互间灵活组合成不同大小的院落空间，适应于多种家庭结构的生产生活。

表1　林盘聚落民居空间布局汇总表

民居形制	民居平面图	民居轴测图	
"一"字形2人居 功能：会客＋休憩＋烹饪	灶房　堂屋　卧房　吞口　前廊		
曲尺形4人居 功能：会客＋休憩＋烹饪＋养殖	厨房　正房　堂屋　正房　禽舍　院坝		

续表

民居形制	民居平面图	民居轴测图	
三合院 8 人居 功能：会客＋休憩＋ 烹饪＋养殖＋晾晒	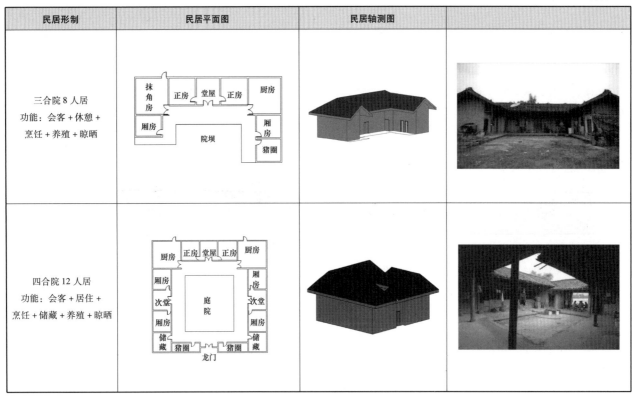		
四合院 12 人居 功能：会客＋居住＋ 烹饪＋储藏＋养殖＋晾晒			

（资料来源：自绘）

"一"字形是林盘民居最基本的形式，因这种平面占地面积较小，适合人口不多的小家庭居住。中间的明间为堂屋，主要用于会客和供奉祖先。左侧次间为灶房，用于烹饪。右侧次间为卧室，用于休憩。曲尺形或"L"形的平面形式，适合两代人居住。堂屋两旁两间正房，正房和厢房转角处叫"抹角"，厨房常设于此处。三合院型也可称三合头，是在曲尺形基础上加上两厢房的形式。三合院一般为一正房两厢房的形式。其外面的院坝有开敞式的也有闭合式的。四合院型也可叫四合头，四面建筑围合，中间为庭院，庭院是四合院的核心，进行生产和生活活动。四合院可住几个小家庭，一列三间，一门闭关。整个院落仅有一

个门，平面方正得像一颗印章。

2. 民居立面外观

川西林盘民居建筑低矮朴实，舒展含蓄，房屋台基也较为低矮，建筑高度均不高于周围林木，以获得林木的掩蔽，以小青瓦覆盖的建筑屋面采用长短坡。总体来说，外实内虚是林盘民居的主要特征，三面围合的外墙面较实，檐廊空间及室内较虚。在立面上，山墙面仅开设较少且小的窗洞，以增加墙面有限的变化。在材料上，外墙基本采用木装修和版土墙。可见，平和素雅是林盘民居的普遍风格（图11）。

图 11 保护较完整的林盘民居院落

（资料来源：《川西林盘聚落文化研究》）

五、 结语

　　川西林盘聚落是一种特色鲜明的地域性乡村聚落，属于平原地区的传统聚落形式之一。该聚落反映了川西漫长农业文明社会和文化的独特性，其乡土文化特色十分鲜明[4]。希望以上对川西林盘聚落空间形态构成以及空间特征的分析总结，能够推动解决林盘面临的问题及其未来的发展，能够进一步提高人们对其居住空间环境的价值认识。在大力推进乡村振兴战略、在城乡建设中加强对耕地保护、生态环境保护和乡村历史文化传承保护的今天，对成都近郊川西林盘聚落空间形态的整体保护已迫在眉睫。同时林盘聚落保护是一项长期的系统工程，保护传承工作需要从多角度、多方面展开，不仅需要政府的支持，而且需要借助乡、镇、社区等力量的介入，更需要规划设计单位、高校研究部门的共同参与[5]。在保护传承乡村文明和提升林盘聚落居住环境品质的过程中，需要对林盘聚落的空间形态构成进行整体性的保护[6]，保持和延续其传统聚落的空间特征与当地居民的乡土情愁，这样才能更好地传承和持续发展独特的川西林盘传统聚落。

参考文献

［1］方志戎，李先逵．川西林盘文化的历史成因［J］．成都大学学报（社会科学版），2011，（5）：45-49.

［2］陈雨露，周波，龚洪，等．与环境共生共融：从空间特质看川西林盘的生态意义［J］．四川建筑科学研究，2011，37（2）：235-237.

［3］王寒冰．川西平原林盘聚落空间形态研究［D］．成都：西南交通大学，2019.

［4］蔡小于．农村传统民居价值探析：以川西林盘为例［J］．理论与改革，2009，（4）：151-153.

［5］方志戎．川西林盘文化要义［D］．重庆：重庆大学，2012.

［6］张莹．川西林盘体系保护与发展研究［D］．成都：西南交通大学，2008.

云南迪庆藏族闪片房传统土作技艺及其改良研究[1]

叶雨辰[2]

摘 要： 夯土板筑法与土坯砖砌筑法是滇西北藏族民居闪片房的传统生土营造技艺。本文以处于滇、藏、川三省交界的藏、汉、纳西等多民族交汇地——迪庆藏族自治州为背景。通过实地调查与实地建造，探究滇西北藏族闪片房的传统土作技艺，并从材料配比、工具改进、流程更新、结构设计等多角度提出基于原传统土作营造逻辑的新型生土营造策略，旨在传承滇西北藏族闪片房传统土作工艺，为生土建筑的当代适应性提供实践路径。

关键词： 闪片房；云南藏族民居；生土营造技艺；夯土板筑法；土坯砖砌筑法

从穴居到地面房屋建造，土是被人们最早使用且使用最广的建筑材料。因我国黏性土分布广泛、易于就地取材、施工便捷、坚固耐久、保温隔热性能好（图1），长期被广泛应用，成为我国古代建筑工程的主要匠作之一——土作。我国古代土作技术主要分为夯土板筑法、土坯砖砌筑法。

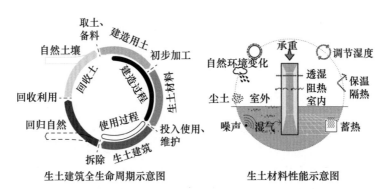

生土建筑全生命周期示意图　　　生土材料性能示意图

图1　生土建筑特性

（资料来源：《破土重生——多种乡村重建模式下的生土营造研究》）

关中土房、内蒙古固定式蒙古包、新疆圆形土屋、吉林碱土平房、察哈尔大窑房、西藏土碉房、青海东部压巢、黑龙江拉哈房、福建土楼等多种生土民居遍布国内。土作技术是汉族等多民族通用的传统建造技艺。

自然生态和社会文化背景的复杂性、多元性构成了生土建筑形式与文化多元交融并存的特点，众多因素又不同程度地影响各民族自身土作技艺的传承、更新与发展。云南迪庆藏族闪片房便是其中一例。

1　基金项目：国家社会科学基金研究专项项目（项目编号：20VMZ008）。
2　东南大学建筑学院，博士研究生，210096，lilyye.yyc@qq.com；东南大学中华民族视觉形象研究基地，东南大学中华民族视觉形象研究基地研究组成员。

一、 闪片房——迪庆多民族文化的多重积淀

云南藏族闪片房主要分布在滇西北的迪庆藏族自治州。迪庆藏族自治州位于滇、川、藏三省交界的横断山脉三江并流腹心地带。全州境内以藏、傈僳、汉、纳西、白、彝等民族为主，是云南最大的藏族聚居区，是历史上著名的茶马古道和现今的滇藏公路的必经之地，也是"藏彝走廊"与"汉族走廊"的交会点。

自楚人庄蹻入滇、汉武帝设郡赐印、东汉置永昌郡、三国时诸葛亮平定南中，云南与中原王朝的政治联系日益密切，至隋唐时与内地联系更进一步：一统六诏为南诏、建立总管府及吐蕃都督统管制度，沿用至元朝末期，在宋王朝积极倡导"茶马互市"的影响下，中甸与内地经济交往更加频繁，明中期立忠甸、清"于中甸互市""遂设渡通商贸易"并于中甸设厅划归丽江府，招徕大批内地商贾，密切了汉藏之间的友好往来，加速了迪庆社会的发展。

随着汉族移民和其他民族的相继迁入，长期居于该地的藏族人受到来自内地的政治、经济、文化强烈影响，在民居的空间形式上既有羌、藏传统的建筑文化和技术，又不同程度地借鉴了汉族、白族、纳西族的建构技术和艺术，形成既属于藏族民居体系，又别于其他地区藏式民居的特点。

闪片房（图 2）是迪庆藏族传统民居三大形态之一（闪片房、土掌碉房、帐篷）。中甸高寒坝区的闪片房，可以归为"板屋"系住屋，当属原始板屋的变异形式。闪片房外墙墙体厚实，底部厚重，建筑立面尺寸有收分，窗子数量少、开窗小，窗口犹如喇叭内大外小。墙体素土夯实或土坯砖砌筑，墙面用白土把墙面浇成白色。整个屋顶与墙体分离，闪片坡屋顶与顶层有一夹层空间可以保温隔热，通风避雨，用于晾晒粮食，存储杂物。二层入口一侧有檐廊。屋面有中脊，两侧为倾斜屋面。屋顶为双面坡屋顶且坡度小，檐口及山墙出挑较大。屋面有利于快速排除雨雪，具有抗寒、抗风化的能力。

图 2　建在大地上的闪片房
（资料来源：lickr-Gary Zhong）

闪片房在空间技术结构上体现出汉、藏两种文化的交融嫁接，木质柱梁结构与夯土墙结合，体现了汉族与藏族居住文化的融合。其栏杆、楼梯、柱子、檐口和梁头的处理，做工考究，明显受汉化影响，其前檐、门窗装饰与当地汉族、纳西族大多相同。屋内居中设一粗大立柱，断面形式方圆不一，柱顶依次安放垫木、替木再置梁枋。柱头着意装饰不同线脚和图案。这种柱式已成为藏族建筑吸收并融合汉族和印度建筑因素而创造出的一个重要艺术成就，被视为藏、汉、梵文化交流在建筑形象上的凝聚。部分家庭富裕者藏族建筑有两进甚至更多的多院落布局，具有强烈的汉族合院特征。

二、 迪庆闪片房的传统生土营造技艺

段绶滋在《中甸县志稿》中写道："藏族住宅……先将下层修造完备，再修造第二层，待第二层造竣，视其力量，再造第三层，在四、五层屋顶，多系平掌，可供眺览，可晒粮食。一、二两区（层）因土质较松，多于平掌上架一闪片屋顶以复护之，周围土墙坚厚，最能持久。"迪庆藏族闪片房墙体主要应用生土营造技艺中的夯土板筑法和土坯砖砌筑法。

1. 夯土板筑工艺

夯土墙的围合方式可以系统性地划分为三类，具体而言分别是三面"凹"字形（图 3）、四面围合型、局部镶嵌木楞粮仓。三层民居夯土墙一般首层底宽 600～800 毫米，二层顶宽 450～550 毫米。墙体内各段夯筑层顺墙向地进行竹条拉接，其余为匀质材料。墙体外侧通过白土进行浇涂，此类白土具有较强的黏性，颗粒不大，其浇涂方式能够使其良好地依附在建筑体表面，同时具备一定的表面张力。建筑外部流淌着白土的天然肌理，与周围环境十分协调。

图 3　闪片房的夯土墙体
（资料来源：作者自摄）

闪片房一般在春季进行建造，冻土层在彻底完成解冻以后，就能够进行相关建造活动，主体结构在建设的过程中所需耗费的时长大约为三个月。夯土墙体要防止雨水的冲刷，迪庆雨期集中在 6～10 月，建造时间避开雨期和寒

冬，可在农闲时开展建造活动。

夯土墙的建造工具为模板、立柱、钢丝、舂墙棒、木工工具。建筑材料主要采用松木、黏土、竹条。传统夯土技艺采用手工振捣（舂墙）。舂墙采用古代传统夯土板筑法，但存在区别的是闪片房所选择的模板规格超过一般的模板，板高 300~500 毫米，长度 7~10 米，板厚 50~70 毫米，一次模具舂捣耗费的时长是 3~4 小时，干燥操作需进行 4~5 天。

传统建房舂墙都是屋主邀请亲戚协助，然而当前农村劳动力不断外流，许多建造活动都是通过雇工的形式完成的。从当地民众歌唱的筑墙歌就可以知道男女老少分工有序（图 4），大意为"艺高的师傅掌墨线，精明的徒弟钉墙楔，健壮的伙子搭墙板，灿烂的彩虹搭墙梯，背土的姑娘似蜜蜂，筑墙的好汉似雄鹰"。

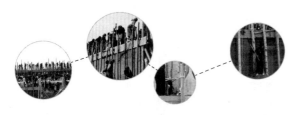

图 4　藏族民居墙体夯筑场景
（资料来源：《破土重生——多种乡村重建模式下的生土营造研究》）

夯土墙所用泥土除选择带有砂砾的黏性土外，在夯筑之前还要加入一定量的水，控制土料的湿度，每层夯土层都要添加竹条，便于拉固墙体，减少墙体开裂。夯筑后的建筑外墙存在十分显著的收分，底宽 600~700 毫米，顶宽度 400~500 毫米，墙体内侧为垂直向下，外侧存在一定倾斜。

闪片房的外墙用本地白土装饰，通过加水搅拌从而制得一类良好的装饰涂料。浇白操作通常在墙体干燥较长时间以后完成，一般选择泼洒和浇灌的方式，从而让墙面纹理呈现出特别的原始美感。

2. 土坯砖砌筑工艺

迪庆闪片房墙体除了采用夯土技术，也有一部分采用生土砌砖技术。生土砌砖是指选用适宜的生土掺入有机草（稻草）或无机材料（碎石、砂子）等拌和均匀后，装入一定规格的木模内做成土坯，放在太阳下晾晒，等干了以后即用之砌成墙体（图 5）。

3. 传统土作技艺的不足

传统生土营造的不足主要体现在：强度不大、材料力学性能较差；因原有材料缺陷会受到来自水、空气湿度、风、低温、生物和地震的破坏，耐久性能较差；传统生土建筑多为非标准化建造，属于劳动密集型建造模式，导致施工效率低与建成效果较差。

图 5　土坯墙体
（资料来源：作者自摄）

三、 基于原材料、 原工具、 原工艺、 原形式的生土营造改良

新型生土建造技术在不改变原有传统建造模式的基础上从以下方面进行了改进：通过调整材料的配比，改进材料本身的耐久性和力学性能；通过墙体构造措施，提高生土建筑的抗震性能；改进传统的施工工艺，提高施工效率与施工质量。

1. 材料配比

材料配比中每个成分（图 6）所占的比重大小会影响到最终成果的力学性能、耐水性能。土壤中黏土含量至关重要。黏土如含量适中将有助于在压缩过程中进行黏合，且挤压出来后易于搬动。砂石作为骨料，只有材料中大小粒径组合合理，才能有效减小颗粒间的空隙，避免产生裂缝。骨料宜选择细砂（粒径 0.15~0.5 毫米）与粗砂（粒径不小于 0.5 毫米）混合使用。根据土坯最佳颗粒曲线取值，骨料与黏土配比最适宜为 3：1，实际操作中应该根据自然土的成分来确定砂石的添加量。将土壤稳定剂加入混合物可以增加耐压强度，减少土砖的涨缩现象。普通水泥是压缩土砖的生产中分析最易得、最常见的稳定剂。水泥添加量为砂和土质量的 6.5%，若不使用纤维的情况下可达 7%。添加纤维可以提高生土材料的抗拉性能，能有效防止干缩引起的开裂。纤维可采用人工合成抗裂防渗纤维（PP 纤维），以及天然纤维材料（竹纤维、草纤维、秸秆纤维等）。合成纤维添加量约为 350 克/立方米（砂石土料的体积）。破碎后天然纤维长度宜为 3~5 厘米，添加量为 6 千克/立方米

（砂石土料的体积）。不同的生土技术对含水量要求不一样，总体关系是喷涂＞涂抹＞手工土坯＞夯土、液压土砖。根据经验，夯土、液压土砖含水量为5%～10%（图7）。

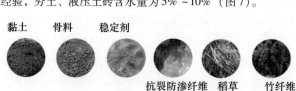

图6　材料配比

（资料来源：《破土重生——多种乡村重建模式下的生土营造研究》）

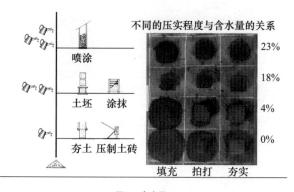

图7　含水量

（资料来源：《破土重生——多种乡村重建模式下的生土营造研究》）

2. 工具改进

（1）夯土工具改进

将夯土墙建造模板的水平模板从不规则的木板换成不易变形的合成板，垂直支撑杆从木条换成金属棍，提高支拆模板效率，使泥土转变为硬度较高的墙体，同时确保各个板的墙体之间能够体现良好的整体性。夯锤的选择既要确保夯锤有足够的质量以从而提升夯击力，又要兼顾人工操作所具有的便捷性。其夯打效果在很大程度上取决于锤头的质量、体型。同一工程中结合具体的夯击位置而选择特定规格的夯锤。机械夯锤可以大大节省人力，提高效率。应用范围最广的机械夯锤是气动夯锤（图8）。

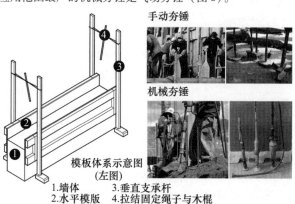

手动夯锤

机械夯锤

模板体系示意图
（左图）

1.墙体　　　3.垂直支承杆
2.水平模版　4.拉结固定绳子与木棍

图8　夯锤工具改进

（资料来源：《破土重生——多种乡村重建模式下的生土营造研究》）

（2）土坯模具改进

当前的土坯模具按照材料的特点可划分为多种（图9）。钢模具有比较理想的耐久性，然而自重较大；塑料模具在进行脱模操作的时候比较便捷，但易损坏；木模具在进行加工的时候较为便捷，适用于试验使用。常规的土坯模具组合类型有：①单（两）块加工型。该方式可以一个人完成操作，加工好的土坯可以在原地干燥、养护。②多块加工型。该方式需要多人完成操作，在场地相对宽裕的地方，可以提高生产效率（图10）。③台式加工型。该方式便于加工者的操作，但加工好的土坯需转移到养护场地（图11）。

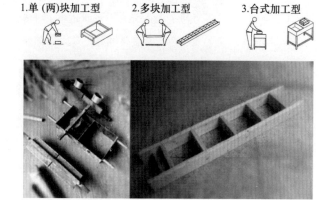

1.单（两）块加工型　2.多块加工型　3.台式加工型

图9　土坯模具

（资料来源：昆明理工大学绿色乡土建筑研究所）

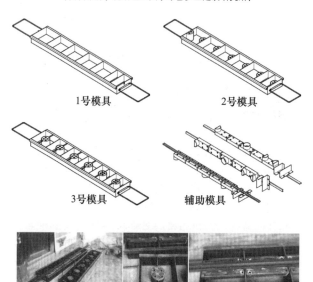

1号模具　　　　　　2号模具

3号模具　　　　　　辅助模具

图10　辅助土坯模具轴测图

（资料来源：昆明理工大学绿色乡土建筑研究所）

3. 土坯砖设计优化

为了满足错缝砌筑和抗震的构造需求，坯型中设有半坯、带孔土坯和"U"形土坯（图12）。半坯用于错缝砌筑；带孔土坯用于布置芯柱和垂直管线；"U"形土坯用于布置暗梁和水平管线，预留孔洞可以作为墙体芯柱，预留槽口可以预埋暗圈梁，提高墙体抗震性能。

液压土砖机

液压土砖机的组成

液压土砖机由压砖机、液压站和传送平台组成。压砖机由支撑框架、压砖舱、水平压砖液压杆、垂直挡板液压杆和加料斗组成。操控杆位于液压站上。

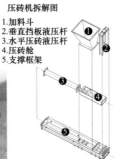

压砖机拆解图

1.加料斗
2.垂直挡板液压杆
3.水平压砖液压杆
4.压砖舱
5.支撑框架

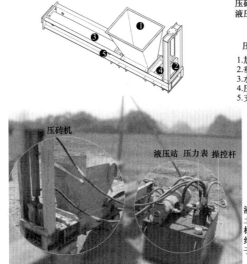

液压土砖基本呈矩形，其长度根据放入压缩仓的土壤数量而有所不同。土砖的标准宽度为240毫米，标准高度为115毫米。生产中土砖的长度通常为大约240毫米。短到25毫米、长到300毫米的土砖都易于生产。长条土砖较为笨重，养护变硬之前更易碎。

图11 液压土砖机

（资料来源：匡私衡）

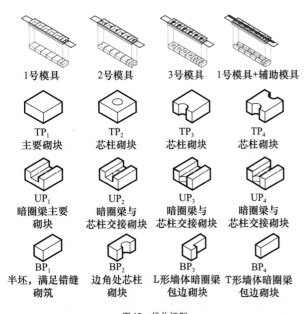

1号模具　2号模具　3号模具　1号模具+辅助模具

TP₁
主要砌块

TP₂
芯柱砌块

TP₃
芯柱砌块

TP₄
芯柱砌块

UP₁
暗圈梁主要砌块

UP₂
暗圈梁与芯柱交接砌块

UP₃
暗圈梁与芯柱交接砌块

UP₄
暗圈梁与芯柱交接砌块

BP₁
半坯，满足错缝砌筑

BP₂
边角处芯柱砌块

BP₃
L形墙体暗圈梁包边砌块

BP₄
T形墙体暗圈梁包边砌块

图12 优化坯型

（资料来源：昆明理工大学绿色乡土建筑研究所）

土坯规格选择不但和最小墙厚度存在一定关联，还和抗震技术存在联系。在对墙体采取有效的抗震构造措施后，可在原有传统土坯砖砌筑的外墙所规定的最小厚度上略有减小，但墙厚尺寸仍需要满足在240～300毫米范围内。从土坯墙体稳定性考虑，土坯砖边长尺寸宜接近此范围的最大值。同时考虑到墙体的基本模数，故取值290毫米。墙段尺寸应考虑土坯的尺寸，符合300毫米的模数。

4. 施工流程优化

（1）土坯模具使用流程和生产组织优化

应该组织好现场的工作，尽量控制搬运的距离和次数。注意安排土坯晾晒和堆放的地点。晾晒、制坯的场地可以根据晾晒周期循环交替使用。将设备安置在制砖机附近，以便将搅拌好的土壤直接装入送料斗。将运来或挖出的土壤倾卸在搅拌设备旁并保持走道清洁（图13）。

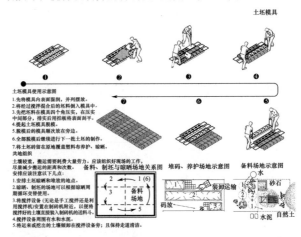

图13 土坯模具使用流程及生产组织优化

（资料来源：匡私衡）

（2）液压土砖机压制流程和生产组织优化

液压土砖机能够高效批量生产土坯砖。土砖的标准宽度为240毫米，标准高度为115毫米。与土坯模具生产相似。因土壤搬运需要耗费大量劳力，应组织好现场的工作，

减少搬运的次数和缩短距离。最好从后往前一步步回想，

从养护土砖的地方开始。具体流程详见图14。

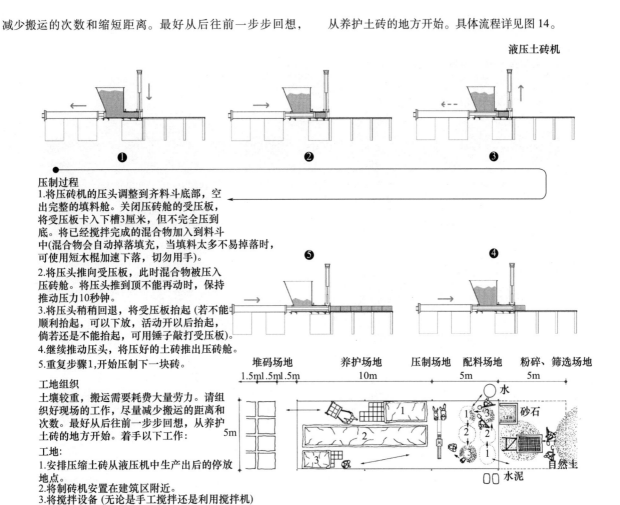

液压土砖机

压制过程

1.将压砖机的压头调整到齐料斗底部，空出完整的填料舱。关闭压砖舱的受压板，将受压板卡入下槽3厘米，但不完全压到底。将已经搅拌完成的混合物加入到料斗中(混合物会自动掉落填充，当填料太多不易掉落时，可使用短木棍加速下落，切勿用手)。

2.将压头推向受压板，此时混合物被压入压砖舱。将压头推到顶不能再动时，保持推动压力10秒钟。

3.将压头稍稍回退，将受压板抬起(若不能顺利抬起，可以下放，活动开以后抬起，倘若还是不能抬起，可用锤子敲打受压板)。

4.继续推动压头，将压好的土砖推出压砖舱。

5.重复步骤1,开始压制下一块砖。

工地组织

土壤较重，搬运需要耗费大量劳力。请组织好现场的工作，尽量减少搬运的距离和次数。最好从后往前一步步回想，从养护土砖的地方开始。着手以下工作：

工地：

1.安排压缩土砖从液压机中生产出后的停放地点。

2.将制砖机安置在建筑区附近。

3.将搅拌设备(无论是手工搅拌还是利用搅拌机)安置在制砖机附近，以便将搅拌好的土壤直接转入制砖机的送料斗。

4.搅拌设备周围有水和水泥。

5.将运来或挖出的土壤倾卸在搅拌设备旁；且保持走道清洁。

图14 液压土砖机使用流程及生产组织优化

(资料来源：匡私衡)

（3）抗震加强

地震对建筑物的破坏，是地震时地震波造成地表水平作用力（横波）和垂直晃动力（纵波），以及扭转力共同作用的结果。首先建筑设计时优先形式选择规整、方正的形式。然后通过圈梁、构造柱、水平加固措施和垂直加固等措施增强建筑的整体刚度和稳定性，以抵抗建筑作用的影响（图15）。一系列加固构件连接形成空间骨架，提高墙体的抗弯、抗剪能力，使墙体在破坏过程中具有一定的延性，防止墙体酥碎现象的发生。以香格里拉金龙社区18号房重建为例，建筑层数2层、建筑结构为钢结构、墙体采用抗震土坯墙、轻质保温黏土墙，楼板采用重质蓄热生土楼板（热水低温辐射地板）、轻质保温生土楼板。可用作推广参考（图16）。

四、结语

云南迪庆"闪片房"体现了藏族人民的创造智慧，融合了汉、藏等多民族的建筑特征，是处于"藏彝走廊"与"汉族走廊"的交会处的典型建筑代表。其传统建造技艺是当地人们顺应自然、利用自然、和谐自然的建构行为，当地的土作技艺使闪片房"像从大地中长出来一般"。然而受观念、建材、技术等多方面的制约，传统土作技艺有它的历史局限性，已逐渐暴露出不足之处，通过不改变原有土作逻辑，从各个环节进行更新优化，保留其低成本、易掌握、环保性的优点，提高其性能、效率、美观、抗震的效果，为地域性传统民居建设提供一种参考可能。

地震破坏原理

地震对建筑物的破坏，是地震时地震波造成地表水平作用力（横波）和垂直晃动（纵波），以及扭转力共同作用的结果。不同的建筑会遭受不同的破坏结果，为了便于理解，将三种作用力的破坏结果进行分述。（香格里拉抗震设防烈度为8度）

水平作用力：地震波使地面颤动产生水平作用力，水平作用力会使墙体开裂和变形。通过反复的作业会破坏墙体的整体性，并使墙体与建筑基础偏离。

垂直作用力：垂直作用力主要会使建筑的部分构件受损，如屋顶，悬挑的楼板、阳台等。

扭转力：扭转和晃动是水平力和垂直作用力共同作用的结果，其破坏作用和建筑的形式有很大关系。不规则形状的建筑将会受到更严重的损害。

新型生土建筑抗震措施

新型生土建筑是通过一系列措施来加强建筑的抗震能力。首先，建筑设计时优先形式选择规整、方正的形式。然后通过、圈梁、构造柱、水平加固措施和垂直加固等措施增强建筑的整体刚度和稳定性，以抵抗建筑作用的影响。一系列加固构件连接形成空间骨架，提高墙体的抗弯、抗剪能力，使墙体在破坏过程中具有一定得延性，防止墙体酥碎现象的发生。

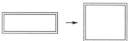

方正、规整的形式更利于抗震　　如果用地受限必须选择不规则形体，应该将建筑结构分成规整的几部分

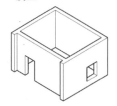 ＋ 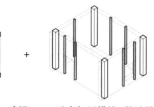 ＝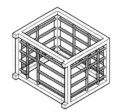

优先形式选择规整、方正的形式　水平加固措施（圈梁、暗梁）　垂直加固措施（构造柱、芯柱）　形成整体框架

图15　新型生土抗震原理与策略

（资料来源：匡私衡）

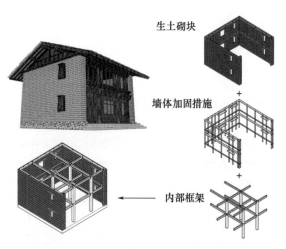

图16　生土建筑改进技术概览图

（资料来源：《破土重生——多种乡村重建模式下的生土营造研究》）

参考文献

［1］穆钧，周铁刚，王帅，等. 新型夯土绿色民居建造技术指导图册［M］. 北京：中国建筑工业出版社，2014.

［2］叶雨辰. 破土重生：多种乡村重建模式下的生土营造研究［D］. 天津：天津大学，2017.

［3］吕钰. 香格里拉传统"闪片房"的建造与技术更新实践［D］. 昆明：昆明理工大学，2006.

［4］翟辉，柏文峰，王丽红. 云南藏族民居［M］. 昆明：云南科技出版社，2010.

［5］中国科学院自然科学史研究所. 中国古代建筑技术史：上卷［M］. 北京：中国建筑工业出版社，2016.

［6］杨大禹. 两种文化的结晶：云南中甸藏族民居［J］. 华中建筑，1998（4）：135-137.

［7］杨大禹. 云南少数民族住屋：形式与文化研究［M］. 天津：天津大学出版社，1997.

［8］李浈. 中国传统建筑形制与工艺［M］. 上海：同济大学出版社，2010.

［9］杨宇亮. 滇西北传统聚落的可持续发展研究［D］. 昆明：昆明理工大学，2003.

粤北壮族传统村落门楼形制与文化特征浅析[1]

罗　婷[2]　刘旭红[3]

摘　要： 门楼承载着丰富的历史信息和民族文化内涵，具有浓厚民族文化和艺术价值；壮族传统村落门楼作为当地的建筑文化遗产，在粤北连山地区星罗棋布，极具地域特色。其平面主要类型为一字内凹式，立面类型有牌匾门斗式和门罩门斗式，屋顶类型有硬山式和悬山式。本文通过梳理该地区门楼的选址与功能概况，分析其类型、形制特征与装饰艺术，挖掘其背后蕴含的文化特征，以期为岭南地区少数民族民居门楼建筑发展提供理论性参考依据。

关键词： 粤北壮族；门楼；形制特征；类型；文化特征

一、前言

门楼建筑是民族地区风土建筑遗产的重要组成部分，在满足人们生活需要的同时，其外观与装饰反映出地域特色与社会环境，在民俗文化、建筑习惯、装饰语言和环境地理学等方面都具备特殊的研究价值[1]。粤北壮族主要聚居在广东省连山壮族瑶族自治县的南部，山体环绕的自然环境使当地传统村落处于较为封闭的地理空间单元，而山体本身正成为躲避战乱和灾难的天然屏障[2]。连山壮族来源主要有自原始社会起就在该地繁衍生息的"主僮"、明朝天顺年后从桂北、贺县等地因军事行动或经济活动迁入的"客僮"，也有从浙闽、粤东等地为躲避沿海倭寇侵扰等迁入的汉族以及因战乱、反抗封建政权等缘故从湖南、广西迁入的瑶族[3]（由于瑶族迁入人口数量较少，已基本被壮化，因此下文仅讨论壮、汉民族关系）。在独特的地理环境和复杂的社会背景下，同一地区不同民族交错杂居，形成多民族文化交流的地区发展史，各民族为应对当地自然和社会环境所形成的传统村落与民居形态呈现文化多样性，

其中门楼建筑也从形制特征和装饰艺术上呈现出鲜明的地域特点与民族特色[4]。现有粤北壮族民居建筑研究主要关注居住空间类型与形制、村落空间形态与文化景观、匠作技艺等方面，而对该地区门楼建筑的探讨较少。

粤北壮族门楼主要分布于连山南部的福堂、小三江、上帅三镇，笔者通过查阅历史文献资料，结合多次现场调研测绘，梳理该地区门楼的选址与功能概况，分析其类型、形制与装饰艺术，挖掘并总结其文化特征，为粤北壮族地区传统建筑文化的保护与传承提供理论基础。

二、粤北壮族地区传统村落门楼概况

1. 选址朝向

连山壮族地区传统村落中形成一村一姓一门楼的格局，现存门楼可分为公家门楼和私家门楼。公家门楼作为村落门楼，通常在村落公共出入口单独设置，背山面田，朝向不一，建于较平坦的地块。私家门楼为各座民居自家独立出入的通道，门楼结合院落设置，与民居厅室相连，属于

1　基金项目：国家社会科学基金项目"粤北壮族传统村落风貌保护与文化传承研究（项目编号：21BMZ090）"。

2　广东工业大学建筑与城市规划学院，硕士研究生，510090，2821172919@qq.com。

3　广东工业大学建筑与城市规划学院教授、硕士生导师，510090，Xuhong_ liu@126.com。

民居的附属建筑；门楼入口方向不一，私家门楼和厅堂方向常呈直角或钝角布置，少量同方向布局，通常厅堂方向坐西向东，门楼便反之或者坐北向南。

2. 功能

连山门楼建筑作为出入口通道起到类似牌坊的标志作用，其空间亦具备实际使用功能。门楼多为两层建筑，上层只架梁而不铺楼板，形成的入口灰空间可供遮风挡雨。

公家门楼一层两旁各放置大条长木凳或用天然巨石制成的石凳，供村民休憩娱乐，有"门楼大凳轮流坐"的说法，二层早期可供瞭望和防御用，现在则用来堆放村里老人的备用棺木，亦称"寿板"；大门两侧常留狗洞，大门上方悬挂牌匾，作为村落门面标识，具有教育意义，如小三江镇白屋村门楼上镶嵌刻有"诚格"二字的石匾，以警示后辈（图1）。私家门楼比公家门楼低矮，二楼多安放农具家什。

(a) 福堂镇贤庆村门楼牌匾　　(b) 福堂镇读楼东水村门楼牌匾　　(c) 小三江镇白屋村门楼牌匾

图1　门楼牌匾

（资料来源：本文所有图片均为自拍或自绘）

三、门楼类型及其形制特征分析

1. 类型及其形制

门楼入口前设石阶或坡道，素门枕石，门套内嵌置门框，设于门枕石之上，门洞形式多为平券，拱券不多见，早期在门枕石之间设置门槛（图2），门槛内侧设关栏，现存大部分门楼的门槛和关栏结构已取消。门楼为砖木结构，面阔3.5~5米，进深3~4.5米，平面呈"凹"字形，正立面两端突出半米或更深的墙体，与垛子山墙相似；其立面可分为三段式，包括屋顶、屋身、台阶三个部分；门楣上砌筑半寸砖墙，砖墙以上嵌入石匾或悬挂木牌匾，在牌匾两侧或门楣上方1尺（1尺=33.33厘米）左右设"钱眼"；有的门楼在钱眼上方设置弧形木质卷棚作为墙身和屋顶的衔接，用弧形木条和木板间隔搭建。

图2　下帅车福村王龙居门楼门槛

连山门楼在平面形式上为一字内凹式，门楼平面呈"凹"字形，形成"垂直形凹斗"空间，门楼正立面两端凸出400毫米左右厚的"一"字形墙体[5]（图3）。门楼整体立面形制为门斗式，有牌匾门斗式和门罩门斗式两种。门斗形制本身使大门入口处形成凹退空间，具有围合感和导向性，牌匾门斗式门楼通常在大门上方半尺左右砌牌匾大小的矩形沿线，作为牌匾位置预留，并粉刷石灰，上方悬挂牌匾或直接镶嵌石匾，少数只砌清水墙不挂牌匾；门罩门斗式形制较丰富，通常在官宦人家或村落门楼出现，是"门罩+门斗"式的组合形式，屋檐下设封檐板、在"钱眼"上至屋檐之间设弧形卷棚连接，形成门罩部分，使门楼的外形更加丰富精美。卷棚主要起装饰作用，标示户主身份等级[6]。连山门楼屋顶样式包括硬山式门楼和悬山式门楼，硬山式门楼左右两侧山墙与屋面相交，檩木梁架被封砌在山墙之内，在面阔方向两端凸出的墙体承接来自屋面的荷载，建筑山墙和正立面两端突出墙体的上端部设置墀头，可承托屋顶的质量，再传递到台基，起到承上启下的作用，如寨美村门楼采用硬山顶，屋面前檐呼应平面内凹，正立面瓦片内退进行椽列；悬山式门楼的屋顶与凸出墙体交接部位设托標过渡，封檐板较厚。悬山式门楼在该地更为普遍，与硬山式门楼正身梁架构件大致相同，但悬山式屋面悬出山墙或山面屋架之外，相较于硬山式屋檐，此出檐可以防止雨水侵袭墙身，如元庆村、东水村和金龟村等门楼（图4）。

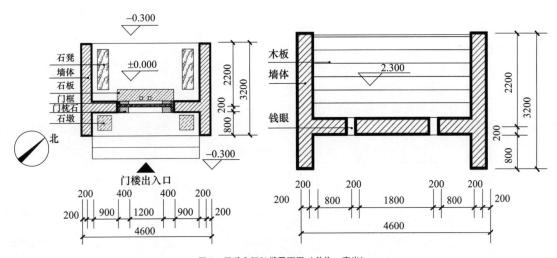

图3 杨氏宗祠门楼平面图（单位：毫米）

(a) 福堂镇太平金龟村门楼　(b) 福堂镇太平元庆村门楼　(c) 福堂镇新联村韦屋门楼　(d) 福堂镇永丰花罗村门楼　(e) 福堂镇荣贵村门楼

(f) 福堂镇新溪塘基　　(g) 福堂镇新溪塘基　　(h) 福堂镇良善　　　(i) 下帅乡车福珈琅村门楼　(j) 下帅乡车福尾寨门楼
村门楼 (一)　　　　　村门楼 (二)　　　　上蒋村门楼

图4 连山壮族门楼建筑谱系图

　　门楼一般为青砖砌筑，墙线用莨箕灰与石灰搅和描画整齐；有些为青砖、黄土砖组合砌筑，正面前身为青砖砌筑，后身则用黄土砖堆砌而成，两种砖块模数不一，难以做到完全一致，如花罗村门楼。近代新建门楼多为红砖、青砖、黄土砖单独砌筑，或粉饰白墙掩盖墙线。

2. 装饰艺术

　　连山门楼外观以白、灰或材料原色为主[7]，朴素简洁，其牌匾两侧设对称的"钱眼"，有圆有方（图5）。其中圆形钱眼最为普遍，用十六块瓦叠拱形成铜钱形状的通气孔，四面为两块瓦互相背向交合，中间口呈弧形，外围面用两块瓦互对合成纺锤形，四个纺锤形合成圆形，轮廓外涂上黑白两圈颜色；方形钱眼图案亦为多个圆形组合而成，纺锤形置于中心位置。门罩式门楼在弧形卷棚木条上雕刻竹子浮雕，寓意节节高升，门枕石上雕刻铜钱、花草等图案。

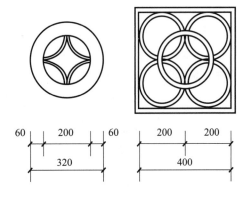

图5 "钱眼"尺寸（单位：毫米）

门楼屋顶正脊通常设置花朵、卷草纹、倒弓箭形图案的脊突，脊尾上翘，装饰云纹或设鸱吻吻住正脊，形态似龙舟，亦称龙舟脊，莫瑞镒旧居门楼脊尾用多种图案结合设计进行雕刻（图6）。硬山顶门楼墀头的盘头部分用砖叠涩砌筑而成，少数绘制精美的彩描檐画装饰，封檐板和托標上雕刻花草、卷草纹、龙纹等植物类纹样或寿字等。部分门楼屋檐檐口设弯曲的半圆形"瓦吊"，垂脊在屋檐前形成翘角，起翘承托瓦片，檐口设形成弯曲的半圆形瓦片，刻上"福禄寿富贵"等吉祥字，抵挡风雨斜飘进入瓦缝[8]（表1）。各类装饰构件及图案上承载了人们的人生理想，

祈求家庭和睦、生活富足、健康长寿。

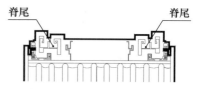

图6　福堂镇新联村莫瑞锰旧居门楼屋脊

表1　连山门楼建筑装饰

	钱眼	脊突	脊尾	墀头	托標
建筑装饰					
	封檐板	门枕石	卷棚	瓦吊	檐画

四、门楼文化特征

连山门楼作为当地珍贵的文化形态和风土建筑遗产，其选址朝向、功能、形制特征与装饰艺术的形成与地域环境、多民族文化、风水礼制文化息息相关[9]。

1. 地域环境熏陶

连山门楼的形成依托于自然地理环境，生成为适应当地环境特征的面貌。该地山区环绕，雨天较多，气候潮湿，因此民居建筑选址朝向、防潮、防寒和通风尤为重要。为缓解耕地与居住两者用地需求之间的矛盾，先民们在多山环境中选择相对平缓的河谷平原中进行耕种，采用依山而建、临田而居的营造方式建造一座三间、三合天井、多进天井、"类堂横"等民居[10]。门楼为其入口空间，选址朝向受其影响，建于平坦地块，背山面田。为使门楼建筑墙身不受潮，增加耐久度，使用当地花岗岩等隔水、排水性能好的天然石材砌筑勒脚、台阶、地基等，勒脚以上才砌筑砖块（图7）。

随着连山乡土社会发展和生产力水平提高，人们的生活方式发生改变，为满足物质与精神生活需求，民居建筑

图7　福堂镇荣贵村门楼铺地

营建方式也得到发展。明清以来，汉族工匠技艺和文化在地域上传播，连山先民耕作技术、手工业经济发展和制砖、瓦等工艺技术生产水平提升，促进了砖、瓦材料使用，砖木地居式民居也逐渐在当地扩散，门楼建筑随民居建于平地。同时汉族带来了丰富的雕刻技艺和装饰元素，对门楼屋脊、墀头、托標等构造加以装饰，形态生动活泼[11]。中华人民共和国成立后先民生命财产安全问题得到改善，门

楼防御性特征明显减弱，现存大部分门楼门枕石之间的门槛和关栏结构已取消。

2. 多民族文化互嵌

连山壮族来源有自原始社会起在本地繁衍生息的"主僮"，明景天顺年后，大量"客僮"从广西怀集、贺县、古田等地迁入；该地汉族主要来自浙、闽、粤东等地陆续迁入，形成多种居民杂处富有群族特色的乡土社会。传统壮族民居为干栏建筑，便于取材且能适应复杂的地形变化，聚族而居，分为三层，下层架空较低矮，用于圈养牲畜或堆放杂物，二层是居住层，顶层是储存粮食的阁楼，据史料记载，世居连山壮民也采用干栏或麻栏形式的居住空间，谓之"积木以居，葺茅作屋，架板为楼，下顿牛畜……"。

汉族迁入当地时，主客僮在人口、经济和社会力量等方面占绝对优势，汉族为获取生活生产资料来源以在当地谋求生存发展，须与壮族进行各种联系，故汉族以学习壮语、民族通婚等方式融入壮族社会，两者婚姻、经济、文化等交往密切，汉字等汉族文化得以传播。又因汉族封建社会文明比壮族更为发达，耕种、工艺、营建等技术水平较高，且汉族原生文化归属感强，迁入连山后仍采用一村一姓氏的同族聚居模式，重视血缘与宗亲关系，沿用传统

建造模式建造合院式或多进院式民居。由于干栏民居形式存在人畜混居的卫生状况、阴暗潮湿的居住环境、易受火灾威胁的木结构、难以满足人口数量增加的居住需求等问题，而汉族迁入带来更高水平的工艺技术手段和先进的营建方式，为改善此居住环境提供了条件，先民为实现更优的物质生活环境，学习汉族制砖、瓦等技术并用于建造居住空间，吸纳汉族家庭聚居模式，营建民居逐渐呈现广府、客家等汉族民居的特点[12]。

连山壮族民居发展的同时（图8），入户空间形式也汲取汉族民居文化特征，主要体现在以下方面：干栏居住模式退化，民居从山坡转移到地势较低的平地，门楼作为民居附属建筑，亦选平地而建，由生产出的砖、石、瓦为主要材料砌筑而成[13]。汉族迁入连山建造民居仍延续传统生活习惯，将门楼作为其入户空间，以承载人们交通、娱乐、储存等需求。壮族模仿汉族民居和门楼建筑的建造手法，吸纳汉族门楼功能空间布局，沿用其形制特点，采用一字内凹式平面，三段式立面，硬山、悬山屋顶，使用砖木结构，将汉族文化元素花朵纹、卷草纹、龙纹、竹节等图案雕刻在封檐板、托檩、卷棚、屋脊等装饰构件上。因此门楼功能适用，得以留存并伴随村落和民居普遍营建。

(a)下帅乡上寨村民居鸟瞰图　(b)福堂镇永丰花罗村民居鸟瞰图　(c)福堂镇坪山村名登紫阁民居鸟瞰图

图8　民居鸟瞰图

3. 风水礼制文化渗透

风水礼制文化也渗透于门楼之中[14]。壮族风俗中以西不吉，当建筑必向西开门时，须在宅前设狗形石雕，且认为"命格不同，分针不同"，故设门楼时朝向并不一致。汉族以建筑开间取单数为吉，该地民居开间多取单数，且以用鲁班尺为基数建造；当地早期亦有抬寿的风俗，在其二层期堆放寿板（图9）；门楼作为一村或一户入口，忌讳接触不祥之物，村中凡有在外去世之人，概不允许尸体通过门楼入厅设灵，早期寡妇改嫁亦不许经过门楼[13]；为彰显功名、族姓标志、纪念祖先或寄托良好祝愿，门楼牌匾题字和瓦吊印字宜选吉利之字；檐口部位的瓦吊，也印上"福禄寿富贵"等吉祥字眼；为"照妖辟邪"，有些门楼在钱眼之间或屋脊上悬挂镜子。

五、结语

粤北壮族门楼背后建造逻辑是社会发展下民族融合、民族互嵌的结果，直观反映出粤北壮族地区民族和睦交往交流交融历史过程，体现多元文化的共生共存。连山自身具有民族特色的村落人文景观，使门楼在选址、功能、形制、装饰等方面具有典型的民族特殊性和地域社会属性[15]。其背山面田、负阴抱阳的坐向与功能空间布局的营造习惯抉择，一字内凹式平面、牌匾和门罩门斗式立面以及硬山或悬山屋顶的形制构成，装饰样式的元素组成都是多民族文化、宗法礼制、地域环境的物化表达形式。粤北壮族门楼文化特征挖掘的根本目的在于传承发展特色民族文脉与延续建筑本体，本文通过梳理该地区门楼选址与功能概况，分析其类型、形制特征与装饰艺术，探究其背后蕴含的文化特征，助力民族特色品牌打造，以期为岭南地区少数民

族民居建筑研究、民族文化传承发展提供信息数据支撑与理论参考依据。

图 9　福堂镇新联班瓦村门楼二层空间

参考文献

［1］莫自省．连山壮族村寨民居的建筑风格特色及其演变［J］．清远职业技术学院学报，2011，4（1）：31-32.

［2］赵冶．广西壮族传统聚落及民居研究［D］．广州：华南理工大学，2012.

［3］谭嘉伟．清代连山瑶、壮的源流、分布及相关历史地理问题研究［D］．广州：暨南大学，2017.

［4］黄志辉．粤北少数民族的历史渊源［J］．岭南文史，1994（4）：32-34.

［5］龚艳芬．广东连山壮族乡村聚落空间形态研究［D］．广州：广东工业大学，2022.

［6］段亚鹏，欧阳璐，晏亮清，等．类型学视角下的江西丰城白马寨村门楼研究［J］．山西建筑，2022，48（3）：19-24.

［7］刘旭红，何俊伟，汪鲸．粤北连山壮族传统村落民居营造特征与文化价值研究：以上帅镇陈屋村安仁里为例［J］．工业建筑，2022.

［8］张犁．关中传统民居门楼的成因及分布探究［J］．西北农林科技大学学报（社会科学版），2015，15（1）：146-149.

［9］林爱芳．客家民居门楼的民俗与艺术文化特征［J］．嘉应学院学报，2009，27（1）：18-21.

［10］韦诗誉，单军．时空生态学视野下龙脊古壮寨民居空间变迁研究［J］．建筑学报，2018（11）：84-89.

［11］李丽，邵龙，范嘉．内蒙古隆盛庄地区传统民居门楼装饰元素提取及特质解析［J］．当代建筑，2021（2）：126-129.

［12］雷翔．广西民居［M］．北京：中国建筑工业出版社，2009.

［13］张声震．壮族通史（上中下）［M］．北京：民族出版社，1997.

［14］李超，谢亚平．文化地理学视野下的传统民居门饰文化研究［J］．西安建筑科技大学学报（社会科学版），2017，36（2）：66-73.

［15］司徒尚纪．广东文化地理［M］．广州：广东人民出版社，1993.

明清西安府城崇仁寺史略考辨[1]

王瑞坤[2]

摘 要：本文聚焦明清西安府城曾经存在的崇仁寺，通过耙梳考校史志文献、碑碣故物、历史影像，对其肇建、营缮、废毁的历史脉络进行完整、确切的梳理总结，尝试复原清乾隆时期崇仁寺的平面意象。本文考辨了明清崇仁寺与隋唐崇圣寺、大秦寺的历史关联，研究认为崇仁寺是明代新筑而来，与隋唐崇圣寺在建筑实体和物质空间层面并不存在继承关系，混淆现象属于附会之辞；崇仁寺中所藏《景教碑》是唐代大秦寺的遗存，见证了近 13 个世纪的中西交流史。

关键词：西安；崇仁寺；崇圣寺；大秦景教流行中国碑；历史脉络

崇仁寺是明清西安府城诸寺之冠，更因寺中所藏碑刻为欧美世界所关注，但寺院故迹已在历史变迁中湮灭。清代以来的史志文献、民间共识，以及当代所做城市文化、历史地理研究对崇仁寺皆有所涉及，然而在建筑史、城市史层面对其准确史实的认知仍然存在明显的疏漏、混淆、谬误。本文通过耙梳考校史志文献、寺中旧藏碑碣故物、近代历史影像，尝试对明清西安府城崇仁寺的历史脉络进行完整、确切的梳理总结，从而校准当地文化共识和当代学术研究中的偏差。

一、 明清营缮： 缔构丹碧， 富丽崇宏

据雍正《陕西通志》、乾隆《西安府志》、乾隆《关中胜迹图志》、嘉庆《长安县志》、中华民国《咸宁长安两县续志》所载[1-5] [3]：明英宗天顺年间（1457—1464 年）西安府城外西部有"光彩浮腾"的瑞兆。天顺八年（1464 年）秦藩秦惠王朱公锡（1458—1485 年在位）主持于此创建佛

寺，掘地发现古白玉药师佛像与钟磬、碑刻。至宪宗成化十二年（1476 年）工程完毕，次年（1477 年）命名为大崇仁寺，按察副使任福有记。崇仁寺位于西安府西关城外之西，西在五行中对应金，寺后有金胜铺、金胜亭，故崇仁寺又俗称金胜寺，意为"补长安之金气[3]"。世宗嘉靖四十三年（1564 年）秦藩秦宣王朱怀埢（1548—1566 年在位）主持在崇仁寺筑台做殿，成为秦藩的香火院。"缔构丹碧，长安城诸寺不及也。"[1]秦藩长史赵德辉为之刻立碑记。这一时期寺内建置被史志提及的有药师殿和唐代的石经幢。

清康熙二十三年（1684 年）巡抚鄂恺（1680—1686 年在任）将崇仁寺所奉药师佛像迎请至衙署并以金彩饰之，又自为记[4]。康熙二十四年（1685 年）重修卧佛殿，面阔五间。康熙六十一年（1722 年）重修大殿，面阔五间。雍正九年（1731 年）知府王绍文倡捐田产以供养寺僧。雍正十二年（1734 年）增建面阔三间的文昌宫、面阔五间的观音殿，有碑记。乾隆四十年至四十九年（1775—1784 年）巡抚毕沅（1773—1785 年在任）重加营缮寺宇：山门外凿池，方广十

1 基金项目：国家自然科学科学基金（52278021），国家社会科学基金（22ZDA085）。

2 清华大学建筑学院在站博士后，同济大学建筑与城市规划学院毕业博士，100084，1610077@ tongji. edu. cn。

3 参见：刘於义等《雍正陕西通志》，卷 28 祠祀 1 寺观附。舒其绅、严长明《乾隆西安府志》，卷 60 古迹志下 祠宇，隋。毕沅《关中胜迹图志》，卷 7 古迹祠宇。张聪贤、董曾臣《嘉庆长安县志》，卷 20 寺观志。翁柽、宋联奎《民国咸宁长安两县续志》，卷 7 祠祀考，附寺观。

4 清代中后期地方志记载系鄂海在总督任上所为，笔者认为当系二人之名相似之误。康熙二十三年（1684 年）鄂海时任内阁中书，至三十六年（1697 年）方任陕西按察使，官至总督则系五十二年至六十年（1713—1721 年）之事。

余丈（1 丈≈3.33 米），引通济渠水灌注，取"金水相生"[2]之意。山门内为大殿，殿后为大悲阁。阁后为罗汉堂，仿南宋临安净慈寺田字殿之制，塑五百罗汉像安奉。堂后为晾经台，台后为卧佛殿，殿西（右）为万佛阁、方丈房廊。"庖湢厨库，无不毕具。丹腹有度，金碧相辉。长安故多宝刹，于此称最胜焉。"[2] 毕沅亲撰《大清重修大崇圣寺碑》："阁道双承，旁窥列宿，更以净慈兰若……延五百之金仙，度三千之宝界。"[6] 按察使王昶又为之作《五百罗汉记》："来游者众，喜中丞之能复其旧，又为都人士新耳目，得未曾有也。"[5] 咸丰年间，巡抚吴振棫（1854—1856 年在任）在《司徒子临方伯照招游金胜寺》中咏赞："坛前鹤下松阴午，塔上云浮岳色寒。香域回还新造像，清觞酬对暂闲官。"[7]1 诗后自注"寺仿吾杭灵隐田字殿，塑五百应真像"。再次印证了乾隆《西安府志》关于田字殿和五百罗汉像的记载2。中华民国《续修陕西通志稿》的编者宋联奎亦称"罗汉像塑工极精，里中父老类能言之。"[8]

总而言之，明清时代的崇仁寺富丽崇宏，香火极盛，是官民游览的胜地。光绪二十二年（1896 年）总督陶模（1895—1899 年在任）之子陶保廉在《辛卯侍行记》中仍称之"西安诸寺之冠"[9]。

二、清末毁弃：兵燹摧折，终至湮灭

同治陕甘回乱（1862—1873 年）致十室九空、尸横遍野之惨祸，西安府城幸有坚壁深池自守而得以保全，城外村镇则被蹂躏无遗[8]。崇仁寺因有高大雄壮的山门、墙垣尚可坚守，故能一夕庇护乡民，因而在这一时期又被称为"金胜寺堡"[10]。然而古寺区区之地焉能独存，孤立于西安府大城墙垣之外的崇仁寺在回乱中终遭兵燹摧折[10]，劫后仅余残垣断壁。

清光绪三十三年（1907 年）6 月，丹麦探险者何乐模（Frits von Holm）在崇仁寺看到"一座砖砌的拱门已经沦为废墟，一堵土墙日渐倾颓，这些迹象表明这座宗教建筑以前规模宏大，给人深刻印象"[11]。同年 9 月，日本历史学家桑原骘藏和宇野哲人也看到"今寺之庭院南北 270 余米，东西 160 余米。颓垣断续，而且本堂近年又罹火灾，在累累废砖残壁中仅见一石坊耸立。明代及清初时翠瓦飞檐、金碧辉映之景观，现今已无从想见。石坊后 50 ~ 60 米处有三四方碑石3[12]。

清光绪三十二年至宣统二年（1906—1910 年）间，日

本教师足立喜六在《长安史迹研究》中记载道："经乾隆十四年陕西巡抚毕沅大修4，在寺前建立了壮丽的牌楼5，上揭'崇圣寺'三字匾额，以其宏丽的殿堂、广阔的境域，遥驾于西安城内诸寺之上。同治年间，因遭战乱的焚烧掠夺，沦为荒野。除小堂和山门外，剩下的只有万历二十年（1592 年）所建并刻有'祇园真境'四字的精巧牌楼、乾隆时所造的白色大理石水盘，以及颓废若扇状的五方砖壁花岗岩柱础6 而已。"[13]

根据文字和图像（图 1 ~ 图 8）记录可知，清末崇仁寺残存的建置包括砖砌山门、夯土墙垣、小型殿堂、石牌楼、石水缸（水盘），以及五座石碑。

图 1　清光绪三十三年（1907 年）崇仁寺山门和门外影壁7
[资料来源：沙畹（Emmanuel-èdouard Chavannes）摄影，
欧盟数字图书馆（Europeana）提供]

图 2　中华民国二十二年（1933 年）崇仁寺山门
[资料来源：小克劳德·毕敬士（Claude L. Pickens, Jr.）摄影，
英国布里斯托大学中国历史照片数据库
（Historical Photographs of China, University of Bristol）提供]

1　参见：吴振棫《花宜馆诗钞》，卷 16 古今体诗 76 首。

2　"塔上云浮岳色寒"可能意为在崇仁寺可以遥望慈恩寺大雁塔、荐福寺小雁塔，也可能指崇仁寺内建有佛塔。

3　原文"三四方碑石"不确，实际为五方碑石，见后文配图。

4　原文"经乾隆十四年陕西巡抚毕沅大修"不确，实际乾隆四十年，见前文。

5　原文"牌楼"不确，当系"山门"之误。

6　原文"柱础"不确，当系"石碑"之误。

7　图片原标题为 Si-ngan fou Entrée du Temple Kin-cheng sseu（西安府金胜寺的入口）。

图3　清光绪三十三年（1907年）崇仁寺山门内的殿宇
［资料来源：沙畹（Emmanuel-èdouard Chavannes）摄影，
欧盟数字图书馆（Europeana）提供］

图4　中华民国二十二年（1933年）崇仁寺山门内的殿宇
［资料来源：小克劳德·毕敬士（Claude L. Pickens, Jr.）摄影，
英国布里斯托大学中国历史照片数据库
（Historical Photographs of China, University of Bristol）提供］

图5　清末崇仁寺殿宇和石牌楼
（资料来源：足立喜六《长安史迹研究》）

图6　清光绪三十三年（1907年）崇仁寺石牌楼
（资料来源：桑原骘藏《考史游记》）

图7　清光绪三十三年（1907年）崇仁寺石牌楼
［资料来源：沙畹（Emmanuel-èdouard Chavannes）摄影，
欧盟数字图书馆（Europeana）提供］

图8　中华民国二十二年（1933年）崇仁寺石牌楼和景教碑
［资料来源：小克劳德·毕敬士（Claude L. Pickens, Jr.）摄影，
英国布里斯托大学中国历史照片数据库
（Historical Photographs of China, University of Bristol）提供］

　　崇仁寺殿宇今已完全湮灭。历史照片所见五座石碑之一——乾隆四十四年（1779年）巡抚毕沅亲撰的"大清重修大崇圣寺碑"今在西安市莲湖区丰镐东路189号（路北蓝天小区）院内[10]（图9）。此碑高约3米，赑屃基座。

其所处地面比周边低约 0.5 米，由此推测应当并未被移动。此碑应当是崇仁寺仍位于故址原位的唯一建置遗存，可知崇仁寺位于明清西安府西关城外西部偏北[1]。此外，该处还发现了一些建筑构件残片（图 10）。历史照片中所见大理石水缸今在广仁寺（图 11、图 12），根据缸口内沿铭文可知系乾隆四十七年（1782 年）诚毅伯伍弥泰敬献[6]。

图 9　丰镐东路 189 号院内的"大清重修大崇圣寺碑"
（资料来源：微信公众号"贞观"2020 年 11 月 8 日推文）

图 11　清光绪三十三年（1907 年）崇仁寺大理石水缸
资料来源：沙畹（Emmanuel-èdouard Chavannes）摄影，
欧盟数字图书馆（Europeana）提供]

图 10　丰镐东路 189 号院内发现的"大清重修大崇圣寺"瓦当
（资料来源：张国柱《一方清代瓦当佐证隋唐名刹金胜寺的变迁》）

图 12　今日放置在广仁寺内的大理石水缸
（资料来源：笔者自摄）

笔者根据以上信息，尝试对乾隆朝时期崇仁寺的平面意象进行了复原推测（图 13）。

1　史红帅先生在译著《我为景教碑在中国的历险》中提出崇仁寺位于西关城外西部偏南，不确。

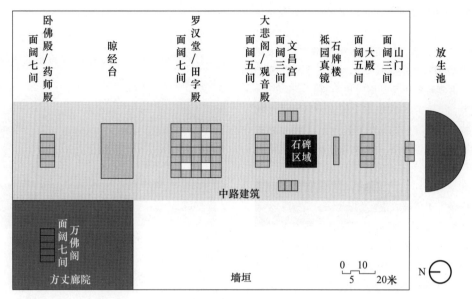

图13　崇仁寺平面意象推测

（资料来源：笔者自绘）

三、　明清崇仁寺与隋唐崇圣寺的关联考辨

康熙《长安县志》、雍正《陕西通志》、乾隆《西安府志》、乾隆《关中胜迹图志》等清代史志普遍认为明清崇仁寺肇始于隋唐崇圣寺[1-3,14] 1。然而笔者注意到这一相沿承袭的观点可能存在明显偏差，故以北宋《长安志》[15] 2 为依据，对隋唐崇圣寺的历史脉络和空间区位再进行考证：隋文帝第三子秦孝王杨俊（581—600年在位）施宅建为济渡寺（或作济度尼寺）。唐贞观二十三年（649年）太宗崩，高宗将济渡寺迁往安业坊的修善寺原址，将济渡寺原址改为灵宝寺，度太宗嫔御为尼并安置在灵宝寺中。又将灵宝寺东邻的道德尼寺（或作遵德寺）迁往休祥坊（或作嘉祥坊）的太原寺原址，将道德寺原址改为太宗别庙。高宗仪凤二年（677年）灵宝寺与太宗别庙合并为崇圣僧寺。《辇下岁时记》记载唐代进士樱桃宴在崇圣寺的佛牙阁举办。诗人许浑曾咏叹崇圣寺"西林本行殿，池榭日坡陀。雨过水初涨，云开山渐多。晓街垂御柳，秋院闭宫莎"。

唐代中前期的崇圣寺实际位于长安外郭城内南部延平门—延兴门大街（自南向北数第六横街）与芳林门—安化门大街（自西向东数第四纵街）交会处东北的崇德坊，在武宗会昌五年（845年）的灭佛运动中被毁弃。宣宗大中六年（852年）又改温国寺为崇圣寺，位于长安外郭城内南部金光门—春明门大街（自南向北数第十横街）与芳林门—安化门大街交会处东南的太平坊。[15]唐末长安外郭城被毁弃[16]，唐之后崇圣寺即失之记载，并没有任何迁建、重建的记录见载于史。

以今日所见《大清重修大崇圣寺碑》为参照点，结合史念海先生的研究成果[17]，可知明清时期的崇仁寺位于西安府西关城外西部偏北，对应唐长安外郭城内西部义宁坊（开远门内南侧里坊）内东南部范围，与崇德坊、太平坊实则皆相去甚远。

笔者认为，自唐末至明天顺年间相隔约560年，崇圣寺与崇仁寺在建筑实体和物质空间层面的所谓继承关系很可能并不存在，崇仁寺实际是明代新筑而来。这种混淆现象，一方面可能是由于前后两者名称相似，另一方面应当是由于崇仁寺的确收藏、沿用了经幢、钟磬、刻像等唐代故物，例如掘地发现古白玉药师佛像与钟磬之事，很可能是义宁坊内东南部化度寺（崇福寺）的遗存[17]。无独有偶，明清西安府城内外的诸多寺观祠庙普遍自称肇自汉唐，在一定程度上皆属有意宣称法旨源远流长的附会之辞。

四、　唐代大秦寺与景教碑始末

事实上，前文提及的清末至中华民国时期西方传教士、学者、旅行家之所以对仅余断壁颓垣的崇仁寺仍趋之若鹜，是由于寺中所存"大秦景教流行中国碑"3（后文简称"景

1　参见：梁禹甸等《康熙长安县志》，卷8 杂记，寺观。《康熙长安县志》提出唐太宗在崇仁寺迎接玄奘法师自西域取经返回并在此译经，此后史志再无此言，当属附会之辞。

2　参见：宋敏求《长安志》，卷9 唐京城3。

3　所谓"大秦"是中国古代对罗马帝国的称谓，罗马帝国分裂后"大秦"专指东罗马帝国。所谓"景教"即基督教聂斯托利派。

教碑")及其传奇般的历史在世界范围内尤其是基督教领域声名赫赫。

据"景教碑"碑文记载,唐贞观九年(635年)大秦国传教士阿罗本率教团正式来到长安,太宗命宰相房玄龄迎接并亲自接见,准其传教译经。据《唐会要》《长安志》记载,贞观十二年(638年)太宗诏于长安外郭城义宁坊内东北部为景教敕建大秦寺(波斯胡寺)[15,18] 1。德宗建中二年(781年)景教士景净亲述《大秦景教流行中国碑颂并序》,"景教碑"即刻立于这一时期。

武宗会昌五年(845年)的灭佛运动中,景教一并遭遇打击,寺院被拆毁,寺僧被放逐。《旧唐书》记载:"大秦穆护等祠,释教既已釐革,邪法不可独存,其人并勒还俗,递归本贯,充税户。如外国人,送还本初收管。"[19] 2虽无直接记载,但可以想见"景教碑"很有可能也是在这一时期被推倒埋没——彼时教徒为了保存景教,遂有意将碑石埋入土中[20]。会昌六年(846年)宣宗即位,佛教稍具再兴之运,但景教终于一蹶不振。

明熹宗天启年间(1621—1627年)"景教碑"重现于世 3,随即就近迁移至崇仁寺保存[10,21]。中国发现"景教碑"的消息一时盛传欧洲,迅速引起西方基督教社会的广泛关注。同治回乱中崇仁寺被摧毁,"景教碑"随即曝于旷野,所幸未遭损坏。其后的19世纪后期,以英国为代表的大量欧美人士强烈希望获取"景教碑"[22]。

光绪三十三年(1907年)6月,丹麦探险者何乐模欲盗买"景教碑"未遂[11-13,22-23],最终只获准运走仿制碑。这一时期的官方史志和中外人士的笔记杂谈对这一事件有大量偶有出入的记载,濒临湮灭的清末崇仁寺也因之得以有影像资料存世(图14~图17)。同年10月,巡抚曹鸿勋(1905—1907年在任)主持将"景教碑"移入西安碑林[24] 4。中华民国五年(1916年)何乐模将仿制碑献与教皇本笃十五世,成为圣物。

景教(基督教)自唐贞观九年(635年)正式传入至会昌五年被敕禁止,在中国境内发展传播长达210年。长安义宁坊大秦寺自贞观十二年(638年)始置至会昌五年(845年)被毁,存世208年。"景教碑"自建中二年(781

年)刻立至天启年间出土相隔近850年,又在崇仁寺中存放280余年后终于移入西安碑林。从初唐大秦寺肇建到清末崇仁寺废毁,前后经历近13个世纪的曲折历史,是中西交流史的重大事件。

图14 光绪三十三年(1907年)何乐模所摄景教碑

(资料来源:何乐模《我为景教碑在中国的历险》)

---

1 参见:王溥《唐会要》,卷49。

2 参见:刘昫《旧唐书》,卷18上 武宗本纪。

3 中外学者和传教士的大量记载论述中,关于"景教碑"的出土时间、地点和原本竖立地点各有不同。主流观点在时间层面有天启三年(1623年)和天启五年(1625年)两说,在地点层面有西安府辖盩厔县(今作周至县,同音)大秦寺和西安府城外的崇仁寺附近(唐代义宁坊大秦寺故址)一说。本文采信出土于崇仁寺附近之说。

4 "大秦景教流行中国碑"原物今日存放在西安碑林博物院,保存完整,字迹清晰。碑体上窄下宽,上薄下厚。碑身高1.97米,连龟座共高2.79米,上宽0.92米,下宽1.02米,厚约0.28米,重约2吨。碑额刻有飞云和莲台烘托着的十字架。正面刻有楷书32行,每行62字,共1780个汉字和数十个叙利亚文字。背面无字。左右两面刻有77位景教主教、长老的名字和职位,多用叙利亚文字和汉字对照。

图15　何乐模所摄崇仁寺主持玉秀和尚与大钟 [1]

（资料来源：何乐模《我为景教碑在中国的历险》）

图16　光绪三十三年（1907 年）沙畹所摄崇仁寺石碑

[资料来源：沙畹（Emmanuel-èdouard Chavannes）摄影，

欧盟数字图书馆（Europeana）提供]

图17　沙畹所摄景教碑 [2]

[资料来源：沙畹（Emmanuel-èdouard Chavannes）摄影，

欧盟数字图书馆（Europeana）提供]

参考文献

[1] 刘於义，沈青崖. 雍正陕西通志 [M] //凤凰出版社. 中国地方志集成（省志辑陕西）. 南京：凤凰出版社，2011.

[2] 舒其绅，严长明. 乾隆西安府志 [M]. 西安：三秦出版社，2011.

[3] 毕沅. 关中胜迹图志 [M] //纪昀. 四库全书：史部. 北京：文渊阁，1792.

[4] 张聪贤，董曾臣. 嘉庆长安县志 [M]. 台北：成文出版社，1936.

[5] 翁柽，宋联奎. 民国咸宁长安两县续志 [M]. 台北：成文出版社，1936.

[6] 张国柱. 一方清代瓦当佐证隋唐名刹金胜寺的变迁

1　图片原有说明："佛寺主持玉秀和尚站在看护了景教碑 50 余年的地方。他背后是倾倒了的佛寺大钟，身后的谷仓就是秘密雕造仿刻碑的地方。"

2　图14 原标题为 Si-ngan fou Steles don't l'avant-derniere a droite est la stele nestorienne（西安府石碑，右侧倒数第二个是景教碑），图15 原标题为 Si-ngan fou Steles nestorienne.（西安府景教碑）。

［J］．收藏，2021（3）：126-131.

［7］吴振棫．花宜馆诗钞［M］．［出版地不详］：［出版者不详］，1865.

［8］宋联奎．金胜寺［J］．碑林集刊，1998（0）：261.

［9］陶保廉．辛卯侍行记［M］．北京：中国国际广播出版社，2016.

［10］胡成．陇关道［M］．北京：商务印书馆，2020.

［11］何乐模．我为景教碑在中国的历险［M］．史红帅，译．上海：上海科学技术文献出版社，2011.

［12］桑原骘藏．考史游记［M］．张明杰，译．北京：中华书局，2007.

［13］足立喜六．长安史迹研究［M］．王双怀，译．西安：三秦出版社，2003.

［14］梁禹甸．康熙长安县志［M］．西安：［出版者不详］，1668.

［15］宋敏求，李好文．长安志 长安志图［M］．西安：三秦出版社，2013.

［16］王瑞坤．从长安到西安：唐代之后长安城垣格局的变迁［J］．建筑遗产，2021（2）：89-97.

［17］史念海．西安历史地图集［M］．西安：西安地图出版社，1996.

［18］王溥．唐会要［M］．北京：中华书局，1955.

［19］刘昫．旧唐书［M］．北京：中华书局，1975.

［20］李伯毅．唐代景教与大秦寺遗址［J］．文博，1994（4）：35-38.

［21］周祯详．关于"景教碑"出土问题的争议［J］．文博，1994（5）：42-50.

［22］董秦蜀．1907年何乐模仿刻景教碑的活动及其影响考述［J］．碑林集刊，2010（0）：339-351.

［23］路远．《景教碑》移藏西安碑林经过［J］．文博，1997（5）：76-79.

［24］张晋．碑刻中的东西文化融汇以《大秦景教流行中国碑》为例［J］．中国宗教，2018（6）：76-77.

民族地区传统建筑语言体系显隐互嵌模式研究

王　扬[1]　　张聪慧[2]　　赵莐婷[3]

摘　要： 民族共同体研究是新时代民族问题研究的重要命题。各民族地区的建筑存在深层次的民族基因共同性，这种基因共同性延续和影响了各个历史时期、事件下建筑聚落的交融与演变，促进各民族在空间、文化、经济、社会、心理等方面的全方位嵌入。本文以民族地区传统建筑为研究对象，运用语言学的方法，研究民族地区传统建筑显隐互嵌模式，寻找民族基因共同性，引申出传统建筑语言模式的现代表达方法，为构建互嵌式社会结构和社区环境提供依据。

关键词： 民族共同性；民族建筑共同性；模式语言；显隐互嵌

一、　研究背景：　民族共同性探索的必要性

2023 年习近平总书记在文化传承发展座谈会上将"具有突出的统一性"作为中华文明突出特性之一。各民族地区的传统建筑存在深层次的民族基因共同性，民族建筑作为各民族地区最直观的物质空间形态，不仅记录了各民族地区建筑的交融演变，而且高度凝练民族地区的文化、社会观念、审美心理等，是民族地区最重要特征之一。因此，认识民族建筑的内涵本质及共性显得尤为紧迫。

本文以民族地区传统建筑为研究对象，运用语言学的方法，研究民族地区传统建筑显隐互嵌模式，寻找民族基因共同性，引申出传统建筑语言模式的现代表达方法，为构建互嵌式社会结构和社区环境提供依据。

二、　理论源起：　语言学研究与模式语言相关概念

1. 语言学研究

语言是建筑学研究中广泛用到的一个概念，建筑是人类创造活动的产物，有典型的语言结构，建筑语言是一个具有内在规律的系统。将语言作为一种类比对象的研究自 17 世纪至今不断有学者进行相关的工作，且已经形成了较为成熟的研究方法和话语体系。基于建筑学对语言概念的不同认识和对语言及语言学参考的不同侧面，部分学者将两个世纪以来的建筑学中的语言研究归结为三类，其区分的依据主要出于建筑与语言的不同结合方式，三类分别将语言看作一种类比对象、一套规则和一种结构系统[1]。

1　华南理工大学建筑学院（华南理工大学建筑设计研究院有限公司）教授，510641，1030385696@ qq. com。
2　华南理工大学建筑学院（华南理工大学建筑设计研究院有限公司），博士研究生，510641，543286010@ qq. com。
3　华南理工大学建筑学院（华南理工大学建筑设计研究院有限公司），博士研究生，510641，2196948084@ qq. com。

2. 建筑显隐模式

建筑模式是指建筑的特质和规律性,是建筑系统适应自然社会,趋利避害、发展创新所形成的相对稳定的结构。

建筑显性模式指建筑系统中可被直观感知的物质形态部分。建筑隐性模式指对建筑系统形成和发展有影响的因素,如政治、经济、历史、文化等(图1)。

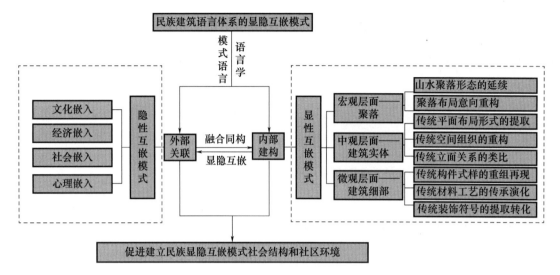

图1 民族地区传统建筑语言体系显隐互嵌模式研究框架

3. 框架构建

民族地区建筑语言包括物质性状与深层信息两部分。物质性状是可直接表现的物质实体,如建筑的布局形式结构等,根据不同尺度将其划分为宏观聚落层面、中观建筑实体层面及微观建筑细部层面;深层信息即对物质性状产生影响的因素,是具备地域特征、对民族建筑空间形态建设具有重要指导意义的信息,包括文化、经济、社会、心理等,这些因素共同建构起多样又具有同一性的民族建筑形态。因此本文将从显性模式与隐性模式两个方面,宏观、中观、微观三个层面及四个嵌入对民族建筑语言模式及其转译方式进行研究。

三、 民族地区传统建筑语言体系显隐互嵌模式研究

1. 显性互嵌模式——内部建构

(1)宏观层面——聚落

①"天人合一""因地制宜"山水聚落形态的延续

中国传统聚落布局注重与环境的关系,追求"天人合一",建筑因地制宜,巧妙融入山川、河流等,契合地形地貌特征及日常生活生产活动,因此在总体形态上常呈现出依山傍水的聚落态势及建筑群体自由灵活的形式。其内涵同一性以"因天材,就地利"的宇宙认知为设计基础,并与地域经过时间积淀的民族文化有密不可分的内在联系,形成了我国独特的传统聚落空间意境。

宏观层面聚落形态的延续即建筑肌理形态及自然景观形态的延续。对建筑肌理几何形式(线形、团块形、散落形等),以及自然景观形态(山水格局、农田景观等)符号的空间图示语言进行提取,将这种图示语言作为原型,延续其拓扑关系转译成建筑设计语言,形成传统聚落形态的延续。

②聚落布局意向重构

王贵祥认为"建筑充分体现儒家礼制的规范,建筑的选址受制于由超自然力所左右的风水理念,建筑中充满了大量象征性符号,而其建筑空间的基本构成,也与传统中国文化中的方位象征图示密不可分"[2]。中华文化中"礼制思想""风水观念"等因素影响着聚落的形成,并体现于聚落布局中。礼制思想在聚落中体现于对"中"的尊崇及对轴线的使用,传统聚落布局中,通常将核心建筑布置在构图中心,其余建筑四周环绕,并在依附地形地势的基础上呈现出一定轴线关系。风水观念在聚落中的体现除了对周边环境的考量还有文化象征与隐喻,诸如逢凶避吉的心理需求、人杰地灵的憧憬追求等。

在建筑语境中,意向的具体表现可作为设计构思的起点,通过图解分析将相关知识与信息进行过滤与筛选,继而进行重构与物化。以传统的形式意向(外部呈现)作为形式生成依据,在保留显性特征的同时,将其有机结合在设计过程中,最终呈现的形式既解决了各种问题又达到预设的意向[3]。

对表1两个具有藏族典型特征案例的聚落层面显性模式转译方式进行对比研究,玉树行政中心采用台地体块依

附山势，延续了藏族聚落因山就势这一聚落形态，同时在布局上借鉴传统藏族聚落布局肌理。而格萨尔广场则通过界面的模糊化延续场地山水地貌，并将藏族坛城几何要素抽象化运用到平面中完成布局意向的重构。因此宏观层面

可通过形体模拟、界限的模糊化等方面延续场地山水地貌特点，并且通过对肌理布局、几何要素的提取完成局部意向的重构，使建筑与周围环境融为一个整体的同时又具有民族性。

表1 宏观聚落层面的显性模式转译方式汇总

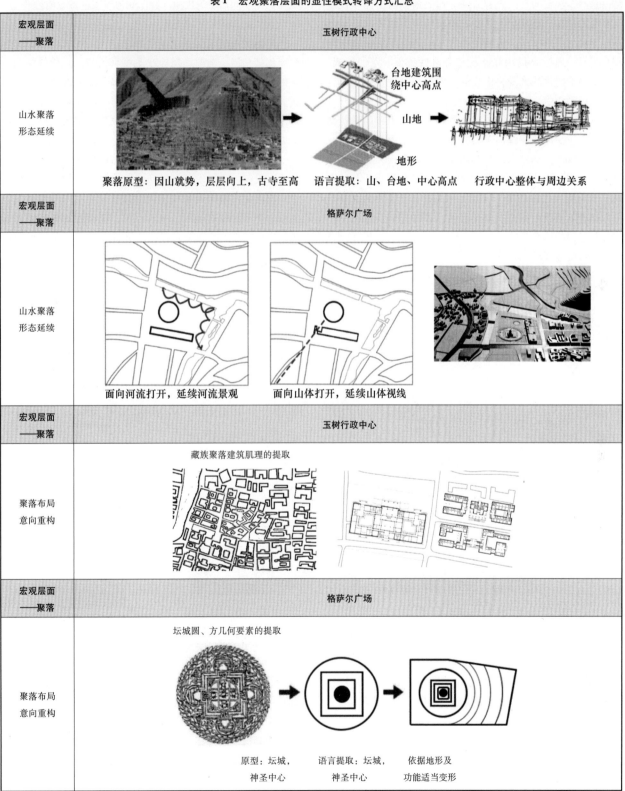

宏观层面——聚落	玉树行政中心		
山水聚落形态延续	台地建筑围绕中心高点　　山地　　地形		行政中心整体与周边关系
	聚落原型：因山就势，层层向上，古寺至高	语言提取：山、台地、中心高点	行政中心整体与周边关系

宏观层面——聚落	格萨尔广场		
山水聚落形态延续	面向河流打开，延续河流景观	面向山体打开，延续山体视线	

宏观层面——聚落	玉树行政中心
聚落布局意向重构	藏族聚落建筑肌理的提取

宏观层面——聚落	格萨尔广场
聚落布局意向重构	坛城圆、方几何要素的提取 原型：坛城，神圣中心　　语言提取：坛城，神圣中心　　依据地形及功能适当变形

（2）中观层面——建筑实体

①传统平面布局形式的提取

中轴均衡、居中为重，灵活性的间架体系及院落布局是中国传统建筑重要的布局特征。中轴均衡指以"轴线"组织建筑布局，重要部分位于轴线之上，其余均衡排列，是最基本、稳定的空间组合方法。而灵活的间架体系使建筑布局可根据地形地势，通过调整柱距与间数形成不同的平面布局与建筑类型。传统平面布局的提取需要运用图解作为工具，通过寻找能够显示其普遍性特征的空间形式，以几何原型物化的方式将提炼的原型作为一种普遍性语言植入建筑创作中。

世界客属文化中心就将客家族围龙屋平面布局进行同构转译——提取并凝练出"口"字形围屋的空间原型，并将其作为基本布局单元，结合建筑功能和朝向，形成了三层紧密相扣、相叠的方形围合体的建筑形体组合。其次在延续围龙屋"建筑＋院落"内部布局逻辑不变的情况下对平面比例关系进行调整及分形变换，最终形成具有围屋传统平面特征的建筑形象。

②传统空间组织的重构

空间组织是指空间按照某种规则或顺序进行排列。它是空间意义的某种呈现方式，是空间叙事性的表达方式。中国传统建筑通常通过院落、天井、平台，建筑空间的比例、尺度等将独立空间串联成有完整"起、承、高潮、转、合"序列的有秩序、层次的空间集群[4]。在设计中可通过将建筑的开合变化、组织关系转换为图解符号，清晰、直观地认知空间的组织规律，并以此为原型进行重构。

③传统立面关系的类比

我国传统建筑立面组成主要呈现"三段式"特征，以立面比例和谐、构图均衡等建筑语言为特点。传统立面关系的类比及溯源传统建筑中的组成部分及各部分对应的比例关系，将其根据具体现代设计要求将经典构图及比例贯穿于新的建筑设计中，形成具有传统建筑整体和谐协调的立面效果。

通过对表2三个案例中观层面三层次转译手法的汇总分析可发现，传统平面布局形式的提取可经过网格比例关系、布局关系及布局几何要素的提取完成；传统空间组织的重构则通过院落组织、路径组织、剖面组织等完成；而传统立面关系的类比则可通过立面横纵向比例关系的转译及立面组成要素的类比完成。

表2　中观建筑实体层面的显性模式转译方式汇总

中观层面—— 建筑实体	世界客属文化中心	西藏非物质文化遗产博物馆	格萨尔广场
平面布局 形式的提取			
空间组织 的重构			
立面关系 的类比			

（3）微观层面——建筑细部

中国传统建筑细部层面主要指建筑的构件、材料、工艺、细部符号等。不同民族地区对构件运用不同的材料、民族装饰元素，形成了色彩装饰各异的民族建筑细部。

①传统构件式样的重组再现

中国传统建筑的构件是传统建造逻辑的具体体现，构件式样的重组再现并非作为标准节点或单元被简单复制，而是遵循相关的建构逻辑进行重构。构件的重组既涵盖模件自身的独立重构，又包含模件间的多重组合，其目的在于解决实际建造难题、营造新的建筑空间与形式、促进传统文化基因的当代传承并形成自身的营建语言系统。

建造逻辑的表达在于清晰的结构指向对应的形式，构件之间交接明确合理。在对其重组过程中通过将隐匿的建构逻辑显现化，以强化传统建构形式的当代再现，并传达传统文化的深层记忆。

②传统材料工艺的传承演化

建筑材料是构成建筑形态最基本的物质基础。我国传统社会对建筑材料的选用遵循"就地取材"原则。材料工艺的传承演化指在建筑设计中采用民族地区具有代表性的地域材料，结合当代建造技术对传统工艺进行再生，在于传承民族传统建造工艺的同时，符合现代社会发展提出的新要求。

③传统装饰符号的提取转化

民族地区建筑装饰元素种类丰富，包括纹样图案、色彩、雕塑等，集地域文化、美学艺术于一体，是传统文化哲学情思与物质载体的承载。中国民族地区建筑装饰常以象征性、谐音、意象化的手法将抽象的理念及寄托通过具象化的创作表现出来。传统装饰符号的提取转化可将装饰符号提取成抽象特征或几何形式，采用简化、重复、象征、更新等方式转化成现代建筑匹配的形式。

微观层面对三个案例进行对比研究（表3），可发现构件式样的重组再现可通过传统建构与现代建构逻辑类比融合、传统构件形式转译完成；材料工艺传承演化可使用新材料或结合传统材料，通过现代技术的使用来模拟民族建筑材料形式、色彩、肌理等完成；装饰符号的提取转化则是对民族装饰元素进行抽象简化、拼接、挪用与转译。

表3 微观建筑细部层面的显性模式转译方式汇总

微观层面——建筑细部	长岛海洋生态文明综合展览馆	中国藏学研究中心二期工程	康巴艺术中心
传统构件式样的重组再现	斗拱的转译	藏窗的转译	藏窗的转译
传统材料工艺的传承演化	传统屋顶现代化转译	藏式墙垛做法的现代转译	藏式墙砌方式的现代转译
传统装饰符号的提取转化	传统遮阳式样转译	藏式垂幕转译	藏式经幡转译

2. 隐性互嵌模式——外部关联

民族地区传统建筑与文化、经济、社会、人的审美心理等多种因素关联且相适应，是一个复杂的系统。

（1）文化嵌入

各民族丰富多样的民族建筑背后蕴含着不同地域、民族的文化，包括历史人文、习俗仪制和宗教信仰等。建筑的发展是一个连续不断的过程，其背后的决定因素是人们与地域环境适应的生活方式和文化习俗，建筑承载着文化。因此为建筑空间"植入"文化内涵能更好地形成相互认同的物质和精神关系格局，构建互嵌式社会结构和社区环境。

（2）经济嵌入

社会经济的快速发展，使以服务业为主导的第三产业成为城市经济发展的支柱产业，民族建筑本身自带的历史文化可提升所在地区的知名度，当地通过借助该建筑悠久的文化历史和城市的整体影响的环境收益来进行招商引资，促进城市的建设，通过建设具有民族文化记忆功能转译建筑而构建的旅游产业更是经济发展的催化剂。利用标志性建筑的辐射范围，实施有效的投资方案，诸如文化商圈建立，为地区经济发展创造更大的经济效益，并逐步渗透在其他方面。

（3）社会嵌入

社会历史发展中形成的家族组织关系、特殊功能等要求会对建筑形象产生影响，随着社会形态和社会关系的变化，建筑形象也会在一定程度上发生变化，反过来建筑形象同样会对社会形态及关系产生一定的积极作用。在建筑设计中，社会层面的影响常以"社会特性——空间特性"呈现和表达出来，因此，通过综合地域社会关系及其变化，依托个体经验或集体意识在民族建筑创作中做出调整和顺应，以一种与社会文化相适应的方式参与并深入各族地区人民的社会生活中，是促进全国民族团结进步，构建互嵌式社会结构和社区环境的有效手段。

（4）心理嵌入

民族建筑由人类社会实践和意识活动长期孕育而成，并深藏于人的精神层面，反映的是人的心理世界。中国传统建筑主张人的主体精神和"天、地、人、神、时"的合一，强调环境整体性和精神审美意境。在建筑创作中，心理嵌入体现在集体意志、审美取向、体验和记忆等诸多方面，并以情感为本原、身体为媒介、空间为载体，对民族地区建筑原型中主体意识的立意提炼，以拟形、拟态的方式进行嵌入。

四、结语

我国是个统一的多民族国家，民族建筑的空间记忆始终珍藏在民族情感深处，在铸牢民族共同体意识的大社会背景下，建筑师若能激活记忆，唤醒情感，使民族地区保持凝聚力和活力，现代建筑空间便有了更深层次的精神价值，成为构建相互嵌入式的社会结构和社区环境的推动力。

针对当下民族地区建筑传承和转译的困境，借鉴模式语言的结构系统逻辑和语言学的方式，梳理了民族地区建筑宏观聚落层面、中观建筑实体层面及微观建筑细部层面三个尺度嵌套下的民族地区建筑显性模式语言及文化、经济、社会、心理四种因素相互关联的隐性模式语言体系和转译生成方法，并辅以当下典型建筑实践进行操作分析说明，为民族地区建筑的现代营建提供新的认知视角。

参考文献

［1］王艺彭，王洁．建筑学与语言的三种结合方式、历史溯源与理论分析［J］．南方建筑，2022（1）：54-60．

［2］王贵祥．东西方的建筑空间：传统中国与中世纪西方建筑的文化阐释［M］．天津：百花文艺出版社，2006．

［3］孔宇航，辛善超，张楠．转译与重构：传统营建智慧在建筑设计中的应用［J］．建筑学报，2020（2）：23-29．

［4］蔡陈翼．传统建筑空间的当代转译及生成设计方法初探［D］．南京：东南大学，2018．

喀纳斯景区图瓦人定居建筑营造的环境适应性及可持续发展研究[1]

李 琛[2] 徐慧敏[3]

摘 要：本文通过对新疆喀纳斯景区传统图瓦人定居村落的研究与分析，阐述了传统图瓦聚落的空间结构、院落布局、平面组合、结构构造和材料应用等，总结了该地区的历史建设经验和生态传承，提出了传统建筑技术对严寒气候、人文环境和生态特征等方面的适应性特征，通过正确认识乡土建筑特征及变化发展的必然性，建议可实施的控制要求，用以指导和审核当地传统村落和民居建设活动，维护当地传统村落和建筑的历史特征、风貌、意义及构成元素；实现促进乡土建筑遗产价值延续和全面提升人居环境的目标。

关键词：井干式木屋；生态理念；环境适应性；可持续发展

一、 引言

本文所指的喀纳斯景区面积为 2500 平方千米，位于新疆维吾尔自治区布尔津县北部，与蒙古国、俄罗斯两国交界，管辖禾木乡、铁热克提乡。这里有仅存的图瓦人村落禾木村、哈纳斯村、白哈巴村、铁热克提村、阿克布拉克村、齐巴尔希力克村。

喀纳斯景区位于中国西北边境的阿勒泰地区，地处亚欧大陆深处，夏季炎热，冬季寒冷。这一地区有延绵不断的阿尔泰山脉，山区海拔高、地理位置特殊，森林资源丰富，阿尔泰山脉的冰雪融水汇聚形成大大小小的河流，冲积平原形成天然大草原，为游牧生产与定居创造了条件，是我国仅存的图瓦人聚居区。景区内的居民居住形式有游牧和定居两种，游牧住所多为毡房，定居也分村落聚居和分散在牧场、路边的两种形态，定居村落目前以井干式木构民居为主，这种简朴的居住形式虽为外来引入，但很好地满足了当地居民

的原始生活和生产方式，以其与生态系统和谐的建造技术，产生了独特的景观价值，成为人与自然和谐共处的典范，也成为旅游者纷至沓来的拍照打卡地（图1）。

图1 典型图瓦人民居形象（禾木村）

1 科技部重大自然灾害监测预警与防范重点专项——传统村落保护适宜性技术和活态利用策略研究子课题：传统村落价值评价及环境风貌控制研究（编号：2020YFC1522301）。

2 中国建筑设计研究院第二工作室主任、正高级工程师，100120，pangchen2009@qq.com。
3 中国建筑设计研究院第二工作室一般设计人员、工程师，100120，millet-huimin@foxmail.com。

在景区开发的过程中，传统居住建筑面临旅游业产生的巨大冲击产生突变，产生包括外来形式、材料侵入、牧区传统生活与村落剥离等问题。本文对几个典型图瓦人村落哈纳斯村、白哈巴村、禾木村、阿克布拉克村、齐巴尔希力克村的调查研究，通过正确认识传统建筑特征及变化发展的必然性，建议可实施的控制要求，用以指导和审核当地传统村落和民居的建设活动，维护当地村落和建筑的特征、风貌、意义及构成元素，实现促进传统建筑文化价值延续和全面提升人居环境的目标。

二、 聚落的选址与分布特征

1. 沿河背湖，日照充足

传统的图瓦人是游牧民，跟随牛羊过着逐水草而居的生活，他们一般会在冬季聚居。喀纳斯地区纬度高，冬季气候寒冷，日照时间短，村落选址和布局与水源、牧场分布、日照等相关。传统图瓦聚落沿河或背湖聚集，是典型的河谷定居点。独特的地形形成了丰富的地理格局，使聚落十分和谐地融入自然环境中，形成了基于山脉和邻近水域的基本地理背景（图2）。

图2 典型图瓦人村落（哈纳斯村）

2. 临近山谷，背靠森林

阿尔泰山脉具有明显的垂直分带，海拔在1100~2300米之间为草原森林带。图瓦村庄通常会选择此地带靠近山林的平缓地区。村落空间通常比较开阔，建筑密度小。建筑布局与地形相适应，村庄中没有明显的公共广场或公共设施空间。院落沿街道排列，建筑布局相对灵活，主要建筑多垂直于街道，形成一定的韵律感，如图3所示。

这种建筑布局与当地居民以牧业为主有关。丰沛的水利资源为人和牲畜提供了便利，森林资源也为村落建造提供了充足的木材资源。村落沿着山谷或山脚的缓坡建造，以便迅速排放雪水和雨水。

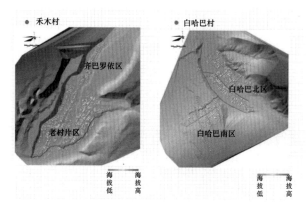

图3 禾木村、白哈巴村高程与民居布局关系图

三、 院落空间的布局特征

喀纳斯河谷图瓦人定居建筑在不断发展的过程中，形成了自己独特的院落形式和适宜当地气候、生态、习俗的院落空间特征。

1. 院落特征

喀纳斯河谷冬季寒冷，降雪量大，受西北寒风影响较大。传统的图瓦人定居建筑院落中，各房屋排布互不相连，正房与偏房相互错开，多数建筑位于院子的西北方位，在一定程度上可以抵御大风的侵袭。由于该地区冬季太阳高度角小，日照资源匮乏，室内采光和保暖成为重要考虑因素。因此，院落和住宅之间的距离较大，占地面积也比较大。这种布局方式可以更好地采光和吸热，为院落及住宅内部空间争取更多日照，帮助抵御北方寒冷的气候。

传统的图瓦人定居建筑院落由院墙、院门、院内其他设施、铺装组成。

（1）院墙

图瓦人定居村落中，每户都使用木栅栏围合院落。这种围合形式非常通透，界定了院落的内外空间，限制了牲畜活动。木栅栏的制作方法简单，通常使用小直径的圆木或劈成木板，借助立柱横向搭接而成。

（2）院门

院门是院落和街道之间的通道，也是院落的重要标志。它通常由竖直放置的2~3根木柱和上方的1~2根木杆组成，造型简单实用，没有固定的规格要求，形式相对灵活自由（图4、图5）。

（3）院内其他设施

主要的建筑通常靠近院落的北侧，而南侧则用于布置仓库、柴草堆放、畜栏、旱厕等设施。剩余的空地则可用于畜牧、农作或绿化。

（4）铺装

在院落中往往没有大面积的路面铺装，只有一些用木板或石块拼成的小路连接各个房屋（图6~图8）。

图4 白哈巴村典型农院形象

图5 禾木村典型农院大门

图6 禾木村卫星影像图

2. 建筑特征

（1）建筑组合形式

图瓦人定居建筑最基本的平面单元，是单间井干结

图7 哈纳斯村卫星影像图

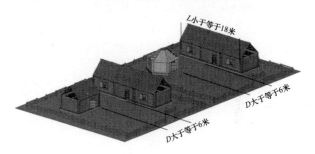

图8 院落组合示意图

构房屋，再根据使用功能横向组合，演化成三种主要类型。

三间大房子：中间一间为客厅，左右两侧是卧室。两间小房子：一间是厨房，另一间是晾房，用于存放食物等。一间小房子：用作库房，存放马鞍等生活琐碎物品（图9）。

院落中主房、侧房、储物间房间数量有"3+3+1""3+2+2""3+3""3+2+1""3+1"等组合形式，建筑面积105~170m² 不等。庭院建筑布局灵活，常见的有"一"字形、"L"形平面排布方式，也有少量"凹"字形平面，以增加围合感和空间利用率。

（2）建筑体量

图瓦人定居建筑主体为长方体，采用架空双坡屋顶，也就是当地称为"卡特"的屋顶形式。这种屋顶坡度相对较大，上部有两个倾斜的坡面。单间建筑的规模与木材成材尺寸相关，一般的面阔和进深为3~5米，与当地木材尺寸相符。房屋的屋顶高度一般在2.4~2.6米之间，而"卡特"部分的高度则不等，通常高2米左右，角度在75~100°之间，这也是当地人根据气候和地理环境设计的结果（图10）。

| 标准三间大房子 (已毁) | 两间小房子 | 一间小房子 (库房) |

图 9 建筑组合形式

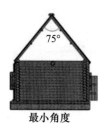

| 角度过大 | 最大角度 | 适中角度 | 最小角度 | 角度过小 |

图 10 卡特角度分析图

（3）建筑规模

图瓦人定居建筑的居住用房用木直径一般在 15～20 厘米之间，长度为 5～5.5 米。每间房屋长宽尺寸在 4.5～5 米，每间建筑面积为 20～25 平方米。檐口高度约为 2.8 米，卡特高度约为 2 米，整体房屋总高度大约为 4.8 米。

辅助用房的圆木直径一般在 12～20 厘米之间，长度为 4.5～5 米。每间房屋长宽尺寸为 4～4.5 米，每间建筑面积为 18～20 平方米。檐口高度约为 2.4 米，卡特高度约为 1.8 米，整体房屋总高度大约为 4.2 米。

四、建构特征与构造特点

1. 基础与勒脚

同大部分建筑一样，喀纳斯图瓦人定居建筑要先选定地基位置，将基础上的杂物清理干净，找平并夯实基础后，用石块砌筑勒脚。勒脚的高度没有一定的标准，主要根据基础的好坏与实际情况进行垒砌。由于当地夏季降雨量大，冬季降雪量大，勒脚很好地防止木材被雨水侵蚀，有效延长建筑寿命。垒砌完成后常用土壤进行填充，至勒脚达到室内高度。实地调研发现，地面基础条件较好的木屋通常不做勒脚，而是直接将木墙体置于地面。这种做法一般是用木柱进行四角定位后用土壤填平夯实至木柱高度，此时

土壤在一定程度上起到勒脚的作用。

2. 墙体与结构

由于喀纳斯河谷地理位置特殊，具有大片针叶林，当地建造房屋多选用松木作为墙体材料。松木具有弹性好、透气性强、相比其他木材不易变形的特点。将松木作为墙体材料前，要将其晾晒烘干。一般会选择直径在 20 厘米左右的木材，用斧、锯等工具在两根木材拼接处凿出凹槽，采用榫卯结构层层累叠，木与木搭接部分上下两侧做对应的凹槽处理，上下彼此卡接，这种结构抗震性能极佳。墙体在累叠过程中根据设计需求留出门窗洞口。松木之间传统做法会塞满苔藓或泥巴，形成密不透风的围护结构。

3. 屋面及屋顶

喀纳斯图瓦人定居建筑的屋面是在梁上架设檩木，檩木上放置椽木，并在椽木上涂抹草泥和泥土作为屋面。用木板钉成"A"形雨棚，不利于雨水与大雪的堆积。坡屋顶上是整个建筑的最上方，坡度较高，十分引人注目，一般会有 2 米左右的高度。它防风、防水、坚固，是在顶部比较突出的位置。屋脊的造型简单实用，具备储物功能。一些居民会在房屋旁架设一个爬梯用于攀登，以便将一些杂物放置在屋顶上，有些居民也会将屋顶二次利用，作为小居室。典型图瓦木屋结构炸开图如图 11 所示。

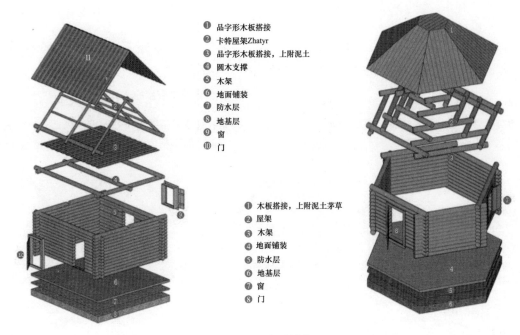

❶ 品字形木板搭接
❷ 卡特屋架Zhatyr
❸ 品字形木板搭接，上附泥土
❹ 圆木支撑
❺ 木架
❻ 地面铺装
❼ 防水层
❽ 地基层
❾ 窗
❿ 门

❶ 木板搭接，上附泥土茅草
❷ 屋架
❸ 木架
❹ 地面铺装
❺ 防水层
❻ 地基层
❼ 窗
❽ 门

图 11　典型图瓦木屋结构炸开图

五、 建筑材料

喀纳斯地区图瓦人定居建筑具有鲜明的地域特色和民族特色，建筑材料的选择、应用和营造方式等充分融合了自然环境和文化传承，达到了和谐共生的境界。传统的喀纳斯图瓦人定居建筑所使用的材料主要有木材、石材、苔藓和生土（图 12）等，这些材料取之于自然，归于自然，具有很强的环境适应性。

木材　　　　　　石材　　　　　　苔藓　　　　　　生土

图 12　图瓦民居典型建筑材料

1. 木材

图瓦人定居建筑材料主要来自当地树木，包括西伯利亚冷杉、云杉、落叶松等。这些木材被用于房屋的墙身、屋顶、门窗以及宅门、院墙栅栏等部分。不同的木材被用于不同的部位。例如，墙体底部经常使用密度高、耐腐的落叶松，而墙体上部则通常使用相对轻便、易于山地运输的云杉。屋架上的檩条和椽子也多使用直径在 10 ~ 15 厘米之间的落叶松或云杉。屋面的卡特板则通常选用易于切割、宽度在 10 ~ 12 厘米之间、厚度在 2 ~ 2.5 厘米之间的冷杉木，它们能够提供良好的隔热和保温效果。

2. 石材

喀纳斯图瓦人定居建筑的石基部分通常采用毛石、卵石等当地石料，这些材料方便取得，能够更好地与周围自然环境相协调。

3. 苔藓

喀纳斯图瓦人定居建筑中使用苔藓作为传统的建筑填充材料，常用于填充、封堵圆木之间的空隙。它具有独特的适用性，在当地的木墙体中，苔藓仍然保持活性，可以随着墙体的缝隙涨缩实现非常好的填充效果。苔藓的适度取用，便于树木种子落地生根及幼苗生长，在传统的建设过程中，人类活动与树林的更替达到了微妙而有益的平衡。

4. 生土

在传统的图瓦人定居建筑上，生土主要被用于一些局部的建筑部位，如灶台、地面、屋顶以及基础石块间的缝隙填充等。

综上所述，上述材料不仅形象和取用上与当地生态系统取得了平衡与和谐，更为重要的是，即使房屋废弃，这些材料也可以完全消纳在生态环境中，不产生任何不可降解的废弃物，对于高纬度地区脆弱的生态环境至关重要。

六、 社会发展下的传统建筑特征的变迁

1. 村庄建筑密度的增加

游牧民族的定居场所建筑密度极低，一般在5%左右，甚至更低，但商业化进程使建筑密度成倍增加（图13）。

图 13　典型图瓦人村落民居分布（禾木村）

2. 建筑形式

屋面卡特原为用红松作檩条，用白松作椽子，椽子上铺设卡特板，按"品"字形铺设。卡特内空间用于储物，室外布置爬梯，形成了特色的坡屋顶以及村落独特的建筑形象。出于对面积和建造经济性的需求，居民开始用铁皮、彩钢板代替卡特木质面板，这样积雪更易下滑，可以使房屋紧身加大，屋顶坡度减小，同时都变成了工业色调的屋面，整体村落的传统景观改变巨大（图14）。

图 14　被破坏的传统图瓦人村落风貌（铁热克提乡）

为增加室外空间，进行经营活动增建檐廊等附属构造。为了追求面积、增加床位，会封闭卡特山墙面。新建建筑多将卡特空间纳入室内，形成通高和二层小阁楼，多模仿现代小别墅样式。传统的建筑形式正在改变，不再具有地域特性（图15）。

3. 墙体

由于扩建迅速，出现了简易建造的房屋，由于木径过低，保温问题无法解决，又进行外表抹泥，近距离景观极差。

图15　典型建筑形式的改变

酒店、民宿等为满足经营要求，直接安装与传统风貌不符的防盗门窗，或增加外来建筑元素，如门斗等，或在同一立面开多个门窗，不符合当地传统和建筑的审美。

近年的环境观测与生态环境容量研究表明，喀纳斯景区已经产生了严重的生态赤字，旅游产生的生态消耗大于居民生活消耗。如果完全按照旅游发展需求进行建设，为了经营需求任意改变民居的用材和形态，无疑会对喀纳斯的文化传统和生态环境造成严重破坏。

七、 保护与可持续发展研究

1. 总体策略

作为可持续发展的研究，希望尽量延续图瓦人定居点的独特性，维护其生态特性，同时希望能够满足居民生活环境提升的需求，因此并不是所有方面的建筑改造都不可接受，也应该鼓励运用新材料和设备充分改善人居环境和实现旅游发展的目标。

这些改造的底线应该是对生态系统的最小扰动，因此本研究的策略主要基于认识规律，通过控制、提升、生态管控、传承等途径实现可持续发展的目标，如图16所示。

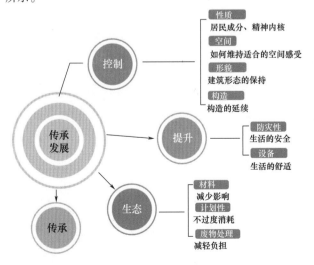

图16　本研究的策略

2. 主要可持续发展措施

（1）合理协调功能需求、利益追求和保护传统的关系

村落的主要目的在于居住，传统村落尤其要保障原住民的居住，但是居民并不应该被局限在保护的控制要求中而不能享受提升生活条件的设施和房屋空间的改善。改变的最初驱动力在于利益的追求，调控不能纯粹地压制这一需求，而应尽可能使利益分配与传统延续要求都得到满足。

因此对村落的调整和控制首先应使居民的经营和生活需求得到满足，营业建设指标分配实现均衡，这样就避免了盲目扩张。

本研究制定了三级村落，按照传统村落的保护强度不同，设定村落承担的功能和不同的利益获取方式；一级为传统形式保持较好的村落，以旅游经营为主，管控严格，需要遵守传统的延续方式；二级为居民生活和旅游住宿各占一定比例的村落；三级是开辟的新村用地，给居民的生活提升留有更大的空间，也可以享受更先进的生活设施，旅游者也可以选择居住，但传统体验感较差。居民可以按照各自的利益选择不同的位置生活和经营。维护传统风貌的策略还包括控制经营，核定居住面积，对外租赁必须保障自用面积。从事畜牧业等传统产业，保持景区传统文化延续的居民，由村委会协调，获得旅游收益。这样保障原住民可以继续延续其大部分的传统生活方式。

（2）为村落设定传统文化展示空间

自然形成的乡土村落，村落内或多或少存在缺少部分空间空白等问题。应在充分尊重乡土村落历史过程，保留村落历史发展痕迹的基础上，选择合适的地方进行空间营造，形成积极的空间氛围，形成分散的、小规模、多样的开放公共空间形式。

该类空间可建设村落展示馆，用于深入展示各村的历史、文化，如白哈巴村可重点展示该村边境国防重镇文化，禾木村重点展示图瓦人传统文化，喀纳斯村则重点展示与喀纳斯国家森林关系相辅相成的和谐关系；该类空间也可以保持空旷场地形态，采用模拟自然分布的方式种植一定数量的乔木，提供较为舒适的人流聚集区域，较为便利地为人流提供交流、信息等服务。

（3）对传统建筑有侧重地设定控制指标

对于使用性能好、与环境最为协调的建筑应强制性予以保留，但对于改善房屋性能的材料更替和式样变化，应该采取优化和引导的方式，而不是一味禁止，具体包括：

地基：引导性，重视外观维护，可以更多地考虑隔潮性能的提升。

墙体：强制性，必须保障木料直径、苔藓填充的做法。

屋顶：部分强制性，保障屋面形式、表面材质，但支撑构造、防护构造可以改善。

前廊：引导性，配合村落分级要求，控制宽度和形象。

门窗：部分强制性，控制窗的长宽比例，配合村落分级要求，进行尺寸设定，为满足现代居住光照要求适当扩大窗户面积。

（4）设计插入式的集成设施

为了维护传统建筑形式又提升功能需求，设计整体式卫浴设施、厨房设施满足生活和旅游功能需求。图 17 为集成卫生间与传统木屋的结合。

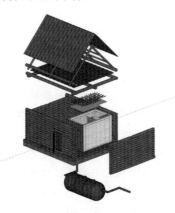

图 17　集成卫生间与传统木屋的结合

（5）制定生态保护要求

进行有计划的修缮，保障木材、苔藓的可持续使用。结合当地村民实际情况以及苔藓等用材的控制，进行循序渐进式的更新改造，按轻重缓急整治更新，并控制每年更新总量。

实施严格的废物处理制度，凡使用非天然材料建设的房屋部分，拆除时必须将非天然建筑材料从建设区域完全清除，按照要求分类无害化处理，无法无害化处理的必须运出景区。

（6）建立传统建筑文化传承制度

乡土村落传统文化的可持续发展离不开村民对传统技艺的传承。建议喀纳斯管委会遴选一定数量的技艺传承人，由技艺传承人执行符合本土建筑的建造技术指导和建筑质量监督职责。给予传承人适当经济补贴，使喀纳斯乡土村落的建筑技艺得到有效传承。

对施工队进行建筑传统、建筑技艺、建筑结构等方面的培训，并可邀请社会建筑师团体参与，增强传统建筑居住条件的改善和新功能的融入。

八、结语

本文通过对喀纳斯地区图瓦人民居建筑的研究，总结传统图瓦民居建筑的环境适应性，并对民居建筑的当代变化进行梳理和分析，提出保护与可持续发展策略，用以指导和审核当地传统村落和民居建设活动，维护当地传统村落和建筑的历史特征、风貌、意义及构成元素；实现促进乡土建筑遗产价值延续和全面提升人居环境的目标。

传统古村落保护中地方政府 "何以有为"？
——以山西省平顺县为例[1]

常　婧[2]　李　昀[3]　王　艺[4]

摘　要： 中国传统古村落是灿烂千年的中华物质遗产与非物质遗产的主体与载体，是非常特殊的公共物品。本文通过对山西省长治市平顺县实地调查并结合文物保护部门工作人员的访谈，分析地方政府为何在传统古村落的保护中"无能为力"。同时从地方政府职能入手，阐述地方政府在传统古村落保护工作中所应发挥的职能，探索地方政府在传统古村落保护"何以有为"的策略。

关键词： 传统古村落；地方政府；"何以有为"

一、　引言

中国传统古村落是灿烂千年的中华物质遗产与非物质遗产的主体与载体，是极具历史价值、文化价值、科技价值和经济价值的特殊公共物品。历史浪潮的冲击与现代化建设推进的背景下，受制于社会环境、自然环境、村民文化自觉曲线变化、政策体系不完善等因素导致传统古村落的自然风貌与人文风貌已不复昔日风采。我国的传统古村落受到来自多方面的威胁，本文对传统古村落保护主体加以分析：地方政府具备政策、管理、资金、舆论等多方面优势，并从传统古村落所具备的公共属性论述，地方政府在传统古村落保护中承担主体责任。从地方政府职能入手，分析地方政府在传统古村落保护工作中所发挥的职能，探索山西省地方政府在传统古村落保护工作中所存在的问题以及原因，最终提出地方政府在传统古村落保护方面的行动策略。

二、　地方政府部门在传统古村落保护中的职能体现

1. 整体规划职能

地方政府部门在传统古村落保护过程中不仅需要发布相关政策文本对保护行为加以规范，而且要在整体发展上进行规划，邀请相关专家或专业团队编制地域性或传统古村落发展的设计方案。本部分借助城市发展规划编制原则来阐述传统古村落保护与发展的规划设计原则。

第一，规划是为了与其他同类型区域之间的发展做出区分，展示出本区域的区位优势；第二，规划是为了地域与资源配置之间更好地相适应；第三，规划的本质是依托本地域的优势确定该地域发展的核心理念；第四，某一地域的规划并不是非得强调其独特性，而是结合自身地理优

1　山西省哲学社会科学规划项目"乡村振兴背景下保护与活化山西古村落研究"（2021YY133）。
2　山西财经大学公共管理学院讲师，030006，20161128@ sxufe. edu. cn。
3　山西财经大学公共管理学院，本科生，030006，ly. gs@qq. com。
4　山西财经大学财政与公共经济学院，硕士研究生，030006，2291694633@qq. com。

势、文化优势、资源优势等作出科学的综合论断。综合以上四点，地方政府对于传统古村落保护作出整体规划的意义在于：利用自身的地理优势、文化优势、资源禀赋等现实因素，结合制约传统古村落可持续发展与文化传承内生性问题与外部性因素深入分析的基础之上，得到最为适宜该地域的具有落地性与针对性的对策建议。

本文充分借鉴城市发展规划编制原则，对地方政府的传统古村落保护规划原则进行深入思考与论述。地方政府需要充分考虑执行机制与财政等各方面的协同，贯彻国家整体政策方针与社会环境的变化，承担地方政府在整体规划传统古村落保护中的职能。

2. 引导与协调发展职能

传统古村落保护工作的主体类型有地方政府、村民、村委、承包商、社会组织、学界等多个主体。传统古村落保护系统中各个主体承担着不同的责任与义务，但在传统古村落保护的实际过程中，往往会因为利益矛盾而演变为冲突。此时需要一个主体承担起协调各方矛盾的责任，团结各方力量为传统古村落保护共同发力，纵观各主体的影响力，地方政府是此角色的扮演者。

其中村民作为传统古村落的主体与直接相关者，如何对传统古村落进行保护与建设最有发言权。村民影响着传统古村落保护与乡村建设的最底层设计，地方政府要积极汲取村民意见与引导村民表达意愿，规范引导村民有序参与传统古村落保护工作。除此之外，地方政府必须承担起协调村民与承包商、社会组织之间关系的职责，正确引导学术界外部力量解决传统古村落保护中产生的内生性问题与外部性因素造成的影响，引导各主体更好地扮演各自角色与作用，从而形成合力，促进各主体关系的良性发展，更好地促进传统古村落的保护。

3. 传统古村落人居环境现代化营造

造成传统古村落保护困难的障碍之一是人民生活物质水平的提升对人居环境的要求与政策保护古宅院之间的矛盾，因此在不破坏传统古村落原有风貌的基础上，增加各类基础设施，打造宜居化、安全化传统古村落。传统古村落人居环境营造主要考虑以下几个方面进行：第一，技术性排查老屋的安全性。地方政府相关部门或购买第三方技术对传统古村落中尚有居民的房屋进行评估，考虑在本地域内可能的抗风险能力，分析房屋是否能够满足基本需求，首要保障所居住村民的生命财产安全。第二，设计现代化的装修风格。在平顺县各传统古村落调查研究中发现村民对其老房子结构老旧持有意见，这也是越来越多的人搬到新村的原因之一。因此，地方政府应该体现出规划、引导、补贴等政策，切实提升传统古村落的入住率，实现乡村振兴战略背景下活化传统古村落的根本任务。

三、 地方政府部门在传统古村落保护中的"无能为力" 探究

在平顺县，众多具有悠久历史的传统古村落、庙宇和自然风光展现着丰富的文化底蕴。然而，在当代社会背景下，这些传统古村落正面临着来自人类和自然环境的双重挑战。多年前建造的房子已经不再适应现代人的居住需求，而村民生活在一个相对封闭且资源获取有限的社会中，自我保护意识的缺乏成为传统古村落保护的一大问题。因此，改善物质生活成为当务之急。这导致老房子的荒废、混乱的修建以及违建等问题频繁出现。在地方政府处理村民新居住条件、促进人民美好生活需要与保护传统古村落面貌不被破坏之间存在着较大的矛盾。在调查研究过程中，发现地方政府在传统古村落保护工作上付出了一定努力，但也存在许多问题，这些问题限制了传统古村落的保护与开发。

1. 地方政府对传统古村落保护态度与目标不明确

平顺县的传统古村落保护工作已经取得了一定的进展，但同时面临着一些问题。首先，地方政府在传统古村落保护中的态度并不明确，更注重保护还是开发，或者两者如何兼顾尚未明确。此外，地方政府在整体规划时的话语权相对较小，省市级的统筹难以展现地域特色。其次，地方政府并未明确传统古村落保护的具体目标，不同部门之间的权责不匹配现象比较明显，专业人才未能有效地为传统古村落保护提供建议和支持。此外，当地村民对于"文化自觉"的觉醒程度较低，目前传统古村落的保护与发展主要由地方政府掌握话语权。然而，地方政府对旅游产品的市场分析和定位模糊不清，导致部分传统古村落的旅游业发展存在局限性。以白杨坡村和王家庄村为例，它们的旅游业主体为当地村民，在新冠病毒感染疫情出现前稳定发展了一段时间，但并未持续发展。相比之下，旅游产业发展势头比较好的苇水村，其旅游业仅局限在村内的旅游产品开发，地方政府并未学习和引导其辐射至红旗渠等旅游景观线。这一系列问题充分暴露了地方政府在传统古村落旅游产业开发中缺乏规划和引导功能，也显示出当地地方政府对于支持传统古村落保护与发展的态度不够明确。

2. 合作机制混乱，权责不清

当前传统古村落保护与规划涉及的部门较多，存在多头管理、权责划分不明晰、事权与支出责任严重缺位等问题，尤其是传统古村落事务的定性还难以成立相关专项办公室。有些传统古村落修缮并未有专职部门参与，导致许多古民居在修缮过程中受到破坏，甚至在调查过程中发现平顺县 2000 年前后存在较多文物盗窃案件。

传统古村落的保护需要大量资金的支持，然而，它并不属于即投入即获得巨大经济效益的产业。从平顺县和整个山西省的财政支出结构来看，地方政府对于传统古村落保护和发展的资金支持严重不足，因此抢救那些处于"低保"状态的传统古村落任务十分繁重。首先，传统古村落的修缮工程量巨大。这些传统古村落的建筑大多具有200~500年的历史，多采用石木结构或榫卯结构，许多建筑因年久失修而状况堪忧；其次，基础设施建设和修缮所需的资金面临矛盾。虽然国家级保护的传统古村落能够获得上级的资助，但这些资金需要与地方政府进行配套使用。然而，由于地方政府的财力有限，导致文物保护专项经费被用于各级单位的运行和维护经费。根据现行的文物保护规定，专项资金无法用于补贴私人产权下的古民居，因此文物专项资金的使用受到多方面的限制。这导致许多传统古村落无法获得足够的资金支持，从而陷入破败甚至倒塌的境地。因此，传统古村落保护面临着资金支持的严峻挑战，需要地方政府加大财政投入，为传统古村落的修缮和发展提供更多支持，以确保这些宝贵的历史文化遗产得以传承与保护。

一些有关新农村建设的专项资金也较为倾向民生、改厕、环保、污水处理等事项，很少涉及传统古村落保护与发展事项的支持工作。因此资金管理与使用的科学性依旧有待提高，在财政政策配合下其他政策的施行才会具有吸引力。

3. 破坏多样性问题突出

首先，传统古村落面临旅游开发所带来的负面影响，旅游业对传统古村落具有双重效应。一方面，地方政府可以借助旅游业的发展获得较好的社会效益和经济效益，充分利用文化资源，积极促进传统古村落的发展。另一方面，旅游业的发展水平会对传统古村落的保护和破坏程度产生影响。过度追求旅游业发展可能导致传统古村落的严重破坏，同时加剧保护与发展之间的矛盾，使传统古村落保护和发展的理念产生偏差。旅游开发性破坏主要表现在以下几个方面：传统古村落的建设模式大多是统一的，即改变了传统古村落的原始风貌、色彩和工艺等，使传统古村落变成翻新后的"复制品"，村落中的遗迹和历史信息被清理一空。许多仿传统古村落与传统古村落群在短期内可能带来巨大的经济效益，但违背了传统古村落保护的原则。另外，地方政府未能考虑到传统古村落的脆弱性，导致传统古村落超负荷承载，同时地方政府无法进行有效的旅游管理，给传统古村带来了严重破坏。

其次，对传统古村落的建设性破坏问题非常严重。自改革开放以来，传统古村落中的年轻人走出大山参与经济建设。全国城乡建设浪潮也逐渐影响传统古村落的延续，许多地方政府和民众未能意识到传统古村落的珍贵价值，

导致许多传统古村落和民居被拆除。另外，自改革开放至十六届五中全会召开期间，地方政府对历史文化和其他遗产的保护并未给予足够的重视，民众的"文化自觉"并未完全觉醒，对中国数千年来整理修缮的传统古村落格局造成了根本性的破坏。直到十六届五中全会召开时，提出了全面建设社会主义新农村的框架，传统古村落被推倒重建，按照城市格局修建古村遗址，进行整村撤并等行为使许多传统古村落变成了新型的"空心村"，许多传统古村落也逐渐消失在历史长河中。

四、传统古村落保护中地方政府"何以有为"

传统古村落作为中华民族精神文明的承载者，蕴含着近千年的历史与文化。地区经济提供了物质上的保障，而文化则为精神提供了支撑。经济落后的地区可以通过转移支付等手段得到支持，但精神落后的地区无法仅凭经济手段来弥补。因此，保护传统古村落具有深厚的历史价值，极具现实意义。地方政府应该始终坚持从学习传统古村落的价值开始，逐步认知其价值，并将这一认知付诸实践。地方政府应该认真贯彻"保护为主、抢救低保古建、伺机创造经济效应"的工作理念，正确处理传统古村落在保护与发展之间的关系，并努力实现传统古村落保护与发展的可持续性。这样才能有效地保护传统古村落的独特魅力和文化遗产，使其能够持续传承下去，同时实现经济的可持续发展。

1. 提高地方政府引导与规划职能

首先，需要全面开展山西省传统古村落及相关非物质文化遗产的工作。为了保护传统古村落，需要首先了解相关的村落文化遗产的分布、人文风貌、民生问题、经济问题和人口问题等。在山西省传统古村落的普查工作中，应注重专业性，可以与地方高校和研究院专家进行合作，或者将普查工作进行公开投标，邀请地方高校和有能力承担工作的机构竞争，以确保专业团队能够进行山西省传统古村落的普查工作，并为制定规划提供准确的资料。其次，在传统古村落的普查过程中，调查团队需要根据科学的传统古村落评定标准和传统古村落数据的信息化处理方法，对山西省不同类型的传统古村落进行分类和定级，并实施分级管理机制，以便更好地管理和保护这些传统古村落。

同时，需要科学、合理地制定和实施传统古村落的保护和发展规划。应明确山西省地方政府在传统古村落保护中的职责和保护范围，并对重点保护的传统古村落进行区域间的分类规划。对于重点保护的传统古村落，应编制修缮历史建筑、改善居住条件、定位村落功能以及建设相关设施等规划。对于因多种因素而存在保护困难的传统古村落，可以考虑搬迁的方式进行保护。在整个村落中，对于

有保护价值的个别建筑，应进行重点保护。一旦制定了详细科学的传统古村落保护规划，山西省地方政府就必须积极落实，实现各级地方政府间的高效信息交流。还需要逐步推广传统古村落修缮、修建、搬迁等工作的详细规范，并在规划和实施过程中邀请文物保护、建筑学和文物行政部门等各方参与论证和监管，以确保传统古村落保护规划的科学性。

2. 健全地方政府职能部门并完善地方政府专业人才制度

首先，中央地方政府应建立保护工作领导小组，并将传统古村落保护工作纳入各级规划编制工作中，明确工作目标和任务，并落实责任主体。同时，强调设立专门机构对传统古村落保护事项进行调解、决策和监督。此外，应将传统古村落保护工作纳入各级地方政府的考核机制，增强其在政务系统中的重要性。其次，需要进一步完善传统古村落保护的层级体系。中央和决策部门应设立专项保护工作小组，并在地方政府层面建立三级联保管理层级，即县（区）、镇和村为核心的体系。此外，可以将传统古村落保护修缮工作外包给第三方企业，并雇用专职人员从事传统古村落保护工作。三级联保体系主要负责协调部门关系、调配资金、参与和监督日常工作等事务。

还应加强相关人才队伍的配置和完善。地方政府和社会应重视培养一批高质量的文物保护专业人才，制定优惠政策，充分发挥地方高校和科研院所的人才和资金优势，重点培养传统古村落保护与管理所需的人才，并完善人才激励机制。此外，应注重聘任当地工匠和基层青年干部担任传统古村落保护职员，并针对不同的传统古村落保护群体制定相关的激励和培训策略，以提升传统古村落保护工作者的业务水平和管理能力。

3. 完善山西省传统古村落保护的政策体系

地方政府在山西省传统古村落保护中的职能主要包括法律法规的制定、保护管理和政策的实施。为加快保护工作，地方政府应积极建设和完善政策体系。

首先，存在中央政策与地方政策不配套的问题，表现为地方政策实施拖延、中央和地方政策同时缺失、指导性政策与实施政策不相配。因此，山西省地方政府应制定指导性文件政策，依照中央关于古建和文物保护等相关法律法规的要求进行山西省传统古村落保护与利用的指导。其次，需要重点突出传统古村落居民相关的新政策，以解决人民生活水平提升与古宅院保护之间的矛盾。地方政府可以通过建设新区、搬迁居民等方式引入公有制或第三方企

业对传统古村落进行开发，但需要注意伴生的问题。例如，一些村庄的格局规划存在问题，新建房屋破坏了原有村庄格局，导致现代化建筑在传统古村落中出现。因此，地方政府需要在法规和政策层面上进行管理，保留有保护价值的古建筑，对其他古建筑进行改建修缮，并为居民提供管理方式或补偿。

传统古村落保护政策的有效实施需要行政管理和财政支持。因此，建立传统古村落保护专项资金是必要的。地方政府可以指导或直接补贴村民进行室内和采光等方面的改造，保持旧民居的整体格局和风貌。同时，享受政策补贴的居民有责任保护古民居，如因人为因素导致损耗，需由居民自行承担后果。传统古村落保护政策体系的构建还需要激发村民的自我保护意识。一些村民较为重视乡规民约，这表明他们具有文化自觉。地方政府应加强对违法事件的打击力度，严厉处理破坏文物的违法行为，打击文物犯罪事件。

参考文献

［1］侣传振．情感式协商：农村基层协商治理有效运行的内在逻辑：基于C镇古村落保护利用案例的分析［J］．云南大学学报（社会科学版），2023，22（1）：104-114.

［2］徐钰彬．主位视角下村民参与传统聚落再生的路径：以柳枝村关帝庙为例［J］．建筑遗产，2022（2）：147-154.

［3］龚恺．村·族·家：徽州村落与生活空间的演化［J］．建筑遗产，2021（1）：1-14.

［4］靳兆腾，裴逸飞，龚恺．从村落形制到宅居空间：层系聚焦的徽州村落测绘［J］．建筑遗产，2021（1）：52-59.

［5］杜翔，李秋香．传统村落类型划分及保护发展策略制定的一种新方法：以浙江省临海市四个传统村落为例［J］．建筑遗产，2020（2）：42-52.

［6］卫丽姣，王朝辉，崔春平．商业化背景下古村落旅游景观生产：以安徽宏村为例［J］．热带地理，2018，38（6）：884-893.

［7］迪娜·努尔兰，塞尔江·哈力克．古村落传统建筑特征与风貌保护探究：以琼库什台村为例［J］．华中建筑，2017，35（12）：102-105.

［8］刘改芳，李亚茹．古村落集体经济转型影响因素的动态演化研究：基于山西古村落"煤转旅"个案的质性分析［J］．旅游学刊，2017，32（11）：69-80.

红河哈尼族蘑菇房营造智慧初探

杨 庆[1] 陈 露[2]

摘 要： 云南红河哈尼族"蘑菇房"营造中的乡土智慧包括：①适于生存的蘑菇房选址。他们基于对哀牢山自然生态的深刻认识，选址在其半山缓坡上。②顺应自然、因地制宜营造蘑菇房。他们为了适应哀牢山区的自然条件和山地农耕生活，营造了四坡面草顶、土墙厚实、平屋顶、就地取材和与梯田融合的蘑菇房。本文深入分析了蘑菇房的时代价值，提出了蘑菇房营造智慧传承与发展的思路。本文对云南少数民族传统建筑的保护与发展，以及推进乡村振兴具有重要的现实意义。

关键词： 哈尼族；蘑菇房建筑；营造智慧；传承发展

哈尼族的祖先原来居住在青藏高原，为了寻找理想的居住环境，大约于唐代后期迁徙进入今云南省红河南岸的元阳等县。哈尼族世世代代居住在红河哀牢山区，以山地农耕为主要谋生手段，成为山地农耕民族[1]。元阳一带地势高差达 2863 米，从山麓到山顶，依次形成南亚热带、中亚热带、北亚热带、暖温带、温带和寒温带气候。不同气候带的温度和湿度差别很大，使当地有"一山分四季、隔里不同天"的立体气候特点。千百年来，哈尼族利用当地地貌、气候等的垂直立体分布特征，建构了与之相适应的生存空间及农业生态系统；顺应自然、因地制宜地营造了独具特色的"蘑菇房"住屋。这是哈尼族对当地地理和气候等自然条件的理性选择，体现了哈尼族高超的乡土智慧（图1）。

一、 顺应自然的蘑菇房营造

"蘑菇房"属于具有浓厚云南地方本土特色和代表性的土掌房系列住屋，是哈尼族创造的满足自身生产生活方式的住屋形式[2]，是红河南岸哈尼族住屋的标志，是当地的独特景观之一，构成了哈尼族住屋文化的特殊风格[3]。哈

图1 云南红河州箐口村
（图片来源于美篇：哈尼族人的千年杰作 云南元阳梯田，丁虹先生摄）

尼族聚落中一幢幢住屋顺山坡自由布置在树林之中，犹如一簇簇散落在群山绿树间的蘑菇，由此而得名"蘑菇房"。蘑菇房与哀牢山区的自然条件相适应，与梯田农业融为一体，具体表现在以下方面。

1. 适于生存——蘑菇房的选址

哈尼族选择寨址及建造蘑菇房的要求是必须有森林、

1 注册城乡规划师，云南大学建筑与规划学院副教授，硕士生导师，云南省国土空间规划委员会专家，650500，503465964@qq.com。
2 硕士研究生，云南大学建筑与规划学院，650500，1975395054@qq.com。

水源、平缓的山梁或山坡等垦殖梯田不可缺少的自然条件。住屋一般坐落在向阳、开阔的山梁上。哈尼族认为，低海拔河谷地带气候炎热潮湿，瘴疠肆虐，不利于生存；高山地区气候寒冷，阴雨连绵，又是猛兽出没之地，人畜庄稼均难以存活；居住于半山，既便于下山耕耘，又易于上山狩猎，是梯田农耕生活的理想栖息地。因此，哈尼族遵循其祖训"要种田在山下，要生娃在山腰""山头宜牧，山坡宜居，山脚宜耕""上方森林，下方梯田"，将聚落和住屋选址在海拔800～1000米的亚热带气候温和、雨量充沛的半山区平缓山坡或凹地上，背靠森林茂密的高山，聚落两侧及寨脚的缓坡和山梁开垦为梯田。山顶上的森林是水源林，其所涵养的水分汇集成"高山绿色水库"，供灌溉梯田和人畜饮用。高山森林还为村民提供建房所需的木材和日常生活用的柴火，以及丰富的野生食物，森林中大自然的馈赠是梯田农耕经济的重要补充。[1]

哈尼族居住地和蘑菇房住屋的选址，是他们对哀牢山整体自然生态环境的深刻认识和把握的结果。一座座哈尼聚落和一栋栋蘑菇房融入自然，成为自然环境中的有机组成部分，体现了哈尼族顺应自然的生态观[4]。

2. 因地制宜——蘑菇房的营造

哈尼族营造住屋的一个普遍原则是与自然合作，顺应自然。哀牢山区哈尼族的蘑菇房依山就势，建在半山的向阳坡地，朝向基本一致，背靠茂密的森林，在地形起伏的地段上进行分台错半层布置，形成高低错落、重重叠叠密集分布的民居建筑群落[3]。

蘑菇房是以木柱承重，平顶土木结构的夯土或土坯砌筑土墙围合的房屋。蘑菇房的营造处处体现了对红河哀牢山区自然环境和山地农耕生活的适应（图2）。

图2 与自然融为一体的哈尼村寨
（图片来源于美篇：哈尼族村落的蘑菇房，淡然）

（1）遮风挡雨——四坡面屋顶

哈尼族蘑菇房的屋顶是四坡面草顶，正脊短，坡度大、

近似于锥体，远看状如蘑菇（图3）。蘑菇房特有的大坡度四坡面草顶，适应红河下游元阳一带亚热带高原季风气候、年降雨量较大而且雨量集中的气候条件。

图3 哈尼族蘑菇房
（图片来源于阿酷网：哈尼族人的蘑菇房，梅泥）

（2）冬暖夏凉——厚实的土墙

蘑菇房的营造，在石料取用方便的地方，以砌筑高度约30厘米的石块或卵石作为石脚，在石脚上再夯土墙或土坯砌墙围合。[5]墙壁四周高度一致，土墙体厚实，隔热良好，室内冬暖夏凉。

（3）适应山区环境和农耕生产——平屋顶

蘑菇房建在崇山峻岭、坡陡谷深、开门见山的半山坡上，房屋占地少，蘑菇房体量较小。住屋平面有曲尺形、三合院、四合院、"一"字形等形式。[6]正房和耳房往往不在同一标高，院落中设有较多的踏步连接正房和耳房。

蘑菇房为长方体或正方体，依山而建，就天然斜度安排楼层；内院天井较小，可供采光、通风和排水，一般有2层或3层：地面一层用于圈养牲畜、家禽以及堆放谷船、犁铧和锄头等农具。第二层用于生活起居。两层房屋之间高差约1.5m，其间有木梯或竹梯供上下之用。第三层即顶楼。顶楼的三分之二是四坡面稻草顶覆盖的土楼地板，即"封火楼"，其里屋用于堆放稻谷、玉米、豆类等农产品和储存稻草；余下的三分之一是在土墙上端的横木椽上铺木板、竹子或荆条和树枝，上面再涂约20厘米厚的草拌泥和土，捶打，构成平实的屋顶。蘑菇房一般建有耳房，建有双耳房的建筑形成四合院，耳房多为两开间，两层。耳房建筑的平屋顶是在房顶上铺以粗木，再交叉铺以细木和稻草，上加泥土夯实（如今则多用水泥抹顶）而成。蘑菇房正房的二层与耳房的平屋顶一起，既是阳台又是晒台，是当地村民休息、乘凉和闲暇仅有的活动场所，更重要的是作为农耕生产晾晒粮食的晒谷场。与此同时，各家平屋顶相连或辅以楼梯邻挨邻、户连户，在平地稀少的山区建立起立体的第二层面通道。蘑菇房住屋的布局及平屋顶的利用，是哈尼族山居农耕生活的需求以及对梯田稻作农业的适应，体现了哈尼族因地制宜的住屋营造思想，是哈尼族住屋建筑的一大发明（图4）。

---

1 李期博. 论哈尼族梯田稻作文化［M］//李期博. 哈尼族梯田文化论集. 昆明：云南民族出版社，2000：14.

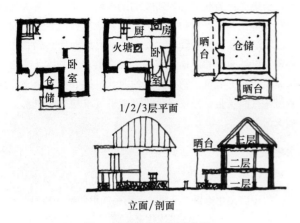

图4 哈尼族蘑菇房建筑示意图

（4）就地取材——建筑材料

蘑菇房以当地易于取得的天然木材、泥土、石块等材料和村民掌握的建造知识为基础建造。草顶是蘑菇房的显著特点和重要组成部分，每1至2年更换一次房顶，使其功能如初，需要大量适于做草顶的"高棵"稻草。为了满足这一需求，哈尼族梯田所选的稻谷中，高山、中山、低山河谷梯田的稻种，都必须具备"高棵"的特点，所种稻谷的棵高一般都在1.5米以上，能产生大量稻草，保证房屋建造就地取材。此外，蘑菇房草房顶下的阁楼——"封火楼"，因具有良好的通风效果而用于堆放农产品，以及储存建房换顶需要的稻草。哈尼族从稻谷品种选育到生产，再到生活的联系，以及蘑菇房的结构，是其对自然生态环境和梯田农耕生产的深度认识，以及对自然环境资源的有效利用。[7]

（5）与梯田融合——梯田管理的良策

自古以来，哈尼族建村立寨就十分注重人地关系的平衡与协调，一般根据可耕土地面积和生存空间，分散地立聚落[3]，聚落的大小、人口和梯田面积及其分布相适应，形成梯田和聚落人土构建均衡的格局，有效地避免了因人多田少可能引发的纷争；也不至于因人少田多造成土地荒芜。这种均衡的人地协调的共生模式，实现了人尽其能，地尽其力，人土契合。哈尼族的聚落、住屋与梯田自然和谐[8]。

哈尼族的聚落和蘑菇房住屋依其梯田农业而存在，是哀牢山地理环境中梯田农业体系的重要组成部分。哈尼族聚居或散居的地区都有梯田散布其间，梯田一般位于聚落四周或其下方，一直延伸到山脚河谷。多数聚落走出寨门就是梯田，每个聚落的梯田，离聚落都不远。以海拔较高、地势较陡的全福庄为例，按当地人的步行速度，下山到距离聚落最远的梯田只需要约40分钟[9]，村民能方便、有效地经营梯田农业和保护与管理水力资源，使人畜饮水和梯田灌溉用之不竭。离聚落近的梯田便于管理，多用作育秧苗的秧田，少数改造为鱼塘。哈尼族聚落、蘑菇房与梯田

农业浑然一体，相互依存，建成了哈尼族宜居宜业的美丽家园。

哈尼族蘑菇房的住屋形制、结构布局和建筑材料，是哈尼族先民在对红河南岸生存环境选择和改造的长期演变积淀中形成的较为稳定的思维定式。反映在认识上，是一种稳定的聚落和住屋文化的民族认同。这种物化的民族认同是民族归属与民族识别的标志，在这一点上哈尼族聚落和蘑菇房的物质形态成了哈尼族的一种"身份牌"。

二、 蘑菇房及其营造智慧的时代价值与传承发展

千百年来，哈尼族营造的聚落与蘑菇房，体现了哈尼族高超的乡土智慧，是哈尼族人与自然和谐共生的标志，是哈尼族传统文化和农耕文明的摇篮与载体，也是"红河哈尼梯田"世界文化遗产的组成部分，具有明显的时代价值。

1. 哈尼族蘑菇房住屋建筑的时代价值

（1）哈尼族人与自然和谐共生的标志

如上所述，哈尼族世代赓续，从辗转迁徙寻找适宜生存之地，到建村立寨，再到营造蘑菇房住屋，都秉持顺应自然、适应环境、因地制宜的理念。他们营造的蘑菇房，适应居住地哀牢山区多雨、湿热的自然环境，与大自然浑然一体，成为哈尼族人与自然和谐共生的标志。

（2）哈尼族传统文化的载体、农耕文明的摇篮

哈尼族传统聚落与蘑菇房建筑孕育并承载着哈尼族的传统文化；同时，哈尼族聚落与蘑菇房又是以"红河哈尼梯田"为标志之一的云南传统农耕文明的摇篮。正是传统聚落和蘑菇房建筑这一"载体"和"摇篮"，孕育了哈尼族坚韧不拔的奋斗精神，创造了"山地农业辉煌业绩"和"山区农田水利奇迹"，营造了人与自然高度和谐的宜居宜业美丽家园。

（3）世界文化遗产"红河哈尼梯田"的组成部分

人们进入红河南岸的哀牢山区，首先映入眼帘的是气势磅礴的层层梯田，同时能看到散布其间的聚落和一簇簇蘑菇房。聚落、蘑菇房、梯田三者相互依存，形成了一个有机的山地农耕体系，构成了"红河哈尼梯田"世界文化遗产的统一体。

2. 哈尼族传统聚落与蘑菇房建筑营造智慧的传承与发展

哈尼族在聚落与蘑菇房住屋营造中，表现出来的高超的乡土智慧值得认真地加以传承与发展。

第一，牢固树立人与自然和谐共生的生态观。哈尼族历来与生态为友，千方百计保护聚落周边的山林水土。如今，"促进人与自然和谐共生"已成为中国式现代化的本质

要求。因此，在中国式现代化建设中，要牢固树立并进一步提升人与自然和谐共生的生态观。

第二，大力改善人居环境和生态环境。哈尼族历来注重生态环境保护，特别注重保护聚落周边的树林和高山森林。在乡村振兴中，生态宜居是关键。因此，首先要整治和改善乡村人居环境，主要包括乡村生活垃圾和污水的治理，推进乡村厕所革命、提升村容村貌；开展乡村增绿添美行动等。其次要加强乡村生态环境保护与生态修复，即加强生态系统保护，统筹山林水土治理系统和梯田生态保护系统等。

第三，切实保护传统聚落风貌和年代久远的蘑菇房建筑。传统聚落和蘑菇房历史建筑，记载了哈尼族历史的足迹，是哈尼族民族文化的载体和民族文化符号。要使广大村民认知其历史价值，树立文化自信，从而自觉和积极地投入保护聚落传统风貌和蘑菇房历史建筑的行动。

第四，提升和建设现代化的蘑菇房。蘑菇房是红河哈尼族世代居住的、宜居宜业的传统住屋，其形制、结构布局等均适应哀牢山区的气候、地理环境等自然条件。因此，在全面建设中国式现代化中，不仅要切实保护蘑菇房这一传统建筑形制和传统地域文化及民族文化特色，而且要建设现代化的哈尼族蘑菇房。要采用新技术、新工艺和新材料，调整蘑菇房内部空间、改变和更新室内结构、添加现代化设施、赋予其现代化功能，保证消防安全，适应现代化发展的需要，建设现代化的哈尼族蘑菇房，让哈尼人享受现代高品质的美好生活。

三、结语

哈尼族营造的蘑菇房是哈尼族传统建筑的标志，是哈尼族传统文化的载体和农耕文明的摇篮，是"红河哈尼梯田"世界文化遗产的组成部分，也是哈尼族民族文化的符号。哈尼族蘑菇房的营造，表现了哈尼族顺应自然、适应环境的生态理念和因地制宜的生存之道，充分体现了哈尼族高超的乡土智慧，具有鲜明的时代价值和传承意义，是乡村振兴和农业农村现代化建设中不可或缺的内生动力与强大活力。

参考文献

[1] 李期博. 论哈尼族梯田稻作文化 [M] //李期博. 哈尼族梯田文化论集. 昆明：云南民族出版社，2000.

[2] 杨大禹. 云南少数民族住屋：形式与文化研究 [M]. 天津：天津大学出版社，1997.

[3] 史军超. 哈尼族文化大观 [M]. 昆明：云南民族出版社，1999.

[4] 王清华. 哈尼族的梯田文化 [M] //云南省民族研究所刊物编辑部. 民族调查研究. 昆明：云南省民族研究所，1988.

[5] 张增祺. 云南建筑史 [M]. 昆明：云南美术出版社，1999.

[6] 云南省设计院. 云南民居 [M]. 北京：中国建筑工业出版社，1986.

[7] 王清华. 梯田文化论 [M]. 昆明：云南大学出版社，1999.

[8] 毛佑全. 哈尼族梯田农耕文化与生态系统 [M] //李期博. 哈尼族梯田文化论集. 昆明：云南民族出版社，2000.

[9] 王莉莉. 云南民族聚落的空间解析：三个典型村落为例 [D]. 武汉：武汉大学，2010.

曼荼罗文化艺术的发展及 "曼荼罗城" 的规划实践研究

赵鑫宇[1]

摘　要： 对曼荼罗（坛城）的几何意义和佛教意义的研究发现，曼荼罗文化的发展，经历了由印度早期曼荼罗文化向佛教曼荼罗文化发展的过程。在宗教艺术层面，曼荼罗更具有艺术意义，并在历史时空中不断传播。在中国，曼荼罗文化不仅在汉、藏佛教文化中流行，甚至还影响到西夏、元朝、清朝等少数民族政权的文化领域，出现了"曼荼罗城"的规划与实践。从中可见曼荼罗文化在文化史、思想史、艺术史，甚至城市规划史上的交融与发展。

关键词： 曼荼罗；坛城；佛教文化；建筑艺术；清代盛京城

一、 绪论

曼荼罗即"坛城"，源于印度梵文 Mandala 一词的音译。大多数学者认为曼荼罗的原形可能与印度早期祭祀形式有关，而后被佛教吸收，最终成为佛教艺术形式以及密宗修行法门。曼荼罗文化传入中国的时间不晚于东晋，其实证是东晋时期的汉文佛经中，翻译家最早将 Mandala 一词意译为坛[2]。7 世纪左右，曼荼罗文化传入吐蕃，并最早出现在大昭寺的壁画中[3]。其后曼荼罗则因成为中国藏传佛教密宗的修行方式与艺术形式而著名，并随着藏传佛教发展与传播，进而影响到西夏、元朝甚至清朝等少数民族王朝的文化。

梳理相关论文可以发现，国内学者对于曼荼罗文化的研究成果已经相当丰富，但又多集中于对印度、汉地、藏地的曼荼罗文化进行分别研究，对于曼荼罗文化意义的解构及其发展，以及西夏、元朝、清朝等少数民族王朝的曼荼罗文化的研究则相对较少。笔者认为，曼荼罗文化根植

于古印度文化，具有几何意义，后为佛教哲学吸收，建构为佛教意义的修行观念，并在绘画艺术和建筑艺术中表现出其艺术的价值和意义，随着藏传佛教的发展和传播，曼荼罗文化与其一道为西夏、元朝、清朝等少数民族王朝所接受，在各民族文化的交融中曼荼罗坛城艺术往往在表现形式上有所创新，因此有必要从文化史、思想史、艺术史的角度对曼荼罗文化进行再梳理和再研究。

二、 曼荼罗的几何意义与佛教意义

1. 几何意义

Mandala 一词在梵文中本意指"圆形"和"环状"的物体，包含太阳、球体、戒指、车轮、环形的道路以及区域、领土等，也有"精华"与"精髓"之意。Mandala 后来作为"神圣坛场"被应用于祭祀中，实为"印度教所习用的土坛，后以沙坛或纸帛代替"[4]。因此 Mandala 又有

1　西北民族大学历史文化学院，硕士研究生，辽宁省土木建筑学会历史建筑专业委员会会员，730000，xyxz2008@ sina. com。

2　侯慧明：《论密教早期之曼荼罗法》，《世界宗教研究》，2011 年第 3 期，第 30 页。

3　意娜：《藏密曼荼罗（坛城）艺术的本土化与藏族艺术美学》，《当代文坛》，2009 年第 6 期，第 49 页。

4　侯慧明：《论密教早期之曼荼罗法》，《世界宗教研究》，2011 年第 3 期，第 30 页。

"坛""坛城""坛域""坛场""道场"等意思，与坛城联系起来，更引申出"轮圆具足""聚集"等宗教含义[1]。综上所述，从 Mandala 一词的词义衍变可以看出，曼荼罗文化一方面有可能由太阳、月亮等自然崇拜逐步发展而来；另一方面曼荼罗文化有可能是基于对海洋包围着的大地、广袤的区域、无限的四方等的敬畏而产生的。不管怎样，在印度文化中，曼荼罗文化最初的几何意义都是不容忽视的。从几何学中圆形的"无限性"和天文学中圆形的"象征性"，以及人们通过观察扩展的水波和丰满的果实总结并抽象出来的对圆形的认知来看，无一不充满美感、普遍性和神秘感。我们进而可以认为，曼荼罗的几何意义即源于宇宙、大地、自然的表征，与人类能动的观察和认知、主观情感密不可分。

2. 佛教意义

曼荼罗文化被佛教吸纳以后，在保留其几何意义的基础上加入了佛教对世界的理解。曼荼罗图像所展现的几何图形特征明确，"主要包括中心（·）、圆形（○）、方形（□）、三角形（△）及十字形（十）等不可化约的几何符号"[2]。学者们将宗教化的曼荼罗文化及其宗教功能概括为："以几何图形为基底，配以装饰性的动植物图案、法器和各类宗教人物形象。不同的密教信徒对其供奉膜拜，以其为精神修炼的参照而加以观想。"[3] 实际上，与其说曼荼罗文化的几何意义被保留下来，不如说佛教的世界观中本身就包含几何元素。佛教的世界观中，"世界以须弥山为中心横向展开，四周围绕海水、山体、四大部洲，外围以铁围山为边界形成闭合空间"[4]，并有"四方""八方""十方"等概念，不仅建构了立体的现实世界，更将时间与方位相结合，演绎出"一十百千"种种变化[5]，具有几何和数学意义。佛教又认为构成世界万物的基本元素为"地""水""火""风"，合称为"四大"。"四大"于"形"的表现即为方、圆、三角、半月。这是佛教对于几何图形的直接认识与应用。

佛教建构世界观和本体论的实质，是要借此阐发、宣扬佛教的人生论和价值观，并进一步引导与促使佛教徒进行其实践论的修习。因此曼荼罗重要的作用是令人观想与修行其中的佛教意义无疑。在密宗修行观念中，曼荼罗是本尊及其眷众聚集所居的宫殿。本尊也称主尊，即为佛与

菩萨，居于曼荼罗最中央的区域。这一区域是本尊的供养之地，其外则有本尊的诸多化身，化身的数量常为四、六或八，以不同颜色代表不同身相。本尊及其化身所居之城称为"内院"。内院外的方形区域象征坛城的城墙与城门，或有护法神守卫其中。城墙与城门之外则为"外院"，这里居住着本尊的部属、眷属、门徒。"外院"仍有护法墙环护，或圆或方。护法墙以外则是凡界，象征茫茫宇宙，其间可有佛、菩萨、诸神、人、花卉、云等内容[6]。

三、 曼荼罗的艺术表现及其传播与发展

在艺术方面，佛教曼荼罗图像不仅广泛地在藏地被绘制和使用，更加影响到西夏、元朝甚至清朝等少数民族王朝的建筑与绘画艺术。不同时期以曼荼罗形式设计的寺院、坛城、城市以及壁画和唐卡，体现了曼荼罗文化的艺术表现形式的不断丰富与传播、发展。

1. 曼荼罗形式的寺院与坛城

在藏地的藏传佛教建筑中，寺院与佛塔皆被视为神圣的建筑，"无论是平面或立体构成，都是按照曼荼罗的仪理规则建造的"[7]，始建于 8 世纪吐蕃王朝时期的桑耶寺（图1）是曼荼罗运用在建筑艺术上的代表。

图1 西藏桑耶寺鸟瞰图
（资料来源：《藏密曼荼罗的实用性与艺术性的哲学研究》[8]

在藏地以外，2004 年，文物工作者在甘肃省酒泉市瓜州县（原安西县）渊泉镇东北发现了一处西夏坛城建筑遗址。该建筑以南门为起点，自外而内由正方形外墙、正方形内墙（方坛）、金刚环（大圆坛）、长方形台基和小圆坛共同组成，建筑轴线对称、布局严整，展示了作密教法事的坛城建筑规制。这不仅是目前我国发现的最早的坛城遗

1　李立：《曼荼罗的文化学浅释》，《民族艺术研究》，2002 年第 5 期，第 51 页。
2　阴怡然、赵万民：《基于曼荼罗图式的汉传佛寺规划营建研究：以成都和峨眉山佛寺为例》，《建筑学报》（增刊），2019 年第 1 期，第 170 页。
3　李立：《曼荼罗的文化学浅释》，《民族艺术研究》，2002 年第 5 期，第 50 页。
4　阴怡然、赵万民：《基于曼荼罗图式的汉传佛寺规划营建研究：以成都和峨眉山佛寺为例》，《建筑学报》（增刊），2019 年第 1 期，第 170 页。
5　《楞严经》："阿难。云何名为众生世界。世为迁流。界为方位。汝今当知。东西南北。东南西南。东北西北。上下为界。过去现在未来为世。方位有十。流数有三……世界相涉。而此界性。设虽十方。定位可明。世间祇目东西南北。上下无位。中无定方。四数必明。与世相涉。三四四三。宛转十二。流变三迭。一十百千。总括始终……"引自董国柱：《佛教十三经今译·楞严经》卷四，哈尔滨：黑龙江人民出版社，1998 年，第 207 页。
6　参见袁建勋：《藏密坛城文化艺术研究》，硕士学位论文，西北民族大学，2007 年，第 18 页。
7　蒲佳：《藏密曼荼罗图形的艺术特征研究》，硕士学位论文，西安理工大学，2008 年，第 9 页。
8　刘小民：《藏密曼荼罗的实用性与艺术性的哲学研究》，硕士学位论文，西藏民族学院，2013 年，第 21 页。

址之一，也是目前我国发现的古代坛城中保存最为完整、规模最大、形制最为清晰的坛城遗址之一[1]。其建筑形式与榆林窟西夏 3 窟壁画中的坛城基本相似，尤其是与榆林窟第 3 窟南壁西侧的壁画 37 尊胎藏界的坛城相同。这表明，曼荼罗艺术不仅集中表现于绘画中，在现实宗教活动中也有实际的应用，为研究历史时期民族文化交融下的曼荼罗建筑发展演变提供了宝贵的实物资料。

2. 曼荼罗形式的城市建设

元代藏传佛教萨迦派受到统治者的重视，影响深入内地。1247 年，萨迦班智达与阔端在凉州举行了"凉州会盟"，此后萨迦派在凉州城四面建立或改建了四座塔寺，藏语文献称之为"凉州的四座道场"。《重修白塔碑记》说："若凉州之西莲花寺与南之金塔寺，北之海藏寺并东之白塔寺，俱系圣僧板只达所建，以镇凉州之四维，俾人民安居乐业，永享太平之福，获免兵革之惨。"[2] 此四寺的建立与改建，以及改建以后的凉州城市是藏传佛教对城市施加影响和进行由世俗性到宗教性的改造的过程，将世俗城市建构为神圣城市，反映出藏传佛教曼荼罗思想中的几何性、方位性、宗教性和神圣性，是将藏传佛教的曼荼罗文化体现在城市空间布局之上。在城市建设的过程中，通过在东西南北四方分别加建塔寺的形式，进而使塔寺的设计和规划影响到城市的设计和规划，使凉州城在改建以后统一为一个曼荼罗的整体和曼荼罗式的城市。

3. 曼荼罗形式的壁画艺术

元代后藏地区的萨迦寺在绘制曼荼罗壁画（图 2）时吸收了尼泊尔坛城艺术的特点。张亚莎在《元朝后藏地区坛城壁画考述》一文中专门给予研究："元朝时期，西藏以萨迦寺为中心的后藏地区，曾出现过一个制作坛城壁画的热潮。这一热潮大致以萨迦寺、夏鲁寺等为其核心区域，坛城壁画的艺术样式则主要受到尼泊尔坛城绘画艺术的影响。"[3] 这表明，曼荼罗艺术在不同国家和地区的表现形式和特点不尽相同。虽然佛教中曼荼罗的文化意义已经定型，但一国一地之人在绘制曼荼罗图案时必然会受到当地地理环境、风俗文化的影响。从元代尼泊尔曼荼罗图案影响后

藏的情况来看，当时尼泊尔的曼荼罗绘画思想和绘画技法已经发展得比较成熟，并存在着一定程度上的区域文化交流。

图 2 元代萨迦寺坛城壁画
（资料来源：《元朝后藏地区坛城壁画考述》）[4]

4. 曼荼罗形式的唐卡艺术

元朝以降蒙古族在信仰上深受藏传佛教的影响。受此影响，蒙古族的曼荼罗图案亦常被绘制于佛殿藻井和佛教唐卡上。塔娜在其硕士学位论文中讲到"藏传佛教对蒙古族佛教绘画形式的影响"时，认为"坛城构图"这种"佛教绘画里常见的构图形式"就受到藏传佛教绘画构图的影响[5]。在蒙古族佛教绘画中坛城被认为是佛的宫殿，在绘制与构图上，坛城的图案和结构都较为复杂，往往是由内而外层层相套的几个几何图形构成画面的主体结构。坛城构图布局结构紧凑，图案繁复多变，绘画手法兼具抽象与具象，具有很强的装饰性和审美形式感。"在坛城构图正中间为主尊或佛，外面图形以水图案及火焰图案来装饰。第二层起用圆形的金刚图案、水图案、莲花图案装饰，并且有象征意义，表示大海、风墙、火墙、金刚墙、莲花墙、护城河等。再内套用正方形图案表示着城墙、屋檐，层层深入，最后达到主尊殿。"[6]

1　李宏伟：《瓜州坛城遗址概说》，《丝绸之路》，2015 年第 14 期，第 68 页。
2　李声能：《盛京城：大清帝国的理想城市空间》，《沈阳故宫博物院院刊》，2012 年，第 66 页。
3　张亚莎：《元朝后藏地区坛城壁画考述》，《西藏大学学报（社会科学版）》，2010 年（第 25 卷）第 2 期，第 70 页。
4　张亚莎：《元朝后藏地区坛城壁画考述》，《西藏大学学报（社会科学版）》，2010 年（第 25 卷）第 2 期，第 71 页。
5　塔娜：《论藏传佛教对蒙古族佛教绘画的影响：以内蒙古中西部地区佛教绘画为例》，硕士学位论文，内蒙古大学，2010 年，第 29 页。
6　塔娜：《论藏传佛教对蒙古族佛教绘画的影响：以内蒙古中西部地区佛教绘画为例》，硕士学位论文，内蒙古大学，2010 年，第 30～31 页。

四、 民族文化交融下的曼荼罗王城、 都城规划实践

1. 明代成都城的曼荼罗特征和峨眉山的立体曼荼罗结构

阴怡然和赵万民两位先生认为，在佛教语境下，明代的成都城及峨眉山在城市和山体宗教场所的营建之中，分别体现了曼荼罗图式的几何特征。明代成都城中，明蜀王府的兴建重新确立了成都城的南北中轴线，并以内城（蜀王府城）、中城（萧墙）和外城（大城）三重城墙形成极为明确的空间几何形态，为曼荼罗空间意象提供了边界结构。成都城及其周边还有传统的汉传佛教寺院——"内外四寺"，包括"内四寺"的东——大慈寺、西——万佛寺、南——延庆寺、北——文殊院，以及"外四寺"的东——静居寺（净居寺）、西——草堂寺（梵安寺）、南——近慈寺、北——昭觉寺，形成了成都城物理城墙内外的"神圣边界"，"具备拱卫王权与礼教的'结界'意义"。因此，明代成都城形成了以蜀王府为中心、城墙为边界、内外四寺布局四方的格局形态，具备曼荼罗图式的几何特征（图3）。[1]

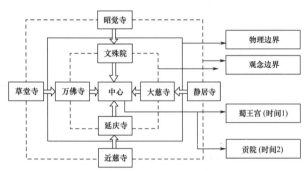

图3　明清成都城的曼荼罗空间形态示意图

（资料来源：《基于曼荼罗图式的汉传佛寺规划营建研究——以成都及峨眉山佛寺为例》[2]）

峨眉山的开发及佛寺营建突出体现了曼荼罗的"竖向结构表达"，佛教世界观的须弥山和曼荼罗结构为峨眉山山地佛寺规划与营建提供了一种文化上的解释维度。在立体的曼荼罗结构中，曼荼罗的中心即其顶点，因此在峨眉山山地佛寺规划之中金顶的意义尤为重要，作为峨眉山的顶点，金顶成为峨眉山立体曼荼罗结构的中心，"'顶点—宫殿—佛陀'具备着深刻的联系"。经过不断的历史演进，峨眉山金顶的顶点意义被持续扩展，"构成了峨眉山作为普贤菩萨道场的核心价值符号，深化强调了佛教曼荼罗图式的空间表意诉求"[3]。

2. 清前期盛京"曼荼罗城"

17世纪早期，佛教曼荼罗图像文化还影响到清朝在盛京的都城营建。皇太极时期对盛京沈阳进行了城市改造。在城市中心营建了新的皇宫，即沈阳故宫中轴线建筑群，建设了由大清门、崇政殿、凤凰楼、清宁宫、麟趾宫、关雎宫、衍庆宫、永福宫等组成的大内宫阙，使之成为曼荼罗最中央的区域。将都城街道变为"井"字形街，以对应坛城的"内院"。对方城进行改造，"改旧门为八"，形式如同坛城"内院"外象征城墙及城门的方形区域。同时在城市的东、西、南、北四面各建起一座相互对称的白塔，用以象征城墙与城门之外的"外院"。清军入关后，又于康熙十九年（1680年）在城外增筑关墙，形成不规则的圆形，进一步完善了坛城的"外院"，象征了圆形环护的护法墙。曼荼罗文化对清代盛京城建筑布局的影响是清代民族与宗教文化交融发展的结果和表现。

清前期盛京城的营建源于清太祖努尔哈赤于后金天命十年（1625年）将都城由辽阳东京城迁往沈阳。努尔哈赤于1626年病逝以后，后金政权新都城的规划与营建成为新即位的清太宗皇太极所面对的重要问题。皇太极即位以后，政权经过不断发展，在封建统治与战争形势上已相对趋于稳定，确立了"讲和明朝与自固之策"，实际上已经成为一个东北地区多民族交融的封建割据政权。其民族以满族为主体，联合了汉族地主阶级和蒙古王公，追藏传佛教传入并获得清朝认可，其又与西藏格鲁派的政教首领保持着往来联系。这促进了满族文化与汉、藏和蒙古等民族文化的交融。清崇德元年（1636年），汉、满、蒙三族共呈劝进表，皇太极正式称帝，国号"清"，迫使朝鲜臣服。

皇太极对盛京城加以改造前后，城市规制相去甚远。通过比较可以看出努尔哈赤时期的盛京城其都城特征与赫图阿拉、辽阳东京城都有很多相似之处（图4），说明满族（女真）文化在城市规划指导思想中占据着主要地位。而打破这种城市规划模式，将盛京城规制加以完善者是清太宗皇太极。彼时盛京城中的许多标志性建筑，诸如八门、四塔、钟鼓楼、沈阳故宫中路建筑、福陵、天坛、地坛、太庙、文庙、皇寺（实胜寺）等皆是在皇太极在位时期兴建了其主体建筑。若将这些标志性建筑稍加分类（表1），即可看出当时的都城规划受到满、汉、藏传佛教文化的影响。清前期统治者接受藏传佛教至迟于后金天聪八年（1634年）蒙古玛哈嘎拉神像被奉至盛京[4]，清崇德元年（1636年）皇太极"敕建莲花净土实胜寺"至崇德三年（1638

1　阴怡然、赵万民：《基于曼荼罗图式的汉传佛寺规划营建研究——以成都及峨眉山佛寺为例》，《建筑学报》（增刊），2019年第1期，第171~172页。

2　阴怡然、赵万民：《基于曼荼罗图式的汉传佛寺规划营建研究——以成都及峨眉山佛寺为例》，《建筑学报》（增刊），2019年第1期，第172页。

3　阴怡然、赵万民：《基于曼荼罗图式的汉传佛寺规划营建研究——以成都及峨眉山佛寺为例》，《建筑学报》（增刊），2019年第1期，第172~174页。

4　李声能：《盛京城：大清帝国的理想城市空间》，《沈阳故宫博物院院刊》，2012年，第69页。

八月竣工，这是沈阳第一座藏传佛教寺院。此时皇太极确定了清王朝对藏传佛教的信仰，也正是曼陀罗文化在满清播化之初。到了清崇德八年（1643年）二月，皇太极敕建护国四塔寺，据清乾隆元年（1736年）本《盛京通志》载："永光寺（抚近门关外），广慈寺（德盛门关外），延寿寺（外攘门关外），法轮寺（地载门关外），四寺俱敕建，用喇嘛相地术，每寺建白塔一座，云能一统。相传为异。"[1] 另据《钦定大清一统志》载："（盛京四塔寺）用喇嘛相地术，每寺建白塔一座，云当一统。相传为异。国初

敕建。"[2] 兴建四塔一说"其直接目的是祈祷消灾延寿"[3]，但作为清朝统治者的皇太极其根本目的仍是使满族政权进一步封建化和使皇权统治神圣化。结合前文所述藏传佛教对塔、寺的看重及清朝文献记载可知，四塔的布局与其兴建是盛京"曼陀罗城"的重要标志。对此，李声能先生认为："喇嘛寺庙的建立及盛京四塔寺与盛京城构成了曼荼罗式的坛城关系。"[4] 清朝入关以后经过统治者对盛京城的不断增修，最终形成了中心为清朝统治者、内故宫、中方城、外圆郭、四方四塔的曼荼罗坛城形制（图5、图6）。

图4　赫图阿拉汗王殿遗址、辽阳东京城八角殿、沈阳故宫大政殿

（资料来源：《后金以来辽宁地区满族建筑的采光防寒特征研究——基于寒地人居环境的分析》[5]）

表1　皇太极时期兴建的盛京城标志性建筑分类

皇太极时期兴建的盛京城标志性建筑	受到的思想影响	代表的民族文化
沈阳故宫中路建筑、天坛、地坛、太庙、文庙、钟鼓楼、八门	《周礼·考工记》	汉族文化
清福陵	八旗方位制度	满族文化
皇寺（实胜寺）、四塔	玛哈嘎拉信仰、曼荼罗	藏传佛教文化

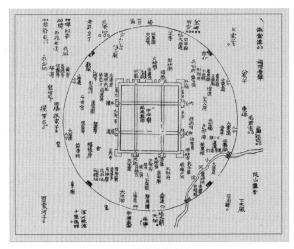

图5　清代盛京城图

（资料来源：笔者收集）

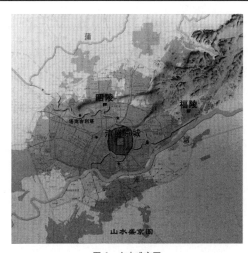

图6　山水盛京图

（资料来源：沈阳市城市规划展示馆）

1　李声能：《盛京城：大清帝国的理想城市空间》，《沈阳故宫博物院院刊》，2012年，第67页。
2　李声能：《盛京城：大清帝国的理想城市空间》，《沈阳故宫博物院院刊》，2012年，第68页。
3　李声能：《盛京城：大清帝国的理想城市空间》，《沈阳故宫博物院院刊》，2012年，第69页。
4　李声能：《盛京城：大清帝国的理想城市空间》，《沈阳故宫博物院院刊》，2012年，第64~65页。
5　梁莹、赵鑫宇、孙东宇：《后金以来辽宁地区满族建筑的采光防寒特征研究——基于寒地人居环境的分析》，《史志学刊》，2017年第5期，第34页。

比较学界认为具有曼荼罗特征的古代城市（表2），可以发现时间上凉州城的曼荼罗空间形制形成于元代，而成都城的曼荼罗空间形制则形成于明代，它们都是通过改建城市周边的佛寺或城市中心，进而形成了城市中心与周边佛寺的空间互动关系，从而确立为曼荼罗城的。而清前期的盛京城则是在修建城池、完善都城规制的同时，逐渐添加与完善了曼荼罗城的要素（宫殿、内城、四塔、外郭）。

从以上几座城市的共同点来讲，它们都是在城市空间规划上加入了曼荼罗的几何要素，使之形成了曼荼罗式的几何空间，从而被赋予了精神观念层面的意义；另外它们都是当时较为重要的城市，武威是凉州会盟之地，具有藏传佛教向内地传播的要义，成都是明代蜀藩王的驻地，盛京则是清王朝入主中原以前的都城，因此在如此重要之地，建设曼荼罗城具有政治与宗教象征的双重意义。

表2　"曼荼罗城"的比较

曼荼罗城	武威城	成都城	盛京城
形成时间	元代	明代	清代
城市地位	"凉州会盟"之处	明代蜀藩封地	清前期都城
文化影响	藏传佛教	汉传佛教	藏传佛教
建设方式	改造（兴建四座塔寺，赋予城市几何意义和宗教意义）	改造（兴建明蜀王府、厘清城池内外空间次序，形成曼荼罗的几何特征）	逐渐完善城市规划和城市空间布局（次第建方城、故宫、四塔、圆郭）
城市特点	突出城池与塔寺的方位特征	突出城市中心、城池与寺院的方位特征	突出城市中心、城池、塔寺的方位特征和几何特征
文献记载	《重修白塔碑记》：若凉州之西莲花寺与南之金塔寺，北之海藏寺并东之白塔寺，俱系圣僧板只达所建，以镇凉州之四维，俾人民安居乐业，永享太平之福，获免兵革之惨	《培修净居寺引》：尝闻之父老，成都四门外各有大寺一。其在东者曰净居寺[1]	《钦定大清一统志》载：用喇嘛相地术，每寺建白塔一座，云当一统。相传为异。国初敕建。《盛京通志》载：永光寺、广慈寺、延寿寺、法轮寺，四寺俱敕建，用喇嘛相地术，每寺建白塔一座，云能一统。相传为异

可见，在曼荼罗城的规划中，其外部形式或内在精神都着意模仿了"坛城"的形式。突出了曼荼罗式布局的方位意象和几何元素，并强化曼荼罗城的中心、核心的崇高地位，以此赋予和强化此种形式所带来的吉庆寓意。这也非常符合中国传统文化内外分明、众星拱月的价值取向，蕴含着由内及外、由主及次、由中心到周边的情感抚慰和文化辐射。因此在中国人的社会生活中，外来佛教的思想文化可以与尊君守礼、强调中正的儒家文化相融合，进而实现了外来佛教文化的本土化，并进一步将儒释道"三教合一"调和形成的文化形式渗入古人生活的方方面面。探究可知，曼荼罗文化及其图案表现精深、美妙，至今仍为人所称道，其思想、民俗、器物、建筑中反映和包含着的曼荼罗文化也值得继续探讨。

参考文献

［1］侯慧明．论密教早期之曼荼罗法［J］．世界宗教研究，2011（3）：30-41.

［2］意娜．藏密曼荼罗（坛城）艺术的本土化与藏族艺术美学［J］．当代文坛，2009（6）：49-53.

［3］李立．曼荼罗的文化学浅释［J］．民族艺术研究，2002（5）：51-53.

［4］阴怡然，赵万民．基于曼荼罗图式的汉传佛寺规划营建研究：以成都及峨眉山佛寺为例［J］．建筑学报（增刊），2019（1）：170-172.

［5］董国柱．佛教十三经今译·楞严经：卷四［M］．哈尔滨：黑龙江人民出版社，1998.

［6］袁建勋．藏密坛城文化艺术研究［D］．兰州：西北民族大学，2007.

［7］蒲佳．藏密曼荼罗图形的艺术特征研究［D］．西安：西安理工大学，2008.

［8］李宏伟．瓜州坛城遗址概说［J］．丝绸之路，2015（14）：68-71.

［9］李声能．盛京城：大清帝国的理想城市空间［J］．沈阳故宫博物院院刊，2012（12）：66-68.

1　阴怡然、赵万民：《基于曼荼罗图式的汉传佛寺规划营建研究——以成都及峨眉山佛寺为例》，《建筑学报》（增刊），2019年第1期，第172页。

[10] 张亚莎.元朝后藏地区坛城壁画考述［J］.西藏大学学报（社会科学版），2010（2）：70-73.

[11] 塔娜.论藏传佛教对蒙古族佛教绘画的影响：以内蒙古中西部地区佛教绘画为例［D］.呼和浩特：内蒙古大学，2010年.

[12] 刘小民.藏密曼荼罗的实用性与艺术性的哲学研究［D］.咸阳：西藏民族学院，2013年.

[13] 梁莹，赵鑫宇，孙东宇.后金以来辽宁地区满族建筑的采光防寒特征研究：基于寒地人居环境的分析［J］.史志学刊，2017（5）：34-36.

[14] 邓庆.皇太极营建皇宫与沈阳改名盛京新论［J］.沈阳工程学院学报（社会科学版），2014（3）：373-375.

"空间-行为" 视角下宗教建筑热点感知与中国化研究——以北京市为例[1]

程歆玥[2]　朱永强[3]　王晓广[4]　张艳芳[5]　田　傲[6]

摘　要： 宗教建筑是重要的文化载体，包括实体和非物质层面，其发展变迁与所在区域城市密切相关。北京作为中国的政治、文化中心，拥有丰富多样的宗教建筑遗产，这些文化遗产不仅是城市历史的重要组成部分，而且是中国文化的重要代表之一。本文通过 "空间-行为" 理论和社交媒体打卡数据，对北京宗教建筑的分布及其中国化特征进行了分析。研究发现，北京市宗教建筑总体呈现 "一核三带" 的空间分布格局，不同类型宗教建筑之间空间分异不大。人们主要关注宗教建筑的历史价值、精美的建筑细部构件和文创纪念品，偏好前往市中心和京西的佛教、道教和天主教建筑。本文对北京宗教建筑的热点分布感知和中国化研究，可以为宗教建筑的中国化提供参考。在冷点和热点衔接、保护与开发并举、传承和推广兼顾等方式推行的同时，可以促进当地文化价值和经济效益的提升。

关键词： 宗教建筑；北京；空间行为；热点感知；中国化

一、 引言

宗教建筑是宗教信仰、民族文化、区域历史的重要载体和表征体现。宗教建筑文化是一个广义的概念，既包括物质层面的有关实体，又包含相关非物质层面，如信仰、文化、历史等广泛内容。宗教建筑文化的发展变迁与其所在区域城市的关系密切。宗教建筑遗产艺术形式多样，文化内涵深厚，是文化景观的重要组成部分。宗教建筑是历史时期宗教活动的载体，其地理分布在一定程度上可以反映宗教发展的历史脉络与空间过程。当前，学术界从地理空间的角度对宗教建筑遗产的研究较少[1]。

"空间-行为" 模式基于多层次多维度分析个体的行为，能解决城市规划、社会发展等问题。随着互联网技术的发展，越来越多的人选择在社交媒体上发表对客观事物的主观评价，这种虚实相生的 "空间-行为" 模式，为研究城市问题提供了新的思路。空间行为分析着重于人在空间中的行为规律、个别居民对于整个空间形式的约束力以及人群空间行为等几个方面[2]。"小红书" 成立于 2013 年，是一款以分享城市打卡、生活方式、购物种草等内容为主的社交电商平台，用户可以在平台上发布笔记、短视频等内容。截至 2022 年 2 月，小红书的日活用户数已经超过了 1 亿，其中 72% 的用户是 90 后、50% 的用户在一、二线城市，目前已经成为国内最大的社交电商平台之一。"小红书" 城市打卡数据反映的不仅是单纯的物质空间，而且是一种以意识形态为特点的时空行为的表征，融合了宗教建筑的物

1　北京建筑大学 2023 年度博士研究生科研能力提升项目（编号：DG2023001，DG2023018）。

2　北京建筑大学测绘与城市空间信息学院博士生，102616，971290516@qq.com。

3　北京建筑大学建筑与城市规划学院博士生，100044，zhuyongqiang45@163.com。

4　北京建筑大学测绘与城市空间信息学院硕士生，102616，wxg515yx@163.com。

5　北京建筑大学测绘与城市空间信息学院硕士生，102616，wwwfang0707@163.com。

6　北京建筑大学测绘与城市空间信息学院硕士生，102616，1483588385@qq.com。

质属性和行为活动的非物质属性，能有效补充个体行为对于空间文化的认识[3]。

本研究收集北京市公共数据开放平台的宗教建筑数据，首先通过 ArcGIS 10.0 空间分析工具总结其行政区、文保等级和宗教建筑的分布特征；其次通过社交媒体"小红书"的相关数据，进行冷热点分析和标题、内容及话题词云分析；再次结合实地调研数据和冷热点宗教建筑，分析北京宗教建筑的中国化成果和特征；最后分别从功能置换、行为感受和要素挖掘出发，对北京宗教建筑中国化提出优化建议和针对性政策。

二、 研究方法

1. 研究框架

如图 1 所示，本研究从北京市公共数据开放平台和社交媒体两类数据出发，首先通过北京宗教建筑空间分布得到行政区、文保等级和宗教建筑的分布，再由社交媒体感知热点宗教建筑，分析其空间分异原因；再通过现状调研了解北京宗教建筑由单一宗教功能向复合功能的转变，了解背后中国化的成因，并分析其功能置换、行为感受，对优秀的宗教建筑中国化案例进行要素挖掘；最后将"空间-行为"模式运用到北京宗教建筑的优化中，对北京宗教建筑中国化提出建议。

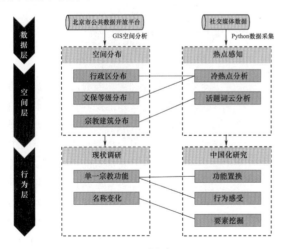

图 1　研究框架

2. 研究区域

本研究以位于东经 116°20′、北纬 39°56′的中国首都北京为例。2022 年年末，北京市常住人口 2184.3 万人，具有高密度人口数量和来自不同民族、不同国家和地区的人。北京作为建城三千多年的古城、建都八百余年的古都，有包括以佛教为主的佛寺、以道教为主的宫观、佛道混合的祠庙、天主教堂、基督教堂和伊斯兰教清真寺等种类丰富的宗教建筑，集中承载呈现了中国历史多元信仰、多样民族、中西文化的交流互鉴[4]。北京市丰富的宗教文化背景和巨大的城市人口使其成为理想的研究区域。

3. 数据来源与处理

数据来源于北京市公共数据开放平台（https：//data. beijing. gov. cn），其中佛教、道教、天主教、基督教、伊斯兰教的宗教场所数据截至日期分别为 2021 年 5 月 16 日、2021 年 5 月 16 日、2021 年 5 月 25 日、2022 年 4 月 12 日、2021 年 5 月 25 日，共 150 条数据。

根据文保等级将各宗教场所赋值，其中"无""一般""普查登记"赋值为 1，"区级""区级重点""区级文物"赋值为 2，"市级"赋值为 3，"国家级""全国重点""全国重点文物保护单位"赋值为 4。

输入关键词"北京宗教建筑"，通过网络抓取获得"小红书" 2020 年 1 月至 2023 年 6 月共 239 条数据。

4. 研究方法

（1）宗教建筑核密度分析

核密度估计是对点元素进行空间分析的非参数估计方法。利用某个移动单元估计点分布的密度变化，获取点元素的变化规律，并将空间上点元素分布的集聚情况进行展示，其计算公式如下[5]：

$$\lambda_s = \sum_{l=1}^{n} \frac{1}{\pi r^2} \varphi\left(\frac{d_{ls}}{r}\right)$$

式中，λ_s 为格网 s 处的核密度值；r 为搜索半径；n 为 POI 点总数；d_{ls} 为 POI 点间距；φ 为权重。

（2）宗教建筑冷热点分析

研究主要运用 GIS 空间分析法，其中，借助 ArcGIS 10.0 来计算宗教建筑遗产空间分布的最近邻距离指数 NNI 与核密度，探究其空间分布规律。一般认为，NNI≤0.5 时为聚集分布，NNI≥1.5 时为均匀分布，0.5＜NNI≤0.8 为聚集-随机分布，0.8＜NNI＜1.2 为随机分布，1.2≤NNI＜1.5 为随机-离散分布[1]。

（3）社交媒体热点宗教建筑词云分析

词云就是通过对文本进行过滤分析，通过形成关键词聚类，突出显示文本中出现频率较高的词，是一种对文本进行总结概括的可视化方法[6]。词云生成也容易受到文本预处理的影响，如果文本中存在噪声或缺失值，可能导致生成的词云不够准确。对于一些专业领域的文本，可能需要进行更复杂的分析和处理才能得到有效的词云结果。因此，在使用 Python 进行词云生成时，需要结合具体的文本数据和分析需求，选择合适的算法和工具，并进行适当的调整和优化。

三、 北京宗教建筑空间分布

1. 行政区划空间分布

在空间分布上，北京市宗教建筑总体分布差异性较大，如图2（b）所示。总体呈现中心高、四周低、南高北低、东高西低的"一核三带"空间分布格局，中心聚集点主要在东城区北部，四周发散为"朝阳—通州""丰台—大兴""海淀—石景山—门头沟"三条走廊，在行政区边界处尤为明显，如图2（c）所示。

如图2（a）所示，按行政区划分，北京市宗教建筑在数量上由大到小的顺序分布是大兴区（17处）＞西城区（15处）＝通州区（15处）＞东城区（14处）＞朝阳区（13处）＞海淀区（12处）＝昌平区（12处）＞房山区（11处）＞丰台区（9处）＞密云区（7处）＞门头沟区

（6处）＞怀柔区（5处）＝平谷区（5处）＞顺义区（4处）＞石景山区（3处）＞延庆区（2处）。具体来说，大兴区的伊斯兰教建筑最多，有17处；延庆区的宗教建筑最少，仅有天主教和基督教共2处建筑。顺义区的宗教建筑最不丰富，仅有伊斯兰教建筑；西城、海淀、丰台、房山、通州、昌平区的宗教建筑种类较为丰富，涵盖全部5大宗教类别的建筑。郊区宗教建筑略多于城区，其中东西城宗教建筑占比19.3%，城六区宗教建筑占比44%，而郊区宗教建筑占比56%。

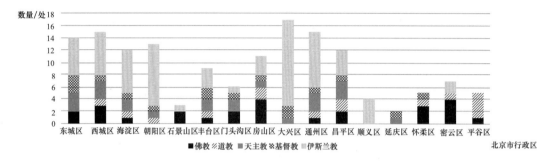

(a) 北京各行政区宗教建筑数量柱状图

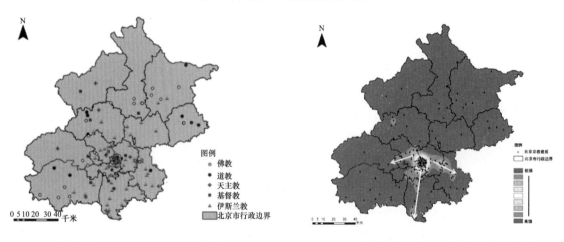

(b) 北京各行政区宗教建筑空间分布图　　　　　(c) 北京各行政区宗教建筑分布核密度图

图2　北京宗教建筑总体分布特征

2. 不同类型建筑分布

按教别类型划分，北京市宗教建筑在数量上由大到小的顺序分布是伊斯兰教（71处）＞佛教（26处）＞天主教（22处）＞基督教（21处）＞道教（15处）。其中，佛教建筑多在房山区，道教建筑多在平谷区，天主教建筑在东西城、通州和昌平区分布均衡，基督教建筑多分布在东城区，伊斯兰教建筑多分布在大兴区，如图2（a）所示。

如表1所示，从不同教别宗教建筑的分布类型来看，北京不同类型宗教建筑之间的空间分异并不大，基本上

呈现随机分布，但总体呈现聚集-随机分布。具体来说，北京总体宗教建筑空间分布的最近邻距离指数NNI为0.678678，且通过显著性检验，表明北京宗教建筑空间分布总体呈聚集-随机分布；佛教、道教、天主教和伊斯兰教建筑空间分布的最近邻距离指数NNI分别为1.020127、1.147609、1.009944、0.894456，且通过显著性检验，表明它们的建筑空间分布呈随机分布；基督教建筑空间分布的最近邻距离指数NNI为1.434983，且通过显著性检验，表明其建筑空间分布呈随机-离散分布。

表1 北京不同类型宗教建筑的空间分布

宗教建筑类型	NNI (最邻近比率)	分布类型	NNZ 得分	P
佛教	1.020127	随机分布	0.196337	0.844345
道教	1.147609	随机分布	1.093679	0.274096
天主教	1.009944	随机分布	0.089226	0.928903
基督教	1.434983	随机-离散分布	3.328612	0.000873
伊斯兰教	0.894456	随机分布	−1.701356	0.088876
总体	0.678678	聚集-随机分布	−7.528648	0.000000

3. 文保等级空间分布

对北京宗教建筑的文保等级进行赋值，得到其空间分布核密度图，如图3所示，以此表征北京宗教建筑重要等级的空间分布。由图3可知，北京重要的佛教建筑分布较为分散，呈现4个峰值，分别为东西城、西山、房山、云蒙山，除内城分布最多外，其他多分布于深山；北京重要的道教建筑分布较为分散，呈现4个峰值，分别为平谷、东西城、居庸关、圣莲山，其中以平谷尤为集中；北京重要的天主教建筑分布集中，主要在东西城；北京重要的基督教建筑分布较为集中，主要在东西城，并呈现向大兴南移的趋势；北京重要的伊斯兰教建筑分布较为集中，主要在东西城，朝阳通州交界处也较为集中，并呈现向通州东移、大兴南移、海淀北移的趋势。

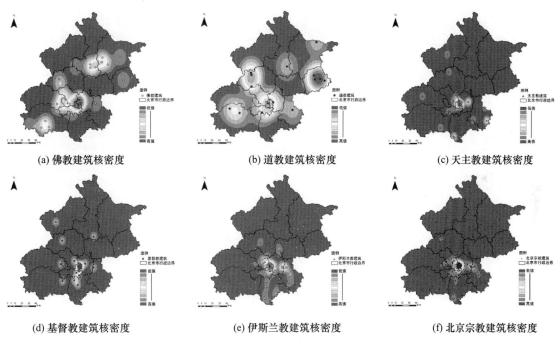

(a) 佛教建筑核密度　　　　(b) 道教建筑核密度　　　　(c) 天主教建筑核密度

(d) 基督教建筑核密度　　　　(e) 伊斯兰教建筑核密度　　　　(f) 北京宗教建筑核密度

图3 北京宗教建筑文保等级分布核密度图

四、 北京宗教建筑冷热点空间识别

社交媒体含有丰富的宗教建筑内容信息、主观感受评价、打卡定位数据等，能够直观地表现游客、信众等个体对北京宗教的感知，体现了宗教建筑中国化的活化利用。本研究利用认知个体发布在"小红书"社交媒体上的图文数据表征北京宗教建筑中国化程度，通过输入关键词"北京宗教建筑"抓取相关帖子，抓取的字段信息包含标题、内容、话题列表、内容图片链接列表、发布时间、点赞数、评论数、分享数、收藏数、无水印封面链接、作者链接及昵称等，得到2020年1月10日—2023年6月27日三年半以来共238条帖子的相关数据，对数据进行清洗和处理得到社交媒体打卡的41处宗教建筑。

1. 北京宗教建筑冷热点分析

为了进一步挖掘北京宗教建筑的空间分布特征，我们将北京市范围内所有政府登记的150处宗教建筑和社交媒体打卡的 41 处宗教建筑作为输入变量，绘制了一倍标准差椭圆和二倍标准差椭圆，如图 4 所示。标准差椭圆反映了一组数据的整体聚类趋势和方向分布特征，扁率体现了方向趋势的强弱程度，大小体现数据的聚集或离散程度，长轴指示要素组的总体分布方向；标准差椭圆扁率较大，说明方向趋势明显；一倍标准差椭圆大小较小，说明分布集聚。

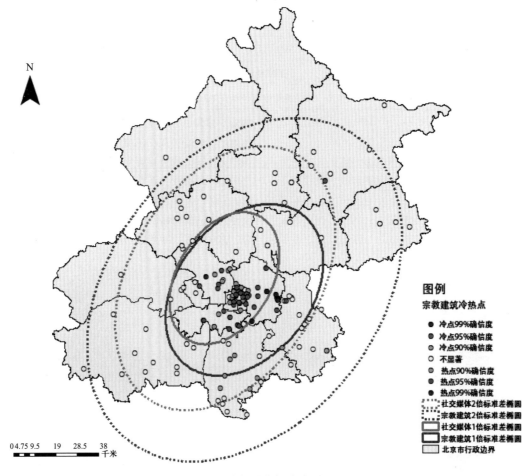

图 4　宗教建筑冷热点及标准差椭圆

从图 4 可以看出，政府登记宗教建筑热点集中在东西城、朝阳、丰台、海淀、石景山六个中心城区；而冷点集中在密云、通州、大兴。不管是政府登记宗教建筑还是社交媒体热点宗教建筑，其长轴都呈东北—西南走向，即密云—房山一线上；政府登记宗教建筑标准差椭圆的中心位于东城区北部，社交媒体热点宗教建筑标准差椭圆的中心位于海淀区东南部。对比政府登记和社交媒体宗教建筑的方向分布，东部的通州、南部的大兴和东北部的密云是社交媒体关注较少的地区，同样也是政府登记建筑冷点的集中地。综上所述，北京市城六区，特别是东城和海淀是宗教建筑中国化较为突出的地方；而通州、大兴和密云区是未来北京宗教建筑中国化需要重点关注的地区。

2. 社交媒体热词识别

采用语义分析对社交媒体"小红书"数据中标题、内容和话题进行分析，选取热度较高的关键词得到词云图，如图 5 所示。其中，普通大众存在对建筑类型划分认识不足的情况，将一些宫殿、坛庙、祭祀类建筑识别为宗教建筑，如故宫、天坛、中山公园、太庙等，在此不进行讨论。

从图 5 可以看出，社交媒体的标题、内容和话题关注度较高的宗教建筑有白云观、白瀑寺、西黄寺、广济寺、火神庙、雍和宫、法源寺、红螺寺等，宗教建筑类型主要是佛教、道教和天主教。社交媒体上的热点建筑主要集中在中心城区和京西，仅在中心城区与政府登记的宗教建筑重合度较大。除此以外，社交媒体热点建筑多在北京北部和西部山区，主要是密云、怀柔、延庆、昌平、门头沟和房山区 6 地，而且吉祥寺、红螺寺、泽润寺、延寿寺、法华寺、白瀑寺、灵岳寺和云居寺这 8 处都为佛教寺院。综上所述，社交媒体上人们主要前往市中心和京西的佛教、道教和天主教建筑兴趣较大，而对于远郊地区的佛寺兴趣较大。

| (a) 标题词云图 | (b) 内容词云图 | (a) 话题词云图 |

图5　社交媒体中北京宗教建筑词云图

五、 基于 "空间-行为" 的建筑中国化特征分析

1. 空间视角下宗教建筑的中国化

（1）宗教建筑功能的置换

通过对"小红书"标题和主题词中热点宗教建筑名称的识别，共提取出5大宗教共计41处宗教建筑，再将建筑原有名称和当前名称进行对比，实地调研判断当前建筑是否存在宗教功能，得到建筑置换后的功能共4类：①展陈功能，包括博物馆、艺术馆、美术馆、展厅、画廊、档案馆、藏书楼等；②商业功能，包括书局、书店、纪念品商店等；③游玩功能，包括景点、景区、观景台、文创园等；④餐饮功能，包括咖啡厅、茶馆、小吃店、餐厅、酒吧等。如图6所示为北京41处宗教建筑的功能置换后的桑基图。

（2）北京宗教建筑特征的转变

结合北京市宗教建筑历史资料和"小红书"打卡数据，总结市中心8处建筑由纯宗教性质到现有功能的转变，如表2所示，当前宗教建筑的特征分类以建筑、活动、文创、非遗、雕塑、壁画、植物、器物、文化、商业等为主。

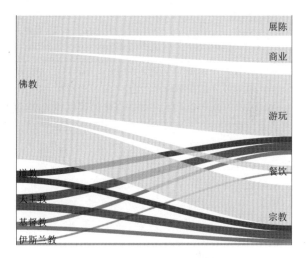

图6　宗教建筑与功能置换叠加的桑基图

表2　北京宗教建筑名称变化与特征分类

宗教建筑名称	建筑现有名称	特征分类	特征要素细化
妙应寺（白塔寺）	白塔寺管理处	建筑、活动、文创	白塔
智化寺	北京文博交流馆	非遗、建筑、雕塑、壁画、植物	京音乐、转轮藏、藻井、佛像、壁画、梨花
庆云寺	北京金石博物馆	器物	印章、文房四宝
万寿寺	北京艺术博物馆	建筑、文化	佛塔、中西文化
大钟寺（觉生寺）	北京大钟寺古钟博物馆	器物	古钟
真觉寺（五塔寺）	北京石刻博物馆	建筑、雕塑	金刚宝座塔
长椿寺	北京宣南文化博物馆	文化、演出	宣南文化
嵩祝寺及智珠寺	东景缘酒店	建筑、商业	修旧如旧、商业

2. 行为视角的宗教建筑中国化

（1）宗教建筑的行为感受

通过"小红书"标题和主题词的梳理，总结人们进入宗教建筑的愿景动机、行为活动和认知感受可以分为10类（表3）。

表3 宗教建筑行为感受的热点词频

愿景动机	寻求祝愿	祈福平安、减灾、延年益寿、许愿还愿、财运、姻缘、求子
	修复身心	治愈、道医、祛病、净化、寄托、释放
	学习发展	弘扬、知识、占卜
行为活动	旅行拍照	citywalk、扫街、打卡、旅游、旅行、游玩、漫游、探秘、探访、寻访、拍照、摄影、记录、误入、闯入、呆坐、发呆、闲逛、逛街、游街、逛逛、散步、溜达、走走、游历、徒步、自驾游、爬山、登山
	参观看展	看展、展览、艺术展、体验、参观、科普
	宗教祈福	抽签、求签、转塔、礼拜日、烧香拜佛、开光、弥撒、斋饭、礼佛、祈福、朝圣、修行
	社交休闲	约会、聚会、特色美食、下午茶、小吃、玩乐、休闲、解密、探店、购物、购物、室内运动、团建、撸猫、团建、教育、游学、速写、传拓、健身
	工作管理	修缮、养老、义工
认知感受	环境反馈	景美、绝美、好看、美丽、魔幻、奇幻、新奇、惊艳、神秘、灵气、玄学、最玄幻、清净、隐秘、盛宴、天堂、美学、文艺、中西文化、人少、难约、太挤、冷门、拥挤、沉寂
	心理感受	开心、快乐、好玩、佛系、德善、慈悲、福气、尽心、噩梦、无量、低调、浪漫、震撼、好吃、后悔、信仰、令人难忘、灵验

（2）社交媒体的要素提取

通过"小红书"标题和主题词数据的爬取和清洗，分类得到人们重点关注的宗教建筑特征要素，主要有以下3大类：①建筑与建筑群，如国宝、古建（古建筑、古迹、遗迹、文物古迹）、建筑群、晨钟暮鼓、殿堂（大殿）、庭院；②建筑细部构件，如石猴、塔基、藻井、玻璃窗、楠木、佛头、金石、舍利塔（舍利子）、琉璃、壁画；③小物件，如手串、香灰、工美、文创、DIY、潮玩、非遗、经书、佛经、佛卡。

由社交媒体关键词可知，人们主要关注宗教建筑的历史价值、精美的建筑细部构件和文创纪念品。因此，在吸引游客和增强宗教建筑影响力方面，可以通过宣传和强调建筑物的历史价值，展示精美的建筑细部构件，如雕刻、佛塔、藻井、柱子、琉璃、壁画等，设计富含非遗传承的纪念品，如香灰手串、经书等。

六、 北京宗教建筑中国化的优化建议

1. 冷点和热点衔接，提升宗教建筑的便捷度

建议在北京郊区宗教建筑周边建设公交站点和轨道交通站点，方便游客前往，如增加公交线路和地铁线路的覆盖范围，鼓励旅游巴士等专门的旅游交通工具开通市中心直达郊区宗教建筑的线路。同时，可以对郊区宗教建筑周边的道路进行改造和扩建，提高道路质量和通行能力，缓解交通拥堵问题，也可以在郊区宗教建筑周边建立停车场，方便游客自驾前往（图7）。

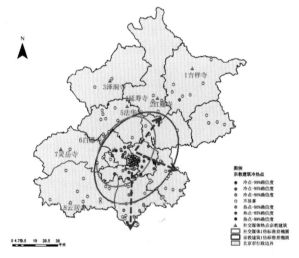

图7 北京宗教建筑冷热点及趋势走向

2. 保护与开发并举，增加建筑功能的丰富度

根据北京宗教文保等级，分类进行适当的开发。对北京的宗教建筑进行定期的检查和维护，对已有损伤的部分及时进行修复，防止进一步的损坏。制定严格的保护措施，防止非法拆除或改建。在城市规划中充分考虑宗教建筑的分布和布局，确保它们与周围的环境和谐共存。建立有效的管理机制，确保宗教活动的合法性和安全性。同时，加大对北京宗教建筑的研究力度，探索其背后的历史、文化和社会背景，为保护和传承提供有力的理论支持。

创新宗教建筑的其他功能，对宗教建筑的部分空间进行功能置换，鼓励利用宗教建筑开展社会公益活动，如举

办讲座、展览、慈善义演等活动，为无家可归者庇护所等，提高公众对北京宗教建筑历史、文化价值和保护重要性的认识，发挥宗教在社会建设中的积极作用，如举办国际性

的宗教文化交流活动，邀请世界各地的信徒和专家来京交流学习，增进不同宗教之间的理解和尊重；鼓励宗教团体与政府合作，共同开发宗教旅游项目（图8）。

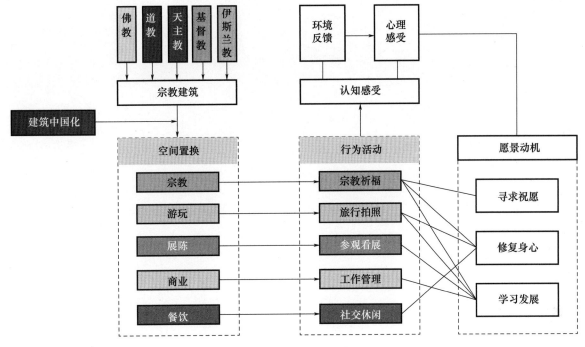

图8 "空间-行为" 关联

3. 传承和推广兼顾，改善宣传服务的满意度

建议选择一批闲置、亟待维护、功能清退的历史宗教建筑，对其建筑的特征要素进行挖掘，将其改造成"建筑与建筑细部构造专题博物馆"，如在宗教建筑周边设立导游服务中心，提供专业的导游服务和讲解服务，帮助游客更好地了解宗教建筑的历史和文化背景。同时通过各种渠道宣传和推广宗教建筑旅游产品，如冰箱贴、明信片、建筑模型等文创产品，举办展览、讲座、拓印、戏曲、写生、读书会等活动吸引更多游客前来参观，推出多样化的旅游产品和服务，满足不同游客的需求。

七、结语

北京市宗教建筑总体分布差异性较大，总体呈现中心高、四周低、南高北低、东高西低的"一核三带"空间分布格局，中心聚集点主要在东城区北部，四周发散为"朝阳—通州""丰台—大兴""海淀—石景山—门头沟"三条走廊。不同类型宗教建筑之间的空间分异并不大，基本上呈现随机分布。北京市城六区，特别是东城和海淀是宗教建筑中国化较为突出的地方；而通州、大兴和密云区是未来北京宗教建筑中国化需要重点关注的地区。

根据社交媒体数据，人们主要关注宗教建筑的历史价

值、精美的建筑细部构件和文创纪念品，主要前往市中心和京西的佛教、道教和天主教建筑兴趣较大，而对于远郊地区的佛寺兴趣较大。人们偏好打卡的宗教建筑功能置换后有展陈、商业、游玩、餐饮等4类功能，特征分类以建筑、活动、文创、非遗、雕塑、壁画、植物、器物、文化、商业等为主。

在宗教建筑中国化方面，可以通过冷点和热点衔接，提升宗教建筑的便捷度；保护与开发并举，增加建筑功能的丰富度；传承和推广兼顾，改善宣传服务的满意度，宣传和强调建筑物的历史价值，展示精美的建筑细部构件，如雕刻、佛塔、藻井、柱子、琉璃、壁画等，设计富含非遗传承的纪念品，如香灰手串、经书等。

参考文献

［1］陈君子，周勇，刘大均，等. 中国宗教建筑遗产空间分布特征及影响因素研究［J］. 干旱区资源与环境，2018，32（5）：84-90.

［2］王德，胡杨. 城市时空行为规划：概念、框架与展望［J］. 城市规划学刊，2022（1）：44-50.

［3］凡来，张大玉. 新社交媒体下城市意象热点空间感知研究：以北京小红书笔记数据为例［J］. 城市发展研究，2022，29（10）：1-8.

［4］郭岩，杨昌鸣. 城市关联视角下北京宗教建筑文化的

历史变迁及成因［J］．北京建筑大学学报，2023，39（1）：19-26.

［5］张夏坤，裴新蕊，李俊蓉，等．生活圈视角下天津市中心城区公共服务设施配置的空间差异［J］．干旱区资源与环境，2021，35（3）：43-51.

［6］肖思奇，孙恺毓，顾钦子，等．基于词云图和 FP-tree 的历保建筑修缮管控分析［J］．建筑经济，2022，43（S1）：610-613.

青海回族 "虎抱头" 民居空间优化策略研究

马福龙[1]　虞志淳[2]

摘　要：民居建设是提升农村居民生活品质的重要途径。本文从居住者视角，探究青海回族"虎抱头"民居原型生成与演变过程，分析回族文化在其功能组织、空间布局和装饰元素中的体现，挖掘其在地营建智慧，并针对其所存在的功能交叉混淆、流线缺乏组织、建筑性能有待优化的问题，提出优化设计策略及局部改造方案。以期能引导"虎抱头"民居向更为合理、更为人性化的方向发展，为青海回族地区的新民居建设提供参考。

关键词：青海回族；虎抱头民居；回族民居；空间优化；设计策略

青海省地处我国西北地区东部，属于高原大陆性气候，冬季寒冷干燥，具有降水少、多风沙、太阳辐射强的特征，境内有藏族、回族、蒙古族等多个少数民族，且各地区气候差异明显，因此民居类型多样[1]。"虎抱头"民居是青海省回族居住区最常见的民居类型之一，兼具地方性和民族性，主要分布在青海省化隆、门源、大通、民和等县。

一、"虎抱头" 民居的特征分析

1. 原型生成与演变

"虎抱头"民居最明显的特征是凹形平面布局，这种布局形态最早可追溯到新石器晚期结合入口门斗形成的"吕、凹、凸"字形房屋，是青海东部地区房屋建筑的最初原型。后来在青海不同民族地区形成的不同样式的民居类型中，撒拉族、回族等信仰伊斯兰教的民族居住的庄窠式民居的正房，是将明间的门窗凹进一步架后形成的"凹"字形[2]。但随着回族逐渐由扩大式家庭向核心式家庭演变，庄窠式民居的合院模式被打破[3]，其正房作为家庭活动的主要空间，在尺度上刚好能容纳一个小家庭，于是被分离出来作为一种独立的民居形态，"虎抱头"民居便由此形成，并随改革开放的发展经历了两个阶段的演变[4-5]。

第一阶段的演变主要体现在两个方面。首先，建筑材料由原来的夯土木架转变成以砖、木为主；其次，平面沿用了庄窠式民居的做法，即在屋前形成了一块上有屋顶、下有平台的室外半封闭空间，但增加了凹口处的开间数。但此时，其立面窗墙比仍受到较大限制。而随着铝合金门窗、双框双层玻璃的广泛应用以及采暖方式的转变，人们开始兼顾房屋的采光性和实用性，因此第二阶段的演变主要体现在建筑由粗糙矮小封闭变得高大整洁明快。此时，民居采用了附加阳光间式太阳房，室内空间变得更加宽敞，南向开窗变得更大，墙面的瓷砖装饰成为主流，凹口处的平台亦不再封顶[6-7]。

当前，随着新农村建设的不断深入，村民们依据自身经验，学习模仿城镇建筑，自建自用的乡村民居在建筑空间、外观风貌、材料技术等方面仍在不断更新，"虎抱头"民居也正处于这新一阶段的发展中（图1）。

1　西安交通大学人居环境与建筑工程学院，硕士研究生，1913815662@qq.com。
2　西安交通大学人居环境与建筑工程学院，教授，英国南安普敦大学访问学者，710049，yu.zhichun@xjtu.edu.cn。

(原型)	(诞生)	(发展阶段1)	(发展阶段2)
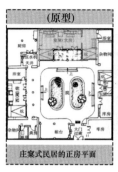			
庄窠式民居的正房平面	合院横式被打破，正房作为一种独立的民居形态	建筑材料、结构框架、开间数发生改变	房屋从粗糙矮小封闭变得高大整洁明快，凹口处的平台不再封顶，墙面的瓷砖装饰成为主流

图1 "虎抱头"民居的历史演进

2. 空间布局

在"虎抱头"民居中，房屋多依靠北墙而建，院落空间围合度不高，在院子中通常设置有花园、家禽栏舍、室外厕所。房屋呈大面宽、窄进深的布局，开间数根据屋主的需求而定，多为四开间。平面呈"凹"字形，凹口朝南，凹进处设置有内封的前廊，入口设置在前廊正中处。建筑两端的房间朝南凸出2~2.5m，并在房间内部靠窗处设置有火炕，其作为居民活动的核心空间，承载着回族居民饮食、起居、会客、就寝、礼拜的功能，这些功能的切换往往通过炕桌的收放来实现。在房屋的北侧，通常会设置厨房、洗浴间、客厅等（图2）。

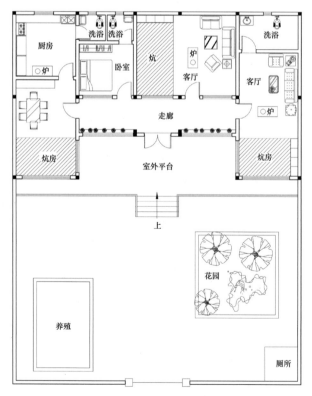

图2 "虎抱头"民居平面图

3. 文化内涵

（1）在功能组织中的体现

宗教信仰融入回族穆斯林的日常生活，居室中的宗教空间是必不可少的。首先，回族普遍注重对宗教知识的学习和传承，因此清真寺大多会开设学习班，部分家庭也会设置儿童教学空间；其次，回族穆斯林重视每日的五次礼拜，且每周五都会在清真寺举行一次盛大聚礼，在每次礼拜前都要求身体洁净、衣冠整洁，因此在室内需要设置礼拜空间和洗浴间[8]。

此外，回族普遍存在着一种宗教文化现象，即"尔麦里"仪式（图3），指在婚丧嫁娶、朝觐迎送、逢节庆日时，于清真寺或家中，邀约亲朋，由阿訇（伊斯兰教中主持教务、讲授经典的人）带领信徒围坐在一起，诵读《古兰经》进行祷告的一种宗教活动[9]。在家中举行"尔麦里"仪式时，需要能同时容纳多人的空间。在"虎抱头"民居中，这种活动往往是在较大的一间炕房中进行，随着参与人数的增加，可延伸到客厅、前廊，甚至是凹口处的室外平台。

（2）在空间布局中的体现

回族注重男女有别，因此在"尔麦里"仪式中，男女会分区就座，尽量减少接触。但为保证仪式中的信息能够及时传递，二者又不能完全分隔开。因此，"虎抱头"民居通过前廊的引导，将室内空间划分成了左右两片既有分隔又有联系的区域。在室外空间布局上，宽敞的院落空间为举行"尔麦里"仪式提供了必要的室外场地。

（3）在装饰元素中的体现

回族民居在装饰方面，主要集中在局部的装饰上，如墙面、门楣和窗户的形状常使用拱券、弧形、圆形等。在装饰图案的选择上，由于回族反对偶像崇拜，因此往往禁止出现人像、动物，而多选用植物、山水纹式或阿拉伯文化中的抽象几何纹样。此外，回族刺绣也是室内装饰的重要组成部分。

图3　回族在家中（左）和清真寺（右）举行"尔麦里"仪式的现场

二、"虎抱头"民居的营建智慧

1. 室内前廊具有多重作用

在"虎抱头"民居中，两侧的炕房是直接受益式太阳房，而前廊空间则是一处通过大面积的玻璃门窗、铝合金框架及砖混结构构筑成的附加阳光间式太阳房，其与北侧房间之间用设有玻璃门窗的公用墙分隔。在夏天，前廊空间对太阳辐射的遮挡使北侧的房间凉爽宜居；在冬天，阳光间作为保温缓冲空间，减少了室内热量的损失，居民也会通过用塑料布蒙住窗户来减少大面积的透明围护结构所造成的热量损失[10-12]。此外，前廊空间不仅是串联起各个房间的交通主轴，也是家庭活动的重要场所，有利于强化各房间之间的关联性，营造良好的家庭氛围。并且，回族居民喜欢在前廊内种植花卉盆栽，以打造出绿意盎然、亲近自然的居住环境，这也赋予了住宅更好的入户体验。

2. 凹形平面适应气候特征

"虎抱头"民居呈"大面宽、窄进深"式布局，两侧炕房朝南凸出，这不仅使房屋在冬季能最大程度地获取太阳辐射，也使室内外视线变得通透，提高了房屋入口处的视线可达性，进而保障了房屋的安全性。并且凹形平面所呈现出的环抱形态，有利于减少风沙天气对建筑的影响。此外，房屋凹口处的室外平台，为家庭活动提供了适宜的场地，居民可以在此纳凉、晒太阳，节日聚会时也能在此搭建临时厨房或招待客人[13]。

三、"虎抱头"民居存在的问题

1. 功能流线交叉混淆

"虎抱头"民居空间形态单一、功能分区不明确。炕房作为日常生活的主要空间，承载了过多的功能，而穿套式的布局使得空间内部的居住行为随意交叉，不同的日常行为在同一时间内时常发生碰撞，这虽然便捷了"礼拜—洗浴""备餐—就餐"等强关联活动的开展，但却忽视了"礼拜—就餐""洗浴—就寝""礼拜—就寝"等活动之间的干扰。此外，由于炕房是家庭成员活动的核心空间，并且内走廊的设定使空间具有明确的导向性，二者综合作用下出现了"进屋先入炕房"的现象，这间接导致空间的可选择性较低，尤其在客人到访时，家庭成员的活动会受到较大影响。

2. 建筑性能有待优化

出于对保温、隐私、安全等因素的考虑，"虎抱头"民居往往在背阴朝风面不开窗或开小高窗，加之采用了套间式布局，这使得北侧房间的采光性能和整个房屋的通风性能被削弱。并且其大多采用的是气密性较强、保温性能较差的铝合金门窗，这导致房屋的呼吸功能减弱、采暖能耗变大。此外，内走廊虽采用了附加式阳光间的设计原理，但在自发建设的过程中，居民往往因缺乏理论的指导而忽视了对窗墙比、走廊进深等的考虑，这便导致阳光间的效能被弱化。

四、"虎抱头"民居空间优化设计策略

在民居建设过程中，首先要满足经济性和实用性的要求，即秉持技术上的相对简易性和经济上的廉价可行性原则。其次，回族民居的建设需要充分考虑其特殊的文化属性，以利于民族文化的保持和传承。最后，为了创造出具有参考性和普适性的建设模板，需要秉持可复制性原则，即在保证空间品质的基础上，简化空间构成，并保持一定的空间弹性。在此原则基础上，提出下列优化设计策略。

1. 平面布局优化策略

（1）明确功能划分

在沿用凹形平面的基础上，为了保证空间使用的便捷性，减少动静、公私之间的干扰，应将卧室、起居、就餐、礼拜等功能空间独立设置。因此，回族民居的内部空间可根据功能的关联性强弱划分为"个人圈""生活圈"和"劳动圈"（图4）。其中"个人圈"包括炕房、洗浴间、礼拜间；"生活圈"包括起居室、客厅、走廊，此三者除了日常之用外，也是进行"尔麦里"仪式的主要场地；"劳动圈"则包括厨房、餐厅、锅炉房，其中锅炉房主要满足冬季火炉供暖的需要，可结合厨房布置。这三个圈层主要通过走廊进行联系，因此也要考虑各个圈层之间的影响，如卧室门不宜直接开在客厅墙壁上，客厅与餐厨之间需保持一定距离及角度。

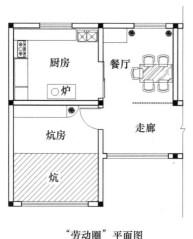
"劳动圈"平面图

"个人圈"平面图

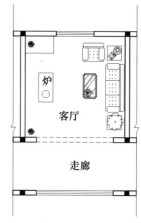
"生活圈"平面图

图4 空间功能优化设计图

（2）合理组织流线

居室中的流线可划分为家人流线、家务流线和访客流线。其中家人流线存在于"个人圈"，设计时要按照回族的生活习惯来考虑各房间的位置关系，将洗浴间和礼拜间临近设置；家务流线存在于"劳动圈"，设计时要对厨房的家具和餐厨之间的位置关系进行合理的规划布置；访客流线存在于"生活圈"，在回族生活中访客活动包括小型的好友聚餐和较为盛大的"尔麦里"仪式，这两种活动对访客流线有着不同的要求，前者强调减少公私之间的干扰，故可通过设置陈列架进行视线遮挡及空间引导，后者则需考虑如何区分男女流线，因此可沿用"虎抱头"民居将入口设置在走廊正中的做法（图5）。

2. 建筑性能优化策略

首先，在平面上沿用"大面宽、窄进深"的布局，并在外围护结构形式和材料的选择上，强调其保温性能和气密性，以减少房屋在冬季的热量损失。其次，应优化附加阳光间式太阳房，即按照理论研究参数的指导来设计走廊的进深和窗墙比，以充分发挥阳光间的效能。最后，可通过在北侧房间开设高窗或局部设置天窗来解决采光通风问题。

3. 民族文化传承策略

回族因特殊的饮食习惯、宗教观念和族群意识，形成

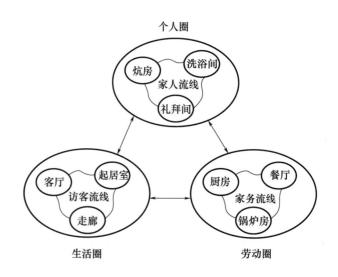

图5 内部功能流线关系图

了具有多元性、民族性的回族文化，其在不断的发展中融合了伊斯兰文化和儒家文化，成为了中华文化的一个重要组成部分[14]。对回族文化的传承与发展，体现在民居建造中，主要有两方面内容：一是民居内部空间的功能和流线设计应满足回族的生活习惯要求，如设置礼拜间、洗浴间；二是在色彩和形式的装饰上尽可能融入能够展现回族特色的文化元素。

五、 结语

农村民居建设是乡村振兴的重要内容和主要载体,而对边缘化地区、非传统村落以及少数群体的关注度,是乡村振兴政策能否全面实施的关键。"虎抱头"民居兼具地方性和民族性,表现在其具有"凹形平面,'大面宽、窄进深'式布局,附加阳光间式前廊"的三大基本特征,以及在功能组织、空间布局和建筑装饰中融入了民族特色。然而,因缺乏专业性的指导,其在自发更新的过程中仍存在着一些问题,因此本文提出相应的优化设计策略,以此来引导"虎抱头"民居向着更为合理、更为人性化的方向发展。

参考文献

[1] 崔文河,于杨."多元共生":青海乡土民居建筑文化多样性研究 [J].南方建筑,2014,164(6):60-65.

[2] 崔文河.青海多民族地区乡土民居更新适宜性设计模式研究 [D].西安:西安建筑科技大学,2015.

[3] 杨文炯.城市界面下的回族传统文化与现代化 [J].回族研究,2004(1):58-64.

[4] 哈静,潘瑞.青海"庄窠"式传统民居的地域性特色探析 [J].华中建筑,2009,27(12):89-91.

[5] 周泓宇,姜忆南.浅谈陕西榆林民居中"穿廊虎抱头"之成因 [J].华中建筑,2013,31(3):16-19.

[6] 石民祥.铝合金窗与塑料窗国内外发展应用及性能特点综合比较分析 [C]//.铝合金节能门窗论文集.[出版者不详],2001:45-58.

[7] 罗江海,李伟华.双层玻璃窗与中空玻璃窗节能特性的比较 [J].中国建材科技,2008,97(1):44-46.

[8] 王民.论《穆斯林的葬礼》中的回族文化 [D].郑州:河南大学,2019.

[9] 马桂芬,赵国军."尔麦里"仪式中的穆斯林妇女:基于甘肃省广河县胡门拱北"尔麦里"仪式的人类学考察 [J].世界宗教研究,2012,137(5):147-156.

[10] 江舸.青藏高原被动太阳能技术对建筑热环境的改善效果及其设计策略研究 [D].西安:西安建筑科技大学,2020.

[11] 王翠.新疆地区附加阳光间式太阳房设计分区及适应性研究 [D].乌鲁木齐:新疆大学,2019.

[12] 王朝红,杨阳,姚胜.我国农宅附加阳光间研究热点与趋势分析 [J].贵州大学学报(自然科学版),2022,39(6):108-116.

[13] 李茹冰.甘肃回族穆斯林传统民居初探 [D].重庆:重庆大学,2003.

[14] 李兴华.浅淡回族文化 [J].回族研究,2007(4):38-42.

嘉绒藏区碉房改造
——以丹巴县中路乡沃热波书房设计为例

刘玥彤[1]　　罗德胤[2]

摘　要： 沃热波藏房改造属于中路碉楼利用示范的民居改造项目之一，其目的是激发村民对于传统村落自发的保护、维护和传承。沃热波藏房是当地传统碉连房，为了保留老建筑的原真性，老建筑主要进行内部的参观流线改造和外观的修缮，在宅前的空地上新建建筑来完成新的书吧功能需求。新建筑以低矮水平的形态来托举老建筑，但在空间感受和外观上能呈现出现代建筑简约、通透、流动的特点。

关键词： 嘉绒藏区；民居改造；书房设计

一、　引言

2020 年住房城乡建设部、财政部启动第一批十个传统村落保护利用集中连片示范市试点，给予每个试点地区 1.5 亿元定额资金，传统村落保护从单个村落保护转变为集中连片保护利用[3]。沃热波藏房改造项目位于四川省甘孜州丹巴县中路乡，是甘孜州传统村落保护利用总体规划下的一个试点项目，中路乡定位为乡村康养旅游名村和国际研学基地。项目甲方希望沃热波藏房改造过后，可以作为嘉绒民俗展览馆，兼具特色书店的功能。每层分别以嘉绒生活、服饰、民俗、嘉绒民居为主题展陈，并植入书店功能，丰富中路的历史文化内涵。

二、　民居调研与问题分析

嘉绒藏族是生活在甘孜州丹巴、康定等地区，讲嘉绒语，以农业生产为主的嘉绒人。嘉绒藏族在民族文化、生活习性上有很多自己的特点。

中路乡位于丹巴县内，村民居住地海拔在 2700 米左右，是青藏高原型季风气候，在垂直高度上温差明显，当地气候四季分明，以春天梨花和秋天枫叶为最佳景色。

丹巴素有"千碉之国"之称，又以中路乡最为集中，目前现存古碉 72 座。当地以墨尔多神山、藏寨、古碉、田园共同构成独特的文化景观。中路藏寨与墨尔多神山遥遥相望，极具神性。

目前丹巴正在积极推动中路旅游发展，中路乡四个村落交通环线已经基本完成，一期试点项目包括 7 栋碉楼和民居的改造，改造内容包括书房、展陈、民宿、观景台以及露营地等。二期项目乡政府改造、居民活动中心建设等也在推进中。（图 1~图 4）

1. 藏房民居问题分析

嘉绒藏族地区多山多石，因而民居大多以黄泥作为黏

1　中国科学院大学人居科学学院，在读研究生，100190，857397284@qq.com。
2　通讯作者，清华大学建筑学院，教授，100084，906010265@qq.com。
3　《关于组织申报 2020 年传统村落集中连片保护利用示范市的通知》。

合剂，用砌石墙造住房，具有较为鲜明的民族特色，也与当地自然环境和民俗相适应。不过，在进入现代社会之后，这些传统民居便存在着采光不足、层高较低和公共空间较少等问题，其安全性和舒适性都需要提高。

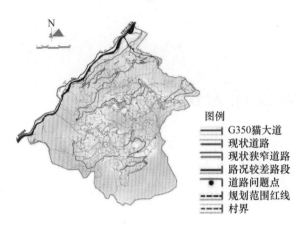

图 1　中路乡交通条件

图例
▦ G350猫大道
▦ 现状道路
▦ 现状狭窄道路
▦ 路况较差路段
● 道路问题点
▦ 规划范围红线
▦ 村界

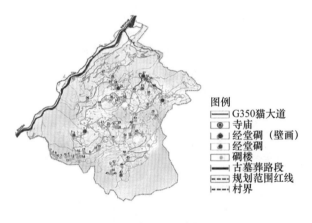

图 2　中路乡文物遗产

图例
▦ G350猫大道
寺庙
◉ 经堂碉（壁画）
◉ 经堂碉
◉ 碉楼
古墓葬路段
规划范围红线
村界

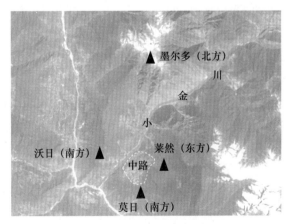

图 3　中路乡地形格局

2. 沃热波藏房概况

沃热波藏房位于中路乡呷仁依村南部的五家寨组团

（图5），此处三座碉楼连立（图6），紧邻中路旅游环线，组团内将建成两家高端民宿、一片森林研学露营地，将百年历史的沃热波碉连房改造为具有展示功能的特色书店，是丰富中路的历史文化内涵的重要一环。

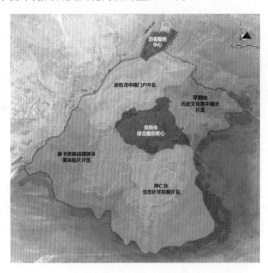

图 4　中路乡发展格局

图 5　五家寨平面

图 6　五家寨三座碉楼连立

沃热波藏房属于文保单位，建筑为碉楼与民居结合的形式，石木结构，藏房方正而碉楼竖直，平屋顶，碉楼有缺损，残高约15米。藏房东南有一块400平方米的宅基地可以建房，东面有较好的农田景观。沃热波藏房现在的主人是家主拥姆的妻子，长期居住在县城。我们通过拥姆的弟弟，也就是老村支部书记，了解到在他出生前沃热波藏房就已经存在了，至于碉楼的修建年份，连他的爷爷也不知道了。

三、 建筑设计

在和当地政府和经营单位讨论之后，各方均认为老藏房本身的外观保留较为完整，历史较长，又属于文物保护单位，因此需要最大程度地保留其原真性，设计的主要任务是进行内部的参观流线改造和外观的修缮，并在宅前的空地上新建一个建筑来承载书吧和展售功能。

在新建筑设计的考量上，我们希望新旧之间呈现出一个和谐但又体现出各自特点的状态。老藏房，尤其是碉楼，在整个场地上是以一种竖直的形象出现，因此我们希望新建筑可以和老建筑形成对比，即以低矮水平的形态来托举老建筑，同时在空间感受和外观上又能呈现出现代建筑简约、通透、流动的特点。

1. 设计策略

在确定了基本的设计方向后，我们进行了两版方案的深化（图7、图8）。

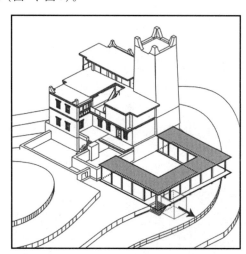

图7　方案一

方案一更多地关注新建建筑本身的简洁性。由于老建筑本身具有较多的民族元素和文化装饰，所以我们希望用一个简单的、通透的方形体块来烘托藏房的特点，并容纳书房、展售等功能。老藏房缺少较大的公共活动空间，于是我们在方形体块内掏挖一个院落，形成新旧之间的过渡和联系，而建筑本身则形成一个"U"形环路。新建筑墙体主要采用通透的玻璃，朝内可以看见藏房和碉楼，朝外可以看见田野景观，自身轻盈的特点也能与老建筑厚重的历史感形成对比。

方案二则关注到场地本身存在的高差，并且呼应嘉绒

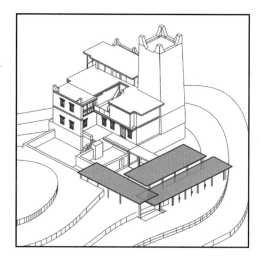

图8　方案二

藏房屋顶逐层后退的特点。于是我们让三个长条分别交错咬合，这样在两个主视点方向，新建筑都呈现出一个低矮水平的视觉效果。而根据场地的高差和功能空间的需要，三个体块的屋顶也在不同的高度上，形成三片交叠悬浮的屋顶。长边采用通透的玻璃材质，短边采用当地的垒石工艺，使得整体建筑和老藏房有较多呼应的前提下，仍旧保持现代建筑轻盈、通透的特点。

最终在和甲方沟通之后，选择继续深化方案二。（表1、图9、图10）

表1　经济技术指标

类型	小项	规模
总用地面积		985m²
占地面积		441m²
原建筑面积（总）		510m²
扩建建筑面积		234m²
改造后建筑面积（总）		744m²
	各类型展厅	461m²
	咖啡厅	81m²
	展售	39m²
	交通	23m²
	后勤	258m²
	占地率	0.45
	容积率	0.75
新庭院		109m²
旧庭院		86m²

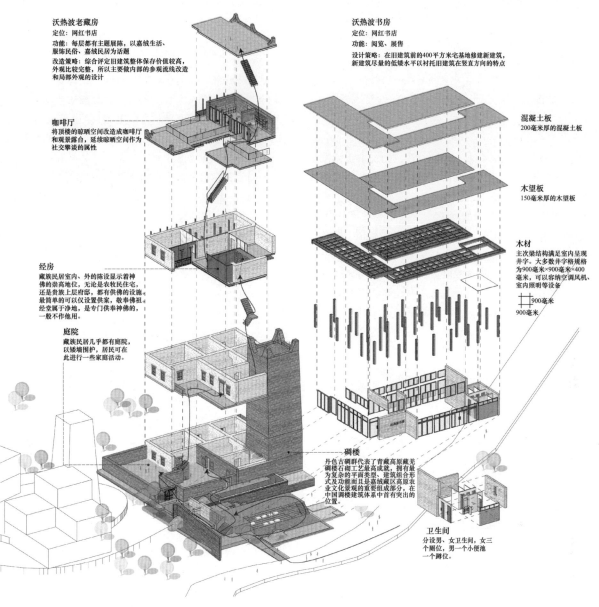

沃热波老藏房
定位：网红书店
功能：每层都有主题展陈，以嘉绒生活、服饰民俗、嘉绒民居为话题
改造策略：综合评定旧建筑整体保存价值较高，外观比较完整，所以主要做内部的参观流线改造和局部外观的设计

咖啡厅
将顶楼的晾晒空间改造成咖啡厅和观景露台，延续晾晒空间作为社交攀谈的属性

经房
藏族民居室内、外的陈设显示着神佛的崇高地位，无论是农牧民住宅，还是贵族上层官府邸，都有供佛的设施。最简单的可以仅设置供案，敬奉佛祖。经堂属于净地，是专门供奉神佛的，一般不作他用。

庭院
藏族民居几乎都有庭院，以矮墙围护，居民可在此进行一些家庭活动。

碉楼
丹色古碉群代表了青藏高原藏羌碉楼石砌工艺最高成就，拥有最为复杂的平面类型、建筑组合形式及功能而且是嘉绒藏区高原农业文化景观的重要组成部分，在中国碉楼建筑体系中首有突出的位置。

沃热波书房
定位：网红书店
功能：阅览、展售
设计策略：在旧建筑前的400平方米宅基地修建新建筑，新建筑尽量的低矮水平以衬托旧建筑在竖直方向的特点

混凝土板
200毫米厚的混凝土板

木望板
150毫米厚的木望板

木材
主次梁结构满足室内呈现井字。大多数井字格规格为900毫米×900毫米×400毫米，可以容纳空调风机、室内照明等设备。

900毫米

900毫米

卫生间
分设男、女卫生间，女三个厕位，男一个小便池一个蹲位。

图9　建筑方案分析图

图10　建筑外立面

2. 功能流线

　　沃热波改造采用新旧并置的方式，老藏房主要用作嘉绒藏族文化展览，新建筑则主要承担书吧的展售和阅览功能。展售功能安排在垂直于老藏房的长条空间内，作为新旧建筑之间的连接通道，这里将展售一些文创产品。阅览作为书吧的核心功能，占据了水平向的两个长条块空间。尤其是在两个长条咬合的大台阶部分，拥有极佳的观景视野，人们可以在阅览之余饱览门前田野景观。而净空最高的书台展示部分，则可以一边挑选喜欢的书一边欣赏内侧的碉楼。

　　沃热波藏房改扩建之后将成为展现藏族文化和中路风貌的重要节点，是一个公共的、开放的参观性质的建筑，所以建筑流线主要是针对参观的游客来设计的。

对于仅仅是粗略游览的游客，可以沿"入口展售区—展台—室外庭院—老藏房展览区—后院出口"的路线，完成一个直线型游览。

对于想要在此处稍作休息的游客，可以沿"入口展售区—垂花门—老藏房展览区—室外庭院—书吧展台区—大台阶阅览观景区—展售区"的路线，完成一个环线游览。

3. 庭院景观

新老建筑之间的庭院是重要的过渡空间。由于老藏房本身有一个内部小院，所以我们希望在老建筑外墙的内外是两个不同氛围的庭院。

当我们赶赴现场时，发现老藏房的空地前有一段宽3米，高2米左右的坎墙，这是设计之初的地形图上没体现的情况。老藏房本身比较年久，从结构上看这段坎墙不可以做改动，因此我们也因地制宜，将原本的方形藏式庭院改为地形景观来处理场地内的高差。从这里观看碉楼，是一个很好的视角，于是我们用可以休憩的大阶梯和交通用的小步梯来处理高差。在装饰元素上，用当地常用的红边来处理阶梯顶端。（图 11、图 12）

图 11　原庭院景观

图 12　现在庭院景观

四、室内设计

由于民居改造的室内空间营造也十分重要，所以我们

在时间允许的情况下，进行了细致的室内设计。这项工作包括室内空间分隔、硬装材料选择、弱电照明和家具选型。

1. 室内空间

沃热波书房虽然在功能上分为三个部分，但由于新建部分本身空间不大，所以三个部分是连通流动的。三个部分之间主要是通过高差、台阶来做空间上的限定。在书房内部，我们希望制造出身处藏区碉楼群之中的体验感，所以尽量保留了场地上原有的要素，比如垂花门、矮墙、石块，并使它们成为塑造空间氛围的角色，与行走其间的人产生互动。玻璃门外若隐若现的碉楼，大片的田野，都能使人产生不一样的阅读体验。（图 13）

图 13　室内剖透视图

进门入口是展售区，空间净高为 2.9 米，空间尽头是老藏房原有的藏式垂花门，其中场地上有一块石头，我们将其与三步台阶结合来处理场地和老藏房入口的高差。同时，在放线区域内，展售区有一堵高 3 米左右的老墙。我们希望尽可能地保留场地本身的特点和要素，但由于老墙与建筑并不垂直，而是有一个斜角，所以没有办法直接成为建筑的围护结构，于是我们将墙削低至 450 毫米，刷白、铺上木板，使其成为室内的一个休憩区域（图 14、图 15）。

图 14　入口展售区

图 15　展售区

展售区和书台展示区之间，用固定长桌做分隔，通过几步台阶进入书台展示区，此处净高 3.5 米，爬上台阶转过石墙之后，由于空间高度增加，而且有朝向田野的大面积落地窗，人们在空间感受上会更加开阔和通透。

书台展示区主要是摆放一些民族文化书籍，翻阅时可以通过两侧的玻璃门窗观赏碉楼和藏房。书台展示区和阅览区之间，是可以休憩阅读的大台阶，这也是书房的核心空间（图 16）。

图 16　大台阶阅览区

2. 硬装材料

在前文我们提到了建筑材料的选择，这里将进一步讨论室内装修中为了营造出理想的空间氛围，我们对于室内材料的选择和运用。

对于室内材料的选择，我们尽可能地克制，希望新旧之间各有对比和呼应。石墙面保持其原有纹理，清洁刷白。木材的选择上主要是两类，分别用于梁柱结构和门窗与家具，在保证室内空间氛围一致的同时区分出建筑的木结构。展售区和书台展示区我们使用了灰色地砖，衬托地面上的木制展示柜等。大台阶和阅览区我们选择了木地板，色调同样偏橘黄调，营造一个比较舒适温暖的停留区域。

3. 室内照明

室内照明是室内环境设计中非常重要的一环。在现代照明设计中，光不仅仅是室内照明的条件，更是表达空间设计意图、营造空间氛围的重要元素。

对于书房的室内基础照明，我们选择了在井字格内均匀布置吸顶灯，颜色选择比较温暖明亮的色调，整体光线微弱柔和。装饰照明则使用射灯和轨道射灯打亮保留的石墙面、挂画、门头和场地保留的石头，起到强调局部的作用，增加空间氛围感。

对于建筑立面，我们主要通过壁灯打亮柱子，射灯打亮檐口，强调了建筑的外轮廓（图 17）。另外用灯带和洗墙灯打亮石墙面营造空间氛围。

图 17　建筑立面夜景

4. 家具选型

因为沃热波书房建筑面积不大，所以大多数家具都选择了定制的木制固定家具。藏书摆放主要用定制的百宝格，以此实现最大程度地节省空间。至于书吧展台区，我们则选择高低错落的木制展示书台，增加空间的层次感，同时避免一排排书架遮挡视线。

五、现场问题

五家寨片区的一期项目是在 1 月前后开始施工，我们分别在 1 月底和 4 月底去过两次现场。目前遇到的问题可分为场地沟通、确定位置、保留要素处理和施工误差等。

1. 选址问题沟通

沃热波藏房现在的房主是拥姆的妻子，她希望藏房不做大的改动，对于门前的宅基地也不愿意修新的建筑。政府与其协商三月未果。其间，政府又去协商了现地段西侧的宅基地，但最终因为租金原因也未能谈妥（西侧宅基地是现有地段租金的两倍）。直到 4 月底我们到现场，政府才终于和主人家谈妥，仍旧在原场地按原方案修建。

2. 放线确定位置

我们的第一版方案是在第一版地形图上做的设计，而第一版地形图上并未标识场地上的岩石、老墙、坎墙等重要要素，以及最后施工方到现场放线的时候，发现即便是地形图上标识的红线以内的部分，也有些地方因为坍塌无法使用。所以现在的建筑方案在原建筑方案的基础上进行了整体挪动。

此外，我们原本的设计中，是以两家人的边界墙作为展售区的围护墙，但最后的现场沟通中，我们发现这堵墙有一个折角，而且邻居并不答应我们动这堵墙。因此，我们只能将整个方案往右侧挪动 0.5m，重新以玻璃墙作为围护墙，原本的边界墙作为一堵景观墙。

3. 场地保留要素

初始设计的时候我们是按照场地平坦设计的，但到了放线的时候发现场地内有多块无法挪动的石头和一堵老墙，于是为了施工方便，也为了建筑与场地更加融合，我们保留了这几块石头和老墙。

六、 结语

沃热波书房是一个实际项目，参与方包括县政府、户主、村集体、运营方、设计方、结构方、施工图方、施工方，这对我们的沟通能力是一次考验和锻炼。在此过程中我们得到的最大体会是，要尊重和了解地方传统，多倾听村民们的意见，这样才能最大程度地实现设计之初的设想。

参考文献

[1] 梅红．嘉绒藏族地区关帝信仰田野考察研究 [J]．宗教学研究，2022（3）：195-201.

[2] 张甘霖．甘孜州康东区藏族民居地域适应性研究 [D]．西安：西安建筑科技大学，2019.

[3] 李沄璋，张为珍，方强，等．甘孜藏族民居建筑空间特征及其文化成因研究 [J]．古建园林技术，2022（6）：84-88.

[4] 王克军．甘孜州藏族民居接待标准制定的原则刍议 [J]．现代经济信息，2008（8）：195.

[5] 陈颖，刘长存．甘孜州两个地区藏族民居的结构、构造和技术 [C] //中国民族建筑研究会．中国民族建筑研究论文汇编．中国建筑工业出版社，2008：84-89.

图论视角下平地型与山地型历史街区的路网特征 对比研究

周　鼎[1]　谭文勇[2]

摘　要： 我国西南多山地区因地貌因素沉淀出了平地型和山地型两类历史街区，两者的路网存在异同。本文选取西南地区有代表性的10个历史街区作为样本，基于图论的循环性、可达性和迂回性，以街道数、节点数、单元数、交叉口数、街区面积、街道长度6个参数及其衍生参数指标，对两类历史街区路网展开数学比较分析。发现街区面积相近时，平地型历史街区路网的迂回性较低，循环性与可达性较高，呈现"网格型"结构特征；山地型历史街区路网的迂回性较高，循环性与可达性较低，呈现"树型"结构特征。针对两者的共性与个性，结合其发展的自然因素和社会因素，提出基于路网形态的历史街区保护发展策略。

关键词： 图论；中国西南地区；历史街区；路网形态；山地

我国西南多山地区的诸多城镇都是在特定环境下自下而上、缓慢生长而成的，具有悠久的历史，并在物质层面沉淀出了平地型和山地型两类历史街区，其中多数街区采用主要人流导向的交通性街道与蜿蜒狭窄的生活性巷道相结合的道路网络作为空间框架。自1986年国务院首次正式提出"历史街区"的概念以来，我国掀起了一场积极的历史街区保护和再开发运动。然而随着城市化进程的推进，一些原本独特的历史街区道路网络发生了变化，历史环境遭到破坏[1]。在实践过程中，必须客观地解读平地型和山地型历史街区的空间形态特征，避免历史街区发展与历史环境保护之间的冲突。

一、 过往研究与新的方法

迄今为止，诸多学者从地理角度[2]、社会角度[3]、文化景观角度[4]对西南地区历史街区的道路空间特征进行了研究，认为历史街区的道路空间对于当地社区形成与城市特色维持具有重要作用。然而，过往部分研究主要从单维

角度着眼或是基于历史地图的传统方法，忽略了对于整体路网结构的分析以及生活性巷道与交通性街道的关系等。因此，路网特征研究需要从数学角度进一步展开定量分析，以掌握其深层规律。

在空间研究领域引入"图论"数学语言辅助传统分析，将更为准确地揭示复杂物质空间形态特征[5]。作为历史载体和街区骨架，道路空间结构特征在当前对于历史街区物质空间形态的研究中受到较多关注[6]，可以从三个方面，即循环性[7]、可达性[8]和迂回性[9]，定量分析具有不同形成背景的历史街区路网空间特征。

根据以下三个标准，选取10个道路网络保留较好的历史街区作为研究对象（图1）。首先，考虑历史形成背景的影响，街区选取涵盖从依托农林渔业的村镇到依托商业或宗教寺庙的文化街区。其次，考虑地理条件的影响，选择对象包括位于山区的相对独立区域和城市范围的历史街区。最后，为尽可能减少现代道路对历史路网的影响，按下述范围进一步筛选：一是原始路网保留较好并继续使用的村

1　北京大学长沙计算与数字经济研究院，助理研究员、项目管理师（PMP），410000，zhouding@icode.pku.edu.cn。
2　重庆大学建筑城规学院，副系主任、硕士生导师、副教授、一级注册建筑师，400030，laotan1968@126.com。

镇；二是靠近城市但受影响较小、街区形态保留较好的区　　域；三是属于保护地段和维持历史路网形态的城市街区。

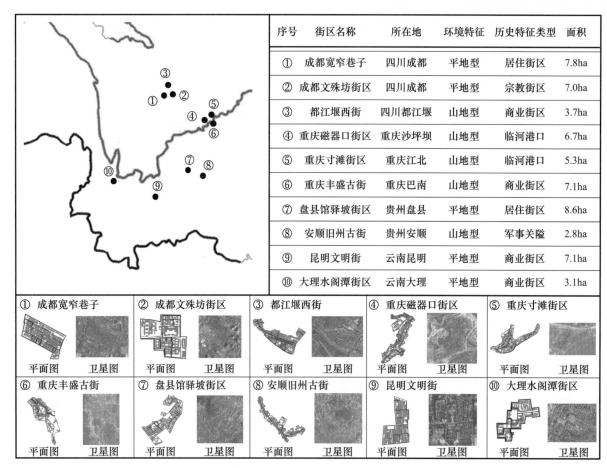

序号	街区名称	所在地	环境特征	历史特征类型	面积
①	成都宽窄巷子	四川成都	平地型	居住街区	7.8ha
②	成都文殊坊街区	四川成都	平地型	宗教街区	7.0ha
③	都江堰西街	四川都江堰	山地型	商业街区	3.7ha
④	重庆磁器口街区	重庆沙坪坝	山地型	临河港口	6.7ha
⑤	重庆寸滩街区	重庆江北	山地型	临河港口	5.3ha
⑥	重庆丰盛古街	重庆巴南	山地型	商业街区	7.1ha
⑦	盘县馆驿坡街区	贵州盘县	平地型	居住街区	8.6ha
⑧	安顺旧州古街	贵州安顺	山地型	军事关隘	2.8ha
⑨	昆明文明街	云南昆明	平地型	商业街区	7.1ha
⑩	大理水阁潭街区	云南大理	平地型	商业街区	3.1ha

图 1　所选 10 个街区样本基本信息[1]

二、 基于图论的研究方法

1. 图论概念

"图论"是探讨系统结构的重要理论基础之一。在空间研究中，将建筑或街区的基本空间元素视为"节点"，连接这些元素的通道视为"边"，节点与边便形成了空间拓扑结构，这种抽象结构的数学模型称为"图"。图论重点研究节点间的连接关系，而不考虑它们的形状、大小、距离和方向[10]，在空间研究上侧重于对空间通达性、空间网络格局特征、空间结构与社会活动的关系等进行分析，具有很强的空间解析能力[11]。传统的定性分析会陷入无尽的空间形式归纳，因此通过抽象数学模型的"图论"研究方法将更具优势。

2. 路网划分

根据图论的一般方法，并考虑到各个样本实际路网形态的不同，设置以下三个标准划分样本路网。一是对于政府所认定的历史街区范围以专项保护发展规划上明确的界线为基准，而自然形成的传统村镇则在相似尺度上，选取道路相对密集的主要居住区域作为路网研究范围。二是为明确道路形态和空间特征之间的关系，将整体路网结构分为街道宽度大于 4 米的"交通性街道"和街道宽度小于 4 米的"生活性巷道"。三是将道路的平面形式分为直线、曲折线和曲线，如果道路两端可在道路宽度范围内通过一条直线相连接，则可以认为弯曲程度较低的道路具有直线形式。

3. 参数指标

本研究基于图论定义了道路网络的循环性、可达性和迂回性，并在对前述研究[12-13]的综合评判后列出了所选样本中可用于定量描述以上三种特性的参数指标，分别是街道数、节点数、单元数、交叉口数、街区面积、街道长度 6 个参数及其衍生指标（表 1）。

1　左上底图为自然资源部中国标准地图（1：3200 万 32 开线划一），审图号：GS（2016）1569 号。样本卫星图为自然资源部国家地理信息公共服务平台截取，审图号：GS（2023）336 号。

表1　道路网络分析指标

属性	参数	公式	注释
循环性	环形道路数：μ	$\mu = e - v + p$	e：边数；v：节点数；p：单元数
	平均环形道路数：μa（n/ha）	$\mu a = \mu/S$	S：街区面积
	环路比（α）	$\alpha = \mu/(2v - 5)$	图中的节点彼此都可以形成边时，环形道路数量与实际环形道路数量之比。在完全连接网络中，其环形道路数量 $\mu c = 2v - 5$
	节边比（β）	$\beta = e/v$	图中节点数与边数之比，表示每个节点的平均通过次数
	边路比（γ）	$\gamma = e/3(v - 2)$	图中所有节点完全连接所需的边数与实际道路数之比在完全连接网络中，其边数 $ec = 3(v - 2)$
可达性	平均可达性：Ai	$Ai = \dfrac{\sum_{j=1}^{n} d(i,j)}{(n - 1)}$	i：所有节点彼此之间的平均最小距离；$d(i,j)$：节点彼此之间的最小距离
	平均离散：Di	$A = \sum_{i=1}^{v}\sum_{j=1}^{v} \dfrac{d}{dl}(i,j)/v(v - 1)$	所有节点平均可达性值的平均值，平均离散值越小，在路网中行走的人到达每个节点所需的相对距离越短
	道路密度：Dl（m/ha）	$Dl = L/S$	L：道路总长度；S：街区面区
	节点密度：Dc（n/ha）	$Dc = vc/S$	vc：道路交叉口数量；S：街区面积
迂回性	绕行比 A'	$A' = \dfrac{\sum_{j=1}^{n} \dfrac{d}{dl}(i,j)}{(n - 1)}$	i：所有节点彼此之间的最小距离与直线距离的平均比率；$d(i,j)$：节点彼此之间的最小距离与直线距离的比率
	平均绕行比 A	$Di = \sum_{i=1}^{v}\sum_{j=1}^{v} d(i,j)/v(v - 1)$	道路网络间最小距离与直径距离的平均比值

首先，路网"循环性"是指人们在路网中无目的地徘徊的重复程度，"循环性"指标相互补充，共同反映了路网的循环程度，其值越高，相对路网循环性越好。其次，用"路网密度""节点密度"等指标共同评估路网"可达性"。最后，路网的"迂回性"越强，则表示一个人到达指定节点所必须走的路径越迂回，用"绕行比"指标来反映。

如果网络中的任何指定的边被移除，从而阻止形成完整的图，则该图被视为"树型"结构 $[e = v - 1(v\geq2)]$。如果图中的每个节点都可以彼此形成边，则该图被视为"完全连接型"结构 $[e = 3v - 6(v\geq3)]$。样本的路网结构将由循环性、可达性和迂回性共同反映，最终指向"树型""完全连接型"或者介于两者间的"网格型"结构 $[e = (3v - 2)/2(v\geq4)]$。

三、基于图论的研究过程与对比分析

1. 历史街区样本的路网数据

通过拓扑结构转换和数学公式计算，得到10个历史街区样本的路网数据（表2）。

表2　10个历史街区样本的路网数据[1]

序号	名称	总长度	主道路	巷道	街道数	节点数	终端节点	交叉口数	环形街道	平均环形街道	环路比	节边比	边路比	平均离散	道路密度	节点密度	平均绕行比	面积	单元数
										整体道路网络								街区	
1	成都宽窄巷子	2386	1177	1209	40	31	4		21	2.811	0.386	1.290	0.460	77.048	304.873	3.067	1.189	7.826	13
2	成都文殊坊街区	1976	1321	655	38	28		21	30	4.283	0.588	1.357	0.487	69.333	282.116	2.998	1.077	7.004	20
3	都江堰西街	1400	962	438	33	32	17	15	14	3.788	0.237	1.031	0.367	90.505	378.798	4.059	3.673	3.696	13
4	重庆磁器口街区	1498	826	672	36	37	16	15	14	2.073	0.203	0.973	0.343	102.641	221.844	2.221	2.315	6.753	15
5	重庆寸滩街区	1895	984	911	31	30	10	12	11	1.708	0.200	1.033	0.369	152.823	294.232	1.863	3.025	6.441	10
6	重庆丰盛古街	1483	1086	397	24	25	11	10	9	1.265	0.200	0.960	0.348	154.479	208.518	1.406	2.181	7.112	10
7	盘县馆驿坡街区	2517	1140	1377	64	68		26	26	3.017	0.234	1.103	0.349	77.732	292.067	3.017	1.561	8.618	20
8	安顺旧州古街	776	619	157	22	23	10		8	2.877	0.195	0.957	0.349	101.409	279.046	2.877	3.008	2.781	9
9	昆明文明街	2665	1620	1045	43	33	4	23	24	3.378	0.393	1.303	0.462	88.923	375.120	3.237	1.329	7.104	14
10	大理水阁潭街区	1498	962	536	36	34	7	14	12	3.852	0.059	1.059	0.391	101.056	480.853	4.494	1.443	3.115	10
										主道路								街区	
1	成都宽窄巷子	2386	1177	1209	26	26	2	22	13	1.661	0.277	1.000	0.361	88.868	150.392	2.811	1.692	7.826	13
2	成都文殊坊街区	1976	1321	655	25	23	3	17	22	3.141	0.537	1.087	0.397	130.965	188.601	2.427	1.205	7.004	20
3	都江堰西街	1400	962	438	8	9	2	7	12	3.247	0.923	0.889	0.381	446.209	260.288	1.894	1.506	3.696	13
4	重庆磁器口街区	1498	826	672	8	15	3	12	14	2.073	0.560	0.933	0.359	142.713	122.325	1.777	1.417	6.753	15
5	重庆寸滩街区	1895	984	911	9	10	3	9		1.397	0.600	0.900	0.375	286.468	152.783	1.242	1.489	6.441	10
6	重庆丰盛古街	1483	1086	397	17	17	4	8		1.406	0.345	1.080	0.365	140.692	152.696	1.125	1.595	7.112	10
7	盘县馆驿坡街区	2517	1140	1377	29	30	4	19	19	2.205	0.345	0.967	0.345	132.283	132.283	2.205	1.345	8.618	20
8	安顺旧州古街	776	619	157	10	11	3	8		2.877	0.471	0.909	0.370	222.590	222.590	2.877	1.471	2.781	9
9	昆明文明街	2665	1620	1045	27	26	4	14		2.888	0.356	1.080	0.391	198.717	228.020	2.393	1.418	7.104	14
10	大理水阁潭街区	1498	962	536	25	26	6	14		2.889	0.191	0.962	0.347	190.878	308.799	4.494	1.195	3.115	10

1　数据为2020—2021年实地调研与后续分析计算得出，可能与最新实际数据存在误差。

2. 循环性、可达性、迂回性特征

在路网数据基础上对 10 个历史街区样本的循环性、

可达性、迂回性特征及其主要指标进行分析（图 2），可知：

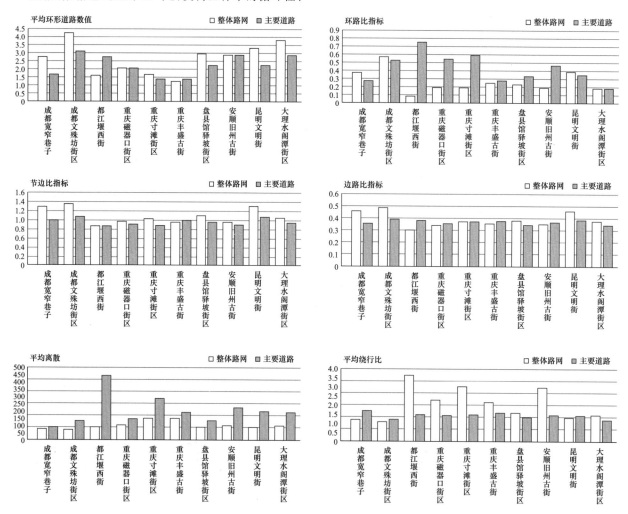

图 2　10 个历史街区样本的循环性、可达性、迂回性特征主要指标

首先，就"循环性"而言，平地型历史街区形成的环形道路比山地型历史街区更多，然而都江堰西街街区、安顺旧州古街和大理水阁潭街区在单位面积上的平均环形道路较高，表明山地型历史街区存在局部循环性较好的情况，但受地形影响路网密度分布不均，因此整体循环性仍然不强。"环路比"方面，平地型历史街区整体路网优于山地型历史街区，仅分析主要街道时则相反，可见平地型历史街区的路网形态更接近于"完全连接型"，其交通性街道和生活性巷道之间的连接程度高，整体连通性好；而山地型历史街区的变化程度很剧烈，表明其生活性巷道由于地形复杂，基本上为"断头路"，连通性差。进一步通过"节边比""边路比"分析可知，平地型历史街区的节边比均超过 1.0，其中成都宽窄巷子、成都文殊坊街区和昆明文明街的节边比和边路比均分别接近 1.4 和 0.5，具有更好的循环性。

其次，就"可达性"而言，平地型历史街区的"道路

密度""节点密度"基本分别超过 300 和 3，相较山地型历史街区整体上路网相对更为密集。山地型历史街区的"平均离散"整体上高于平地型历史街区，其中特别是都江堰西街和重庆寸滩街区的主要道路，这表明山地型历史街区两个节点之间的平均距离相对较大，节点间联系单调，交通性街道稀疏，呈现"树型"。与之相比，绝大部分历史街区整体路网的"平均离散"都相对较低，这表明狭窄的生活性巷道缩短了区域路网中两个节点之间的距离，增强了部分的可达性。

最后，就"迂回性"而言，山地型历史街区的"平均绕行比"均在 2.0 以上，其中都江堰西街的平均绕行比为3.67，重庆寸滩街区和安顺旧州古街的平均绕行比均超过3.0，可见山地型历史街区整体上节点间的连接较弱，该类区域的行人必须步行超过平均直线距离的 3 倍才能到达目的地。平地型历史街区的路网形态接近"完全连接型"或者"网格型"，主次道路基本上相互连通，绝大部分街区的

"平均绕行比"均在 1.5 以下，迂回性相对不高。

3. 对比分析

为全面了解上述特征反映的空间形态结构，分别将整

体路网和主要道路的 11 个指标作为变量，对平地型历史街区和山地型历史街区进行标准化对比分析，根据主要变量平均值的分布情况，可以更为清楚地识别和详细地描述两种类型的特征（图 3）。

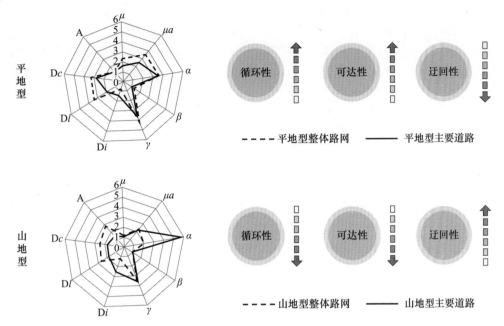

图 3　两种类型历史街区的空间特征

平地型历史街区基本位于城市，由居住、商业街区或宗教街区发展而来，主要道路和整体路网结构均接近"网格型"，具有较高的循环性和可达性，迂回性较低。主要道路和整体路网结构的三大指标值没有明显的区别，这表明在该类区域中，主要是由交通性街道组成了稳定的路网结构，生活性巷道仅是微弱地影响着整个路网的形成。

山地型历史街区基本位于城市边缘或者山区，由临河港口、商业街区或军事关隘发展而来，其主要道路和整体路网结构中环形道路较少，多呈"树型"，具有较低的循环性和可达性，迂回性较高。地形环境深刻影响了该类区域，当只考虑交通性街道时，循环性出现一定程度的改善，但可达性出现了不同程度的变化，表明该类区域交通性街道和生活性巷道形成了较好的互补关系，缺少了其中的任意一种都会极大破坏整体的路网结构。

四、 结论与建议

从图论的循环性、可达性和迂回性出发，运用定量方法对平地型和山地型两类历史街区进行分析，得到以下结论：第一，当街区面积相近时，两者的交叉口数、单元数和街道长度存在显著差别，平地型历史街区的这三类指标均高于山地型历史街区，其他参数差别不明显。第二，平地型历史街区的主要道路和整体路网结构均接近"网格型"，具有较高的循环性和可达性，迂回性较低。其交通性

街道组成了稳定的路网结构，生活性巷道对整体路网形成影响较弱。第三，山地型历史街区的主要道路和整体路网结构中环形道路较少，其多呈"树型"，具有较低的循环性和可达性，迂回性较高。其交通性街道和生活性巷道形成了较好的互补关系，缺少了其中的任意一种都会极大破坏整体的路网结构。

因此，对于平地型历史街区，应当重点保护其交通性街道，完善交通性街道与生活性巷道的连接，保持在循环性和可达性上的优势，并进一步降低迂回性。对于山地型历史街区，交通性街道和生活性巷道同等重要，应当着力避免因开发建设而导致的生活性巷道减少，避免整体路网结构的循环性和可达性被大幅度破坏，需要尽量疏通优化生活性巷道与交通性街道的连通性，从而改善该类区域的迂回性。

参考文献

[1] 阮仪三，孙萌. 我国历史街区保护与规划的若干问题研究 [J]. 城市规划，2001（10）：25-32.

[2] 李和平. 重庆历史建成环境保护研究 [D]. 重庆：重庆大学，2004.

[3] 石亚灵，黄勇. 历史街区形态与社会网络结构相关性探索 [J]. 规划师，2018，34（8）：101-105.

[4] 肖竞. 文化景观视角下我国城乡历史聚落"景观-文化"构成关系解析：以西南地区历史聚落为例 [J].

建筑学报，2014（S2）：89-97.

［5］孔亚暐，张建华，闫瑞红，等．传统聚落空间形态构因的多法互证：对济南王府池子片区的图释分析［J］．建筑学报，2016（5）：86-91.

［6］斯蒂芬·马歇尔．街道与形态［M］．苑思楠，译．北京：中国建筑工业出版社，2011.

［7］王与纯．步行主导历史街区的内部可达性分析与评估［J］．城市建筑，2019，16（18）：16-25.

［8］梁程程．交通微循环引导下的山地既有街区更新策略研究［D］．重庆：重庆大学，2017.

［9］吕海平，张和成，刘忠刚．沈阳中山路历史文化街区街道空间形态参数量化分析［J］．沈阳建筑大学学报（社会科学版），2017，19（5）：446-451.

［10］杨滔．空间句法：从图论的角度看中微观城市形态［J］．国外城市规划，2006（3）：48-52.

［11］张红，王新生，余瑞林．空间句法及其研究进展［J］．地理空间信息，2006（4）：37-39.

［12］谭文勇，张楠.20世纪美国住区道路形态的变迁与启示［J］．建筑学报，2019（10）：110-114.

［13］周鼎．山地住区空间形态与地形环境的耦合协调关系研究［D］．重庆：重庆大学，2022.

中国古代城墙防御体系演进逻辑与审美特征

包佳良[1]

摘 要：古城墙在历史长河中经历了人类发展的多个时代，凝结了中华民族在不同时期的丰富情感，可以说古城墙的形象已经成为中华民族共同体在文化方面的集中体现。本文通过时间脉络梳理城墙的演进过程，分析城墙发展的逻辑关系，阐明古城墙审美情趣的产生与变化，并就古城墙在现代社会发展中的形象提出见解。

关键词：古城墙；演进逻辑；审美特征

一、 城墙防御——古代城市发展的共同选择

古城墙，不同于其他文化遗产，它具有鲜明的时代阶段性，是古代统治者权力与民众参与相结合的创造性建筑形态，是世界上很多古代城市发展史上重要组成部分。[1]早期人类从采集狩猎时代过渡到农业时代后逐渐安定下来，在固定的区域驯化绵羊、种植小麦，自此人类开始大面积地聚集，享受愉快而饱腹的生活。正是在这个时期，人类有了更为强烈的保护、防御意识，大型防御工程的建造便从这里开始。

1. 从地下挖掘到地上搭建的转变

我国最早的大型防御工程应为壕沟，根据考古发掘，新石器时代已经形成非常严密的"环壕聚落"防御体系（图1）。[2]壕沟可以说是我国古代城墙防御工程的前身，但随着聚落间的矛盾冲突越来越多，进攻手段千变万化，防御工事开始升级，先辈们从挖掘行为逐渐转变为搭建行为，城墙防御工程便由此诞生。[2] 夏商周到隋唐时期是我国城墙发展的高峰期，成熟的夯土技术、丰富的原料使得夯土城墙成为主流；到宋时已经发展至成熟，该时期防御工程已

经达到极致，部分军事重镇也已经开始给城墙包砖；明清时期，城墙全面包砖，并且开始有意对城墙进行美化处理（图2）。[3]

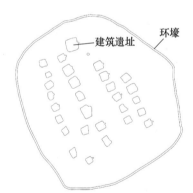

白音长汗遗址环壕聚落

图1 早期环壕防御示意图

（资料来源：基于张弛《兴隆洼文化的聚落与社会——
从白音长汗二期乙类环壕居址谈起》改绘）

我国古代的城墙与城市是共生关系。新石器时代人们已经具备建造防御性工程的能力，而一个地区是先有城墙还是先有城市的问题便成了一个随机事件，先后顺序全凭当时需求而定。在先有城市后有城墙的地方，经济发展持

---

1 中国艺术研究院设计学系，博士研究生，100029，641037082@qq.com。
2 曹兵武等选编的《大考古 考古·文明·思想》一书根据考古发现早期城墙的搭建采用堆筑方式，推断挖环壕的土堆应为城墙的前身。

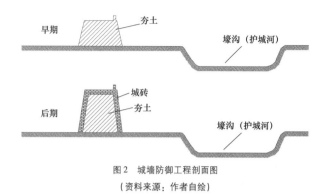

图 2 城墙防御工程剖面图
（资料来源：作者自绘）

续而稳定，人口激增，为避免战争的破坏、保护其安全发展便修建城墙，如荆州，据目前史料记载乃是关羽镇守此地后才修建的城墙。在先有城墙后有城市的地方，它们多起源于军事战略中的军事基地，当战争结束后这里聚集了不少人而逐渐形成城市，如天津，该地区最早是由天津卫发展而来。虽然并非所有城市都拥有城墙，但建造城墙来拱卫财产是古代城市发展过程中的必然选择。

从地下挖掘到地上搭建的转变与建造技术分不开，它同古代穴居到立柱搭棚的房屋建筑发展基本一致。不同的是，在旧石器时代末到新石器时代，原始居民就已经开始搭建房屋，而防御工事在这时期才进入地下挖掘阶段；秦汉时期砖瓦早已应用在房屋建筑中，而城墙则在明代时才全面应用砖石。房屋建筑对新技术的应用早于防御类建筑，这一事实可能与防御建筑本身功能相关，因为在非必要情形下，防御建筑不会主动更新升级，只有在城市财产受到威胁时才会启用。

2. 从土城墙到包砖城墙的转变

城墙发展过程中最大的变化就是在原有的土城墙上进行包砖。主流的城墙皆用土，形成了堆筑、夯筑与版筑等一系列的筑城技术，城墙的建造方式也有平地起建和先挖基槽再筑墙体两种形式。尤其是版筑技术的应用使得城墙墙体建得又高又密实，而挖基槽做地基的细节处理使得城墙底部更不易被雨水冲散，于是在征伐频繁的春秋战国时期，各国纷纷筑城，迎来了一波筑城热。[1] 尽管此时的城墙筑造技术已经考虑到了墙基和墙体两方面的强度，但仍逃不过原材料"土"属性的弊端。因此，土城墙一直被作为一种"一次性"防御工具使用，战争结束后即成废墟。成为废墟的主要原因并非战争破坏，而是土城墙维护成本高。在战争结束后若没有日常维护，土城墙便会在风吹雨淋中

慢慢被冲刷殆尽。在中国历史中，绝大多数城市很难持续土城墙的基本维修，多数地方都在非战争期间任凭城墙消亡。典型的樊城城墙在宋元大战中帮助襄阳城坚守五年，而战后即成为"古遗迹"[2]，后世流传"纸糊的樊城"一说有可能是在说土城垣见风雨易坍塌的特性，而非指其军事防御性能的不足。元朝元大都为保持都城城墙防御工事，不仅常年进行维护修理，还用蓑草来防止雨水对土城墙的冲刷，但依然阻止不了"雨坏都城"的事实。[3] 因此，早期能够留下来的土城墙并不多，若不是近代考古发掘探出很多古城遗址，后人很难知晓古代丰富的筑城事迹。或许土城墙的寿命问题是导致早期城墙记载少的重要原因之一。

到明代，我国城墙才解决了只能使用"一次"的诟病。尽管早在汉代便有给土城墙包砖的记载[4]，且南宋时期各地军事重镇都有给城墙包砖的记载，实则绝大多数都是在关键部位或者城墙外侧包砖，并非全面包砖。直至明代在"高筑城，广积粮"的号召下，全国兴起了一波筑城热潮，经济实力较为雄厚的州级以及更高行政级别的城市大部分都进行了全面包砖，由此，我国城墙发展进入到了新时期。此时的包砖城墙经久耐用、不易垮塌，对自然灾害有了更大的抵御能力，成为一种可以反复利用的建筑，这或许是明清两代城墙可以"传承"这么好的原因之一。另一方面，城墙的经久耐用也使得墙基有了一定的变化。李合群在对我国夯土城墙基础加固的研究中发现，宋代以前对城墙地基要求并不高，大部分为素土夯筑，而宋代之后出现了砖瓦夯层，并且使用木桩、睡木、砖石等材料对地基进行加固。李对此现象的解释为："墙体普遍外包以砖，底面积变小，而高度及压强变大，对基础的坚固与整体性要求变大。"[4] 从包砖城墙彻底改变了以往城墙"一次性"的使用方式后，便很容易理解加固地基的重要性。

3. 从单一布局到多重防御的转变

《吴越春秋》记载了早期人们的筑城理念："鲧造城以守君，筑郭以卫民。"这一理念完全体现在了繁体的国（國）字当中。两个大小不一的"口"字分别有皇城与郭城之意，而两"口"之间的"戈"为守卫之意，形象地描绘了我国防御工事的基本布局形式——保护君主和百姓而设置两道防御墙体。"鲧"乃大禹的父亲，是史料记载最早筑城与郭的人物，说明从原始社会步入奴隶社会时我国城墙防御工事便已经有了多重防御的意识（图 3、图 4）。

1　《中国古代建筑技术史》从技术层面肯定了春秋战国时期具备筑高大城墙的能力，而贺业钜在《中国古代城市规划史论丛》以礼崩乐坏为由认为"城市等级不受旧制的约束，城市数量激增"，城墙随之增加。

2　宋绍兴三十一年（1161 年）金人突然入侵樊城便有"自宋金将和后，樊城不修筑，多缺坏"的记载，而在此之前（约 1134 年）岳飞收复襄阳六郡时便对城墙进行了修茸，在不到 30 年的时间里，土筑的樊城便已坍塌不能用。另外，樊城在明万历《襄阳府志》便被列在《古迹卷》中。

3　宋卫忠《北京的城墙与城门纵览》一书中详细谈论了元大都防雨的种种措施与缘由，蓑城在《析津志》有载："世祖（忽必烈）筑城已周。乃于文明门外向东五里，立苇场，收苇以蓑城。每岁收百万，以苇排编，自下砌上，恐致推塌，累朝因之。"

4　三国时期吴国的"铁瓮城"。

图 3　常见的一重城垣
——民国时期句容城平面图

（资料来源：（日）石割平造《中国城池图录》）

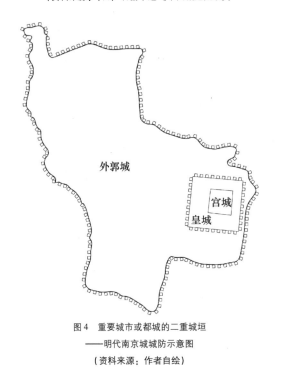

外郭城

宫城

皇城

图 4　重要城市或都城的二重城垣
——明代南京城城防示意图

（资料来源：作者自绘）

我国城墙防御工事的鼎盛时期毫无疑问是在宋代，该时期不仅战争频繁，同时也出现了大量的经典著作，如军

事战争的著作有《武经总要》、陈规的《守城机要》和施宿的《会稽志》，涉及城墙建造技术和工程造价的有李诫《营造法式》和秦九韶的《数书九章》。其中陈规的《守城机要》详细地论述了城墙防御特性与改进措施，将我国城墙的多重防御理论推至巅峰。他在经历多次守城战后，对旧筑城制度的一重城墙不甚满意，提出了两壕三城的筑城理论，以达到防御的极致（图5）。尽管后世及他本人都未曾筑造过如此城池，但他在各个州县的守城战绩足以称得上是一位守城专家。

然而，清代皇帝乾隆对他的守城之术评价并不高："小县旁州或可赖，通都大邑转难行"[1]，《四库全书总目提要》同样认为："然此仅足为守一城乘一障者应变之，而不足为有国有家者固圉之本"[2]。乾隆此言是站在更高的格局去审视防御之事，因为一国之安全并不在于一城一池的防守，而更需要多城多点的联动。如与陈规同一时期的宋代扬州城在面对战争时便新建造两座独立的城墙宝祐城和宋夹城，与原来的宋大城共同形成三城联防的战略格局；明代北京城在面对蒙古军队的骚扰时采取的措施是加建外城，将商业发达、人口众多的南城外围包裹起来；全国范围内还有众多城池建立分城，形成多重联动防御空间。[3] 像陈规这般孤立无援地守着一座城池乃是一国之悲哀。但乾隆依旧认可其中的防守细节，"今此书所载以麻绳横编，如荆竹笆相似，颇得以柔御刚之法，或可酌仿为之。"[4] 不仅斟酌其中道理并将此法传于各路将军等学习，以备不时之需。

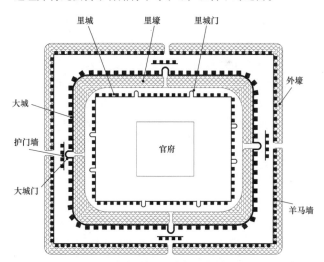

里城　　里壕　　里城门

大城

护门墙

大城门

官府

外壕

羊马墙

图 5　陈规设计的三重城垣城防示意图

（资料来源：基于陈规《守城机要》改绘）

1　《御制诗》：摄篆德安固守城，因而失事论东京；陈规屡御应之暇，汤璹深知纪以精；小县旁州或可赖，通都大邑转难行；四夷守在垂明训，逮迫临冲祸早成。

2　（清）纪昀总纂．四库全书总目提要［M］．石家庄：河北人民出版社，2000，第2542页。

3　张驭寰的《中国城池史》中将南北城或东西城，或是一个城周围再建设一个或数个小城的称为分城，并列举了众多案例，如洛阳旧城、周家口旧城、大同旧城、西安旧城、兰州旧城、西宁旧城、沈阳旧城、呼和浩特城（归绥旧城）、汾阳府旧城等。

4　赵之恒，牛耕，巴图．大清十朝圣训 第12册～第15册 清宣宗圣训 清文宗圣训［M］．北京：北京燕山出版社，1998，第1817页。

二、 不断演进的城墙审美特征

现在人们非常重视古城墙的保护并开始谈论古城墙作为一种建筑艺术所具有的审美价值，但其实城墙很早就被古人作为审美对象开始欣赏。如襄阳城东南角城楼仲宣楼，就是为纪念东汉末年建安七子之一的王粲，在明末万历年间重新修建此楼并命名。至于东汉时期是否已经有仲宣楼的称呼尚无法确定，但可以肯定的是，至迟在明代城墙已经被作为重要场所为人们使用，将纪念性建筑立于城头之上。广州城墙更是在南宋嘉定十四年（1221年）就已经名声在外，作为名胜古迹的城墙吸引了众多文人墨客来此吟诗游玩。[1] 吾辈曾提出了很多词汇如大壮、适形、崇高等美学概念来形容建筑的美，古城墙作为建筑的一种类型，它的审美是在众多复杂的情感与文化中产生、变化与演进的。

1. 防御演进中的结构美感

时至今日，古城墙原功能虽然已经完全丧失，但其作为审美对象无法脱离合理布局而独立存在，因为它包含着人类的力量、技术与智慧，体现的是人类主体创造性。古城墙的艺术成就主要来源于它在军事方面的发挥，因此它的审美特征便是城墙自身所体现的防御性与进攻性。

防御性主要来源于城墙本体，即墙体。墙体包含了墙身、底部和地基等，是防御实体，也是阻隔敌人直接进入城内的屏障。城墙本体用它巨大的墙身将城市围合起来以隔绝外来入侵，这是军事防御的第一步，防御体系的建立都围绕着城墙本体而展开。我国城墙本体的建造在历史上很少有技术方面的革新，版筑技术奠定了城墙防御地位。版筑技术通过模板固定的方式夯打土体，使得城墙筑得更高、建得更厚。《会稽志》中记载了远离政治纷争地带的"西陲之地"的筑城之法："筑城之法，城身高四丈，城阔五丈，上敛二丈。"[2] 并解释道："虽用功不多，而寇至可以无恐"。在古人眼中这属于"瘦弱"型城墙，但换算下来城高也有约11米，进深约14米。反观大明宫丹凤门，其为唐代皇帝进出宫城的大门，在21世纪初的考古发掘中探得其门址墩台东西长74.5米，南北进深33米，丹凤门为5门道制，各门之间的夯土城墙厚约2.9米，两侧各筑有一条宽3.5米、长54米的马道，后经遗址保护展示工程，复原了当年丹凤门的意象，体现了当时高级别城墙在尺度上给

人所带来的力量的震撼美感（图6）。[5] 而后，城墙本体由单一夯土结构升级为内夯土外包砖结构，是城墙防御演进中的重要阶段。它改变了以往城墙"土里土气"模样，更为规整与洁净，同时显现出城墙更加雄伟壮观。当然这种雄伟壮观也与它符合城市防御需求有关。北京宛平城，在1937年"七七"事变中遭到了日军野战火炮的轰击，尽管城上十余座楼宇荡然无存，城墙千疮百孔，但依然屹立不倒，至今我们所看到的弹坑，早已成为城墙本体结构的一部分，弹坑的存在不仅让人们感受到城墙防御之坚，并且赋予了城墙强大的教化和鼓舞作用。[3]

图6 今复原的丹凤门与正在休息的游客
（资料来源：作者自摄）

进攻性主要来源于城墙附属设施。城墙的附属设施包括了如垛墙、城楼、护城河、城门、马道、吊桥等一系列的配套防御设施。它们是城墙的羽翼，也是今天城墙可视部分中最出彩、最引人注目的点状景观。城门闭之以防御之用，开之则出兵进攻，吊桥也是如此，皆具备防御性与进攻性。垛墙是城墙防御体系中最具攻击性的设施，士兵射箭、投石、泼油等进攻手段基本上都通过垛墙来完成，进攻时探出身子向城下投射，间歇时则倚靠在垛墙后，因此垛墙成为了城墙防御体系中最具代表性的特征，至今垛墙的形象在地图中多用于表示此处有坚固堡垒之意。城墙附属设施多是通过相互配合，形成特殊空间来达到击退敌人的目的，具有很高的灵活性（图7）。

---

1 广州市越秀区人民政府地方志办公室，广州市越秀区政协学习和文史委员会主编. 越秀史稿 第2卷 宋元明 [M]. 广州：广东经济出版社，2015，第182页。

2 （南宋）施宿，（南宋）张淏等撰. 南宋会稽二志点校 [M]. 合肥：安徽文艺出版社，2012，卷一，城郭，第13页。

3 刘天华在《简论建筑的崇高美》谈到建筑的崇高："是以力量的气势取胜的美，是与时代和社会密切联系着的美，是具有强大的教化和鼓舞作用的美"。对于古城墙而言，本文认为这种力量之美是由城墙本体的防御性能所散发出来的，而其教化与鼓舞作用源于其经受劫难而屹立不倒的形象。

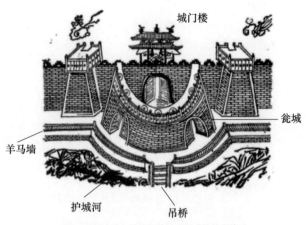

图7　城墙本体与防御设施共同组成的防御体系
（资料来源：宋·陈规《守城机要》）

如果说城墙本体是防御壁垒，是固定不动的，展现的是阳刚之美，那么附属设施便是进攻的，是动态的，展现的是阴柔之美。换言之，城墙本体是相对不变的，而附属设施是变化的，所以附属设施更容易让人产生联想，城墙最具吸引力的地方就在这附属设施当中。因而，当今很多地区在修缮城墙时总希望将城墙修完整，哪怕只将垛墙修复起来也会产生不一样的效果，那可攻可守的、活灵活现的军事功能形象跃然于人们的脑海里，城墙的军事价值、科学价值、艺术价值等在这里体现得淋漓尽致。

2. 历史沉淀下的意境美

朱光潜先生在《谈美》中谈论过美是有距离的。与古人情感不同的是，那时期城墙与权力、军功相关；今天，古城墙能唤醒我们对城市、民族的热爱，激励我们奋发图强。[6]城墙在早期被作为军事工程使用，到后来成为封建社会遗留下来的旧文化而受到争议，再到今天成为现代城市标志，被视为建筑艺术。因此毫无例外地，当今只要人们提及"古"墙就一定是带着"美"的眼光来欣赏城墙。

古城墙因为"古"而有了更多审美价值。"古"是与"今"相对的词，提及"古"，便有当今不再生产、制作或废弃不用之意味。原有军事功能不再发挥作用，人们可以安全地、舒适地去欣赏城墙，去感受古代劳动人民的主体创造性，这便是审美的开始。

"古"为城墙增加了历史美感。历史上所发生的事情大多是通过阅读古籍文献了解的，对于历史现场的还原几乎全凭借后人的想象力。然而，如果有尚存的历史遗存或环境则会加深后人对历史事件的理解程度。如扬州城遗址的发现，尤其是近些年对唐子城和宋宝城的保护与展示，对于中国古代的城市规划、大运河的交通贸易、城市生活有

了更为具象的认知，对于王安石的《泊船瓜洲》"京口瓜州一水间，钟山只隔数重山。春风又绿江南岸，明月何时照我还。"将会有更为深切体悟。古城墙承载着无数历史碎片，它连接着古今，是现代人与古代人灵魂沟通的桥梁，不知让多少人沉醉其中。这便是历史给予城墙的美，这种美具有共鸣性。

3. 文化交融下的形式美

战争与日常生活的点点滴滴共同构成了中华民族对古城墙的记忆或者说是审美形象。然而，我们总会对最好的称之为美的，那些次之的事物却不称之为美，如同作家一般也只会提及自己的代表作品，并称其为美，而其余作品可能不会被称为美。[7]对于城墙而言，国人早已将规模最高的都城类城墙作为审美对象，而忽略了级别较低的省城、州城、县城等。南京、西安、北京等都城城墙是城墙类建筑代表，在历史上，它们的形象影响着我们对整个中国城墙的认知，认为城墙就该是完整的、高大的、雄伟的，然而事实并非如此。

在我国古代，易受到军事战争洗礼的是那些军事重镇，如潼关、徐州、衢州、宝庆等。它们城墙建造极为简单但却实用，没有如同都城一般的三重防御结构（外郭城、皇城、宫城），大部分仅有一重城墙作为防御工事，更有经济不济的地区大都从简修建。[1]这些在军事前线的城镇城墙每每经过战争洗礼后，都会根据上次的失利而对防御漏洞进行针对性建设。而这每一次的合理改造与升级都会成为地方行政中心及都城的建设样板。尽管乾隆对当年陈规所设想的"两壕三城"理论嗤之以鼻，但乾隆可能并未发现自己所住的紫禁城就暗含着"两壕三城"格局。城外的筒子河与城内的金水河共同组成"两壕"，而以午门、太和门与乾清门为界划分出"三城"。尽管紫禁城的布局与规划更多直接遵循风水理念，但这种可以快速形成严密防御体系的谋划，最早不可能源于风水，它只能来自军事实践，而历史上绝大多数的都城并没有做好坚守阵地的思想准备，防守经验不值一提。相反地，这些经验更多藏纳于地方城镇中，即使流传至今它们在完整性上不尽如人意，但它们多是创造城墙防御哲理与智慧的第一现场。因此，都城城墙汲取了前线城墙合理之处，而成为城墙类建筑的集大成者，是集军事工程文化、历史文化和居民生活文化于一体的城墙典型，成为中华民族引以为傲的建筑艺术，这种建筑艺术如刘托在《中国建筑艺术学》中所说的"聚集所处时代的艺术理想，凝结了最富创造力和想象力的才思，同时实践了艺术创作和审美欣赏的一般规律"。[8]

1　孙兵的学位论文《明代湖广地区城池修筑研究》中整理了明代部分县城修筑城墙因陋就简的文献实录，如辰州府城"盖城创于胜国，初以人烟稀疏，庶事草创，因陋就简，弗之有改"。

三、 结语

古城墙陪同人们经历了古代战争冲突、和平发展以及近代的废弃与再利用的过程，全面地反映了中华民族自农耕文明开始至今的心理变化历程。今天古城墙的保护反映了人们对城墙作为建筑艺术品的审美认知。古城墙的审美价值在于它的科学性与功能性，是人的本质力量在社会事务中的直接体现，古城墙的审美特征具有浓厚的社会性，是属于社会美的范畴。[9] 时间赋予了古城墙更多超功利性的美。随着时间的推移，古城墙的美衍生出了道德与政治理想，并且渐渐成为人们主要的审美感受，古城墙本体的形象美观与否或者科学、技术价值的高低都已不那么重要，重要的是古城墙这类建筑形式充分体现了保家卫国等的伟大崇高精神，烙印在人们的内心深处。因此，在谈及古城墙在当今社会中发展的形象问题，应注重发挥古城墙的三种美：一是表现出城墙与城市所体现的整体和谐美；二是表现出城墙主体岿然不动的形态美；三是尽可能地表现附属设施与城墙结合的空间变化美。

参考文献

[1] 杨国庆 . 中国古城墙：第一卷 [M] . 南京：江苏人民出版社，2017.

[2] 吴庆洲 . 中国军事建筑艺术（上下）[M] . 武汉：湖北教育出版社，2006：3-7.

[3] 马正林 . 论中国城墙的起源 [J] . 人文地理，1993（1）：1-7.

[4] 李合群 . 中国古代夯土城墙基础加固技术 [J] . 北方文物，2017（4）：36-41.

[5] 刘克成，肖莉，王璐 . 盛世留影：唐大明宫丹凤门遗址保护及展示工程设计 [J] . 建筑与文化，2007（6）：28-32.

[6] 刘天华 . 简论建筑的崇高美 [J] . 社会科学，1983（5）：86-89.

[7] 杨曾宪 . 文化审美价值距离与"难能为美" [J] . 齐鲁学刊，1997（4）：4-10.

[8] 刘托 . 中国建筑艺术学 [M] . 北京：生活·读书·新知三联书店，2020.

[9] 张聪 . "社会美"范畴的界定 [J] . 牡丹江大学学报，2013，22（12）：18-20.

新疆吐鲁番地区传统民居高架棚式院落空间研究[1]

赵　雪[2]　麦如甫江·塞迪尔丁[3]　肉孜阿洪·帕尔哈提[4]

摘　要： 随着乡村振兴战略的实施，新疆民居的研究越来越受到大家的关注。本文以吐鲁番地区传统村落高架棚式民居为主要研究对象，通过实地调研和访谈等形式来发现院落空间的组成、类型特点和空间行为特点情况等，总结出吐鲁番地区传统古民居高棚架式院落的特点：①材料易得且施工方便的构造特点；②兼具生态性与艺术性的空间特性；③高利用率的多功能特点，以期能成为今后吐鲁番地区乡村民居设计中可借鉴的经验。

关键词： 高架棚；民居院落；吐鲁番地区；传统村落

一、 研究背景

自 2017 年乡村振兴战略提出并实施以来，惠及祖国大地各族人民，有效提高了中国乡村的人居环境品质。2020年 9 月，习近平总书记在第三次中央新疆工作座谈会上强调，要深入开展文化润疆工程，中华文化是文化润疆的精神根基，各民族优秀文化是新疆文化润疆的重要组成部分，吐鲁番作为古丝绸之路的重镇，具有非常高的历史文化价值。在千年的历史长河中，吐鲁番地区在应对极端气候方面，创造了一系列优秀的建造技巧，在建筑方面尤为显著。

吐鲁番地区位于新疆维吾尔自治区东部天山山脉以南，地形呈盆地形，民居分布于盆地边缘的火焰山南麓，采用当地的黄黏土作为墙顶的主要建筑材料之一，现有的传统村落建筑基本是以土木混合结构为主，是作为高架棚形式的主要做法，其历史距今有 600 多年。吐鲁番盆地具有日照时数长、年蒸发量大、降水量少和高温多风等典型特点，在夏季高温天气中，背阴之处皆有凉爽之感，这是新疆干热气候下的独特气温感受。为避免高温多风气候，吐鲁番民居庭院呈内向型封闭或半封闭式[1]，建筑呈"一"字形、曲尺形、对立型或三合院型，民居建筑有别于喀什等地区的"阿以旺"形式，是以高出屋面 0.5～1 米的高架棚为主要空间布局特点，按其建筑类型划分，主要有集中式的土拱平房和高架棚式的土木楼房（也称米玛哈那）[1]两类。

国内关于民居的研究相对较成熟，其中对于民居院落的研究主要侧重于院落类型、景观研究以及生态环境测试与模拟等方面。在众多关于民居院落的研究中，不难发现关于新疆民居院落的研究相对较少，而主要可以参考的资料来源于新疆民居方面的研究。关于新疆民居的研究，先后有陈震东[2]、严大椿[1,3]等前辈著书，为后人的研究奠定了扎实的基础，现有文献研究的大多是以研究民居类型空间建构[4-11]、抗震保护改造[12-22]、生态气候节能[23-30]、改造设计[31-36]等方面的研究，关于院落空间与行为的研究相对较少。

1　基金项目：新疆维吾尔自治区自然科学基金资助项目"基于空间句法的新疆吐鲁番地区村落结构与空间形态优化设计策略研究"（2022D01C415）。
2　新疆大学建筑工程学院，助教，830046，1456480431@qq.com。
3　新疆安达孜文物保护工程设计有限公司，文物助理设计师，830046，1375789450@qq.com。
4　通讯作者，新疆大学建筑工程学院，讲师，博士研究生，830046，297509925@qq.com。

二、 高架棚式民居院落空间的构成

高架棚是新疆吐鲁番地区居民为应对高温天气所创造出的特色做法。以最大限度地争取室外遮阴空间，而材料却是当地最常见的木材和泥土，结合葡萄架成为吐鲁番地区一大特色，既经济美观，又可多功能之用，一年之中几乎三个季节（春夏秋）都在高架棚下起居，成为第二起居空间。高架棚与葡萄架相连的情况，通常是在房屋南侧架以高架棚，再在高架棚南侧架起葡萄架，房前形成凉爽的生活空间[25]（图1），棚架往往高于屋顶0.5～1米，另一种棚架是与主建筑独立，在空地上另设，此类棚架相对较低，一般高3～4米，一般是辅助空间，储藏干草、杂物等之用，而当其功能为禽畜之圈时，高度则会更低。一般情况下高架棚式民居院落空间内还会有葡萄架与晾房、室外楼梯与上人屋顶、室外馕坑、高大院门、果蔬园、半地下室、镂空花砖墙等特殊组成，共同形成高架棚式民居的丰富特色形式。

图1　高架棚结合葡萄架

1. 建筑构件及空间

（1）葡萄架与晾房（图2）　晾房几乎是每个吐鲁番地区民居最明显的特点，当夏末秋初时节，当地主要经济作物葡萄成熟，将其晒干制成葡萄干，可全年享用，通透的晾房可以很好地阴干葡萄，以使其保持最佳的色泽和口感。有的晾房与主建筑结合在一起，有的是在院落里与储藏类用房结合在一起。一般情况下，高架棚式民居庭院内设有葡萄架，若家中主要经济作物为葡萄时，那一定会有专门的葡萄晾房，常设置在院落外的空地上。独立式晾房的建筑面积可达100～200平方米，位于院落中的晾房面积20～30平方米。晾房常用的土坯砖长宽厚为30厘米×15厘

米×7厘米[26]，通过对土坯砖各种花式镂空砌法形成晾房特色立面，但屋顶仍为常规的土木草泥民居屋顶，起到保温隔热的作用。

图2　晾房

（2）室外楼梯与上人屋顶　吐鲁番民居的特色功能空间之一是可上人的屋顶，其使用时段与居民的生活习惯有着密切关系，白天晾晒和夜间睡觉。屋顶大多都是平的，个别屋顶边缘会有用泥土砖拼砌的高约50厘米厚约24厘米的女儿墙。

（3）半地下室（图3）　地下室或半地下室是当地民居的标配，由于其建筑材料为生土，且墙厚最高可达1米，在地下或半地下的空间内，室内温度相对较恒定，因此可以使屋内"冬暖夏凉"，秋季成熟的水果，大多可以通过地下室达到非常好的储藏效果。考虑到地下室的通风情况，半地下室成为民居的首选，一般是将空间上部1/3露出地面，并在墙面开小窗，以达到白天采光通风之目的。

图3　半地下房间入口（见图片右侧楼梯下）

2. 独特装饰形式

（1）高大院门（图4）　吐鲁番地区的大门一般高2.5～3.5米，宽3～4米，高架棚式的民居中也是如此，传统村落中常为木质大门，由木拼板或木装板制成，多数家庭会在门面板上做线条和凹凸面的处理，来丰富门立面的装饰。据史料记载，西汉时期在交河故城就有汉民族士兵、商人或屯田的移民，在后续的历史长河中也是有很多的汉民族文化流入，汉语言文字、农业技术、建造装饰技艺等也都对吐鲁番地区有不同程度的影响，例如在院大门沿街面会有门簪门楣门当等装饰。

（2）镂空花砖墙（图5） 为了适应高温干燥的气候，及时的通风显得很重要，在应对高温天气的过程中会减少主建筑窗户的使用，建筑外立面的洞口面积较小，而在院落围墙的处理中，则通过局部镂空来解决院内通风的需求，然而并非简单地在墙上开洞，而是通过砖的花式拼接来满足审美的需求。

图4 院落大门

图5 镂空花砖墙

3. 辅助功能空间

（1）室外馕坑（图6） 馕是新疆少数民族人最爱的传统主食之一，是以炉火直接烘烤而成，馕坑即主要的生产设施。馕坑一般位于院落大门内侧旁边或街巷小路边，形如覆钵，上口小、下口小、下腹大，置于一台基上，总高约1米，直径60～80厘米，有大有小，一般每户设一个，也有几户合用一个的。其常见砌筑做法为：先用土坯砖砌筑1.2～1.5米见方，高30～50厘米的基台，并预留灰槽和出灰口，台子中心在灰槽上按炉子的习惯做法架设炉算子，再根据户主的要求选择如瓮状的地景60～80厘米，口径约30厘米，高约50厘米的陶制覆钵扣于台上即成[1]。

（2）果蔬园 众所周知，新疆盛产水果，在民居院落中栽培果树是极其重要的事，不仅可作为观赏之用，还可

以品尝其果实，最重要的是果树的种植可以改善周边微气候和土壤盐碱化，而树下空间也成为大家娱乐休憩最重要的空间。高架棚式民居内的果树因住户的个人喜好和生活需求来选择，民居院落内的果树主要有沙枣树、杏树、苹果树、桑树等。除了果树外，常见的蔬菜品种有"地三鲜"（辣椒、西红柿和茄子）、豇豆、黄瓜、白菜、南瓜、菜葫芦等，一般是一年一熟，春种秋收。

图6 馕坑

三、 高架棚式民居的院落空间行为分析

高架棚式的土木楼房（米玛哈那），庭院呈内向型半开敞式，有前后院型（图7）和混合型（图8）两种。其主要建筑通常为2层，上层有檐廊，次要建筑为1层，并且无廊。前后院较为常见，主要是由主要建筑来划分其使用方式，一般前院作为主要的生活区，后院由杂物、圈养、果蔬园等辅助功能构成；混合型院由主要建筑、围墙和次要建筑共同围合成半开敞式庭院，但其使用流线功能明确且互不干扰。作为灰空间的高架棚空间，具有连接室内空间与院落室外空间的特殊功能，不仅可以遮阴，还可减少院落的蒸发量。两种类型院落中高架棚空间特色的区别见图8，但是相对而言，两种类型的院落对于面积和平面形状都没有十分明确的参数，都是根据生活习惯而定，一般情况下，有以下3个共同特点：①高架棚的位置一般紧靠主建筑立面，且平行于建筑主轴；②一般情况下，紧凑型院落内高架棚的投影面积不会占据所有院落平面，会预留部分平面直接采光；③基地形状和建筑位置共同决定院落形状和功能。

在调研过程中发现吐鲁番地区村落居民主要生产方式是耕田，以种葡萄为主，大部分时间在葡萄地干活，少部分居民在做经营商铺和部分种田工作；生活和生产方式直接影响民居院落的大小和规模，大部分居民一般院子里活动还是比较频繁，家庭成员中男性基本在葡萄地干活，但大部分家庭妇女在家庭活动时间比较长，围绕着民居和院落进行，主要一年内夏季葡萄丰收的时候男女都基本在葡萄地干活，其他时间女性一般在围绕着院落进行家庭活动；

如做饭、看孩子、洗衣服、打馕、养家畜、种菜等，男性在院子里主要是晒葡萄、修车、整理花园和种菜，有些家庭院落面积允许就在院内举行孩子婚礼，进行一些家族聚餐活动等；详细活动通过观察记录、访谈等总结见表 1。

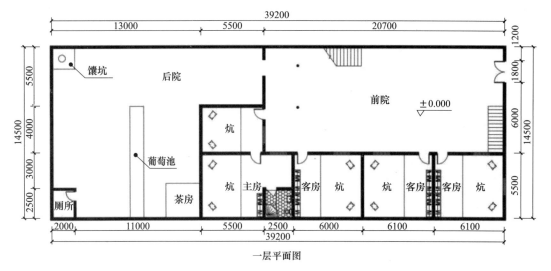

图 7　前后院

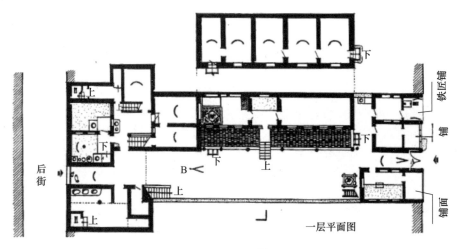

图 8　混合型院落[1]

表 1　吐鲁番地区院落空间居民日常内容

	5：00—8：00	8：00—11：30	11：30—2：00	2：00—6：00	6：00—10：00
居住单元	休息，睡觉	—	休息，睡觉	—	休息，看电视，睡觉
高架棚下	休息，聊天，吃饭喝茶	休息，聊天，吃饭喝茶，举行家庭活动（红白喜事）	—	休息，聊天，吃饭喝茶，举行家庭活动（红白喜事）	休息，聊天，吃饭喝茶
大门及门前空间	—	聊天，观察路人	—	聊天，观察路人	—
饲养圈	喂养家畜	—	喂养家畜	—	喂养家畜
卫生间	如厕	如厕	如厕	如厕	如厕
菜地花园	—	进行小面积的农活	—	进行小面积的农活	—
仓库 & 车棚	耕田前的准备工作	—	—	耕田前的准备工作	整理
屋顶	—	晒葡萄，晒干草	—	晒葡萄，晒干草	（夏天炎热时）睡觉
厨房	准备餐食，打扫厨房	—	准备餐食，打扫厨房	—	准备餐食，打扫厨房
馕坑	—	打馕，与邻居聊天	—	打馕，与邻居聊天	—
葡萄晾房	—	晒葡萄，进行农活	—	晒葡萄，进行农活	—

从表格记录中，我们可以发现白天时段，空间被使用时段有着重叠的部分，比如居住单元、厨房和饲养圈这三大功能空间在早晨、中午和晚上的时间段内均有活动内容；一整天被使用次数最多的功能空间有高架棚下和卫生间；主要在上午和下午时段使用的功能空间有大门及门前空间、菜地花园、葡萄晾房和馕坑；其中最有特点的功能空间是屋顶，其使用时段与居民的生活习惯有着密切关系，白天晾晒和夜间睡觉。根据访谈和长时间对此地的观察发现，其中一年四季的使用过程中，会发生明显变化的功能空间有：葡萄晾房、菜地花园和屋顶。在冬天使用的频率相对较低，主要是和冬季的气温及农产年产次数有关，吐鲁番地区的葡萄是一年一熟型农作物，主要的在夏秋季成熟，秋冬季节通过葡萄晾房和屋顶空间来晾晒。葡萄晾房、菜地花园和屋顶功能空间会受四季气候影响，而降低使用频率。每日使用频次最多和时间最长的功能空间是高架棚下，包含了家庭大部分的生活起居行为。

四、 总结

高架棚作为吐鲁番传统民居的典型特点之一，为居民提供了优质的室外生活空间。其常见的院落类型主要有前后院落式和混合院落式两种，且无论哪种类型的院落，高架棚空间皆具有以下的特点。

（1）材料易得且施工方便的构造特点。搭接在建筑主立面之上的顶部构建，常以木柱或砖墙作为支撑构件。

（2）兼具生态性与艺术性的空间特点。通体雕刻的木柱围合形成开敞的空间立面，解决棚架下的采光和通风，檐下墙面通过砖块错缝搭接形成富有节奏感的立面开洞，为棚架内部提供丰富的光影效果。

（3）高利用率的多功能特点。作为民居室内外环境的过渡空间，具有遮阴纳凉、会客、娱乐、休憩和做家务等多功能之用，功能复合，空间利用率较高。

通过对吐鲁番地区高架棚式的民居院落研究，以期能为新疆乡村振兴助力，从而更好地继承和发扬我国优秀传统文化。

参考文献

[1] 严大椿. 新疆民居 [M]. 北京：中国建筑工业出版社，2017.

[2] 陈震东. 新疆民居 [M]. 北京：中国建筑工业出版社，2009.

[3] 陈震东. 鄯善民居 [M]. 乌鲁木齐：新疆人民出版社，2007.

[4] 刘源昌，塞尔江·哈力克. 吐鲁番传统民居空间建构与环境适应性浅析 [J]. 华中建筑，2017，35（9）：128-131.

[5] 张英杰，王万江. 吐鲁番地区传统生土民居实用性发展探究 [J]. 安徽建筑，2015，22（4）：32-33＋105.

[6] 范涛，王欢，刘人恺，等. 新疆绿洲民居类型启发下的建筑设计 [J]. 工业建筑，2019，49（8）：197-201.

[7] 塞尔江·哈力克，克比尔江·衣加提. 干旱区绿洲传统民居的建构特征与环境适应性探究：以和田市老城区为例 [J]. 华中建筑，2021，39（4）：56-60.

[8] 阿拉衣·阿不都艾力，马曼·哈山. 新疆哈萨克族传统民居木屋建筑特征解析 [J]. 城市住宅，2020，27（5）：103-106.

[9] 曹伟东. 新疆南疆传统民居及新农村建筑设计研究 [J]. 中华民居（下旬刊），2014（6）：55-56.

[10] 陶金，刘业成，何平. 新疆喀什老城传统民居空间形态特征研究 [J]. 华中建筑，2013，31（4）：131-135.

[11] 赵会. 新疆乡土民居建筑空间模式研究：以吐鲁番亚尔果勒村为例 [J]. 现代装饰（理论），2014（1）：171-172.

[12] 阿肯江·托呼提，亓国庆，陈汉清. 新疆南疆地区传统土坯房屋震害及抗震技术措施 [J]. 工业建筑，2008（S1）：189-193.

[13] 张勇. 新疆农村抗震民居房屋结构类型及应用 [J]. 震灾防御技术，2006（4）：359-364.

[14] 万世臻. 新疆伽师地区农村民居震害及重建措施 [J]. 工程抗震，1999（4）：38-40.

[15] 周铁钢，胡昕，余长霞. 新疆石膏-土坯墙民居抗震试验与工程实践 [J]. 地震学报，2008（3）：315-320＋328.

[16] 艾斯哈尔·买买提. 喀什市老城区民居住宅抗震加固、改造与风貌保护浅析 [J]. 工程建设与设计，2009（10）：6-10.

[17] 温和平，唐丽华. 新疆农居的安居工程 [J]. 国际地震动态，2015（9）：167.

[18] 刘静. 植筋加固技术在提高新疆民居抗震性能中的应用 [J]. 城市建筑，2014（24）：2.

[19] 陈淑娟，阿迪力，吐拉洪，等. 托克逊县无模石膏土坯抗震民居的新型施工工艺 [J]. 工程抗震与加固改造，2012，34（3）：130-134.

[20] 杜晓霞，尤捷，李亦纲，等. 新疆于田7.3级地震建筑物震害分析与启示 [J]. 震灾防御技术，2014，9（3）：487-495.

[21] 周铁钢，王庆霖，胡昕. 新疆砖木结构民居抗震试验研究与对策分析 [J]. 世界地震工程，2008，24（4）：120-124.

[22] 常想德，孙静，谭明. 新疆农牧区民居房屋结构类型

与震害特征分析［J］. 内陆地震，2021，35（1）：
75-86.

［23］于洋，雷振东，刘加平. 沙漠戈壁传统民居建筑遗产
的经验与智慧：以新疆麻扎村为例［J］. 西安建筑科
技大学学报（自然科学版），2014，46（3）：
399-402.

［24］王亮. 从新疆民居谈气候设计和生态建筑［J］. 西北
建筑工程学院学报，1994（2）：35-38.

［25］刘敏. 气候与生态建筑：以新疆民居为例［J］. 农业
与技术，2002，22（1）：52-56.

［26］艾尔肯，吐拉洪，马永军，等. 新疆农村民居："阿
依旺"式住宅建筑的节能浅析［J］. 建筑经济，2008
（S1）：287-289.

［27］黄玉薇，姜曙光，段琪，等. 新疆民居阿以旺原型空
间自然通风研究［J］. 建筑科学，2016，32（2）：
99-105.

［28］范欣. 化繁为简，自然而为：新疆传统民居中的自然
绿色观带来的启示［J］. 建筑节能（中英文），
2021，49（5）：6-13.

［29］斯依提艾力·艾麦提. 吐鲁番气候适应性建筑设计策

略研究［D］. 乌鲁木齐：新疆大学，2014.

［30］杨涛，母俊景. 地域性气候对新疆喀什民居建筑形式
的影响［J］. 山西建筑，2009，35（24）：43-44.

［31］塞尔江·哈力克. 和田传统民居对尼雅古民居的传承
与发展［J］. 华中建筑，2009，27（2）：250-253.

［32］窦新桐. 新疆传统民居保护更新策略研究：以伊宁市
传统民居为例［D］. 乌鲁木齐：新疆大学，2017.

［33］车震宇，钱祎，姜沛辰. 空间景区化下普通民居外观
组合改造模式研究：以新疆吐鲁番吐峪沟夏村为例
［J］. 南方建筑，2021（5）：144-150.

［34］孙应魁，塞尔江·哈力克. 吐鲁番地区传统民居的保
护与改造策略探析：以吐峪沟乡麻扎村为例［J］. 沈
阳建筑大学学报（社会科学版），2017，19（4）：
343-349.

［35］孙应魁，塞尔江·哈力克，王烨. 新村建设背景下地域
性乡土村落民居的更新对比分析：以吐鲁番吐峪沟洋海
夏村为例［J］. 西部人居环境学刊，2018，33（3）：
85-90.

［36］蔡五妹. 吐鲁番地区传统民居空间形态研究［D］.
上海：上海交通大学，2011.

基于空间叙事的历史街区空间场景活化研究
——以哈尔滨靖宇街为例

董健菲[1]　秦　哲[2]　慕竞仪[3]

摘　要：历史文化街区对传承城市文脉具有重要意义。本文基于空间叙事理论，结合空间句法与 GIS 分析方法，以哈尔滨市靖宇街历史街区为例，探索街区叙事环境中存在的问题。经量化分析发现，街区的叙事环境问题主要包括：街区空间发展不平衡、部分地段叙事强度薄弱等。基于以上问题，研究从语汇整合、语义生成、语法织补与语境重塑四个维度，提出历史街区叙事环境的活化与保护策略，以期为历史文化街区叙事场所的建构与保护提供有益的参考。

关键词：空间叙事；历史街区；空间场景；靖宇街

一、 引言

历史文化街区作为城市文脉的重要载体，蕴含着珍贵的集体记忆与城市特色。历史街区空间环境不仅包括建筑遗产等可见的物质环境，还包括文化、社会等非物质性要素，两者共同形成了对历史街区空间的塑造与城市意向的建构[1]。因此，将物质环境与历史人文等非物质要素相结合，营造更具"场所感"的历史空间环境，是历史街区保护面临的重要问题[2]。

空间叙事理论起源于 20 世纪 60 年代对建成空间意义的追问与反思，其研究主要基于空间文本，通过叙事化手段传达空间语义，使空间环境更易被感知和认同[3]。事件、历史、记忆等非物质性要素原本呈碎片化状态，但逻辑性叙事可以将这些要素与物质环境结合起来，促进人们对整体环境的把握与理解。因此，本文以一个典型历史街区为例，基于空间叙事的理论视角，引入 GIS 等分析方法探索如下问题：①历史文化街区的叙事环境存在什么问题？②是否存在叙事要素的缺失或相对薄弱的地段？③如何从空间叙事的角度提出历史街区叙事环境的保护与更新策略？

二、 研究方法

本研究主要分为以下四个部分：首先，基于地方志、年鉴、画册等历史资料，完成基础信息的搜集，并对历史文化街区的叙事要素进行梳理与总结；其次，引入空间句法的量化分析方法，分析街区空间中现存的问题；再次，采用 GIS 地理空间分析方法，对历史街区的叙事要素进行可视化分析；最后，基于以上研究结果提出空间叙事视角下的历史街区保护策略。

1. 研究案例

本研究选择的地点为哈尔滨市道外区靖宇街（图 1），该街区位于松花江南岸，东起二十道街，西至景阳街，南至南新（勋）街，北至大新街，街区整体呈不规则长方形。靖宇街地区是道外区最早形成的区域，早在 1736 年，辖区

1　哈尔滨工业大学建筑学院，寒地城乡人居环境科学与技术工业和信息化部重点实验室，副教授，150006，Dongjianfei999@ hotmail. com。
2　哈尔滨工业大学建筑学院，寒地城乡人居环境科学与技术工业和信息化部重点实验室，博士研究生，150006，2963046854@ qq. com。
3　哈尔滨工业大学建筑学院，寒地城乡人居环境科学与技术工业和信息化部重点实验室，副教授，150006，mujingyi@ hit. edu. cn。

内傅家店就已形成村落雏形[4]。靖宇街区的历史资源极为丰富，街区西南角为中华巴洛克历史文化街区，是哈尔滨市重要的旅游景点。此外，在街区中分布着新艺术运动、折衷主义、巴洛克[5]等多种风格的建构筑物，形成了极具历史特色的空间场景。

2. 空间叙事要素可视化分析方法

研究采用空间句法与 GIS 对靖宇街区的叙事性空间要素进行可视化分析。通过对空间关联性的计算与其内在逻辑的阐述，空间句法为叙事空间的研究提供定量基础[6]。GIS 分析法则能够直观地呈现不同空间环境与要素类型在历史街区中的分布与集聚情况，以弥补定性分析与空间句法轴线模型分析的不足。相比于传统的地图叠加法，该方法

具有更强的科学性与准确度。

三、 历史街区叙事环境分析

1. 叙事空间量化指标拟定

历史文化街区的叙事性营造需要以物化的空间环境作为载体，历史建筑与文物则是城市集体记忆与艺术文化的重要体现。因此，笔者基于《哈尔滨市历史建筑、文物信息》《哈尔滨市历史建筑名单》等文件，梳理了靖宇街区的历史场所。经统计，该街区共有历史建筑 29 栋、文物 42 处、具有历史纪念意义的广场公园 3 处，共计 74 处历史场所，具体分布见图 2。

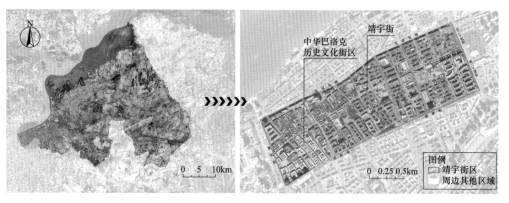

图 1 靖宇街区区位图

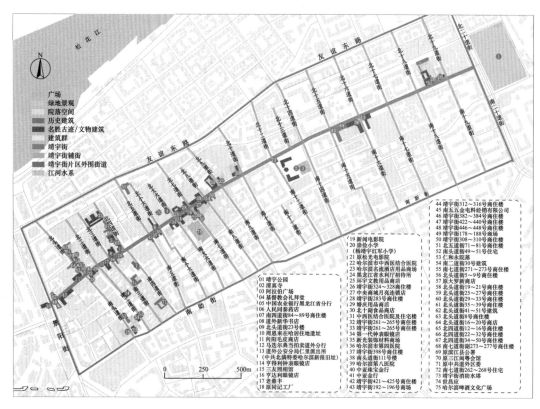

图 2 靖宇街叙事空间场景分布

参考相关研究 [7]，将历史文化街区的叙事要素分为空间要素、人文要素与事件要素三类并进行指标细化（图3）。基于文献资料，对上述74处典型空间场景进行叙事要素数量、类型、地理坐标等信息的汇总整理（表1），在此基础上，对各个叙事场景的叙事要素进行统计，统计结果见图4。

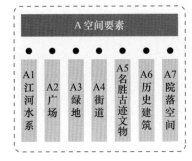 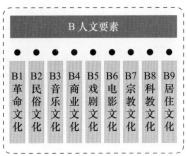 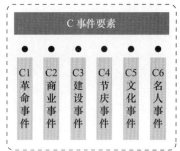

图3　历史文化街区叙事要素指标细化 [1]

表1　靖宇街典型空间叙事要素统计示例 [2]

场景照片	空间场景	场景简介	经纬度坐标	要素类型		
				空间要素	人文要素	事件要素
	清真寺	始建于清光绪二十三年（1897年），为省内最大的阿拉伯式清真寺。1958年"大跃进"时期，东西两个清真寺合并	126.651665°，45.78737°	A5 名胜古迹/文物　A7 院落空间	B7 宗教文化　B8 科教文化	C3 建设事件　C6 名人事件
	基督教会礼拜堂	1920 年 10 月，基督教浸信会成立。"文化大革命"期间基督教停止活动，1987 年重新开放。1988年，成立哈尔滨市基督教会爱国运动小组	126.64411°，45.78565°	A4 街道　A5 名胜古迹/文物	B7 宗教文化　B8 科教文化	C3 建设事件　C5 文化事件　C6 名人事件
	周恩来在哈居住地遗址（邓洁民故居）	1919 年 4 月，周恩来由日本归国，经沈阳抵哈，看望邓洁民。在哈期间，周恩来帮助邓洁民办学，在师生中从事革命宣传活动	126.660033°，45.791016°	A4 街道　A5 名胜古迹/文物　A7 院落空间	B1 革命文化　B9 居住文化	C1 革命事件　C5 文化事件　C6 名人事件

统计发现（图4），靖宇街区的叙事要素中，空间、人文与事件要素占比分别为55.06%、33.86%和11.08%，事件要素分布较少，空间与人文要素则分布较多，构成了靖宇街历史文化街区的主要叙事元素。

2. 基于空间句法的叙事环境分析

本研究采用空间句法的研究方法，构建靖宇街片区的轴线模型与线段模型。为防止边缘效应影响计算结果，模型选取的分析范围在原有街区范围的基础上稍做拓展。轴线模型的绘制主要基于靖宇街 CAD 平面与 Google earth 卫星地图。街道空间分析过程中选取的参数包括整合度、选择度等。

（1）整合度分析

整合度用于表示空间系统中某元素与其他元素之间的集聚与离散程度[8]，反映了空间的可达性。整合度可分为全局整合度和局部整合度，全局整合度反映了单个空间与整个空间系统的关联程度，局部整合度则反映了系统内单个空间与其附近空间的关联程度[9]。

对靖宇街区的全局整合度进行分析（图5），可以得出在整个片区，南十四道街全局整合度最高，友谊东路次之，且其西端整合度下降明显，这表明南十四道街与友谊东路东段可达性较强。此外，靖宇街中部全局整合度较高，其余路段整合度较低，表明街道空间活力不足，人流量较少。

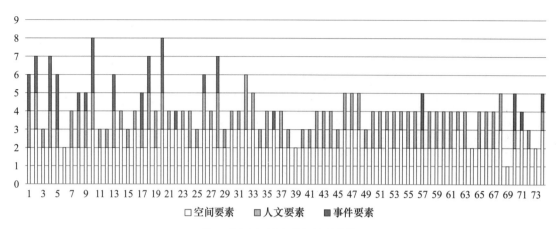

图 4　靖宇街各空间场景叙事要素统计

图 5　靖宇街片区全局整合度

局部整合度反应了系统内单个空间与其周围空间的密切程度，图6显示了拓扑深度为3时街道空间的可达性。通过对靖宇街片区全局与局部整合度的对比分析，可以看出靖宇街西段与南新街的局部可达性较高，空间叙事活动较为活跃，但靖宇街东段的空间可达性较低，这表明其发展并不平衡，相较而言，西段道路空间区位优势更为明显，东段空间活力不足，不利于空间叙事活动的开展。

（2）选择度分析

选择度是指空间系统中某一元素作为两个节点之间最短拓扑距离的频率，体现了该空间单元作为出行最短路径所具备的优势，可用于衡量空间被穿行的可能性[10]。选择度越高，则表明该空间被穿行的潜力越大，空间吸引力越强。从图7可以看出，靖宇街中西段选择度较高，友谊东路与南十四道街次之，其余街道在图中多显示为蓝色，选择度较低。这表明整个街区道路被穿行能力的差异较大，

部分街道未得到充分开发，这对整个片区的发展不利，也不利于叙事活动的开展。

3. 基于 GIS 的空间点模式分析法

引入 GIS 地理空间分析方法，探究空间、人文与事件这三类叙事要素在历史街区中的集聚与分布情况。首先采用高德地图，拾取上文所述 74 处空间场景的经纬度坐标，将其导入 GIS 软件进行空间的落位表达，之后对空间、人文与事件这三类叙事要素进行密度分析，拟合出各叙事要素分布的热点区域，分析结果见图8。

通过分析可得，靖宇街区叙事要素主要分布于街区西侧，呈"一轴三核多点"的空间格局。街区西侧叙事要素以靖宇街为轴，向南北两侧扩展，街区东侧的叙事要素集聚性较弱，总体呈散点分布的状态。整体来看，靖宇街区的东西两侧的叙事要素分布不均且呈断裂状态。

图6　靖宇街片区局部整合度（$n=3$）

（a）测算半径300米下选择度分析图　　　（b）测算半径500米下选择度分析图　　　（c）测算半径1000米下选择度分析图

图7　不同半径下靖宇街片区的选择度分析

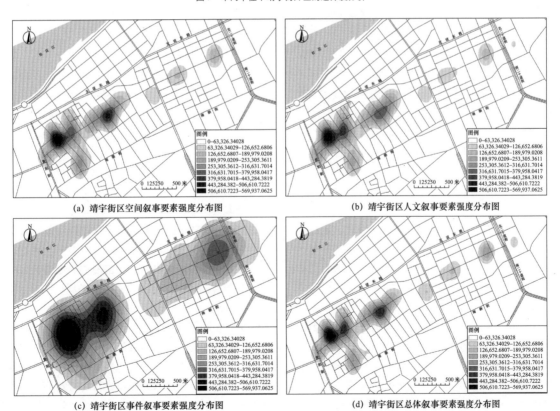

（a）靖宇街区空间叙事要素强度分布图　　　　　　　　　（b）靖宇街区人文叙事要素强度分布图

（c）靖宇街区事件叙事要素强度分布图　　　　　　　　　（d）靖宇街区总体叙事要素强度分布图

图8　靖宇街区事件叙事要素强度分布图

因此，结合空间句法的研究结果可以得出，靖宇街叙事空间主要存在以下问题：①靖宇街东西两侧发展不平衡，西侧空间的整合度与选择度均大于东侧，表明该空间的可达性与人流的集聚性更强，街区东侧的空间吸引力则相对较低；②靖宇街区东侧叙事强度较为薄弱，叙事要素大多集中于西侧；③在三类叙事要素中，事件要素缺失严重，需要进一步挖掘，以提升整个片区的空间吸引力。

四、 基于空间叙事的历史街区空间场景保护策略

1. 语汇整合：空间要素强化直观感受

空间要素是历史街区中最易被感知的要素类型，构成了整个叙事体系的基础层次。通过建筑、广场、街道等空间要素，人们可以直观感受到街区的表层含义。在调研中发现，街道两侧的历史与文物建筑大多较为破败，趋同的现代建筑也影响着靖宇街区的空间氛围。因此，需要对靖宇街区进行空间语汇的梳理与整合：①完善历史空间布景，梳理控制性规划影响街区历史感的现代建筑[7]；②进行靖宇街区历史与文物建筑的风貌改善，给游客以良好的观览体验。

2. 语义生成：人文要素传递象征意义

人文要素传递历史街区的象征意义，彰显街区的精神内涵。研究发现街区东侧片区的人文要素叙事强度较弱，为点状分布，且与西侧叙事要素呈割裂状态。因此，需要加强对靖宇街东侧人文要素的挖掘与梳理。可通过引入文创产业、宣传红色文化等方式强化人文要素的集聚，同时引导公众积极参与街区文化活动，促进文脉传承。此外，还应在现有基础上构建整个街区的叙事核心与路径体系，形成更具吸引力与人文价值的空间格局。

3. 语法织补：事件要素表达内在意象

事件要素以情节彰显历史街区的文化价值，表达街区的内在意象。靖宇街的事件要素占总体叙事要素的11.08%，占比较少，且东西两侧的事件要素处于割裂状态。基于以上问题，相应的解决策略如下：①对靖宇街事件要素进行"语法织补"，重点挖掘与梳理东侧与中部的事件要素，增加叙事节点，实现东西两侧叙事空间的缝合与激活；②街道连接度与可达性优化，可通过打通街坊、优化路径等方式，强化东西两侧街区的联系；③叙事路径组织，在规划设计中考虑不同场景间的动线指引与联通，构建叙事路径，营造更具连续性与完整性的叙事体系。

4. 语境重塑：叙事要素提升场所氛围

历史街区的场所氛围是街区性格特质的重要体现。通过将空间、人文与叙事要素进行整合，营造街区的叙事语境与历史文化氛围。调研发现，靖宇街区的纪念与文化氛围有所不足，使得游客的空间体验较为单一。可基于国际协报社址、道外新华书店等纪念空间，加强宣传与展示，打造更具纪念性的空间场所，为游客创造沉浸式的情感体验。

五、 结语

在寄托乡愁的大背景下[11]，历史街区的保护与活化不仅要关注对物理空间的保护，也应关注其背后折射出的历史文化、社会生活与精神内涵。空间要素作为历史街区的基本语汇，传递着街区的表层含义。人文与事件要素则蕴含着街区的精神文脉，它将人们的集体记忆与实体空间相结合，实现了街区空间的语境重塑与氛围营造。因此，本文基于空间叙事理论，以哈尔滨市靖宇街历史街区为例，从空间、人文与事件这三个维度梳理了历史街区的叙事要素。研究基于空间句法与GIS，探索了街区叙事环境中存在的问题，并从语汇整合、语义生成、语法织补和语境重塑四个维度提出了历史街区空间场景的活化策略，以期对历史文化街区叙事场所的建构提供有益的参考。

参考文献

[1] 张鸿雁. 城市·空间·人际：中外城市社会发展比较研究［M］. 南京：东南大学出版社，2003.

[2] 邱鲤鲤，周怡，倪泽伟，等. 基于空间句法的历史城区叙事空间研究［J］. 南方建筑，2019（4）：110-115.

[3] 章艳芬，蒋兰兰，黎冰. 历史文化街区场所感的叙事性营造：以绍兴市书圣故里历史文化街区为例［J］. 建筑与文化，2022（12）：162-165.

[4] 哈尔滨市道外区地方志编纂委员会. 道外区志［M］. 北京：中国大百科全书出版社，1994.

[5] 万宁，潘玮，吕海蓉. 哈尔滨中华巴洛克历史街区保护与更新研究［J］. 城市规划，2011，35（6）：86-90.

[6] 张楠，张平，王英姿，等. 历史城区叙事环境系统的量化研究［J］. 南方建筑，2013（2）：28-31.

[7] 陈永臻，刘大平. 空间叙事下历史街区空间场景量化研究［J］. 低温建筑技术，2021，43（11）：7-14.

[8] 吴子豪，方奕璇，石张睿. 基于空间句法的历史文化街区空间形态研究：以苏州阊门历史文化街区为例

[J]．建筑与文化，2019（12）：36-38.

[9] 陈晓卫，赵一博，杨彩虹，等．基于空间句法的历史街区空间形态分析及更新策略研究：以邯郸市彭城镇历史街区为例 [J]．城市建筑，2020，17（31）：24-27.

[10] 何卓书，许欢，黄俊浩．基于空间句法的历史街区商业空间分布研究：以广州长寿路站周边街区为例 [J]．南方建筑，2016（5）：84-89.

[11] 刘国强，张卫．历史街区空间的叙事性营造：以长沙西园北里为例 [J]．城市学刊，2018，39（6）：100-104.

明代胶东海防卫所民居建筑空间特征研究
——以烟台所城里为例[1]

臧昊坤[2] 姚青石[3]

摘 要：胶东地区作为中国历史上的重要海防要地，其在明代防卫体系中扮演着重要角色。本文以烟台所城里为研究对象，探讨明代海防卫所民居建筑的特征。通过对所城里的现存建筑进行调查和比较分析，揭示明代卫所民居的空间格局与建筑特征。所城里的民居建筑在设计中兼顾军事防御与居住需求。通过对烟台所城里的民居空间特征研究，我们能够更好地理解明代沿海卫所居民的生活习惯和军事需求。

关键词：海防卫所；民居建筑；空间特征；所城里

胶东地区指的是山东半岛东部的胶莱谷地及其周边地区，这个地区的人们拥有相似的语言、文化和风俗习惯。根据地理分布和文化特点，胶东地区可以进一步划分为胶东丘陵地区，如烟台、威海等地，以及胶莱河两岸平原地区，如青岛、潍坊等地。卫所制度是明朝创立的一种全新的军政制度，是明代军事制度的一个重要组成部分，是明代海防政策的一个重要体现，也是明代对外交往的一个缩影。[1]卫所制度是以军户和屯田支撑的。[2]卫所内的人民称之为军户，无战事时，在驻地耕地劳作，自给自足，戍守城防，战时外出作战。

明代胶东沿海卫所作为中国古代海疆防御体系中的重要组成部分，承载了维护边疆安宁和保卫国土的使命，其在胶东地区的地位和作用不容忽视。胶东地区以其独特的地理位置和丰富的历史文化遗产成为研究明代沿海卫所的重要范例。其中，烟台所城里作为胶东海防卫所的代表之一，更是具有独特的历史价值和研究意义。

本研究以烟台所城里为案例，探讨明代胶东海防卫所民居建筑的空间特征，其民居建筑的布局、结构、装饰等

方面都承载着丰富的历史信息。这些特征既蕴含着军事防御的需要，又承载了明代胶东地区的社会生活和文化传承。通过对烟台所城里的民居建筑进行深入研究，我们能够更好地理解明代海防卫所的历史背景、文化传承以及当地居民的生活习惯和军事需求。

一、 烟台所城里

明洪武三十一年（1398年），为加强海防军事建设，防止海上倭寇不断侵扰，朱元璋批建宁海卫"奇山守御千户所"，这便是烟台所城里的前身。据《登州府志》记载，当年的所城"砖城，周二里，高二丈二尺，阔二丈，门四楼，铺十六，池阔三丈五尺，深一丈。"当时规模之宏伟可见一斑。奇山所防御200余年后，清康熙帝下旨废除"奇山守御千户所"，官兵解甲归田，重拾渔农工商业，久而久之，便成就了奇山所的繁荣，也有了当地老百姓口中的"所城里"。[3]"千户所"废除后，官兵解甲归田，所城的军事职能逐渐结束。从那时起，所城逐渐从军事要塞转变

---

1 基金项目：国家自然科学基金"文化、景观、形态：多民族文化作用下的滇西北茶马集市时空演化研究"（编号 52168004）。
2 昆明理工大学，硕士研究生，650500，40855070@qq.com。
3 昆明理工大学，副教授，650500，47213424@qq.com。

为一个以居民生活为主的社区，至今保留当年的面貌。（图1、图2）

图1　所城里保护整治规划
（图片来源：作者摄于烟台规划展览馆）

外观与结构特征来探究明代胶东沿海卫所民居建筑特征。本次勘探民居位于北门里街、仓余街、南门里街与双兴胡同四处。八组建筑保存良好，外观维持着明代所城里的建筑风貌。

图2　所城里复原模型
（图片来源：作者摄于烟台山）

本文在所城里内选取八组具有代表性传统民居（图3）进行阐述。通过结合测绘图纸与现场照片，以空间格局、

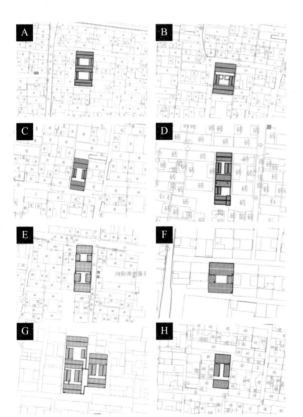

A北门里街民居20号　　　　B仓余街民居8号
C仓余街民居19号　　　　　D南门里街民居10号
E南门里街民居11号　　　　F南门里东巷民居12号
G南门里街民居26号　　　　H双兴胡同民居8号

图3　勘探民居整体分布图
（图片来源：作者自绘）

二、　所城里民居的整体布局与结构特点

在总平面图（图3）与首层平面图（图4），可以看到八组所城民居，都是以四合院为基本形制，且布局方整。

民居坐北朝南，都有一条南北走向的中轴线，东西南北的房屋共同面向一个庭院。大门主要设置在基地左前方，也可根据胡同灵活布置（图4B），但保持基本四合院形制。卫所民居常常是封闭式的院落结构，建筑围合成院落，有利于隔绝外界的喧嚣，增加私密性和安全性。

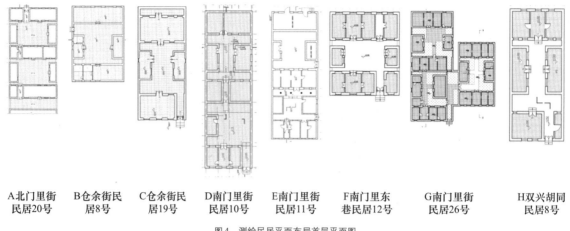

| A北门里街 | B仓余街民 | C仓余街民 | D南门里街 | E南门里街 | F南门里东 | G南门里街 | H双兴胡同 |
| 民居20号 | 居8号 | 居19号 | 民居10号 | 居民11号 | 巷民居12号 | 民居26号 | 民居8号 |

图4　测绘民居平面布局首层平面图

（图片来源：作者自绘）

1. 整体布局

所城里民居作为军事用途，要适应可能发生的军事冲突，整体布局具备高效的防御能力。首先，所城里为方形城市布局。方形城市布局在军事防御方面具有一定优势。城墙的四条直线边界更容易布置防御设施，如城楼、烽火台、护城河等。这种布局使城墙更易于防守，同时也更方便军队部署，有利于抵御外部威胁。

主街呈十字状直通四门，作为军事的专用道路。除主街外，所城里的道路和街巷设计成窄小且弯曲的形状，这样可以限制外部人员的视野和移动，使其难以迅速进入或攻击。城内街道布局呈方格网状，中心轴线设十字大街，直通四门。城内形成了12条街巷。东门（保德门）至西门（宣化门）的街与南门（福禄门）至北门（朝崇门）的街，在城中心交会，以交会点分为东门里街、西门里街、南门里街、北门里街南门里和北门里东西巷，东门里和西门里南北巷就是明代建城时屯兵的跑马道。主街外，其他胡同狭小且弯曲，是防御性的体现（图5）。

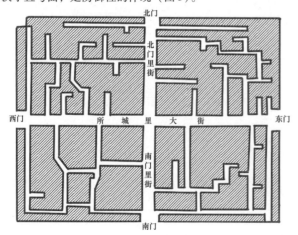

图5　所城里街巷示意图

（图片来源：作者自绘）

2. 有机平面体系

卫所民居作为军事用途而建造，它的空间体系具有明显的空间层级关系。庭院组合上强调"南北中轴线"与"正屋"的轴线关系，尊卑秩序清晰明了。所城里民居的平面组合，可分为基本组合、扩大组合和特殊组合等。

（1）所城里民居平面的基本组合

合院式民居的规模有大有小，但无论规模大小，它都呈现出严谨有序的组合形态。以"间"作为最小的构建单元，多个"间"形成一个"坊"，多个"坊"构筑一个"院落"，再将多个"院落"相连，形成整体的"院落群"。"坊"则由多个"间"组合而成，它在整体平面布局中具有独立的基本构件地位。至于"院落"，它由"坊"和围墙相互组成，是基本的组合单位，可以表现为"三合院""四合院"等多种类型。而"院落群"则由多个"院落"相互连接，构成了一个更大范围的组合体，类型多样。这种组合方式使得合院式民居具有丰富的层次感和空间布局上的和谐。所城里民居平面组合的基本构件由正房、厢房与倒座构成。所有的平面组合都以以上基本构件的平面组合实现。平面的基本组合体形式为"四合院"。

（2）平面组合的有机性

一种民居的平面模式，要能适应多种功能的要求不可能不作必要的改变。对这种变化的适应能力如何，是衡量这种模式的创作价值的标准之一。[4] 所城里民居运用标准化组合平面，显示了统一性、规范性。为适应功能要求的变化，在不破坏统一性、规范性的前提下，采用"减量"与"增量"的方法，把平面做对应的调整，形成了丰富多样的变体，又显示了它的灵活性和广泛的适应性。例如，南门里街民居10号（图4D），由于基地狭小，采用"减量"的方法，去除一个厢房，从而获得了一个较大的院落空间。南门里街民居26号（图4F），则采用"增量"的方法，在四合院形制的基础上，横向增加一间，从而增加房间的数量，来适应具体的功能要求。

所城里的大型民居平面是在基本组合体上扩大组合形成的。据笔者调研与测绘，其实例方法采用"争取纵向发展的扩大组合方式"与"争取纵横双向发展的扩大组合方式"。笔者调研实例中，北门里街民居 20 号（图 4A）、南门里街民居 10 号（图 4D）与南门里街民居 11 号（图 4E）为争取纵向发展的扩大组合方式。南门里街民居 26 号（图 4G）为争取横纵双向发展的扩大组合方式。根据笔者调研，发现所城里内民居以"争取纵向发展的扩大组合方式"为主，没有发现"争取横向发展的扩大组合方式"，推测其可能原因为纵向发展的模式，更适应所城里民居的军事用途，纵向发展的院落，更具层次性与防御性。

三、 所城里民居建筑的防御特征

1. 防御性民居空间格局

所城里民居作为军事用途，要适应可能发生的军事冲突，因此其平面组合体现着防御性。首先，四合院的基本组合是内向性的布局，即把建筑物围合在一起，形成一个封闭的院落，建筑物对内开门。这种布局能够限制外部人员进入。提高内部居民的安全性。

所城里民居具有多重防线，布局会划分出多个防御层次，例如外围是围墙；内部是建筑群，有些甚至会有多个庭院。这种多重防线的设计增加了攻击者攻克的难度。如南门里街 26 号民居（图 6）由 4 个院落组成，进入大门先是一个庭院，再进入次级庭院，且每个庭院均设门。平面布局横纵双向发展，但是纵向庭院没有直接连接。发生敌情时，3 个次院可以相互独立，相互支援，易守难攻。

所城里民居采用紧凑式布局。紧凑的建筑布局可以减少攻击者在建筑之间穿行的空间，降低其机动性，增加攻击的难度。如北门里街 20 号民居（图 7）与南门里街民居 10 号（图 8），采用纵向发展格局，形成不同深度层次的院落，内部院落之间连接，相对明清北京四合院没有设置垂花门划分不同院落层次，而是使用布局紧凑的过道。民居的入口严格控制，南门里街 10 号民居中间连接过道前后均设门防御。

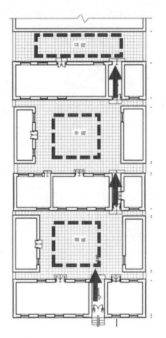

图 7　北门里街 20 号空间结构
（图片来源：作者自绘）

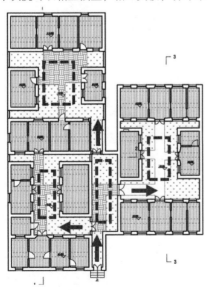

图 6　南门里街 26 号空间结构
（图片来源：作者自绘）

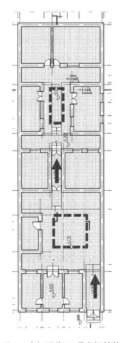

图 8　南门里街 10 号空间结构
（图片来源：作者自绘）

这些防御性体现方式在所城里民居的平面组合中，有助于提高居民的安全性，保护他们免受外部威胁。所城里规划考虑了建筑布局与防御的关系，以确保所城里的稳定和居民的安全。

2. 所城里民居的外观特征与建筑结构

（1）外观特征

所城里民居的建筑墙体以青砖与石材作为主要的建筑材料。坚实的建筑材料，具有更强的抵抗外部冲击的能力。在军事冲突或自然灾害发生时，这些材料能够有效地减缓外部的冲击力，提供更可靠的防御。

其立面形式为传统的三段式划分，分为屋顶、屋身与基础。墙身底部为坚硬的石材，上部为青砖。有墙无柱，所城里民居的外部，都是青砖与青石墙体，内部结构隐而不漏，显示出一种坚固之感。院墙高度与屋檐平齐（图9），院墙可以保护隐私，同时也起到围合院落的作用。窗洞上设有木制过梁，可能会有一些装饰，但相对简洁。民居的门窗布置考虑到了防御的需要，窗户相对较高，可降低外部窥视和攻击的风险。砖的叠涩形成了各种线脚与图案，丰富着粗犷的石墙面（图9）。

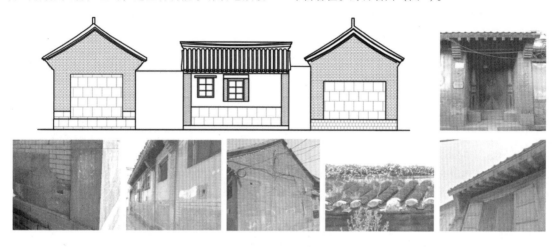

图9　仓余街民居 8 号立面与细节照片

（图片来源：作者自绘）

（2）建筑结构

传统民居建筑单体基本都以梁柱木结构构成整体的房屋木构架，主要有抬梁式、穿斗式等，到了各地又会衍生出各种地方样式，单体木构架构成方式的不同产生出种类各异的屋顶样式，如庑殿（江南称四合舍）、歇山、卷棚、攒尖、悬山、硬山等。[5]

在结构方面，所城里民居采用硬山抬梁式。以仓余街民居 8 号为例（图10），其内部为五架梁结构。五架梁结构以五根主要的水平梁为特征，这些梁通常分布在建筑的不同位置，如屋顶的中央和两侧，或者支撑大跨度的天花板。这五根主要梁一般均匀地分布在建筑物的支撑点，以保持结构的平衡和稳定，这种分布使得建筑能够更好地承受外部荷载。五根主要梁往往与垂直支撑（如柱子）相结合，形成一个稳定的框架结构，能够在垂直方向上分散荷载，保证建筑的稳定性。

图10　仓余街民居 8 号剖面

（图片来源：作者自绘）

五架梁结构适用于支撑大跨度的屋顶、天花板或其他水平构件，这些构件的重量较大，需要强大的支撑结构来保证稳定性。由于五架梁结构的灵活性，所城里民居的形状可以根据需要进行调整，适应不同的设计和空间布局要求。

四、结语

烟台所城里作为明代海防卫所的代表，其民居建筑特征呈现了浓厚的历史文化氛围和军事防御色彩。在研究中，我们发现奇山所城里的民居建筑不仅注重实用性，更重视防御功能。坚固的墙体、独特的布局、严格的空间划分等设计，集合了军事要塞和居住舒适的需求。这种特色反映了当时社会的军事时代背景，也体现了人们对安全和稳定的追求。所城里不仅具备了军事功能，还代表了古代卫所的文化传承与历史记忆。通过深入研究所城里的建筑特征，我们能更好地理解明代海防卫所的发展演变，以及古代社会军事与文化的交融。这种研究不仅对于历史学术领域有重要贡献，也有助于保护和传承我国丰富的文化遗产，让人们更加珍视我们的历史文化，发扬其精神，为未来的发展积累智慧。

参考文献

[1] 焦华. 威海地区明代卫所保存现状的调查与研究 [D]. 济南：山东大学，2009.

[2] 薛广平. 明代山东沿海卫所与区域社会发展研究 [D]. 青岛：中国海洋大学，2014.

[3] 仙辑. 所城里前身，奇山守御千户所 [J]. 走向世界，2018（22）：82-83.

[4] 蒋高辰. 建水古城的历史记忆 [M]. 北京：科学出版社，2001：160.

[5] 张新荣，张岸. 常州明清民居山墙样式实考 [J]. 常州工学院学报（社科版），2017，35（5）：62-71.

三亚市不可移动文物的保护与再利用研究[1]

陈　琳[2]　张浩宇[3]

摘　要： 三亚市登录不可移动文物数量为304处，文物本体现状面临众多威胁，古建筑年久失修，本体价值丢失、公众认知度低、众多文物分布零散导致管理困难、文物保护机制不完善等问题日显严重。本文结合实地调研，分析三亚市不可移动文物资源的使用现状，同时分析了整合再利用所面临的挑战，下一步将提出文物与旅游相融合的策略与建议，为海南省自贸区（港）建设、国家文化遗产保护与再利用政策的制定提供依据与支撑。

关键词： 三亚市；不可移动文物；文物与旅游；活化利用；整合

近年来，在三亚市政府的高度重视下，落笔洞遗址的立法管理与崖城学宫的修缮设计等成果，使三亚市不可移动文物保护的发展有了长足进步，政府、学校、越来越多的企业和民众参与到不可移动文物保护的活动当中。但是三亚市不可移动文物整体的保护与再利用工作目前依然存在资源分散、规模较小、管理多头、创新不足、展示与体验设计落后等问题。因此，如何合理地对不可移动文物资源进行整合与旅游资源再利用，是当前不可移动文物保护和发展的关键问题。

三亚学院南海地域建筑文化遗产保护与研究中心团队通过2020年6月—2022年12月的持续实地勘察，发现三亚市不可移动文物保护措施不够完善、再利用策略落地性欠缺、文物管理归属问题不够明确。当前，三亚市政府正在积极推进高质量现代化旅游业发展及海南省自贸港建设，因此本文结合实地调研，着重分析三亚市不可移动文物资源的使用现状，同时分析整合再利用所面临的挑战，提出通过深挖三亚不可移动文物资源，创新"古建筑＋旅游"融合发展路径。落实中央"自贸港建设"与"文物保护"双重任务部署，对不可移动文物资源保护与再利用是一件

功在当代、利在千秋的事情。

一、 三亚市不可移动文物资源分布与使用现状

在三亚市全国第三次文物普查名单的基础上，笔者所在的三亚学院南海地域建筑文化遗产保护与研究中心团队先后受三亚市旅游和文化广电体育局、崖州区旅游和文化广电体育局委托，分别于2020年进行了三亚市不可移动文物普查工作、2022年开展了崖州区不可移动文物普查工作。通过后期的资料总结，并对文物资源的分布、使用等现状分析，发现众多不可移动文物遭到破坏等问题，继而认识到人们依然缺乏对文物的认识，缺乏文物保护的意识。

1. 三亚市不可移动文物资源现状

全国第三次文物普查（2007—2011年）后，三亚市登录不可移动文物数量为304处。根据最新一次三亚市文物普查结果（2020年），目前三亚市不可移动文物保存较好且本体价值具有代表性的文物数量为230处，见表1。因文

1　基金项目：2021年度海南省自然科学基金资助《乡村振兴视域下的海南传统聚落遗产集群化保护与再利用策略研究》（项目编号721RC604）；2021年度海南地区海南省级大学生创新创业训练计划《三亚市不可移动文物旅游资源整合与再利用研究》（项目编号：S202113892055）。
2　三亚学院国际设计学院，三亚学院南海地域建筑文化遗产保护研究中心，博士，教授，572000，28052577@qq.com。
3　中元设计机构，助理规划师，570100，1075221067@qq.com。

物本体丢失、拆除、归为历史建筑等原因失去本体价值，导致文物本体不符合《不可移动文物认定导则（试行）》中不可移动文物的认定标准，建议撤销处理的数量为 71 处；一些古建筑类不可移动文物，经后期普查发现名单上 2 处甚至 3 处文物点实际为同一处建筑，建议拟合并处理，数量为 13 处。与全国第三次文物普查时相比，不可移动文物数量明显大幅度减少，见表 1（目前 2022 年普查数据尚未最终核定，表中数据仅为研究团队根据《不可移动文物认定导则（试行）》中不可移动文物的认定标准以及文物管理归属等相关依据，列出的文物现存数据）。

2. 三亚市不可移动文物分布现状

在三亚市，不可移动文物空间分布呈现大分散、小集中的状况。保护级别的不可移动文物在三亚市各区具有较为分散的特点。大部分集中分布于崖州区，古建筑类型最

多约 102 处，建造年代以清代居多，类型集中，多为民居住宅。近现代重要史迹及代表性建筑、古遗址、古墓葬、石刻这 4 类各区分布较为均匀，其中以红色革命文物、普通墓葬居多，见图 1、表 2。

表 1　三亚市各区不可移动文物分别在全国第三次、2020 年、2022 年普查后文物分布对比表

	崖州区	吉阳区	海棠区	天涯区	合计
2022 年普查（尚未核定）	136	14	14	11	175
2020 年普查	191	14	14	11	230
（2007—2011 年）全国第三次文物普查	262	15	16	11	304

资料来源：三亚学院南海地域建筑文化遗产保护与研究中心。

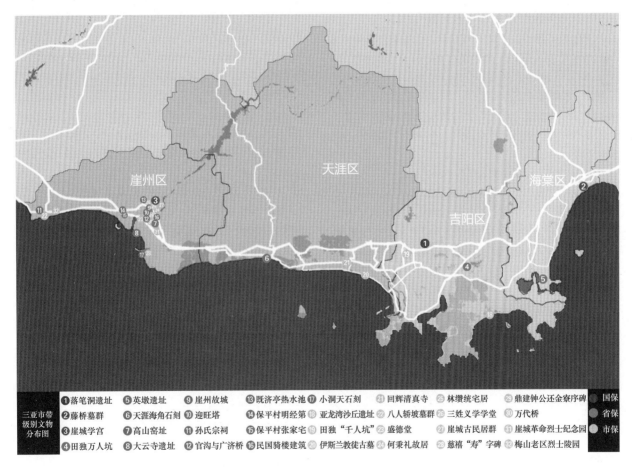

图1　三亚市不可移动文物保护级别分布图
（图片来源：作者自绘）

此外，保存完整历史风貌的大型建筑群稀缺。除重点规划保护的崖州区保平村内部的古建筑群，其余建筑多为当地居民住宅，保护规划有限，导致内部历史风貌破坏较为严重。

3. 三亚市现存不可移动文物使用现状

三亚市现存的不可移动文物使用现状分为三种：一是因时代的变迁，使用功能也随之发生了变化；二是部分建

筑的功能得以延续，未发生变化，持续使用，部分建筑因时代的变化，原有的使用功能也随之消失，转变为其他的使用功能；三是因本体价值、所处位置等因素导致文物未得到有效使用，处于闲置状态。具体内容如下。

表2　三亚市不可移动文物分布占比表

类型	吉阳区	海棠区	天涯区	崖州区	总计	占比
古遗址	3	5	1	14	23	13%
古墓葬	0	2	2	7	11	6%
古建筑	0	1	0	101	102	59%
近现代重要史迹及代表性建筑	10	6	7	11	34	19%
石窟寺及石刻	1	0	1	3	5	3%
总计	14	14	11	136	175	100%

（1）文物价值延续，使用功能不变

大部分宅第民居，如麦发梅宅居、张远刚宅居等，建筑形制保存较为完整，作为居住场所一代一代传承下来。部分近现代建筑也依旧延续着它本身的功能，如西沙海战烈士陵园、崖城革命烈士纪念园、仲田岭革命烈士纪念碑等依旧作为纪念烈士、铭记历史的教育基地，回辉清真寺与三亚基督教堂也依旧保持着提供公共场所给信奉的人们礼拜的功能。

（2）文物本体价值不变，使用功能转变

大部分摩崖石刻，如天涯海角石刻、小洞天石刻、落笔洞石刻这些石刻原本的功能多为达官贵人或文人骚客被眼前的风景所吸引，便在山崖上刻下尊姓大名、年月日等，意犹未尽者，更要题诗一首，证明自己到此一游。现在身处景区当中，功能多为供后人欣赏参观。部分形制较大且完整、本体价值在所属年代具有代表性的古建筑，为了防止其价值丢失，功能也随之转变，如崖城学宫是孔庙与学宫的综合体，是儒家文化和知识传播的重要场所。当时的崖城学宫朝拜者源源不断，香火兴旺。1912年以后，崖城学宫便失去了原有的教育功能，建筑基本荒废。2007年修缮完成，对社会开放，2019年开始持续修缮改造，完成内部展陈设计，便附有了学术文化承载与宗教历史研究的功能。

（3）文物本体价值尚存，闲置尚未使用

部分宅第民居，如何治炯等4人宅居、张树光等4人宅居，建筑形制以及内部木构框架保存较为完整，价值尚存，但因自然灾害和长期无人管理导致内部墙体破损、瓦片丢失，无法满足居民的使用需求，现建筑无人使用，属于闲置状态；大部分普通墓葬，如藤桥墓群、羊栏伊斯兰教徒古墓群等，因文物本体价值的特殊性及考虑到对墓葬原有价值的保护，目前属于闲置状态，尚未使用。

4. 文物现状问题分析

虽然将文物资源与旅游业相结合可以更好地"复活"文物的原有价值或开发出新价值，但是根据上述现状分析可得知，真正迫在眉睫的是如何遏制文物"消失"趋势，团队汇总关于三亚市的全国第三次文物普查资料（资料中的三亚市不可移动文物数量为304处）后开始新一次三亚市文物普查任务，本次普查遇到了许多问题，如：①带有级别的文物，例如崖城学宫保护与修缮措施较为完善，但周围却布满了"新面孔"，可见整体保护意识缺失严重；②古宅居的保护面临一个尴尬的局面——要保护，缺意识更缺资金，要发展，缺人才更缺方向，因此宅居改善仅能靠使用人自己，贫困者无力维修，任其破坏，乱搭乱建，富裕者拆除老房、搭建新房、破坏风貌。2022年6月，笔者再次抵达崖州进行新一轮文物勘察，上述问题依旧存在，文物失去本体价值的数量持续增加，三亚市拥有不可移动文物最多数量的地区——崖州区建议取消不可移动文物名录的数量达到了原有的一半左右，主要问题除了文物本体价值丢失外，还发现了文物归属不清晰的问题，存在52处传统民居类型的古建筑，既属于不可移动文物名录，又同时属于历史建筑名录，考虑管理责任归属与文物价值，建议根据《不可移动文物认定导则（试行）》中不可移动文物的认定标准，对不满足不可移动文物认定标准的，建议将其撤销不可移动文物目录，归属于历史建筑，由住建局进行保护管理。

文物的保护与再利用首先一定要了解到文物现状存在的问题，才能对症下药。现如今三亚市不可移动文物的消失数量持续增长，如何保持文物原真性、如何进行文物整体保护、如何"复活"文物的价值等问题亟待解决。

二、 三亚市不可移动文物整合再利用面临挑战

1. 保持文物本体与历史环境原真性困难

近几年来，因文物本体与历史环境遭到自然与人为的破坏，导致众多文物历经多次重修，文物价值降低甚至消失，从而很难恢复原有的价值。从古建筑方面来讲，现存建筑多为清代建造，材料多为木构件。经过常年的自然因素与人为因素影响，如果文物使用人缺少资金与相关修缮知识，且相关部门没有及时给予修缮补贴、提供专业技术人员进行保护修缮及文物保护知识宣传，古建筑很难一直维持到现在屹立不倒。崖州区也有众多宅居与祠堂依然"健在"并持续使用，但大多数建筑因修缮时缺少专业技术人员的指导，导致过度"翻新"，修缮过程中使用较多现代材料与工艺，如瓷砖贴墙、琉璃瓦片等，甚至原有形制全部拆除新建，导致文物价值降低甚至消失，历史环境也随

之受其影响。因此如何让文物的使用者意识到文物保护的重要性，文物保护部门如何对受到威胁的文物提供及时并且有效的保护修缮措施是一个重大挑战。

2. 文物资源布局过于分散，整体保护意识缺乏

根据前面文物分布图可以得知三亚市不可移动文物各区分布不均匀。保护也以单体文物保护为主，缺少整体保护意识，导致保护情况较差，许多鲜为人知的一般不可移动文物及其所处环境逐渐消失，如"崖州民国骑楼建筑群"因崖州老城区东门街、周边民居的重建与拆迁而导致现状风貌破坏严重，大量改建或新建风貌不协调建筑，使得古建筑整体面临消失的威胁。由于体量较大，合理利用十分困难，管理运营不畅，阻碍了古建筑进一步修缮保护与周边环境的改造和治理，例如属于三亚市级文物保护单位的崖城古民居建筑群，其中包含了145处古民居（此数量为全国第三次文物普查记录数量，2022年崖州普查后将其调整为12处左右连片的古民居群）。因此，如何深挖文物价值，摆脱以单体文物保护为主的旧思想，建立以整合保护意识为主的新思想同样是一大难题。

3. 旅游开发建设与文物保护工作融合困难

文物旅游不同于普通旅游，对文物的开发再利用不仅要考虑文物本体的保护，还需考虑其周围的历史环境，因此对于游客的流量需要有一定的把控。旅游业的开发不可避免会吸引许多具有商业目的的小摊小贩前来售卖，有的甚至直接将文物本体改造成商业空间，使得文物与众多现代建筑交融在一起，原有的历史环境受到破坏。这些本末倒置的举措不仅会影响文物保护，也会影响到旅游业的开发建设。如何将旅游开发与文物保护相融合，且两者可以做到协调发展、相辅相成、互利共赢，尽可能地缩小彼此给对方带来的不利影响也是一大挑战。

三、结论

本文主要深入研究三亚市不可移动文物的分布及相关现状问题，从前期研究团队调研后总结发现，目前文物保护与再利用遇到的最迫在眉睫的问题就在于文物过于分散导致的整体保护措施不够完善、公众对文物附有的文化自信过于浅薄，缺少了对文物保护的认知度与积极性。下一步将基于文物整合保护，并与旅游业相结合提出相关建议与策略，研究借助当前三亚市政府正在积极推进高质量现代化旅游业发展以及海南省自贸港建设的政策加持，通过"点、线、面"策略将文物资源合理整合，最终提出可供参考实施的不可移动文物整合保护与旅游再利用的措施，解

决当下三亚市不可移动文物所面临的尴尬局面，争取创造出既能保护文物、又能提高公众文化自信的文物保护措施与旅游资源再利用策略。

参考文献

[1] 余彦. 城市进程中不可移动文物保护利用对策：以广州市天河区为例 [J]. 中国文化遗产，2021（3）：76-81.

[2] 朱良文，程海帆. 乡村振兴中的民居宜居性问题研讨 [J]. 南方建筑，2022（9）：1-7.

[3] 周仕伟. 关于旅游开发建设中的文物保护及再利用的研究 [J]. 今日中国论坛，2013（6）：15.

[4] 植中坚. "三普"后不可移动文物保护的思考 [J]. 大众文艺，2012（12）：216.

[5] 姜勇. 试析低等级不可移动文物的保护利用：以哈尔滨市双城区为例 [J]. 中国民族博览，2018（4）：232-233.

[6] 吴美萍. 关于开展不可移动文物预防性保护研究工作的几点想法 [J]. 中国文化遗产，2020（3）：4-13.

[7] 相瑞花. 试析我国文物资源的可持续开发利用 [J]. 中国文物科学研究，2010（3）：6-11.

[8] 杨一帆. 中国近代的建筑保护与再利用 [J]. 建筑学报，2012（10）：83-87.

[9] 张建涛，闫晓华. 一般不可移动文物建筑价值延续与"复活"：以郑州司赵火车站保护与再利用为例 [J]. 中外建筑，2019（1）：43-46.

[10] 李晓燕. 浅谈不可移动革命文物保护利用：以吕梁为例 [J]. 今古文创，2021（44）：109-110.

[11] 陈琳，陈晓龙. 文化+旅游背景下崖州传统建筑的保护与利用思考 [J]. 城市住宅，2020，27（3）：56-59.

[12] 周儒凤. 贵阳市阳明文化不可移动文物保护及利用情况初探 [J]. 文物鉴定与鉴赏，2018（5）：157-159.

[13] 魏笑雨，吴疆，刘瑜. 黑龙江省不可移动文物保护利用现状及对策研究 [J]. 长江师范学院学报，2017，33（6）：61-67.

[14] 张红艳，李美萍. 海南文物研学发展路径探究 [J]. 文物鉴定与鉴赏，2022（21）：148-151.

[15] 陈诚. 海南少数民族地区历史文物遗址保护现状及对策 [J]. 文化学刊，2018（9）：179-182.

[16] 陈琳，陈博. 崖城古镇建筑及其历史价值探究 [C] //. 海南地域建筑文化（博鳌）研讨会论文集，2008：38-43.

风貌特色传承下的民族村落公共空间活化策略研究[1]
——以连山县三房村为例

黄美玲[2]　　刘旭红[3]

摘　要：在乡村振兴战略、民族文化传承和传统村落保护工作大力推进的背景下，传统村落的公共空间改造急需新的理论与实践方法指引。村落公共空间作为村民生产生活、社会交往的重要载体，是村落更新改造的重点。本文以广东省连山壮族瑶族自治县三房村为研究对象，从物质空间、社会活动和情感归属三个层面，解读村落公共空间的现状特征与发展困境，探讨基于风貌特色保护与传承的民族村落公共空间的活化提升策略。

关键词：风貌特色；广东连山；壮族村落；公共空间；活化

从空间属性来看，村落公共空间是作为容纳村民公共生活及邻里交往的物质空间，是村民可以自由进入、开展日常交往、参与公共事务等社会生活的主要场所[1]。从社会属性来看，村落公共空间是社会内部已存在着的一些具有某种公共性且以特定空间相对固定下来的社会关联形式和人际交往结构方式[2]。而关于村落公共空间的研究，主要集中在空间类型、特征、变迁、发展机制，以及村落公共空间更新与重塑、村落空间景观等方面。在国家政策的引导下，目前村落空间研究的焦点是村落空间重塑、乡土风貌保护与文化传承等村落发展模式的探讨[3]，仍值得深入研究。

连山壮族瑶族自治县隶属广东省清远市，地处南岭五岭之一的萌诸山脉之中，位于粤、湘、桂三省结合处，境内峰峦林立，溪涧纵横，地势高峻，素有"九山半水半分田"之称。连山县气候温和、土壤肥沃，植被良好，适宜农、林、牧业的发展，成为有机稻、大肉姜等特色农产品基地。下辖吉田、太保、禾洞、永和、福堂、小三江、上帅共7个镇、48个行政村、4个社区。当地通用语言多样，有壮语、瑶语、连山话、广府话、客家话。全县总人口约13万人，少数民族人口占65%，是中国唯一一个以壮族、瑶族为主体的少数民族聚居的自治县。本文在分析村落公共空间的现状基础上，以地域文化传承为目的，探索村落公共空间设计和营建策略，提升村落公共空间活力。

一、三房村公共空间现状

1. 三房村总体概述

三房村隶属广东省清远市连山壮族瑶族自治县福堂镇的新溪行政村，村内以明朝时期广西迁入的壮族人口为主，壮、瑶、汉三族共同生活。三房村位于镇内西部，东倚后背山，北邻新屋村，南面为大片耕地，西面隔Y819乡道和肖溪水与中心村相望（图1）。新溪村现有耕地面积228公顷，水田137公顷，林地面积1333公顷，村民经济收入以种植水稻、生姜，从事林业生产为主，其他为养家畜、鱼，挖竹笋等。

1　基金项目：国家社会科学基金资助项目：粤北壮族传统村落风貌保护与文化传承研究（21BMZ090）。
2　广东工业大学建筑与城市规划学院，硕士研究生，510090，273669517@qq.com。
3　广东工业大学建筑与城市规划学院，教授，硕士生导师，510090，xuhong_liu@126.com。

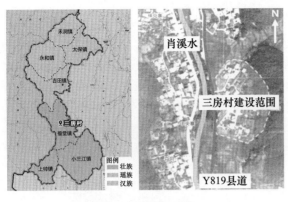

图1 三房村区位及现状

2. 三房村公共空间现状特征

（1）村落公共空间形式

三房村的公共空间主要有武魁民居公共空间、村落入口空间、生活聚集场地空间、开敞农田空间，以及部分零散街巷空间等，多为不规则状空间。公共空间形式较为简单，主要的公共空间依附于具有一定实用功能的公共建筑。武魁民居是三房村的杨姓祠堂，作为村落最具标志性的公共空间，在满足村民"崇宗祀祖"和办理婚、丧、寿、喜等事用途的同时，亦成为村民商讨村内大事的会聚场所。其本身具备村民自由进出、组织公共活动、日常交流和文化交往等公共空间功能[4]。

此外，村民生产生活中高频接触的场景，一般会有其附属的公共空间。如满足村民日常用水的古井池塘，提供树荫遮蔽的古树林木，便于村民交流的街头小巷等，逐渐成为村中信息交流的重要场所。这些空间场景本身并不具备公共空间所承担的功能，但因其使用人群广泛，频率高，活力强，最终形成了具有一定规模的公共空间。

（2）村落公共空间布局

三房村公共空间布局以武魁民居建筑为核心，其余散

布在村落出入口处、主要街巷节点、水塘周边等生活场景（图2）。这些空间吸引大量村民闲时会聚，保证村民交往活动频率，促进村内社会关系和谐构建。依托于生活场景，附属于某一物品的公共空间，受物品的不可移动性与村民起居的就近原则影响，点状分布于村内。各公共空间单独成片、联系不足，缺少大型公共空间和高品质景观，以支撑村民多样化的活动需求。

图2 公共空间布局

二、 三房村公共空间现实困境

1. 公共空间的可识别性降低

随着乡村建设以及村民生活水平的不断提高，乡村社会逐渐转型，传统的公共空间配置设施匮乏，物质环境单调，空间吸引力低，难以满足村民的活动需求，使用状况不容乐观（图3）。新时代的产物对村落传统文化造成了不小的冲击，村落的民族文化特征逐渐消失，公共空间缺少文化辨识度。原来极具民族特色的传统公共活动如祭祀、宴会，以及舞春牛、打春堂等传统文化艺术，逐渐从村民公共活动中销声匿迹。

图3 武魁民居公共空间现状

2. 公共空间的文脉延续减弱

自南宋以来，壮、瑶、汉三个民族在此共同生活，民

族文化得以交融共生，创造了独特的民族文化景观。但现代化的村落建设缺乏人文关怀，导致村落整体风貌逐渐退化，传统文化继承的场域消失殆尽。村民失去了乡愁的寄

托载体，对文化的认知越来越薄弱，集体记忆和民族情感逐渐淡化，造成村落民族文化的主体性衰退。

3. 公共空间的情感价值缺失

传统乡村社会被卷入"现代性"改造建设，但仅停留在表面形式的标准化统一改造上，民族村落内生实践、需求的多样性被抹平。村落公共空间的文化内涵和集体凝聚力正在减弱，村民出入访友、遇难相助的社群式生活日渐式微，分散化的生产方式和私密化的生活方式解构着村民的共同体意识，村民对村落的归属感和村落文化的认同感逐步缺失。与此同时，"空心村"和"年龄断层"等社会问题也阻碍了乡村的发展，不利于村落的保护和文化传承。多方面因素导致村民对村落缺少了精神上的寄托，主体意识减弱，对村落及民族文化的保护意识淡薄。

三、 风貌特色传承下的三房村公共空间活化策略

1. 整合地域性物质空间格局

（1）保护"山-水-林-田-寨"生态空间格局

公共空间形态格局保护，要建立在自然生态的基础上。三房村背靠后背山，面对肖溪水，在长期生活中形成了"山-水-林-田-寨"的生态格局（图4），是壮族人民遵守自然规律、对自然环境进行适度开发的空间表征，更是地方文化体系中"人与自然和谐共生"的生态理念的真实反映。

图4 三房村生态空间格局

构建生态空间格局，促进生态平衡。要保护山体的轮廓线，养护山体植被；保护河流沿岸景观和生态环境，控制沿岸的建设开发；保护基本农田，特别是村口的大片开敞农田空间；保护路网与河道、田地的组织关系，方便村落排水与防灾；梳理村落肌理和空间院落层次，促进村落形态与自然山水有机融合，营造"山环、水绕、寨田相间"的总体布局。

（2）优化空间功能

公共空间功能的升级，需要整合村内公共资源。发挥空间的应有功能，挖掘新功能，激发公共生活的活力，打造复合型、多元化、生活性的民族村落公共空间，提高空间资源配置效率，提升村民生活的幸福感和归属感[5]，对三房村典型公共空间的功能进行优化（图5）：

（a）村落入口

（b）武魁民居半月形水塘

（c）生活广场

（d）街巷空间

图5 三房村公共空间改造意向图

①村落入口广场。作为村落的形象代表，村入口空间具有重要地位。应提升入口空间利用率，整理利用闲置空间。加强村寨入口景观改造提升，选建入口标识牌、门楼，或碑石题写村名，可在广场内设置雕塑小品进行叙事与表达，配以若干休闲娱乐设施和服务中心，打造民族特色文化空间。

②武魁民居空间。武魁民居建筑和半月形水塘共同构成村落文化性的代表空间。应从文化传承入手，打造连山传统民居展示空间及村民活动中心，也可开发成旅游服务

空间。并做好建筑修缮工作，修复历史环境要素，如周边的石阶、围墙、树木、半月形水塘等，改善基础设施条件，在保护历史格局和空间尺度的基础上，用传统的路面材料及堆砌方式整修道路。

③集散广场。改造为生活性强、参与度高的生活广场，可将广场根据使用现状分为活动空间和停车场两个区域，利用铺装进行区分。停车场一侧选用带有村内特色符号的植草砖，同时利用细节对村内文化进行宣传。活动空间的铺地可采用灰度高的硬质材料，同样也可以在石板上进行符号和文字的雕刻。合理配置绿化、运动场地与器材、休憩座椅等配套设施，提升村民日常生活与社交活动的频率和质量。

④生活空间。通常是以老井、古树、庭院、晒场等形式呈现的，带有浓厚生活气息的零散空间。对其进行整合后，可设置小型广场，建造本地门楼作为视觉焦点，完善路灯、文化栏等生活配套服务设施，打造空间场所感，提升空间品质。

⑤街巷空间。现状街巷肌理具有村落自身地形特色，村内的主要道路的宽度在4~6米。要延续村落现状肌理，打造宜人的街巷尺度，保持街巷的宽高比在1/2左右。

（3）塑造民族风貌建筑

传统建筑空间的更新，重点在于建筑风貌的提升。要突出三房村壮族、瑶族及汉族融合的民族文化特征，以民居形制为基础进行修复，以民俗活动为载体进行激活，植入适宜的新功能，使建筑成为具有人气的活动场所。

民族风貌建筑的改善，可以使用当地常用的吉祥类花纹图案装饰，如龙、鱼祥瑞神兽，草木花卉植物，万字纹几何图案，"福""禄"文字符号。并提取传统色彩，采用青砖墙体、灰白色墙基、青瓦屋顶，营造质朴、厚重的风格。门、窗、梁、柱等采用木质构件，用红色或青色加以点缀，丰富建筑色彩。注重就地取材，三房村依山傍水，拥有丰富的石材资源，可采用碎石、鹅卵石、瓦片等原材料铺设路面，并铺砌出各种装饰图案，使灰白色调的路面与建筑色彩协调统一（图6）。

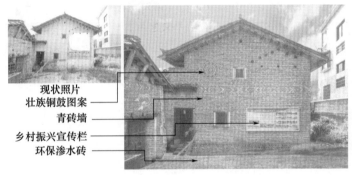 

现状照片
壮族铜鼓图案
青砖墙
乡村振兴宣传栏
环保渗水砖

图6　民族风貌建筑提升设计方案

2. 延续壮族村落地方文脉

（1）民族文化记忆重塑。对三房村地域文化进行挖掘、整理，通过空间叙事及意象凸显的手法对公共空间进行更新。对于含有历史事件及历史遗迹的公共空间，因其具有较为深厚且独特的文化内涵，且具有自身的历史发展事迹，可根据历史事迹以及民族文化符号（表1），如铜鼓、牛头、绣球的提取，用多样的手法将当地文化要素赋予到公共空间当中，构建地方文化景观，增添壮族村落整体文化内涵。

表1　当地文化元素提取

元素	民族	内涵	代表符号	用途	示意
铜鼓	壮族 瑶族	体现了壮族瑶族人民对太阳的崇拜，象征着权力与财富		标志 基础符号	
牛头	壮族	壮族"那"文化、稻作生活和图腾崇拜的缩影		特色符号	

续表

元素	民族	内涵	代表符号	用途	示意
绣球	壮族	用以祈求"五谷丰登",也喻示着"生育兴旺"		基础符号	
花纹	壮族 瑶族	象征着太阳,寓意万事如意、幸福安康		特色符号	

（2）民族文化活动体验。以壮族文化为核心的春节、三月三歌墟节、四月八"牛王诞"、六月六"尝新节"和"七月香"壮家戏水节等壮族传统节日,注重装古事、炸火狮、狮子会师、对山歌等活动的组织。在文化活动体验中传承地方习俗（表2）,构建民族村落社会生活的新秩序。

表 2　连山壮族、瑶族、汉族的文化风俗

民族	语言	节庆	民俗	饮食
壮族	壮语 （连山土语）	春节、二月二开耕节、三月三歌墟节、清明节、四月八牛王诞、六月六尝新节、七月七戏水节等	坐歌堂、壮族八音、抢花炮、舞火龙、舞春牛等	肉生、鱼生、猪血酿、白糍、豆腐酿、五色糯米饭等
瑶族	瑶话	春节、二月二开耕节、清明节、四月八牛王节、端午节、六月六拜灶节、七月十四中元节等	小长鼓舞、耍歌堂、打更、瑶族八音、瑶族民歌等	酢肉、熏腊肉、打油茶、甜酒、糍粑、炒米饼等
汉族	粤方言 （连山话）、客家方言	春节、三月三上巳节、清明节、五月五端午节、七月十五中元节、八月十五中秋节等	舞龙灯、舞狮、马灯、采茶戏、汉族山歌等	大汤糍、糍粑、糖环、大笼糍、铜托蒸、酿甜酒等

3. 增强民族认同与情感归属

伴随着民族村落的衰落和转型,乡村社交活动的公共性弱化,私人性增强,因血缘和地缘关系结合而产生的传统活动日渐没落。公共空间的内涵发生了重要转变,迫切需要对公共空间进行地方性的创新以推动村落共同体重建。

公共空间的地方性创新需要多元主体和多方力量的配合,即政府、村集体、社会团体、村内能人以及基层原住民的共建与互动,形成村落共同体模式[6]。通过村落各主体合作交流,在建设过程中不断修正、调整方案,加强社会参与和监督,激发村民对乡村的集体认同、对村规民约的自觉遵守,营造良好的社会氛围,展示村落文化特色和民族魅力,引导公共空间良性、有序发展。

四、结语

民族村落公共空间的地方性建设,不仅是对地方文化景观系统简单的重新构建,更是对情感空间的塑造[7]。应在充分认识地方空间的现状和村民的生活习惯的基础上,寻求一条适合于保护和传承的途径,根据当地的自然环境

和社会背景进行合理规划[8]。本文结合广东连山福堂镇三房村案例,在民族村落公共空间现状问题分析的基础上,以风貌特色保护与传承为切入点,提出公共空间活化策略,将村落的物质空间、文化内涵和情感意义进行地方性的表达与运用,激发公共生活活力,改善村落人居环境,重塑乡村社会关系,推动美丽乡村高质量发展。

参考文献

[1] 戴林琳,徐洪涛.京郊历史文化村落公共空间的形成动因、体系构成及发展变迁 [J].北京规划建设,2010,（3）：74-78.

[2] 曹海林.乡村社会变迁中的村落公共空间：以苏北窑村为例考察村庄秩序重构的一项经验研究 [J].中国农村观察,2005,（6）：61-73.

[3] 肉孜阿洪·帕尔哈提,黄一如,范涛,等.基于空间句法的多民族村落公共空间优化研究：以吐鲁番亚尔村为例 [J].中国建筑装饰装修,2022,（16）：145-148.

[4] 曹诏行,赵丹琳.井陉传统村落公共空间特征与保护策略研究 [J].安徽建筑,2022,29（9）：7-8,26.

[5] 姜乃煊,侯兆铭.基于文化记忆的民族村落公共空间

重构：以石佛寺锡伯族村为例［J］．重庆建筑，2020，
　19（7）：13-17.

［6］冯健，赵楠．空心村背景下乡村公共空间发展特征与
　　重构策略：以邓州市桑庄镇为例［J］．人文地理，
　　2016，31（6）：19-28.

［7］高权，钱俊希．"情感转向"视角下地方性重构研究：

以广州猎德村为例［J］．人文地理，2016，31（4）：
33-41.

［8］曹海林．村落公共空间：透视乡村社会秩序生成与重
　　构的一个分析视角［J］．天府新论，2005（4）：
　　88-92.

应县木塔结构受力分析[1]

张鹏程[2]　　黄文锦[3]　　李顺时[4]

摘　要： 本文分别建立了应县木塔结构的现状残损模型与理想复原模型，木构件材料物理性能指标按原物抽样检测结果输入，结构计算简图按照结构各层段之间尚未发生块体滑动错移时的准连续多层框架取用，其中柱与科按柱单元输入，栱、枋、梁按梁单元输入，科底与柱脚均假定为铰接，柱与额枋、科与栱的榫卯连接均假定为刚接，梁、檩均为简支，按现状考虑一层内、外槽柱头侧移受土墙夹持，分析了重力荷载、地震作用、风载工况下，应县木塔的构件内力与变形。模拟计算表明，木塔的理想复原模型在仅重力荷载下结构构件的应力均较小，二层柱轴压比最大为 0.06，烈度为 9 度的地震下不会发生倒塌，当地百年一遇风荷载下也不会发生倒塌；现状模型加入了近代所加辅柱与斜撑，以第二明层现有柱的实测倾斜滑移作为初始变位，输入地震作用验算，遭遇烈度为 8 度的地震或当地百年一遇风荷载作用下，响应侧移与既有倾斜叠加，现木塔可能发生倒塌。

关键词： 应县木塔；古建筑木结构；仿真模拟；结构内力分析

应县木塔初建于公元 1056 年，是中国古代大木作，结构为由多块木构件搁置、榫卯组装，多级多层子结构叠合受力的非完全连续复杂体系。基本相同时代的北宋官方于公元 1103 年编纂颁布了一部《营造法式》[1]（以下简称《法式》），《法式》中系统总结归纳了此前中国古代有关土木营造的工程材料、工艺、工法及管理技术。应县木塔的结构与《法式》中所述的大木作结构吻合。文献［2］根据历次测绘文献资料推定绘制了一套完整的应县木塔的结构图，包括应县木塔的平、立、剖布置图以及所有结构构件尺寸详图。文献［3］系统地归纳了中国古代大木作结构的抗震措施，提出了对《法式》中所述的殿堂、厅堂结构的结构计算分析方法。文献［4］~［6］采用 ANSYS、ABQUES 等研究型软件建立过木塔结构的有限元模型。本文采用工程结构软件 YJK，将木塔的结构构件与行业习惯的现代梁柱等结构受力构件相对照，结合文献［2］［7］的资料及现场勘查、测绘、测试研究文献，建立了木塔的现状结构模型以及一座理想复原模型，输入风与地震作用，进行对照分析。

一、　木塔结构

应县木塔共有 5 个楼层，每个楼层均自下而上由明层柱架、明层铺作、平坐柱架、平坐铺作与楼（屋）面组成。首层设有周匝副阶，由 24 根柱围成八角环形，顶层则由明层柱框、明层铺作、屋盖梁架、塔尖铁刹组成。按照柱架层与铺作层各为一个结构层来划分结构楼层，木塔总共包含 19 个结构层段[8]，见图 1。

木塔各结构楼层均为正八角形平面，内、外各立柱一圈，称作内槽、外槽。柱肩用阑额以榫卯嵌套，柱下端均以端平面或站立或分权叉立于下部结构体提供的水平支承面上。拉结两相邻柱的横枋称作"额枋""阑额"，其两端留"头宽颈窄"的"燕尾榫"，安装时由上往下卡入柱肩

1　基金项目：厦门大学校长基金项目（20720150089）。
2　厦门大学建筑与土木工程学院，副教授，361006，zpcchina@xmu.edu.cn。
3　厦门中福元建筑设计院有限公司，工程师，361000，huangwj1994@163.com。
4　中南建筑设计院股份有限公司，工程师，430071，345047359@qq.com。

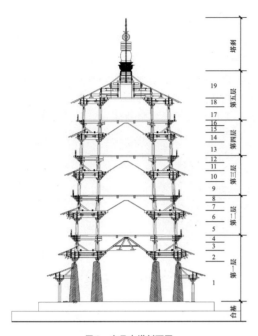

图 1 应县木塔剖面图

预先开凿的"腔宽口窄"的卯口内，凹凸密合。其他结构中，柱与额枋节点处常用"加腋"，《法式》中称作"雀替"，以支顶柱与额枋间的夹角变形，应县木塔中虽未用雀替，却镶入了十分厚实宽大的木门框。柱与阑额看作刚接，柱架为环向封闭拉结成平面正八角形的框架。于柱头之上再铺一圈互相搭扣的宽扁方木"普拍枋"，柱头中央有小榫向上穿过普拍枋，普拍枋如同"圈梁"，能有效约束与协同柱头的水平侧移。在柱头上方正中位置，隔普拍枋坐栌科。柱头榫为四棱台形，上细下粗，穿过普拍枋并插入栌科底部一定深度，栌科底相应需一定厚度。

栌科上部开槽，槽壁内再嵌装纵横交叠搭扣的栱，一些科耳脱落后，栌科变成仅有科底的平板垫块。沿八角环径向布设的横木枋称为"华栱"，环向的称为"泥道栱"。一层铺作之上沿径向布设一道拉梁，称作"明栿"，之上再加垫一层华栱，之上再铺卧一道承重的拉梁，称作"草栿"。明栿与草栿双肢作为径向框梁，将环向的内槽柱列与外槽柱列沿径向固定起来。"铺作"层中以同等"材"控制每层方木的截面厚度，使每层铺作所形成的支座顶平面标高相等，在同一水平面。径向栿与环向额枋通过科栱衔接柱头，从楼盖结构平面来看，在八个角部栿延径向简支于栱科，栿均与正心枋卡扣，形成十六个三角形区格，铺作层是水平面内具有较强刚度的不易变形盘体，对楼层三十二根柱的柱头侧移会起到紧箍协同作用。楼层平面结构见图 2。

底层柱脚自由站立于顶面水平础石上，柱间有水平阑额相搭，柱头上正中心坐栌科，栌科中前后左右对称伸臂栱，顺梁栿方向为华栱，顺阑额方向为泥道栱。平坐层柱脚开卯口，叉立在下层明层草乳栿上，径向内退半个柱直

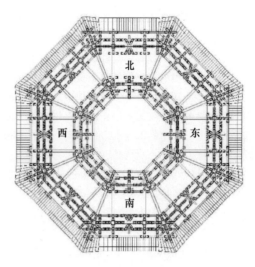

图 2 明层柱头铺作平面图

径形成收分；明层柱脚开卯口，叉立在下层平坐层的科栱上。通过这样的柱脚连接，十九张"八角桌"垂直垒叠而起，形成塔身。其中，底层柱内外槽均有土塈墙，将柱包藏于其中。文献 [9] 采用脉动法现场测得底层抗侧移刚度很大，推测或因数百年日积月累的变形，土塈墙与柱间原来预留的间隙或已拥塞，土墙扶框柱，柱肩的横枋已经接触卧于墙顶了。

二、 计算简图

（一）节点假定

1. 柱脚节点

应县木塔柱脚构造有三种：底层柱立平础，平坐层柱骑草栿，明层为又柱造，见图 3。

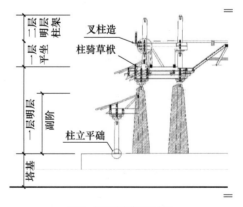

图 3 柱脚节点位置示意图

（1）柱立平础

一层柱脚构造为柱立平础，见图 4，即木柱地平面踩立在石础顶水平面上，仅接触，无拉结。一层副阶柱与主柱脚都同样踩立在顶面水平的础石上。柱底与础石之间的静

253

摩擦力可以抵抗一定的水平作用；当相对滑移趋势突破静摩擦阻力时，会产生柱脚滑移。石面比柱脚明显大出一圈，目的是当发生滑移后，柱脚仍能踩实在支承面上，不致踩空掉落，滑移后柱仍可处于新的平衡位置。这个构造使柱所受剪力始终不会超过柱底最大静摩擦力。古代工匠尽量将础石顶面打磨光滑，安置水平，再把锯切粗糙的木柱底面直接站立其上，蜷曲的木纤维与致密的石材表面很容易错移蠕动，摩擦阻力较小。虽然已近千年，木柱与石础均保持原样，接触界面特性也并没有大的改变。本文采用"弹性剪切-塑性滑移模型"来模拟柱脚节点受力变位过程：在滑移发生前，柱底剪力即静摩擦力，柱身的剪切变形随剪力线性变化；突破最大静摩擦力之后的滑移阶段，假定摩擦力保持最大静止摩擦力，摩擦滑移被看作是准连续"塑性变形"过程。

根据同类材料摩擦系数试验，以及现场情况，取目前木塔的柱与础之间的最大静止摩擦系数为0.5，用于分析柱脚与上部结构各接触面间尚未发生刚体滑动错移时的准连续结构的构件内力与变形。将只传递压力和摩擦力的柱脚-基础节点简化为铰支座，竖向约束由柱础石对柱脚的支承力提供，水平约束由柱脚和柱础石之间的静摩擦力提供，柱脚不产生拉力，见图4。

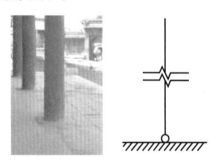

图4　一层柱脚实物图及计算简图

（2）叉柱造

"叉柱造"用于一层以上各明层柱脚，即《法式》中记载的叉柱造节点，见图5。明层柱下端开"十"字豁口，分成四肢，肢长度为铺作层总高度，跨骑在呈"十"字交叉的纵横枋木上，而四瓣标皮硬材柱肢叉立于栌枓四耳顶面。这种构造对柱承压截面的削弱不大，插下的四个柱肢使柱身不能水平扭转，但对柱在竖直平面内的倾斜约束有限。本文将明层柱脚约束取为铰接。

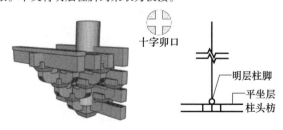

图5　明层柱脚示意图及计算简图

（3）柱骑草栿

柱骑草栿用于各暗层（平坐层）柱脚。各暗层柱脚开"一"字卯口，分成两瓣，叉立在下层的草栿上，见图6。这种连接形式对柱承压截面的削弱不大，使柱身不能水平扭转，对柱在竖直平面内的倾斜约束有限。仍将其定义为铰支座，草栿对柱脚提供竖向的支承力，水平约束为静摩擦力。

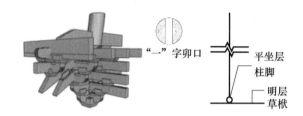

图6　平坐层柱脚示意图及计算简图

2. 柱-额枋节点

塔角柱、平柱均需与额枋连接，但构造不同。

（1）角柱-额枋节点

角柱-额枋节点在角柱顶开外小内大的梯形卯口，同时将阑额端头加工成头大颈细的"燕尾状"榫头，将其由上至下卡入腔阔口窄的卯口中，这样的连接方式称为燕尾榫，见图7。由于榫头和卯口的互相咬合，榫颈处截面最小，通过榫颈横截面抗弯承担节点抗转角弯矩，故认为此处为刚接。建模时将额枋靠近柱头的一段按榫颈截面输入。

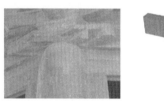

图7　角柱-额枋节点实物图及示意图

（2）平柱-额枋节点

平柱指各面中部非角柱，其上端开凹槽，额枋连贯通过，下端叉立于补间铺作，见图8。平柱不能对额枋转角形成有效约束，只承担竖向力，简化为上下端均铰接的"摇摆柱"。

图8　平柱额枋节点实物图及示意图

3. 铺作层

每柱头中心及柱头之间坐一栌枓，栌枓与普拍枋之间的摩擦-接触关系类似于一层柱与柱础石间的节点，可采用弹性剪切-塑性滑移模型对栌枓底节点模拟。在枓栱层内部，栱、枋类构件均按梁单元，各类枓均按矮宽的柱栱，栌枓底按铰接，栌枓上端均按刚接。散枓按两端刚接，梁、栿在枓栱中的支座均按铰接，插入柱卯的按刚接。见图9，竖向约束由普拍枋顶对栌枓的支承提供，水平约束由普拍枋和栌枓之间的静摩擦力提供。

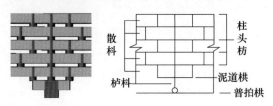

图 9　铺作模型图及计算简图

根据以上假定，木塔的结构可以看成一个多层框架结构。构件之间的干接触可以传递压力和摩擦力。其剪力传递过程被假定为一个"弹性剪切-塑性滑移"的连续过程，地震作用下结构抗侧移刚度衰减模型也恰为理想弹塑性二线型模型，见图 10。可采用有限元方法的工程软件如PKPM、YJK 进行模拟验算，借助它们便捷的荷载输入，与通识度较高的计算结果输出功能，揭示看似复杂的木塔结构在出现较大层间滑移之前的构件内力状况。

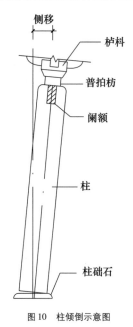

图 10　柱倾倒示意图

综上，本文中对木塔的计算简图作了如下基本假定：

所有的柱下端铰接，上端嵌固；所有的梁栿均为两端简支；栌枓均按矮柱，枓底简支，枓口与栱枋栿类横木相嵌固；栱中央嵌固于枓，两端悬臂。在平坐层的内外环之间设置有柱间斜撑，端部支顶的构造做法使斜撑只能传递压力，不能传递拉力。

一层明层的柱架被土墼墙（未经烧制的土砖坯垒成）

包裹，已经与柱、阑额有很多接触，客观上阻挡了首层栌枓底下的水平变位。本文将土墼墙用低强度混凝土墙来替代，即不考虑土墙中木柱架再新增侧移。楼梯梁与暗层中的斜撑均按两端铰接的"斜杆"输入。

各结构构件均按其材料密度与尺寸自动计算自重，楼面板重量及其负荷按线荷载输给其下檩条。全楼无刚性楼板。

（二）边界条件

应县木塔是由许多离散块体构件干架、磊叠、组装而成，构件自重是其主要荷载。由于天然木材性能离散性很大，在建造过程中工匠会根据变形、形状、位移等情况随时调整、更换，补足承载力或变形、标高不满足要求的构件，已经建成的木塔中一般不会存在承载力不足的构件。因备受尊崇，应县木塔在经历了近千年的风、雨、地震、人为大修改动等，其材料老化、构件移位、缺失情况并不严重。但在1926—1948 年间几次沦为战场堡垒，内部被修筑工事，遭受枪炮迫击，二、三层严重受损，有栱枋被炮弹打断弯折，二层西面、西南面柱严重向内倾斜。2000 年进行的测量显示应县木塔二层柱身倾斜最为严重，有一处柱头较柱脚侧移达 505.7 毫米，较 1991 年所测量结果增加了 22 毫米，该柱直径约 600 毫米。木塔在什么情况下会坍塌？该类结构破坏的边界条件是对其结构安全性分析的重要问题之一。类似的中国古建木结构中较常见的破坏方式往往是构件滑落。在这类结构中，"任意被支承的块体承重构件失去有效支承"或者"被支承块体的重心偏出有效支承边界"，上部块体即会跌落。在木塔中，可具体表现为柱倾倒、枓滑落、梁落架。另外，台基台面倾斜、基础不均匀沉降等外部因素，同样是通过柱倾倒、枓滑落、梁落架中的某一种方式造成结构失效。

1. 柱倾倒

木塔底层柱立平础、底层以上明层柱脚叉柱造及暗层柱骑草栿等节点都不能约束柱脚的转动。如果在水平荷载的作用下，柱的倾斜角度过大，阑额拉不住，个别柱可能被压倒，如图10 所示，柱子倾斜角度过大，上部结构重心偏出柱下部支承边界后就会造成塌落。在暗层，柱头铺作及转角铺作下布置有斜撑，即便柱子倾斜，上部结构仍具有有效支承，因此只需要考虑明层柱子是否倾倒。通过有限元模型的模拟可以得出各种工况下各明层柱顶相对于柱底的侧移增量（径向）Δ_c，当侧移增量 Δ_c 大于柱半径 R_c 时，即认为该工况会导致柱倾倒。

2. 枓滑落

栌枓滑出支承边界，见图11。栌枓平搁于普拍枋上，普拍枋不能约束栌枓的转动。当明栿底相对普拍枋顶的位移量（径向）Δ_{MFB} 大于 $1/2$ 栌料宽度 W_{LD} 时，普拍枋将无法支承栌料，栌料发生滑落。平坐层的栌料有斜撑约束，不会发生滑落的情况，因此可仅考虑明层栌料滑落。

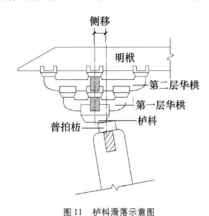

图 11　栌料滑落示意图

3. 梁落架

木塔内部所有梁都是简支梁，梁的两端仅搁置于铺作，一些用卡扣或插销，但不能约束转动。在水平荷载作用下，明栿平面外向泥道栱方向倾斜重心偏出直接支承明栿的散料栱的支承边界会造成梁滑落，见图 12。由有限元模型模拟得出明栿顶相对于散料底的侧移量 Δ_{MFT} 对比散料底宽度 W_{SD}。$\Delta_{MFT} > 1/2 W_{SD}$ 时即认为梁落架。

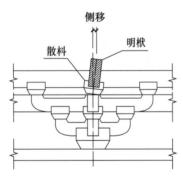

图 12　梁落架示意图

综上，可将木柱立于石础顶面构造对应的不连续的摩擦-滑移本构关系，假定为连续的弹性剪切塑性滑移过程；因柱与阑额间燕尾榫连接可约束转角弯矩而将其假定为的刚性节点，将与木塔典型破坏形态"柱倾倒、料滑落、梁落架"相对应的各结构层间侧移极限值作为破坏边界条件，利用通用有限元工程软件建立包含每一个结构构件的应县木塔模型。

三、木塔有限元模型

（一）材料参数

应县木塔使用的木材大部分为华北落叶松，少数构件

如栌料等为榆木[7]。目前木塔木材材性的检测，主要是针对落叶松，其顺纹弹性模量为 11700MPa，横纹弹性模量为 672MPa[10]。拱、枋、柱、梁栿为顺纹受压或受弯构件，料为横纹受压构件，但选材为硬木。木塔中的构件都是处于单向应力状态的杆件，其横向变形不会对杆件内力产生影响，故可只选取轴向变形模量。

（二）木塔风载及地震参数

基本风压取为重现期为 100 年的风压，为 0.518 千牛/平方米[7]。木塔所处区域，四周开阔，房屋稀疏，地面粗糙类别取为 B 类。木塔塔基以上木结构高度为 62.91 米[2]，风压高度变化系数取为 1.73。

木塔所处地区的抗震设防烈度为 8 度[11]，设计基本地震加速度值为 0.20 克，属于设计地震分组的第二组[12]。木塔所处场地条件为 II 类场地，特征周期为 0.40 秒[9]。

考虑木塔的重要性，将木塔按特殊设防类（甲类）建筑考虑[13]，按照我国目前的对建筑物的相关规定，本文取木塔的抗震设防烈度为 9 度，设计基本地震加速度值为 0.40 克。木塔底层柱子搁置于石础上，木石之间的摩擦系数为 0.5[14]，则石础上的摩擦力最大为 0.5 克，本文计算所用的加速度小于这个值。木塔实测阻尼比为 0.0484[15]，本文取 0.05。

（三）理想复原模型

应县木塔的构件可归纳为柱、阑额、普拍枋、栌料、散料及其他小料、拱、素枋、草栿、明栿、六椽栿、斜撑等。根据文献 [2] 提供的图纸量取各结构构件的尺寸，并按照第二节中的节点假定对应县木塔进行整体建模。模型共 109 个建模层，列于表 1 中，结构整体模型见图 13。

表 1　建模楼层表

建模层名称	建模楼层	层高（米）	层顶标高（米）
塔刹	94～109	11.77	63.005
屋顶层	78～93	5.94	51.235
五层明层铺作层	72～77	2.205	45.295
五层明层柱架层	71	2.805	43.09
五层平坐铺作层	65～70	1.355	40.285
五层平坐柱架层	63～64	1.535	38.93
四层明层铺作层	57～62	2.085	37.395
四层明层柱架层	56	2.855	35.31
四层平坐铺作层	50～55	1.72	32.455
四层平坐柱架层	48～49	1.805	30.735
三层明层铺作层	41～47	2.45	28.93

续表

建模层名称	建模楼层	层高（米）	层顶标高（米）
三层明层柱架层	40	2.825	26.48
三层平坐铺作层	35～39	1.72	23.655
三层平坐柱架层	33～34	1.835	21.935
二层明层铺作层	26～32	2.45	20.1
二层明层柱架层	25	3.015	17.65
二层平坐铺作层	19～24	1.72	14.635
二层平坐柱架层	17～18	1.815	12.915
一层铺作层	10～16	2.45	11.1
一层柱架层及副阶柱架铺作层	1～9	8.65	8.65

施加于有限元模型的自重荷载，除有限元模型的结构单元自重外，还包括附属构件（门窗、栏杆、楼梯、顶棚等）、楼面板、铺作层填充物、佛像和坛座、塔顶部件、屋面等自重荷载。根据文献［2］［7］提供的数据，计算统计此类附加自重，并施加到承载构件上。

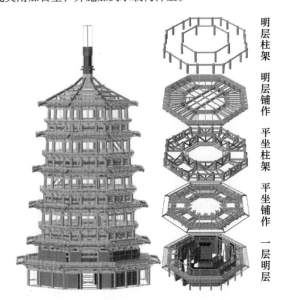

图13 木塔整体结构有限元模型及其拆分

明层柱架
明层铺作
平坐柱架
平坐铺作
一层明层

（四）木塔现状

木塔二层明层多个柱头发生不同程度的倾斜，在木塔内部或外部观察，均可明显看见柱框及整层变形倾斜，见图14、图15。除此以外，木塔一层到三层的构件有不同程度的损伤，其中二层明层内槽西侧的第一、二道柱头枋被炮弹击中，截面受损明显，见图16，冲击推动柱列倾斜，多处构件在多个部位出现接触面错移，木料屈曲开裂，柱脚转角变形。

图14 木塔柱架倾斜图

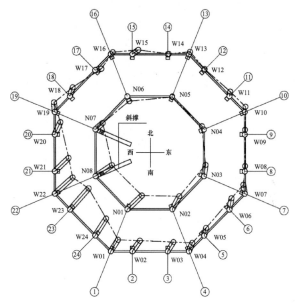

图15 二层明层柱架倾斜值放大五倍后平面图

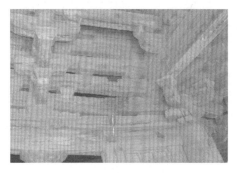

图16 木塔柱头枋受损图

木塔自建成后至1949年以前共经过了六次大修，其中除元明昌二年到六年（1191—1195年）修理有改动原结构外，其他各次都是修补或装銮性质[16]。如今塔内二层内外柱后各加有一方形辅柱，很有可能为明昌修理时所加。辅柱增设在明层柱头铺作下，柱头做成凹槽嵌于华栱下部，柱脚平置于地面或楼板上[15]。国家文物局于1973年对木塔进行了维修加固，其中在二层明层西面内槽内侧加设两木制三角支撑，由新辅柱、斜撑、地梁组成如图17所示。斜撑上端顶于辅柱柱头，下端顶于二层楼板下的六椽栿。

图 17　二层明层三角撑实物图

在理想模型的基础上，根据 2010 年对木塔现状实测的结果[7]，调整模型二层明层柱头位置，使相对于柱脚的偏移量与实测相符。对受损的构件，在模型中进行受损截面处截面缩减处理，见图 18。内外槽辅柱及三角撑的辅柱根据面积等效原则，将其截面积换算到原楼层柱上，斜撑则建入模型中，最终获得现状残损模型。

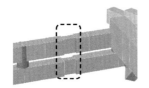

图 18　构件受损处截面缩减模型图

四、　木塔各层标准内力

将理想及现状模型中各明层及平坐层的重力工况下标准内力统计列于表 2 中。

表 2　重力工况下各层柱最大轴力　（kN）

楼层	理想模型	现状模型
一层副阶	-187.0	-187.0
一层明层	-1061.8	柱墙倚靠
二层明层	-770.6	-1317.3
三层明层	-586.5	-710.9
四层明层	-397.8	-443.9
五层明层	-231.2	-244.1

轴力最大值出现现状模型二层明层重力工况下，为 -1317.3kN，柱直径为 600 毫米，则压应力为 4.66MPa。试验所测木塔构件样品的顺纹抗压强度最低为 43.9MPa[7]，则木塔柱构件不发生应力破坏。理想复原模型及现状残损模型二层明层柱最大轴压比分别为 0.06 和 0.10。

五、　木塔变形危险性分析

理想复原模型及现状模型的 X 向地震作用下的层平均位移见图 19。可看出在各明层处侧移量发生明显突变，易

发生柱倾倒。理想模型模型各明层层间侧移量自下往上逐渐减少，而在二层增加辅柱及斜撑的现状模型，二层明层层间侧移量相对于理想模型明显减少。除二层明层以外，两模型其余各层侧移曲线形状基本相同。

X 向地震作用下层间位移角如图 20 所示，在刚度突变的楼层即各明层的层间位移角有明显突变，各明层容易发生扭转，且现状模型的二层明层更为严重。

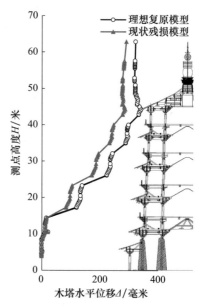

图 19　地震作用下各层水平位移

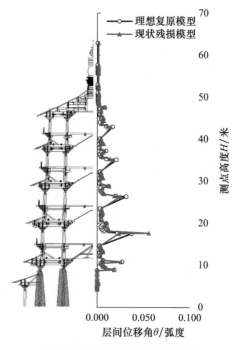

图 20　地震作用下各层最大层间位移角

（一）柱倾角

地震及风载工况下，理想模型及现状模型各明层柱架

层间最大位移 Δc 分别列于表3与表4中。木塔各明层内外槽柱半径 R_c 约为300毫米[2]，由表可知木塔的理想模型各层最大侧移量均未超过300毫米，即在地震及风载工况下，理想状况的木塔不会发生柱倾倒。

现状模型二层明层柱架已发生严重倾斜，其中径向倾斜值最大的为西南面靠北平柱，为568毫米，其余柱倾斜量在493毫米及以下[7]，故以此西南平柱进行倾倒判断。由于现状模型有辅柱辅助原楼层柱受力，使柱脚转动点内移，同时考虑原柱与辅柱的间隙（取原柱半径的 $1/10$，即30毫米），柱侧移破坏值由原来的柱半径提高到610毫米（$300+280+30=610$ 毫米）。

表3中地震作用下二层明层最大层间位移值为75.07毫米，在该柱的径向分量为53.08毫米，合计最大径向倾斜量为621.08毫米，超出610毫米，故在9度地震下会发生柱倾倒。将地震烈度调整为8度，地震作用下现状模型在二层明层最大层间位移为60.30毫米，在该柱的径向分量为42.64毫米，合计最大倾斜量为610.64毫米，会发生柱倾倒。同理，可得在重现期为100年的基本风压风载作用下该柱最大倾斜量为610.53毫米，会发生柱倾倒（表4）。

表3　地震工况下各明层柱架最大层间位移　（毫米）

楼层	X 向地震作用		Y 向地震作用	
	理想模型	现状模型	理想模型	现状模型
二明层	105.27	66.66	104.91	75.07
三明层	89.21	71.49	81.51	65.2
四明层	59.17	49.84	65.61	51.92
五明层	46.08	40.67	45.88	38.31

表4　风载工况下明层柱架最大层间位移　（毫米）

楼层	X 向风载作用		Y 向风载作用	
	理想模型	现状模型	理想模型	现状模型
二明层	90.82	51.00	86.10	60.14
三明层	69.10	50.15	68.56	49.28
四明层	39.98	30.08	39.68	28.40
五明层	21.87	17.59	21.89	17.17

（二）枓滑移

风载及地震工况下各明层铺作自栌枓第至明栿底最大侧移量列于表5与表6中。转角铺作、柱头铺作、补间铺作的栌枓底宽度分别为470毫米、370毫米、290毫米（三、四、五层平坐外槽的补间铺作栌枓底宽度为370毫米）[2]。表5和表6各数值均远小于 $1/2$ 枓底宽度，不会发生枓滑落情况，这得益于木塔中梁栿将整个铺作层内外槽各铺作连接成一刚度很大的盘，盘体内不发生过大的变形。

表5　地震工况下栌枓底至明栿底最大侧移量　（毫米）

楼层	X 向地震作用		Y 向地震作用	
	理想模型	现状模型	理想模型	现状模型
一明层铺作	6.29	6.29	6.15	6.13
二明层铺作	5.18	10.19	5.16	11.29
三明层铺作	4.64	5.74	3.99	4.90
四明层铺作	3.23	4.45	3.66	4.75
五明层铺作	3.55	4.62	3.59	4.40

表6　风载工况下栌枓底至明栿底最大侧移量　（毫米）

楼层	X 向风载作用		Y 向风载作用	
	理想模型	现状模型	理想模型	现状模型
一明层铺作	4.33	4.06	4.29	4.02
二明层铺作	3.94	9.07	4.04	5.88
三明层铺作	2.96	3.62	3.00	3.53
四明层铺作	1.88	2.52	1.90	2.45
五明层铺作	1.32	2.03	1.38	1.90

（三）梁偏移

地震及风载工况下各明栿顶相对于散枓底的最大侧移量列于表7和表8中。明栿下散枓底宽度取为散枓与枋或栱接触的有效宽度，为170毫米[2]，表7和表8各值均远小于 $1/2 \times 170$ 毫米，故不会发生梁落架情况。

表7　地震工况下散枓底至明栿顶的最大侧移量　（毫米）

楼层	X 向地震作用		Y 向地震作用	
	理想模型	现状模型	理想模型	现状模型
一明层铺作	2.01	2.08	1.99	2.01
二明层铺作	1.52	4.26	1.51	4.31
三明层铺作	1.33	2.00	1.23	1.74
四明层铺作	1.23	1.93	1.38	1.99
五明层铺作	1.12	1.75	1.13	1.65

表8　风载工况下散枓底至明栿顶的最大侧移量　（毫米）

楼层	X 向风载作用		Y 向风载作用	
	理想模型	现状模型	理想模型	现状模型
一明层铺作	1.46	1.4	1.47	1.39
二明层铺作	1.20	3.76	1.17	2.20
三明层铺作	0.87	1.38	0.93	1.21
四明层铺作	0.72	1.09	0.73	1.03
五明层铺作	0.45	0.80	0.47	0.72

六、结论

通过建模分析，我们获得了木塔结构每一个主要结构构件的内力，这可以为后面的修复工作提供选材参数要求。模拟分析得到以下主要结论：

（1）仅重力荷载下木塔各结构构件的应力均较小，理想复原模型第二明层柱最大轴压比为 0.06，而现状残损模型该层柱最大轴压比为 0.1。

（2）木塔破坏与否由变形控制，需计入长期累积的变位，以及现状位置变形前提下遭受风、地震作用后新发生的变形。结构的长期安全性能依赖于与塔身垂直与各层平坐保持水平。

（3）理想复原木塔模型在烈度为 9 度的地震及当地百年一遇大风荷载下都不会发生倒塌。

（4）带有残损并有加固的现状木塔，在当前变形与荷载条件下，遭遇烈度为 8 度以上地震或百年一遇大风荷载会发生倒塌。

综上分析，建议对木塔逐步修复至理想复原状态。修复方法可采取对残损构件进行原位托换，枓、枋不需加体外支架即可进行原位更换；倾斜柱子借助外架对上部楼层进行支顶固定后进行托换加固施工。塔身上部的整体倾斜，需要借助外力牵引使回归到已修复的下层结构之上，再修复其局部破损，楔紧榫头卯眼，使塔身恢复正直，平坐恢复水平。

参考文献

[1] 李诫. 营造法式影印本 [M]. 上海：商务印书馆，1933.

[2] 俞正茂. 应县木塔结构图解 [D]. 厦门：厦门大学，2014.

[3] 张鹏程，赵鸿铁. 中国古代建筑抗震 [M]. 北京：地震出版社，2007.

[4] 张舵. 木结构古塔的动力特性分析 [D]. 长沙：中国人民解放军国防科学技术大学，2002.

[5] 杜雷鸣，李海旺，薛飞，等. 应县木塔抗震性能研究 [J]. 土木工程学报，2010，43（S1）：363-370.

[6] 陈志勇，祝恩淳，潘景龙. 应县木塔精细化结构建模及水平受力性能分析 [J]. 建筑结构学报，2013，34（9）：150-158.

[7] 侯卫东，王林安，永昕群. 应县木塔保护研究 [M]. 北京：文物出版社，2016.

[8] 潘谷西，何建中. 《营造法式》解读 [M]. 2 版（修订本）. 南京：东南大学出版社，2017.

[9] 李铁英，张善元，李世温. 古木塔场地抗震性能评价及地震参数选择 [J]. 岩土工程学报，2002（5）：660-662.

[10]《古建筑木结构维护与加固规范》编制组. 古建筑木结构用材的树种调查及其主要材性的实测分析 [J]. 四川建筑科学研究，1994（1）：11-14.

[11] 全国地震标准化技术委员会. 中国地震动参数区划图：GB 18306—2015 [S]. 北京：中国标准出版社，2015.

[12] 中华人民共和国住房和城乡建设部. 建筑抗震设计规范（附条文说明）（2016 年版）GB 50011—2010 [S]. 北京：中国建筑工业出版社，2016.

[13] 中华人民共和国住房和城乡建设部. 建筑工程抗震设防分类标准：GB 50223—2008 [S]. 北京：中国建筑工业出版社，2008.

[14] 张鹏程. 中国古代木构建筑结构及其抗震发展研究 [D]. 西安：西安建筑科技大学，2003.

[15] 李铁英，秦慧敏. 应县木塔现状结构残损分析及修缮探讨 [J]. 工程力学，2005（S1）：199-212.

[16] 陈明达. 应县木塔 [M]. 北京：文物出版社，1980.

符望阁内檐装修中的雕漆装饰与研究

乔欣卉[1]　贾　薇[2]　秦　朗[3]

摘　要：符望阁位于故宫宁寿宫花园第四进院，是该院的主体建筑。它的设计和建造与清代乾隆皇帝密不可分，建筑空间极为丰富，内檐装修亦别具匠心。其风格极尽奢华，集百工荟萃，内檐分隔空间众多，往往使人步入其中不知方向，被称为"迷楼"。髹漆工艺在内檐中得到了广泛的应用，雕漆作为漆艺之首，被应用到迎风板、挂檐板等装饰位置。本文旨在深入研究阁内所采用的雕漆装修，结合工艺特点、纹饰应用、内檐装修过程以及与扬州雕漆的关系进行详细探讨。

关键词：符望阁；内檐装修；雕漆工艺；扬州

故宫宁寿宫是乾隆皇帝为践行其即位之初许下的诺言"至乾隆六十年（1795年）乙卯，予寿跻八十有五，即当传位皇子，归政退闲[4]"而预建的优游颐养之所，即太上皇宫。其位于紫禁城内东北部，原为明代东裕库、仁寿宫旧址。清康熙二十八年（1689年）改建为宁寿宫[5]，为东朝太后之居。也许是乾隆皇帝看重了其永宁长寿之意，便将颐养天年之所选在了这里，对原宁寿宫进行了大规模的改建。于乾隆三十五年（1770年）始建[6]，至四十四年（1779年）陆续修建及添建[7]，历时十年。宁寿宫花园（俗称乾隆花园）是宁寿宫区的一部分，其南北向长160米，宽不足40米，自南向北划分为四进院落。每进院落都呈现出独特的主题和特色，空间布局各不相同[1]（图1、图2）。

符望阁位于宁寿宫花园第四进院落，是该院的主体建筑，同时也是整个园区的制高点。其从建筑形式到体量均仿自建福宫花园中的延春阁。从乾隆皇帝题予符望阁的一段御制诗，我们可以明确其建阁及赋名的缘由——"层阁延春肖，题楣意有存。耄期致勤倦，颐养谢尘喧。豫葺优游地，略惭恭俭门。其诚符我望，惟静候天恩[8]"。作为宁寿宫花园中体量最大、内檐装修最奢华的建筑，符望阁在整个花园中占据重要地位。其外观呈重檐双层，内实三层，四角有攒尖顶，黄瓦蓝脊，建筑空间极为丰富。内檐装修亦颇具特色，以各种不同类型的装修巧妙地分隔空间，集木雕、玉雕、雕漆、螺钿、百宝嵌、双面绣、掐丝珐琅、竹丝镶嵌……百工技巧，荟萃一堂。其中大量的技艺，打破一般仅用于制造器物的边界，创造性地被应用到整个室内内檐装修中，这样的内檐与陈设在宁寿宫花园乃至整个紫禁城中也属上乘。

1　北京林业大学，学生，100091，15191269636@163.com。
2　故宫博物院宫廷历史部，馆员，100009，jwei912@qq.com。
3　水木雕虫（北京）建筑设计顾问有限公司，古建筑保护咨询师，100080，langqin1326@163.com。
4　《清高宗实录》卷一·六七。
5　《清圣祖实录》卷一四三，第1929页。
6　中国第一历史档案馆藏．内务府奏销档299-046：奏为修理宁寿宫工程银两先向广储司支领事折，乾隆三十五年十一月二十六日．"奴才三和、英廉、四格谨奏，奴才等遵旨：修理宁寿宫工程，现今通盘查估务将旧料抵对清楚，新料始无浮糜……缮写黄片于十一月二十六日具奏，奉旨：知道了。钦此。"
7　中国第一历史档案馆藏．内务府奏销档360-267-1：奏为宁寿宫工程之大臣及在工人员应行议叙事折，乾隆四十五年四月十三日．"总管内务府谨奏，为议叙事。准吏部咨称，本部具奏，乾隆四十四年八月二十四日钦奉谕旨所有管理宁寿宫工程之大臣及在工人员俱著加恩……"
8　《清高宗御制诗四集卷三十四》。

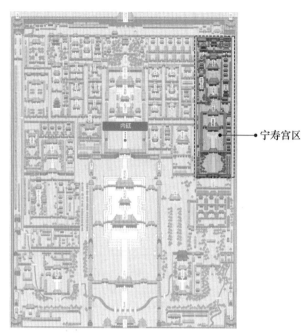

图 1 宁寿宫区在故宫中的位置

（图片来源：作者据故宫博物院官网底图改绘）

对于将来归政颐养之所的设计与建造，乾隆皇帝显示出了极高的热情。从图纸到烫样、从画样到施工，无不体现其个人审美意趣。他立志打造一个全新的太上皇宫，这里将承载作为"十全老人"的乾隆皇帝六十年来的人生感悟和精神寄托，因此必要构思精巧，博采众长。符望阁落成后的每年腊月二十一日，乾隆皇帝都要在此宴请王公大臣[2]，每登临阁上，不免抒情逸致，为后人留下了很多御制诗文。对于这样一座精心经营的宫苑，乾隆皇帝在辞世前四年就对宁寿宫做了安排，希望他的后继者们将这座世外桃源般的殿宇永作太上皇宫之用，不应照雍和宫之改为佛宇[1]。得益于这一旨意，宁寿宫在建成后的 250 年历史中，基本上没有进行改动。除了短暂地被慈禧太后使用之外，大部分时间它被用作库房，使用频率极少[3]。因此，室内的空间陈设也多得以保留乾隆时期的原状。

符望阁内部广泛采用了髹漆工艺，其中包括雕漆、描金、镶嵌、素髹和金箔罩漆等多种髹饰工艺。作为漆艺中最为独特的一种工艺，雕漆一直以来都享有盛誉。乾隆皇帝痴迷于雕漆艺术，他还御笔撰写了数十首赞美雕漆的诗句。在符望阁内部，雕漆工艺主要应用于迎风板、挂檐板以及匾额外框等装饰位置。尽管在琳琅满目的装修工艺中所占比例较小，但无论是从工艺还是艺术角度来看，这些雕漆作品都代表着清代工匠们的顶尖水平，具有极高的研究价值。本文主要针对阁中应用到的雕漆装饰，从工艺特

色、纹饰应用、内檐装修过程以及与扬州雕漆的关系等方面进行研究。

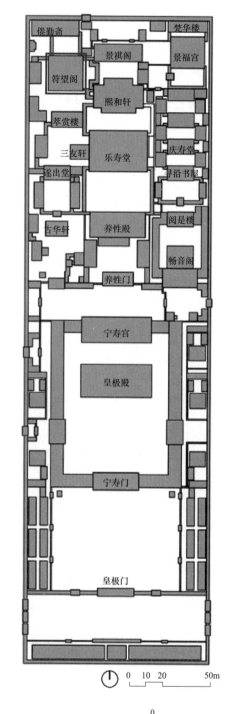

0 10 20   50m

0

图 2 宁寿宫平面图

[图片来源：作者改绘；底图来源：刘仁皓.

符望阁室内空间浅析 [J] . 建筑学报，2018（10）：31-35.]

1 章乃炜、王蔼人. 清宫述闻 [M]. 北京：紫禁城出版社，1990：855-859. "宁寿宫乃朕称太上皇后颐养意地，在禁垣之左。日后尤不应照雍和宫之改为佛宇。其后之净室、佛楼，今有之，亦不可废也。其宫殿，永当依今之制，不可更改。"

一、雕漆工艺特点

1. 工艺分类

雕漆是漆工艺的品种之一。它是由大漆加入桐油制成罩漆，再添加颜料形成各种色漆，然后将色漆逐层涂覆于器物表面，达到一定的厚度后进行雕刻的工艺。古代有关雕漆的记载相当丰富。根据色彩、纹饰的不同，可分为剔红、剔黑、剔绿、剔彩、剔犀等。中国人爱红，认为红色是富贵吉祥的象征，单色雕漆也以朱红色最为常见，从实物来看，剔红在雕漆中占据极大的比例（图3），乾隆时期《各作成做活计清档》记载了丰富的红色雕漆，例如：

"（乾隆八年五月）初一日……传旨：着正大光明殿内现安之几，款式要矮一寸，做红雕漆。"

"（乾隆三十九年七月）二十五日……交红雕漆圆盒一件，传旨：将玉璧配屉下配层页先承样，钦此。"

图3　剔红
（图片来源：故宫博物院官网）

剔彩是在漆胎上髹涂不同颜色的漆层，明高濂《遵生八笺》称其为"刻法深浅随妆露色"，意思是随着剔刻层数的不同会显露出不同的颜色（图4）。剔犀是在漆胎上交替髹涂两三种不同颜色的漆层，一般为黑红两色，然后以斜刀剔刻云纹、回纹、如意纹等图案以显露不同的色线（图5）。明代漆器师黄成在《髹饰录》中记载："剔犀有朱面，有黑面，有透明紫面。或乌间朱线，或红间黑带，或雕（黑户）等覆，或三色更迭。其文皆疏刻剑环、绦环、重圈、回文、云钩之类，纯朱者不好。"剔犀的纹样及色彩具有明显特征，今天的剔犀属福州地区最为著名，称为福犀。

2. 乾隆时期雕漆特点

有关雕漆最全面的记载为《髹饰录》。据黄成《髹饰录》记载，我国雕漆技法可以追溯到唐代："剔红，即雕红漆也。髹层之厚薄，朱色之明暗，雕镂之精粗，亦甚有巧拙。唐制多印板刻平锦朱色，雕法古拙可赏，复有陷地黄

锦者。"王世襄先生也认为此时的剔红纹地同色、高低不分，说明正是剔红发展的早期阶段[4]，但如今并没有发现唐代雕漆实物，我们只能从文献中窥其风貌。宋元时期，我国雕漆得到发展，雕漆名匠和精品不断涌现，出现了张成、杨茂等雕漆名家。《髹饰录》中评价："宋元之制，藏锋清楚，隐起圆润，纤细精致。又有无锦纹者。"宋元两代雕漆技艺日臻成熟。明代在继承元代雕漆工艺的基础上，雕漆生产迎来了飞跃发展，尤其在永乐和宣德时期，雕漆技艺达到了空前辉煌。当时的漆器质地细腻，色泽深红，剔刻峻峭，刀法熟练，琢磨圆润，做工精美。朱家溍先生指出，此时雕漆总的倾向是磨工大于雕工[5]。明成祖朱棣痴迷于雕漆艺术，特命御用监设立果园厂，专门制作雕漆器物，永乐时期的果园厂漆器堪称明代雕漆工艺的巅峰之作，然而随着永乐迁都，至宣德末年，官办雕漆制作逐渐式微。

图4　剔彩
（图片来源：故宫博物院官网）

图5　剔犀
（图片来源：故宫博物院官网）

在雍正年间，虽然造办处并没有进行雕漆活计的制作[1]，但从地方进贡的器物来看，苏州、扬州等地的雕漆工艺依然非常繁荣。乾隆时期，雕漆工艺逐渐恢复和发展，并达到了至盛的阶段[6]。这一时期清代雕漆制作发展的原因主要有以下三点：

一是乾隆皇帝本人非常钟爱雕漆，并大力推崇生产。他将竹刻和牙雕匠人引入雕漆行业[7]，宫内试制雕漆成功

1　中国第一历史档案馆．《清宫内务府造办处档案总汇》[Z]．北京：人民出版社，2005（2），161-164．"雍正四年三月十三日油漆作，员外郎海望持出雕漆荔枝盒一件。奉旨：此盒做法甚好。着问家内匠役，若做得来，照此样做几件。将原样擦磨收拾仍交进。钦此。于本月二十七日收拾得雕漆荔枝盒一件，员外郎海望呈讫。"

后并未继续制作，而是从乾隆四年开始将雕漆活计发往苏州等地造办。因此乾隆时期雕漆风格受到竹刻、牙雕工艺以及地方传统的影响。在做工方面，表现出刀锋犀利深峻、棱线精密有致、花纹错综复杂、层次变换丰富的特点。与前朝相比，总体上有着重刻工、轻磨工的特征。乾隆皇帝尚古，一方面此时的雕漆在造型纹样上仿礼器（青铜器、玉器），如台北故宫博物院藏剔红鹿耳朵兽面纹大瓶，器型仿《西清古鉴》所收录的古青铜周太公壶[8]；另一方面，雕漆风格热衷仿效明代永乐、万历、嘉靖时期，其精湛程度足以让人产生错觉，以为它们是真正的明代作品。乾隆时期雕漆在仿古的同时也提倡创新，在借鉴古器造型的同时增添变化，创造出各种新器型，并巧妙与其他工艺相结合，比如扬州特色的雕漆嵌玉，除了使用各种玉料外，还加入金珠、宝石、象牙螺钿等材料，将它们加工成各种形状并嵌入雕漆背景之中[9]。

二是乾隆时期工艺美术的产业结构日趋完善。中央政府和地方政府组织经营的官办手工业和各种私营手工业兴盛，手工业工场分工细致，专业化程度提高。例如漆器行业就有诸多以制漆过程不同分工而命名的巷子[10]，这样的专业化生产模式促使漆器工匠技术更为熟练，并在一定程度上提高了劳动效率和产品质量。

三是乾隆盛世，国泰民安，一派升平。商品经济的繁荣促进工艺美术的流通，地区之间商贸往来，风格交流，促使生产工艺和制作水平不断提高，比如扬州雕漆工艺就受到苏州、徽州和浙江等地的影响。此外，社会各阶层在生活态度和方式上积极向上层社会靠拢，商贾官宦、文人墨客、普通市民都热衷于直接或间接参与到工艺美术品的生产、销售、鉴赏之中，故而雕漆风格雅俗交相，既有奢靡之风，又有儒雅之气，各种风格均有呈现。图案题材丰富多样，包括山水人物、佛道故事、花卉动物、吉祥博古等，很多题材迎合了社会上各阶层的审美喜好。总体来说，乾隆时期雕漆发展至盛，雕漆器物种类繁多，器型多样，小至鼻烟壶大至宝座屏风，无论是器皿、陈设还是文具、家具，应有尽有。风格方面，仿古的同时又推陈出新，善与其他工艺品种结合，图案题材丰富，剔刻刀法犀利、纹饰纷繁复杂，总体上有重刻工、轻磨工的特点。（表1）

表1　乾隆御制诗

来源	内容
《御制诗四集·卷五十八》	《咏永乐雕漆画景盘》 坐对健谈高尚趣，世间那肯姓名留。 不知何许人如拟，应是野王二老流
《御制诗四集·卷六十四》	《咏永乐雕漆双螭芝草盒》 剔红原出果园厂，蒸饼类将花草施。 蔗段较哉斯此矣，剑镮此则谓过之

来源	内容
《御制诗四集·卷八十七》	《咏永乐雕漆牡丹盒》 漆已十人凍，加雕应若何。 增华惊已世，信鲜挽似波。 花映祥曦暖，叶承瑞露多。 细针镂永乐，谁与护而呵
《御制诗四集·卷九十一》	《题雕漆爱莲盒子》 漆已十人凍，雕宁三代知。 增华惊已世，返朴左斯时。 花对濂溪老，图成君子辞。 设云工执艺，道古意犹宜
《御制诗四集·卷九十七》	《咏永乐雕漆砚屏》 盒盘漆器夥曾见，稀见朱雕为砚屏。 作者七人泯姓氏，会于一处入丹青。 抚琴动操四山响，展卷观书满座馨。 云外胎仙夐然下，欲相结友可能听

二、符望阁内檐装修中的剔红与剔彩工艺

1. 内檐装修中雕漆构件的精巧设计及应用

雕漆工艺在符望阁内檐中主要用在迎风板和挂檐板中。雕漆嵌件挂檐板位于符望阁北面首层与仙楼层之间，外框用紫檀包镶，内部则由楠木拼合而成的板芯构成。板背面素髹黑漆，正面采用了螺钿片与金片的平脱工艺，并镶嵌海棠状剔红寿字纹牡丹图案。整个挂檐板被分为三段，并通过榫卯互相连接，衔接部位装饰有雕漆嵌板，[11]看似整体如一块，设计得天衣无缝；雕漆嵌件的迎风板共有三块，分别位于符望阁面西明间面北几腿罩、面东落地罩以及面南落地罩，每块迎风板的正反两面工艺和图案完全一致。与挂檐板类似，迎风板也采用了螺钿平脱工艺为地，但不同之处在于其中镶嵌的雕漆采用了剔彩工艺。剔彩部分中，开光部位采用了剔红工艺，而龙纹和水纹则采用了剔绿工艺。（图6～图11）

图6　挂檐板细部

（图片来源：王时伟．《乾隆花园研究与保护·符望阁（上）》[M]．北京：故宫出版社，2014：图3-1-12b)

图 7　挂檐板
（图片来源：故宫博物院）

——点螺

——剔红寿字纹牡丹图案

图 8　挂檐板图示
（图片来源：作者绘制）

图 9　迎风板局部
（图片来源：故宫博物院）

图 10　迎风板
（图片来源：故宫博物院）

乾隆时期雕漆技艺集前朝之大成，造型种类繁多，图案设计复杂，并且与其他髹饰工艺相互融合，展现出绚丽奢华的艺术效果。符望阁的髹漆迎风板和挂檐板就巧妙地将雕漆工艺与螺钿平脱工艺结合在一起，层次分明，设计独特，极富装饰性。

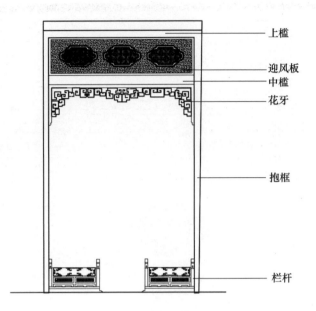

——上槛
——迎风板
——中槛
——花牙
——抱框
——栏杆

图 11　符望阁迎风板位置
（图片来源：作者绘制）

2. 纹饰及寓意

雕漆是工艺美术的杰出代表，它的美得益于精美繁杂、层次丰富、寓意深刻的纹饰，与其他平面工艺美术不同，雕漆以浮雕形式展现，凭借高低起伏、韵律生动的浅浮雕塑造视觉胜景。其纹样主要分为主纹和地纹两类，主纹以浮雕形式表达主题，一般是具象的纹样，包括动植物纹样、人物故事纹样、吉祥图案纹样三类。地纹则扮演着衬托纹样的角色。有的不做雕刻保持素净，有的以简单符号赋予特殊意义，通过变换与重复形成韵律之美，如常见的回纹、锦纹、万字纹等纹饰。

符望阁挂檐板外框采用海棠状设计，以一笔连环型回纹填充，给观者循环交替、绵延不绝之感，寓意吉利永长、福寿不断。这种设计常见于花边、边框的位置，极大地丰富了画面，营造了浓厚的氛围；开光处以牡丹纹配合卷草纹，通过二方连续、四方连续的手法铺满整个画面，上下对称、左右均衡，华丽饱满，寓意美好，象征着繁荣美丽、雍容华贵；中间饰以寿福纹，直击主题，传达福寿双全、福禄延绵的寓意，犹如一曲乐章高亢奏响，使情绪达到最高潮。迎风板外框同样采用变形式海棠状设计，以回纹填充，连续构成线形，继续向内，以六边形地锦重复叠加铺成面，形成丰富的层次感，中间大面积的开光处是一幅三龙戏珠图，栩栩如生、雄壮威武。这最高级别的图腾形象，将皇权神圣不可侵犯之意表现得淋漓尽致，观者一见便能感受到其威慑之力。

表 2 是对具体纹饰及寓意的详细列举。

表 2　纹饰及其寓意说明

纹饰名称	图示	应用位置	寓意
回纹	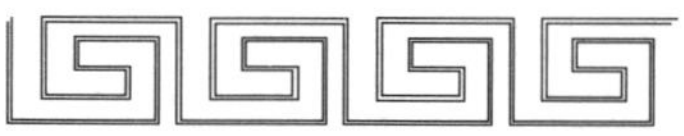		回纹是一种由短横线和竖线相互曲折而成的图案，常呈方形或圆形，类似于汉字中的"回"字，因此得名，寓意吉利永长、福寿不断。并隐喻中国古代阴阳相济，生化万物的精深哲理[12]。一般用于花边、边框的位置，旨在烘托主题、营造气氛、丰富画面，或在构图上起到穿针引线、牵连引带的协调作用
牡丹纹			花卉纹样是常见的装饰纹样，一般以莲花、牡丹、菊花、梅花等吉祥花卉为内容。牡丹因其花形丰满、雍容华贵而来享有"国色天香"之美誉，寓意繁荣美丽、辉煌美好。作为纹饰，基本以写实性为主，有时单个花朵作为纹样，有时与其他纹样结合形成缠枝状，通常通过二方连续、四方连续的美术手法铺满整个画面
福寿纹			"福"即福德，"寿"即长寿，福寿纹应用极其广泛，有时与其他寓意长寿的图案结合，有时将文字简化为图案，如百寿图，有时与各种福寿文化类的神话图案结合，如麻姑献寿、八仙庆寿等神话故事，为福寿文字赋予更丰富、更深远的文化内涵
锦纹			锦纹在雕漆工艺品中使用广泛，种类多达百种，一般表现为单个锦纹元素重复叠加在主体之外的留白处。在雕漆中一般有天、地、水三种艺术形式，用以表现自然界不同空间。此处用到的为地锦，也称方锦，传统的地锦一般为菱形锦纹内雕刻小花，此处为变形式地锦，以六边形的形式彼此衔接，多层次的装饰弥补了主体图案的不足，形成繁复又有节奏的律动感
三龙戏珠图		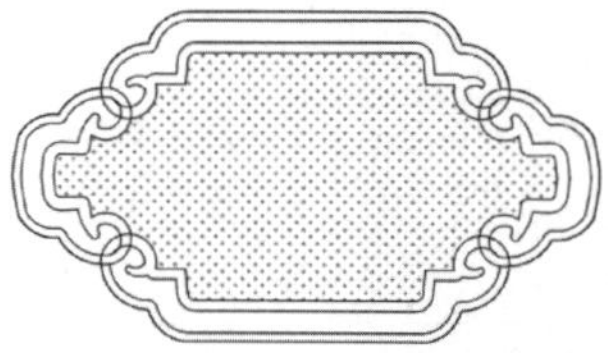	龙的形象在中国文化中源远流长，中国是龙的国度，中国人是龙的传人，皇帝自称"真龙天子"，龙在中国人心中具有超凡的形象。在中国古代，只有皇帝可以使用龙纹，具有最高级别的图腾象征，代表了吉祥、权威、神圣不可侵犯，此三龙戏珠图像，最上方为坐龙，以龙正面居中，四爪以不同形态分向四个方向，龙身向上蜷曲后朝下作弧形弯曲，只在帝王正殿与服饰主要部位使用，下方左右对称分布两条降龙，头部在下方，呈下降的动势，与坐龙设计在一起，构成三龙戏珠的画面，生动奔放

三、雕漆与江南工艺

符望阁内檐装修与扬州关系密切。清代中期宫廷建筑在《清工部工程做法》和各种《则例》的约束下，处于日益程式化时期，而民间的装修式样和工艺却日益丰富。乾隆皇帝几次江南巡游都曾到达扬州，扬州地区装修雅致的格调、细致的气息、精湛的技艺无疑给乾隆皇帝留下了深刻的印象。同时，当时的扬州商贾云集，一派繁荣，建筑业及相关工艺都发展迅猛1。于是乾隆皇帝决定将部分内檐

1　钱永.《履园丛话》[M].北京：中华书局，1997：卷一二"艺能"，326."造物之工，当以扬州为第一。"

装修交给扬州两淮盐政承办，以满足个人意趣。

宁寿宫花园内檐装修的制作受到皇权统治下官僚体制的严格规范和管理（图12）。首先皇帝下达谕旨，提出要求，内务府官员将皇帝的指示传达给样式房匠师，他们负责设计装修格局、绘制装修图纸、制作烫样，并编写做法说明。完成后，这些材料被上交给皇帝审阅，只有经过皇帝认可的画样和烫样才能按照要求进行施工[1]。然后将图纸交给两淮盐政，两淮盐政接到旨意后，组织商人立即备料，挑选技艺精湛的地方工匠制作生产，地方工匠利用自己的技术，在官员的监督下，按照图样制作出令皇帝满意的装

修构件[2]。制作完成后，两淮盐政将装修包裹装船，并清点制作的装修构件数目，以备验收，还绘制图纸说明以便安装，之后派人运往京城，交予宁寿宫工程处，运至宫内后，内务府验收、报销，造办处工匠安装[3]。工程完成后，皇宫发放给各方的烫样和稿案都必须收回，严禁仿造，以保护皇权的尊严和神圣性[4]。在宁寿宫花园的内檐装修设计与制作过程中，乾隆皇帝、宁寿宫总理工程处、内务府大臣、地方官员以及工匠们共同参与了这一技术交流的链条。他们在宫廷风格与地方技艺的融合中扮演着各自重要的角色。

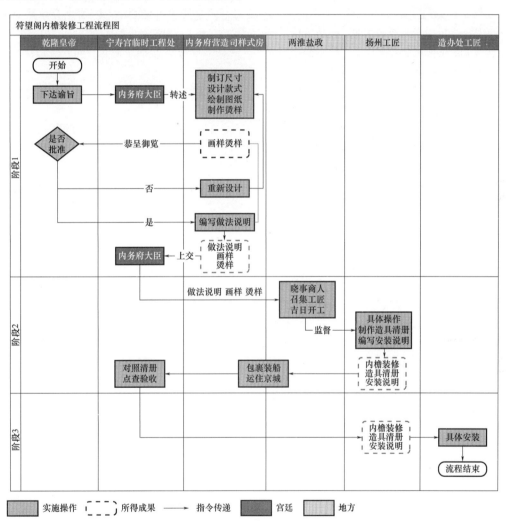

图12　符望阁内檐装修流程图

（图片来源：作者绘制）

1　中国第一历史档案馆藏. 内务府奏销档胶片99，乾隆三十七年十一月初六日：福隆安等奏修建宁寿宫后路殿座工程估需工料钱粮数目事. "乾隆三十五年（1770年）十一月内奴才等遵旨修建宁寿宫殿宇房座，节次烫样呈览，荷蒙圣明指示，钦遵办理."

2　中国第一历史档案馆藏. 《乾隆朝汉文录副奏折》档号03-0133-091. "乾隆三十八年（1773年）十月初六日……奴才李质颖谨奏……奉旨交办景福宫、符望阁、萃赏楼、延趣楼、倦勤斋等五处装修。奴才已将镶嵌式样雕镂花纹，悉筹酌分备预备杂料，加工选定，晓事商人，遵照发来尺寸详慎监造……".

3　《宫中档乾隆朝奏折》[M]. 台北：台北故宫博物院印行，1982；第三十六辑，219. 李质颖为奏闻事. "乾隆三十九年（1774年）八月初一日。奴才李质颖谨奏……奴才逐件细看包裹装船，于八月初一日开行，专差家人小心运送进京。除备文造册呈送工程处造办处查收听候奏请安装外，敬将镶嵌式样雕镂花纹分别绘图贴说先行恭呈御览……".

4　《惠陵工程备要》卷一. "全工稿案，亦移交内务府收存."

在宁寿宫花园内檐装修制作过程中，两淮盐政李质颖[1]担任了一个举足轻重的角色。他是宫廷与地方技术传递过程中的核心人物，他将江南精美奢华的工艺带入了宁寿宫，使得江南地区的精致华美与内务府造办处的朴实简约在花园的内檐装修中得以融合。然而协办这项工程并非易事，制作过程中李质颖多次上奏汇报装修制作和进展情况，遇到问题须亲自解决，档案记载：因为南北方气候条件不同，镶嵌的硬木装修构件在北京干燥的气候下，出现"离缝走错并所嵌花结漆地等项俱微有爆裂脱落"，还需"交与李质颖坐京家人寄信顺便照式寄送数块应用"[2]。

扬州漆器制作独领风骚，雕漆是扬州最负盛名的工艺。明清时期，雕漆品种多以为皇家服务为主，包括宝座、屏风、几案、盘盒等大量生活用品和陈设品。然而雕漆工艺繁杂，须经历设计、制胎、作地、光漆、画印、雕刻、烘烤、磨活、抛光等十几道工序，每一道工序都需要很高的工艺水准，且制作材料等获取非常不易，所以虽然雕漆不属新工艺，在宫廷器物中并非罕见，但用在室内装修中则是首创，仅在同期制造的景福宫内檐装修中使用，足以窥见乾隆皇帝对设计的极致要求，精益求精，不计工本。

四、结语

本文详细探究了符望阁内雕漆装修，揭示了乾隆时期雕漆工艺的特点、符望阁内檐雕漆的分布与纹饰寓意、内檐装修的实施过程以及与扬州地区的关联。雕漆工序复杂繁琐，材料稀缺珍贵，工艺高超精湛，且具备极高的美学价值。作为符望阁内檐百工之一，以小见大，我们能够领略到符望阁内檐装修的精细奢华。此处集结了天下能人巧匠之技，汇聚了稀世奇珍作为材料，然而却无庸俗之气，设计上融汇诗情画意与文化底蕴，诚如清人震均所赞的"富丽而有书卷气"[3]。这种精益求精的技术要求、对材料和纹饰的精心选择、宫廷与地方技术的相互融合，成就了乾隆时期皇家建筑的典型代表，蕴含着深远的历史价值、艺术价值和人文价值。

参考文献

[1] 郑连章. 北京故宫乾隆花园的建筑艺术［C］//中国紫禁城学会. 中国紫禁城学会论文集（第三辑）. 紫禁城出版社，2000：341-344.

[2] 章乃炜，王蔼人. 清宫述闻［M］. 北京：紫禁城出版社，1990：892-895.

[3] 方裕瑾. 光绪十八至二十年宁寿宫内改建工程述略［C］//中国紫禁城学会. 中国紫禁城学会论文集（第二辑）. 紫禁城出版社，1997：270-274.

[4] 王世襄. 髹饰录解说［M］. 北京：文物出版社，1998.

[5] 朱家溍. 元明雕漆概说［J］. 故宫博物院院刊，1983（2）：3-8＋102-103.

[6] 朱家溍. 清代造办处漆器制做考［J］. 故宫博物院院刊，1989（3）：3-14.

[7] 杨伯达. 清代苏州雕漆始末：从清宫造办处档案看清代苏州雕漆［J］. 中国历史博物馆馆刊，1982（00）：123-127＋136＋139-140.

[8] 陈梦媛. 乾隆时期宫廷漆器艺术研究［D］. 福州：福建师范大学，2016.

[9] 张幼荣. 扬州漆器浅述［J］. 中国生漆，1982（1）：34-37.

[10] 朱喆. 扬州古代工艺美术研究［D］. 苏州：苏州大学，2014.

[11] 闵俊嵘. 符望阁漆器髹饰工艺初探［J］. 湖南省博物馆馆刊，2018（00）：501-509.

[12] 金瑶. 中国传统回纹的审美特征及哲学意蕴［J］. 艺术家，2020（6）：166.

---

1 李质颖，承德人，内务府满洲正白旗人。雍正十三年（1735年）中举人，乾隆二年（1737年）中进士，三十二年十月授长芦盐政，兼内务府郎中衔，三十五年任两淮盐政，四十六年人粤海关监督。为官四十年，恪尽职守，官至总管内务府大臣，卒于乾隆五十九年，年逾八十。

2 中国第一历史档案馆藏. 《养心殿造办处各作成做活计清档》胶片128，乾隆三十九年十一月二十二日，记事录. "笔帖式海寿持来宁寿宫汉字知会一件，内开福、英、刘、四谨奏……惟是京师风土高燥与南方润湿情形不同，各项装修俱系硬木镶嵌成做，现值冬令，间有离缝走错并所嵌花结漆地等项俱微有爆裂脱落之处……请交与李质颖坐京家人寄信顺便照式寄送数块应用……".

3 沈云龙. 《近代中国史料丛刊》［Z］. 台北：台湾文海出版社，1966；第二十二辑，（清）曼殊震钧，《天咫偶闻》卷三.

巴渝山地场镇民居气候适应性营建模式研究
——以重庆蔺市场镇为例[1]

赵一舟[2]　杨静黎[3]　张丁月[4]

摘　要：巴渝场镇民居在应对地域微气候和山地环境时，体现出特殊且丰富的绿色营建智慧。本文以重庆蔺市场镇为研究案例，运用 Climate Consultant 明晰自然通风、综合遮阳、天然采光等主导气候策略效应，进而从聚落、建筑、界面层级提取并分析其典型气候适应性空间单元原型与组合模式，并从微气候维度、竖向维度及多样性维度归纳其气候适应性营建模式特征，以期为挖掘并传承巴渝山地场镇民居气候适应性营建模式提供参照。

关键词：气候适应性；传统民居；空间模式；竖向空间；物理环境

一、　蔺市场镇概况

蔺市场镇位于重庆市涪陵区，属三峡库区腹地，场地所处地形以海拔 650~780 米的浅丘低山为主，整体南高北低。场镇南临渝巴路，北临长江，西临黎香溪，西北角俯瞰长江与黎香溪交汇处，地势高差约 50 米，西北至东南呈现向中部长江河谷倾斜的对称马鞍状，地貌层次明显（图1），属重庆典型纵向沿江场镇之一。

重庆属夏热冬冷气候区 3B 级区，具有高湿、高热、静风率高等特征。蔺市多山多水，地势起伏大，区域热湿环境主要特征为夏季湿热冬季湿冷，其独特的山水环境构成了显著的山地立体微气候。

图1　蔺市场镇现状

1　基金项目：国家自然科学基金青年项目（52008276）；重庆市英才计划项目（cstc2022ycjh-bgzxm0112）；重庆市教委科学技术研究计划青年项目（KJQN202001004）。
2　四川美术学院建筑与环境艺术学院，副教授，401331，zhaoyz19@scfai.edu.cn。
3　四川美术学院建筑与环境艺术学院，研究生，401331，846387500@qq.com。
4　四川美术学院建筑与环境艺术学院，研究生，401331，1341827308@qq.com。

二、主导气候策略分析

在Climate Consultant气候分析软件中导入重庆宏观气候因子[1]，生成焓湿图（图2），在自然通风条件下被动式营建策略舒适度（图3）提升排序依次为：自然通风（32.2%，约2817h）、内部蓄热（22.5%，约1971h）、单纯除湿（12.8%，约1118h）、综合遮阳（7.9%，约695h）。结合巴渝民居被动式营建模式，自然通风、综合遮阳对蔺市场镇民居更有作用价值，且由于重庆光环境不佳，天然采光对重庆地区尤为重要。

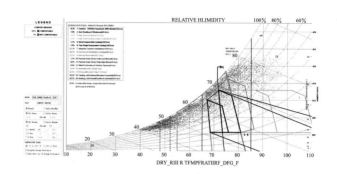

图2 焓湿图

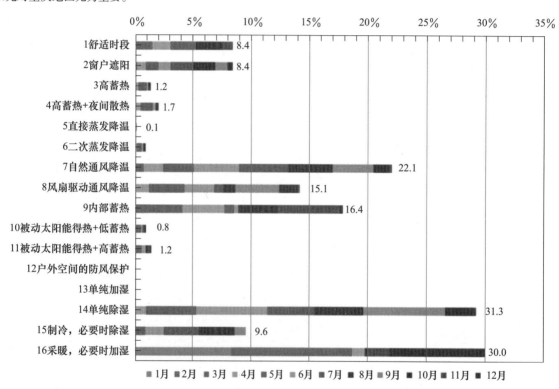

图3 被动式策略逐月舒适优化百分比

（1）自然通风

巴渝地区山地、水系纵横分布，局地微气候变化丰富，夏季受山谷风、水陆风影响相对明显，具有昼夜立体循环、局地风环境出现优于宏观气候条件的特点。对巴渝场镇来说，利用微环境组织街巷、建筑空间，综合运用风压通风与热压通风，是改善民居室内热湿环境更有效的方式[2]，尤其在夏季和过渡季是优先级选择的被动式设计策略。

（2）综合遮阳

巴渝地区受夏季高温高湿影响较大，传统民居往往体现出重夏轻冬的气候策略倾向，利用建筑遮阳以及气候缓冲隔热、环境遮阳等综合遮阳方式对于减少夏季太阳辐射影响作用显著。

（3）天然采光

合理利用天然采光是民居重要的应对策略之一，加之重庆地区年均光照条件较弱，巴渝民居常采用多种透光方式，与通风、遮阳策略有机结合。

三、蔺市场镇气候适应性单元空间原型

1. 聚落层级

（1）纵向聚落布局

蔺市场镇南北纵向分布，北部场镇入口最高点海拔201.9米，整体街巷呈鱼骨状（表1），纵向狭长主街迎向长江，东西向冷巷迎向两侧水系，进而形成迎纳水陆风、山谷风的融贯风路，呈现顺应立体主导风向的空间组织关系，有助于场镇整体风热环境营造。

表1　气候适应性单元空间原型

聚落			建筑			界面		
纵向聚落布局	狭长主街	冷巷	天井	竖井	阁层	台院	上轻薄下厚重围护结构	立面开启元素

（2）狭长主街空间

蔺市场镇纵向狭长主街迎向长江，东西向冷巷迎向两侧水系，一方面，主街与两侧建筑共同呈现互遮阳体系，在夏季起到了一定的遮阳防热作用，夏季主街两侧建筑立面围护结构表面温度平均相差最大19.7℃（小青瓦），遮阳隔热效果明显（图4）；另一方面狭长的街道尺度有利于促进街巷自然通风，垂直等高线的纵向狭长主街导入并加速自然通风通过，借助地形风促进建筑沿街面的通风效率。

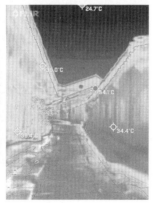

图4　狭长主街夏季热成像

（3）冷巷空间

蔺市场镇冷巷空间多与主街道呈垂直分布，通常宽为0.5~1.2米，且随两侧山势具有高差变化，既有效带动并加速气流到达街巷深处，促进庭院和建筑内部的自然通风，又形成综合遮阳，降低夏季热辐射（图5）。

2. 建筑层级

（1）天井院落

蔺市场镇民居常以天井院落为中心组织建筑布局，临街为店，内为居室，中为天井，形成紧凑的内向型建筑空间，窄高尺度的天井院落更加强调对空气流通的促进作用，其气候调节作用主要为营造内部微气候、增加天然采光、形成综合遮阳，增强水平与竖向通风等。

图5　冷巷夏季热成像

（2）竖井空间

蔺市场镇民居竖井空间以"一"字形和"L"形为主，包括梯井、窄廊、通高走廊等，经热成像分析（图6），民居屋顶内部表面温度38.2℃左右，一层近人高处的温度约33.1℃，上下不同材料表面温差达5℃左右，竖向温度分层有利于促进热压通风，同时结合屋顶气口形成拔风效果，进一步提升近人高度热环境稳定性。竖井空间通常还会结合亮瓦等屋顶采光措施，提高居室内的采光效率。

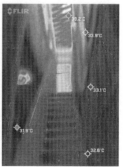

图6　竖井夏季热成像

（3）阁层空间

巴渝乡土民居多为坡屋顶，形成了中部高两侧低的阁层空间，蔺市场镇民居常见的阁层形式为具有储物、居住晾晒等使用功能的可上人阁楼和仅作为空气缓冲层的封闭式阁层，既具有储物、晾晒等使用功能，又是良好的上部气候缓冲层，利于隔热防寒，并常结合山墙面高窗增加通风散热。

（4）台地院落

蔺市场镇民居通过院落分台、错台顺应地形，形成一台一院模式建筑院落空间（表1），以天井院落为中心，轴线纵横交织，内外有序，满足场镇内店前宅后的功能布局。其气候调节作用主要包括两个方面：其一，增加天然采光，过台地消化地形高差的同时使建筑得到更多的采光空间；其二，促进自然通风，多级台地院落形成热压差效应达到较好的通风除湿效果，同时利用山体和地表全年稳定的热工性能，起到热稳定和热延迟的作用，使建筑与山体的局部接触，对室内全年热环境的平衡效果起促进作用。

3. 界面层级

（1）上轻薄下厚重

蔺市场镇民居建筑多采用上轻薄下厚重的围护结构。底部厚重的材料热惰性良好，起到夏季隔热冬季保温效果，上部采用较轻的材料和结构，轻薄透气且稳定性高，夏天晴天条件下，上部竹篾墙午后温度达到40℃，底部砖墙和夯土墙温度在38℃左右，竹篾墙表面温度比砖墙高约2℃（图7），上轻薄下厚重围护结构有利于增加室内竖向温度差，促进热压通风，同时保证建筑结构的稳定[3]。

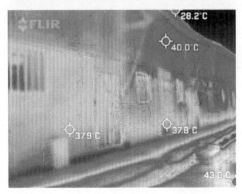

图7 上轻薄下厚重围护结构夏季热成像

（2）开启元素多元

蔺市场镇民居界面以透光透气为主，外墙开窗面积较大，在沿街主立面和内院立面等均设置较大开门和开启扇

（表1），形成水平向穿堂风，垂直向则多呈现在山墙面及屋顶上部，设置高窗或透气格栅，以促进竖向热压通风，同时增加采光率。

四、 蔺市场镇气候适应性空间组织模式

1. 主街 + 冷巷 + 天井

"主街 + 冷巷 + 天井"是聚落层级典型气候适应性空间组合模式。在山地立体气候影响下，南北走向的主街迎纳水陆风、山谷风，气流经过因接受太阳辐射较少而变得阴凉的狭窄巷道进入天井院落，再利用拔风效果，使庭院及建筑内部空间获得良好的自然通风，形成了系统的自然通风组织。

2. 台院 + 阁层 + 竖井

"台院 + 阁层 + 竖井"是建筑层级典型气候适应性空间组织模式。为适应高差，场镇民居多设置为多进院落分层筑台合院形式，并形成梯井、竖井与阁层的竖向组合模式。其中，沿等高线依次跌落的台院有利于形成水平与竖向融贯的风路，而与山体相接的一层空间和竖井空间底部利用山体热工性能[4]，可在夏季提供冷源，增加与阁楼上部温差，进而促进热压通风，阁楼是良好的气候缓冲空间，三者结合，有利于提高建筑整体风热环境舒适度。

3. 围护结构 + 开启元素

在界面层级，场镇民居以"围护结构 + 开启元素"形成既统一又灵活的立面组合。围护结构多以木夹壁和竹篾篱墙为主，辅以"木夹壁 + 竹篾篱墙""木夹壁 + 砖墙""木夹壁 + 石墙"等混合型围护结构，与不同开启元素有机结合，共同具有促进建筑上部通风透气、增加天然采光等气候调节作用。

气候适应性空间模式见表2。

五、 气候适应性营建模式特征

1. 微气候特征

为优化局地风环境，蔺市场镇在聚落、建筑、立面的营建上充分展现了对山地微气候的适应，一方面应对宏观静风率高局地微气候，通过促进纵向热气流流通，改善热湿环境，如增加天井、梯井、冷巷等空间的高差促进竖向通风，利用坡屋顶高空间增加热压通风等。另一方面通过带动水平向的气流流通，在一定程度上改善重庆夏季炎热、潮湿气候问题，如结合朝向组织有效穿堂风通路，顺应风向设置门窗位置等。

表2　气候适应性空间模式提取

层级		聚落			建筑			界面		
单元空间原型	典型模式	纵向聚落布局	狭长主街	冷巷	天井	竖井	阁层	台院	上轻薄下厚重围护结构	立面开启元素
	气候调节作用	迎纳山谷风，水陆风	迎纳山谷风，水陆风，形成建筑东西互遮阳	迎纳山谷风，水陆风，提高风速，形成建筑互遮阳，防热效果显著，建筑之间热缓冲层	促进自然通风，提供天然采光，形成建筑自遮阳	促进竖向热循环，促进热压通风	形成气候缓冲层，隔热防寒	利用山体全年热稳定性，冬暖夏凉	促进建筑上部通风透气，提升近人高热稳定性，提高结构稳定性和安全性	促进建筑通风透气，提高采光效率
空间组织模式	典型模式	主街＋冷巷＋天井			台院＋阁层＋竖井			围护结构＋开启元素		
	气候调节作用	促进自然通风；形成建筑自遮阳，互遮阳；提供天然采光			增加竖向热循环差异；提升建筑整体舒适度 台院：冬暖夏凉 阁层：气候缓冲 竖井：促进竖向气流循环			促进建筑上部通风透气，提升近入高热稳定性；提高采光效率		

2. 竖向特征

在重庆静风率高的宏观气候环境下，巴渝传统民居受山地微气候影响，山地立体气候明显，其民居单元原型及组合模式总体上呈现竖向空间原型特征。在单元原型上，天井、冷巷、竖井等空间原型均呈现窄、高空间特征，空间向上延伸，形成竖向热压拔风；在单元原型的组合关系上，"主街＋冷巷＋建筑"有序组织，利用高度错落和紧密排布的建筑布局，形成建筑互遮阳，"台院＋阁层＋竖井"空间灵活组合，应对巴渝山地建成环境，利用落差加大建筑底面与顶面之间的高度差，增加竖向梯度温差，适度提高近人高室内环境稳定性，促进竖向空气流通，维持良好的人居环境。

3. 多样性特征

受山地建成环境影响，相较于北方民居，巴渝民居形态多呈现不规则形态与灵活组合特征。一方面，巴渝传统民居单元原型体现出多元可变特征，例如建筑层面的天井空间受建成环境、功能需求等影响，形成院落式天井、筒形天井、围合式天井、半围合式天井等多种形式，界面层

面的门窗构件通过可变调节设计，实现季节的可调控，满足冬、夏的不同气候调控需求，体现出对气候环境的灵活调控及应对；另一方面，山地民居建筑的气候适应性主要体现在对多个基础单元原型的灵活运用和多样组合上，在同一气候策略下，空间原型进行多种组合变化而产生联动效应，共同解决建筑环境的热舒适性问题，起到减少主动式设备的使用空间、使用时长及降低能耗等综合作用[5]。同时，不同空间组合也综合形成自然通风、综合遮阳、天然采光等多重气候调节作用，空间原型的组合对气候策略起到强化、叠加作用，并形成多种应变组合模式。

六、 结语

巴渝传统场镇民居在长期应对山地复杂建成环境的演化与融合过程中，形成了朴素的绿色营造理念、灵活多变的空间组合模式及地域适宜的建造技艺。本文以重庆市涪陵区蔺市场镇为研究案例，通过田野调查和主导气候策略分析，结合山地微气候特征，从聚落布局、建筑单体、界面营造三个空间层级分析提取了9种不同空间单元原型、3种典型空间组合模式，是既具有"地域基因"又具有"绿

色基因"的空间模式与设计智慧，并体现出气候适应性营建模式的微气候特征、竖向特征和多样性特征，三种特征综合适应了山地环境与立体微气候，既具有重要的绿色营建智慧传承价值，亦是地域建筑发展研究的补充。

参考文献

［1］中国气象局，清华大学．中国建筑热环境分析专用气象数据集［M］．北京：中国建筑工业出版社，2005.

［2］李旭，马一丹，崔皓，等．巴渝传统聚落空间形态的气候适应性研究［J］．城市发展研究，2021，28（5）：12-17.

［3］徐亚男，杨真静．编竹夹泥墙民居室内热环境与围护结构热特性分析［J］．重庆大学学报，2021，（3）：22-30.

［4］赵一舟，任洁，刘可，等．重庆传统民居山体利用模式与热环境分析［J］．建筑科学．2020（10）：167-175.

［5］肖毅强．基于建筑气候空间的可持续建筑设计方法［J］．世界建筑，2022（11）：40-41.

乡土重建过程中基于 "容错机制" 的正向反馈与碳减排的耦合研究

孙 瑜[1] 王天莲[2]

摘 要："容错机制"最初应用在计算机领域，本文将这一概念引申到乡土重建之中，依据该原理，若有一或多个制约因素出现，便会导致建造过程的不畅。为应对此类情况，在设计之初、建造之时、建造完成三个阶段，对基于"容错机制"的正向反馈进行总结，并根据案例分析对"碳减排"进行量化，以探索乡土重建过程中低碳适应性的方式，进而对基于容错机制的正向反馈与碳减排的耦合性进行总结，"容错"本身即是对碳减排的一种积极回应。

关键词： 乡土重建；容错机制；正向反馈；碳减排；耦合

中国的城乡发展经历了漫长的探索，"乡土重建"成为城乡发展的一个重要组成部分[1]。在此背景下，当代中国乡村与中国建筑学开始形成一种内在的互动关系，建筑学介入乡村营建以及与之关联的思想及其理论话语权的转变，构成了这种互动关系，在这种关系中，中国乡村不断地进行自我反思和自我建构[2]。新发展理念下"双碳"目标的确立，进一步明确了"乡土重建"的发展方向，"碳减排"也逐渐成为"乡土重建"过程中的一个重要环节。本文就"乡土重建"过程中低碳适应性的方法展开探讨，以期建立二者之间的耦合机制（图1）。

一、 乡土重建与碳减排的社会背景

1. 乡土重建

乡土建筑是一个地区气候特征、生活方式、传统习

俗的集中反映，同时也表现了建筑与所在场域环境之间的相互关系[3]。人们的日常生活与生产都在建筑空间中进行，乡土建筑承载着人们对于乡土文化的集体记忆，它以物质实体和历史价值两种形式存在，它不拘泥于固定的建筑外观，但具有某种相同的内涵。[3] 由于市场经济与现代技术的发展，乡村营建的局面出现了巨大转变，与城市不同的是，乡村营建有着独特的内在规律。在乡土重建的过程中，不应简单粗暴地重复城市更新的模式，而要注意因地制宜、因时而异，应重新审视客观现实与实际需求。乡土重建应对当地历史文脉、地理特征、自然环境、经济现状等因素进行综合考虑，积极应对传统工艺与现代技术、在地文脉与外来文化的影响，对乡村营建工艺与技术进行传承，同时结合现代技术代际更新[4]。

2. 低碳乡村与碳减排

为应对全球气候变化，减少温室气体的排放，低碳乡

---

1 中央美术学院建筑学院，博士在读，400799，11220900069@ cafa. edu. cn。
2 天津大学建筑学院，博士在读，300072，310014261@ qq. com。
3 费孝通. 乡土重建 [M]. 长沙：岳麓出版社，2012。

村逐渐成为当下的热题，乡土重建过程中的碳减排也成为一种趋势[1]。此外，与低碳乡村类似的概念还有生态乡村与可持续乡村，这三组概念均强调对地域环境的尊重，但因其思考维度不同，每个概念又有不同的侧重点（表1）。乡

土重建与碳排放之间的关系十分冗杂，而目前已有研究成果尚未把"碳排放量"与乡土建筑的设计、建造施工和维护使用进行直接关联[5]。

图1　基于"容错机制"的正向反馈与碳减排耦合性研究框架

表1　生态乡村、可持续乡村、低碳乡村概念对比

思考维度	生态乡村	可持续乡村	低碳乡村
哲学维度	探讨人与自然和谐共生	以能源合理利用为原则	侧重从碳减排架构体系
生态维度	人居环境与自然环境形成共生系统	实现动态平衡与可持续发展理念	减少碳排放量对环境的影响与制约
经济维度	以循环经济为核心	单向经济可持续发展	以低碳经济为核心
社会维度	以生态理念为指导	人与自然共生	倡导低碳行为与习惯
空间维度	重视自然生态环境的多样性与共生性	重视空间形态的再生长与再利用	尊重现有村落肌理，倡导弹性建造
总结	三种概念均强调对地域环境的尊重，并倡导绿色本土的理念		

在乡村社区碳排放流程中，主要包括建筑建造与居住生活两个部分的碳排放，并且受自然气候、建筑材料、空间布局等方面的影响。通过对乡村社区碳排放的量化，有助于推进低碳乡村的建设，也有助于构建高效便捷的低碳生活方式，探索出一条低碳发展之路。本文着重讨论乡土建筑物化阶段的碳排放量情况，其中包括设计之初、建造之时、建造完成三个阶段，从技术策略的层面探讨乡土重建与"碳减排"的关系。

二、乡土重建语境中"容错机制"的内涵

1. 容错机制原理

"容错"是一种哲学思想，卡尔·波普尔在其所著的

《猜想与反驳》中说道：人们可以从错误中不断学习。波普尔认为，科学的存在是通过预判并不断进行论证的过程，并且通过试错保证其可靠性，这种哲学思想被称作容错主义或批判理性主义。在容错主义的思想中，错误的发生具备特定的价值，人们要善于从错误中进行总结，从过往经历中发现事物的本质，并允许错误的发生以期在未来规避问题的产生[6]。

在现代的很多科学体系中，都有运用容错机制的先例，并且基于该原理，产生了很多有价值的发现。容错机制最早应用于计算机领域，引入容错机制的目的是，当程序发生故障时保证系统仍可正常工作。计算机往往会由于某个故障导致"未响应"的状态，通常会设置容错机制来应对此类情况，使得系统继续运转[7]。此时，容错机制蕴含两层含义：一是在错误发生前，由行为主体在事件初始进行预判错误，做出积极措施规避其发生的可能，即基于"容错机制"的正向反馈进行规避错误；二是错误已经发生，发生错误的客体应具备容纳错误的能力，并保证工作的顺利进行，即"容错性"。

2. 容错机制原理的借用

容错机制引申到建筑学领域，可以理解为是对"弹性建造"的一种回应，即秉持整体性的建造逻辑，对建造过程中的突发事件进行预判及容错，以保证建造的顺利进行。通过对容错机制的引申，乡土重建过程应建立一种基于"容错机制"正向反馈的建造逻辑，对建筑物进行"容错"建造，直面建造过程中的突发事件，可以从"设计之初""建造之时""建造完成"三个阶段分别探讨。

在乡村营建中，存在施工条件、材料差异、人力成本、经济背景等方面的制约因素，若有一个或多个因素出现，便会阻碍"建造"的顺利进行。在设计之初，任务书的拟定及建造工艺的选取，要以地域要素、经济技术条件作为

1　范恒山，郝华勇. 低碳城乡（低碳绿色发展丛书）［M］. 北京：人民出版社，2016.

设计前提，并以实际问题为设计导向，避免功能至上或使用过度的技术等情况的发生，在设计的源头进行容错。

在建造之时，建筑师作为乡土重建过程中的引导者、协调者和实践者，承担着"自上而下"和"自下而上"的角色。在错误发生时，一方面建筑师应及时调整策略，采取应急预案，以保证建造施工的顺利进行；另一方面，由于建筑师在设计之初已经对错误进行了评估，允许乡土重建过程中错误的发生，且并不影响建筑的整体效果。

在建造完成时，通过前两轮的容错思考，已对乡土建筑完成了弹性设计，并保有一定的"余地"。如果过于强调建成实体的完成性，往往会造成乡土重建的不可逆，势必会导致容错性的降低。乡土建筑应满足使用者在未来能够对建筑进行实时的、自发性的改造，这就要求乡土重建处于一种"未完成"状态，这种"未完成"是一种动态的"高完成"（图2）。

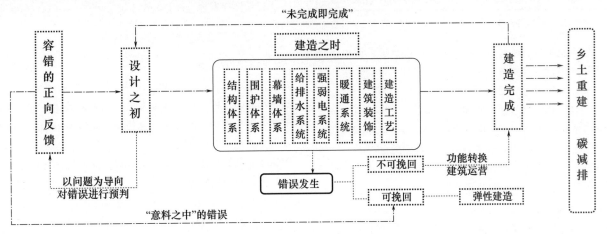

图2　建造容错的流程分析

三、 基于 "容错机制" 的正向反馈

1. 乡土重建过程中的出错点及错误类型

（1）设计之初村民意志和建筑师认知的差异

在乡土重建的过程中，乡土地域性很大程度上来源于一种长期以来自发性的建构传统，这是一种系统性的自组织体系，并且这种地域性在集体记忆的加持下，不会受到外来指令的影响，自身也会不断地复制与进化。反观这一过程，从自发性的营建伊始，到地域文化的形成，建筑师其实是不在场的，其行为主体是居住在其中的人。时至今日，虽然建筑师逐渐在这个原本缺席的场域中开始认领自己的职责，但是由于初始的不在场，导致了建筑师介入乡村营建存在一定的壁垒[8]（图3）。

由于村民主体意志的缺失，建筑师在介入乡村营建的过程中，自然而然成为主导的力量。这一过程，建筑师极易忽视与村民之间的认知差异，一定程度上剥夺了村民作为使用者对房屋的话语权，最终会造成建筑设计的在地性割裂。从低碳的角度，这种认知差异会造成一定的浪费，村民后续自发的改扩建，会造成碳排放量的增加，形成一种恶性循环，最佳的乡村营建模式是一种"平衡"的关系，是一种可持续的营建模式。

（2）建造之时施工的偶发问题

乡村是一个特殊的建造场域，它不像城市具备先进

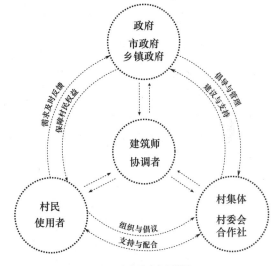

图3　乡土重建多方协同

的施工工艺和优良的建筑材料，在乡土重建的过程中，由于结构选型的不合理，抑或材料选用的不恰当等因素，造成了资源的浪费，在一定程度上增加了碳排放量。在乡土建筑的结构选型中，一方面，如果完全采取城市建设中单一的钢筋混凝土结构，会使乡土建筑成为城市化的衍生品；另一方面，乡土建筑的土木砖石结构是长期由民间智慧并适应当地气候特征的结构体系，"多米诺"结构体系的入侵，改变了这种模式，势必造成碳排放量的增加（表2）。

表2 不同结构选型的乡土建筑年均碳排放强度[1]对比

结构类型	年均碳排放强度（kgCO$_2$e/m^2·a）		物化阶段占比（%）
	全生命周期	物化阶段	
砖混结构	34.92	7.95	22.77
钢筋混凝土结构	45.96	7.83	17.04
土木结构	26.92	4.60	17.09
总结	土木结构体系相较于其他两种结构体系，碳排放量最少		

［数据来源：《建筑碳排放计算标准》（GB/T 51366—2019）］

在乡土建筑的材料运用中，若持惯性思维将城市建造过程中的钢材、混凝土等材料直接套用到乡村营建中，当地一些传统的乡土材料将会被摒弃，从材料的生产与运输角度，这一转变无形之中增加了碳排放。虽然传统的乡土材料存在强度不足、质感较差、无法满足抗震要求等劣势，但它往往具备一些优异的节能特性，对碳减排起到一定的积极作用（表3）。以生土建筑为例，生土作为我国沿袭千年的建筑材料，其具备优良的保温性能，但因其耐久性较差，在延续当地传统夯土工艺的基础上，应对其进行改良，通过改善生土的配比，使其具备更加优异的耐久性和热工性能。

表3 常用建材的碳排放因子

建材分类	建材名称	碳排放因子	单位	回收利用率
木材	原始木材	139.0	kgCO$_2$e/m^3	65%
	胶合木	210.0	kgCO$_2$e/m^3	
混凝土相关	C30 混凝土	321.3	kgCO$_2$e/m^3	70%
	普通硅酸盐混凝土	740.6	kgCO$_2$e/m^3	
	砂（1.6~3.0mm）	2.796	kgCO$_2$e/t	
	碎石（10~30）	2.425	kgCO$_2$e/t	
砌体材料	黏土实心砖	247.1	kgCO$_2$e/m^3	70%
	加气混凝土砌块	327.0	kgCO$_2$e/m^3	
	页岩空心砖	150.8	kgCO$_2$e/m$_3$	
	混凝土多孔砖	327.0	kgCO$_2$e/m$_3$	
钢材	热轧碳钢钢筋	2617	kgCO$_2$e/t	90%
	小型型钢	2593	kgCO$_2$e/t	
	中心型钢	2655	kgCO$_2$e/t	

［资料来源：《建筑碳排放计算标准》（GB/T 51366—2019）及相关学术研究］

（3）建造完成后的使用问题

若在设计之初未做充足的考虑，或在设计之初并未留

有"余地"，在建造完成之后，极易导致二次改造。例如由于家庭人口的变化，需要更多的居住空间，此时只能占用原有庭院进行扩建，或者进行结构加固加盖二层。这样的二次改造策略，不仅会降低原有的空间品质，而且改造过程中新加建的部分与原有部分难以有机融合。这种过于强调容积率和使用面积的"满负荷"状态，会在建造完成后造成碳排放的增加。因此，在设计之初就需要进行容错考虑，一方面能够满足后续居住者的改扩建需求，另一方面也能够保持原有乡土建筑风貌不被破坏。

2. 基于"正向反馈"的错误规避

（1）材料的并存与共生

传统乡土材料与现代材料相比各有优劣，传统的乡土材料可就地取材，具备运输便捷、成本低等优点，同时能够更好地与周边乡土环境相互协调；现代材料的生产工艺相对更成熟，其物理特性也更可控，适应性较强。如果能够将二者结合使用发挥各自的优势，探求最优化的营建模式，能够有效地实现碳减排。以西南新乡土建筑实践为例，大量的生土、砖石、竹木等传统乡土材料，与钢材、混凝土等新材料，相互结合彼此互补，这种组合被广泛应用于当地的乡村营建中[9]。混凝土和钢材能够应用在对强度要求较高的承重结构或构造连接部分，当地传统的土木砖石可以作为建筑维护界面，延续乡土风貌特征，以保护当地的村落空间肌理（表4）。

新旧材料的融合能够使新乡土建筑呈现出传统与现代的对立统一，形成一种形式美学的动态平衡。在西南新乡土建筑的实践中，简化了现代施工技术的复杂程度，结合当地的传统建造工艺，以方便当地工匠与村民自发地参与其中，一方面是对传统建造工艺的传承，另一方面，充分利用民间的建造经验，节约技术成本，从技术层面实现碳减排的目标。

（2）传统技艺的更新与优化

乡村营建中的传统建造技艺，不仅具备一定的技术价值，也蕴含了深厚的情感价值与人文价值。随着新材料的普及与发展，传统建造技艺势必面临新的调整[10]。以石砌墙体为例，传统石砌墙体多为叠砌砌筑，其整体性、灵活性较差。同时石砌墙体也不具备现代材料的整体预制性、可复制性等特点，不能便捷地生产与施工。若要实现现代乡土建筑石砌墙体的创新及碳减排的目标，首先需要梳理石砌墙体的建造逻辑，通过建构语言的模仿、构造节点的置换、材料的组合重构等方式，实现对传统节点的更新与优化（图4）。石砌墙体背后的建造逻辑才是其形式呈现之根本，也能够更好地理解结构与空间之间的复合关系。

---

1 碳排放强度是指单位 GDP 下的二氧化碳排放量。通常情况下，碳强度指标与社会经济的发展成反比，即随着社会经济的进步碳排放强度反而下降。

表4　传统乡土材料特性分析

种类	竹	木	砖	生土
材料特性	抗拉性、抗压性好，弹性大、弯曲强度高	强重比高、保温性能好、可加工性强、装饰性能高	具有一定的抗压强度，搭接灵活性强，造型能力强	具有就地取材的优势，易塑形，良好的热工性能
结构形式	编织/框架结构	抬梁式/穿斗式	砖混结构、砖木结构	夯土版筑结构、土坯砌筑结构
节点图示				

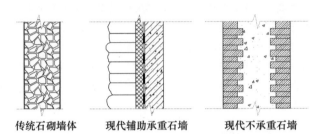

传统石砌墙体　　现代辅助承重石墙　　现代不承重石墙

图4　传统石材砌筑工艺与现代石材建造技术构造节点图对比

在当下乡村营建中的石砌墙体，多采用不承重石墙，借助框架体系或者钢结构体系进行承重，一方面，可以节约石材的使用，石材的开采与加工所产生的碳排放量是巨大的；另一方面，石材摆脱了结构的制约，对空间的营造也有一定的积极作用，其砌筑高宽比也不再受限，空间形式更加丰富。此外，通过对石材的再加工，也出现了单元化可批量生产的标准模块。石砌墙体与结构体系的脱离，也有利于设置保温层与防水层，能够弥补传统石墙所带来的不足，有效地改良了石墙的技术效能，实现了一定程度的碳减排。

（3）传统空间布局的继承

乡土建筑的规划设计中，建筑朝向的选择应综合考虑村民的使用需求和功能诉求，一方面要满足室内日照要求，另一方面需要考虑风向的因素，以实现室内的自然通风。选择合理的建筑朝向应与当地的气候条件和地势地形相契合，还应借用被动式建筑设计的原则，充分利用太阳能、风能等可再生资源，减少建造完成之后的能耗，降低碳排放量。

传统的乡土建筑多采用院落组合的方式，由于气候的

差异性，不同地域的民居以单层、多层等不同的形式出现，并且受宗法礼制的影响，多以中心轴对称布置。在新乡土建筑的空间布局中，更多的是结合村民日常的生活需求进行排布，冬日应有足够的日照射入室内，并阻挡寒风入侵，夏日则应避免过多的直射日照，并保持良好通风。低层乡土建筑设置了部分平屋顶，可以作为粮食的晾晒场所，体现出在乡土重建过程中对传统习俗的沿袭。建筑的合理布局不仅满足了村民日常的生活起居，而且可以极大地改善室内热环境，是一种被动式的建筑节能。

（4）能耗的监控与建筑使用寿命的延长

在设计之初、建造之时、建造完成三个阶段中，应当对建筑能耗进行全过程的监控。从乡土建筑的全生命周期来看，建造完成之后的使用运营阶段所产生的碳排放量，在整个建筑生命周期中，所占比重最大，并且在设计之初，不同的设计方案在建造完成之后使用运营阶段的碳排放量差异也较为明显[1]。

从乡土建筑建造之时这一阶段来看，其碳排放主要包含建材的生产、建材的运输和施工能耗三个部分，如果控制这三个变量不变，乡土建筑的使用寿命进行适当延长，则能降低建筑全生命周期过程中年均碳排放量，能够实现一定程度的碳减排[11]。表5分别计算某一乡土建筑在其使用寿命的30年、50年、70年和90年这四种情况下的碳排放情况，通过计算可知，其建筑寿命与全生命周期的碳排放量成正比，与全生命周期年均碳排放量成反比，可见延长建筑使用寿命的碳减排效果显著。

1　建筑全生命周期是指从材料与加工生产、空间规划与设计、材料建造与运输、建筑运行与维护直到拆除与处理（废弃、再循环和再利用等）的全循环过程。

表5　不同使用寿命情况下碳排放情况对比

使用寿命	建造之时	建造完成	拆除清理	全生命周期碳排放量	全生命周期年均碳排放量
30 年	x	$30y$	z	$x+30y+z$	$y+(x+z)/30$
50 年	x	$50y$	z	$x+50y+z$	$y+(x+z)/50$
70 年	x	$70y$	z	$x+70y+z$	$y+(x+z)/70$
90 年	x	$90y$	z	$x+90y+z$	$y+(x+z)/90$

注：x 为建造之时的碳排放量；y 为建造完成年后平均碳排放量；z 为建筑拆除阶段的碳排放量。

四、乡土重建过程中基于"容错机制"的低碳适应

基于上文对乡土重建过程中"容错机制"正向反馈的研究，结合实际案例的分析，从材料使用、建造技术、空间布局和能耗监控四个层面探讨碳减排的方式。本文将从低碳适应性的角度，进一步总结基于"容错机制"原理的乡土重建碳减排策略，并厘清乡土重建过程中基于"容错机制"的正向反馈与碳减排的耦合关系。"系统与层次""自主与适宜""传统与融新""在地与涵化"这四组概念或对立、或交叉，从多重维度概括了"碳减排"与"容错建造"的耦合关系，为乡土重建提供更多的可能性（图5）。

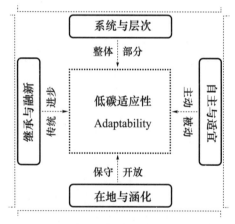

图5　低碳适应性原则

1. 系统与层次

乡土重建是一个综合的、复杂的系统，包含的要素十分冗杂，这一系统可以看作是一种显性结构要素和隐性结构要素之间的物象化表现。按照策略导向划分，乡土重建包括社会战略、环境战略、造物战略、事件战略、媒介战略等。各层次的表现特征均在一定程度上对系统有所回应，各层次也可以作为显现系统的缩影。由此，乡土重建过程中，系统与层次是从宏观到微观、微观到宏观的协同作用关系[12]。

从系统与层次理解低碳适应，一般可以用"突变"进

行解释，基于容错的正向反馈，在某一阶段采取有针对性的低碳策略，由于这一"突变"的发生，进而提高了整体的低碳效能。系统与层次的低碳适应，也可以从乡土建筑的地域性入手，其中涉及乡土材料、传统技术、空间布局等要素，且并非需要每个要素都进行回应，往往单一要素的介入即可带来意料之外的结果。从容错出发的低碳策略，通过独立工作或者复合作用，成为影响乡土重建过程的低碳适应的关键。事实上，有针对性、适度的正向介入，既能使系统保持在自我调节范围内，也更有利于乡土重建的低碳适应。

2. 自主与适宜

自主性在乡土重建的过程中十分重要且必要，它是乡土重建可持续性的保障，自主性可以从两个层面理解：一是行为主体的自主，村民一方面可以利用现有的乡土空间学习并践行一些低碳行为，另一方面可以利用其能动性，对已有乡土空间进行低碳转化。二是乡土建筑的自主，可以从"弹性建造"的层面理解，乡土建筑的建造需要具备"容错性"，低碳适应是一个试错的过程，需要给予乡土建筑更多的"自主"，突破常规的单一线性思维模式，及时调整技术路线，实时对结果进行预判。

乡土重建还需要考虑适宜的原则，可以概括为"适应环境、适度技术、适宜人居"三个层面（图6）。确立以"道法自然"为基准的低碳适应原则，在整体性的基础上向绿色可持续进一步提升。低碳化的乡土重建是各分项对空间形态和技术措施的整合，在这一过程中，要选取适时、适地、适人的策略，从环境、技术、人居三个层面，系统高效地进行乡土营建，并最终回到人与自然的关系中[13]。

3. 传承与融新

传承与融新是一组相对的概念，在斯图尔特·布兰德所著的《建筑怎样学习》一书中，曾定义优秀的建筑应"以恰当的方式持久并且可变"，在乡土重建过程中，这种持续和变化也可理解为基于容错机制做出正向反馈，并利用民间智慧并对其代际更新，以实现低碳适应。所以，在乡土重建的过程中，应传承乡土建筑对房屋保温、自然采光及通风等方面所采取的有效节能的建造方式，同时应根

据现代的建造工艺加以革新[14]。

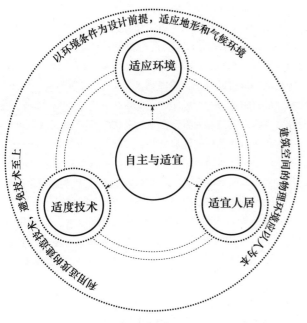

图6　自主与适宜

针对原生的乡土重建的建造体系，应积极采取"低技高效"的建造方式。这其中的低技并不是指简单粗暴地直接回到传统营建模式，而是指应该学习当地低成本且便捷施工的建造工艺，利用现代相应的技术对其进行融新，保证其易获得、低成本、简单操作的特性，从而实现低碳适应。这种朴素的模仿，其实是一种具有普适性的类推，有利于村民自主意识的形成，并通过容错进行自我调节。这一过程的转变，需要试图对过去乡土营建范式有较为全面和翔实的总结，从更深的层次探索其内在规律与原理，结合现代范式应用到当下的乡土重建过程中（图7）。

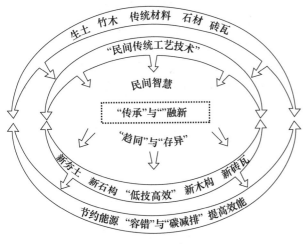

图7　传承与融新

4. 在地与涵化

现代主义语境中，"涵化"是现代性的一种表征，与之

对立的现象是"在地"。"涵化"其实可以理解为在地性受到了外来文化的影响，表现出一种趋于统一的现象。"在地"即"此时此地"，要求乡土营建要根植于当地社会文化和自然环境，不破坏原有的乡土聚落和空间尺度，关注乡土重建从设计之初到建造完成的整个过程中所涉及的社会、人文与生态的含义。集体记忆作为一种人与其生存环境的对话要素，成为二者在时间历程中传承与变换的线索，"此时此地"是对这种集体无意识的回归，带来了人们对传统乡土建筑语汇的缅怀。

土、木、石、竹等这些传统的乡土材料，在乡土营建过程中发挥了重要作用，这些传统材料的使用体现了清晰的建构逻辑，也间接地反映了建筑与所在自然环境之间的朴素地域关联。"涵化"也可以理解为是对传统的一种发展，是对低碳概念内涵的外延扩展（图8）。在不断快速发展的社会背景中，应正确对待乡土重建建造技术的转变，并且充分利用在地材料和传统建造工艺，抛弃一味的"拿来主义"。

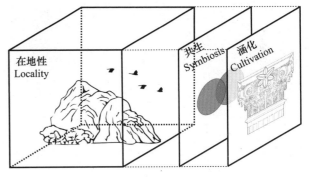

图8　在地与涵化

五、　结语

本文提出的基于"容错机制"的低碳适应性方式，在乡土重建过程中其实是一种持续的正向反馈和整体性建造逻辑相互关联的方式。在讨论基于"容错机制"的正向反馈中，分析了乡土重建过程中的出错点及错误类型，并探讨了依据正向反馈如何规避错误的发生，并在容错过程中实现低碳适应，建立"容错"与"碳减排"的耦合性。乡土重建是一个长时间的持续演进过程，在这个渐进的过程中，必须要契合并尊重当地原有的动态规律，从容错机制的正向反馈入手，在现有乡土建筑物化的基础上，不断反馈优化，以此实现可持续的生长状态。乡土重建的过程依然存在着很大的弥合空间，"乡土中国"仍然是可以让当代的、未来的策划者们不断探索和自省的场域。

参考文献

[1] 王伟强，丁国胜 . 中国乡村建设实验演变及其特征考

察［J］．城市规划学刊，2010（2）：79-85.

［2］王冬．乡村：作为一种批判和思想的力量［J］．建筑师，2017（6）：100-108.

［3］卢峰，王凌云．建筑学介入下的乡村营造及相关思考：当代建筑师乡村实践中的启示［J］．西部人居环境学刊，2016，31（2）：23-26.

［4］徐小东，吴奕帆，沈宇驰，等．从传统建造到工业化制造*：乡村振兴背景下的乡村建造工艺与技术路径［J］．南方建筑，2019（2）：110-115.

［5］李琰，潘峰，吴月，等．国内外低碳建筑应用评价标准研究［J］．建筑施工，2017，39（10）：1536-1538.

［6］闫霞，聂桂平．产品设计中的容错性思考［J］．东华大学学报（自然科学版），2012，38（5）：636-638＋642.

［7］黄群，杨赛男．交互设计中产品的容错性设计应用研究［J］．设计艺术研究，2012，2（1）：47-51

［8］马昕茁．认知差异下的地域性表达：乡村营建中的建筑师与村民［J］．江西建材，2017（23）：25-26.

［9］田荣荣．基于营造视野的西南新乡土建筑实践研究［D］．贵阳：贵州大学，2018.

［10］施聪聪．现代建筑中石砌墙体的建造工艺和形式语言研究［D］．北京：北京建筑大学，2020.

［11］刘兵，祁神军，张云波，等．夏热冬暖地区建筑生命周期碳排放及减排策略研究［J］．建筑经济，2016，37（01）：84-87.

［12］李浈．营造意为贵，匠艺能者师：泛江南地域乡土建筑营造技艺整体性研究的意义、思路与方法［J］．建筑学报，2016（2）：78-83.

［13］贺勇，王竹．适宜性人居环境研究："基本人居生态单元"的概念与方法［J］．新建筑，2005（4）：97.

［14］吕品晶．民间营造技艺特性与当代传承方式的思考［C］//中国艺术研究院，中国非物质文化遗产保护中心，南京大学，上海交通大学．中国艺术研究院，2009.

系统动力学视角下传统圩田聚落可持续发展思考
——以太湖溇港为例[1]

刘焕杰[2]　张　睿[3]　张玉坤[4]　王迎港[5]　牟梦琦[6]

摘　要：传统圩田聚落包含全球重要的农业遗产，目前正面临着可持续发展的挑战。过往研究多集中在历史、水利、农业、景观等学科，而缺少将圩田聚落内多要素整合的系统性研究。本研究采用系统动力学研究视角，以太湖溇港圩田聚落为对象追溯其发展脉络，提出"水—地—人"三者作用的动力系统并对其子系统进行建构，总结系统适应性特征，在时空背景下将研究要素耦合关联。研究提出了新的可持续系统概念，探讨了支撑传统圩田聚落的关键要素和自适应能力。

关键词：圩田聚落；可持续保护；历史遗产；系统动力

一、　引言

1. 背景

作为涵盖全球重要农业文化遗产和世界灌溉工程遗产的传统圩田聚落，其内在价值定位与可持续发展模式急需系统思考。"圩田"是中文语境下的特殊低地环境改造模式，是通过利用堤坝，对外围水、对内围田，将水利、农业、人居三者结合的可持续生产生活模式。利用江、河、湖、海周边的湿地、滩涂等低地区域进行水环境改造，形成丰饶宜居的圩田聚落。[1]

2. 当前研究重点

圩田这一与自然和谐共生的聚落空间，自二十世纪五十年代开始便引发中外史学界的关注。当前随着城市化发展，由水网组织起来的江南水乡也引起建筑、规划、景观学科的关注，对于特殊聚落空间的改造和设计也逐步深入到历史、地理层面。[2]同时开始与荷兰圩田展开横向对比，研究其形态肌理、作用机制等结构深层原因。[3]

3. 当前研究不足

（1）研究整体性、系统性视角的缺乏

对于建筑规划学科而言，对乡村聚落的保护与利用更应该结合原有的历史脉络，在保持其空间环境可持续的基础上对未来进行预测。传统圩田聚落的历史可达千年，在历史长河中，人与土地、水三者逐步形成了可持续的发展模式。圩田聚落的可持续问题是环境问题，也是资源问题，但综合来看是在一定时空范围内的物质、能量、信息三者是否平衡的问题，是系统的适应性问题。

1　国家自然科学基金面上项目（52078322）；国家自然科学基金面上项目（51978443）；天津市研究生科研创新项目（2022BKY093）；天津大学研究生文理拔尖创新项目（A1-2022-005）。
2　天津大学建筑学院，300072，liuhuanjie_ arch@163. com。
3　通讯作者，天津大学建筑学院，副教授，300072，zhangrui_ tianjin@ hotmail. com。
4　天津大学建筑学院，教授，300072，zyk. tj@163. com。
5　天津大学建筑学院，300072，yinggang97@ gmail. com。
6　天津大学建筑学院，300072，mmq9177@ outlook. com。

（2）圩田聚落面临的问题

圩田格局的形成是时间维度下人与环境不断组织、配合所形成的产物，如在太湖流域依旧保留圩田溇港的形态，但随着城市化的推进，许多圩田肌理下的水网、陂湖、圩田、村落和城市融为一体。[4]新城市群正在古老的圩田肌理之上建立，快速建立的新城并没有将传统的水网、农业、人居空间延续，圩田的区域在不断缩小，江南水乡的格局正在逐步消失。[5]

在世界范围内最为人熟知的便是荷兰圩田。其通过利用三角洲自然空间，最终将临海的低地开发成物产丰饶之地。[6]但随着海平面上升，荷兰围海造地的模式也饱含隐患，气候风险成为人们更加关注的重点。[7]同时，对荷兰圩田在当代的研究也逐步从历史、水利研究过渡到空间结构研究，从更宏大的视野中建构人与自然的平衡。

二、 研究区域和方法

1. 研究区域

太湖西南部为丘陵地带，为主要来水方向。北部、东部和东南部主要为平原洼地，为太湖去水方向。太湖整体地貌呈碟形，洼地中心为太湖，高程一般为 2.5～4 米，周边高程 4～8 米（吴淞基面零点）。太湖流域内水面面积 5551 平方千米，占全流域面积的 $\frac{1}{6}$，湖泊与河道比例约为 3：2。平原区水网纵横交织，河道密度达 3～4 千米/平方千米，是江南水乡的典型地区。（图 1）

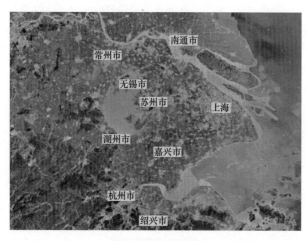

图 1　太湖流域卫星图

2. 研究方法

系统动力学起源于 20 世纪 50 年代，是以反馈控制理论为基础、通过计算机建模来定量研究系统问题的方法。[8]系统动力学的核心观点是：系统的结构决定了其行为，且各种复杂行为都是系统内部反馈结构的自然结果。

反馈环路是系统动力学的重要概念。在系统中，因果关系往往不是线性的，而是形成闭环，即反馈环。这些反馈环是构成系统行为动态特性的基本元素。反馈环可分为正反馈和负反馈，正反馈是一种自我加强的过程，负反馈则是一种自我稳定的过程，系统动力学通过识别和建模这些反馈以理解和预测系统行为。

在圩田聚落的环境中，水、地、人三者和谐共生，通过水网系统组织建立起可持续的正反馈环，即：人通过水网来控制水，旱时补水、涝时泄水，通过可控的水保证了土地的稳定。一旦水不可控，与水紧密相关的土地便会失衡，从而影响这片土地的人（图 2）。

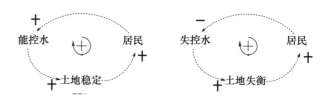

图 2　左图为"水—地—人"正反馈循环；
右图为"水—地—人"负反馈循环

三、 圩田可持续发展模式分析

1. 可持续的历史发展轨迹

圩田作为自古以来中国先民们借助水资源和谐解决人地矛盾的一种方式，初级圩田的萌生正式起步于春秋时期，而后在秦汉三国时期的太湖周围散布，晋代已有溇港的水利模型，随着晋代修建运河，水利技术的进步也为后来圩田模式的升级打下基础。

圩田模式中最为人所知的是随着唐代人口南迁、大规模开垦土地，为保持可持续且稳定的聚居系统而建立的塘浦（溇港）圩田。宋代是圩田模式的转型时期，在环境、经济、社会等诸多因素的影响下，大圩解体成中小圩田，泾浜模式开始形成。元明清时期小圩制持续发展溇港模式成为江南水乡的肌理标志，同时随着对生产模式的改良，桑基圩田也形成规模。[9]

2. 系统层次性构成

在系统动力学的视角下，太湖地区的溇港（塘浦）圩田聚落系统在一定区域范围内建立了一个可持续的系统模型，我们称之为"母系统"。该系统的目标是保持整个系统的稳定运行，并保持系统内的物质和能量流动平衡。母系统由三个子系统组成：海堤湖堤系统、塘浦（溇港）水网系统和圩田聚落系统。从空间角度来看，它们各自有不同的边界，并在母系统的指导下，各子系统内的元素被有序地组织起来，系统之间形成了紧密的联系（图 3）。

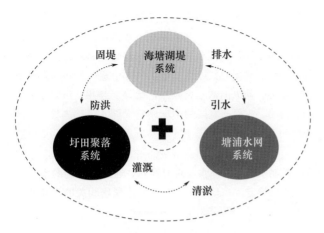

图3 太湖（塘浦）溇港圩田聚落系统动力图

（1）海塘与湖堤系统

在圩田聚落形成的历史脉络中，太湖下游位于海、湖之间，海潮与湖水对聚落生存发展影响巨大。要想在此区域进行大规模的垦殖，湖堤与海塘是建立空间安全的核心。

早在春秋时期，吴国就在太湖下游通长江的港口设置堰闸，水利工程的营造已有痕迹。《水经注》引《钱塘记》中记载的钱塘县海塘修筑于汉代。而在唐广德年间，嘉兴、吴郡屯田兴盛，恰好是唐开元重筑盐官县海塘之后。

太湖南岸的堤岸是最早修筑的。湖州长兴蠡塘始建于春秋末年，在这之后又在西汉末筑长兴皋塘，"以障太湖之水"。三国吴末筑青塘，自吴兴城向北到长兴修湖堤数十里，目的是防止太湖水涝，保护堤下的良田。[10]吴兴以东的塘岸，西起吴兴城，东抵平望镇，始筑于晋代，原名荻塘，后改名頔塘。

筑堤是围田的开始，为人工围田提供了空间上操作的可能性。太湖东南岸的堤岸在唐代中叶全线接通，自此也促进了下游围田的加速发展，圩田聚落的系统化逐步推进。[11]

（2）横塘纵溇（浦）水网系统

太湖渠系已成为世界灌溉遗产工程，渠网保存完好。交叉荡漾和垂直运河交织成一个几乎网格状的运河网络。塘浦（溇港）水网不像荷兰的圩田运河那样形成标准的网格状格局，而是以区域环境为基础，形成人工环境与自然环境的和谐状态。同时，湖泊区（荡、漾）被放置在水系网络之间，作为内部储水之用。水网系统与海堤、湖堤互联互通，在满足生产生活实际应用的同时实现了引、排水控制。

（3）圩田聚落系统

在太湖溇港圩田聚落系统中所有的村庄、建筑、交通都与水网结构相关，整体反映了中国历史上一个长期与水和谐共生的社会生产生活结构。人工水网开辟的同时划分出陆地的基本形态，给人们带来了土地利用的多种可能性。通过对土地与空间持续的规划，最终形成了大小不一的圩

田，而在每一块圩田旁分布着座座民居，这些要素构成了独特的圩田聚落景观。

在江浙一带，聚落在古代就常以河、湖、港、浜、渎、桥、渡、汇、溇、荡、埠等为名。例如，在清代官方登记的绍兴山阴县668处聚落中，以上述为名的达230处，在会稽县（今绍兴市）的685处聚落中，则达到263处。[12]

太湖流域圩田聚落构成要素复杂，有形要素包括堤岸、水闸、聚落、水网、田地等，在这个系统中人作为自然和文化交互的纽带，通过耕作、灌溉、排水、航运等活动将二者关联，最终形成一个具有适应性的复杂系统（图4、图5）。

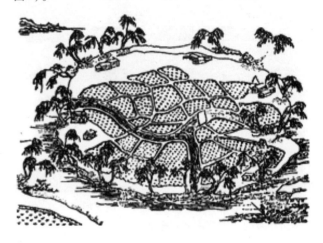

图4 圩田聚落示意图
（清《授时通考》）

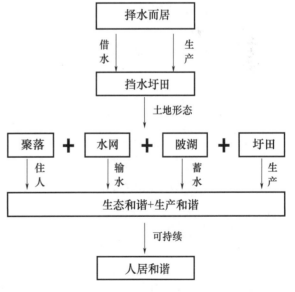

图5 古代圩田聚落的结构线索图

3. 系统性特征

（1）因地制宜

横塘纵浦的水网形态主要是因地制宜地对土地环境进

行改造，通过互相连通的浚深河道，形成具有高度调节能力的水网。水网的构建实现了挖与筑一举两得，河与堤同时建成，在处理好积涝问题的同时形成可供垦殖的土地。[11]

地势较高的圩区，深浚塘浦，塘浦之水高于江，江水又高于海，因此不用担心泄水问题。而对于低田，则更多的是引水入田，高筑堤岸，因势利导，因地制宜，通过圩田的水网系统达到旱时车畎溉田，涝时泄流入海。[12]

（2）因需制宜

太湖流域的圩田原本是易于洪泛的区域，低地易于洪泛而高地则更多承受干旱的威胁，水网系统在不同的地理区域具有不同的功能作用，可以很好地保持圩田内部水资源的稳定，利用自然或人工湖泊（荡、漾）形成水网密集的蓄水池，而纵向的水网用于和太湖相连接，可以很好的引、排水，东西向宽阔的横塘则将纵向水系相连接，同时能够一定程度蓄水通航（图6）。

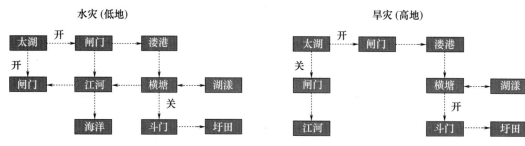

图6 应对水旱灾害时的系统调节模式示意图

（3）系统性危机

历史上人口迁移成为太湖圩田发展演变的内生动因。西晋永嘉之乱，第一次人口大迁移带来了北方先进技术，唐安史之乱和宋室南移第二次人口大迁移，为太湖流域带来大量人口。人地矛盾突出，推动了太湖流域圩田的发展。

在五代之后太湖流域人地矛盾突出，原有的塘浦圩田的管理制度也逐渐崩坏，河网淤堵、堤坝与水闸破坏严重，圩田规模开始收缩，最终形成了小圩田结构，明清时期逐渐形成水网圩田组织下的社会关系。中华人民共和国成立后，再一次对圩田规模进行扩大。原有的系统结构被打破，其内部的水田、鱼塘和湖漾相继退出调蓄，使得圩田外水位升高，水网圩田从生态系统中清除，给周边环境带来了格外的防洪挑战（图7）。

图7 系统性危机应对方式

但洪涝问题时刻威胁着这片土地上的聚落，在圩田营建之时挡水围田就必须与塘浦开挖同时进行，解决洪涝的同时也就开辟出了土地。圩田相接，水网相连共同组织起了塘浦圩田系统。自宋代开始经历人口变迁、政治影响、自然灾害等诸多因素后，原有的塘浦圩田规模逐渐缩小，形态和作用也发生了不同程度的改变。塘浦圩田的古制早已不在，但今天的太湖流域人依旧与水共生，在系统动力学视角下，太湖"水—地—人"三者互相依存，特殊环境中延续千年的智慧值得进一步发掘，为未来圩田聚落的可持续保护与发展提供新的思考。

四、 结果与讨论

对于太湖流域的水与土地问题，以唐代建立的塘浦圩田最为典范。根据地理环境的差异性，用一套系统实现高地与低地水土稳定，而高低分治的关键则是塘浦系统，在北方也常被称为"沟洫系统"。而要想实现系统的作用需要对其有严格的规划、设计和施工标准，塘浦必深阔，圩岸必高厚，清水泄海必通畅，才能让塘浦系统运转无阻。

土地与水网的协调使得在河湖滩地中耕作成为可能，

参考文献

[1] 赵崔莉，刘新卫. 近半个世纪以来中国古代圩田研究综述 [J]. 古今农业，2003（3）：58-69.

[2] 王彦波. 江淮水圩聚落形态与变迁研究 [D]. 武汉：华中科技大学，2021.

[3] 斯蒂芬·奈豪斯，韩冰. 圩田景观：荷兰低地的风景园林，风景园林 [J]. 2016（8）：38-57.

[4] 王向荣. 自然与文化视野下的中国国土景观多样性 [J]. 中国园林，2016，32（9）：33-42.

[5] 刘通，吴丹子. 风景园林学视角下的乡土景观研究：以太湖流域水网平原为例 [J]. 中国园林，2014，30（12）：40-43.

[6] 郭巍，侯晓蕾. 荷兰低地的景观传承：德克·赛蒙斯和 H＋N＋S 事务所设计评述 [J]. 中国园林，2016，32（1）：109-114.

[7] HELLMANN F, VERMAAT J E. Impact of climate change on water management in Dutch peat polders, Ecological Modelling, 2012, 240: 74-83.

［8］王其藩．系统动力学［M］．上海：上海财经大学出版社，2009.

［9］陆鼎言，王旭强．湖州入湖溇港和塘浦（溇港）圩田系统的研究［C］//陆鼎言，王旭强．湖州入湖溇港和塘浦（溇港）圩田系统的研究研究成果资料汇编．［出版者不详］，2005：4-43.

［10］程郇．新复青塘提岸记［M］//湖州府志．［出版者不详］，1542（明嘉靖二十一年）．

［11］缪启愉．太湖地区塘浦圩田的形成和发展［J］．中国农史，1982（1）：12-32.

［12］范成大．吴群志：水利［M］．刻本．［出版者不详］，1368（明洪武元年）．

清代皇家建筑楹联匾额中的民族共同体意识初探
——以紫禁城、 颐和园、 承德避暑山庄为例[1]

王泉更[2]　张　龙[3]

摘　要： 点景题名是中国古代建筑中独有的文化传统，清代皇家建筑中包含了丰富的点景题名文化，其中悬挂的楹联匾额不仅蕴含了中华文化深厚的内涵与意趣，部分主题更是皇家民族观、国家观等政治思想观念的直观表达。本文通过对清代紫禁城、颐和园及承德避暑山庄的理政区域的楹联匾额进行收集整理，从古籍用典、创作主题、文化内涵、多民族文字等角度进行分析和筛选，挖掘楹联匾额当中蕴含的民族文化基因，对表达国家认同、民族认同、历史认同、文化认同等价值观的楹联匾额内容进行分类和溯源，提炼其中蕴含的民族共同体意识。

关键词： 皇家建筑；楹联匾额；点景题名；民族共同体；建筑文化

点景题名是中国古代建筑中独有的文化传统，是中国古代文学艺术中解释学传统在建筑层面的具体体现。中国古人在各类艺术创作领域里利用文字形式表达对景物的名实、言象意等层次的深刻理解，这种诗性的命名方式即中国古代建筑文化当中的点景题名文化，具体体现在建筑当中悬挂的楹联匾额。清代皇家建筑包含了丰富的点景题名文化，无论是富有政治色彩的皇家宫殿，还是充满文人情怀的皇家园林，其中悬挂的楹联匾额不仅蕴含了中华文化深厚的内涵与意趣，部分主题更是皇家民族观、国家观等政治思想观念的直观表达，在国家认同、民族认同、历史认同、文化认同层面表现了中华民族共同体意识。

一、 清代皇家建筑楹联匾额创作的内容分类

清代皇家建筑的点景题名，以皇家宫殿紫禁城、皇家园林颐和园以及皇家行宫承德避暑山庄为例，楹联匾额分布在各个建筑和景点中，创作主题包括政治、文化、自然和宗教等方面。这些匾联表达了皇帝的治国思想与政治抱负、为人处世的道德追求、对官员提出的要求、对子孙后代的期望、对人民生活的关切、对文化和教育的重视、对自然美的赞美和对生态环境的保护意识以及对宗教信仰的尊重和崇敬等。这些匾联不仅是重要文化遗产，也是中华民族传统文化的物质载体，反映了中国古代社会的价值观和思想观念，其中蕴含了中华民族一脉相承、源远流长的文化基因。

根据《楹联丛话》《国朝宫史》《日下旧闻考》《钦定热河志》中记录的清代紫禁城、颐和园、避暑山庄的匾联情况，结合悬挂匾联的建筑位置与所属区域，清代皇家建筑点景题名的创作主题按照创作数量由多到少，呈现出励精图治、祈福祝寿、修身养性、宗教祭祀、求仙问道、点景状物六大类创作主题（表1）。

1　基金项目：西藏大学中华民族共同体研究基地"清代西藏地区宗教建筑与京畿地区皇家建筑的设计互动研究"项目（项目编号：2022-TFSCC-02）。
2　天津大学建筑学院，博士在读，300072，archquangeng@qq.com。
3　天津大学建筑学院，教授，300072，arcdragon@163.com。

表1 清代皇家建筑楹联匾额的主题内容分类

创作主题	匾联举例
励精图治	【勤政亲贤】（养心殿）、【日监在兹】（养心殿）、【心天之心而宵衣旰食，乐民之乐以和性怡情】（养心殿）、【怡情在书史，关念总闾阎】（养心殿）、【表正万邦，慎厥身修思永；弘敷五典，无轻民事惟难】（乾清宫）、【克践厥猷，聪听祖考之彝训；无敦康事，先知稼穑之艰难】（斋宫）
祈福祝寿	【万寿无疆】（慈宁宫）、【慈寿凝禧】（寿康宫）、【长乐春晖】（寿安宫）、【天惟纯佑命，俾尔戬穀百禄是荷；民其敕懋和，绥以多福万寿无疆】（坤宁宫）
修身养性	【无为】（交泰殿）、【恬澈】（养心殿）、【敬天法祖】（养心殿）、【澄心正性】（钟粹宫）、【调元气】（长春宫）、【与天地参】（祀孔处）、【与和气游】（乐寿堂）、【开洙泗心传，圣由天纵；集唐虞道统，德合时中】（祀孔处）
宗教祭祀	【金界垂福】（钦安殿）、【统握元枢】（钦安殿）、【大圆宝镜】（储秀宫）、【虚受众美具，观心诸境空】（弘德殿）、【虔祷垂恩嘉宇宙，诚祈降福祐乾坤】（钦安殿）、【吉蠲致敬先三日，昭格惟诚矢一心】（诚肃殿）、【鸟雀听经皆宿慧，风幡说偈自高标】（佛日楼）
求仙问道	【迎春树暎珠屏灿，益寿花开宝露浓】（庆寿堂）、【天上彩云移宝扇，春来瑞气满瑶池】（庆寿堂）、【韶序启青阳，煦回岁籥；祥光腾紫气，庆溢仙阁】（昌泽门）、【辉骈宝券晋云阊，推策纯常集瑞；庆衍瑶筹赢澥屋，阐珍乌奕流晖】（敛禧门）、【春纪八千，和风翔寿宇；皇居九五，香露霭仙宫】（景仁宫）

续表

创作主题	匾联举例
点景状物	【树将暖旭轻笼庯，花与香风并入帘】（绛雪轩）、【花初经雨红犹浅，树欲成阴绿渐稠】（绛雪轩）、【四季风光无尽藏，百城古帙有馀馨】（养性斋）、【树石接蓬莱，三色乔云成蝘；轩窗赛象纬，千秋宝篆凝图】（延晖阁）

这些匾额内容相互映照，或直抒胸臆，或深邃含蓄，或借喻典故，或寓情于景，或比拟象征，通过使用多种艺术手法，体现出帝王的政治理想、精神追求、人文情怀和审美意趣。这些创作主题背后的思想也以不同的方式体现着帝王对国家、民族、历史、文化各个方面的继承、吸收与认同，需要进行进一步的针对性挖掘和提炼。

二、 清代皇家建筑楹联匾额中的民族共同体意识

1. 皇家建筑匾联的民族共同体意识提炼逻辑与分类

在匾联文学作品中挖掘某种特定的意识观念。首先，根据民族共同体意识内涵中的"四个认同"，即国家认同、民族认同、历史认同、文化认同四个大类为提炼意识的切入点，对应归纳为故宫匾联民族共同体意识中的国家认同、民族认同、历史认同、文化认同四个部分，其中作者将宗教认同其归于文化认同范畴。其次，意识辨别方式需要针对故宫匾联的具体创作主题进行设计，从而验证它们是否体现民族共同体意识当中的国家认同、民族认同、历史认同以及文化认同。根据以上目标进行清代故宫现存楹联匾额记录信息的二次梳理，得到上文民族共同体意识四方面认同的提炼逻辑如下（表2）。

表2 皇家建筑匾联的民族共同体意识提炼逻辑

中华民族共同体意识 （楹联匾额）			
国家认同	民族认同	历史认同	文化认同
在匾联中挖掘题写者对于中华民族上古时期的国家名称、地理疆域等信息具有较为明显认知的内容，以及挖掘匾联中历朝历代帝王描绘国家发展蓝图、向往国家和平统一的内容	在匾联中挖掘题写者对于中华民族古代神话传说、古代哲学观念、自然宇宙观念的继承和认知的内容，以及挖掘能够直接体现"华夷一体""四海一家"民族思想的内容	在匾联中挖掘题写者对于中华民族发展历史、民族文化传承脉络具有明显认知的内容，以及直接表达自身是中华民族先祖的继承人，是中华文化的正统继承者的相关内容	在匾联中挖掘题写者对于中华民族以儒家思想为核心的传统道德准则的认同和继承，以及对中华民族历代文人士大夫思想的推崇，对各民族宗教文化的认同的相关内容
● 国土疆域意识 ● 国运蓝图描绘 ● 国家代称象征 ● 和平统一思想	● 古代神话认知 ● 古代哲学认知 ● 四海一家思想	● 历史典故认知 ● 身份认同意识 ● 文化正统意识	● 儒家思想认同（勤政、和合、仁爱、诚信、正义、大同、修身、平衡、民本、尊孝） ● 文人情怀认同 ● 宗教文化认同

根据清代紫禁城、颐和园以及承德避暑山庄的匾联创作内容分类和建筑功能布局，本文选取故宫紫禁城中轴线理政区域（午门—太和门、前朝三大殿、后朝三大殿、御花园）、颐和园东宫门理政区域（东宫门、乐寿堂、玉澜堂、德和园）以及承德避暑山庄宫殿理政区域（正宫区、东宫区、松鹤斋、万壑松风）作为建筑匾联梳理范围。这些理政区域是皇帝平时处理政务、接见大臣和日常工作出入最为频繁的场所，相比其他生活起居、园林游赏、礼佛祭祀等功能区域的匾联更具有功能性，更为直观表达帝王对民族、国家、历史等层面的思考。

2. 清代皇家建筑楹联匾额民族共同体意识分类

按照上述民族共同体意识辨别逻辑，可以归纳出20个共同体意识呈现主题，分别是国家认同（4个主题）、民族认同（3个主题）、历史认同（3个主题）、文化认同（10个主题）。在此基础上，经过梳理和筛选分类，清代紫禁城、颐和园、承德避暑山庄中理政办公区域建筑楹联匾额的民族共同体意识数量分布情况如下（表3）。

表3 清代紫禁城、颐和园、承德避暑山庄（理政区域）匾联民族共同体意识分类表

民族共同体意识	创作主题	匾联数量分布			匾联内容举例		
		紫禁城	颐和园	避暑山庄	紫禁城	颐和园	承德避暑山庄
国家认同	国运描绘	10	5	5	【紫极正中央，万国共球并集；青阳迎左个，千门雨露皆新】（乾清门）	【星朗紫宸，明辉腾北斗；日临黄道，暖景测南荣】（仁寿殿）	【四面云山契仁寿；万家烟井验民和】（澹泊敬诚）
	疆域意识	6	3		【帝座九重高，禹服周疆环紫极；皇图千禩永，尧天舜日启青阳】（乾清门）	【八方开域皆为寿；兆姓登台总是春】（德和园）	
	和平统一	8	5	1	【龙德正中天，四海雍熙符广运；凤城回北斗，万邦和协颂平章】（太和殿）	【七政衍玑衡，珠联璧合；四时调律吕，玉节金和】（德和园）	【中外同风，持盈长保泰；山川竞秀，弥性并怡情】（勤政殿）
	国家象征	2	1		【协气东来，禹甸琛球咸辑瑞；和风南被，尧阶蓂荚早迎春】（协和门）	【亿载治谟，德超千古；两朝敷政，泽洽九垠】（乐寿堂）	
民族认同	古代哲学	6	3		【万化转璇枢，本天而本地；一元开瑞策，资始以资生】（交泰殿）	【上林万树连西掖；北极诸星拱太微】（庆善堂）	
	古代神话	2	3	2	【昊英辟春阳，瑞气常浮五雉；羲和回日驭，卿云时捧双龙】（乾清门）	【风生闿阖春来早；月到蓬莱夜未中】（夕佳楼）	【蓬阆咸映】（万壑松风）
	四海一家	1		2	【妫观翔云，九译同文朝玉陛；凤楼焕彩，八方从律度瑶闻】（太和门）		【丽正门】（丽正门）（满汉蒙藏维五种文字）
历史认同	历史典故	2	5	4	【天禄琳琅】（昭仁殿）	【庆善堂】（庆善堂）	【流杯亭】（流杯亭）
	身份认同	3	2		【二典三谟，法尧舜之道；五风十雨，协天地之心】（弘德殿）	【殿上尧尊倾北斗；楼前舜乐动南熏】（庆善堂）	
	文化正统	3	1	1	【表正万邦，慎厥身修思永；弘敷五典，无轻民事惟难】（乾清宫）	【珠玉九天，元音谐乐律；笙簧六籍，太室饫谟觞】（颐乐殿）	【丽正门】（丽正门）

民族共同体意识	创作主题	匾联数量分布			匾联内容举例		
		紫禁城	颐和园	避暑山庄	紫禁城	颐和园	承德避暑山庄
文化认同	和谐平衡	13	3		【太和殿】（太和殿）	【颐和园】（东宫门）	
	顺应自然	7	1	1	【与天地参】（祀孔处）	【道存斋】（道存斋）	【惠迪吉】（惠迪吉门）
	提倡仁德	6	9	2	【施仁抚禹甸，习境养天倪】（弘德殿）	【扬仁风】（扬仁风）	【德汇门】（德汇门）
	提倡孝道		3	10		【春晖承暄】（仁寿殿）	【鹤羽千年白，松姿不老青；惟兹真上瑞，堪以祝慈宁】（继德堂）
	为君之道	26	7	8	【建极绥猷】（太和殿）	【海涵春育】（勤政殿）	【戒急用忍】（烟波致爽）
	修身养性	2		3	【养性斋】（养性斋）		
	以民为本	1		3	【表正万邦，慎厥身修思永；弘敷五典，无轻民事惟难】（乾清宫）		【先泽志钦承，宵衣旰食；民依心切念，春雨秋旸】（澹泊敬诚）
	文治教化	4			【居敬存诚】（养性斋）		
	文人情怀	13	3	7	【左右图书，静中涵道妙；春秋风月，佳处得天和】（摛藻堂）	【宜芸馆】（宜芸馆）	【岫云门】（岫云门）
	宗教认同	9	2	4	【功德庄严耀宝月；薰闻安乐引祥凤】（坤宁宫）	【大圆宝镜】（仁寿殿）	【法云自护三乘义；慧日常开四照花】（四知书屋）
其他匾联		50	43	17			
匾联总数		141	84	63			

　　根据梳理结果可知，三处大型清代皇家建筑组群中，悬挂于理政区域的匾联共计288条（紫禁城141条，颐和园84条，避暑山庄63条），其中蕴含民族共同体意识的匾联有178条（紫禁城91条，颐和园41条，避暑山庄46条）。可以初步证明，悬挂于清代皇家建筑理政办公区域的楹联匾额所包含的民族共同体意识占比大于60%（61.8%），相较于其他功能区域占比较高，基本印证了本文最初对于筛选范围的猜想。具体到创作主题，表达国家认同的匾联内容共计45条（紫禁城26条，颐和园13条，避暑山庄6条），表达民族认同的匾联19条（紫禁城9条，颐和园6条，避暑山庄4条）；表达历史认同的匾联21条（紫禁城8条，颐和园8条，避暑山庄5条）；表达文化认同的匾联147条（紫禁城81条，颐和园28条，避暑山庄38条）。

　　从数量的分布可以看出，清代皇家建筑中帝王在理政区域书写的匾联中表达对民族文化认同最多，相比之下，直接表达国家思想、民族思想以及历史认同的匾联较少。其中，文化认同主要体现在清代帝王对于以儒家思想为核心的传统文化的认同上，无论是皇宫紫禁城、园林颐和园还是热河行宫避暑山庄，文化认同的匾联表达"勤政亲贤""推行仁政""表正万邦""扶绥函夏"的为君之道和"亲近自然""归隐山林""淡泊名利""寄情诗画"的文人情怀这两个主题最多，这与清代帝王作为君王处理政务时对于自己的警醒劝诫，以及作为文人日常读书休憩时的陶冶情操的功能需求是吻合的。可以看出，位于理政区域的皇家建筑组群，其中所悬挂的楹联匾额具有较强的意识形态传达的功能性，恰恰有助于清代帝王表达和建构民族共同体意识。

　　对于匾联的民族共同体意识表达方式，清代帝王擅长在文学作品中运用典故进行场景描绘和情景塑造，通过选取多个特定寓意的人、事、物，建立典故与主旨的对应关系，再通过对仗、排比、互文等文学技巧，传达背后的文化认同、国家认同以及历史认同。总的来说，匾联在共同体意识的表达方面呈现出主题多样化和意识符号化的特点，一方面代表着与匾联相关的意识表达方式的成熟，另一方面也显示出匾联题写者较为深厚的汉文化修养。

另外，在匾额的多民族文字使用方面，紫禁城建筑外立面的匾额在清代经历了三次添换增改，主要表现为由"满文＋汉文＋蒙文"，变为"汉文＋满文注音"，再变为"汉文＋满文释义"。这种微妙的变化也较为直观地体现了清前期统治者层面对于中华民族共同体的构建。同时，在三处大型建筑组群中，除重要门殿之外，满汉双文匾额还较多出现在藏传佛教建筑的相关组群中。值得一提的是，承德避暑山庄的丽正门匾额，其上书写了汉、满、蒙、藏、维五种文字，也是一种非常直观的民族共同体思想的表达。

三、 结语

按照意识类别，清代皇家建筑匾额中一共包含国家认同、民族认同、历史认同、文化认同四大类民族共同体意识，其中文化认同和国家认同是占比最大的主要内容，而民族认同和历史认同相对较少，在整体上体现出民族共同体意识在文化思想、国家意识层面表达更为活跃的特点。匾联中的文化认同以儒家思想认同、文人情怀认同、宗教文化认同三个方面具体展开，其中表达以儒家思想为核心的传统文化认同占比最大，也最重要和显著。对于匾联中的民族共同体意识表达方式多种多样，总体呈现出主题多样化和意识符号化的特点。

清代皇家建筑所蕴含的人文思想与政治理念，溢于言表地体现在一块又一块隆重造办、斟酌词句、匠心独运的皇家匾联之上，它们经历了四百多年的历史，共同讲述着一段"华夏一统""四海一家"的故事。这些追求和谐、平衡、仁德、文明、勤勉、自然、安定、康健的民族思想意识的楹联匾额，饱含着中华民族人民对于自身、对于家、对于国的共同的记忆与希冀，与新时代"讲仁爱、重民本、守诚信、崇正义、尚和合、求大同"的中华民族共同体意

识内涵具有一定的相通之处，值得我们继续深入探索。

参考文献

[1] 梁章钜. 楹联丛话［M］. 上海：上海科学技术文献出版社，2016.

[2] 鄂尔泰，张廷玉. 国朝宫史［M］. 北京：北京古籍出版社，1994.

[3] 于敏中. 日下旧闻考［M］. 北京：北京古籍出版社，1985.

[4] 和珅. 钦定热河志［M］. 天津：天津古籍出版社，2003.

[5] 李文君. 紫禁城八百楹联匾额通解［M］. 北京：紫禁城出版社，2011.

[6] 夏成钢. 湖山品题：颐和园匾额楹联解读［M］. 北京：中国建筑工业出版社，2008.

[7] 于佩琴，段钟嵘. 避暑山庄御制诗联解读与品评［M］. 保定：河北大学出版社，2013.

[8] 赵向东. 名象何曾定可稽，毕竟同归天一寥［D］. 天津：天津大学，2012.

[9] 宋俊宇. 儒家文化视域下故宫匾额研究［D］. 曲阜：曲阜师范大学，2022.

[10] 张叶琳. 清漪园匾联与园林意境营造［D］. 北京：北京林业大学，2013.

[11] 春花. 探析清代皇家建筑满文匾额的发展演变［J］. 明清论丛，2011（00）：332-340.

[12] 王钰，朱强，李雄. 畅春园匾额楹联及造园意境探析［J］. 中国园林，2020，36（6）：130-134.

[13] 李文君. 故宫中轴线的匾额［J］. 文史天地，2022（1）：63-67.

[14] 张学玲，杨艺璇，李雪华. 了悟名象达真意，颐志养情契静心：清代承德避暑山庄点景题名研究［J］. 古建园林技术，2022（5）：101-104.

[15] 代倩雯. 从避暑山庄正宫区匾额内容探析康乾时期的民族思想［J］. 文物鉴定与鉴赏，2021（23）：45-47.

河湟传统民居的特色与价值[1]

李春林[2]　　马扎·索南周扎[3]

摘　要：本文以黄河流域高质量发展战略和河湟谷地的人文地理为背景，聚焦时代语境下河湟地区乡村社会可持续发展的需要，分析河湟谷地族群民居在气候资源、生业经济、族群文化、人居生态方面潜在的优势和特色。探究黄河上游流域，河湟地区乡村社会生态文明建设、民族团结事业高质量推进的工作思路和实践路径。

关键词：河湟谷地；河湟民居；文化融合；人居生态；新时代

河湟谷地是黄河上游湟水、大通河流域的山间河谷。该区域是从青藏高原向黄土高原过渡的地理单元，是唐蕃古道上汉藏土回等民族族群文化交流融合的文化走廊，是青藏腹地宜牧地区到青藏高原东北部宜农地区的过渡地带。在中国本土传统建筑体系的青藏地域民族建筑构成中，河湟谷地的民居具有鲜明的地域特色、务实的生业模式、多元的文化融合特征和青藏本土朴素的传统生态人居观念。新时代，在青藏高原地区城乡社会可持续发展需要的背景下，河湟谷地的族群聚落、民族村寨，成为区域民族团结进步、乡村生态文明建设、本土优秀传统文化传承复兴的重要空间载体，以及区域乡村振兴事业的典型实践目标。

一、河湟谷地

河湟[1]谷地位于中国西北地区，主要由黄河及其两个主要支流——湟水和大通河所形成的河谷组成。在藏语中河湟谷地被称为宗喀地区。这个地区地势相对平坦，水资源丰富，自古以来是中国西北地区的重要农业区。河湟谷地的农业主要以种植小麦、青稞、马铃薯、玉米、豌豆等粮食作物为主，同时还有果树和蔬菜的种植。这个地区还

有丰富的牧草资源，适宜发展畜牧业。（图1）

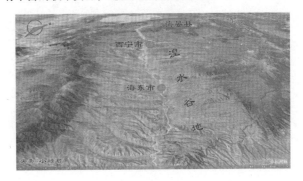

图1　河湟谷地

1　2022年度国家民委民委民族研究项目【从各民族建筑文化交往交流交融的历史路径探索青藏高原地区铸牢中华民族共同体意识的理论内涵和实践机制】（项目编号：2022-GMI-045）阶段成果。

2　中国民族建筑研究会会长，专家委员会副主委，100070，minjianhui1995@163.com。
3　中国民族建筑研究会副秘书长，专家委员会副主委，810007，1666236776@qq.com。

河湟谷地是青藏高原与黄土高原的过渡地带，是唐蕃古道上民族文化融合的重要历史路径，是内地儒家文化与青藏本土民族文化相互影响、互为渗透的重要文化单元，是汉、藏、土、回、撒拉等本土民族互嵌融合的重要社会单元，青海"家西蕃"[2]的由来就是融合团结的鲜活实证。由于地处宜农地区，背靠广大牧区，这里生活着以农为主，兼营农牧的汉、藏、土、回、撒拉等诸多少数民族。在语言方面，河湟地区的方言体现着各民族语言融合渗透的影响。在宗教方面，河湟地区主要有佛教、道教、伊斯兰教等多种宗教信仰，而且信仰不同宗教的各族人民长期以来互嵌融合，和谐共生。这些宗教信仰相互交织，共同构成了河湟地区的宗教文化生态。在人居建筑方面，以庄廓为典型特色的河湟民居，成为跨越民族个性，凸显地域特色，承载河湟各族人民乡土风情的安居之所。此外，河湟地区承载不同信仰的宗祠寺庙，也深刻蕴含着本土文化的地域特色。汉藏风格融合的塔尔寺建筑群（图2），中国官式建筑中典藏藏传佛教艺术精品的瞿昙寺[3]（图3），以及中式传统建筑特征的清真寺（图4），成为河湟地区本土传统建筑的优秀代表、融合典范。

图4　凤凰山拱北清真寺

二、　河湟民居的特点

河湟地区的民居聚落具有典型的地域特征。这种典型地域特征正是河湟地区各民族族群对宜居宜业环境的价值认同和共同选择。

如果不从民居的细节之处，或者聚落中典型的仪式性文化建筑加以区分，我们甚至很难仅仅从民居的形态，区分族群聚落的民族属性。在院落布局和民居构建上，相互学习、相互交融，你中有我、我中有你，体现出各美其美、美美与共的特征，形成以庄廓为典型的河湟民居（图5、图6）。

可以说庄廓是河湟地区各民族共同探索出的民居建筑形态。

图2　塔尔寺

图5　同仁县庄廓

图3　瞿昙寺

图6　湟源县庄廓

河湟民居的形成有地理因素，也有人文因素，成因复杂。

首先从地理气候的视角看，河湟谷地位于建筑气候分区中严寒地区和寒冷地区的过渡地带。特殊的气候和资源特点决定了庄廓成为最方便构建并最适于居住的民居。从青藏高原高峻的山川河谷逐步过渡到较为平缓的黄土台缘、浅山脑山地区，深厚的黄土不仅是安身立命之处，也是人居营造的重要资源。不同于青藏腹地石构建筑的材料技术特征，河湟谷地的庄廓[4]民居是土木技艺的彰显。而在河谷阶地的空间环境中，庄廓民居又继承了青藏腹地河谷建筑的山水人居的空间关系、层次变化、自然形态，成为黄土高原土木技艺民居在青藏高原东北部的实现形态，也成为青藏高原山地人居体系在河湟气候资源环境下的土木技艺实践成果。（图7、图8）

图7　夯土院墙

图8　民居檐廊

其次从生业模式的视角看，河湟地区是青藏高原东北部优质的宜农区域，河湟谷地成为青藏高原东北部最为典型的农耕生业发育区，庄廓院落为农耕生产生活提供了最佳场所。由于有限的河谷阶地耕地资源和高山区草场资源并存，河湟地区的生业模式呈现以农为主，农牧兼营、手工业发达的生业特征。河湟民居深受河湟地区生业模式的影响，如牧人的帐篷呈现可移动、装配式的特征。河湟民

居及族群聚落的功能格局、空间关系、技艺特征，就是承载其生业模式的适宜空间环境。河湟庄廓民居既是生活空间，又是生态空间；既是宜农的庄园，又是宜牧的牧场；既是注重伦理关系的空间印证，又强调人居与自然的和谐共生。庄廓民居传统营造技艺中的石砌、夯土、木作，成为河湟地区族群社会重要的生产技能和谋生手段。同时，河湟乡村社会因人居营造而形成的传续悠远的互助关系，进一步促进了社会和谐、民族团结。（图9、图10）

图9　院落

图10　内部

再次从族群文化的视角看，河湟地区是黄土高原农耕文化和青藏高原本土文化的过渡地带和融合区域。这里不仅有西部藏、回、土等民族文化东渐的影响，更有东部农耕文化、儒家思想西渐的影响。体现在河湟民居上，其特色比较典型。河湟民居外不见木、内不见土[5]的营造技艺特征，本身就是农耕文化外拙内秀的内敛性格。从民居空间布局来看，居住于庄廓的各民族都以三、五开间作为平面功能布局的主流，中间的正堂和两边的房间深受儒家伦理思想的影响，河湟民居中的连锅炕[6]更是河湟地区起居文化的典型代表。从建筑的细部装饰来看，檐廊的木雕花草成为区别住家民族属性的重要标志。木雕装饰题材中藏、土等民族多见吉祥八宝等深受藏传佛教影响的装饰图案，而汉族、回族多见福禄寿喜等受儒家文化影响的装饰图案

（图11、图12）。整体来说，河湟民居不同于青藏腹地民居形态的建筑彩绘装饰传统，只呈现木底本色，不做彩绘。在河湟地区的民居中，屋顶有白石、院内有经幢、村内有佛塔和马尼康的都是藏族、土族村寨，而宣礼塔高耸的就是回族、撒拉族的村寨。这些乡村聚落中的宗教建筑，成为乡村社会传统文化的空间组织核心，与现代社会发展中逐步产生的村民文体活动中心、村民广场等传续有度、相得益彰、交相辉映。

图11　回族木雕

图12　藏族木雕

最后从人居生态的视角看，河湟民居是本土资源条件和气候环境下，人居建筑的绿色解决方案和高效解决方案。河湟民居在特定社会发展阶段，实现了资源投入和环境宜居之间的最大能效比。河湟地区的庄廓民居继承了青藏高原族群文化中敬畏自然、尊重自然、顺应自然的朴素生态思维，在农耕文化谦逊内敛的性格驱动下，形成了朴素、被动的人居生态观念。在宏观的维度，河湟谷地的乡村聚落选址、庄廓民居的朝向选择，都以最大限度获得日照为目的，同时在空间单元的竖向组织和平面组织中，表达其社会伦理的次序与特征。建构山地环境下的上中下、左右、内外之间的建筑空间语素和人居伦理语境，构建自然逻辑、山地逻辑决定的建筑空间有机的生态次序，同时涵养并形成山地聚落空间层构中的审美取向。在这里，不以庭院深

深几许为美，而是以清晨推开窗户，远眺晨曦薄雾、俯瞰缕缕炊烟为美。在中观的维度，庄廓民居院落厚重高大的夯土或石砌院墙，构建抵御寒季盛行风向下恶劣气候的空间，配合庭院内的经济、美观的植被、树木，形成河湟庄廓的内景营造。在微观的维度，从建筑单体来讲，厚重密闭的夯土外墙包裹朝阳南向之外的其他三面。南向以木构、门窗、檐廊的开放，最大限度收纳日照，形成传统的、被动的、生态建筑营造特征。夯土、石构围护结构的蓄热性能较好，日落后初步缓释热能，在午夜前夕，人们进入另外一套环境温度维护体系（被窝）之前，维护建筑室内空间的温度。房间内的连锅炕在解决厨房功能的基础上，将多余热能通过锅炕管道体系，传输到主要的起居空间，主动营造形成空间宜居环境。（图13、图14）

图13　海东乐都区桦林村民居

图14　海东土族民居

三、河湟民居的优秀基因与时代价值

河湟地区是多民族聚居地区，也是国家生态安全的重要屏障。铸牢中华民族共同体意识，实现各民族交往、交流、交融，文明互鉴，促进各民族共同团结奋斗、共同繁荣发展是新时期民族工作的主题，也是河湟工作的重中之重。同样，河湟地区是黄河及其支流湟水河、大通河等水资源丰富的农业区，做好河湟地区的生态治理和保护，不

仅对本地区的可持续发展，更对黄河流域乃至整个国家的可持续发展和长治久安具有重要的战略意义。在城乡建设领域，加强各民族互嵌式融合，有效利用土地资源，探索实践民族团结和生态保护两项重要使命的要求，成为河湟民居研究的重要方向。河湟民居的族群文化渊源、多民族和谐共处之道、本土营造技艺、朴素生态经验成为该方向研究的坚实基础，同时也成为河湟传统民居的时代价值基因和与时俱进的发展策略路径。

参考文献

[1] 金长华.《河湟历史文化通览》：追寻悠久文明（序言）[J].新阅读，2021（11）：22-23.

[2] 魏玉贵.家西蕃研究评述[J].西藏民族学院学报（哲学社会科学版），2014，35（3）：89-91＋107.

[3] 祁劲松.青海瞿昙寺 精美壁画呈现汉藏佛教文化融合[J].中国宗教，2022（4）：92-93.

[4] 田虎，雷振东.土族传统庄廓的空间特征及营建技术研究[J].世界建筑，2021（9）：13-17＋138.

[5] 任致远.甘肃藏居[J].建筑学报，1983（7）：52-55＋41.

[6] 柴综刚.甘南藏区传统村落空间形态解析及特色[J].兰州交通大学学报，2021，40（2）：38-43.

传统村落中文物建筑的保护传承和利用
——以琼山侯家大院为例

黄玉洁[1]

摘　要：传统村落保留有丰富的历史文化遗存，不仅记录着原住民的生产生活方式，还维系着中华民族的乡愁。文物建筑作为传统村落的典型元素，有着非常珍贵的历史意义和文物价值，在城镇化快速发展的今天，对文物建筑进行合理的传承利用，确保其得到系统性的保护具有重要的现实意义。本文以位于海南省海口市包道村的全国重点文物保护单位琼山侯家大院为例，从文物价值、保存现状及展示利用状态等方面分析，探索其保护传承与利用的方式。[2]

关键词：传统村落；文物建筑；保护传承；展示利用

一、 基本概况

包道村位于海口市琼山区旧州镇，因清代民居建筑群琼山侯家大院而远近闻名，于2016年10月被列为第四批中国传统村落。

琼山侯家大院，亦称宣德第，是由包道村的侯氏先人所建。考证侯氏族谱并经其后人介绍，琼山侯家大院始建于侯氏迁琼第八世祖绍先公，后经第九代先祖续建而成。"宣德第"是清朝光绪皇帝为了嘉褒侯氏先祖的德行与品质，赐予侯氏家族的荣誉府名，其主要建筑从清同治十三年（1874年）开始，到清光绪十八年（1892年）完工，历时18年。琼山侯家大院具有典型的海南民间建筑雕刻艺术特点，也是目前海南保存较为完好的一座古民居建筑群，其雕刻、彩绘风格将中国传统的儒、道、佛文化融为一体，堪称海南民间雕刻、彩绘的艺术宝库。2019年，琼山侯家大院被公布为第八批全国重点文物保护单位。

1. 文物概述

琼山侯家大院，整体坐北朝南，由东西向并列的五路院落式建筑群构成，占地面积约4927平方米，其内包含15个内院与16座路门，房屋错落分布，是一个"五列多进单横屋"的大院落。

从外观上看，宅院三面环绕丛林，一面临街道。建筑群四周设置高约2.4米的围墙，内部五个相对独立的院落之间则由四条1.7米宽的石铺甬道和若干路门相互连接。五座院落由西向东依次排开，分别为西路、中路、东一路、东二路和东三路，大致形成了一个近似的方形（图1）。在迎街的墙面上开有三座装饰精美的路门，其中一座上有相传为两广总督张之洞所题的"宣德第"三个大字（图2）。

2. 建筑特色

琼山侯家大院建筑群外观基本保持了当地民居的朴素特点。其内部单体建筑多为双坡硬山顶筒瓦屋面，正、垂脊为叠瓦砌芯，而位于中部的正房建筑，其正、垂脊端部

1　北京市文物建筑保护设计所，副研究馆员，100007，hyj1ster@126.com。

2　夏艳臣，黄玉洁，张瑞姣．全国重点文物保护单位宣德第文物保护规划．北京市文物建筑保护设计所，2021。

图1 文物建筑平面分布图
（图片来源：作者自绘）

图例
宣德第范围
西路院落
中路院落
东一路院落
东二路院落
东三路院落

图2 "宣德第"
（图片来源：作者自摄）

还带有卷草灰塑装饰，厢房和路门等建筑则为清水脊，正、垂脊端部无装饰；主体均为石木结构，大木构架及木构件为原色硬木，墙体则采用黄泥砂浆砌筑玄武岩，碎瓦填缝；木装修多采用雕刻、彩绘等艺术手法，多数木窗外侧周圈砌有石灰砂浆窗套，施以彩绘装饰，正房建筑彩绘内容则多为花草，寓意"花开富贵"。（表1）

表1 建筑特色图文对照表 （图片来源： 作者自摄）

a. 黄泥砂浆砌筑玄武岩墙体

b. 六椽栿梁枋等木构件均使用原色硬木

c. 竹节直棂式槛窗窗套使用彩绘装饰

d. 双坡硬山顶筒瓦屋面

e. 喜上枝头（灰塑）影壁墙	f. 岁寒三友（彩绘）

二、 价值分析

1. 历史价值

（1）侯氏族谱记载，包道村侯氏家族来自广东新会，于明朝末年迁琼，至今已有三百多年。由于其所处的旧州镇邻近当时的交通要道南渡江，商业经济和农业生产都相当发达，是琼北地区主要的商品集散地之一，这为侯氏经营当铺提供了有利条件，并借此创立了其庞大家业。综上，琼山侯家大院不仅是侯氏家族兴旺发达的见证，同时也是研究海南经济生活和社会文化的实物史料。

（2）琼山侯家大院的建筑装饰图案融汇了岭南各地能工巧匠的心血和智慧，其中包括追求阴阳共生、天人合一的自然观，主张忠孝的儒家道德伦理观，向往神仙境界的佛道意蕴以及祈求子孙繁衍、幸福平安的民间吉祥愿景等，这些不仅是清末、民国初期社会意识形态的典型例证，也形象地表现了封建社会的传统价值取向。

2. 科学价值

（1）琼山侯家大院的规划与分布，充分考虑了当地的气候因素与环境条件，房屋之间注重通风与采光，对内的开敞和对外的封闭是其最大的特色。同时，这种前店后院的经营户模式从功能上可划为"对外经商""中心居住"及"后勤服务"三个分区，宜商宜居，具有很强的实用性（图3）。

（2）琼山侯家大院沿袭了岭南古代建筑风格，同时融入海南本土艺术特色，建筑构件用料讲究，做工细致，内部的彩绘、木雕和灰塑等保存相对较好，为海南传统民间建筑做法的研究提供了重要的实物依据，具有较高的科学研究价值。

3. 艺术价值

（1）琼山侯家大院的装饰手段多样，大量运用木雕、

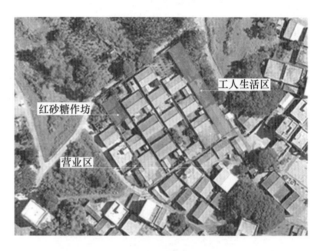

图 3 文物建筑功能分区图
（图片来源：作者自绘）

石雕、彩绘、灰塑等手法；装饰题材丰富，既有山水花鸟写意，也有中国传统道德教育故事；装饰元素众多，屋脊雕龙、屋檐勾角、外墙彩绘、屏风雕花等。不仅体现了当时海南村镇民居建筑美学的艺术风貌，而且其工法精细，技艺精湛，也表现出极高的艺术成就。

（2）琼山侯家大院建筑装饰在类别形式、工艺风格、表现题材上都有着独特的地方特色。窗棂雕刻有螃蟹、贝壳等具有浓郁海洋文化特点的装饰；庭院里的石砖与石雕均采用当地盛产的玄武岩；柱础则是海南农村常见的塔状；屋脊灰塑为海南传统风格的云纹，其大小严格按照建筑等级区分。

4. 社会文化价值

（1）琼山侯家大院是海南省海口地区不可多得的珍贵文物古迹，其所在地包道村是中国传统村落。做好琼山侯家大院乃至包道村的有效保护及合理利用，对于保护传承海南民族地域文化，开展美丽乡村建设，增强海口文化底蕴，丰富海南旅游资源，提升品牌形象，助力海南国际旅游岛建设，将发挥积极的作用。

（2）琼山侯家大院是海口市重要的文化资源，具有较高的保护和展示利用价值，科学有效地对其实施保护工作，对海口市文化遗产保护具有重要的示范作用。

三、 现状分析

1. 本体保存现状

琼山侯家大院自建立至衰落，前后历时数百年，侯氏家族后人对琼山侯家大院世代相守的承诺和行动，使得建筑群留存至今。目前琼山侯家大院整体保存相对完整，除

自然因素对文物本体造成的损伤外，人为因素导致的破坏更为凸显。（图4）

（1）传承本体缺失

随着城乡建设发展，村民的观念也逐步改变。落后的交通、有限的生活水平以及不稳定的经济收入，都迫使本地年轻人"走出去"。原住民的不断流失，导致建筑本体因无人居住管理而损毁，甚至坍塌，同时也使得一些传统礼仪制度和社会风俗逐渐遗失。传承本体的流失，不仅对文物建筑的真实性、完整性造成影响，同时对传统生活的延续性构成威胁。

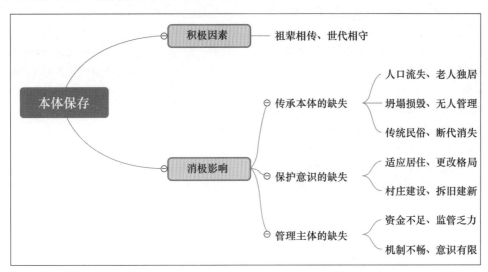

图4 影响文物建筑本体保存因素分析图

（图片来源：作者自绘）

（2）保护意识缺失

依然留守在侯家大院的村民，由于居住环境不利于现代生产生活，部分居民根据自身的居住要求，对建筑本体及院落进行了改建、扩建，拆改老屋、私搭新建、改造道路等一系列未经合理规划和缺乏科学统筹的行为，造成侯家大院内部建筑杂乱无章，新旧并存。不仅使部分原有构件彻底消失，更是破坏了文物赋存环境，影响了文物建筑的真实性、环境风貌的完整性。此外，整个传统村落内部也在进行着拆旧建新、弃旧建新和道路水泥硬化等工程，文物建筑所处的传统街巷肌理发生了改变，导致文物建筑赋存的大的历史环境也遭到了破坏。

（3）管理主体缺失

《中华人民共和国文物保护法》第二十一条规定，国有不可移动文物由使用人负责修缮、保养；非国有不可移动文物由所有人负责修缮、保养。非国有不可移动文物有损毁危险，所有人不具备修缮能力的，当地人民政府应当给予帮助。

琼山侯家大院本应由使用人进行日常维护与修缮，但是对于文物建筑的修缮，不仅要遵循不改变文物原状的原

则，而且设计及施工单位应具有国家文物局颁发的相应资质，以上实际条件的制约加之原住民经济能力有限，导致本应修缮的文物建筑一直未得到合理的保护。同时由于管理机制不畅，在原住民群体面对文物保护和居住安全的抉择左右为难时，亦无相关部门及时给予帮助。

2. 展示利用现状

随着乡村旅游的发展，到琼山侯家大院的游客逐年增多，然而侯家大院的展示利用工作仍整体滞后，尚未形成系统的展陈体系。

一方面，侯家大院作为文物建筑，其产权属于私产，目前仅为局部开放，同时其展示内容有限且展示方式单一，均以原状展示为主，缺少现代化的展示手段和设备，也缺乏参与、互动条件，不能充分有效地传播琼山侯家大院丰富且精湛的建筑知识和历史文化特色。

另一方面，缺乏完整、准确的介绍说明及相应的宣传展陈素材，普通游客难以全面了解文物建筑的历史人文价值。同时，作为中国传统村落的包道村，亦缺乏必要的展示服务配套设施，亟待科学规划及政策资源支持。

四、 策略方案

1. 保护传承

（1）树立整体性保护理念

文物建筑的保护不仅是对单体建筑、建筑群的保护，还包含对其赋存的自然环境和人文环境的保护，文物建筑本体与其周边环境的整体风貌协调有序，才能使文物建筑的价值得到充分阐释。琼山侯家大院的赋存环境包括：包道村传统建筑、街巷肌理、原住民的生产生活方式，以及与侯家大院选址有关的地形地貌、植被河流等自然景观。同时，对于与物质文化遗产相互依存的非物质文化遗产也要给予充分的保护。各个要素均得到有效保护，才能保证琼山侯家大院的文化传承与发展。

（2）建立系统性保护管理体系

琼山侯家大院需要构建文物建筑保护管理体系，健全管理机制，可设置琼山侯家大院管理办公室，参与成员应包括海口市文物局、包道村村委会、侯氏家族成员以及社会资本代表等；同时加强对其日常安全管理，推进保护修缮的全过程管理，加强事中事后的监管力度；在数字化方面，建立琼山侯家大院信息数据库，确保从国家、省级到市县级实现及时的信息交流与资源共享。从多方面探索琼山侯家大院以及包道村的活化利用管理模式。

（3）确立经济扶持政策

加大对琼山侯家大院保护经费的投入并进行规范管理，包括全国重点文物保护专项资金的分配份额。同时，引导社会力量参与到文物建筑的保护传承与利用中，在明确各方责任、权利及利益的前提下，设立琼山侯家大院保护基金会，引入社会资本并采取社会募集等方式筹措保护资金。

琼山侯家大院使用者需对文物建筑进行日常维护，当地政府应对其采取资金补偿、指导施工等方式，在保护资金的支持下，有序推进文物建筑的保护和人居环境的改善工作。

2. 展示利用

（1）坚持以用促保，实现永续传承

对于琼山侯家大院，建筑群在科学保护的基础上，结合传统村落的发展，可对部分文物建筑内部进行合理改造，作为展厅使用，通过动态、数字化的现代展示技术手段，展示琼山侯家大院的历史沿革，展示琼山侯家大院整体格局分布，展示与琼山侯家大院相关的历史人物和故事等内容，并对当地的特色民俗活动规划特展，使琼山侯家大院成为地域文化传播的重要场所，实现永续传承。

而琼山侯家大院的原住民，可根据其意愿培训为讲解员，为游客提供讲解服务。对于祖产更加熟悉和热爱的侯氏家族后人，可为游客分享更多的宣德第故事，"讲好故事，事半功倍"，贴近生活的讲解会使琼山侯家大院的文物价值得到更好的传承与推广。

（2）完善服务设施，加强宣传教育

①服务设施

完善包道村的公共服务设施，包括游客服务中心、生态停车场、公共卫生间及餐饮住宿设施等。在村内选择合适的位置建设生态停车场，利用现有的房屋改造为游客服务中心、餐饮住宿等功能用房，同时要确保改造建筑的建筑形式、规模与周边环境相协调。

②宣传教育

琼山侯家大院的建筑装饰艺术元素丰富多彩，可作为文创产品的设计元素，将历史文化内涵变成鲜活的旅游文化产品，为游客提供具有知识性和趣味性的体验消费旅游产品，不仅有效扩大了文物宣传，还可以延伸文物价值。

五、 结语

琼山侯家大院是侯氏家族世代居住的地方，承载了厚重的历史文化信息，同时琼山侯家大院也是传统村落的一面镜子，映射出古老中国乡村日出而作、日落而息的传统文化生活。但是，在城镇化快速发展的今天，琼山侯家大院的保存状况不容乐观，通过对侯家大院的现状评估，可以看出，传统村落中文物建筑的有效保护与利用，需要原住民树立对其居住空间与环境的整体保护意识，管理部门要切实优待于留守村民，同时建立科学有效的管理制度和财政制度，并充分发掘其悠久的建筑文化与历史内涵，呈现给大众，展示其魅力，不断传承且发扬光大，如此合力才能营造一个利于文物建筑保护传承与利用的氛围，使琼山侯家大院乃至包道村再次焕发蓬勃的生机。

参考文献

[1] 薛蕾. 山西汾西县师家大院古村落保护与利用研究 [D]. 西安：西安建筑科技大学，2015.

[2] 郑朝胜，赵昱. 传统村落建筑遗存保护利用策略探析：以桐庐县深澳村为例 [J]. 设计，2017（2）：144-145.

[3] 李志梅. 官渡古镇文物建筑群及其保护利用对策 [J]. 中国民族博览，2019（4）：193-196.

[4] 王芝茹. 基于文化基因传承的百侯古镇保护与利用研究 [J]. 遗产与保护研究，2018，3（11）：63-69.

[5] 苏继明. 文物建筑保护和利用策略研究 [J]. 文物天地，2020（3）：31-33.

试论 "楼阁式""阁楼式" 墓概念问题
——兼谈以砖仿木的墓室空间象征性[1]

徐永利[2]

摘 要： 室墓发展到以砖仿木装饰要素大量出现之后，其空间象征性似乎难以清晰解读。但广泛流布的"启门图"等空间装饰要素表露出主要墓室空间的室外空间寓意，从而可以确定直至元明时期，穹窿或券顶象征着天宇、主墓室象征着院落空间、棺材象征着居室的室墓象征性内涵并未发生本质改变。依托这一结论，"楼阁式"及"阁楼式"墓这两个概念所隐含的矛盾也得到了揭示。

关键词： 楼阁式；阁楼式；墓室空间；象征性内涵

依据考古资料，自洛阳烧沟汉墓以来，中国传统室墓主要墓室的墓顶多以穹顶覆盖，其空间象征性已得到学术界的充分阐释，认为"对于形象模仿和再现天地穹窿形象是十分理想的[3]"。西汉晚期汉元帝以降的墓室为清水砖墙所围合，清水穹窿或清水券顶象征着天宇，主墓室象征着院落空间，棺材象征着居室，耳室象征辅助用房，形成一套完整的天地隐喻体系[4]。东晋以后，墓室逐渐为粉刷所覆盖[5]，耳室等辅助空间渐渐消失，但主墓室象征露天庭院空间的寓意仍未改变，例如唐初长乐公主墓，主墓室穹顶上绘制星图，无疑仍是天宇的象征，先秦椁墓对"室屋"的隐喻显然已经退场。但从晋代开始，墓室四壁渐渐出现了另一种形制潮流，即以砖仿木，到了两宋时期，几乎所有具一定身份的墓主墓葬都采用仿木结构来装饰墓壁，哪怕不施粉刷。那么六朝以后的这段时期，墓顶象征天宇、墓室象征院落、棺材象征居室这一符号体系是否仍

旧成立？

一、 关于墓室空间象征性的不同观点

以砖仿木的形制特征基于对阳世建筑的模仿，穹窿覆盖于仿木砖壁之上，主要墓室空间的天地象征性似乎有所减弱，内涵变得模糊，以致有学者针对部分单层墓室使用"类屋式墓"一词，意指"有墓门、高穹窿顶或券顶的砖石建筑墓葬，通常有斜坡式墓道，整体建筑较为高大，墓室有明显类似房屋的特征[6]"，可见该观点认为这一类墓室象征建筑内部空间。

近些年，一些被称为"楼阁式"的墓例陆续被发现，并经网络媒体向社会公布（发掘简报未见发表），例如河南林州桂林镇三井村砖雕仿木"三层楼阁式宋代墓葬[7]"

1　基金项目：江苏高校哲学社会科学研究重大项目（2023SJZD119），华严思想对汉传佛教建筑形制影响研究。
2　苏州科技大学，教授，215011，gmc2015@126.com。
3　黄晓芬：《汉墓的考古学研究》，第163页，岳麓书社，2003年版。
4　徐永利：《中国古代墓葬四隅券进式穹窿机制与源流研究》，第133-135、141-148页，东南大学出版社，2018年版。
5　早期实例如南京老虎山晋墓M1。
6　董新林：《明代诸侯王陵墓初步研究》，《中国历史文物》，2003年第4期。
7　李丽静：《河南林州市发现罕见楼阁式宋代墓葬》，新华网，http：//news.sohu.com/20060524/n243388740.shtml。

（2006 年 5 月报道）、山西长治马厂镇安昌村金代"双层楼阁式墓葬"（2011 年 12 月报道）等。另外甘肃和政县发现金代砖雕墓（图 1，2012 年 5 月报道），网文对形制的描述为"墓室顶部砌出八角形攒尖顶，四壁为楼阁式建筑[1]"。上述案例中，甘肃案例的用语相对谨慎，前两者直接称墓葬形制为"楼阁式"，则值得商榷。已在纸媒正式发表的文献中，提出"类屋式墓"概念的《明代诸侯王陵墓初步研究》一文，将 1970 年发掘的南京明代东胜侯汪兴祖墓称为"楼阁式"，虽然区别于描述单层墓室的"类屋式墓"，但很明显基于相似的墓内空间认知，亦即主墓室空间象征着室内，而非室外天地。

图 1　甘肃和政县发现金代砖雕墓立面

　　其他文献中，南京汪兴祖墓又分别被不同文章称为"阁楼式券顶砖墓[2]""楼阁式券顶砖墓[3]"，1973 年发掘的山东嘉祥县钓鱼山二号宋墓被称为"三层阁楼式"（图 2）。可见，"楼阁式"或者"阁楼式"的称呼早已为学术界所采用，并非网文作者的自创。那么，上述被称为"楼阁式""阁楼式"的案例，其墓室的形制特征是否具有一致性？"楼阁式"与"阁楼式"又是否可以随时相互替代？更重要的是，这两个术语能否正确反映相应墓室的空间内涵？

　　以上概念的科学性，归根结底在于这样一个问题：以两宋时期为代表的以砖仿木墓室空间内涵到底应如何解释？

有必要在此做谨慎梳理。

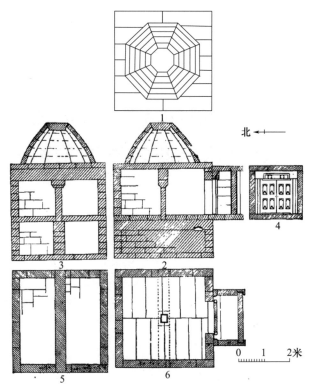

图 2　嘉祥县钓鱼山二号宋墓

二、"启门图"的启示

　　一个稍晚的典型案例出现在元代，山东济南司里街元墓的北壁被认为是"二层仿木砖雕楼阁[4]"，除此特征之外，北壁门楼下方兼有一处常被称为"启门图"的彩绘浮雕（图 3），颇值得重视。其实，"楼阁式"无非指的是一种等级更高或更显富丽的仿木结构。对于一座木结构房屋而言，室内外的分隔有一个明显的标志，也就是"门"。汉代以来，"启门图"装饰题材在中土墓葬中持续出现，启门者常为妇人，但也有男子。部分学者对墓室空间象征性的解读也通过对启门图的研究反映出来，例如认为宋代棺室为"堂"，而以棺室后壁"妇人启门"所开启的虚拟空间为"寝"，此说对于解读"启门图"的意义有一定价值，但仍旧是以墓室为"家中的厅堂"的，亦即室内。是否有其他解读角度？

1　郑宇飞：《和政县发现金代古墓 砖雕精美以花卉砖居多》，每日甘肃网，http：//gansu. gansudaily. com. cn/system/2012/05/04/012470537_ 01. shtml。

2　南京市博物院（李蔚然执笔）：《南京明汪兴祖墓清理简报》，《考古》，1972 年第 4 期。

3　董新林：《明代诸侯王陵墓初步研究》，《中国历史文物》，2003 年第 4 期。

4　李清泉：《空间逻辑与视觉意味——宋辽金墓"妇人启门"图新论》，《美术学报》，2012 年第 6 期。

图3　山东济南司里街元墓北壁启门图

墓葬之中的启门图一般出现在两个位置，一是墓壁[1]，二是墓内棺壁。另外，佛教塔幢也常有"启门图"。在此对这三类启门图略作比较。

1. 墓室启门图

墓室启门图出现于东汉，发展于辽和北宋中后期，金代中后期达至发展巅峰，元代逐渐衰亡，地域上包括河南、河北、山东、山西、四川、重庆、贵州及陕甘宁等地区[2]，分布广泛。至于启门者的身份，可能是家人或仆人、下属，甚至可能是仙人，但均非本文关注重点。门介于室内外之间，这些开启的门以及启门之人是面对室内还是室外，足以说明墓室空间的象征性。

早期的启门图见于汉代画像砖（石），例如山东沂水后城子画像石（图4），直接画出建筑的完整外立面，其门自然面对室外；两宋时期的墓室则直接做出以砖仿木的墓壁，"启门"为墙壁完整仿木意象的一部分。白沙宋墓 M2 启门图中（图5），开启的门扇上刻画出门钉，所示也是面对室外的意味。宿白先生认为，"此种装饰按其所处位置观察，疑其取意在于表示假门之后尚有庭院或房屋、厅堂，意即表示墓室至此并未到尽头之意[3]"，亦即认同此门所面对的

空间必然是建筑外空间；西方学者 Paul R. Goldin 也有类似解读：汉代墓室里面"在所有房间的门前都站着女子，她们注视着来客，欢迎他们进入房中[4]"。

图4　山东沂水后城子画像石

图5　白沙宋墓 M1、M2 启门图

一般而言，因门槛在外，传统宅门、房门是内开的。现实生活中，不设门槛时，存在外开的情况，如苏州明清砖雕门楼的大门，但类似类型未见于墓葬启门图壁画。总之，从门的开启方式上来看，墓葬启门图半内开门扇及启门人面对的空间必然意味着室外空间。

2. 石棺启门图

以宋金时期为例，中原及北方墓葬中发现石棺启门图7例，川贵渝地区发现1例。其中6例出现在棺头（前档）位置，2例出现于后档[5]。依照门扇内开的原则，则棺内空间象征着室内，墓室意味着室外。如果再将更早的四川芦

1　宋金时期常见于后壁，但各地域有所差异，不是本文讨论重点。

2　马颖：《"妇人启门"图新探》，《文物世界》，2018 年第 3 期。

3　孙垂丽，顾莹：《"启门"图再认识——以宋代巴蜀地区墓葬石刻材料为中心考察》，《西北美术》，2018 年第 2 期。

4　吴雪杉：《汉代启门图像性别含义释读》，《文艺研究》，2007 年第 2 期。

5　丁雨：《浅议宋金墓葬中的启门图》，《考古与文物》，2015 年第 1 期。

山东汉王晖石棺前档启门图（图6）、江苏宝应泾河南唐1号棺前木构门屋作为佐证（图7），则棺材象征房屋，墓室象征院落（天地）则无可怀疑。

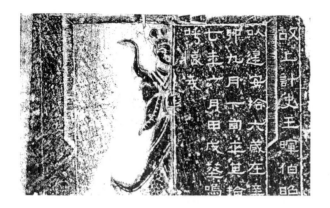

图6　四川芦山东汉王晖石棺启门图

图8　嵩岳寺塔密檐间启门形象

图7　江苏宝应泾河南唐1号棺前门屋

一个特殊的例子出现在宣化10号辽墓，在棺床北端绘有假门，正对墓壁所绘门扉[1]。此假门应具有与石棺启门图类似的象征性，或可以看作后者的一种特殊类型。

3. 塔幢启门图

就"启门"这一题材而言，汉代以后并非墓葬仅有，北朝时期的嵩岳寺塔（图8）、五台山佛光寺祖师塔外立面均有启门形象。汉代墓葬启门图与北朝佛塔启门图之间的关系有待详细考证，但考虑到佛教在东汉乃至南北朝传播时对中土黄老之术的借重，佛塔装饰应在一定程度上受到传统墓葬文化的影响。宋金时期塔幢也有启门图出现，如河北定州市净志寺地宫出土的"佛真身舍利权隐"石塔下部启门图（图9）。门扇之外为室外空间无疑。

图9　净志寺"佛真身舍利权隐"石塔

1　李清泉：《空间逻辑与视觉意味——宋辽金墓"妇人启门"图新论》，《美术学报》，2012年第6期。

有学者认为,"启门图之于塔幢石函,相比于墓室,存在着相反的空间结构",而"石棺与墓室空间营造理念,恐亦有差异[1]"。如果了解启门图所面对的永远是室外空间,无论是真实的还是象征的,则启门图之于塔幢、墓室、石棺,分明是一个统一的空间逻辑,并无任何不合之处。

三、"楼阁式""阁楼式"墓室案例的形制特征

基于以上讨论,再来看"楼阁式""阁楼式"这两个概念的相关案例特征。

1. 楼阁式

根据相关报道,山西长治马厂镇安昌村金代墓,"双层楼阁式墓葬高5.5米,长和宽各2米,砖雕仿木双层楼阁式建筑结构。上下两层共有墓室17个,最小的墓室0.23平方米,最大的墓室1.32平方米。墓壁用大青砖砌成,墓内雕刻精致,有门窗、斗拱、立柱、檐椽、瓦脊等,画着主人生前用过的水井、碾子、石磨等生活用具[2]。"值得注意的是墓壁雕刻的"檐椽、瓦脊",无疑意味着一座建筑(包括楼阁)的外立面,那么墓壁所围合的墓室空间则是一个双层楼阁外立面所围合的空间,也就是说,墓室象征着室外空间,或者说是一处"庭院"或"天井"。

甘肃和政县金代砖雕墓,"从墓室砖雕仿木结构建筑形制看,东、西和北壁三面中间部分平面都向墓室突出,墓室顶部砌出八角形攒尖顶,四壁为楼阁式建筑[3]"。从墓室照片来看,"四壁为楼阁式建筑"描述正确,楼阁式立面向墓室内部四出抱厦,山花、檐口俱全,则此墓室同样是为外立面所围合,象征着一处"庭院"或"天井","八角形攒尖顶"实为叠涩穿窿,只能寓意着天穹。

虽然河南林州桂林镇三井村宋代砖雕墓发掘较早,但简报尚未公开发表,网络资料也不够详细,据笔者电话采访林州市博物馆贾永亮先生,该墓室立面同样存在檐口与屋脊装饰。

根据已发表的简报[4],南京东胜侯汪兴祖墓"墓室分上下两层,每层又间隔成前后两室",下层前后室四壁砌出须弥座,座上仿木结构,以石板铺顶,石板顶部再用砖起券。一般而言,须弥座是墙壁的外立面特征,可见下层墓室空间体现了某种室外空间的象征性。上层券顶除了反映礼制

等级要求之外,功能上还可以起到支撑上部土层、分散荷载和一定的阻水功能。

综合以上案例可知,山西长治马厂镇安昌村金代墓、河南林州桂林镇三井村宋代砖雕墓、甘肃和政县金代砖雕墓3个案例的墓室形制类似,均为仿楼阁外立面围合的墓室;三者与南京东胜侯汪兴祖墓形制不尽相同。那么将此四处案例均称为"楼阁式"墓室,似嫌笼统;另外"楼阁式"一词用于山西长治马厂镇安昌村金代墓一类案例,如果意指整个墓室空间形制内涵的话,也并不准确。

2. 阁楼式

根据已发表论文,被称为"阁楼式"的山东嘉祥县钓鱼山二号宋墓为石砌三层,"椁室在最下层,安放棺椁后,用石块封砌,再向上砌成中室和上室[5]"。墓门建在中室前,中室存"十二时神"及"铁券";上室呈八角穹顶形,室内仅发现一瓷盏。

南京汪兴祖墓也被称为"阁楼式",与汪兴祖墓形制类似的还有同属明洪武初年(1368年)的南京蕲国公康茂才墓[6],同为二层,上层为券顶,下层四壁为仿木砖构(图10),但"未见墓门之类的设施"。根据上述情况,发掘者认为该墓室的木棺和随葬器物可能是下层墓室建成时垂直放入",随后"先置一层石板,然后再砌券顶[7]"。这两座墓室四壁均设须弥座,体现出室外空间的意味,如果说上层券顶同时象征天宇,似乎也不矛盾,但中间的石板将天地隔断,其象征性就显得勉强。概略而言,在表达天地关系的同时,下层墓室似乎有回归椁墓形制的意味(类似于嘉祥县钓鱼山二号宋墓),而先秦椁墓是有"室屋"内涵的。整体上看,空间寓意有些混乱,但上下层空间并非"楼阁"或"阁楼"室内空间的象征性表达。

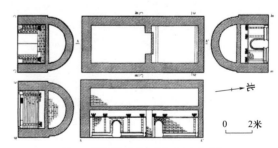

图10 明洪武初年的南京蕲国公康茂才墓

---

1 丁雨:《浅议宋金墓葬中的启门图》,《考古与文物》,2015年第1期。

2 王学涛:《中国首次发现金代双层楼阁式墓葬 距今九百余年》,搜狐新闻网,http://news.sohu.com/20111201/n327566741.shtml。

3 郑宇飞:《和政县发现金代古墓 砖雕精美以花卉砖居多》,每日甘肃网,http://gansu.gansudaily.com.cn/system/2012/05/04/012470537_01.shtml。

4 南京市博物院(李蔚然执笔):《南京明汪兴祖清理简报》,《考古》,1972年第4期。该墓上层墓室有粉刷,且发现墓志,因与空间象征性关系不大,故不做讨论。

5 山东嘉祥县文管所:《山东嘉祥县钓鱼山发现两座宋墓》,《考古》,1986年第9期。

6 夏寒:《南京地区明代大型砖室墓形制研究》,《东南文化》,2007年第1期。与李蔚然等学者不同,该文并未使用"楼阁式"或"阁楼式"一词。

7 夏寒:《南京地区明代大型砖室墓形制研究》,《东南文化》,2007年第1期。汪兴祖墓上层墓室有粉刷,且发现墓志,故与空间象征性关系不大,故不做讨论。

如果将嘉祥县钓鱼山二号宋墓、南京汪兴祖墓、康茂才墓放在一起比较，似乎"阁楼式"指的是下层体现椁墓特征、上层为穹顶或券顶的墓室形制，也就是说，呈现真正的墓室分层。对于南京东胜侯汪兴祖墓而言，"阁楼式"与"楼阁式"是混用的，但这种混用应该不会出现在山西长治马厂镇安昌村金代墓一类案例上。"阁楼式"与"楼阁式"不能任意替换。

目前考古发现的其他二层墓室案例还有：广东韶关市郊13号宋墓（1959年发掘），上层为下层券顶上加砌的一层椭圆形砖椁[1]，推测仅仅属于一个功能性的夹层，起到防止券顶坍塌等作用；成都跳蹬河绍兴二年王宜人墓[2]，墓室分上下两层，中间用石条隔断，下层为棺室，无门，高0.92米，上层为砖砌券顶，至拱顶高1.1米；下层木棺外套木椁，椁壁与墓壁之间用松香调和石灰填满，有椁墓的意味。以上两例，空间象征性均不明显，相关报告也未使用"阁楼式"或"楼阁式"的定位，故不做内涵上的深究。

砖室墓之外，1993年发掘的商丘永城芒砀山汉梁孝王王妃李氏墓（崖墓）的冰室被称为"楼阁式侧室[3]"。因为此侧室开凿下层的功能较为特殊，仅为储冰的次要空间，所以本文也不做讨论。

四、 墓室空间内涵与 "楼阁式" "阁楼式" 概念

1. 汉代至宋金墓室空间内涵的稳定性

本文关注启门图时，所讨论的仅仅是一些典型现象，在大量的启门图墓葬案例中，墓室象征室外空间都是十分明显的，不需赘述[4]。考虑到启门图在流布时间上的长期性和地域分布上的广阔性，这一装饰题材对主要墓室空间象征性的揭示，应具有广泛的说服力。另外，前文曾提到成都跳蹬河绍兴二年王宜人墓空间象征性不明显，相关报告《成都市郊的宋墓》一文，特别提到成都郊区南宋墓葬无妇人启门的装饰[5]。巴蜀本是启门图流布区域，唯独在此类案例中的缺失，可能也是导致空间内涵不显著的原因之一。

回头来看"楼阁式"与"阁楼式"概念。本文曾提到，先秦椁墓是有建筑内部空间的象征性的，那么汉代以后逐渐发展起来的砖石砌体墓葬，其墓室空间到底意味着什么？在关于山西长治马厂镇安昌村金代墓、甘肃和政县

金代砖雕墓的讨论中，笔者明确提出该墓室空间象征着室外的庭院，是否具有普遍意义？

壁画有时会造成一定混淆。例如在以砖仿木的墓壁，启门图往往与象征墓主人生活场景的壁画共存，例如河南、山西仿木构砖室墓中常见的庖厨、奉食、夫妇对坐、备马、杂剧、伎乐等题材[6]，无疑室内室外场景都包含在内，此处确实可以认为随着墓室空间"叙事性话语"在逐渐加强，象征性在纯度上有所削弱[7]，但作为先秦之后，墓葬空间发展的一个主体类型，室墓，尤其是以砖仿木的室墓空间，其象征室外天地的核心内涵还是持续的、相对完整的。一些壁画的表现方式也可以作为上述观点的佐证，如室内生活场景在壁画中出现时，往往通过拉开的帐幔对其室内性质加以强调，例如河南登封黑山沟宋墓（图11）、禹州市白沙1号宋墓（图12）、林州市北宋雕砖壁画墓（图13）等，此类壁画可以看作是室内场景在室外墓壁上的"投射"，与仿木立面形成两种空间表达层次，限于篇幅，本文不做过多展开。

图11 河南登封黑山沟宋墓壁画展开图

2. "楼阁式" "阁楼式" 概念问题

所谓"楼阁式"，应该是区别于"室屋式"而言的，但汉代以后的墓室寓意明显，大多并非"室屋"。"室屋式"或"类屋式"既然不成立，那么"楼阁式"自然也不成立，多用反而会形成理解和展示上的混淆。如果一定要强调墓室体现楼阁外部空间，例如立面模仿二层楼阁，不妨称为"二层天井式"或"楼阁天井式"，以示其空间围合特征。

另外，科普式介绍中，往往强调宋金时期楼阁式比较罕见。但墓壁反映二层以上空间结构的案例还是比较多的。河北宣化10号辽墓后室仿木构门楼之上还有上层空间

1 广东省博物馆：《广东韶关市郊古墓发掘报告》，《考古》，1961年第8期。

2 陈建中：《成都市郊的宋墓》，《文物参考资料》，1956年第6期。

3 石云涛：《逶迤芒砀山、千古梁王墓》，《寻根》，2010年第1期。

4 此处所讨论的"墓室"，指墓葬的主体空间，如前室、后室等，一般不包含侧室，后者虽然也供停放棺木，仍具有小型院落的意象，但在唐宋时期已不多见，故不再赘述。

5 陈建中：《成都市郊的宋墓》，《文物参考资料》，1956年第6期。

6 丁雨：《浅议宋金墓葬中的启门图》，《考古与文物》，2015年第1期。

7 关于墓葬"叙事性"机制的讨论详见徐永利：《中国古代墓葬四隅券进式穹窿机制与源流研究》，第54页，东南大学出版社，2018年版。

（图14），那整个墓室空间是否可以称为"楼阁式"？再考虑到元代山东济南司里街元墓北壁兼有"楼阁"和"启门"意象，可见墓壁立面对楼阁式多层意象的模仿，由宋延伸至元代均非罕见现象，似乎不必刻意强调。

图12　河南禹州市白沙1号宋墓后室壁画

图13　林州市北宋砖雕壁画墓东壁

图14　河北宣化10号辽墓后室门楼

至于"阁楼式"，也不准确。一般建筑学意义上的阁楼指的是楼阁顶层为坡顶所覆盖的部分，不是指楼阁整体，哪怕在生活中也是如此使用。至于嘉祥县钓鱼山二号宋墓、南京汪兴祖墓、康茂才墓这一类案例，墓室象征室外还是

室屋，迹象模糊。嘉祥县钓鱼山二号宋墓为石墓，仿木特征不强，但南京明初的两处案例象征室外的成分仍旧多一些，所以也不能直接就认定这一类墓室是由室屋空间构成的"楼阁"或"阁楼"，不妨称为"分层式墓"或者"叠层式墓"。平顶的下层墓室可能意味着椁墓，或者还可以称为"叠层椁式墓"。

有学者认为，"宋辽金时期，当墓葬已向小型化定型发展，在墓葬装饰方面，也随之出现了一次以视觉表现方式来延伸墓葬空间的重要变革[1]"。虽然室墓的这一"叙事性"装饰趋势早在东晋就有重新开始的迹象[2]，但上述观点仍旧值得重视。在耳室、侧室这些汉代、六朝特征消失之后，墓葬空间象征性的语法关系通过墓室、棺材立面的形制"叙事"继承下来。在唐宋以后大多数案例中，墓室空间被仿木结构的建筑立面所围合，启门图与墓葬以砖仿木的形制特征具有实质上的一体性。因此总体来说，除了一些"叠层椁式墓"外，辽宋金元明以砖仿木的案例中，墓顶象征天宇、墓室象征院落、棺材象征居室这一符号体系，仍未发生本质变化。

（感谢林州市博物馆贾永亮书记接受笔者采访。）

参考文献

[1] 黄晓芬. 汉墓的考古学研究 [M]. 长沙：岳麓书社，2003：163.

[2] 徐永利. 中国古代墓葬四隅券进式穹窿机制与源流研究 [M]. 南京：东南大学出版社，2018：133-148.

[3] 董新林. 明代诸侯王陵墓初步研究 [J]. 中国历史文物，2003（4）：4-13.

[4] 李丽静. 河南林州市发现罕见楼阁式宋代墓葬 [EB/OL].（2006-05-04）[2023-09-01]. http：//news. sohu. com/20060524/n243388740. shtml.

[5] 郑宇飞. 和政县发现金代古墓 砖雕精美以花卉砖居多 [EB/OL].（2012-05-04）[2023-08-01]. http：//gansu. gansudaily. com. cn/system/2012/05/04/012470537_01. shtml.

[6] 李蔚然. 南京明汪兴祖墓清理简报 [J]. 考古，1972（4）：31-33＋23＋70-71.

[7] 李清泉. 空间逻辑与视觉意味：宋辽金墓"妇人启门"图新论 [J]. 美术学报，2012（2）：5-25.

[8] 马颖. "妇人启门"图新探 [J]. 文物世界，2018（3）：20-22.

[9] 孙垂丽，顾莹. "启门"图再认识：以宋代巴蜀地区墓葬石刻材料为中心考察 [J]. 西北美术，2018（2）：

1　李清泉：《空间逻辑与视觉意味——宋辽金墓"妇人启门"图新论》，《美术学报》，2012年第6期。
2　先秦椁墓本身具有叙事性装饰特征，两汉至六朝的室墓由于清水砖墙工艺的限制，叙事性的装饰特征大大削弱，粉刷彩绘、以砖仿木等制形特点又推动了叙事性装饰的重新兴起。

104-106.

［10］吴雪杉. 汉代启门图像性别含义释读［J］. 文艺研究，2007（2）：111-120.

［11］丁雨. 浅议宋金墓葬中的启门图［J］. 考古与文物，2015（1）：81-91.

［12］王学涛. 中国首次发现金代双层楼阁式墓葬距今九百余年［EB/OL］.（2011-12-01）［2023-09-08］. http：//news. sohu. com/20111201/n327566741. shtml.

［13］曹建国，付方笙. 山东嘉祥县钓鱼山发现两座宋墓［J］. 考古，1986（9）：822-826＋851.

［14］夏寒. 南京地区明代大型砖室墓形制研究［J］. 东南文化，2007（1）：40-48.

［15］杨豪. 广东韶关市郊古墓发掘报告［J］. 考古，1961（8）：435-440＋445＋441＋8.

［16］陈建中. 成都市郊的宋墓［J］. 文物参考资料，1956（6）：49-52.

［17］石云涛. 逶迤芒砀山千古梁王墓［J］. 寻根，2010（1）：136-141.

民族传统村落 "数字游民社区" 转型的设计探索
——以广西壮族自治区三江侗族传统村落为例

李真真[1]　刘定缘[2]

摘　要： 随着数字技术的发展，数字化工作者可在不同地区进行游牧式生活。本文结合数字游民的需求对广西壮族自治区三江侗族传统村落进行转型设计探索，依托三江地区传统村落特色空间，搭建数字游民社区，引进数字游民。利用增加数字化基础配套设施、打造公共空间节点等传统村落微更新设计手法，以及改善户型设计、修缮庭院空间等建筑微改造设计手法，将数字游民社区布局与传统村落保护发展相结合，助力乡村振兴，让传统村落迸发新的生命力。

关键词： 数字游民社区；传统村落转型；三江侗寨更新

一、 数字游民社区的产生

数字技术的发展将会使地域的限制变得越来越小，远程工作变得普遍，数字化技术为人们提供了线上沟通协作的工具，创造了各类可灵活就业的工作。工作地点的灵活性让人们从传统的办公室环境中解放出来，这种灵活性也让人们的生活地点不再受限制。

1997 年，牧本次雄在《数字游民（Digital Nomad）》一书中首次提出了这个概念，书里预测了随着数字化的发展，人类社会会打破职业和地理区域之间的界限。在新冠病毒感染疫情期间，全球超过 25 个国家争相推出"数字游民签证"，为外籍人士长期旅居提供强有力的政策支持。

"数字游民"是数字化发展背景下，依靠远程工作、全球流动、地理套利、被动收入等方式过着"游牧式"生活的人群，数字游民可自由地选择工作地点、灵活地安排工作时间。目前，数字游民的人群主要有旅游博主、网络作家、设计师、IT 从业者、在线教学、虚拟助理等，针对不同人群的特点及人群需求分析（图1）。

"数字游民社区"是数字游民在某个地区固定的聚集地。由于数字游民的工作性质不需要固定的办公场所，数字游民在工作之中常常感到孤独。数字游民社区的搭建为该群体提供了一个具有归属感及共享工作的空间，创造一个可以让不同领域的游民人群相互了解、开放讨论的空间。

本次调查根据数字游民人群画像制订调研问卷（图2），引用数字游民在网络社区上的调查意向构成数十个影响因素，对全国各地潜在的数字游民进行问卷调查，详细分析问卷结果并进行论证描述。数字游民对游牧地选择主要的影响因子见表1。

1　西南民族大学建筑学院，建筑学硕士在读，610207，414771212@qq.con。
2　西南民族大学建筑学院，建筑学硕士在读，610207，1208155863@qq.con。

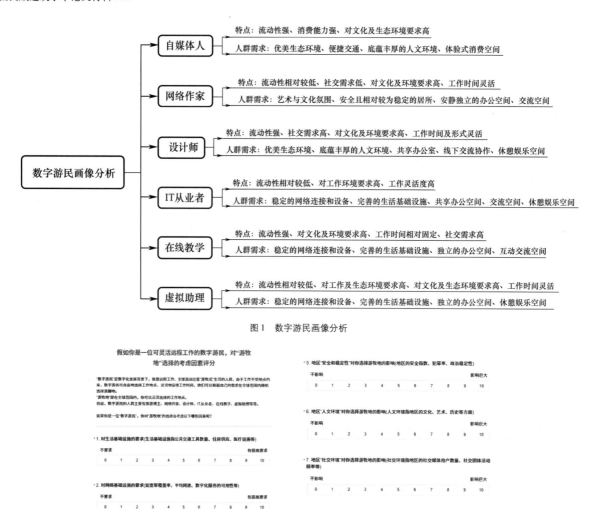

图1 数字游民画像分析

图2 数字游民对"游牧地"选择的影响因素调研问卷

表1 数字游民选址的影响因子判断矩阵表

影响因子判断矩阵	生活基础设施	网络基础设施	生活成本	所在时区	安全和稳定性	人文环境	社交环境	健康保健及福利设施	自然环境	户外活动环境
生活基础设施	1	7	5	3	6	7	6	7	8	7
网络基础设施	1/7	1	6	5	6	7	6	7	8	7
生活成本	1/5	1/6	1	1/3	1/4	1/5	1/6	1/5	1/6	1/5
所在时区	1/3	1/5	3	1	3	4	3	4	5	4
安全和稳定性	1/6	1/6	4	1/3	1	4	3	4	5	4
人文环境	1/7	1/7	5	1/4	1/4	1	1/2	1/3	1/4	1/3
社交环境	1/6	1/6	4	1/3	1/3	2	1	2	3	2
健康保健及福利设施	1/7	1/7	5	1/4	1/4	3/2	1/2	1	3/2	1
自然环境	1/8	1/8	6	1/5	1/5	4/3	1/3	2/3	1	2/3
户外活动环境	1/7	1/7	5	1/4	1/4	3	1/2	1	3/2	1

结合调查数据统计，运用层次分析法对各个影响因子的重要性进行评估和排名。对数字游民选址的影响因子进行比较的判断矩阵（1表示两个因子的重要性相等，9表示一个因子相对于另一个因子极其重要），将判断矩阵进行计算，得到各个因子的权重向量。根据分析，生活基础设施、网络基础设施、安全稳定性是数字游民对游牧地选择中最看重三个因素（表2）。

表2　各个影响因子权重向量表

影响因子	权重向量
生活基础设施	0.140
网络基础设备	0.128
生活成本	0.057
所在时区	0.084
安全和稳定性	0.090
人文环境	0.054
社交环境	0.068
健康保健及福利设施	0.065
自然环境	0.050
户外活动环境	0.064

二、 数字化游民社区三要素培育的国内外案例借鉴

1. 国内——浙江省湖州市安吉县的"DNA数字游民公社"

浙江安吉DNA数字游民公社在溪龙乡溪龙村横山自然村，该地改造废旧厂房建立起了数字游民公社，运营近一年来已累计接待300多位数字游民，根据数字游民的需求，在村里原有的商业配套服务设置的基础催生出了新的业态，如咖啡店和快餐店（图3）。这些商业服务的供给者往往本身也是数字游民创业者，久而久之，创业者们就会长期留在乡村，从"过客"变成真正意义上的"入乡人"。

图3　湖州市安吉县的"DNA数字游民公社"

2. 国外——数字游民之都里斯本

数字游民们一般会选择有较高生活标准且可负担的城市作为目的地，葡萄牙首都里斯本凭借宜人的气候、可负担的生活费用和利好的税收政策在众多欧洲国家中脱颖而出，里斯本也顺应潮流打造了史上第一座"数字游民村"（图4）。

图4　葡萄牙首都里斯本

3. 构建数字游民社区的关键要素提炼

"地理套利""多元收入"和"工作状态转变"是数字游民的3个关键词。"地理套利"即拿着较高的薪资到生活成本较低的地区生活，"多元收入"是指弹性的就业制度，"工作状态转变"是近年来公司鼓励员工自由选择办公场所，工作同时享受更高质生活。数字游民常常选择自然风光秀美、交通便利、生活成本低的城市作为自己"游牧"落脚地。与一般观光游客不同，数字游民在乡村停留时间更长，具有相对高消费能力，一定程度上能够促进当地消费。就中国民族地区而言，交通较为便利且环境宜人的传统村寨，同样是数字游民理想的目的地。

三、 三江侗族传统村落 "数字游民社区化" 转型的可行性

1. 村落空心化与转型发展机遇

近年来，随着铁路、高铁的快速发展，部分城市受虹吸效应影响极大，广西壮族自治区三江地区呈现人口流出、建筑闲置或废弃、产业衰败等问题，三江地区的传统侗族村落空心化情况始终未能根本扭转。通过微更新改造提升环境品质让数字游民进驻村落，既为其提供了好的环境，又为传统村落乡村振兴带来了新的机遇；因此，"数字游民社区化"转型是民族传统村落保护与利用的现实最佳途径。

2. 广西三江侗族传统村落的数字游民社区化转型的优势

（1）交通的可达便利性

三江县境内有两个火车交通站点，距离县城 150 千米范围内有两个机场分别是桂林两江机场和黎平机场，交通发展让更多数字游民能便捷地到达三江，给驻村旅居提供了便捷条件。

（2）自然与人文环境吸引力强

三江传统村落位于自然风景优美之地，村落以山间的木构吊脚楼与山峦、梯田相结合为特色。村内的少数民族民风淳朴，人情味浓厚，形成了天然的联系紧密社区，村落安全性相对较高。

（3）基础设施与网络建设基本完备

目前，三江地区传统村落已实现了稳定用电、用网，基本实现了 Wi-Fi 全覆盖，有稳定的网络保障数字游民的工作需求；在医疗方面，交通地理位置较好的村落可以快速到达综合医院，较为偏远的村内设置有诊疗室；在消防设施方面，每村都配备了消防设施，并且有自发组成的村民消防队。

（4）生活成本低廉与社交环境友好

村落内每家每户都种植水稻等农作物，能自给自足一部分粮食。村落内一直坚持着传统的生活方式，基础生活费用较低。有积极的社交环境，村落内有深厚的社区意识以及亲密的社交关系，村内凝聚力强，村民之间相互了解互相帮助，形成了相对稳定的社会网络。

四、"数字游民社区化" 更新改造技术策略

1. 田园诗画培育

（1）田野

三江地区农田景观主要以梯田为主，梯田呈现出美丽的景观效果，尤其是在丰收季节，给人们带来了丰富的视觉享受。在此基础上，合理规划农田布局，在农田间设置美丽的田埂、水渠，打造优雅的田园诗画景观、和谐而宜人的乡村风光。（图5）

图5　三江传统村落田园诗画景色

（2）村落

传统村落周围环绕着群山，形成了壮丽的山水景观。河流穿行其中，沿岸覆盖着茂密的森林和丰富的植被（图6）。通过合理规划乡村的土地利用，保护和恢复自然生态，营造山水相依、树木葱茏的自然景观，营造如诗如画的自然画卷。

（3）院落

院落常由多个房屋和庭院组成，形成封闭空间，起到保护隐私的作用。内部常有花园和庭院，种植着花草树木

（图7），院内的景观布局讲究自然与人工的结合。

2. 村落格局微更新

数字游民对传统村落的兴趣和关注将为村落保护和传统文化传承提供重要支持。数字游民作为旅行者，在体验传统村落的同时，也会促进传统村落保护与发展。

传统村通过微更新和慢行系统的构建，提供更舒适、便捷和安全的旅游环境，让数字乡民能够更好地融入其中，感受当地的风土人情（图8）。

图6 村内自然风光

图7 院落景观

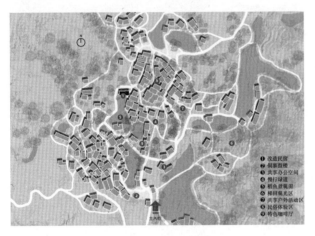

图8 传统村落规划总平面图

❶ 改造民宿
❷ 侗寨鼓楼
❸ 共享办公空间
❹ 慢行绿道
❺ 稻鱼景观田
❻ 梯田观光区
❼ 共享户外活动区
❽ 民俗体验区
❾ 特色咖啡厅

构建慢行系统引导数字乡民以步行、自行车等环保低碳的方式观光，并设置相应的路线和休憩驿站（图9），以减少机动车辆和大规模的旅游团队带来的环境压力，保护传统村落的原始风貌，维护生态平衡。

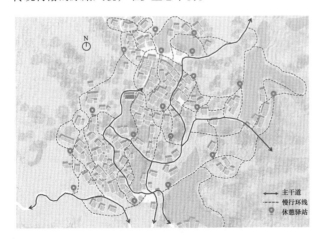

➡ 主干道
--- 慢行环线
⦿ 休憩驿站

图9 村落交通慢行系统构建

在传统村落进行景观改造以提供更具吸引力的观光体验（图10、图11）。通过改善景观，如修复传统建筑、美化街道和广场、打造风景秀丽的观光景点。

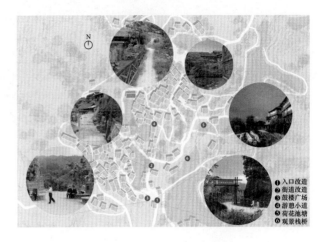

❶ 入口改造
❷ 街道改造
❸ 鼓楼广场
❹ 游憩小道
❺ 荷花池塘
❻ 观景栈桥

图10 村内景观节点改造分布图

图11 村内景观节点改造对比图

3. 传统建筑"保外雕里"的更新

数字游民通常喜欢寻求特色和独特的住宿体验，微改造民宿可以提供具有传统特色和文化氛围的住宿环境，这样不仅能够增加村落的旅游吸引力，也可以促进游客的停留时间和消费。

通过建设和经营民宿，居民可以获得额外的经济收入，利用自己的房屋进行改造，提供舒适的住宿环境，并提供餐饮、导游等服务，增加收入来源。同时，传统村落的建筑是其独特魅力的一部分，目前受到老化和破损的影响，通过微改造，修复和保护传统建筑，使之焕发新的活力，同时保留原有的历史和文化价值，有助于传承和保护村落的建筑遗产。

本文通过调研，选取侗寨中最基础的"一"字形户型进行改造示范，原户型见图12，该基础户型具有一定的普遍性和代表性，适用于大部分村落民房。通过对基础户型进行改造示范，形成一套可复制的模板，供其他村民参考和借鉴（图13～图16）。

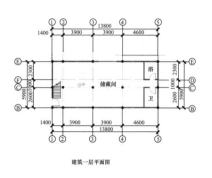
建筑一层平面图

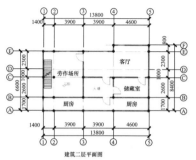
建筑二层平面图

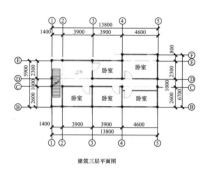
建筑三层平面图

图 12 原始建筑一至三层平面图

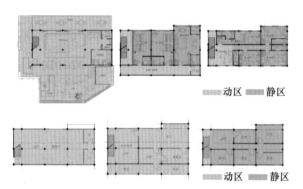

动区 静区

动区 静区

图 13 改造后分区对比图

图 16 庭院效果图

改造成本相对较低，示范改造可以通过有限的资源和资金实施，并且可以在实践过程中积累经验和教训，更好地推广和推动整个村落的改造工作，提高改造效率。

乡村民宿的内部空间改造既要保留民族地区的乡土气息，又要在满足现代化生活需求的同时，整合重构建筑内部空间，营造良好的人居环境。原建筑空间布局见图12，一层二层主要为公区，三楼为居住静区，民居改造为民宿后，应充分考虑空间围合与相互连接的关系，减少原有家庭式活动区域，增加客房区域，民宿改造见图17，缩减原有二楼客厅及储藏室，改为客房（图18）。

庭院空间是游客从乡村街巷到室内的过渡空间，可以改造为兼具交通、休息、民俗体验的多功能复合空间，保证空间的公共性和开放性，利用地形条件，围合院落形成独立庭院。

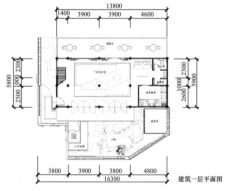

入住流线 社交空间

图 14 改造后流线与空间分析

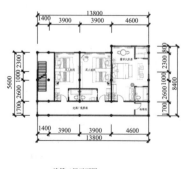

标准单人房 I 标准单人房 II

标准双人房 豪华大床房 榻榻米单人房

图 15 改造后户型示意图

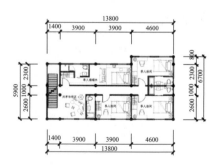
建筑一层平面图 建筑二层平面图

图 17 建筑一至三层改造平面图

图18 室内改造效果图

微改造民宿可以使传统村落实现可持续发展，传统村落的资源有限，通过改造已有的房屋，可以避免大规模建设，减少对土地和资源的压力，提高村落的生态友好性。

4. 数字化工作的配套设施建设

数字游民通常需要设备齐全的工作环境来进行远程工作。配套设施方面可以提供共享办公空间或数字工作室，配备高速互联网接入、设备等，设立设备维护站，提供设备支持和维护服务，解决技术障碍（表3）。提供休闲和健身设施帮助数字游民维持工作与生活的平衡（图19）。

表3 设施建设配套表

数字游民社区配套设施建设		
建设内容	数量	备注
共享办公空间	2	提供高速互联网接入，办公设备打印机、扫描仪、会议室和社交区域等
设备维护站	1	提供设备支持和维护服务软件更新、数据备份等
社交工作坊	3	包括讲座、工作坊、社交聚会等
健身设施	5	设置休闲和健身设施，如娱乐室、健身房、瑜伽室

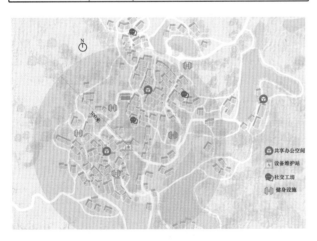

图19 数字化工作配套设施分布图

五、 结语

数字游民不仅是社会经济发展的驱动力，更是创新发展的科技与文化人才。通过补齐传统村落设施短板，吸引高收入、高学历、高专业技能的数字游民群体，利用传统村落的自身优势搭建数字游民社区，或将令"乡土中国"的面貌焕然一新。数字游民与传统村落的有机结合，将是未来值得深入探索研究的新课题。

参考文献

［1］晓云．里斯本：数字游民之都［J］．宁波经济（财经视点），2022（8）：48-49.

［2］李庆雷，高大帅．数字游民：互联网时代的新型旅居群体［N］．中国旅游报，2021-10-20（3）.

［3］苏彤彤．冬奥契机下的西大庄科村改造提升设计研究［D］．北京：北京建筑大学，2021.

［4］仇冬．平凉市四十里铺镇乡村人居环境整治规划策略研究［D］．西安：西安建筑科技大学，2021.

［5］周洋洋，江虹．基于传统民居改造的延庆区长城沿线乡村民宿设计研究［J］．艺术教育，2020（5）：262-265.

［6］郑凯，胡洁，詹振飞，等．动态系统模型验证的多元响应分析［J］．上海交通大学学报，2015，49（2）：191-195.

［7］冯晓娟，臧德彦，王少波．基于层次分析法的乡镇新增建设用地指标分解［J］．安徽农业科学，2010，38（30）：17291-17293.

文旅融合背景下关于未定级不可移动文物保护与传承的思考
——以陈家阁古建筑群为例

于 军[1]

摘 要：近年来我国文物保护工作稳步发展，保护成果和水平显著提高。但是，目前与不可移动文物相关的保护工程、保护经费、"四有"工作等主要保护对策都是以全国重点文物保护单位、省级文物保护单位及市、县级文物保护单位为中心，针对未定级不可移动文物的标准规范少、工作力度小，致使这些不可移动文物保护基础工作十分薄弱、保存现状堪忧。文旅深度融合给未定级不可移动文物保护提供了机遇，同时也提出了挑战。为保住这些潜在的文物保护单位、守住文物保护的底线，通过编制未定级不可移动文物保护规划、制定不可移动文物保护管理办法、完善资料档案、设立文物保护标志、建立文物审查委员会、建立巡视检查机制，加强未定级不可移动文物的保护工作迫在眉睫。

关键词：文旅融合；未定级不可移动文物；文物保护法律法规；文物价值；保护与传承

中华民族自古以来就把文化和旅游结合在一起，崇尚"读万卷书，行万里路"。

《中华人民共和国文物保护法》（2017）第十一条中提到：文物是不可再生的文化资源。文物是文化的组成部分，文物的保护与传承当是文化旅游融合过程中需要重点考虑的内容。2018 年 3 月 13 日，国务院机构改革方案出台，根据该方案，国家旅游局与文化部合并，组建文化和旅游部。文旅融合时代正式拉开序幕。

2018 年 3 月 22 日，国务院办公厅发布《关于促进全域旅游发展的指导意见》，指出文旅融合的具体措施是科学利用传统村落、文物遗迹及博物馆等文化场所开展文化、文物旅游等产业与旅游业融合开展文化体验旅游，为不可移动文物保护利用提供了政策遵循。

一、 我国不可移动文物保护现状

我国的不可移动文物保护实行分级管理制度，各级人民政府根据文物的历史、艺术和科学价值，分别将其公布为全国重点文物保护单位、省级文物保护单位和市、县级文物保护单位以及尚未核定公布为文物保护单位的不可移动文物（以下简称"未定级不可移动文物"）。

近年来我国文物保护工作稳步发展，保护成果和水平显著提高。但是，目前与不可移动文物相关的保护工程、保护经费、"四有"工作等主要保护对策都是以全国重点文物保护单位、省级文物保护单位及市、县级文物保护单位为中心，针对未定级不可移动文物的标准规范少、工作力度小，致使这些不可移动文物保护基础工作十分薄弱、保存现状堪忧。根据国家文物局第三次全国文物普查成果新闻发布会正式公布的普查数据，约 4.4 万处不可移动文物登记消失[2]，全国重点文物保护单位和省级文物保护单位消失的情况几乎没有，大量消失的是没有任何定级、只是被区县登记公布的不可移动文物。

---

1 山东省古建筑保护研究院规划研究部主任，副研究馆员，250014，1119345315@qq.com。
2 全国文物普查发现约 4 万处不可移动文物消失 ［EB/OL］．［2011-12-30］．http：//news.cntv.cn/china/20111230/105483.shtml。

二、 未定级不可移动文物保护现状

（一）在文物保护法律法规体系中未作为重点

从 1982 年施行的《中华人民共和国文物保护法》到 2021 年国家文物局印发的《尚未核定公布为文物保护单位的不可移动文物保护管理暂行规定》，都涉及了有关未定级不可移动文物的保护管理规定。大部分已有法律法规体系的重点是针对各级文物保护单位，虽然对未定级不可移动文物有一些规定，但这些规定不是为了保证法律法规体系的结构完整性，就是在需要使用"不可移动文物"和"文物资源"等字眼时，使未定级不可移动文物亦包含在内。只有国家文物局发布的《关于加强尚未核定公布为文物保护单位的不可移动文物保护工作的通知》和《尚未核定公布为文物保护单位的不可移动文物保护管理暂行规定》，有针对性地提出了关于未定级不可移动文物的保护管理规定。（表1、表2）

表 1　我国有关未定级不可移动文物法律法规体系简表

名称	施行时间	有关未定级不可移动文物的保护管理规定（摘录）
中华人民共和国文物保护法	1982 年 11 月 19 日通过，2017 年 11 月 4 日第五次修正	第十三条　尚未核定公布为文物保护单位的不可移动文物，由县级人民政府文物行政部门予以登记并公布。 第十五条　县级以上地方人民政府文物行政部门应当根据不同文物的保护需要，制定文物保护单位和未核定为文物保护单位的不可移动文物的具体保护措施，并公告施行。 第二十一条　对未核定为文物保护单位的不可移动文物进行修缮，应当报登记的县级人民政府文物行政部门批准。 对不可移动文物进行修缮、保养、迁移，必须遵守不改变文物原状的原则。 第七十五条　有下列行为之一的，由县级以上人民政府文物主管部门责令改正： （一）改变国有未核定为文物保护单位的不可移动文物的用途，未依照本法规定报告的； （二）转让、抵押非国有不可移动文物或者改变其用途，未依照本法规定备案的； （三）国有不可移动文物的使用人拒不依法履行修缮义务的
《中华人民共和国文物保护法实施条例》	2003 年 5 月 13 日通过，2017 年 10 月 7 日第四次修订	第十九条　危害尚未核定公布为文物保护单位的不可移动文物安全的建筑物、构筑物，由县级人民政府负责调查处理。 第五十四条　公安机关、工商行政管理、文物、海关、城乡规划、建设等有关部门及其工作人员，违反本条例规定，滥用审批权限、不履行职责或者发现违法行为不予查处的，对负有责任的主管人员和其他直接责任人员依法给予行政处分；构成犯罪的，依法追究刑事责任
《文物认定管理暂行办法》	2009 年 10 月 1 日	第五条　各级文物行政部门应当定期组织开展文物普查，并由县级以上地方文物行政部门对普查中发现的文物予以认定。 各级文物行政部门应当完善制度，鼓励公民、法人和其他组织在文物普查工作中发挥作用。 第七条　公民、法人和其他组织书面要求认定不可移动文物的，应当向县级以上地方文物行政部门提供其姓名或者名称、住所、有效身份证件号码或者有效证照号码。县级以上地方文物行政部门应当通过听证会等形式听取公众意见并作出决定予以答复。 第九条　不可移动文物的认定，自县级以上地方文物行政部门公告之日起生效。 第十二条　公民、法人和其他组织，以及所有权人书面要求对不可移动文物进行定级的，应当向有关文物行政部门提供其姓名或者名称、住所、有效身份证件号码或者有效证照号码。有关文物行政部门应当通过听证会等形式听取公众意见并予以答复
《关于进一步做好旅游等开发建设活动中文物保护工作的意见》	2012 年 12 月 19 日	一、严格执行文物保护法律法规。国有不可移动文物不得转让、抵押，不得作为企业资产经营。国有不可移动文物已经全部毁坏的，不得擅自在原址重建、复建 三、合理确定文物景区游客承载标准。文物、旅游等部门要立足文物安全，科学评估文物资源状况和游客流量，合理确定文物旅游景区的游客承载标准，并向社会公布。对于古遗址、古建筑、石窟寺等易受损害的文物资源，要通过预约参观、错峰参观等方式调节旅游旺季的游客人数，防止背离文物旅游景区实际、片面追求游客规模。要定期对利用古遗址、古建筑、石窟寺等易受损害的文物资源开展旅游等开发情况进行安全评估，对可能造成文物资源破坏的要及时采取保护措施，确保文物安全。 六、切实落实文物保护责任。县级以上地方人民政府及其文物行政部门是文物保护的第一责任人

名称	施行时间	有关未定级不可移动文物的保护管理规定（摘录）
《文物违法行为举报管理办法（试行)》	2015 年 8 月	第八条　各县（市、区）文物行政部门受理、核查辖区内不可移动文物、馆藏文物违法行为举报信息，并依法处理。 第十三条　设区市和县（市、区）文物行政部门受理举报信息，或接到上级督办、转办的举报信息后，应在 15 个工作日内完成实地核查。上级文物行政部门明确有核查时限的，应在时限要求内办结；情况复杂的，经上级交办部门同意，可适当延长办理期限
《关于进一步加强文物工作的指导意见》	2016 年 3 月 8 日	二、总体要求 （三）主要目标。到 2020 年，尚未核定公布为文物保护单位的不可移动文物保护措施得到落实。 四、重在保护 （一）健全国家文物登录制度。完善文物认定标准，规范文物调查、申报、登记、定级、公布程序。抓紧制定不可移动文物的降级撤销程序和馆藏文物退出机制。建立国家文物资源总目录和数据资源库，全面掌握文物保存状况和保护需求，实现文物资源动态管理，推进信息资源社会共享。 七、完善保障 （一）保障经费投入。县级以上人民政府要把文物保护经费纳入本级财政预算。要将国有尚未核定公布为文物保护单位的不可移动文物保护纳入基本公共文化服务范畴，积极引导和鼓励社会力量参与，多措并举，落实保护资金的投入。探索对文物资源密集区的财政支持方式，在土地置换、容积率补偿等方面给予政策倾斜。加强经费绩效管理和监督审计，提高资金使用效益。大力推广政府和社会资本合作（PPP）模式，探索开发文物保护保险产品，拓宽社会资金进入文物保护利用的渠道
《国家文物事业发展"十三五"规划》	2017 年 2 月	一、总体要求 （二）发展目标。尚未核定公布为文物保护单位的不可移动文物保护措施得到落实。 二、切实加大文物保护力度 （一）加强不可移动文物保护。完善尚未核定公布为文物保护单位的不可移动文物保护措施。 七、完善规划保障措施 加大政策引导，强化资金保障，加强队伍建设，为文物事业改革发展提供有力支撑。 （一）出台政策举措，完善文物保护管理制度 建立国家文物登录制度。健全文物认定、登录标准，规范文物调查、申报、登记、定级、公布程序，建设国家文物登录中心。研究制定不可移动文物降级撤销和馆藏文物退出机制，推进文物信息资源社会共享。 广泛动员社会参与。出台城乡群众自治组织保护管理使用尚未核定公布为文物保护单位的不可移动文物的指导意见

表 2　我国有关未定级不可移动文物的文件规定

名称	施行时间	有关未定级不可移动文物的保护管理规定介绍
《关于加强尚未核定公布为文物保护单位的不可移动文物保护工作的通知》	2017 年 1 月 20 日	该文件是专门针对未核定为文物保护单位的不可移动文物保护工作的政府文件。包括提高认识，充分认识一般不可移动文物保护工作的重要性；完善工作机制，认真做好一般不可移动文物管理工作；采取有效措施，切实改善一般不可移动文物保护状况；加强指导，积极鼓励社会力量参与一般不可移动文物保护利用工作；加强引导，妥善处理一般不可移动文物保护与城乡建设的关系；加大执法力度，建立健全一般不可移动文物监管机制六大方面
《不可移动文物认定导则（试行）》	2018 年 6 月 27 日	该文件为进一步规范不可移动文物认定工作，为地方各级文物部门开展认定工作提供了指导。包括不可移动文物的定义、认定程序、认定范围、命名方式等
《尚未核定公布为文物保护单位的不可移动文物保护管理暂行规定》	2021 年 11 月 10 日	该文件是国家文物局为加强和规范尚未核定公布为文物保护单位的不可移动文物保护管理工作专门制定的管理规定

（二）对未定级不可移动文物价值认识不到位

各级文物保护单位是通过各级文物行政主管部门对未定级不可移动文物层层上报、层层筛选产生的，因此未定级不可移动文物是市、县级、省级、国家级文物保护单位的基础。然而在具体的文物保护管理工作中，未定级不可移动文物的价值和重要性常常被忽略，下面以陈家阁古建筑群为例进行详细阐述。

1. 陈家阁古建筑群概况

陈家阁古建筑群为济南市历城区大陈家岭村陈家祠堂，第三次全国文物普查时，被登记为未定级不可移动文物，2016年11月随着行政区划的调整划转济南市高新区管理。因记录档案及历史资料匮乏，陈家阁古建筑群始建年代无考，据当地群众传言，鼎盛时期，建筑群由楼阁、大殿、东西配殿、东西廊房等建筑组成，地下有地道连通各建筑。中华人民共和国成立初期曾作为小学使用，20世纪90年代又作为粮站、物业管理公司使用，2016年物业公司在对院落地面进行清理时，将大殿、西耳房、西偏殿等建筑推塌。2019年7月11日，《问政山东》栏目对陈家阁古建筑群的情况进行了报道，报道中显示建筑群已经面目全非，只剩下断壁残垣，陈家阁古建筑群在报道之后引起了社会各界的广泛关注，针对建筑群的价值挖掘以及保护维修工作也相继展开。

2. 陈家阁古建筑群的价值

（1）历史价值

历史价值是指文物古迹作为历史见证的价值，因缺少关于陈家阁古建筑群的历史资料，在进行评估之前查阅相关志书史料是重要的基础工作。

明崇祯《历城县志》记载：明崇祯十一年（1638年）冬，六万清兵越长城大举南下，至大军围逼济南城下时，正值腊月二十三小年夜，此时，巡抚颜继祖已奉命领兵移防德州，城内只剩乡兵五百和莱州援兵七百，双方兵力悬殊，以山东巡按御史宋学朱、山东左布政使张秉文、济南知府苟好善和历城知县韩承宣等驻城文官为首，领导济南城内士民与攻城清军激战九昼夜，正月初二济南城破，宋学朱等官员全部战死，济南守城士民死亡无数。民国《续修历城县志》对这段历史记载：死难者还有仪宾（德王府女婿）陈凤仪与儿子陈正学、陈正己，侄子陈推心。

据清道光《济南府志》记载：历城大陈家岭村痒生陈凤仪为明德王府女婿。

由以上历史资料可以看出，明崇祯十一年（1638年）冬，在济南发生了一场兵力悬殊的攻守大战，济南守城士民死亡无数，其中明德王府女婿历城大陈家岭村痒生陈凤仪与儿子陈正学、陈正己，侄子陈推心亦在其中。陈家阁

古建筑群作为陈氏祠堂正是明末清初济南地区历史变迁的实物佐证。

（2）科学价值

陈家阁古建筑群的硬山屋顶、抬梁式木构架、砖砌墙体等做法与济南地区现存的祠堂建筑做法基本相符，但其在屋脊做法和彩绘运用方面的等级明显高于济南市历城区的市级文物保护单位娄家祠堂和济南市章丘区的区级文物保护单位李氏宗祠。

中国传统建筑具有严格的等级制度，明清时期，屋面瓦件的运用有严格的规定，黄色琉璃瓦是皇家独有的，代表着皇权的至高无上，重要的建筑则使用绿色琉璃瓦，普通民居只能使用灰色瓦面。建筑彩绘的运用同样也有严格的等级制度，皇家使用龙、凤的图案；贵族可以使用彩绘，但必须依次简化图案形式和做法；普通民居一般不用彩画装饰。

娄家祠堂、李氏宗祠按照普通民居的规格都使用了灰色板瓦屋面，且无彩画，仅做黑色或红色油饰。而陈家阁古建筑群中的大殿屋面使用了绿琉璃瓦、大殿及东偏殿梁架施旋子彩画，这些做法表明了其高于一般传统民居建筑，也佐证了其在当时具有一定的重要意义，是研究济南地区传统建筑营造技术的重要实物资料（图1～图3）。

图1　陈家阁古建筑群大殿琉璃屋面及正脊

图2　陈家阁古建筑群东偏殿梁架彩绘

图3 娄氏祠堂正堂

（3）艺术价值

陈家阁古建筑群雕刻有砖雕、木雕、琉璃雕几种，雕刻技法有透雕、高浮雕，题材有凤凰、牡丹、荷花、万字纹等，技法精湛、造型精美。特别是大殿正脊、垂脊的琉璃雕刻是研究济南地区明清传统建筑雕刻手法和工艺水平少有的实物资料。

（4）文化价值

据陈氏宗谱记载：陈氏家族于明初自枣强迁来历下，几百年来一直保留有完整的族谱。陈家阁古建筑群及陈氏族谱所承载的宗族文化是中国传统文化的组成部分，陈家阁古建筑群及陈氏族谱是研究中国传统文化重要的实物资料。

（5）社会价值

陈家阁古建筑群日渐引起人们的关注，将有助于增强公众的文物保护意识，提高公众的民族自豪感。通过文旅融合，对陈家阁古建筑群进行合理利用，发展旅游业，可促进当地经济的多样化，增加就业机会，提高人民生活水平。

三、 未定级不可移动文物保护与传承建议

通过对陈家阁古建筑群的价值挖掘可以看出在未定级不可移动文物中确实存在着价值较高的文物，其中不少涵盖了丰富的地方文化信息。文旅深度融合给未定级不可移动文物保护提供了机遇，同时也提出了挑战，为保住这些潜在的文物保护单位，守住文物保护的底线，加强未定级不可移动文物的保护迫在眉睫。

（一）编制未定级不可移动文物保护规划

根据《中华人民共和国文物保护法》，未定级不可移动文物的保护责任在县（区），因此以县（区）内的未定级不可移动文物为对象，编制并公布实施未定级不可移动文物保护规划，在文旅深度融合之际，统筹推进、分步开展全县（区）未定级不可移动文物保护、管理工作，完整地保护县（区）的文化遗产，深入挖掘并延续其独特的历史价值，将为未定级不可移动文物提供保障，有利于对存在重大险情的未定级不可移动文物及时开展抢救性保护，可以有效杜绝拆真建假、拆旧建新的活动；有利于创新文物保护思路，将全区文物资源有效整合在一起，促进全县（区）不可移动文物整体保护与利用，促进文旅深度融合，真正发挥文物对社会主义精神文明发展的支撑带动作用，真正"让陈列在广阔大地上的遗产活起来"。

（二）制定不可移动文物保护管理办法

由县（区）人民政府组织制定本行政区域范围内《不可移动文物保护管理办法》，报县（区）人民代表大会会议通过后公布实施。主要内容包括管理体制与经费、管理机构及职责、保护管理内容及要求、保护利用项目的申报审批程序及要求、对于旅游利用及文物其他利用方式的管理规定、开放容量限制管理、违法行为的处罚措施、支持保护管理行为的奖励规定、各利益相关者关于旅游收益的利益分配关系等。

（三）完善资料档案、设立文物保护标志

加强未定级不可移动文物的基础工作，编写完善未定级不可移动文物的名称、本体构成、文物年代、权属性质、登记日期和登记机关等资料档案，规范设立文物保护标志。深入挖掘价值，对于价值较高的未定级不可移动文物，积极报请各级人民政府核定公布为文物保护单位。

（四）建立文物审查委员会

建立由县（区）政府牵头，由文物、文化、住建、民政、地方志等部门及专家、社会公众组成的文物审查委员会，审核、确定未定级不可移动文物的价值、保护规划、保护措施等。

（五）建立巡视检查机制

落实巡视检查机构，定期检查未定级不可移动文物的保存现状，周边环境景观和风貌的保护状况，及时制止损毁文物的行为。制止擅自拆除、污损、破坏文物保护标志及其他违法违规行为，发现文物有损坏或有损坏隐患的，及时采取妥善的保护措施。在未定级不可移动文物所在地公布举报电话和通信地址，方便群众监督。

文化旅游融合的大幕已经拉开，在诗与远方携手前行的过程中，不可移动文物注定是主角之一。为了促进不可移动文物保护传承与利用、促进文化旅游深度融合，需要政府重视、全民参与到包括未定级不可移动文物在内的文物保护利用工作中，以加快文化、旅游资源的整合，践行"宜融则融、能融尽融、以文促旅、以旅彰文"的原则和思

路，为文化建设和旅游发展提供新引擎新动力，形成发展新优势，从而不断满足人民日益增长的美好生活需要。

参考文献

[1] 袁洪升，黄昭，鲁伟娜. 中国传统建筑的典型特征研究 [J]. 科技风，2015（20）：181.

[2] 安娟. 未定级不可移动文物保护法律问题研究 [D].

太原：山西大学，2017.

[3] 雒树刚. 以习近平新时代中国特色社会主义思想为指导 努力开创文化和旅游工作新局面 [J]. 时事报告（党委中心组学习）2019（1）：64-80.

[4] 于冰，波菲里奥·海莱妮，斯卡罗纳·卢伊吉. 文物保护管理制度与改革意大利与中国比较视野 [J]. 中国文化遗产，2018（5）：56-65.

西藏自治区 "一江两河" 流域传统民居 "梁、 柱" 构造研究[1]

次仁旺堆[2]

摘 要: 西藏传统建筑作为西藏传统文化的重要表现形式之一,在体现浓郁文化特色的同时,反映了西藏地区先民们就地取材、适宜建造的伟大智慧。本文选择具有代表性经济发展带及旅游发展区的西藏自治区"一江两河"流域为研究范围,其流域传统民居作为研究的建筑类型,选择"梁、柱"构造作为研究对象,研究旨在对可能会被淹没在现代建筑建造浪潮中的传统民居保留一份素材,以期体现其应有的价值。

关键词: 西藏"一江两河";传统民居;梁;柱;构造

一、 梁、 柱的概要

《说文解字》道:"梁,水桥也。从木,从水,刅声。"原指砍伐树木,用木材拼接架桥作为水上的过道,后引申为架在两个房柱之间的横木,《商君书·兵守》中便写道:"客至,而作土以为险阻及耕格阱,发梁撤屋⋯⋯使客无得以助攻备。"[3] 柱,《说文解字》道:"楹也。柱之言主也。屋之主也。"意为厅堂前的大柱。

在藏式传统建筑的构件里,梁和柱子可以作为一个整体的构件,因为梁和柱的关系通过"榫卯"层层相扣,其中每一个元素互相之间都有关联,在西藏"一江两河"流域的传统民居建筑中,梁和柱子关系更为统一。木工在设计之初,会根据所在房间空间大小对梁和柱子的尺寸进行统一选择及制定。在设计房屋之初,房屋空间越大,所需建造梁、柱的建筑材料就越大,反之则越小,因此,梁、柱的样式会根据不同空间大小及不同材料需求有所不同,梁、柱的区别和所能找到的木材的硬度、体积有很大关系。

梁是横向布置的用来承受其上面部分荷载的重要横向体系构件,其最大功能在于完成了力的传递与交接,自上而下的力通过梁来进行收集和传递。

柱子是西藏传统民居非常重要的竖向体系构件。柱子的作用不只体现在物质方面,还体现在精神层面,因为柱子在房屋中间的位置,是最醒目、最重要的位置所在,除了结构的角色,柱子从古至今在民居里还承担着展示架的作用,藏族人民喜欢把重要物品挂在柱子上面,比如哈达、重要的相片等,有些老百姓会挂上佛珠、佛像等,富有吉祥、安康等寓意。

西藏"一江两河"流域传统民居建筑柱的构成元素包括:柱身、柱基、坐斗、托木(短弓木、小雀替)、弓木(长弓木、大雀替)、梁等(图1)。

二、 梁、 柱的类型

西藏"一江两河"流域传统民居梁、柱的类型根据横

---

1 本文系 2022 年度西藏自治区自然科学基金立项项目——西藏"一江两河"流域传统民居建筑构造研究(项目编号:XZ202201ZR0028G)资助。

2 西藏大学工学院,讲师,850000,148110297@qq.com。

3 引自商鞅的《商君书·兵守》。

截面的形状分为圆形和方形两种（图2）。

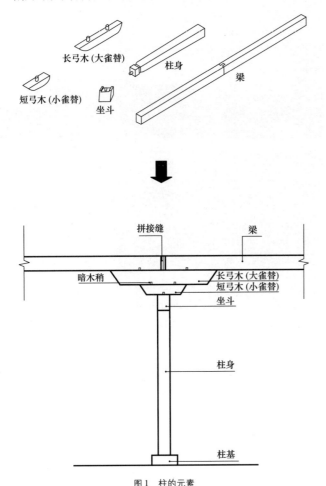

图1 柱的元素

（资料来源：作者绘制）

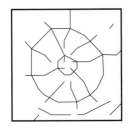 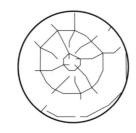

图2 梁、柱的方形截面与圆形截面

（资料来源：作者绘制）

圆形梁、柱讲求原生态的建造方法，对木材不进行太多加工，保持原有的形状，最初也是因为木材稀缺，条件有限，在西藏"一江两河"流域没有"云杉""落叶松"等品质较好的木材，连"藏川杨"这类品质不高、外观不美的木材亦极为难得，更谈不上再次加工，因此，圆木在梁、柱建造时的运用更多是由于其经济性。

方形梁、柱是对木材进行二次加工获得，木匠师傅根据所需制作梁、柱的尺寸对木材进行加工，使木材的横截面趋近于方形，方形的好处在于与其他构件的接触面加宽

了许多，使梁、柱之间的结构更加贴合、更加稳定。

西藏"一江两河"流域传统民居建筑的柱子，根据组成其元素之一的雀替的层数可分为单层雀替和双层雀替两种。

雀替是横梁与柱头之间用来衔接的部件，担负着托举横梁，并将横梁的荷载集中传递给柱子的重要任务，以及承上启下的作用。雀替的大小和层数与建筑室内高度和空间大小有关系，像寺庙的诵经大殿，佛教的融入使建筑超越了本身的存在的意义，粗壮的柱子支撑着其高大的空间，大型的双层雀替（图3）发挥着其荷载传递的作用，而传统民居空间狭小，建筑室内高度相对低矮，若做大尺寸的双层雀替，便会头重脚轻，更会因为雀替的竖向排列而降低柱子周边的高度，影响柱子周边空间的使用，因此，西藏"一江两河"流域传统民居建筑的雀替一般以单层雀替居多。随着时代发展、经济收入提高、传统民居建筑空间也在随之变化，室内净高的增加使得双层雀替也普遍用于此流域的传统民居建筑之中（图4）。有些传统民居在维修或建造的过程中会加入"工字钢"来代替传统木结构的横梁，"工字钢"的受荷载能力比木梁更强，并且能通过墙体传递荷载，合适设置在开间不大的房间里，可以省掉柱子，使房间的视线更加完整。"绿水青山就是金山银山"，用"钢材"代替"木材"，确实对生态保护起到了作用。当"环境"与"传统"相遇，孰轻孰重？如何割舍？或者怎么保持任何一方相对让步带来的平衡稳定？这些都是值得讨论的问题。

图3 布达拉宫柱式雀替之一

（资料来源：《西藏藏式建筑总览》[1]）

三、 梁、柱的尺度与布局

西藏"一江两河"流域传统民居空间大小一直是以"柱子"为面积单位计算。柱子的重要性从藏族老百姓对传统民居的空间大小介绍可以看出，比如问一位住在传统民居的藏族老百姓"你的房子有多大？"如果他回答"1个柱子"或"2个柱子"（图5），那这个回答的内容对于西藏人民来说，就是在表述自己房屋的面积及空间大小。

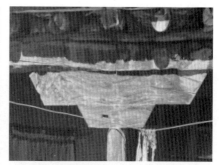

图 4　传统民居部分柱式及雀替

（资料来源：作者自摄）

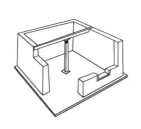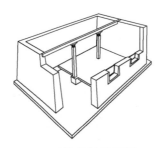

单柱式柱网空间图　　　　　**二柱式柱网空间图**

图 5　柱与空间的关系

（资料来源：作者绘制）

西藏"一江两河"流域传统民居柱子的间距一般为 200～220 厘米，柱子与柱子形成一个结构圈，以一个柱子为中心，四周分布柱子或者墙体，形成结构围合圈，以便能起到受力与力分布完整的作用，它的建筑面积是（200～220 厘米）×2×（200～220 厘米）×2＝（400～440 厘米）×（400～440 厘米）＝16～19.36 平方米，"2 个柱子"建筑面积却不等于"1 个柱子"的建筑面积乘以 2，且小于"1 个柱子"的建筑面积乘以 2，因为"2 个柱子"在空间上与"1 个柱子"共享了一部分空间。因此"2 个柱子"建筑面约是（200～220 厘米）×2×（200～220 厘米）×3＝（400～440 厘米）×（600～660 厘米）＝24～29.04 平方米。

按柱子设计的藏式传统民居，面积是以分布在房间中间的柱子数量来计算，比如："1 个柱子"的传统民居即房屋中间有 1 个柱子，"2 个柱子"的传统民居中间有 2 个分布的柱子，"3 个柱子"的传统民居房屋中间的柱子不管是横向布置，还是转折布置，都确保有 3 个柱子均衡布置，

但面积是不变的，以此类推，藏式民居的房屋面积大小可以分为"1 个柱子""2 个柱子""3 个柱子"……"1 个柱子"的房间格局是明确的，房屋正中间设立一个柱子，四周或柱子或墙体来支撑梁及梁顶上楼地层或者屋顶的重量；"2 个柱子"是在"1 个柱子"房间格局的基础上进行扩展，"2 个柱子"的房间格局就是两个柱子以相对平分的距离沿着所在房间开间或进深方向布置，以确保受力均匀，每个柱子与相邻的墙体之间的间距在 200～220 厘米。（图 6）

传统民居因用地地形及建筑空间的限制因素，还会出现"半个柱子"的空间存在，与"1 个柱子"的建筑空间结合后就会形成"1 个半柱子"。顾名思义，就是"1 个柱子"＋"半个柱子"的空间格局，"1 个柱子"的建筑面积是：（200～220 厘米）×2×（200～220 厘米）×2＝（400～440 厘米）×（400～440 厘米）＝16～19.36 平方米，"半个柱子"的建筑面积就等于（16～19.36 平方米）/2＝8～9.68 平方米，因此"1 个半柱子"的建筑面积是：16～19.36 平方米＋8～9.68 平方米＝24～29.04 平方米，"2 个半柱子"的建筑面积等于"2 个柱子"＋"半个柱子"的建筑面积＝24～29.04 平方米＋8～9.68 平方米＝32～38.72 平方米，以此类推，"3 个半柱子"……西藏传统民居建筑因其经济性，不会出现如今类似大平层的大面积房屋空间。以柱子为单位进行设计及布置的建筑空间更加紧凑、精致，但也会受到空间使用的限制，毕竟房屋中间的柱子会影响视线及人物活动。

柱子的间距及房屋面积以现场施工时木匠的空间设计为准，在土地面积充裕的前提下，建筑内部的房屋面积也与能找到的木材品质有很大关系，木材品质越好、体积越

大，能承受的荷载就越大，房子的开间及进深便能相应增 加，房屋面积也随之增加。

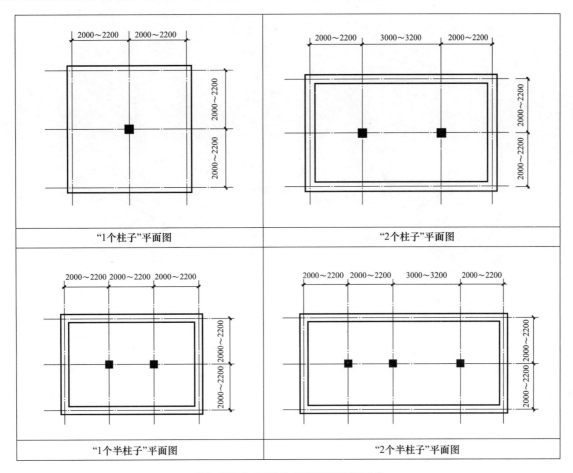

图6　西藏"一江两河"流域传统民居柱网分类

（资料来源：作者绘制）

四、梁、柱的功能与设计要求

梁、柱是西藏传统民居里最主要的结构构件之一，主要作用在于承受上面楼板层和屋顶等横向构件体系传递的力，并传递给下面横向体系或基础体系，对整体建筑的荷载起到承上启下的作用。梁、柱通常会设置在房间的正中，但由于房间使用功能的不同，空间也会有大小上的差异，有些大空间由于结构要求，使用一根柱子不足以支撑上面的荷载，需要更多柱来分担力，柱子之间的梁的数量也随之增加，因此，不同空间的大小，使用的柱子数量不同（柱子的排布及尺度见前文"梁、柱的尺度与布局"），作为藏式民居的主要受力结构，梁、柱的选择及建造方式也很讲究。

1. 柱的建造工序

（1）根据梁的下沿到地面的距离大致确定柱子各个部件的尺寸，并准备所需的木材。

（2）找一根完整的木材，四边削平，做成横截面为方形的柱身，如果经济条件一般的主人，会直接使用已有的

未加工的木材，其原因有两点：①加工木材需要花费更多的财力；②木材原材料缺乏，直径短，已有的木材不足以再进行加工来支撑上部荷载。

（3）制作凹行的坐斗，凹槽的方向与上部雀替的方向一致固定在柱头，固定的方法为在柱头上横截面中间的位置制作榫头，在坐斗底部正中间位置制作榫眼，两部件相连进行固定。

（4）制作小雀替（托木），小雀替的形状趋近于等腰梯形，梯形的短边长度为坐斗宽度的2~3倍，在长边的面上的每1/3的位置制作一个榫头，小雀替的总长度一般在40~55厘米，高度12~20厘米，宽度比柱子横截面宽度小，因为需要把小雀替放进与柱身一样宽度的坐斗的凹槽里。

（5）制作大雀替（弓木），大雀替的形状与小雀替相似，区别在于尺寸及图案，大雀替的短边长度大约是小雀替的长边长度的一倍，大雀替的总长度一般在110~150厘米，高度14~15厘米，宽度比小雀替齐平或比小雀替窄2厘米左右，在长边的面上划分4等份，靠近边缘的两个等分线的位置制作榫头，在底部制作榫眼。

（6）小雀替的榫头插入大雀替的榫眼进行固定。

（7）大雀替的榫头插入梁底面按照榫头间距确定的榫眼，进行固定。

（8）各个部件制作完成后不能马上在室内安装，需要把柱子全部构件包括梁在内在室外通过榫卯组装一次，然后倒立测试[2]，检查柱子的各部件组装是否有问题，整体是否垂直。（图7）

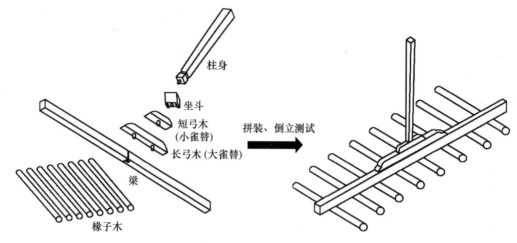

图7　柱子倒立测试

（资料来源：作者绘制）

2. 对于梁的选择及安装的注意事项

（1）如果条件允许，木材原材料选择充裕，则会选择一整根完整的木头放置在雀替上作为梁，由于传统民居的柱墙间距在2～2.2米之间，这样的梁由于木质的完整性、受力更好、更美观，但也稀缺；如果找不到好的木材原料，就在房间内与开间平行方向把木头分两节放置，这样的两节横梁交接放在雀替中心的位置，此位置在藏语里被称为：ཚིག（即心脏），可以看出把梁放置在雀替中间位置的重要性，或是把梁的交接点确保选择在雀替的正中心，以确保横梁对雀替及柱身的力的传递，把梁功能化整为零，以确保雀替及柱身的受力均匀。

（2）梁的大小由房间使用功能相关的空间大小决定，梁体积越大，支撑其重量的雀替越大，柱身体积也越大，所以柱子的大小和其所在房屋空间（面积）的大小有直接关系，在西藏"一江两河"流域的传统民居内部的各个室内空间大小都差不多。因此，梁的尺寸也大致相同，梁的横截面的形状分为方形和圆形，其边长或直径一般为20厘米左右，放置在与雀替相同方向的正上方，并和大雀替的榫头对其插入固定。

（3）梁的两端放置在平行的两个墙体向内约一半的位置（此位置需要由墙体厚度决定），墙体的砌筑到达横梁所要放置的高度时停止砌筑，用圆木对墙体进行竖向夯打，铺设黏土，沿着墙体方向放一块长40～50厘米的横木（其作用是为了增加横梁对墙体的荷载面，防止荷载面过小，导致墙体凹陷），再把横梁两端分别放在横木上（图8、图9）。

（4）沿着横梁两边继续砌筑墙体（利用黏土填补处理横梁与墙体的缝隙）。

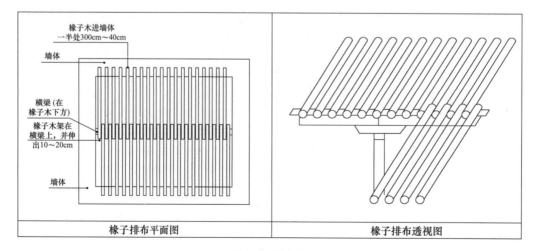

图8　椽子排布图

（资料来源：作者绘制）

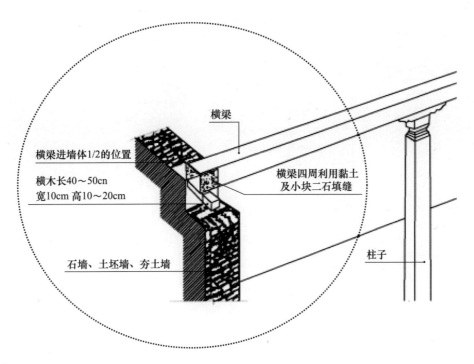

图 9　梁与墙体的构造关系图
（资料来源：作者绘制）

3. 对于椽子的排布要求

椽子是横梁上方用于支撑楼板层的横向结构体系，其材质为木材，进行加工后制成横截面为圆形的圆木，圆木长由房间空间大小决定，长度为 250～270 厘米，椽子一端放置在进墙体一半的位置，另一端放在横梁上方并伸出横梁 10～20 厘米，并交错放置（表 2）。

五、 梁、柱的构造

西藏"一江两河"流域传统民居柱子构造标准图（图 10）。

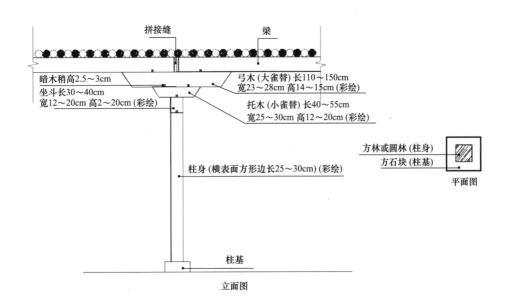

立面图

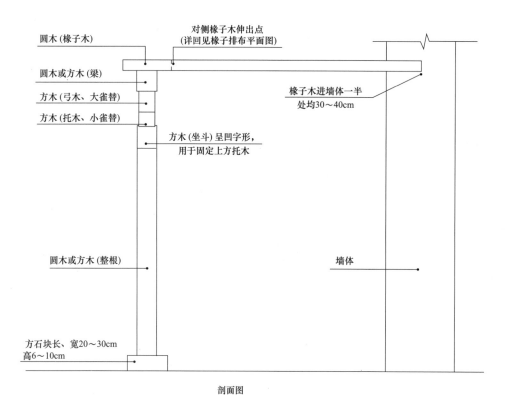

图10　西藏"一江两河"流域传统民居柱子基本构造图（含上页立面图、平面图）
（资料来源：作者绘制）

除了对于木材进行加工，制作成柱子，在西藏"一江两河"流域传统民居建筑中还能看到使用未经过加工的"原木"直接当承重柱（图11），这类柱子的使用分析得出有两种可能性：①由于家庭经济原因，没有后期加工木材的条件；②原木的结构更加完整，原生态的构件风格更加亲近。

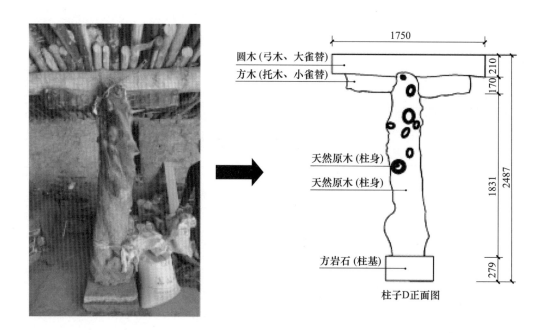

柱子D正面图

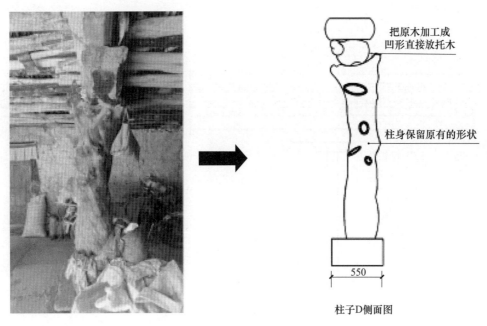

柱子D侧面图

图 11 原木柱

（资料来源：作者拍摄、绘制）

六、 结语

建筑构件是组成建筑空间的重要元素，本文对西藏"一江两河"传统民居建筑的"门""窗""墙体""梁"

"柱""楼板层""屋顶层""楼梯""基础"等构件进行了分析和研究并通过绘制标准构造图（附图），形成了图文结合的建造说明书，以期为"一江两河"传统民居保留一份素材，展现其应有的价值。

附图： 西藏"一江两河"流域部分传统民居"梁、柱"构造图

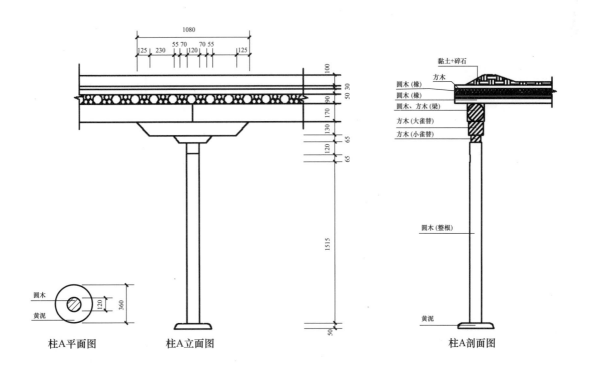

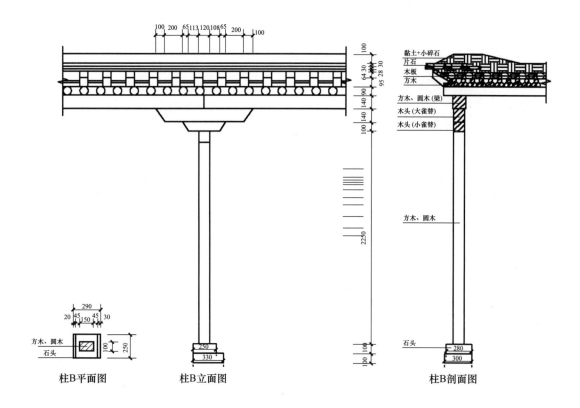

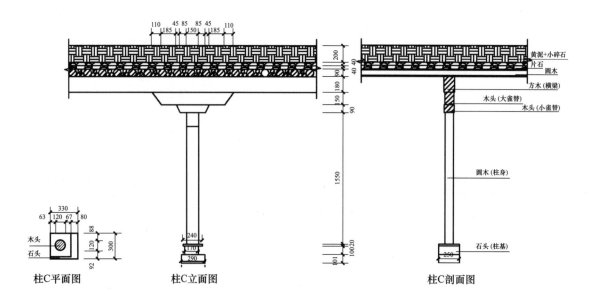

a. "雅鲁藏布江"及"拉萨河"流域主要柱式类型及构造图（含上页柱 A、B 平、立、剖面图）

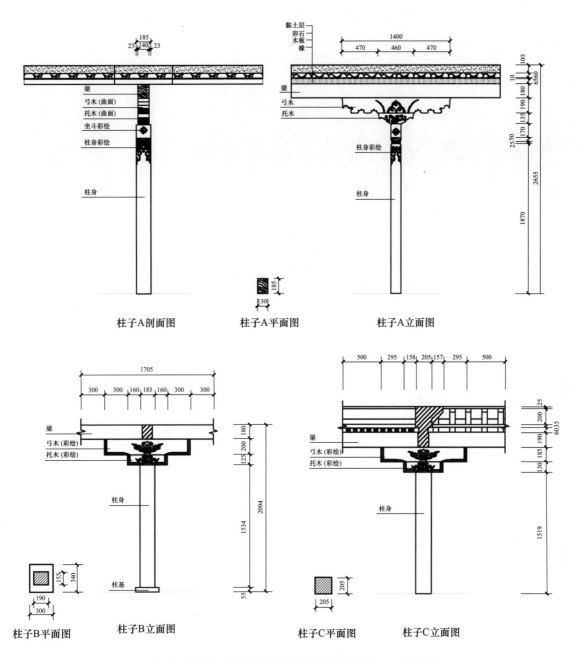

b. "年楚河"流域主要柱式类型及构造图（含上页柱子 A 平、立、剖面图）

（资料来源：作者绘制）

参考文献

［1］阿旺罗丹，次多，普次. 西藏藏式建筑总览［M］. 成都：四川美术出版社，2007.

［2］木雅·曲吉建才. 西藏民居［M］. 北京：中国建筑工业出版社，2009.

广府民居装饰中的吉祥纹样符号分析

胡　强[1]　李芬其[2]　李绪洪[3]

摘　要：本文分析了广府民居装饰中吉祥纹样的"抽象提取"造型、"具象复刻"色彩和"意象感知"寓意三种符号的形式表达，分析广府民居装饰中的吉祥纹样造型、色彩和寓意，探索广府民居装饰中吉祥纹样符号在现代再设计。

关键词：广府民居；装饰；吉祥纹样；符号；现代设计

广府民居装饰中的吉祥纹样作为中华文化的重要组成部分，展现了广府地区不同朝代的审美趣味和历史变迁。在当前建筑装饰的本土性和民族性与其国际性之间的关系需要被重新审视。因此，挖掘地域民族建筑装饰符号的设计思路比较重要。在信息网络文化与其他高科技综合利用和发展的今天，传统吉祥纹样和现代文化的碰撞与交融越来越强，传播越来越广泛[1]。广府民居建筑装饰中的吉祥纹样作为一种独特的建筑装饰设计元素，基于符号学理论的三分法，通过对其形、意、色等主要装饰特征进行分析，将其应用于现代广府民居装饰设计中，能够延伸文化内涵。为在广府传统设计与现代设计之间找到一个适当的平衡点，研究了图案、符号和主题等元素如何传达社会文化和精神的意义。

一、 广府民居装饰中的吉祥纹样造型特征

"建筑之始，本无所谓一定形式、更无所谓派别，其先盖完全由于当时彼地的人情风俗、气候物产……只取其合用，以待风雨，求其坚固，取诸大壮，而已"[2]。设计是一种具有一定目的性的活动，广府民居装饰中的吉祥纹样主要由地域湿热气候因素和当地人的精神需求决定。

广府民居装饰中的吉祥纹样造型主要来自民居装饰中的灰塑、石雕、木雕、砖雕以及壁画等。广府灰塑最早期以浅浮雕的形式为主，刻画简单的自然元素。如陈氏家祠屋顶塑造的福、禄、寿吉祥图样，分别是福运临门、高官厚禄、延年益寿的象征。在画面中添置了云纹、回字纹等象征吉祥的装饰，以营造和谐的视觉效果。连廊部位则塑造了"琶洲砥柱""粤秀连峰"等山水图画，以及"竹林七贤""公孙玩乐"等场景（图1）。石雕刻以石狮、麒麟、抱鼓石、龙凤花草等题材，充分体现出了吉祥文化符号，以表达对美好事物的希冀（图2）。砖雕与建筑艺术相融合，借鉴了木构建筑的手法，主要用于墀头和墙檐等部位，有着严谨工艺程序和丰富的内容，以民间吉祥物、花鸟植物为主要素材，在建筑中的装饰作用也是更加复杂多样（图3）。木雕作为装饰分别在外檐、内檐和梁架的木雕上，精细地雕刻吉祥元素，针对不同结构的实用功能采用不同的雕刻技法，以展现出多样的艺术风貌（图4）。

广府民居建筑装饰在色彩运用上追求更多画面组织的层次结构特征，以达到视觉上冲击与叙事性效果。在古建筑上绘制的色彩装饰不仅赋予建筑美感，还具备防水功能，有效延长建筑的使用寿命[3]。在广府民居建筑装饰中，黑瓦、白墙以及黑柱等证明黑和白是很常见的建筑色彩。配色简单，不烦琐，但含蓄表达文人雅趣的意境。墀头是广

1　仲恺农业工程学院，硕士研究生，510220，1335291112@qq.com。
2　普宁市流沙镇第五小学，高级教师，515300，1774131946@qq.com。
3　通讯作者，仲恺农业工程学院，院长，510220，Lxh87351310@126.com。

府硬山式建筑的立面构件，特别流行把整块红砂岩抹成弧形，并在其上雕刻图案，形成地域特色的红砂岩墀头。壁画造型纹样以吉祥事物为题材，反映广府民众对美好生活的向往和社会价值的追求。壁画的色彩是将带石灰的颜料加入多种色彩之中，起到色彩丰富的作用，同时也能起到防虫的作用。

图1　广州陈氏家祠的屋脊灰塑吉祥纹样造型（图片来源：自摄）

图2　广州陈氏家祠的建筑石雕（图片来源：自摄）

图3　广州陈氏家祠的女儿墙砖雕吉祥纹样造型（图片来源：自摄）

民居具有多重符码，包括特性符码（如空间、造型、色彩、建造技术、材料等）、共性符码（与皇家建筑共同的构图、空间序列等），以及泛符码（涉及使用者的社会生活习俗、政治、文化等）[4]。广府在民居建筑装饰纹样符号上，寓意了吉利祥和的观念，能传达出向往美好生活的希冀。如在民居建筑装饰上用人物形象和大自然形象的特征作为纹样特征来表达吉利祥和，体现了人与自然和谐统一的思想境界，承载着人类通过和自然之间的对话表达和谐的愿景。吉祥纹样是人们对万物求取祝福的一种重要的心理现象，这种吉祥心理诞生了吉祥纹样、吉祥语言等吉祥文化现象[5]。

广府民居一般以硬山顶的建筑形式。高出屋顶两侧的山墙呈现镬耳状，是广府民居的主要造型装饰特征，功能上有防火挡风的作用。在山墙的博风头绘有白色夔龙卷草纹饰，极致的韵律和美感，蕴含富贵吉祥之意（图5）。吉祥纹样作为一种文化符号，蕴含着深厚的文化寓意和艺术感染力，成为各类历史文物中的浓墨重彩的美学财富，为现代设计提供新文化元素[2]。

图 4 广州陈氏家祠梁架上的吉祥纹样造型（图片来源：自摄）

图 5 佛山市三水区大旗头村民居的镬耳墙吉祥纹样造型（图片来源：自摄）

广府民居装饰的吉祥纹样内容丰富、形式多样、内涵深刻，具有独特的艺术美感。人们的吉祥意识促使了传统吉祥图案的产生，人们希望借助某些事物或神灵帮助他们消灾灭害，保佑他们平安顺利。吉祥意识源自早期人类先祖对图腾图样的崇拜，这种意识将人们在日常生活中接触到的各种事物，通过富含吉祥寓意的艺术形式与满足人们精神寄托的需求相结合。在广府民居现代装饰设计中，为了契合人的精神需求和审美要求，将传统元素运用在现代广府民居建筑装饰设计上。蕴含传统元素的建筑装饰是传播广府历史文明和人文特色的重要载体。

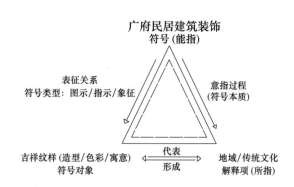

图 6 广府民居建筑装饰中吉祥纹样形式符号的表达路径

（资料来源：作者自制）

二、广府民居装饰中吉祥纹样的符号表达形式

一个符号是与第二个东西，即它的对象，相联系的任何事物，就一个质的方面以这种方式把第三个事物，即它的意义，和同一个对象联系起来[6]。从语言学的视角将符号关系二分为"意符"和"意指"，前者是能见事物的视觉形态，后者是其事物内在的思想观念传达，两者结合并成符号。20世纪初期，美国符号学家皮尔斯从逻辑学的角度将符号构建成三元关系，即指示符号、图示符号以及象征符号。建筑是一种与具有某种意义的生产相关的活动，因此可以类比为语言，借用建筑语言的概念，把产生多种符号现象的建筑当作符号体系，从而进行解构和重构。[4]由此理论来研究广府民居建筑装饰纹样的符号表达形式路径（图6）。

1. 抽象提取：指示符号下吉祥纹样造型形式表达

指示符号（index），其表征方式是因果邻近关系，这种关系具有事实或逻辑的相关性[7]，因与果邻近关系是指示符号中必要且不充分的条件，具有某种事实或逻辑的相关性，是发生在自然界也受自然法则制约的关系。而这类被指代符号的对象关系反映在建筑上，具有形式与内含的实质性因果关联，如建筑结构、形态，构造等基本形式，将建筑装饰的吉祥纹样进行符号化抽象解构，提取元素转译为装饰符号，是一种隐喻式的建筑装饰形式表达路径。

广府民居文化从属于岭南文化，前者是后者的物化载体，后者是前者的思想路径。利用符号原理从建筑装饰结构特征分析广府民居建筑装饰上的吉祥纹样，如窗户中以花草纹样或回字图形的镂花装饰等。而其大门常做多造型的门洞，有的是圆形，有的是六边形，有的是瓶形，有的是梅花形等，都赋予吉祥团圆的寓意（图7）。在山墙、屋顶采用灰塑、石雕、砖雕等工艺手法，塑造出各种各样的样式造型，在大面积用白色粉饰的山墙面上衬托出屋脊、垂带、墀头等部位的造型和雕饰效果（表1）。通过装饰艺术的形、意、色的展现，赋予符号艺术感染力。民居装饰作为符号单元，以静态形式传递动态感受，符号赋予民居装饰意义，二者相互交融[8]。

图7　广府民居建筑的门洞吉祥纹样造型

表1　广府民居建筑装饰中吉祥纹样造型形式表达
（资料来源：作者自制）

所属建筑	装饰形式	装饰内容	形式表达
陈家祠	场景题材	山水、花鸟、瑞兽等自然元素纹样造型采用灰塑/石雕/木雕等	传达出建筑主人对吉利祥和的希冀
	人才题材	福寿禄三星等神话人物等神话人物元素纹样造型采用灰塑和彩绘等	神话人物以及场景表达出对后人健康、幸福生活的愿景
	器物题材	护栏、梁枋等功能器物造型、纹样造型采用石雕和木雕等	在功能性器物上雕刻吉祥纹样传达出对家庭后世的兴旺/昌盛的祈愿
大旗头村	器物题材	山墙、屋脊等功能器物造型、纹样造型采用石雕等	传达对生活吉祥团圆的寓意

2. 具象复刻：图示符号下吉祥纹样色彩形式表达

符号化表达大多都是基于建筑的形式与其地域文化之间的联系。符号与符号对象的表征方式是相似性，即通过与被代指物建立相似关系来进行意指过程，相似程度越大，意指作用越明显[7]。相似是以简洁明了的装饰手法进行创作，对其不需要过多的意识上的加工处理，是将广府文化基于图示符号的建筑形式表达。

广府民居建筑装饰中多以色彩作为美感，从色彩中获得愉悦的形式感，并迎合多数人的观念。所以，广府民居屋顶色彩斑斓的装饰与白墙黑瓦的色彩搭配，使色彩运用极丰富。例如近代广府民居建筑深受西方的影响，在宅居庭院建筑中演化出的满洲窗、彩色蚀刻玻璃等，在富丽堂皇的观感中，表达屋主的内心意识（图8）。

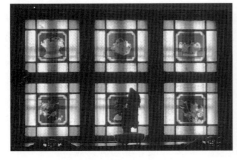

图8　顺德清晖园窗户的色彩纹样造型
（图片来源：作者自摄）

广府民居中装饰符号形式表达的更多是精神层面，通过装饰构件的形式和色彩图案造型表达意境，有意境必有吉祥的观念。张道一先生就说过"以形象表现吉祥，看起来入眼、读起来上口。比起单纯的用口语或是用音乐，不但有助于观赏，而且是凝固了的艺术，不受时间的限制"[9]。因此，在吉祥的形式上对色彩图案和语境进行整合，将独特地域性的民俗文化表现在物质层面，达到可视性而注入精神内涵（表2）。

表2 广府民居建筑装饰中吉祥纹样色彩的形式表达
（资料来源：作者自制）

所属建筑	装饰形式	装饰内容	色彩表达
余荫山房	窗户色彩	采用了满洲窗、蝴蝶窗等多色彩窗户	顺应了西方宗教文化对心灵的净化。体现空间神秘感
清晖园	场景色彩	异域风情的场景描述等纹样造型采用灰塑和彩绘等	地域装饰的文化融合，注重多元化色彩的结合
陈家祠	器物色彩	在门、屋顶等进行彩色绘画	在功能性器物上装饰彩绘，既可以防蚊虫，也传达出对神圣的敬畏

3. 意象感知：象征符号的吉祥纹样寓意形式表达

"意象"源自中国古代诗词，司空图在《二十四诗品》中说："意象欲出，造化已奇"。其意为意象将要形成之时，缜密的描画就会如天地造化般产生神奇的艺术效果，是一个模糊的主观概念。古典文学专家袁行霈提出，意象是融入了主观情意的客观物象，意在说明意象中"意"与"象"的交融。蒋寅教授认为意象之形成与象征符号有着异曲同工之妙，意象与象征符号都来自个体心中的主观意识与经验主义，两者之间必然存在联系。广府民居根据其人文风俗及气候特征，在漫长的历史沉淀中产生一种主观意识的地域性建筑文化体系。

三、 广府民居装饰中吉祥纹样符号再设计

广府民居装饰以红色和黄色为主，色彩崇尚红、绿、黄、蓝和白。广府民居装饰中吉祥纹样符号再设计是将吉祥纹样符号化转译，是将吉祥纹样从传统建筑的历史载体抽取并转化到新的载体中，从而形成一种新的地域建筑表现形式，强调地域特色和民族文化的传承，以此得出将广府建筑中吉祥纹样的符号再生并不是简单地照片抄照搬，针对其造型、色彩、寓意三方面的再设计形成新的广府民居建筑符号。如建筑门窗和结构的样式、屋梁屋脊的灰塑和陶塑等，都可以被打散再构成具有象征意义的单个造型元素。通过这种符号映射，发现地域性建筑符号的本质，揭

示它们表面的造型美感，理解它们与当代建筑文化的深刻联系。

在现代设计中对广府民居建筑的造型元素以抽象化和线性艺术性的方式提取，进行符号再设计。例如在吉祥造型元素中的卷草纹的线性或者弯曲动势为特征，应用在广府现代建筑装饰空间中。功能性装饰主要体现在结构的装饰化以及装饰的结构化，结构装饰化是一种对建筑结构进行美化和修饰的过程，融合了自然属性与人工属性的双重特征。[10]这一概念涵盖了对建筑物体结构的艺术性提升，既保留了自然元素的独特特质，同时也融入了人工创造的设计元素，共同塑造出独具魅力的建筑形态。这种实践不仅注重建筑的功能性和稳定性，更关注如何通过结构的精心设计与装饰的巧妙融合，创造出视觉与美感上的愉悦体验。例如将"回"字形的窗花的结构趋势，结合对蝙蝠的造型简化曲线形态特征，便可以得到具有蝙蝠形的窗花，应用在现代建筑中，广府人相信"吉祥"会向自己靠近，因而内心存在对美好生活的希冀。

参考文献

[1] 邓焱．中国传统吉祥图案在现代设计中的应用 [J]．包装工程，2019，40（20）：223-225+235.

[2] 赵群．传统民居生态建筑经验及其模式语言研究 [D]．西安：西安建筑科技大学，2005.

[3] 戴瑶，李景明．广州陈家祠的建筑装饰工艺 [J]．江西建材，2017（18）：31-32.

[4] 谭刚毅．民居符号学浅述及其他 [J]．华中建筑，1996，（4）：33-35.

[5] 朱尽艳．传统吉祥纹样在现代室内设计中的应用 [J]．文艺研究，2010，（5）：155-156.

[6] 王新．浅谈皮尔士和他的符号学理论 [J]．社会科学家，2005，（S2）：16-17.

[7] 郭开慧，孙壮．符号学视野下当代地域建筑的形式表达路径研究 [J]．城市建筑，2022，19（1）：151-155.

[8] 贾祺悦，李毓菲，卞梦晨，等．符号学视角下的闽东民居装饰艺术研究 [J]．家具与室内装饰，2022，29（1）：111-115.

[9] 王孙琳．徽派建筑中吉祥文化及其在现代设计中的应用研究 [D]．芜湖：安徽工程大学，2010.

[10] 薛颖．近代岭南建筑装饰研究 [D]．广州：华南理工大学，2012.

陕南传统民居建筑原型探究
——以汉中宁强地区为例

何　娇[1]　谷志旺[2]　张　铭[3]　王　町[4]　李　静[5]　刘　煜[6]　孙沈鹏[7]

摘　要：建筑原型是各地区建筑在自然生态和社会人文因素共同作用下，从古至今演进和传承下来的基本建筑模式，蕴含着最原初的生态规律和人类对客观世界最本真的认知。本文结合对建筑原型的概念、形成的影响因素以及表现形态的分析与解读，选取陕南宁强地区传统民居为对象，研究当地传统民居在演进过程中对自然气候环境的应对经验，以及对社会人文环境的回应形式，得出了当地民居建筑的平面原型、立面原型和空间原型，以期为地区建筑传统营建经验的传承、乡土文化的研究形成基础研究资料，也为当代农宅的适应性建设提供参考依据。

关键词：建筑原型；陕西省宁强县；传统民居

一、引言

我国幅员辽阔，包含多种不同气候类型、不同地貌形态及不同文化习俗的地区，各地传统民居经过几千年的发展演变，形成了适应当地自然气候和资源条件、呈现出不同形态与风貌特点的地区民居建筑。然而，随着当代建筑形式的大量普及，各地区新建农房呈现出千篇一律的工业化建造模式，不仅产生了大量不符合实际需求的住宅样式，更严重的是遗失了民间千百年来通过不断演化传承下来的低技术建造经验。

陕南地区是我国"南水北调"和"引汉济渭"工程重要保护区，是汉江的发源地，具有独特的自然生态环境与丰富的历史文化积淀。然而在其生态移民搬迁的背景下所产生的现代农宅也未能摆脱"复制克隆"的命运，面对建筑地域性的迷失，从对建筑原型的研究入手，探索传统民居的基本形制及其中所蕴含的营建经验与智慧，对于当代农村的建设发展有着重要意义。

二、建筑原型

建筑原型是历史积淀的、潜在的建筑经验和原初的、普遍的建筑形制[1]。在建筑的形成、发展过程中，人们在生活生产活动中通过不断地摸索，提炼出建筑建造方法中趋利避害的经验。这种经验在地区气候、资源、经济、文化等因素的共同作用下，经过实践的长期检验，作为一种固有的模式与原则存在于人们的意识结构中，具有回应地区自然生态和社会人文环境的性质和特点，蕴含着最原初

1　上海建工四建集团有限公司，工程师，201103，hjiao0427@163.com。
2　上海建工四建集团有限公司副总工程师、工程研究院副院长，正高级工程师，201103，gzhw1022@163.com。
3　上海建工集团股份有限公司副总工程师、上海建工四建集团有限公司总工程师，正高级工程师，201103，zmfine@163.com。
4　上海建工四建集团有限公司，工程师，201103，228575838@qq.com。
5　西北工业大学，副教授，710009，teacherlj@nwpu.edu.cn。
6　西北工业大学，教授，710129，liuyu@nwpu.edu.cn。
7　上海建工四建集团有限公司工程研究院城市更新研究中心副主任，工程师，201103，15300886989@163.com。

的生态规律和人类对客观世界最本真的认知。

1. 建筑原型生成的影响因素

传统民居是各地建筑地区性体现的典型代表，它们在形成过程中受到的影响因素是多元的，既包括地理和自然环境方面，主要有地形地貌、气候条件和物种资源，也包括文化和社会层面，即传统民俗、宗法礼制、宗教信仰、经济形式和建造技术。在各种因素的共同作用下，不同的地区和国家的传统民居形成了形式各异的建筑原型。

2. 建筑原型的表现形态

建筑原型的表现形态由建筑经验和建筑形制共同构成。在历史更迭发展的过程中，民居建筑经过不断地优化选择，传承下来的经验和形制各具特色，且充满了朴素的生态思想。它们包含着地区自然气候、地形地貌、生态资源等自然环境的适应策略，同时包含了最适应地区人们的生活习惯与社会制度的居住方式，具有鲜明的地区特点。

（1）建筑经验

建筑经验主要指的是潜在的心理意识和历史积淀的建筑思想意识，属于意识形态的范畴。这种经验既包括人类心理上的空间意识、群居意识、防范意识等，也包括世代传承下来的生活、生产、技术的经验，精神、审美的追求等，能够反映人类最原初的思维、行为模式和最基本的生活方式。

（2）建筑形制

建筑形制指建筑的物质形态。狭义的建筑形制即指建筑外在的表现形式，包括建筑的样式和制式；广义上除了外在的造型，还包括建筑的平面布局、空间组织方式、空间形态、建造方式、建造技术、建筑装饰等。

三、 汉中宁强地区自然生态与社会人文特点

陕西省汉中市宁强县处于陕、甘、川的交界，是南北交汇的山区县，因是汉江的发源地，故有"三千里汉江第一城"之称；又因曾经是羌族聚居地，因此在 2015 年被冠以"中国羌族傩文化之乡"。

宁强位于秦岭和巴山两大山系的交会地带，呈"两山夹一川"的地形结构（图 1）。冬冷夏热，属于亚热带山地湿润气候，降水多且暴雨频次多，拥有丰富的植物群落结构和生物物种（图 2）。另外，陕南地处汉水上游地区，在历史上曾是移民众多、五方杂处的地方，频繁的人口迁徙造成了流动性的社会形态，而随着交通的发展，凭借川陕交界的地理优势，经济形态也逐渐从传统农耕转变为贸易经济。在民俗文化方面，因三省交界的特殊地理位置，使得宁强在历史演进的过程中，同时受到秦、楚、蜀三大文化的影响，而频繁发生的大规模移民，也造就了当地文化的多元性。[2]

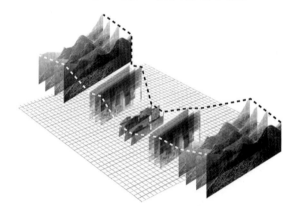

图 1 "V"形构造地貌示意图

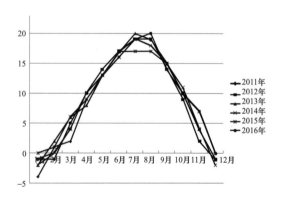

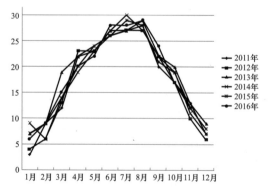

图 2 2011—2016 年月平均气温变化折线图

四、 汉中宁强地区传统民居建筑原型之经验

1. 对自然气候环境的应对经验

（1）出挑深远的屋檐与骑楼

宁强地区常年多降雨，为了加速排水，传统民居的屋顶形式均为 27~30 度的坡屋顶。出挑的屋檐与骑楼是当地民居外观形态的主要特点，屋檐出挑深远（图 3），除了结构和美观的功能外，还具有晾晒悬挂、遮阳避雨等用途。

（2）土结合的分段式围护结构

特殊的地理位置使宁强传统民居兼具南北方民居的特点。潮湿多雨的自然条件及丰富的木材、石材、黄土、竹

图3 出挑深远的屋檐

子等自然资源，促使传统民居形成了以石材砌筑作为基础，木结构作为承重结构，土筑墙、竹编夹泥墙作为围护结构的建筑形式（图4）。分段式的处理使得墙体兼具冬季保温与夏季通风的效果，也满足了因地制宜、节省材料与节约成本的需要。

图4 土石结合分段式墙体

（3）功能多样的天井空间

气候特点决定了当地天井的尺度较小，除承担通风、采光、排水的物理功能外，还具有"四水归堂"的传统寓意，体现天人合一的自然观。

（4）防水防潮的石砌台基与铺道

宁强地区潮湿多雨的自然气候，与盛产石材的特点相叠加，形成了民居选用石板作为建筑底层台基的做法，既起到了抬高基础、防水防潮的作用，也体现了就地取材、经济实用的地域特色。

（5）促进通风的阁楼（山墙开口）

当地民居多设阁楼用作储藏空间。为促进阁楼空间的通风降温，通常在山墙上开设通风口，甚至阁楼部位的山墙完全敞开，冬季时再用木板或竹板将开口封闭，以减少热量的散失（图5）。

图5 燕子口及山墙的开口

（6）顺应地形的建筑形式

宁强地区山地地形居多，传统民居会采取多种处理高差的方法以适应地形（图6）。沿江民居采用半悬空的吊脚楼建筑形式来解决基地的高差，天井式合院建筑中也会出现厅堂、正房所在地坪抬高的做法，在顺应地形的同时，也凸显了正房的重要地位。

图6 建于山地之上山墙

（7）冬季取暖的"火塘"空间

火塘，又叫"火坑"，当地民居的火塘一般设置在堂屋或偏房，平日里为家庭活动的重要场所，冬季亦用于取暖，未单独设置厨房的人家还用于烧水做饭和熏制腊肉。除了生活使用功能，火塘还代表着"家"的概念，承载着人们的精神寄托。

2. 对社会人文环境的回应形式

（1）传统礼制影响下的平面布局

受儒家中庸思想的影响，除少数受地形制约外，当地民居基本均采用中轴对称的布局方式。建筑围绕厅堂或其所在的中轴线为核心对称布局，重要空间单元都以天井为中心串联布置在纵向的主轴线上，如堂屋、过厅、店铺；次要空间单元布置在主轴线的两侧，如厢房；辅助用房的等级最低，一般设置在主体建筑之外。建筑的整体布局井然有序，堂屋的层高较高，其上面不设厢房。[3]无论是单体民居还是天井式民居，其开间的数量多为单数，表现了我国以中为尊的传统思想（图7）。

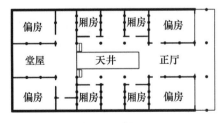

图7 合院式民居基本布局

（2）经济形式决定的使用功能

不同的经济形式会影响民居中使用功能的侧重点，在很大程度上决定了民居空间形态。宁强农耕和贸易为主的经济形式，促使其传统民居在使用功能上更加注重储藏空间的设置。单层民居层高较高，人们会在坡屋顶的下方的梁架上直接储藏杂物，屋檐出挑的梁架上也可以堆放、悬挂物品；两层式民居的二层房间主要作为储藏空间使用，层高设置较低。

（3）多元文化影响下的生活方式

三省交界的地理位置、移民带来的文化交融，使得宁强地区不仅受到中国传统宗法礼制的影响，同时也受到道教文化的影响。人们挣脱传统礼制的约束，居住空间以功能为目的，表现出自在、实用特点。例如利用出挑的檐下空间，悬挂农具和需要晾晒的农作物，堆放杂物，在室内梁架上悬挂腊肉或杂物（图8），充分反映了道教提倡顺应自然、追求自由的生活方式。

图8 悬挂农作物的出挑屋檐

（4）符合民情的建造技术

在经济相对落后的状况下，选用低成本且易获得的石材、木材、生土以及竹子等建造材料，并保留其原色不施彩画，仅在细部构造处稍加雕刻装饰，形成了当地生态自然、质朴敦厚的民居风格，既符合当地现实的经济条件，也体现了独特的传统地域特色（图9、图10）。

图9 竹编夹泥墙

图10 直接裸露的木构架

五、 汉中宁强传统民居建筑原型之形制

建筑的形态受诸多要素共同作用，如布局、形体、材料、肌理、色彩、光影，等等。这些形态要素有序组合在一起，形成了呈现在我们眼中的民居整体形态，并与人们的生活方式、审美取向、工艺技术水平等影响因素相叠加，共同构成了民居建筑对自然环境、人文风俗的应对及回应经验，使各地民居形成了具有独特风格的建筑形态。这些建筑形态虽然看起来有无数种变化，但不难发现，它们都是由一种或几种固定的模式发展演变而来，这种模式为建筑最原初的表现形式——原型形制。原型形制是建筑表现形态的原始模型，赋予了建筑以典型特征。

1. 平面原型

通过文献查阅及调研测绘，利用平面形态、比例尺度、空间要素等方法，研究其组合及转化的规律。宁强传统民居有单体式和天井式两种：单体式民居的空间布局为"一明两暗"的基本形制及其变体；天井式民居中所有房间围绕天井布置，但其门厅、正房、厢房的基本布局方式也遵循"一明两暗"的三开间形制，即天井式民居其实是"一明两暗"型与天井空间相结合而产生的变体。所以可得出宁强地区传统民居的空间原型为"一明两暗"三开间的基本形制（图11）。

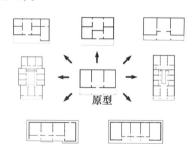

图11 以原型为基础的民居平面形式的转化

"一明两暗"是中国传统建筑最基本的空间形式，也是组成各式建筑最原始的核心结构。指三间房间，由隔扇隔开，"一明"即中间的一间明间，又称作"堂屋"，作为会客或举行聚会、仪式之用；"两暗"是指分别位于明间左右两侧的两间房间，一般一间作为卧室、一间作为书房。明间是民居中最重要的空间，是建筑的核心，不仅是因为它处于中央位置，还因为它代表着中国传统观念里以中为贵、以单为尊的礼制思想。

2. 立面原型

建筑立面是建筑外部形态的主要表现形式，它的构成要素包括形状、体积、肌理、材料、色彩等元素，这些元素共同构成建筑的外部立面形态。当地民居在建筑的外观上，主要表现为"穿斗抬梁共构架，土石结合组实墙，挑檐深远双坡顶"的基本构形。

（1）穿斗抬梁共构架

三省交界的特殊地理位置、气候条件以及南北融合的文化传统，影响着民居建筑的形式；历史上以农业为主的经济结构使宁强地区相对贫困，人们在建屋时会尽可能地节约用料与人力，在两方面原因的共同作用下，形成了当地传统民居中穿斗式与抬梁式相结合的木作结构。在厅堂等大空间处采用抬梁式，山墙部分采用穿斗式，且大多选择隔两柱落地的形式。（图12）

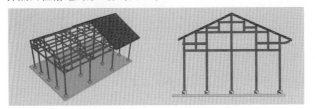

图12　抬梁与穿斗相结合的木结构做法

（2）土石结合组实墙

在地理气候与多元文化的背景下，当地传统民居的墙体均采用分段式的处理方法：基础部分用石块或卵石砌筑，防潮防水，墙身下部采用厚实稳固的土坯墙或夯土墙作为围护结构，上部则采用重量较轻、"会呼吸"的竹编夹泥墙，这样的分段式处理使得墙体兼具冬季保温与夏季通风的效果，也满足了因地制宜、节省材料与节约成本的需要。门窗处理的方式为正立面开门窗且尺度较小，其余三面墙体均为实墙，以保证建筑良好的保温性能与私密性。

（3）挑檐深远双坡顶

多雨的气候造就了当地传统民居双向坡屋顶、深远挑檐的立面形态特点。为了在雨天进行正常的行走、劳作和交流等生活活动，将实墙后退留出一跨，让出空间，正立面屋檐的出挑一般可达到一米以上，背面出挑相对较短，屋顶均为27～30度的双向坡屋顶，便于下雨时加速排水（图13）。

图13　"一明两暗"传统民居立面形态

3. 空间原型

将平面原型与立面原型组合，形成宁强地区传统民居的空间原型模型（图14）。当地民居原型形体的尺寸比例约为2:1:1（长:宽:高），屋檐出挑宽度为一跨，屋顶坡度约为30度。

六、结语

陕南传统民居以它质朴自然的建筑语言向世界展示着独有的特色，本文根据建筑原型形成的机制原理，选取宁强地区的传统民居作为研究对象，总结了当地传统民居应对自然气候环境的经验，以及对社会人文环境的回应形式，凝练出当地传统民居"一明两暗"三开间的平面原型和"穿斗抬梁共构架，土石结合组实墙，挑檐深远双坡顶"的立面原型，获得了其空间原型形制，取得了基础性、阶段性的研究成果。

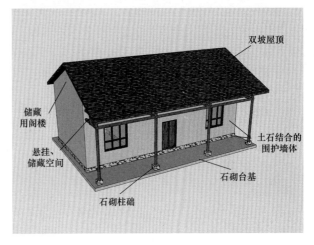

图14　宁强传统民居的空间原型

传统民居建筑的演进发展是在自然与社会的共同作用下自发形成的过程，其原型则是在历史中沉淀下来、潜在的、能够回应当地自然生态和人文环境的建筑经验和原初的普遍的建筑形制[4]，是在自然生态和社会人文因素多重作用下所形成的最核心的建筑特点的表达。对传统民居的建筑原型进行研究，有利于提炼人类在发展进程中所凝结的建造经验与生存智慧，实现传统营建技艺的传承，也为当代居住建筑千篇一律的建造方式提供优化与思考空间。

参考文献

[1] 郭红. 建筑原型的阐释 [D]. 武汉：华中科技大学，2004.

[2] 何娇，谷志旺，张铭，等. 生态移民搬迁背景下陕南宁强县民居营建调研探讨 [J]. 绿色建筑，2018，10（3）：50-53.

[3] 何书源. 陕南前店后宅式院落民居研究 [D]. 沈阳：沈阳建筑大学，2012.

[4] 李静. 西藏传统民居建筑原型研究 [D]. 西安：西安建筑科技大学，2010.

各民族建筑特点概论

孙茂军[1]　李中伦[2]　杨　帅[3]　曹佃祥[4]

摘　要：我国自古地大物博，不同地域和民族的建筑艺术风格等各有差异，将城市文化、民族文化融入建筑当中，呈现多元化的民族建筑风格，值得我们去体味和发掘其中最美的元素。

关键词：民族；传统；结构；建筑

一、　概况

西宁民族风情街项目总占地面积超过 73 万平方米，在一条宽 28 米、展示面总长近 1 千米区域内，设计 56 种建筑形态，分别对应 56 种民族建筑风格，体现各民族在青海地区和而不尽同、同而各有情的和谐景象。

二、　设计与施工

在施工过程中，我们研究 56 种建筑形态，不能原样照搬，不能简单堆砌，必须提炼取舍重新解构，理解和把握民族建造的美学符号和民族精神，体现文化价值。

下面就 56 个民族建筑中最具代表的特点进行叙述。

（1）壮族：壮族建筑为古老的传统住房形式"干栏"，又称"麻栏"，已有数千年的历史。分上下两层，上面住人，下面关养牲畜和存放杂物。建筑屋顶为"人"字形，屋面盖瓦。在广西壮族自治区西南和西北部分地区的壮族村寨，还保持着这种古老的传统住房形式。

（2）苗族：苗族主要分布于我国的黔、湘、鄂、川、滇等省（区），由于特有的迁徙历史，苗族在建筑选材和房屋构建方面形成了自己特有的建筑风格。黔东南苗族地区木材较多，所以木房、瓦房较多。有一种比较特殊的房屋形式，叫"吊脚楼"，台下做猪牛圈，或存放杂物，台上主房又分两层，一层住人，一层装杂物。屋顶盖瓦（或盖杉树皮），屋壁用木板或砖石装修。

多数苗族群众信仰的是本民族长期形成的原始宗教，包括自然崇拜、图腾崇拜、鬼神崇拜、祖先崇拜等。苗族的主要自然崇拜对象有天、地、日、月等，因此门头立面挂有本部民族崇拜的日、月木雕。

（3）白族：白族主要分布在云南省大理白族自治州。重院民居常以"三坊一照壁"或"四合五天井"形式为单元，墙面石灰粉刷，白墙青瓦。门头、山墙、屋角均用水墨图案装饰，以蓝色基调为主。白族民居的门楼十分高大，往往有两层楼高，一般采用殿阁造型，飞檐串角，再以泥塑、木雕、彩画、石刻、大理石屏、凸花青砖等组合成丰富多彩的立体图案。吉祥物常出现在门楼的飞檐下方，常见的有龙凤狮象及麒麟。

（4）彝族：彝族主要分布在滇、川、黔、桂四省（区）的高原与沿海丘陵之间，彝族民居类型可以分为瓦房、土

1　德才古建分公司，总工程师，266000，308127504@qq.com。

2　德才古建分公司，高级项目经理，工程师，266000，308127504@qq.com。

3　德才古建分公司，高级项目经理，高级工程师，266000，308127504@qq.com。

4　德才估计分公司深化设计院，院长，266000，992793066@qq.com。

掌房、闪片房、垛木房、茅草房等，大分散、小聚居是彝族居住的主要特点。红墙草顶，木门泥墙，房舍古朴，墙下端全为乱石砌筑而成，上面为土墙，门旁有带有民族特色的木制图腾。

（5）佤族：佤族建筑为草木结构的楼房，分上下两层。佤族主要居住在云南省西南部地区，建筑样式主要有"干栏式"楼房和"四壁落地房"两种。房上设特别的木刻，根据传统，墙上多带有彩绘和悬挂带犄角的牛头骨，以"炫耀富有"，形成一种特殊的装饰风俗。

（6）水族：水族建筑房架由柱、梁、檩、椽组成，屋顶盖瓦，并有自己民族特色的铜鼓。水族传统的房屋结构大多属于"人楼居，梯而上"的古越人榫卯"干栏"式建筑遗风，由"依树为巢而居"演化而来。

（7）毛南族：毛南族人的居室为干栏式样，为上下两层。干栏内外山墙全是以木、石为构架，房基或山墙多用精制的料石砌成，用长条石制成登门的石阶。干栏的楼柱也是石柱，连门槛、晒台、牛栏、桌子、凳子、水缸、水盆等也都是石料垒砌或雕凿的。毛南族傩面具作为毛南族文化的代表，是毛南族瑰宝。傩面具全套共36个，按诸神性格雕刻出来，或金刚怒目，或温文尔雅，或慈眉善目，极其传神。

（8）京族：京族建筑为条石瓦房，墙面为石条（现场石材湿挂）砌筑，屋面盖青瓦。我国境内的京族主要分布在广西壮族自治区防城港市，由于海边风沙频繁，京族人还在屋顶脊及瓦行之间压置着一块连接一块的石块或砖头。这种别具一格的石条作砖墙、独立成座、屋顶以砖石相压的居家建筑，构成了京族地区的建房民俗特色。

（9）拉祜族：拉祜族民居为竹篾茅草房，是草木结构。墙面为竹编而成，不设窗，茅草屋面。落地式茅屋沿袭了古代习俗，拉祜族崇拜多神，供奉"厄莎"。它被供奉在深山老林的禁区，非本族人不得接近。另外，还崇拜地神、司报神、雷神等。澜沧县巴卡乃乡还保留着本民族传统的供奉设施，即在村落广场和各个角落都矗立着各种形式的标杆，上面刻着几何图纹。竹编墙面和立柱有当地民族色彩的图腾装饰，如木雕人脸柱。

（10）布朗族：布朗族传统建筑为干栏式建筑，上下两层，分茅草房和木板瓦房，立面绘有图腾装饰画，主要分布在云南省西部及西南部地区，传统住房为干栏式竹楼，竹木结构，既可通风防潮又能避开野兽的侵扰，比较适合山区的地理环境和气候特点。

（11）景颇族：景颇族传统建筑为传统干栏式竹木结构的草房，因其是母系崇拜，门头装饰有木雕乳房。景颇族主要聚居在云南省德宏傣族景颇族自治州山区。草顶竹楼的景颇族住宅，多建于斜坡上，一边接地，一边架空。

（12）仫佬族：仫佬族建筑是砖墙瓦顶的矮楼建筑，立面装饰有民族木雕面具。仫佬族多聚居，同一宗族的人往往居住在同一村寨内。住房一般是泥墙瓦顶、三间并列的平房，茅屋较少。左侧门边挖地砌地炉，地炉烧煤，是仫佬人家特有的取暖、烧火的生活设备，有悠久的历史。

（13）独龙族：独龙族建筑为草木结构的井干式建筑。民居山墙面木板涂有彩色涂料，立面装饰有民族乐器芒锣。独龙族主要分布在云南省西北部，其房屋一般很小，建筑材料主要有冬瓜木、竹、草等。房屋有木楞房和竹篾房两种，为两面滴水的茅草顶，楼楞用粗细相等的冬瓜木铺成，上面覆盖竹篾笆。房子下层矮小，只做关栏猪、鸡之用。

（14）仡佬族：仡佬族房屋为干栏式木结构，上下两层，屋脊为元宝造型。外立面装饰有鹰、葫芦的木雕造型。仡佬族人创业、生活在崇山峻岭之中，衣食住行与山林息息相关，产生了万物有灵的观念。

（15）瑶族：瑶族是中国华南地区分布最广的少数民族，其村落大多位于海拔1000米左右的高山密林中，建筑为木结构、青瓦屋面，分上下两层。瑶族舞蹈多与宗教祭祀有关，其中最著名的是长鼓舞，据传这种腰鼓早在宋代就已流行。门头悬挂牛角和民族特有的长鼓，在瑶族社会发展过程中形成了图腾崇拜。

（16）哈尼族：哈尼族建筑为土木结构的两层楼房，墙基用石块砌筑，墙基以上为土墙（土坯墙），二层用圆木柱撑起屋檐和门楼，屋顶为四面斜的茅草顶。哈尼族主要分布于我国云南元江和澜沧江之间，择半山而居，哈尼族建筑都建有耳房，耳房建筑为平顶。房顶铺以粗木，再交叉铺以细木和稻草，其上加泥土夯实（如今则多用水泥抹顶）作为晒台。

（17）侗族：侗族主要分布在贵州省的黔东南苗族侗族自治州和铜仁地区，侗族居住的村寨一般具有依山傍水的特点。侗族传统建筑为干栏式木楼建筑，除屋面盖瓦之外，其余全部为木结构，凡柱、梁、枋、瓜、串、椽、檩等，均以榫卯连接。建筑外立面还装饰有带民族特色的雨伞。

（18）纳西族：纳西族为云南特有民族之一，建筑结构为穿斗式构架、垒土坯墙、瓦屋顶，"三坊一照壁"是丽江纳西民居中最基本、最常见的民居形式。建筑出檐悬挑显得很深邃，山尖悬一块很长的悬鱼板。门楼采用水墨画作装饰，基调以黑白为主。

（19）汉族：汉族传统民居的共同特点是坐北朝南，注重室内采光，以木梁承重，以砖、石、土砌护墙，以堂屋为中心，左右对称。屋顶正脊两端的正脊吻及垂脊吻上有大型陶质兽头装饰，墙面悬挂四大神兽雕刻图腾等。

（20）朝鲜族：朝鲜族主要分布在吉林、黑龙江、辽宁三省，其传统建筑为瓦房，屋顶坡度缓和，中间平行如舟，屋身平矮，没有高耸陡峻的感觉，正面为白灰抹面。门头悬挂有朝鲜族特色的腰鼓和灯笼。

（21）蒙古族：蒙古族是传统游牧民族，蒙古包整体呈圆形凸顶，顶上和四周由一层至两层厚毡覆盖，蒙古包饰面画有蒙古族特色的蓝色图案，门头旁有木制大车轱辘。蒙古族崇拜的图腾有狼、鹿、熊、牦牛、鹰、天鹅、树木等。

（22）锡伯族：锡伯族原居东北地区，后西迁至新疆，其传统建筑为土坯斜顶房，"人"字形草泥屋顶，窗户格木形状都很精致，墙基为青砖砌筑，墙基以上为黄土土坯，二层栏杆装饰悬挂有箭靶子和民族旗帜。

（23）阿昌族：阿昌族主要分布于云南省，其传统建筑为上下两层的木结构楼房，墙面有竹编装饰，屋顶为茅草屋面。阿昌族制造的铁器极负盛名，以"户撒刀"著称于世，因此门头装饰悬挂木制阿昌刀。

（24）布依族：布依族主要分布在贵州、云南、四川等省，当地产石，所以从基础到墙体都用石头垒砌，屋顶也盖石板，称为石板房；门头装饰有彩绘竹编、蜡染布、舂米工具等。

（25）普米族：普米族传统建筑为井干式建筑，木板瓦屋面。其立面装饰有竹编簸箕和燕麦束。普米族自称"白人"，其自古崇尚白色、以白色象征吉利。

（26）傣族：傣族人民依水而居，爱洁净、常沐浴、妇女爱洗发，故有"水的民族"的美称。傣族传统建筑为干栏式二层建筑，木板瓦屋面，窗户样式和门头的木雕极具民族特色，傣族视孔雀、大象为吉祥物，门头正上方为木制金孔雀，门旁摆放石雕小象。

（27）鄂温克族：鄂温克族传统建筑为木制板房，分上下两层，屋顶用当地桦树皮覆盖，门旁装饰有带有民族特色的萨满面具。鄂温克族主要居住于俄罗斯西伯利亚、中国内蒙古自治区和黑龙江省，鄂温克人无论男女老少都非常喜爱和保护驯鹿，将它们视为吉祥、幸福、进取的象征，也是追求美好和崇高理想的寓意。因此，驯鹿具有民族文化特色，富有代表性。

（28）满族：东北地区的"白山黑水"是满族的故乡，其建筑多为砖木结构，青砖砌筑，采用木制门窗。东、西山墙外有青砖砌筑烟囱，大约距房子60厘米远，门头装饰有满族的八旗。

（29）赫哲族：赫哲族的住房原始、简陋。其临时住处有尖圆顶的撮罗子和地窨子、"温特哈"、草窝棚等。固定的住处有马架子，用草苫顶的正房门前装饰有当地居民用的捕鱼狩猎的鱼篓、渔网和弓箭等。历史上的赫哲族还曾住过树屋，有巢居的传统。

（30）基诺族：基诺族房屋是用木材和茅草修建的"干栏式"建筑，主体由木架支撑，用粗木做梁、柱，连榫为架。楼板和四壁用木板排列铺成，将茅草编成草排覆盖在楼顶上。门头装饰有竹编用具、竹皮面具和民族特有打击乐器的太阳鼓。

（31）达斡尔族：达斡尔族房屋建筑的主要形式叫"雅曾格日"，是一种起脊式的、土木结构的草正房。以松木栋梁为房架，土坯或土垡为墙，屋面为茅草顶。门头立面绘有狩猎图，悬挂鹰木雕装饰。

（32）鄂伦春族：参照传统民居的样式（传统住宅"斜仁柱"）和建造方式，鄂伦春族建筑用多根木杆搭成圆锥形的架子，用桦树皮覆盖固定在表面。其门头装饰有鹿角、袍皮帽和带有民族色彩的花纹装饰。

（33）黎族：黎族人是海南岛最早的居民，船形屋是黎族最具有原始风貌的建筑，其以竹木为架，茅草为屋顶，立面装饰有木制大力神彩绘图腾等。

（34）畲族：畲族建筑以木结构为主，整座民居独立完整，呈中轴对称式布局，堂屋宽敞明亮，屋顶盖瓦。外立面装饰有姓氏旗、斗笠、木雕图腾，门旁摆放石磨。

（35）高山族：高山族民居为抬梁式建筑，其显著特点为卵石砌筑的墙体，并以圆木为梁柱，茅草为屋面，门窗均为栅栏，整体体现当地居民简朴的民居特色。立面有鱼彩绘图案，门旁摆放鱼篓等捕鱼工具。

（36）傈僳族：傈僳族建筑土木结构为主，墙面为竹篾编制，房顶盖木板瓦。木制梁柱均有特色彩绘图腾花纹。

（37）怒族：怒族传统建筑为干栏式建筑，用圆木作为主体支撑，屋顶为石板屋面（民居均使用当地所产的薄石板）。立面挂有彩绘竹编、竹簸箕、竹背篓。

（38）藏族：藏族传统建筑墙体多为白色，粗石垒造的墙面上有成排的上大下小的梯形窗洞，窗洞上带有彩色的出檐。藏式建筑整体形如碉堡，所以被称为"碉房"。藏族民居色彩朴素协调，基本采用材料的本色（如边马草为暗红色），窗户出檐挂有藏式垂挂，立面挂有经幡。

（39）俄罗斯族：俄罗斯族是古代俄罗斯移民的后裔，经过百年的发展变化，其外貌、长相、风俗和习惯等已与俄罗斯的俄罗斯人完全不同，渐渐形成了自己的民族特色传统。其住宅多为砖木结构，由于地理位置因素，建筑特色趋向于欧式风格，主要表现在建筑的整体（欧式风格的雨棚）和窗户花格造型。门旁摆放俄罗斯套娃。

（40）裕固族：裕固族建筑造型主要由传统居住方式为土木结构的房屋和游牧生活的帐篷相结合。立面装饰有裕固族男子戴的毡帽，已婚妇女戴的喇叭形白毡帽子（裕固语叫"拉扎帽"），前缘镶有黑边两道，帽顶缀有大红彩络。

（41）门巴族：门巴族建筑为碉房式石楼，石楼的屋顶用木板苫盖，覆盖草泥，有苫檐伸出楼壁，楼壁全用石块砌成，垂直高耸。门巴族的木制门楼造型独具特色，门头两旁悬挂有民族乐器门巴大鼓和山羊皮面具。

（42）羌族：羌族大多数聚居于高山或半山地带，少数分布在公路沿线各城镇附近，一般在向阳、背风、有耕地和水源的高半山或河谷地带筑屋造房，由几户或几十户形成自然村寨。其建筑以石砌筑，坚固实用，楼体呈四角，上细下粗，棱角突出，结构严密，立面装饰有羊头纹样的鼓面模型和羊纹旗帜。

（43）土家族：土家族主要分布在湘、鄂、渝、黔交界地带的武陵山区，传统民居主要有茅草屋、土砖瓦屋、木架板壁屋、吊脚楼四种类型，除此之外还有石板屋和岩洞。其建筑为木质结构，圆木为柱，方木为枋，木板为壁，屋面覆盖青瓦。建筑整体大气美观，门头立面挂有木雕面具。

（44）土族：土族主要聚居在青海互助土族自治县，主房建筑精细，栋梁和门窗上雕刻五谷丰登的花纹图案。墙面为草泥和黄土砌筑而成，屋顶为草泥屋顶。土族的刺绣独具一格，无论绣什么图案，都用"盘线"绣成。"盘线"是土族特有的针法，同时运用两根针线，做工精致、复杂、匀称，绣出的图案美观大方，朴素耐久。

（45）回族：回族建筑为窑洞式建筑，采用砖石土木结构、木制门窗，以及艺术水泥做的青砖墙面。立面有回族特有的图案石雕，门头两侧悬挂大蒜、辣椒等。

（46）东乡族：东乡族主要聚居在甘肃，传统民居是土木结构的两层建筑，门楼为红砖砌筑并带有本地特色的木雕装饰，墙面为草泥墙面，屋面盖瓦。外立面装饰有玉米辣椒串，还有木制独轮车。

（47）乌孜别克族：乌孜别克族住房一般为土木结构的平顶长形房屋，民族色调以蓝色为主，墙体刷白，其信奉伊斯兰教，穆斯林风格显著。这种土木结构的房屋墙很厚，冬暖夏凉。许多房子用土围墙搭成，这种围墙被称为安集延墙，乌孜别克人则称之为"滑稽泥墙"。

（48）塔塔尔族：塔塔尔族为蒙古族人种的西伯利亚类型，主要信仰伊斯兰教。房屋用砖块、木材、石块等材料修建，门头和窗户雨棚为"人"字形，刷绿蓝颜色，墙壁多用石灰刷成淡蓝色。外立面挂有装饰手鼓。

（49）柯尔克孜族：柯尔克孜族主要分布在吉尔吉斯斯坦及中国新疆维吾尔自治区等地，其建筑为土木、砖木结构。民居为平顶，平面为长方形，门窗为木制，并以土盖顶，外立面为粗糙的泥砖。农区村落的庭院式住宅多为砖木结构的平顶屋；牧区的柯尔克孜人喜用白毡盖毡房，称之为"勃孜吾依"。

（50）珞巴族：珞巴族建筑是以木结构为主的碉房，坚固耐久且具有很好的防御功能。他们在门上或屋内的墙壁上，画有许多避邪求福的图案。而墙上挂着的动物头首，既是财富的象征，也是对猎手打猎能力的炫耀。珞渝地区山路崎岖、山高谷深，受江河阻隔，珞巴人民创造了多种独特的架桥技术，常见的桥梁有独木桥、竹木桥、溜索桥、藤网桥等，其中藤网桥最具特色，也最能显示珞巴族建桥技艺。

（51）维吾尔族：维吾尔族主要聚居在新疆维吾尔自治区。维吾尔族非常注重对环境的改造和美化，庭院式的住宅往往开辟有果园、花圃、白杨、葡萄棚等。其土木结构主要为平房，墙面有石膏倒模人工粘贴处花纹图案，横梁雕花精致。

（52）保安族：保安族建筑门头为土木结构，门楼墙砖砌筑，墙面为黄土墙，木制的门楼很具有代表性。保安族最具民族特色的手工业是打刀，被称为"保安刀"，已有100多年的历史。保安刀制作技艺高超，锋利耐用，精致美观。著名的"双刀"和"双垒刀"的刀把，多用黄铜或红铜、牛骨垒叠而成，图案清雅美丽，享有"十样景"的赞词。

（53）哈萨克族：哈萨克族建筑形似蒙古包，称作哈萨克毡房，门头立面装饰有民族图案和挂毯。

（54）塔吉克族：塔吉克族主要聚居于新疆塔什库尔干塔吉克自治县。牧民夏季上山放牧，多住毡房，或在牧场筑土屋木石结构的房屋。墙壁多用石块、草皮砌成，厚而结实，门窗为木制，立面装饰有鹰的木雕。

（55）撒拉族：撒拉族传统民居为二层木结构建筑。其主体用圆木支撑，窗户花格样式独特，屋顶为草泥顶。立面装饰有辣椒串，汉白玉石雕骆驼。伊斯兰教是撒拉族的主要信仰，因此宗教对其历史发展和政治、经济、文化等方面都有较深的影响。

（56）德昂族：德昂族是生活在中缅交界地区的山地少数民族，竹楼是德昂族常见的住宅形式，多依山而建，坐西向东。这种竹楼多用木料做主要框架，房顶盖瓦，整体结构进出关系明显，博风板有带有民族特色的白色图腾样式。门头装饰有民族乐器葫芦丝。

三、结语

通过以上特点的介绍，我们可以了解各民族传统建筑的特点，具有鲜明的民族色彩和地方色彩。中国传统建筑正是历史悠久的传统文化及民族特色的最精彩、最直观的传承载体和表现形式，我们要认真探索、总结和发扬这些特点与文化。

中国传统院落空间原型的设计特征浅析

张睿智[1]　陈　阳[2]　黄　鹭[3]　张大勇[4]

摘　要：本文深入分析了六大类中国传统院落空间原型的设计特征，并结合现代主义经典作品中对于院落空间形式的呈现，探索了不同院落空间可以在现代化转译过程中的可能性，在剖析传统院落空间的基础上，总结了几点关于当下传统民居资源如何更好地"古为今用"，滋养现代化设计的启示。

关键词：传统民居；院落空间；空间原型；设计特征

一、　引言

院落空间自古是中国人组织建筑的重要方式，是先祖们在与环境长期对抗和适应中采用的居住模式。细数我国传统民居，除傣族竹楼、部分藏式碉楼、蒙古包、船屋等少数几种民居建筑形式没有采取院落空间之外，其余各民族传统民居均由院落空间组织，具有极大的灵活性和适应性，体现了中国人在建筑设计方面的生活智慧和哲学思考。随着现代化的深入发展，当前我国过分西化的居住模式和单调的居住空间逐渐受到学界和公众的质疑。如何从传统民居中汲取营养，进一步挖掘居住空间的可能性，塑造出传统中国居住氛围和现代精神融合的高品质空间，成为建筑学界和先锋设计师们共同面对的问题。故而中国大地上丰厚的传统院落空间遗存，其在展现先祖们日常生活的同时必将为当代建筑师创造更宜居的居住环境提供示范与养分，回应当代人对居住、生活的焦虑。本文将传统院落空间归纳为六种"院落空间原型"，从设计视角出发，运用舒尔茨"场所精神"的理论对原型进行分析，辅助以案例进行阐释，以期挖掘出院落空间的设计要义。

化繁为简梳理下来，不论区域、民族，以及当地建筑特色如何，中国传统民居院落空间均可总结概括为六种"院落空间原型"，分别是：一字院、二合院、三合院、四合院四种基本形制，其中二合院又可细分为曲尺院和二字院，三合院可分为开敞型与闭合型；除此之外，还有两种比较特殊的院落原型，"回"字形院和"土楼"院，回形院在布局上承载了较强的礼制思想，因而多出现在宫室、庙宇之中，民居中相对少见，土楼院因客家人特殊的迁徙历史文化而建，故除了福建省、广东省的客家人使用之外，很少在其他地方出现（图1）。

除去简单的一进院落，那些稍具规模乃至纷繁复杂的传统建筑均需要由这六种基本形制组合起来（如田字院由四个四合院组合而成）。按照平面形态，除了"曲尺院"，其余的院落形制均可依照一条纵向轴线左右对称（图2）。在礼制、风水思想的影响下，先民们根据建筑的复杂程度使用纵横轴线串联起这些单体院落，形成一种主次关系并赋予空间以节奏、层次感。随着轴线进入院子的序列，感受每一进院子不同的氛围，一步一景就好似在打开一幅长卷山水画欣赏。故中国传统建筑的魅力就如同"串珠子"一般，一座座独具意蕴的院落好似一颗颗闪亮的明珠，彼

1　西南交通大学，博士研究生，611756，zhangruizhi@my.swjtu.edu.cn。
2　西南交通大学，博士研究生，611756，cheny@my.swjtu.edu.cn。
3　西南交通大学，研究生导师，611756，huanglu29@126.com。
4　四川省农业科学院遥感与数字农业研究所，助理工程师，610066，1042263049@qq.com。

此串联形成一股时空连续的合力，给人极佳的空间体验。

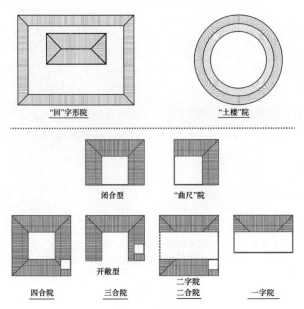

图1　传统院落六种基本形制

（图片来源：作者自绘）

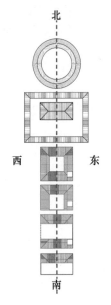

图2　传统院落的中轴对称

（图片来源：作者自绘）

二、 一字院的设计特征分析

一字院因其平面形式像"一"而得名，意味着一个院落只有一个界面是房舍，其余三个界面为墙体。这种平面形式在中国各地是相当常见的，对环境有很强的适应性，适合于家庭成员较少的人家采用，尤其集中分布在祖国边陲乡野地区的离散型村落中。而在人口稠密的乡镇城市，一字院通常不会作为一座建筑的主院，而会作为一种从属院落出现在一个空间序列的开头或结尾。

相较而言，一字院是一个指向性非常明确的院落：有建筑一侧界面的朝向决定了整个院落的朝向，明确的纵轴线使得整个院落空间主次明晰；相较于其他院落形制强调内聚，一字院则更容易与周围环境发生联系，换言之其更容易受周围环境的影响（图3）。依照风水理论，一字院的藏风聚气之能最为薄弱，只有借助周边环境予以改造。

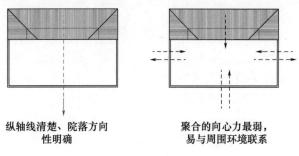

纵轴线清楚、院落方向
性明确

聚合的向心力最弱，
易与周围环境联系

图3　一字院平面形制特点

（图片来源：作者自绘）

此两点特征暗示了一字院最宜布置在一处三面风景宜人的地块，建筑主体功能具有强烈的与周遭环境"交流"的期盼。

三、 二合院之 "二字院" 的设计特征分析

同一字院一样，二字院因其平面像"二"字而得名。四个界面南北界面为房舍，东西界面为院墙（或开敞）。二字院虽似由一字院镜像叠加而来，但相比于一字院并不常见，仅在广东省、海南省等地有大量宗族聚落使用这种形制做主院。其余地区的二字院偶尔作为一组院落空间的从属院落出现，是一种比较特殊的院落形制。从平面分析可得：二字院的纵横轴线均很突出，有势均力敌之感。与一字院相比，二字院显然围合感更强，但却因两条轴线的冲突使整个平面充满了对抗的戏剧性，成为一个略显动荡的院落，按照风水学说的观点，二字院属于"气虽易聚却不易止。"（图4）

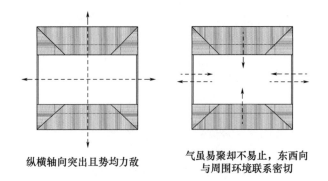

纵横轴向突出且势均力敌

气虽易聚却不易止，东西向
与周围环境联系密切

图4　二字院平面形制特点

（图片来源：作者自绘）

四、 二合院之 "曲尺院" 的设计特征分析

中国传统匠人有一种求直角的曲尺,曲尺院因像其形得名。这种形制又可被称作"尺子拐""一横一顺",意指四个界面中有两个连续的界面建有房舍,其余两个界面为院墙(或开敞)。曲尺院同一字院一样,在乡村的离散型村落中十分常见,其环境适应性强,正房、厢房的布局也最为灵活和实用。曲尺院应是唯一不能被纵轴线对称等分的院落形制,平面缺少几何中心,故其显得更自由和现代。虽然没有轴线,但曲尺院也有着较为明确的方向性,即两开敞面(或院墙)所对应的方向。和二字院相比,曲尺院因为有两个连续的开敞面而采光和纳景更好(图5)。

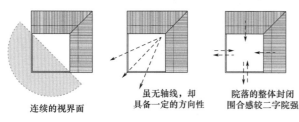

连续的视界面   虽无轴线,却具备一定的方向性   院落的整体封闭围合感较二字院强

图 5　曲尺院平面形制特点

(图片来源:作者自绘)

五、 三合院的设计特征分析

三合院可以理解为三个一字院的聚拢,亦可以理解为曲尺院的镜像叠加,因其有三向界面为房舍,一向界面开敞或闭合(墙体)而得名"三合",又可称为"三合头"。三合院"三面围合、左右对称"的平面特点使其指向性明确,尤胜于一字院。由于只有一个界面没有房舍故三合院聚合性强,没有房舍的一侧成为其与周围环境交互的地方,即风水学所说的"气口"。对于开敞的三合院,人的视线会随着纵轴线向外尽可能的延伸,故三合院的对景很重要,而封闭的三合院,人的视线则往往聚焦于院墙上,故成为视觉焦点的院墙需要应对人潜在的视觉欲望(图6)。可以说无论开敞型或是闭合型的三合院,在平面缺口这一侧均要处理好视觉景观的问题。

六、 四合院的设计特征分析

四合院可以理解为四个一字院的聚拢,两个二合院的叠拼,或一个三合院和一个一字院的连接。因其四向界面均为房舍而得名"四合",又常被称作"四合头""四水归堂"。四合院是最常用来作为住宅的一种院落形制。一方面,其周正的平面、清晰的轴线使建筑主次分明、长幼有序,符合传统家族观念,又高度吻合传统相宅风水学中所

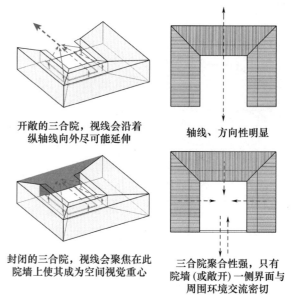

开敞的三合院,视线会沿着纵轴线向外尽可能延伸   轴线、方向性明显

封闭的三合院,视线会聚焦在此院墙上使其成为空间视觉重心   三合院聚合性强,只有院墙(或敞开)一侧界面与周围环境交流密切

图 6　三合院平面形制特点

(图片来源:作者自绘)

说的"负阴抱阳、藏风纳气"(图7);同时当建筑体量规模加剧之后,各房舍相接自然容易形成四合院,因而四合院比其他院落形制需要更大的进深空间。四合院由于四面围合所以最少受环境的影响,但南侧倒座由于面北采光并不理想,故在南方地区的民居,第一进院落通常为三合院,紧接着为四合院的内院,连接三合院、四合院的房舍一般设为公共空间厅堂,既规避了倒座房屋的采光问题,又打通了内外两进院落的空间。

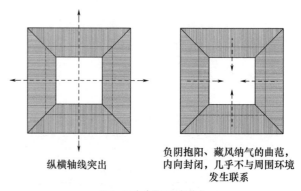

纵横轴线突出   负阴抱阳、藏风纳气的曲范,内向封闭,几乎不与周围环境发生联系

图 7　四合院平面形制特点

(图片来源:作者自绘)

七、 回形院的设计特征分析

回形院因平面像一个"回"字而得名,可看作四合院中又加入一座建筑,又可理解为四面院墙围廊围绕着中心的单体建筑。回形院的轴线尤为突出,主要由其院落中间的建筑物的轴线决定。与四合院相比,回形院的内部核心并不是虚空而是实体,原本四合院的内向性被中间房舍的中心向心力取代,处于纵轴线上的中间房舍成为统领院落

空间的核心，颇有西方广场上方尖碑、纪功柱的空间作用（图8）。

中国建筑史上最古老的院子偃师二里头商城遗址的形制便为回形院，距今已有3000多年的历史。周代以后国家最高级礼制建筑明堂辟雍依然是回形院的代表，到了汉代的高楼建筑、唐朝民居，回形院的形制依然广泛可见，而自唐以后，回形院则因其过于纪念性的空间特点而逐渐淡出了居住建筑，转而在宗庙宫殿陵寝等纪念性建筑中大量使用（图9）。这种突出中心建筑，空间开阔的院落布局适宜于私密的精神活动的展开，中心大殿在院墙的围合下孤立在了中心的位置上，宛若湖心岛。

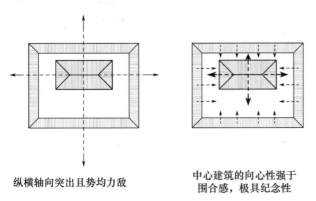

纵横轴向突出且势均力敌　　　中心建筑的向心性强于围合感，极具纪念性

图8　回形院平面形制特点
（图片来源：作者自绘）

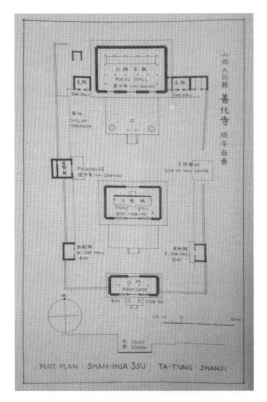

图9　山西大同善化寺总平面图
（图片来源：《图像中国建筑史》（梁思成著）第76页）

1953年建筑师王大闳在台北市建国南路的自宅项目重新启用了回形院（图10）。回形院在历史的发展中已成为纪念性的符号，极少出现在民居中，而四合院等形制则因一代代民居不断地演绎而具有了民族符号的象征意义。王大闳使用弱化了纪念性的回形院形制来营造自己的家，也许意在贯通古今、东西，以创新的姿态来起到某种深层次的地域文化传承，使得纪念性与宜居性重新在回形院中整合统一。

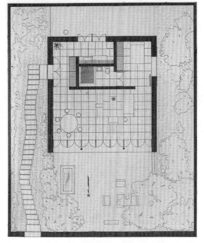

图10　王大闳自宅模型、平面
（图片来源："有方空间"，
详见 https://www.douban.com/note/440857204/）

八、圆形土楼院的设计特征分析

土楼院是一种极为独特的院落形制，这种平面圆形的院子在中国几乎只出现在福建省、广东省两地的客家民居之中。从平面空间特点分析，土楼院只有一个中心即圆心，经过圆心的任何一条直线均可作为轴线而将其对称分割，这就使得轴线过多而丧失了轴线原本的指向意义。空间内除圆心之外所有的点均处在离散的位置中，无论是物质的还是心理上的，使得整个空间变得更为奇特：它既是极度向心的，而除去中心之外它又极度匀质，换言之各个除中心之外的点在向心作用下彼此的距离感和层次被拉平（图11）。

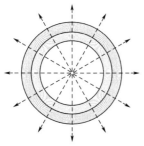

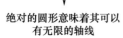

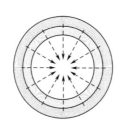

图11 圆形土楼院平面形制特点

（图片来源：作者自绘）

仅从平面形制分析，土楼院没有一根主要轴线，但实际上土楼和其他院落一样有主要轴线。一般来说，土楼大门开口方向便是主要轴线的方向，而土楼圆形平面的中心一般设有圆形堂屋供族人举办议事祭祀等家庭活动，其余的次轴线连接土楼小门和中心的堂屋，呈放射状（图12）。

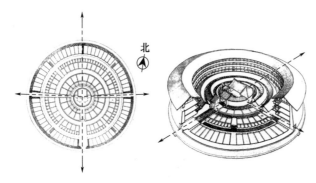

图12 福建省永定土楼轴线图

（图片来源：《中国民居研究》（孙大章著）. 第83页，作者改绘）

九、 结语

随着全球化加剧所带来"千城一面"的枯燥单调以及设计风格的趋同所带来的建筑审美能力倒退，设计师团体和公众逐渐觉醒，开始认识到传统文化的宝贵。中国传统建筑语境下的院落空间作为有别于西方建筑语汇的重要特征之一，具有极强的空间表现力和丰富性，故而逐渐成为当代国内外建筑师灵感的源泉，滋养着建筑师创造出更宜人的居住和公共空间。如新加坡的设计团队 Formwerkz Architects，2018 年他们在马来西亚设计的 Cloister House（图13、图14）正是在汲取了中国传统院落空间的营造智慧基础上，运用新材料进行的一次现代主义建筑设计创新。

通过前文对基本院落空间原型的设计特征分析和阐释，观察现代主义建筑设计中对于院落空间的妙用和借鉴，可以有以下几点启发：

1. 六大类院落空间基本形制拥有其各自明确的平面特

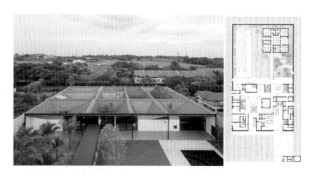

图13 Cloister House 现场照片和平面图

（图片来源："ArchDaily"，详见 https://www.
archdaily. com/951257/cloister-house-
formwerkz-architects，作者改绘）

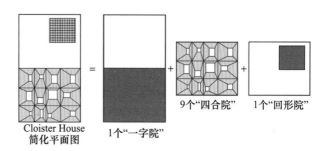

图14 Cloister House 平面形制分析

（图片来源："ArchDaily"，详见 https://www. archdaily.
com/951257/cloister-house-
formwerkz-architects，作者改绘）

点，设计中尤其要注意对不同院落空间形制的设计要素进行总结和提炼，如三合院的方向明确、二字院的纵横轴线均势等。针对不同的在地性条件、不同的功能需求，选取最恰当的院落空间平面形制进行设计。同时设计师应该从中国传统院落中学习中国人的一种空间美学理念，即强调"天人合一，与环境气候完美融合共生"，对这种美学理念以及其背后哲学观的学习，可能是比单纯对建筑空间和平面的提炼更为重要的领悟。

2. 现代主义建筑精品中不乏运用院落空间来组织平面的案例，如萨尔克生物研究所（Salk Institute）、金戈住宅群组（The Kingo Houses）、王大闳自宅、Cloister House 等，说明了"传统院落空间"依然具有极强的艺术生命力和空间表现力，人们对于院落空间氛围的感受和喜爱是先验的和延续的，需要当代建筑师持续通过好的建筑设计作品去表达。

3. 不同的院落空间基本形制，如一粒粒"棋子"一样构成了一个符号系统，等待着现代建筑师重新将其"排列重组"，对院落空间符号进行新的解码与编码，这种新的解读是可以极其自由的，完全从项目场地和当地气候出发，不落窠臼不故步自封。正如 Formwerkz Architects 在设计 Cloister House 时一样，运用中国传统院落空间的基本平面形制，适应的是东南亚热带的气候和生活。中国传统匠人营造院落所仰仗的"风水理论"和"礼制"完全可以被现代建筑理念所取代，实现了一次建筑学领域中对院落空间组织方式的"祛魅"，院落可以不再按照一进、二进、三进那样去组织，而是突出空间设计的在地性、功能性、独创性。

4. 把对传统院落空间的讨论扩大到整个传统民居空间，站在建筑师的角度上，传统民居空间在现代化转译过程中，可以把对"因果关系"的迷恋暂且搁置（这块工作会是建筑理论家和史学家的主战场），转而更去关注传统民居空间本身的优质氛围特征，古为今用方能活化永续。对不同地区的建筑传统应抱有更开放和学习的心态，即"A 地区的建筑传统可能转化为 B 地区未来的建筑传统，反之亦然"。唯有这样，建筑设计活动才能在传承经典的同时不断孕育出新的形式。

参考文献

［1］诺格舒茨．场所精神：迈向建筑现象学［M］．施植明，译．武汉：华中科技大学出版社，2010.

［2］陈志华，李秋香．乡土瑰宝系列：住宅（上、下）［M］．北京：生活·读书·新知三联书店，2007.

［3］孙大章．中国民居研究［M］．北京：中国建筑工业出版社，2006.

［4］刘致平．中国居住建筑简史：城市、住宅、园林［M］．北京：中国建筑工业出版社，2000.

［5］王其亨．风水理论研究［M］．2 版．天津：天津大学出版社，2005.

［6］王鲁民．中国传统轴对称院落的布局要旨与主要类型：一个研究草案［J］．建筑师，2012（2）：44-50.

［7］Peyman Amiriparyan, Zohreh Kiani. Analyzing the Homogenous Nature of Central Courtyard Structure in Formation of Iranian Traditional Houses［J］. Procedia-Social and Behavioral Sciences, 2016, 216.

［8］唐莲．读缪朴《传统的本质——中国传统建筑的十三个特点》［J］．南方建筑，2006（9）：130-132.

［9］FormwerkzArchitects．cloister-house-formwerkz-architects［EB/OL］.（2020-11-16）［2023-07-18］https：//www.archdaily.com/951257/cloister-house-formwerkz-architects.

［10］王承慧．作为原型的"院落"及其在当代居住环境设计中的应用探求［J］．建筑师，2005（3）：100-104.

北京传统四合院的现代化改造研究和探索
——以东城区某宅改造项目为例

韩　为[1]　杨国莉[2]　张惠芳[3]　周诗雨[4]　刘婧妍[5]　张　豪[6]　韩禹全[7]

摘　要： 传统建筑和民族建筑都是文化遗产的重要组成部分，它们不仅具有历史和艺术价值，也是人们对过去文明的重要见证。同时，传统建筑和民族建筑也在不断与现代建筑相融合和创新，以适应现代社会的需求和发展。本文通过对传统技法的深刻研究，将现有的现代先进技术、工艺、材料与传统技法进行结合、融入和改良，以传统民族建筑中具有代表性的四合院为例，进行具体的举例说明，探讨未来民族建筑的营造和修缮发展的更多可能性。

关键词： 传统民族建筑；四合院建筑；四合院营造和修缮；四合院传统技法；四合院节能优化设计

一、　四合院建筑营造和修缮的历史发展

四合院是中国传统建筑的代表之一，其营造及修缮手法经历了漫长的历史演变过程。

四合院建筑的历史发展体现在建筑结构、规模和布局、建筑风格以及现代影响等方面。四合院建筑最早起源于历史悠久的黄河流域，是典型的木构架建筑，是中国传统建筑形式的典型代表。其规模逐渐扩大，布局更合理，在清代达到了高峰，成为中国传统建筑的代表。不同地区和时期的四合院风格也有所差异。随着城市化进程的加快，传统四合院的留存引起了不少争论，但近年来随着对传统建筑保护意识的增强，重建或修复传统四合院的呼声逐渐增多。

四合院修缮也主要体现在修缮技艺的传承、修缮材料的改变、修缮方法的改进和文物保护的重视等方面。传统修缮技艺由传统工匠传承，融合现代科技，从而产生新技术。修缮材料逐渐使用新型材料，修缮方法从传统手工到现代机械化，使用更符合现代生活的新工艺。在设计中注重保护传统四合院的原有特色，再结合现代技术和材料，可使修缮效果更持久和美观。

下面将对四合院所采用的营造和修缮的传统技法和新工艺、新技术、新材料进行对比举例介绍说明。

二、　新工艺、新技术、新材料在东城区某宅改造项目的应用

1. 东城区某宅改造项目概要

东城区某宅（图1）是一座四合院装修改造工程，占地面积约321平方米，改造后总建筑面积约244平方米。改造

1　北京韩为艺术设计中心，院长，中国注册建筑师，高级建筑师，100000，howoffice@126.com。
2　北京韩为艺术设计中心，高级工程师，100000，howoffice@126.com。
3　北京韩为艺术设计中心，助理工程师，100000，howoffice@126.com。
4　北京韩为艺术设计中心，技术员，100000，howoffice@126.com。
5　北京韩为艺术设计中心，助理工程师，100000，howoffice@126.com。
6　北京韩为艺术设计中心，助理工程师，100000，howoffice@126.com。
7　北京韩为艺术设计中心，实习生，100000，howoffice@126.com。

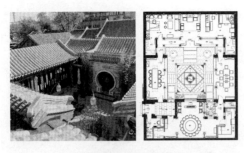

图1　东城区某宅鸟瞰图及平面图

后是一座小二进院的四合院，整体院落屋面为坡屋顶和瓦屋面，由平顶连廊连接而成，平屋顶为传统冰盘檐带挂檐板样式，是传统北京四合院建筑形式。该项目既保存了古时四合院的风貌，又留存了四合院文化的韵味，还融入了种种现代化高科技的技术（图2）。

2. 新工艺、新技术、新材料的应用

（1）构造方面

①屋面

屋面的传统做法中，保温、防水、隔热是通过灰背、泥背实现的。与传统做法不同，改良后的屋面做法中将传统做法的灰背、泥背改为用保温材料、防水层及钢板网和防火涂料替代，这样就大大增加了屋面的防滑保温效果、防水性能，提升了防火等级，见图3。

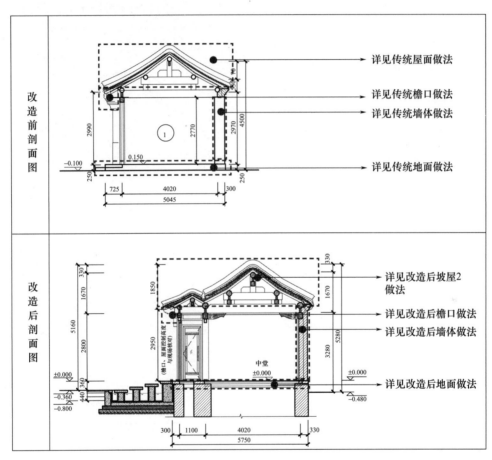

图2　改造前后剖面图及节点位置示意

②檐口

冰盘檐的传统做法是简单的冰盘檐加滴子瓦，与传统做法不同，改良过后的冰盘檐在传统做法的基础上增加两个滴水槽和滴子瓦坐斗，这样起到导流的作用，防止在暴雨时期，雨水散落进廊子内及屋内，防潮防水，既美观又能带来更加舒适的使用体验，见图4。

檐口的传统做法是所有木构件按照榫卯结构连接，改良过后的檐口在传统做法的基础上，将檐口椽档闸挡板分两层中间50厚的保温层与屋面交接，增加了整体木结构的节能保温密闭性能；所有木构件连接处做裁口或凹槽，如有线管暗埋提前预埋线槽，现场灌聚氨酯发泡填实，将管线隐藏，起到美观的作用，见图5。

③墙体

墙体的传统做法是用古建砖按传统规制排砖砌筑，与传统做法不同，经过节能计算，将外墙分为三层，由内而外分别用砌块、保温层和传统古建砖砌筑而成，这样既保证了外立面的传统古建风貌，又符合报规审查的节能保温要求，见图6。

④地面

地面的传统做法采用混凝土和水泥砂浆，防潮系数较低；与传统做法不同，改良过后的地面在传统做法的基础上增加了陶粒混凝土、边界保温层和水平防潮层（在地坪标高上下至少五皮砖），这样可以起到防潮防湿的作用，为使用者提供更加安全的居住使用空间，见图7。

传统屋面做法： ①合瓦按照传统做法1：3掺灰泥瓦背，石灰砂浆勾缝；屋面瓦号详见工程设计； ②60厚掺灰泥背； ③30厚青灰背； ④50～100厚滑稽泥背； ⑤20厚护板灰 ⑥20～30厚木望板	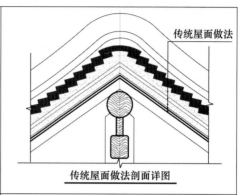 传统屋面做法 传统屋面做法剖面详图
改造后做法： 坡屋1 用于"七举"及以上；木望板基层 ①合瓦瓦埋用卧瓦砂浆填筑，石灰砂浆勾缝，屋面瓦号详见工程设计； ②20厚1：1：4水泥石灰砂浆加水泥重的3％麻刀（或耐碱短纤维玻璃纤维）窝铺； ③40厚豆石混凝土，内附φ6@20双向、过脊通长钢筋；覆盖屋面三分之二波长。 ④40厚低标号砂浆隔离层； ⑤3+3厚双层SBS改性沥青防水卷材； ⑥20厚1：3水泥砂浆找平层； ⑦80厚挤塑聚苯板保温层；燃烧性能B1级； ⑧20厚护板灰； ⑨20厚木望板，木望板防火、防腐处理耐火性能达到B1级	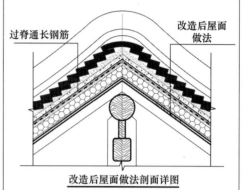 过脊通长钢筋　改造后屋面做法 改造后屋面做法剖面详图
改造后做法： 坡屋2 用于"七架梁"以下；木望板基层 ①合瓦瓦埋用卧瓦砂浆填筑，石灰砂浆勾缝，屋面瓦号详见工程设计； ②20厚1：1：4水泥石灰砂浆加水泥重的3％麻刀（或耐碱短纤维玻璃纤维）窝铺； ③满铺1.0厚钢板网，菱孔15×40，搭接处用18号镀锌钢丝绑扎，钢板网埋入20厚砂浆层中； ④10厚低标号砂浆隔离层； ⑤3+3厚双层SBS改性沥青防水卷材； ⑥20厚1：3水泥砂浆找平层； ⑦80厚挤塑聚苯板保温层；燃烧性能B1级； ⑧20厚护板灰； ⑨20厚木望板，木望板防火、防腐处理耐火性能达到B1级	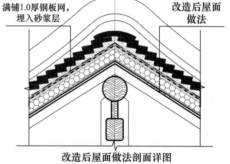 满铺1.0厚钢板网，埋入砂浆层　改造后屋面做法 改造后屋面做法剖面详图
改造后做法： 坡屋3 用于钢筋混凝土基层 ①合瓦瓦埋用卧瓦砂浆填筑，石灰砂浆勾缝，屋面瓦号详见工程设计； ②20厚1：1：4水泥石灰砂浆加水泥重的3％麻刀（或耐碱短纤维玻璃纤维）窝铺； ③满铺1.0厚钢板网，菱孔15×40，搭接处用18号镀锌钢丝绑扎，并与预埋φ10钢筋头绑牢，钢板网片埋入20厚砂浆层中； ④10厚低标号砂浆隔离层； ⑤3+3厚双层SBS改性沥青防水卷材； ⑥20厚1：3预拌砂浆找平层； ⑦80厚挤塑聚苯板保温层；燃烧性能B1级； ⑧20厚1：3水泥砂浆找平层； ⑨钢筋混凝土屋面板，预埋φ10钢筋头，中距双向900～1000，与板主筋焊接	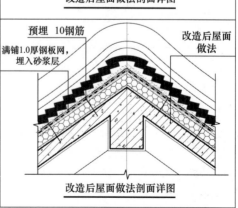 预埋 10钢筋 满铺1.0厚钢板网，埋入砂浆层　改造后屋面做法 改造后屋面做法剖面详图
注：瓦件品种、规格按图采购订货。颜色必须均匀一致，不能使用机制瓦。卧瓦时底瓦平整，无"喝风"，檐头底瓦无"倒喝水"现象。瓦面的质量应符合CJJ39-91的有关规定。

图3　传统坡屋面的做法与改造后坡屋面的做法

传统冰盘檐做法：

①20~30厚青灰背；
②60~90厚大新村刀灰背或大刀月白灰背；
③50~150厚滑秸泥背；
④20厚护板灰；
⑤20~30厚木望板；

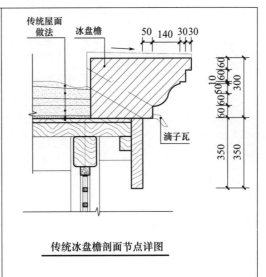

传统冰盘檐剖面节点详图

改造后冰盘檐做法：

①25厚憎水膨珠砂浆拍浆抹平，中间压入一层玻纤网格布，3米×3米分缝，缝填密封膏；
②10厚低标号砂浆隔离层；
③3+3厚双层SBS改性沥青防水卷材；
④20厚1：3水泥砂浆找平层；
⑤最薄30厚LC5.0轻集料混凝土2%找坡层；
⑥80厚挤塑聚苯板保温层；
⑦10厚护板灰；
⑧木望板

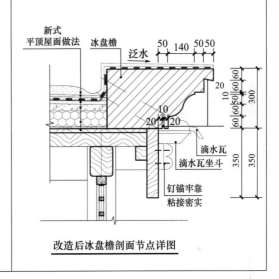

改造后冰盘檐剖面节点详图

图4　传统冰盘檐做法与改造后冰盘檐做法

传统木结构檐口交接做法：

①木结构按传统做法榫卯连接；
②梁枋类构件应有滚楞抱肩，棱角应裹圆慢楞，裹楞宽度分别为宽高的1/10；木柱子的收分、侧脚、檐口屋面做法均按传统做法；
③实木门窗框料尺寸均按传统规制、构造制安，用榫卯、铁件与木柱、枋子连接，开启扇需留好裁口、掩缝

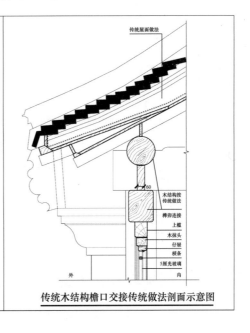

传统木结构檐口交接传统做法剖面示意图

改造后木结构檐口交接做法：

①檐口椽档闸挡板分两层中间50厚保温层与屋面保温；

②所有木构件连接处做裁口或凹槽，如有线管暗埋提前预埋线槽，现场灌聚氨酯发泡填实；

③木枋与厂家门窗交接处留裁口，现场灌聚氨酯发泡填实

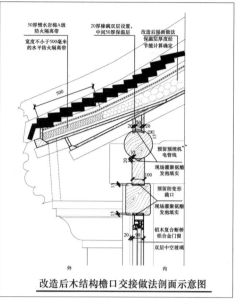

改造后木结构檐口交接做法剖面示意图

图5 传统木结构檐口交接做法与改造后木结构檐口交接做法

传统单层四合院外墙墙体做法：

传统单层四合院外墙做法：

①干摆墙面需打点修理、墁水活、冲水；

②里外皮砖同时砌筑，外皮干摆、丝缝、淌白、糙砌等清水墙按具体部位工程设计，按传统砌法逐层用桃花浆或生石灰浆、老浆灰、月白灰砌筑、灌浆、抹线、刹趄；城砖的包灰不大于5～7毫米，停泥砖不大于3～5毫米，转头肋宽度不小于0.5厘米；

③里外皮砖同时砌筑，背里砖用糙砖和灰浆砌筑，中间空隙用糙砖填充，背里或填馅砖与外皮砖不宜紧贴，浆口的宽度为1～2毫米；

④弹线、样活、拴线、衬脚、摆第一层砖、打站尺；

⑤古建砖外墙用砖，城砖、大停泥、小停泥砖均为传统手工制品，外皮古建砖与背里糙砖的拉结用丁头砖或暗丁砖三顺一丁交错拉结

传统单层四合院外墙做法平面示意图

改造后单层四合院外墙墙体做法：

①DTA砂浆粘贴110（上身）-120（下碱）厚古建青砖（排砖做法见立面标注）；

②抹15厚DBI砂浆；

③DEA砂浆粘贴60厚B1挤塑聚苯板（厚度经节能计算确定可根据实际计算为准），并加锚栓，每平方米不少于4个；

④5～12厚DP砂浆找平层；

⑤200厚加气混凝土砌块背里，基层墙体刷界面剂；

⑥古建砖饰面外墙，大停泥、小停泥砖均为非黏土非页岩砖，为传统手工制品，砌筑时饰面古建砖与背里砖砌筑时饰面古建砖与背里砖每10层设C4钢板网拉结，拉结筋分层错位布置；

⑦门窗洞口顶设置钢筋混凝土或木质过梁，两侧设置100宽混凝土附框，详见结构构造图集22G614-1《砌体填充墙结构构造》相关做法；非承重的外围护墙体采用古建砖（大停泥、小停泥）及蒸压加气混凝土砌块砌筑；

⑧木附框80×90与混凝土附框用膨胀螺栓锚固牢靠；

⑨门窗框与墙体间的缝隙宜采用聚合物水泥防水砂浆或发泡聚氨酯填充；外墙防水层应延伸至门窗框，防水层与门窗框应预留凹槽，并应嵌填密封材料

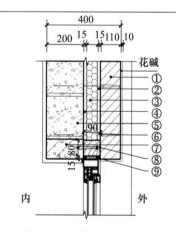

改造后单层四合院外墙做法平面示意图

图6 传统单层四合院外墙墙体做法与改造后单层四合院外墙墙体做法

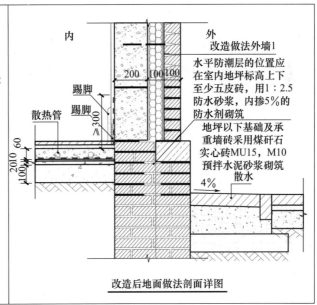

传统细墁地面做法：

①面层需打点、墁水活、钻生；
②上缝、铲齿缝、刹趟；
③揭趟、浇浆；
④冲趟、样趟；
⑤抄平、弹黑线；
⑤垫层处理，素土或灰土夯实垫层

内　　外
传统做法外墙

水平防潮层在室内地坪标高-0.60以下处设置，做法为20毫米厚1：2.5防水砂浆，内掺5%的防水剂砌筑三皮砖

踢脚　　370

散水

4%

100 30

传统地面做法剖面详图

改造后地面做法：

① 面层（设计人定）；
② 20厚DS砂浆结合层（或1：2.5水泥砂浆）；
③ 60厚陶粒混凝土垫层随打随抹平，从门口向地漏找1%坡（无地漏时不找坡），散热管上皮最薄处≥30厚，沿外墙内侧贴20×60宽聚苯乙烯泡沫塑料保温层（材料或按工程设计），高与层上皮平；
④ 铺18号镀锌低碳钢丝网，用扎带与加热管绑牢（用固定卡子固定时无此道工序）；
⑤ 铺真空镀铝聚酯薄膜（或铺玻璃布基铝箔帖面层）绝缘层；
⑥ 1.2厚聚氨酯涂料防潮层（或按工程设计）；
⑦ 20厚DS砂浆（或1：2.5水泥砂浆）找平层；
⑧ 100厚C15混凝土随打随抹平；
⑨ 素土夯实，压实系数≥0.90

内　　外
改造做法外墙1

水平防潮层的位置应在室内地坪标高上下至少五皮砖，用1：2.5防水砂浆，内掺5%的防水剂砌筑

地坪以下基础及承重墙砖采用煤矸石实心砖MU15，M10预拌水泥砂浆砌筑

踢脚
踢脚
散热管

200　100 100

≥300

散水

4%

20 10 60
100

改造后地面做法剖面详图

图7　传统地面做法与改造后地面做法

（2）设备方面

在四合院中，地暖、新风和光储直柔是常见的设备，它们可以提供舒适的室内环境，节能效果较好。

①地暖

地暖是一种通过地板或墙壁散热，将热量均匀传递到室内的供暖方式。在四合院中采用地暖系统可以实现室内温度的均匀分布，避免了传统暖气冷热不均的问题。地暖系统可以采用水暖或电暖两种形式，东城区某宅改造项目中采用的是水暖地暖系统，通过热水循环进行供暖。地暖系统的优势在于室内温度均匀、舒适，不占用室内空间，且能够提高室内空气质量。

②新风

新风系统是指通过新风机将室外新鲜空气引入室内，排出室内污浊空气的系统。在东城区某宅改造项目中采用新风系统，有效改善室内空气质量，保持室内空气清新。新风系统可以根据室内空气质量和人员活动情况自动调节新风量，以保持室内的舒适环境。新风系统可以与空调系统或地暖系统相结合使用，实现室内温度和湿度的调节。

③光储直柔

"光"指的是建筑中的分布式太阳能光伏发电设施；"储"指的是建筑中的储能设备；"直"指的是建筑低压直流配电系统；"柔"指的是柔性用电，也是"光储直柔"系统的最终目的。利用太阳能进行照明和储能，减少对传统电力的依赖，在夜间或阴天时，储能装置释放电能供给照明设备使用，实现室内照明，节约能源。在四合院项目应用的最重要的原因是直流电缆线路输送容量大，造价低、

损耗小不易老化、寿命长，且输送距离不受限制；直流输电稳定，发生故障的损失比交流输电小。而且应用低压直流电技术，减少火患，保障人民生活安全安全性高，不易触电，有效减少火灾风险，特别适用于木结构建筑，也为古城保护提供了新的保障。

④智能化家居系统

在本项目中也使用了智能化家居系统，具体体现在以下几个方面。

智能照明：通过感应器和调光设备，智能照明系统可以根据光线和用户需求自动调节灯光亮度和色温，提供舒适的照明环境。

智能温控：智能温控系统可以根据室内温度和用户设定，自动调节空调或暖气设备，实现室内温度的舒适控制。

智能安防：智能安防系统可以通过监控摄像头、门窗传感器等设备，实时监控四合院的安全状况，并通过手机或电脑远程查看和控制，提供安全保障功能。

智能家电：通过智能家居中枢控制设备，可以实现对电视、音响、窗帘、空气净化器等家电设备的远程控制和智能化管理，提高生活的便捷性和舒适度。

3. 小结

"从来多古意，可以赋新诗"。东城区某宅项目基于设计理念，在整个院落都设有地板采暖、中央空调、新风系统、智能化家居系统、生态宜居系统、净化水、软化水、直饮水灯光照明设计等，就连实木门窗和墙体都进行了节能设计，美观、环保，符合现代化生活的要求。院落的样式、材料、工艺、使用功能都是完全按照传统的四合院生活习惯和哲学理念进行设计，同时又对其进行升华，使四合院这种建筑形式具有了新的生命力，该项目也成为现代简约与古典风雅结合的建筑典范。

三、 结论

采用新技术、新工艺和新材料对于未来民族建筑营造和修缮可以带来以下好处。

1. 环境友好

新技术、新工艺和新材料通常具有更好的环保性能，能够降低能耗和排放，减少对环境的影响。例如，采用节能保温材料和智能化系统可以提高建筑的能效，减少能源消耗。这有助于减缓气候变化，保护生态环境。

2. 耐久性和安全性

新技术、新工艺和新材料能够提高建筑的耐久性和安全性。例如，采用高强度的材料和先进的防水、防火技术可以增加建筑的抗灾能力和安全性。这有助于提高四合院的使用寿命和抵御自然灾害的能力。

3. 空间创新和功能性提升

新技术、新工艺和新材料为四合院的设计和布局带来了更多的可能性。例如，采用可调节光照和通风系统可以提高室内环境的舒适性，采用智能化控制系统可以实现自动化管理和便利的生活体验，这有助于提升四合院的功能性和居住体验。

4. 文化传承和创新发展

新技术、新工艺和新材料的应用可以在保持传统建筑风格的基础上进行创新发展。例如，利用数字化设计和3D打印技术，可以复原和修复历史建筑的细节；利用可持续材料和现代建筑技术，可以打造具有时代特色的新型四合院。这有助于在保护传统文化的同时，适应现代社会的需求和发展。

综上所述，采用新技术、新工艺和新材料对于民族建筑的未来发展具有环境友好、耐久性和安全性提升、空间创新和功能性提升以及文化传承和创新发展等优势，这将为未来民族建筑的营造和修缮带来更多的可能性，实现传统与现代的有机结合，推动其在未来的可持续发展。

参考文献

[1] 清工部. 工程做法则例［M］. 北京：化学工业出版社，2018.

[2] 梁思成. 梁思成全集：第六卷［M］. 北京：中国建筑工业出版社，2001.

[3] 马炳坚. 中国古建筑木作营造技术［M］. 2版. 北京：科学出版社，2003.

[4] 刘大可. 中国古建筑瓦石营法［M］. 2版. 北京：中国建筑工业出版社，2003.

[5] 刘敦桢. 中国古代建筑史［M］. 2版. 北京：中国建筑工业出版社，1984.

乡村振兴背景下西藏民居室内装饰图案艺术解析[1]

扎西曲扎[2]　　索朗白姆[3]

摘 要：藏族文化在历史长河中留下了浓墨重彩的一笔，具有独特的民族特色。西藏民居建筑室内装饰图案文化是西藏民族建筑文化的一角，与民俗文化和宗教文化有着密不可分的关系，与藏族的生产生活有着密切关系，图案设计更能反映民族的追求与信仰。西藏民居室内装饰艺术为藏族百姓生活增添了不少光彩，使百姓不断提高幸福感、安全感、获得感。因此，西藏民居装饰文化对人们的幸福生活起到了不可磨灭的作用。本文从藏式建筑中的不同功能装饰图案来解析民居室内装饰图案艺术。

关键词：装饰；图案；西藏民居

中国特色社会主义进入新时代，我国社会主要矛盾已发生深刻变化。实施乡村振兴战略，不断推进乡村建设，让广大农牧民共同享受现代化成果，才能提高人们的幸福感、安全感、获得感。人类发展过程中，过上幸福生活最基本的条件是要有满意的住处和生活场所。在党和国家的正确领导和中央对西藏人民的关心关怀下，西藏百姓生活质量发生了翻天覆地的变化，过上了今天的幸福生活。

现对当今乡村振兴背景下的西藏民居室内装饰图案进行分析和研究。

一、 室内装饰图案的分类与寓意

藏族建筑室内装饰内容丰富多彩，是人类发展进步的见证，也记录了历史演变历程。但在早期，因受到宗教和经济条件等种种原因影响，基本上只有寺庙和宫殿比较注重装饰，民居根本看不到什么装饰。如今，随着社会发展的不断进步、科学技术的不断提高和百姓生活质量的不断提升，民居建筑和室内装饰方面发生了翻天覆地的变化，可以说短短几十年跨越了几千年。西藏民居室内装饰图案

的内容、色彩越来越丰富、越来越艳丽、越来越精美，那么，我们如何去认识、了解其深层的文化寓意呢？需要通过专业知识和科学手段来进行精细分类和分析，才能更清楚地认识和理解，并且能够了解其背后的文明和文化。从图像学的角度看，图案分类有外形、功能、手法、体裁等不同的分类方式方法；从建筑学的角度看，有用途、空间、应用、取材和组成形式等方式方法。本文综合考虑，将常见的装饰图案按照内容种类进行分类，解析作品的背后寓意。

1. 人物类

从西藏传统唐卡艺术家丹巴绕旦教授对藏族绘画的解释中可以看出流传多年的民间传说可解释藏族绘画名词的由来。藏族绘画最早应该从石板上绘画山上貌美如花、仙女下凡似的姑娘开始。在宗教领域内，包括壁画、唐卡等艺术作品都是以佛、菩萨、护法神、上师，以及重要历史等为内容。由此可见，在藏族传统绘画中，刻画人物形象是属于相对成熟的一种绘画技艺。在当前西藏民居室内装饰艺术当中也能看到人物类的艺术作品。除了传统唐卡、

1　基金项目：国家自然科学基金地区科学基金项目"西藏地区藏式农村装配住宅一体化设计研究"（5206080476）。

2　西藏大学工学院，博士，850000，suoyang119@163.com。

3　西藏大学工学院，教授，850000，suoyang119@163.com。

上师像以外，还有在轮王七宝图、六长寿图、蒙人驭虎图、财神牵象图等绘画作品，都能从中看到生动活泼的人物形象（图1~图3）。

图1　大臣

图2　玉女

图3　将军

2. 动物类

在藏族传统绘画观念中，对动物的崇拜很突出，也具有鲜明艺术特色，这些无论是受到了外来文化的影响，还是本土文化的影响，或者是受到宗教文化和实际生活的影响，都随着时代发展而变化。不仅在传统绘画中较为常见，在当今的室内装饰艺术中也常有出现，且具有着深厚的文化寓意和象征意义（图4~图6）。

图4　大象

图5　骏马

图6　吐宝鼠鼬

（1）大象：大象象征着财富和快乐，也象征着和谐与尊重。从四气和瑞图及财神牵象图等与大象有关的绘画作品的背后故事中看到其与古印度文化有着关联，与佛教文化密切相关。所以，在西藏室内装饰艺术中大象也是象征着财富与和谐。

（2）凤凰：凤凰是人们心目中的瑞鸟，有美好而又不同凡俗之意，象征着尊贵、崇高、贤德和天下太平。

（3）狮子：狮子是猫科豹属的大型猛兽，有着"万兽之王"称号，它的体态壮硕雄健、威猛无比、气势非常，象征着势力和权威。人们认为狮子不仅可以避邪，还可带来祥瑞之气。

（4）老虎：老虎是猫科大型猛兽之一。人们害怕老虎也敬佩老虎，在传统文化中，有蒙人驭虎等传说故事。它象征着权威、力量，寓意着吉祥、安详等。

（5）金翅鸟：金翅鸟作为图腾和文化一直相传到现在。在民间神话传说中，世间有天龙八部，他们带来了一些灾难，使得人类和动物无法生存，如来佛祖就化身为大鹏金翅鸟的形象降临人间，以慈悲心降伏天龙八部，以无我的大智慧引导佛道，让他们进入解脱之道。所以，金翅鸟象征着保佑、保护、除害之意。

（6）摩羯：摩羯是一种杂交动物，它长有狮子的前爪、马鬃、鱼鳃、鹿角和龙角，象征着韧性和力量。

（7）饕餮：饕餮是一种令人生畏之物，警告人们不要贪婪。画中长有一张无下颌的凶恶的脸，头上长角，双手紧握着口中的饰杖，上颌挂有珠宝。

（8）吐宝鼠鼬：它寓意着吉祥，更是聚财的象征。吐宝神鼬是佛教中五路红、白、黄、绿、黑财神及财宝天王最为重要的眷属配尊，尤以黄财神佛像手中皆会握有吐宝鼠鼬。常见的是张开嘴吐出珠宝的形象。

3. 植物类

在自然界中，植物是最为纯洁、干净、清净，也是最为伟大的，时刻能够为动物提供强大的生命力量。在室内装饰图案中常见的有莲花纹、卷草纹、宝相花纹、菊花纹等花纹，以及桃子、诃子等象征着富贵、吉祥、长寿等寓意的果实等（图7~图9）。

（1）莲花：它出污泥而不染，象征着纯洁、再生。在民居室内装饰中有多种表现形式，有写实的描绘和抽象的提炼。

（2）诃子：它是一种生涩的果实，是珍贵的药材，象征着无痛和健康。在民居室内装饰中有多种表现形式，有写实的描绘，也有抽象的提炼。

（3）桃子：它象征着长寿、富贵、吉祥等。在民居室内装饰中有多种表现形式，有写实的描绘和抽象的提炼。

（4）牡丹：它象征着好运、圆满、富贵等。在民居室内装饰中有多种表现形式，有写实的描绘，也有抽象的提炼。

图7 莲花

图8 牡丹花

图9 桃花

（5）石榴：它象征着多子、多福、子孙满堂、兴旺昌盛。

（6）宝相花：它是由莲花、牡丹作主体，象征着吉祥、富贵、美满之意，代表着圣洁、端庄、美观的理想。

（7）缠枝花草：它是传统的吉祥纹样，其结构连绵不断，象征着吉祥、喜庆等。

4. 器物类

在西藏民居室内装饰图案中常有器物类的图案，虽然很多器物类图案是传达藏族人对待生活的态度的一种表现形式，但是比较明显能看出，装饰图案受到宗教文化的影响更为突出。在图案中有生活器具，但更多是宗教器物类，有宝瓶、海螺、香炉、宝镜等相关器物类的图案。在历史演变过程中，我们不难看出器物受到佛教文化的影响最为突出，在室内装饰图案中出现器物类作品基本上都与佛教文化息息相关。很多作品象征着人的身、语、意，寓意着净化身心，求得长寿（图10～图12）。

图10　海螺

图11　金轮

（1）海螺：在藏族建筑装饰图案中海螺出现的频率很高，有单独出现的情况，更多是以组合形式出现。从表现形式看，有单个海螺，有放在盆钵中的海螺，也有系丝带的海螺等。

（2）宝瓶：宝瓶是三摩地修炼成的殊胜器皿，内藏用不完的珍宝，象征着遍满正法，祛除心中的无明、满足所化众生的心愿。

（3）香炉：香象征着香味、净化、祛除，是五妙欲之一，代表味觉。

（4）宝镜：宝镜象征着空性、心识、洁净、明亮，是五妙欲之一，代表视觉。

图12　宝瓶

5. 符号类

符号类包括自然天象纹、文字纹、几何图形等不同代表和替代意义的图案。在人类发展进步的历程中，出现了很多代表着不同时间、不同文化、不同生活的符号，其文字也都属于符号，见证人类走向文明，是记录和代表人类发展历史历程的代号。而在室内装饰中出现的符号类图案基本都是象征吉祥、祥和、和谐、长寿等意义（图13～图15）。

（1）万字符：万字符在民居室内装饰图案中是最常见的符号之一，象征着不变、永恒、永生。

（2）寿字符：字形圆的称作圆寿或团寿，字形长的称作长寿，都象征着生命绵延不断，带着吉祥祝福。

（3）喜旋符：喜旋符与古代中国阴阳图相似，旋转的中心通常为三个部分组成，分别象征着基智、道智和果智。

（4）回纹：回纹的线条作方折形卷曲，有单体间断排列的，也有一正一反相连成对的。象征着吉祥如意、富贵不断。

（5）云纹：云纹是白云纹路，象征高升、吉祥、如意。

图13　寿字符

图 14　花纹

图 16　八瑞相

图 15　吉祥结

图 17　五妙欲

6. 组合图案类

在西藏传统绘画和装饰图案中经常能看到组合图形和图案，虽然单个图案独立代表或象征某种寓意，但是这些不同个体元素有机结合起来，最后能形成寓意深厚的组合图案。这些作品的创作灵感都来自真实生活，从传统的故事中汲取最精髓的内涵来创作。它反映着人际关系、社会发展和文化进步，有的代表先进思想、有的代表文明教育、有的代表人类本性，而有的讽刺那些堕落、不雅的肮脏行为（图 16 ~ 图 19）。

（1）八瑞相图：八瑞相图在藏族传统文化中是最为著名的一种符号，过去在民居中很少见。随着社会经济的快速发展和人们生活水平的提高，原来在民居中很少看到的图案也慢慢在民居中得到使用。它由八种吉祥象征物组成为一体，八种象征吉祥物分别为宝伞、金鱼、宝瓶、妙莲、右旋海螺、吉祥结、胜利幢和金轮。

（2）轮王七宝图：轮王七宝图也称七政宝，即金轮宝、神珠宝、玉女宝、主藏臣宝、白象宝、绀马（骏马）宝和将军宝。

（3）五妙欲图：五妙欲图，即明镜、琴瑟、妙香、神馐和妙衣，象征着色身五根（眼、耳、鼻、舌、身）所需的多种资财圆满。

（4）三圣兽图：三圣兽图也称和谐宝幢图，是由三对互为天敌的兽类相结合而产生的三只杂交兽，分别为金翅鸟与狮子的结合、鱼和水獭的结合、水兽与海螺的集合，象征着天地合一、万物和谐的美好意义。

（5）和气四瑞图：和气四瑞即大象、猴子、兔子和羊角鸡，象征着尊老爱幼、安定祥和之意。

（6）六长寿图：该图包括岩长寿、水长寿、人长寿、树长寿、鸟长寿和鹿长寿，象征人与自然和谐，人、环境、动物和谐相处、相得益彰的观念，表现生态和谐回归自然，是使人健康、长寿之意。

（7）十相自在图：该图是由七个梵文字母和三个图形组合而成，标志着密乘本尊及其坦诚合为一体的图文，象征着皓月的白色、赤日的红色、罗候的蓝色、劫火的黄色四色莲花座，也象征风、火、水、土的黑红白黄字母，在其之上是绿蓝字母，再上是日月符。图像象征着求吉祥如意，化险为夷。

（8）七珍图：七珍是指稀世之宝的七种器物，即国王耳饰、皇后耳饰、犀牛角、珊瑚树、象牙、大臣耳饰、三眼宝石，象征着资财丰富、财源旺盛。

（9）财神牵象图：该图也称阿扎热牵象图，一婆罗门装束的行脚僧牵着一头驮着满载喷焰末尼宝盆的朝门内走进来的大象,寓意着招财进屋、财源不断、无碍获得。这幅绘画作品是在代代相传的民间故事中找到灵感而创作出来的。

（10）蒙人驭虎图：一蒙古装束的勇士用一条铁链牵着一身纹斑斓的猛虎,象征着防御碍难、招致吉祥之意。

图18　六长寿

图19　四气和瑞

二、室内装饰图案的使用范围

从西藏建筑装饰发展历史长河中,我们不难看出翻天覆地的变化。其中最为突出的逐渐变为世俗化、群众化、民众化,原来只能在寺院装饰中看到的图案和内容,现已成为民居装饰的图案和内容。在不同文化之间的交流和碰撞的过程中,受到影响,比如藏式图案设计中的八仙图是最为典型的一种,具有明显的文化特征和文化影响。类似于这样的图案特别多,有的受到了周边民族的影响,也有很多受到了宗教文化的影响,特别是受到藏传佛教文化的影响。根据藏族传统藏式图案设计的规律和藏式建筑设计要求等角度,每一间房子都要按功能来设计和应用不同的装饰图案,因为在传统文化当中,每一个图案都有不同的

寓意。从而使得装饰图案的使用和分布也有所不同。下面按照藏式建筑的风格,从西藏民居中的不同功能的房子来进行解析装饰图案的使用。

1. 墙体

在西藏室内装饰中,墙体装饰（壁画）是面积最大、装饰内容最为丰富多彩的室内装饰。一般根据自家经济情况来确定装饰的精美程度,主要涉及到廊道两侧、客厅、卧室、客房、阳台、佛堂等室内墙体的装饰（图20 ~ 图22）。

图20　六长寿图

图21　财神牵象图

图22　蒙人驭虎

2. 梁柱

梁柱是一个房子的最为关键和最为重要的结构构件，在西藏传统建筑中，梁柱为木质材料构造，同时梁柱在室内装饰中也是最为关键的部分。从横梁装饰看，一般有雕刻和彩绘两种装饰手法，在民居室内装饰中以彩绘为主。将横梁分为正面和反面两面来进行图案设计，采取从中间开始往两边对称绘制的方法。梁面上绘制各种动植物和优美风景等精致、精美的作品，使得室内装饰的整体效果更加富丽堂皇、庄严肃穆（图23~图25）。

图 23　梁面风景

图 24　梁面动物

图 25　梁面植物

柱子作为一个整体，它由柱头、柱体、柱基等组成，在藏族传统建筑文化中不可或缺，也是木质材料，与横梁一样，有雕刻和彩绘两种装饰手法。一般绘制一些常见图案，比如：香炉，香象征着香味、净化、祛除，是五妙欲之一，代表味觉；宝镜，象征着空性和心识、洁净、明亮，是五妙欲之一，代表视觉；宝瓶，象征着财源滚滚、珠宝不断；还有四季花等图案（图26、图27）。

图 26　柱头

3. 门窗

门窗在建筑文化中起着窗口的作用，是至关重要对外展示艺术风格的窗口，人们走到旁边，一眼就能看出建筑风格和室内装饰风格。所以，门窗装饰是整个装饰当中的最重要的部位。随着社会进步、经济发展，人们越来越讲究装饰，营造舒适、优美、干净、整洁的生活环境。因此，更多人越来越关注和重视精美的装饰。门窗装饰有雕刻装饰和彩绘装饰等不同手法，是整个建筑装饰中最需要注意和讲究的部位，特别是门楣，累积叠加的部件多、层次多、零件多。门窗装饰设计还要与主体建筑相互对应，不能单独孤立起来进行装饰，这样容易出现虎头蛇尾的现象（图28）。

三、结语

民居室内装饰最能代表百姓的生活自信和文化自信，也能折射出百姓的获得感、安全感、幸福感。因此，今天能在西藏民居室内看到多姿多彩和具有深刻寓意的装饰图案内容是践行乡村振兴战略的一种表现形式。我们要积极保护好建筑装饰文化、民间艺术文化等优秀传统文化，同时也要跟随时代发展的需要，不断创新发展，为实现中华民族伟大复兴而奠定良好基础。

图 27　柱体

图 28　门窗装饰

参考文献

[1] 罗伯特·比尔，向红笳. 藏传佛教象征符号与器物图解 [M]. 北京：中国藏学出版社，2007.

[2] 益西邓珠. 藏族传统图案图解灵雀嬉语 [J]. 西藏艺术研究，2007（01）：53-62.

[3] 刘志刚，张少泉. 藏式建筑中的彩绘图案及其审美意蕴研究 [J]. 社科纵横. 2011，26（7）：100-102.

[4] 郭昌淑. 论藏式建筑：彩绘图案及其审美意蕴 [J]. 青春岁月，2013（14）：86.

[5] 郝嬛偏，洛桑扎西. 论藏式建筑装饰图案设计中的艺术呈现 [J]. 北京印刷学院学报，2017，25（7）：52-54.

优秀历史建筑数字孪生技术应用刍议[1]

任瑛楠[2]　谷志旺[3]　王伟茂[4]　孙沈鹏[5]　童　宇[6]

摘　要： 数字孪生技术为优秀历史建筑保护工作提供了新思路、新手段。本文分析了数字技术在历史建筑保护领域的应用现状和瓶颈问题，总结了新时代背景下优秀历史建筑数字孪生的核心需求，通过建立分级分类数字孪生模型底座、制订语义数据标准体系、开发专业数据分析评估算法、创新数据三维可视化形式、开发优秀历史建筑数字孪生平台，实现了典型场景下若干优秀历史建筑的数字孪生，同时对未来优秀历史建筑数字孪生技术的发展提出了建设性意见。

关键词： 优秀历史建筑保护；数字孪生；数字化管理；信息平台

一、 引言

建筑是城市记忆和文化的积淀，更是城市不同发展阶段的缩影和标志。优秀历史建筑是上海弥足珍贵的历史文化遗产，是延续历史文脉、传承历史风貌的重要载体，具有极高的历史、艺术、科学、社会价值。文化兴则国运兴，文化强则民族强。随着党和国家对文化传承越来越高的重视，优秀历史建筑保护近年来被提升到了前所未有的高度，成为建筑、规划、测绘、管理、历史、信息通信等多学科交叉的重要研究领域。

上海优秀历史建筑保护工作最早可追溯到 20 世纪 90 年代，1991 年 12 月 5 日发布《上海市优秀近代建筑保护管理办法》，1995 年 2 月 10 日发布《上海市优秀近代建筑房屋质量检测管理暂行规定》等[1]，并先后发布五批、共 1058 处优秀历史建筑名录，给予历史建筑法定保护身份。2021 年 8 月 25 日，《上海市城市更新条例》正式审议通过，同

年 9 月，中共中央办公厅、国务院办公厅联合印发《关于在城乡建设中加强历史文化保护传承的意见》，都强调了以"数字赋能"历史风貌保护和文化传承的精神[2]。在数字技术飞速创新发展的时代，数字化已经成为优秀历史建筑保护的重要手段，优秀历史建筑数字孪生将是历史文化传承的"终极"解决方案。

二、 历史建筑保护领域数字技术应用分析

随着数字技术的飞速发展和普及，数字测绘、虚拟现实、BIM、IoT 等先进技术已经社会化、民用化，在优秀历史建筑保护工作中已有一些试点应用案例，如上海华东医院南楼修缮改造项目开发了基于 3DGIS + BIM + IoT 的历史保护建筑修缮改造数字化安全监控集成平台，解决了历史保护建筑修缮改造过程中的质量、安全、进度等管理问题[3]；上海玉佛禅寺大雄宝殿平移顶升项目开发了施工过程远程监控平台，实现了平移进度、油缸压力、结构变形、

1　基金项目：上海市 2021 年度"科技创新行动计划"优秀学术/技术带头人计划项目（21XD1432600）、上海市国资委企业创新发展和能级提升项目（2022008）
2　上海建工四建集团有限公司，工程师，201103，ryn1989@ outlook. com。
3　上海建工四建集团有限公司，副总工程师、工程研究院副院长，201103，gzhw1022@163. com。
4　上海建工四建集团有限公司工程研究院城市更新研究中心，主任，201103，wmwscs@126. com。
5　上海建工四建集团有限公司工程研究院城市更新研究中心，副院长，201103，15300886989@163. com。
6　上海建工四建集团有限公司工程研究院城市更新研究中心，研发工程师，201103，tytongyu@163. com。

佛像倾斜的实时监测和4D模拟[4]；武汉优秀历史建筑翟雅阁博物馆开发了基于历史建筑信息模型的数字化展示平台，通过三维模型进行数据留存和仿真体验[5]。

目前，历史建筑保护领域数字技术应用以业内单位自主研发为主，总体上还处于初期探索的阶段，距离实现数字孪生应用和大规模推广，还有以下几个瓶颈问题亟待解决。

（1）测绘建模标准不统一：目前测绘建模方法众多，形成的测绘成果和三维模型质量良莠不齐，精度过低会造成价值特征丢失，无法全面留档，精度过高不利于数字成果平台化应用。

（2）数据结构化水平低：优秀历史建筑数据类型多、体量大，数据关联逻辑复杂，还未形成统一的、标准的数据结构体系，不利于数据的标准化存储和互通共享，难以可持续发展。

（3）数据分析算法缺乏：目前优秀历史建筑数据以简单的记录呈现为主，基础分析理论不足，还未形成专业分析算法，无法深入挖掘数据价值。

（4）保护管理流程需进一步标准化：清晰的保护管理流程是从"人治管理"向数字管理转变的纽带，优秀历史建筑数据的填报登记、认定存储、更新维护流程还需进一步标准化。

三、 优秀历史建筑数字孪生需求分析

优秀历史建筑造型独特、细节精致，历史资料繁多、人文故事丰富，历经近百年服役后其现状难以评判，受环境因素、人为因素影响，建筑状态时刻在动态变化。区别于新建建筑，优秀历史建筑技术资料缺失，原材料、原工艺难以考证，建筑演变过程难以追溯。这些典型特征是优秀历史建筑数字孪生的重点，同时也是难点。在新的时代背景下，优秀历史建筑数字孪生需要实现以下更高标准的数字化应用需求。

（1）建立数字化语义信息档案：信息化是数字化管理的前提，文档形式的数字资料难以实现数字化管理。需要将优秀历史建筑基本信息、历史人文信息、技术资料、工程资料等文本、图像类数据转变为独立存储于数据库中的元数据，建立数字化语义信息档案。

（2）全面精准记录几何纹理信息：优秀历史建筑的形制细节、纹理色彩等几何纹理是核心价值所在，也是原真性保护修缮的根本依据。传统的测绘方法及二维的平、立、剖面图难以全面记录特征信息，需要建立三维测绘数据档案，保证几何纹理信息的完整性。

（3）实时掌握建筑健康状况：建筑历经近百年服役，早已接近甚至超过耐久年限。任何微小的内部结构损伤、表观损伤都可能导致致命的后果，需要在网格化管理、已有监测手段的基础上，进一步提升检测监测频率和颗粒度，

实时掌握建筑健康状况，做到"像对待老人一样尊重和善待城市中的老建筑"。

（4）智能评估建筑安全风险：住宅、公共建筑等的活化利用，一旦发生建筑安全事故，后果不堪设想。传统的风险管理模式中，风险评价以专家评审为主，效率较低，需要探索自动化智能化的风险评估方法，基于历史数据快速的形成风险评估结论，指导风险处置。

（5）可视化沉浸式信息浏览：优秀历史建筑信息浏览方式以文件、报表形式为主，缺乏直观的时空关联，难以快速理解获取关键信息。因此，需要结合虚拟现实技术、数据可视化技术拓展历史建筑的展示、管理方式，促进优秀历史建筑保护的精细化、公众化与可持续发展。

（6）全生命期数据协同管理：建筑保护过程中，涉及管理部门、运营单位、检测监测单位、设计单位、施工单位等参与单位众多，各单位对建筑信息的需求各有侧重、相互重叠。目前亟须构建优秀历史建筑全生命期数据管理平台，实现数据协同共享，提升管理效率。

（7）最终优秀历史建筑的数字孪生体应实现基于三维模型的相关数据存储、浏览和查询，并充分利用传感器、智能终端设备采集实时运行数据，在虚拟空间中进行映射和智能分析决策，指导历史建筑运维使用、保护修缮的管理工作。

四、 优秀历史建筑数字孪生平台开发

1. 平台架构

面向更高标准的数字孪生应用需求，团队设计研发了上海市优秀历史建筑数字孪生平台，为历史建筑的保护管理提供服务。平台架构体系主要由数据采集层、数据存储层、逻辑层、功能层和终端展示层组成，见图1。

（1）数据采集层：通过API接口对接、IoT传感器采集、移动终端设备反馈、后台填报等多种方式结合，实现海量数据的采集。

（2）数据存储层：根据数据结构化体系建立基本信息、历史人文、工程档案、工艺、材料、监测数据等专项数据库，负责海量数据的标准化存储。

（3）逻辑层：集成人工智能、数据可视化等算法逻辑，实现原始数据到前端指标数据的转换。

（4）功能层：结合用户使用习惯，定制开发平台前端功能页面。

（5）终端展示层：以空间位置关系为引导，结合高保真三维模型或全景图，浏览查看相关数据。

在平台架构的基础上，历史建筑的数字孪生还需要重点解决孪生模型底座、数据标准体系、数据分析评估算法、数据可视化呈现等关键技术问题，才能真正实现虚实共生

的愿景。

2. 建立数字孪生模型底座标准

现阶段，优秀历史建筑的数字孪生模型应根据空间尺度、使用需求等维度的不同，选择合适的模型格式，以满足特定的应用场景需求。建议结合优秀历史建筑特点，按照"处—自然幢—特色部位—特色构件"的层级区分，并综合考虑模型数据大小、特征还原度等指标，按表1所示精度要求建立三维模型，解决精度过低特征丢失、精度过高难以平台化应用的问题。

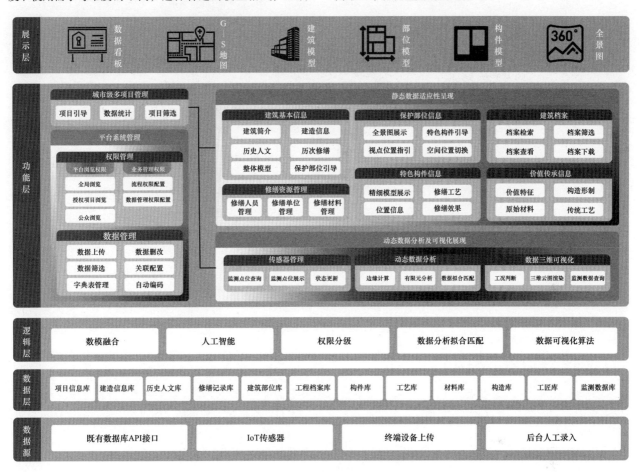

图 1　上海市优秀历史建筑数字孪生平台架构

表 1　优秀历史建筑数字孪生模型精度建议

模型等级	使用需求	模型格式	精度标准
处	反映风貌肌理、空间格局、区域景观	倾斜摄影模型	10 毫米/pixel≤几何纹理分辨率≤20 毫米/pixel
自然幢	反映整体风格、内部空间格局、特色部位及构件分布	几何模型 + 纹理贴图	最小网格面积≤100 平方毫米贴图分辨率≤10 毫米/pixel
特色部位	反映部位价值特征、细节尺寸纹理	几何模型 + 纹理贴图	最小网格面积≤50 平方毫米贴图分辨率≤2 毫米/pixel
特色构件	反映精细尺寸、色彩、纹理	面片模型 + 纹理贴图	最小网格面积≤10 平方毫米贴图分辨≤0.5 毫米/pixel

3. 建立语义数据标准体系

以一幢一册、设计方案、施工方案、专家评审纪要、施工图等既有资料为基础，基于 SPO 三元组（Subject-Predicate-Object）关系绘制语义网络，挖掘数据分布规律和关联关系，将全生命期数据区分为静态、动态数据两种类型，建立了包含基本信息、状态信息、档案资料、特色保护部位信息等四大一级分类、26 个二级分类的数据标准化结构体系，支撑标准化信息库的构建（图2）。

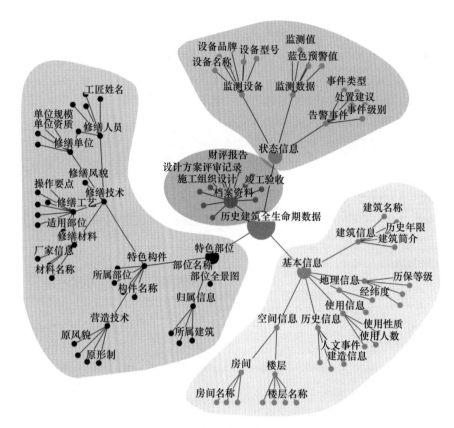

图2 历史建筑全生命期数据图谱

4. 研发数据分析评估算法

优秀历史建筑目前信息化程度不高，基础数据不足，相关数据的分析评估算法研究还较少，但在未来大有可为，主要可以概括为三大方向：一是可以针对海量语义数据进行大数据分析，挖掘数据关联关系和发展规律，实现未来发展趋势的预测；二是可以建立安全风险评估理论和预警体系，基于监测数据，实现安全风险的实时智能预警；三是可以建立损伤分级分类评估理论和评价体系，实现损伤的智能识别和现状评估。比如以清水墙常见损伤为例，可以通过计算机视觉和损伤识别算法，快速确定损伤类型、生成损伤百分率等关键指标，减少人力成本，大大提高数据采集效率（图3）。

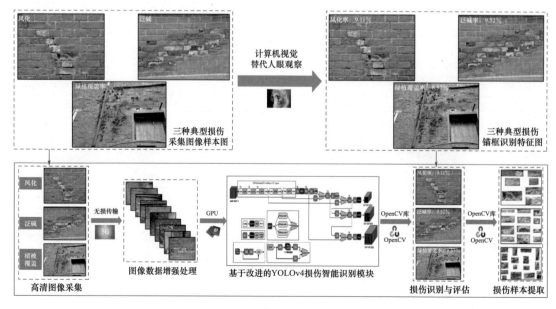

图3 清水墙常见损伤智能分析算法

5. 提升数据可视化能力

数据可视化是人们洞察数据内涵、理解数据蕴藏价值的有力工具。优秀的数据可视化需要专业技术人员厘清数据关系，挖掘数据价值，使浏览者能够快速掌握数据分布

和指标，从而辅助决策。以复杂空间结构监测数据的可视化呈现为例，通过构建预分析工况库，研发"实时数据-工况数据"拟合匹配算法、应用 WEBGL 技术对模型进行插值赋色，形成了整体变形三维云图可视化的解决方案，可以让使用者直观地了解变形情况（图4）。

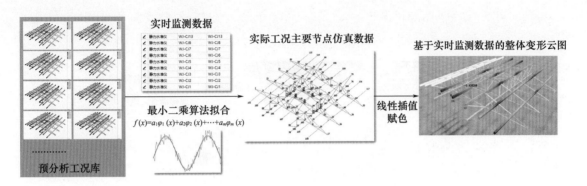

图 4　复杂空间结构监测数据三维可视化技术路线

6. 平台主要功能及应用效果

基于 GIS 的多项目管理：面向上海市优秀历史建筑的一站式管理需求，平台集成 GIS 技术，将历史建筑关联在市级地图底座中，并支持以行政区、保护身份等维度进行快速筛选定位。

基于 VR 的沉浸式漫游：平台以全景漫游、三维模型引擎等沉浸式漫游为手段，实现了优秀历史建筑三维资源的云浏览和共享，促进优秀历史建筑保护的公众化与可持续发展。

语义信息数模联动浏览：平台针对不同对象层级定制开发了关联数据的查询浏览模块，将模型和语义信息有机整合，提升用户浏览体验。

健康监测评估及三维可视化：提供高度集成的健康监测评估看板，应用了结构安全分级分类评估理论和智能分级预警算法，综合分析动态数据给出风险评价结果，并进行报警事件的追溯和管理。

平台以武康大楼、兰心大戏院等代表建筑为对象，实现了语义信息数字化建档、几何纹理信息精准记录、实时掌握建筑健康状况、智能评估建筑安全风险、可视化沉浸式信息浏览等高标准的数字孪生应用需求，对推动优秀历史建筑保护管理工作向数字化、系统化、科学化、智能化方向发展有良好的示范作用和借鉴意义（图5）。

图 5　平台应用效果

筑保护提供了新手段、新方法。通过建立分级分类数字孪生模型底座、制订语义数据标准体系、开发专业数据分析评估算法、创新数据三维可视化形式、开发优秀历史建筑数字孪生平台等，实现了若干优秀历史建筑在典型场景下的数字孪生，对于推动历保领域数字孪生技术的发展和应用有重要意义。后续建议以一个中心（大数据中心）、两套标准（测绘建模标准、数据结构体系）、若干个系统（结构安全健康监测系统、表观损伤管理系统等）、N 个算法（结构安全评估、损伤评估、损伤发展预测等）为研发方向，以政府主管部门主导、相关单位群策群力为主要模式，最终实现优秀历史建筑保护行业的协同共治。

五、 结论与建议

新时代背景下，优秀历史建筑管理在信息化存档、精细化管理、动态监测巡查、智能化分析评估、可视化信息浏览等方面提出新的需求，数字技术的发展为优秀历史建

参考文献

［1］侯建设. 城市更新下历史建筑保护风险防控［J］. 上海建设科技，2022（6）：13-17.

［2］李鑫，任红波.《上海市城市更新条例》实施细则中落实历史建筑保护的若干建议［J］. 住宅科技，2023，43（2）：15-18.

［3］潘峰，时春霞，吴跃，等．基于 3DGIS + BIM + IoT 的历史保护建筑修缮改造数字化安全监控集成平台［J］.建筑施工，2022，44（12）：2833-2835.

［4］余芳强．基于物联网与 WebGL 技术的移位远程智能监控平台［J］.建筑施工，2018，40（3）：318-320.

［5］吴莎冰，许颖．基于 BIM 的历史建筑数字展示平台与仿真体验系统的开发：以翟雅阁博物馆为例［J］.工程建设与设计，2021（21）：132-134 + 137.

广州黄埔区古村的保护及活化利用

易　芹[1]　黄燕鹏[2]　周俊良[3]

摘　要：在城市化发展的进程中，承载着历史与传统的古村面临着即将消亡殆尽的问题亟待解决。本文以在广州市黄埔区摸查的部分古村的保护要素，进行古村活化利用的策略研究，通过对古村背景及现状的分析，将古村归纳分类并提出对应的活化利用策略，以期为后续岭南地区的古村保护及活化利用研究提供思路，让落后的古村得到有效保护与利用。

关键词：黄埔区；古村；传统村落；活化利用；保护利用

一、引言

广州市黄埔区文化底蕴厚重，历史遗存丰富，区内现存古村众多，大部分始建于宋、明、清朝，部分始建于元朝和民国时期。受城市发展的影响，古村的状况不复从前。现存的大部分古村也面临着空心化的问题，古村生态环境恶劣、古建筑年久失修、使用功能严重滞后、不协调的加建或推倒重建等现象层出不穷，这些都对古村古遗存造成了毁灭性的破坏。若无法活化利用，不产生新的使用价值，古村的传统与文化迟早会自然消亡。因此，古村的保护与可持续发展、历史文化的保护传承应得到高度重视。

二、古村的保护

保护是活化利用的基础，基于活化利用的视角，古村拥有深厚历史文化积淀和具有地域特色的自然生态环境要素均是优秀的开发资源，为推动古村自然、社会、经济的可持续发展，首先应当对古村进行整体性保护，其中包括物质文化遗产和非物质文化遗产的保护。

1. 物质文化遗产的保护

原生态的山、水、林、田的不同组合构成了古村的自然生态环境，古村的空间格局、建筑聚落的梳式布局、公共空间的形式、传统建筑的风貌等历史环境要素，构成了古村具有地域特色的人工环境，既是独具价值特色的物质文化遗产，也是古村生存发展的空间场所。

在充分考虑古村现状问题及价值特色的基础上，遵循"整体保护，分区对待"的原则。以历史文物遗存较多的区域为扩展核心，将古村保护层次由内向外分为核心保护范围、建设控制地带和环境协调区三部分，并分别遵循严格保护、控制性保护和协调性保护的保护方式，有针对性地保护古村各类构成要素不受破坏，并对各类建设活动、整治行动加以制约。此外，在古村范围内应做好各项安全防护，如消防防护、防洪排涝、地质灾害预防、防雷、防虫害等。

2. 非物质文化遗产的保护

在数千年的历史发展过程中，黄埔人民创造及发展了丰富多彩的传统戏剧、曲艺、舞蹈、技艺和传统音乐、美

1　广东省建筑设计研究院有限公司，高级建筑师，510000，yq@ gdadri. com。
2　广东省建筑设计研究院有限公司，教授级高级建筑师，510000，hyp@ gdadri. com。
3　佛山轨道交通设计研究院有限公司，建筑师，528000，353438863@ qq. com。

术以及传统医药和民间文学等融合了中原文化和岭南文化的非物质文化。黄埔区现有非遗代表性项目 32 项，其中包括有国家级非物质文化遗产"波罗诞"、省级非物质文化遗产"扒龙舟、萝岗香雪、金花诞"、市级非物质文化遗产"玉岩诞、乞巧节"等项目。

对于非物质文化遗产，相关部门应组织开展调查，采用口述史、民俗和文化典籍搜集整理及实地调研等方式，积极发掘、恢复、保护，调查后应当对非物质文化遗产予以认定、记录、建档。非物质文化遗产代表性项目，可以认定代表性传承人，由传承人开展传承活动，培养后继人才，妥善保存相关的实物、资料，配合文化主管部门和其他有关部门进行非物质文化遗产调查，参与非物质文化遗产公益性宣传。

三、 古村的分类及活化利用

1. 古村的分类

综合区位、与农业生产系统的关系、传统建筑群保存完整度、受城市化影响程度等因素可将古村分为三种类型：城市发展型、城乡共生型、乡村保育型（图1）。

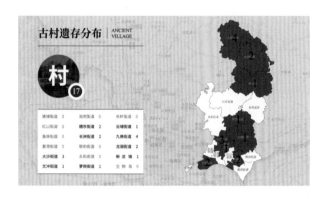

图1　黄埔区古村数量及分布图

位于城市中心或未来城市中心，交通便利，村落格局、自然生态、农业生产系统（农田）、传统建筑群仅部分保留、破损严重或不复存在，周边不协调建筑多的古村可定义为城市发展型，如文冲村、横沙村、火村花厅坊、夏园村。

位于城市中心或近郊，受城市化影响相对较小，村落格局、自然生态和现存传统建筑群及细部乃至周边环境基本上原貌保存较好，建筑质量较好且分布连片，仍有原住居民生活使用，不协调建筑较少的古村可定义为城乡共生型，如南湾村、姬堂村、黄田村、水西村。

位于城市远郊或近郊，受城市化影响小，村落格局、自然生态和传统建筑保存完整或基本完整，周边不协调建筑较少的古村可定义为乡村保育型，如莲塘村、深井村、

埔心村传统村落、上庄村、重岗村、燕塘村、萝峰坑村、佛塑村、上下镜村。

2. 古村分类的活化利用建议

活化利用是古村积极的保护方式。在古村的保护及活化利用工作中，应坚持以生态环境、文化遗产为根本，以解决问题为原则，避免千篇一律的古村开发思维，要基于古村自身的特点，开展适用度高、实施性强的活化利用工作（表1）。

城市发展型村落承担经济增长及产业发展功能，应强化政府主导与统筹，进行适度开发，考虑以文化商业、休闲旅游和城市配套功能为主。规模较小的村落可发展为城市游憩中心或次中心，以休闲、娱乐、餐饮、购物等城市配套的文化商业功能为主；规模较大的村落可以兼具民俗生活体验、特色策展、情景再现等业态的休闲旅游相关的功能。

城乡共生型村落应以休闲旅游、都市观光农业、村民自住等功能为主。可发展民俗生活体验、高档餐饮、宅院酒店、特色策展、情景再现等旅游相关的功能；有条件的可发展特色果园、菜园、茶园、花圃等都市农业。

乡村保育型村落的整体空间格局及自然环境一般保存较完好。功能的开发可考虑为民俗乡村生活体验、乡村餐饮、宅院酒店等乡村旅游相关的功能，特色果园、菜园、茶园、花圃等都市农业或结合旅游的乡村特色种植农业。

四、 古村活化利用案例分析

1. 城市发展型：横沙村

横沙村隶属大沙街，现为横沙社区，地处黄埔区大沙地商业和行政中心地带。据《番禺县续志》载，横沙于北宋庆历年间（1041—1048 年）开村。村子建在一条位于珠江北岸因降水长期冲积而成的沙洲上，因该洲形似横卧条状故称横沙。

横沙村（图2）布局以祠堂为中心展开，祠堂前有风水塘，大宗祠背后及风水塘周边的建筑大多数已改建，存在不同时期的居住建筑。村落岭南梳式布局保存良好，街巷肌理尚存，但整体风貌已发生较大改变，仅剩书香街风貌保存较好。在230米长的书香街两旁集中了众多古老的家塾、公祠等，"街—巷"形成的空间肌理仍体现了广州传统村落的布局特色。横沙村现存物质文化遗产和非物质文化遗产众多，包括有市级文物保护单位 26 处、传统风貌建筑 5 处、预保护对象 15 处，由于古村内暂无高等级文保单位，除了书香街外，其余古遗存保护情况较差。内部巷道多为水泥路面，路面质量差，且基本没有绿化。

表1 各古村文化遗产基本构成表

序号	古村	年代	古村级别	空间格局	传统建筑群保存完整度	古遗存数量	古遗存现有最高级别	历史文化	地理位置	交通环境	类型	现状保护及活化利用情况
1	莲塘村	南宋	中国传统村落、广东省历史文化名村	山—村（宅—祠）—塘—田格局和梳式布局	完整	古树1项 古村1项 古屋1项 古桥1项	推荐历史建筑线索（友恭书舍）	岭南文化（莲文化）	城市近郊；位于黄埔区九佛街道，村域东南部范围，东距离知识城核心区2千米，周边农村和农田，环境优美	交通条件比较便利：周边为村道，与省道S115相接，距离黄埔从化高速出口1千米	乡村保育型	已公示莲塘村保护规划，莲塘古村核心保护范围内部分已经整改完成，部分正在进行整改中
2	深井村	宋	中国传统村落	山—村（宅—祠）—塘格局和梳式布局	基本完整	古村1项 古庙5项 古屋2项 古巷1项 古塔1项 古井1项	广州市文物保护单位（凌氏宗祠）	海丝文化、岭南文化	城市近郊；位于黄埔区西南部，洲岛西南部，在大学城和黄埔军校中间	交通比较便利：临近大学城，附近有4号地铁，新化快速路，村落东侧设有深井码头	乡村保育型	未有保护发展规划方案，现局部有一两个古建筑在改造
3	横沙村	宋元	历史风貌区	村（宅—祠）—塘格局和梳式布局	基本完整	古村1项 古屋9项	广州市文物保护单位（横沙民俗建筑群）	岭南文化（书香文化、宗祠文化）、红色文化	城市中心；位于广州黄埔区大沙街道，丰乐北路西侧与大沙东路交界处，地处黄埔区大沙地商业和行政中心地带	交通便利：两面紧邻城市道路，位于大沙地铁站和黄埔东地铁站之间，距地铁站约660米	城市发展型	未有保护发展规划方案
4	南湾村	明	广州市传统村落	山—村—河—田格局	基本完整	古村1项 古屋1项 古庙1项 古巷2项 古塔1项 古井1项 古桥1项	黄埔区文物保护单位（南安市旧址、麦信坚故居）	红色文化、岭南文化	城市中心；位于广州市东部黄埔区穗东街，东接夏园、南濒珠江、西迄庙头，北连广深公路，与广州经济技术开发区相邻	交通便利：西北均有城市道路连接，距离夏园地铁站700米，地铁5号线东延段在建	城乡共生型	已有初步的保护发展规划方案，还未开始实施
5	火村花厅坊	明	广州市传统村落	山—村（宅—祠）—塘格局（山体已铲平）和梳式布局	不完整	古树1项 古村1项	黄埔区文物保护单位	岭南文化	城市中心；位于广州市东部黄埔区云埔街道，京港澳高速北侧，火村立交旁	交通便利：距离城市道路开泰大道1千米，交通便利	城市发展型	已有修复实施方案，正在实施

续表

序号	古村	年代	古村级别	空间格局	传统建筑群保存完整度	古遗存数量	古遗存现有最高级别	历史文化	地理位置	交通环境	类型	现状保护及活化利用情况
6	埔心村传统村落	清	广州市传统村落	村（老一祠）一塘	部分完整	古村1项	暂未定级	岭南文化（宗祠文化）	城市远郊：位于广州九佛镇中部，中新广州知识城中部，地铁14号线中部，东侧，在建新白广城际轻轨沿线	交通便利：依托现状九龙大道，地铁14号线，珠三角环线高速、广河高速及规划建设的新白广城际轻轨等可便捷地与周边联系	乡村保育型	已有保护发展规划，未开始整改
7	姬堂村	明	广州市传统村落	山一宅一塘一宅一山格局和梳式布局	部分完整	古村1项 古庙2项	暂未定级	岭南文化（宗祠文化）	城市中心：位于黄埔区大沙街道，丰乐北路西侧，距离老黄埔中心3.5千米	交通便利：紧邻丰乐北路，地铁7号线二期在建，交通便利	城乡共生型	已有保护发展规划，未开始整改
8	黄田村	宋	暂未定级	山一村（宅一祠）一塘格局和梳式布局	基本完整	古村1项	黄埔区文物保护单位	岭南文化（宗祠文化）	城市中心：位于黄埔区中新知识城区，北近知识大道，东临创新街道	交通便利：距离14号线地铁知识城站2.2千米	城乡共生型	已有保护发展规划，未开始整改
9	燕塘村	南宋	广州市传统村落	山一村（宅一祠）一塘格局和梳式布局	基本完整	古村1项 古屋1项 古巷1项	广州市传统风貌建筑（孔为石屋）	岭南文化（宗祠文化）	城市远郊：位于广州市黄埔区九龙镇九大公路旁，隶属九佛街道	交通比较便利：临近省道S115，2千米外有花冠高速出口	乡村保育型	已有保护发展规划，未开始整改
10	文冲村	清	暂未定级	梳式布局	基本完整	古村1项 古屋1项 古庙1项	广州市文物保护单位（文冲碉楼）	岭南文化（宗祠文化）	城市中心：位于广州市黄埔区大沙地东黄埔文冲街道，隶属文冲街道	交通较便利：紧邻文冲地铁站，交通便利	城市发展型	整体已经完成，开展室内装修方案设计

备注
古村级别划分：1.中国历史文化名村。2.广东省历史文化名村。3.中国传统村落。4.广东省传统村落。5.广州市传统村落。6.历史风貌区
完整度的古村空间格局：山一村（宅一祠）一塘（河）一田的格局和梳式布局
古遗存的保护等级：1.文物建筑的保护分级：国保文物（全国重点文化保护单位）、省保文物（省级文物保护单位）、市保文物（市级文物保护单位）、区保文物（区级文物保护单位）、区登记文物。2.历史建筑。3.传统风貌建筑。4.历史建筑线索。5.传统风貌建筑线索。6.预保护对象
四大文化：海丝文化、红色文化、岭南文化（书香文化、宗祠文化等）、创新文化
保存完整度：1.完整。2.基本完整。3.部分完整。4.不完整。
地理位置：1.城市远郊。2.城市近郊。3.城市中心
类型：1.乡村保育型。2.城乡共生型。3.城市发展型

图 2　横沙村俯瞰图

活化利用建议：横沙村的定位宜为城市中的文化商业区、文化旅游村。以"书香街"为核心形成独特的书塾文化，可以作为教育文化商业、创意办公、公共服务、展廊等主要为周边服务的配套功能和民俗生活体验、高档餐饮、宅院酒店、特色策展、情景再现等旅游相关功能。参考成都宽窄巷子的概念，横沙村的规划可借助水塘景观创造新兴街巷，与传统巷子接通，形成环形空间。传统巷子以古建为主，新巷子以新旧结合或新建有广府特色的建筑为主，新旧对比，组合成横沙新旧巷子。

2. 城乡共生型：黄田村

黄田村地处广州黄埔区中新广州知识城，邻近九龙湖总部集群。村落始建于宋代，毗邻帽峰山东麓，面积4.8平方千米，其中山地面积占40%，全村山林绿化率达90%。黄田村所处地块整体西高东低，民居布局顺应地形，背山面水，村落的布局以祠堂为中心展开，祠堂为一村之中，祠堂前有风水塘，民居坐落在祠堂后。古村内现有区级文物保护单位2处、传统风貌建筑1处。（图3、图4）

村落整体衰败，现多处传统建筑破败坍塌，且有新建现代民房，村落空间形态受损害严重，肌理网络不完整，仅余中部肌理。村内的祠堂仅外观保存较完整，内部杂草丛生、破损较严重；巷门外观破损较严重，牌匾及标识模糊不清；巷道及多数传统民居均存在破损、杂草丛生、破败荒凉、墙面脏污严重、屋外电线杂乱等现象，靠山一侧民居坍塌、破损严重。

活化利用建议：黄田村的定位宜为城市近郊的公园式文化商业区。黄田村保持了缩微的广府文化主导型传统村落格局与传统的设计手法，可发展系统而完整展示广府村落文化的商业、展览等功能，同时将山林微改造为休闲锻

图 3　黄田村俯瞰图

图 4　黄田村航拍图

炼的公园，种植特色的花果，保留缩微稻田，可作为小朋友农业科普的试验地。

3. 乡村保育型：深井村

深井村位于黄埔区长洲岛西南部，在大学城和黄埔军

校中间，是黄埔古港后期的重要组成部分，至今已有700多年的历史，是广东省第一批传统村落，2019年被列入第五批中国传统村落名录。

深井古村为"塘—祠—宅—山"的传统风貌格局，建筑聚落布局形式为岭南梳式布局。村内保存有许多历史悠久的建筑物，如安来市旧址古建筑群、文塔、金鼎门楼等，以及富有特色的青砖大屋、石板街巷、古老的祠堂、斑驳的牌匾、醇厚的粤曲等。（图5）

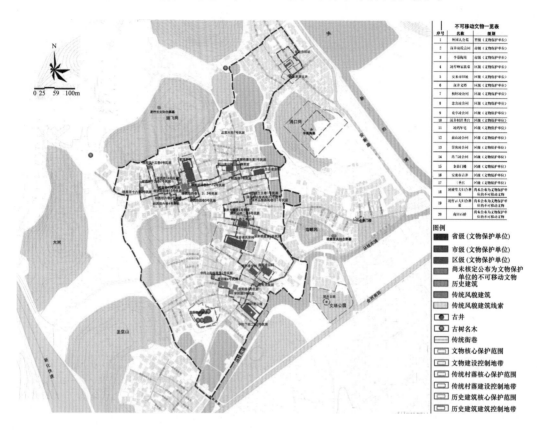

图5　深井村村落保护发展规划征求意见公示——保护对象图

村内已有部分祠堂完成修复但多数未被有效利用。多处古屋出现墙体倒塌、建筑细部损坏、屋内破败荒凉、墙面脏污等现象，个别文物保护单位墙体受损严重，屋外铺地污损严重、基础设施缺乏、电线杂乱；多处宅基地已被改建成多层楼房，对古村的风貌造成一定的破坏。

活化利用建议：深井村宜定义为城市近郊的特色综合型文化旅游兼具村民自住的古村，包括结合周边军事题材的公园、黄埔军校旧址纪念馆等发展军事方面的特色旅游，利用村外围水道、码头、船坞、榕树打造出宜人的江边休闲、餐饮功能，结合核心保护范围的古街为中心打造文化旅游功能。根据现状条件，打造江边休闲区、古村文化旅游区、农耕文化园区、居住区四大片区。将江边休闲动线、核心保护范围的古街动线、军事题材的游览动线、农耕文化的游玩动线，通过主动线的整合、梳理，连线成面。

五、　结语

古村的活化利用并非一成不变的旅游开发，而是应立足丰富的古村资源，多维度、多层面挖掘古村的自身特色与发展潜力，通过对古村生态环境的保护与改善，充分利用古村资源作为文化的载体空间，从空间场景的角度提高各个古村的整体辨识度，使古村得到更适合的保护与发展。下一步对古村应进行差异化发展定位，深入研究各类古村活化利用策略，形成具有岭南特色的古村发展体系，对于黄埔区乃至广州市的古村的发展，将具有一定参考价值。

参考文献

[1] 赵慧，罗超. 社群理论视角下传统村落的活力空间营造：以苏州东村古村为例 [J]. 小城镇建设，2021，39（7）：56-65.

[2] 张玉雪，沈泳男，杨春锁. 青州市井塘古村的保护利用与活化研究 [J]. 工业设计，2021（6）：134-135.

[3] 梅翠平，张婷仙，陈溢敏. 新时代乡村振兴背景下古村落的传承与发展：以黄埔古港为例 [J]. 探求，2020（4）：110-116.

[4] 何丽珊. 广州水西古村公共空间保护与活化研究 [D]. 广州：广东工业大学，2020.

[5] 李尔威. 广佛地区历史文化村镇保护状况评价 [D].

广州：华南理工大学，2019.

[6] 张行发，郭静，王庆生.基于活化利用视角下的古村旅游开发研究：以邹城上九山村为例［J］.青岛农业大学学报（社会科学版），2018，30（4）：18-23＋28.

[7] 程娟，肖大威，傅岚，等.广州从化溪头古村保护利用模式的探索［J］.南方建筑，2017（6）：62-67.

[8] 杨星星，赖瑛.深圳凤凰古村活化设计分析［J］.惠州学院学报，2017，37（6）：65-70.